名师名校新形态系列教材

UNIVERSITY

大学物理

教程

下册

PHYSICS

胡其图 刘世勇 李晟◎编著

中国工信出版集团　人民邮电出版社
POSTS & TELECOM PRESS

图书在版编目（CIP）数据

大学物理教程：AR版. 下册 / 胡其图，刘世勇，李晟编著. -- 北京 : 人民邮电出版社，2024. --（名师名校新形态系列教材）. -- ISBN 978-7-115-65136-5

Ⅰ. O4

中国国家版本馆 CIP 数据核字第 20243K1U55 号

内 容 提 要

全书分为上、下两册，下册内容包括静电场、稳恒磁场、磁介质、电磁感应、光的干涉、光的衍射、光的偏振、量子力学基础、激光基本原理、固体物理学简介和原子核物理基础. 本书结构精炼，概念清晰，图像丰富，内容新颖. 既着重系统地阐述大学物理学的基本概念、基本图像、基本规律和基本方法，又拓展学生视野，注重知识的扩展和适度的深化. 本书是一套新形态教材，引入了增强现实技术（AR）和计算机模拟可视化，提升学生对物理概念、物理图像和物理过程的理解.

本书可作为普通高等学校理工科各专业大学物理课程的教材或参考书，也可供社会读者阅读.

◆ 编　著　胡其图　刘世勇　李　晟
　责任编辑　孙　澍
　责任印制　陈　犇
◆ 人民邮电出版社出版发行　　北京市丰台区成寿寺路 11 号
　邮编　100164　电子邮件　315@ptpress.com.cn
　网址　https://www.ptpress.com.cn
　廊坊市印艺阁数字科技有限公司印刷
◆ 开本：787×1092　1/16
　印张：27　　　　　　　　　　2024 年 8 月第 1 版
　字数：697 千字　　　　　　　2025 年 7 月河北第 3 次印刷

定价：79.60 元

读者服务热线：(010)81055256　印装质量热线：(010)81055316
反盗版热线：(010)81055315

C O N T E N T S 目录

资源索引

AR 交互识别图

计算机模拟可视化二维码

第11章 静电场

电磁学主要研究电磁现象及其规律，以及电磁场与物质的相互作用．电磁现象普遍存在于自然界中，电磁学对现代物理学的发展产生了深远的影响，相对论和量子电动力学等理论的提出，都依赖于人们对电磁现象的深入理解．作为物理学的重要分支，电磁学极大地丰富了人们的知识体系，在实际应用中产生了深远的影响．

相对于观察者静止的电荷所激发的电场，称为静电场．在电磁学中，静电场的规律最简单、最基本．本章主要介绍静电场的基本性质和规律，将分别从电场对电荷有力的作用和电荷在电场中移动时电场力对电荷做功的特性这两方面出发，引入电场强度和电势这两个描述电场的重要物理量，并讨论二者之间的关系．本章还将讨论导体和电介质在电场中的静电特性以及静电场的能量．

11.1 库仑定律

电荷

古希腊时期，一些学者注意到琥珀(一种矿物化的黄色树胶)经摩擦后会吸引轻微物体的现象．然而，他们并不清楚这种现象的产生原因，仅仅把它视为一种神秘的奇观．随着时间的推移，人们开始更系统地探索这种现象．在17世纪初，吉尔伯特(W. Gilbert)进行了一系列关于电学和磁学的研究，并首次使用"电力"这个术语．更多的实验发现，经过摩擦的特殊材料间的相互作用可以是相互吸引，也可以是相互排斥．如果将这种特性用"带电"或"带有电荷"来定义，那么实验上发现有两种不同的电荷，带有同种电荷的物体之间是相互排斥的，而带有异种电荷的物体之间是相互吸引的．人们将这两种电荷分别命名为正电荷和负电荷．例如，经丝绸摩擦过的玻璃棒所带的电荷就是正电荷，而经毛皮摩擦过的硬胶木棒所带的电荷就是负电荷．

当物体带有电荷时，称其为带电体，表示带电体带有电荷多少的物理量称为电荷量，简称电量．电量用 q 表示，在国际单位制中，电量的单位是库仑(用 C 表示)，库仑是导出单位，基本单位是电流的单位——安培(用 A 表示)，1A 的电流 1s 内通过导线横截面的电量为 1C．这里面还包含另外一个由观测而做出的假设，就是每个电子所具有的电荷电量是相同的．此外，人们通过研究原子的带电特性发现：质子的电荷电量与电子的电荷电量大小相同，但是属于异种电荷．电子带的是负电荷，质子带的是正电荷．

1909 年，密立根(R. A. Millikan)做了油滴实验，他发现微小油滴所带的电荷电量的变化不连续，得出了油滴所带的电荷电量总是某一基本电荷电量的整数倍的结论，并给出了基本电荷电量的测量值，这个基本电荷就是电子所带的电荷．2018 年，电子的电荷电量推荐值为

$$e = 1.602176634 \times 10^{-19} \text{C}.$$

近代粒子实验证实，所有粒子所带电荷的电量为 $+ne$，或所带电荷的

电量为$-ne$（$n=0$，1，2，…），或为中性．在自然界中，e 是基本电荷电量，即电子的电荷电量的绝对值或质子的电荷电量．任何带电体的电荷电量总是基本电荷电量的整数倍，电荷的这一性质称为**电荷的量子化**．

此外，在任何的物理过程中，一个孤立系统所具有的正负电荷电量的代数和总保持不变，这称为**电荷守恒定律**．近代物理实验证明，电荷守恒定律不仅在一切宏观过程中成立，而且在一切微观过程（如核反应和基本粒子过程）中也都普遍成立，电荷守恒定律是物理学中的基本定律之一．

库仑定律

库仑定律是电磁学中最基本的定律之一，这个定律的发现和建立过程具有很大的启示作用，下面做一简述．

17 世纪，人们对摩擦起电的现象进行了深入研究，由此发明了摩擦起电的机械，这使人们有可能对静电现象进行系统研究．18 世纪，人们对完善摩擦起电的机械给予相当大的关注，有关电现象的实验变得很普及，导体与绝缘体的区分、对闪电的观察和实验、避雷针的应用、莱顿瓶与伏打电堆的发明、电荷守恒定律的发现等，粗略地勾画出了当时人们对电现象进行探索和研究的早期历史轨迹．

在这个过程中，人们发现物体由于带电而彼此吸引或排斥．这是一个重要的发现，因为它表明，在非接触物体之间，除了此前已知的万有引力和磁力，还存在一种新的力——电力，这是一种尚待探索的新的作用力．于是，寻找电力所遵循的规律成为当时引人注目的研究课题．

库仑（C. A. de Coulomb）通过直接测量找到了电力遵循的规律．在此之前，库仑对扭力进行过系统的研究，1781 年，由于有关扭力的论文的发表，库仑当选为法国科学院院士．在 1784 年提交法国科学院的一篇论文中，库仑给出了通过实验确立的金属丝的扭力定律，这个定律指出扭力正比于扭转角度．依据该定律可测量小至 $6.48×10^{-6}$ N 的作用力，根据这一发现，1785 年库仑设计制作了一台扭秤，用来确定带电体之间的相互作用力与带电体之间距离的关系，由此建立了库仑定律．

库仑的扭秤实验装置如图 11-1 所示，在一个玻璃圆桶上，有一块玻璃平板，平板的中央和一侧各有一个孔（孔 m 和孔 f），中央孔 f 处插入一根玻璃管，管的顶端有一个测微器，它的结构如图 11-1 中右侧所示，其顶部有旋钮 b、指针 oi，以及固定悬挂着的金属丝的夹钳 q，在圆盘 G 的盘边上有刻度（可读取度数）．玻璃管的中央悬挂一根银丝，用夹钳 q 将银丝上端固定，银丝自然下垂，银丝下端用夹钳 p 固定一根水平悬挂着的针状绝缘细杆 ag，细杆的 a 端有一个金属小球，g 端有一个平衡绝缘球．另一绝缘细杆 md 穿过玻璃平板上一侧的孔 m，该细杆的下端固定一个与绝缘细杆 ag 的 a 端小球完全一样的金属小球，

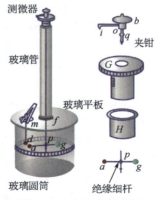

测微器

玻璃管

玻璃平板

夹钳

绝缘细杆

玻璃圆筒

图 11-1　扭秤实验装置

绝缘细杆 md 用夹子固定，玻璃圆筒上有刻度（可读取度数）.

实验开始时，首先调整零点，让指针 oi 调到测微器刻度上的零点，使大小相同的金属小球 d 与 a 相互接触．然后，使一枚插在绝缘细棒上的大头针带上电，把它伸到孔 m 里，接触一下 d 球，由于 d 球与 a 球接触，从大头针转移过来的电荷在两球之间等量分配，使 d 球和 a 球带上等量同号电荷．这就使水平绝缘细杆上的小球 a 被排斥向右扭转，a、d 分开一段距离．转动旋钮 b，改变银丝扭转角度（即改变扭力），可改变 a、d 两小球的距离．由于银丝所受扭力矩的大小等于 a 球所受电力矩的大小，所以电力的大小与银丝扭转角度成正比，从而电力的大小可以通过银丝扭转角度来测量．库仑做了 3 次数据记录，第一次两小球相距 36 个刻度，第二次让两小球相距 18 个刻度，第三次让两小球相距 8.5 个刻度，这 3 次两小球间距之比约为 $1 : \frac{1}{2} : \frac{1}{4}$．实验结果是：第一次银丝扭转角度为 36°，第二次银丝扭转角度为 144°，第三次银丝扭转角度为 576°．银丝扭转角度之比为 $1 : 4 : 16$．由此得出：两个带同种电荷的小球之间的相互排斥力和它们之间距离的平方成反比．后来库仑设计了电引力单摆实验，如图 11-2 所示，他利用类比研究的方法，把这一结论推广到带异种电荷的小球间的引力情况．

库仑通过扭秤实验和电引力单摆实验的直接测量，发现了电力 f 与距离 r 的平方成反比，这称为 **电力平方反比律**，即

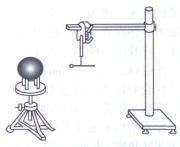

$$f \propto \frac{1}{r^{2 \pm \delta}}. \qquad (11.1.1)$$

其中，δ 是偏离平方反比律的修正数，$\delta < 4 \times 10^{-2}$．由于实验是用直接测量的方法完成的，实验精度难以进一步大幅度提高．

图 11-2   电引力单摆实验示意图

在库仑的扭称实验之前，1772 年卡文迪什（H. Cavendish）提出了精确验证电力平方反比律的方法，并做了相应的理论分析和示零实验，得出 $\delta < 2 \times 10^{-2}$，卡文迪什得出的实验结果没有发表．卡文迪什用间接测量的方法做的实验，随着实验装置和技术的进步，实验精度可大幅度提高．1874 年，卡文迪什实验室第一任主任麦克斯韦（J. C. Maxwell）承担了整理卡文迪什遗稿的重任，整理过程中才发现卡文迪什所做的有关工作，重新进行了详尽的理论分析和实验工作，麦克斯韦得出 $\delta < 5 \times 10^{-5}$．此后不断有人沿用卡文迪什-麦克斯韦的方法改进实验，精度大幅度提高，1971 年威廉斯（Williams）等人的结果是 $\delta < 2.7 \times 10^{-16}$．200 年来，电力平方反比律的精度提高了十几个量级，已经成为物理学中最精确的实验定律之一．

两个带电体之间的电力不仅与它们之间的距离有关，还与它们的形状、大小有关，这就使寻找带电体之间电力所遵循的规律复杂化了．为了便于研究，有必要忽略带电体的形状、大小对电力的影响．因此，引入一个理想模型，当带电体本身的线度远小于带电体之间的距离，以致带电体

的形状和大小对电力的影响可以忽略不计时，就可以把这样的带电体看成带电荷的点，称为点电荷. 点电荷是一个理想模型，建立理想模型的方法实际上就是抓住事物的主要因数、忽略次要因数的方法，是物理学中常用的方法. 另外，两个带电体之间的电力是由于物体带电而产生的，应把电力与物体的带电状态相联系. 因此，需要引入一个定量描述物体带电状态的物理量，这个物理量称为电量. 在此之前，此物理量尚未定义，于是规定，电力与两点电荷电量的乘积成正比. 实际上这就是电量的定义. 库仑定律作为电磁学的第一条基本规律，需要引入第一个电磁量——电量. 库仑定律既包括电力平方反比律，又包括电量的定义.

综合上述内容，库仑定律可表述如下.

两个静止点电荷之间的电力大小与它们的电量乘积成正比，与它们之间的距离的平方成反比，电力的方向在其连线方向上，同号电荷相斥，异号电荷相吸. 假定现有电量为 q_1 的点电荷和电量为 q_2 的点电荷，$\vec{r}_{12}$ 为电量为 q_1 的点电荷到电量为 q_2 的点电荷的位置矢量，则电量为 q_1 的点电荷对电量为 q_2 的点电荷的电力为

$$\vec{F}_{21} = k\frac{q_1 q_2}{r_{12}^2}\hat{r}_{12}, \tag{11.1.2}$$

其中 $\hat{r}_{12} = \dfrac{\vec{r}_{12}}{|\vec{r}_{12}|}$ 是单位矢量，k 为比例系数. 在国际单位制中，

$$k = 8.988\times10^9\ \frac{\text{N}\cdot\text{m}^2}{\text{C}^2}, \tag{11.1.3}$$

通常将 k 写成

$$k = \frac{1}{4\pi\varepsilon_0}, \tag{11.1.4}$$

其中 ε_0 称为真空介电常量，

$$\varepsilon_0 = 8.854\times10^{-12}\ \frac{\text{C}^2}{\text{N}\cdot\text{m}^2}. \tag{11.1.5}$$

在库仑定律(11.1.2)中，q_1、q_2 可以为正，也可以为负，因此，同号电荷间的电力为斥力，异号电荷间的电力为引力，如图 11-3 所示.

图 11-3　点电荷间的电力

电力具有线性可加性，如果有 n 个点电荷，则第 $i(i=1,2,\cdots,n)$ 个点电荷受到的其他点电荷对它的合电力等于它与其他各点电荷单独存在时的

电力的合力，即

$$\vec{F}_i = \sum_{\substack{j=1 \\ j \neq i}}^{n} \frac{q_i q_j}{r_{ji}^2} \frac{\vec{r}_{ji}}{|\vec{r}_{ji}|}. \tag{11.1.6}$$

库仑定律仅适用于点电荷．在现实世界里，并没有点电荷．对于电荷连续分布的带电体 Q，如图 11-4 所示，可以在带电体上任取一个几何体积充分小的电荷元 dq，将其视为点电荷，则另外一个点电荷 q 受到电荷元 dq 对它的电力为

$$d\vec{F} = \frac{1}{4\pi\varepsilon_0} \frac{q\,dq}{r^2}\hat{r}. \tag{11.1.7}$$

因此，点电荷 q 受到电荷连续分布的带电体 Q 对它的电力为

$$\vec{F} = \int_{(Q)} \frac{q}{4\pi\varepsilon_0} \frac{dq}{r^2}\hat{r}. \tag{11.1.8}$$

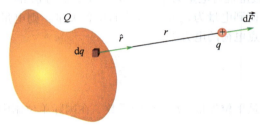

图 11-4　点电荷受电荷连续分布带电体对它的电力

库仑定律是静电现象的基本实验规律，到目前为止，实验表明库仑定律从微观到宏观均可以很精确地描述静电相互作用．

库仑定律可推广为：只要施力点电荷 q_1 保持静止，则不论受力点电荷 q_2 具有多大的速度，库仑定律总能给出正确的结果．

例如，点电荷 q_1 静止，点电荷 q_2 以速度 $\vec{v}$ 匀速运动，则有

$$\vec{F}_{21} = \frac{1}{4\pi\varepsilon_0} \frac{q_1 q_2}{r^2}\hat{r}_{12},$$

但是

$$\vec{F}_{12} = \frac{q_1 q_2}{4\pi\varepsilon_0 r^2} \frac{1 - \dfrac{v^2}{c^2}}{\left[\left(1 - \dfrac{v^2}{c^2}\right) + \left(\dfrac{\vec{v} \cdot \vec{r}_{21}}{cr}\right)\right]^{\frac{3}{2}}}\hat{r}_{21}.$$

例 11-1　对比原子尺度下电子之间的静电力和万有引力．

解　原子尺度可以设定为 $r = 1.00 \times 10^{-10}$ m，电子电荷大小为 $e = 1.60 \times 10^{-19}$ C，电子的质量为 $m_e = 9.10 \times 10^{-31}$ kg，则两个电子间的静电力大小为

$$f_e = \frac{e^2}{4\pi\varepsilon_0 r^2} = \frac{(1.60 \times 10^{-19})^2}{4 \times 3.14 \times 8.85 \times 10^{-12} \times (1.00 \times 10^{-10})^2}\text{N} = 2.30 \times 10^{-8}\text{N},$$

两个电子间的万有引力大小为

$$f_g = G\frac{m^2}{r^2} = 6.67\times10^{-11}\times\left(\frac{9.10\times10^{-31}}{1.00\times10^{-10}}\right)^2 \text{N} = 5.52\times10^{-51}\text{N}.$$

两种力之比为

$$\frac{f_e}{f_g} = \frac{e^2}{4\pi\varepsilon_0 Gm^2} = \frac{(1.60\times10^{-19})^2}{4\times3.14\times8.85\times10^{-12}\times6.67\times10^{-11}\times(9.10\times10^{-31})^2} = 4.17\times10^{42},$$

由此可知，静电力远强于万有引力．

11.2 电场 电场强度

在空间某处已存在一个点电荷 A 的情况下，空间中另一处如果存在另一个点电荷 B，则根据库仑定律，该点电荷 B 会受到前一个点电荷 A 对它施加的电力．那么，这个电力是如何施加的？

一种解释是二者之间的相互作用是超距作用，两点电荷之间的相互作用是以无限大的速度在两点电荷间直接传递的，即相互作用的传递是不需要花费时间的．

另一种解释是点电荷之间的相互作用并不是超距作用，两点电荷之间的相互作用是通过某种中介物质，以一定的速度在两点电荷之间由此及彼逐步传递的，相互作用的传递是需要花费时间的．为说明这个过程，我们引入电场的概念，即在点电荷的周围空间存在一种特殊形态的物质，该特殊形态的物质称为电场，其他点电荷处于该电场内就要受到该电场的作用力，此作用力称为电场力．

上述点电荷 B 所受到的电力是该点电荷所在处的电场施加的电场力，若点电荷 A 发生位移时，由其产生的电场会由近及远地以一个有限大小的速度传递出去，因此要过一段时间点电荷 B 周围的电场才会改变，从而点电荷 B 要过一段时间才能感受到相互作用的改变．电场的引进对于超距作用也是有效的，只要要求点电荷运动时，其产生的电场在全空间同步发生变化即可．电荷间的相互作用是否是超距的，需要通过实验来确定，而实验表明，电荷间的相互作用并不是超距的．

引入电场的概念后，库仑定律中的施力点电荷称为源点电荷，受力点电荷受到的电力是源点电荷产生的电场对受力点电荷施加的电场力．由于源点电荷静止，其产生的电场称为静电场．

电场对电荷有力的作用，电荷在电场中移动时电场力对电荷做功．利用前者，我们引入电场强度这一物理量；对于后者，我们将在 11.5 节中引入电势这一物理量．电场强度和电势是描述静电场性质的两个基本物理量．

当一个点电荷 q_0 位于空间某点时，其受到的电场力为 $\vec{F}$，则该点的电场强度定义为

$$\vec{E} = \frac{\vec{F}}{q_0}, \tag{11.2.1}$$

即空间中某点的电场强度定义为置于该点处的单位正电荷所受到的电场力.

库仑定律给出的是两个点电荷间的相互作用力,而电场概念的引入,则将静电相互作用力转化为由于电荷的存在而使空间各处所表现出的一种物理特性.最初电场的引入是为了数学表述上的方便,确定了空间各处的电场强度后,一个点电荷在空间某点受到的电场力就等于该处的电场强度与该点电荷电量的乘积.但后来人们意识到电场具有更深刻的意义,而不仅仅是一种数学表述形式,电场具有物质性,可以脱离电荷而存在,电场的这种特性将在后续的内容中逐渐体现.

电场强度是一个矢量,不仅有大小,还有方向.若空间中存在多个点电荷 $q_1, q_2, \cdots, q_n$,$\vec{r}$ 处存在一个点电荷 q,则点电荷 q 受到的电场力为

$$\vec{F} = \sum_{i=1}^{n} \frac{q q_i}{4\pi\varepsilon_0} \frac{\vec{r} - \vec{r}_i}{|\vec{r} - \vec{r}_i|^3}. \tag{11.2.2}$$

因此,$\vec{r}$ 处的电场强度为

$$\vec{E}(\vec{r}) = \sum_{i=1}^{n} \frac{q_i}{4\pi\varepsilon_0} \frac{\vec{r} - \vec{r}_i}{|\vec{r} - \vec{r}_i|^3}. \tag{11.2.3}$$

上式说明,点电荷系统在空间任一点所产生的电场的总电场强度,等于各个点电荷单独存在时在该点各自所产生的电场的电场强度的矢量和.这称为**电场强度叠加原理**,简称**场强叠加原理**.利用这一原理,可以计算任意带电体所产生电场的电场强度,因为任意带电体都可以视为许多点电荷的集合.

例如,如果是电荷连续分布的带电体,其电荷体密度为 $\rho(\vec{r})$,则式(11.2.3)将变成积分形式

$$\vec{E}(\vec{r}) = \iiint_V \frac{1}{4\pi\varepsilon_0} \frac{\vec{r} - \vec{r}'}{|\vec{r} - \vec{r}'|^3} \cdot \rho(\vec{r}') \, \mathrm{d}V. \tag{11.2.4}$$

在实验中,为了测量一个特定电荷分布系统的电场强度,需要将一个点电荷放置到电场中去,然后测量它受到的电场力.但是,如果这个点电荷对于原有电荷系统的作用力改变了电荷的分布情况,那么测量到的就不是原有电荷分布所产生的电场了.为了解决这个问题,放置到电场中用于测量电场力的点电荷的电量就需要充分小,以充分减少其对原有电荷系统的影响.这样的电荷通常被称为**试探电荷**.

由于电场强度是三维空间函数,同时是矢量,为了形象地描述电场强度在空间的分布情况,使电场分布有一个直观的形象化的图像,通常引入由法拉第(M. Faraday)首先提出的电场线的概念.电场线是分布在电场区域内有方向的曲线簇,这些曲线上每一点处的切线方向都与该点处的电场强度方向一致,电场区域内每一点处曲线簇的密度,即垂直于电场线的单位横截面上穿过的电场线数量,代表该点处电场强度的大小.电场线稠密的地方电场强度大,稀松的地方电场强度小.如图11-5所示,点电荷单独存在时,电场线为以点电荷为中心的放射线状,其分布为球对称的.

图11-6所示为两个点电荷的电场线.

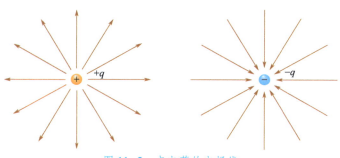

图 11-5　点电荷的电场线

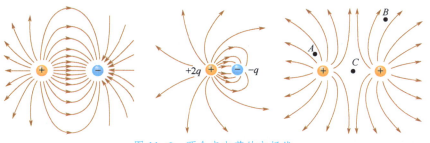

图 11-6　两个点电荷的电场线

两个等量异号点
电荷的电场线

两个等量同号点
电荷的电场线

计算机模拟

三维空间点电荷
的电场线

11.3 几种典型的带电体所产生的电场

均匀带电细棒中垂面上的电场

一长为 l 的细棒, 其上均匀分布有电荷, 总电量为 q, 现计算其中垂面上的电场强度. 选细棒中点 O 为坐标原点, 细棒所在直线为 z 轴.

如图 11-7 所示, 取位于细棒上 z 处 $\mathrm{d}z$ 长的一段, 其带电量为 $\dfrac{q}{l}\mathrm{d}z$, 该电荷元在细棒中垂面上相对细棒距离为 r 处产生的电场强度大小为

$$\mathrm{d}E = \frac{q}{l} \frac{\mathrm{d}z}{4\pi\varepsilon_0(z^2+r^2)}.$$

同时取细棒上相对于坐标原点对称的 $-z$ 处 $\mathrm{d}z$ 长的一段, 该电荷元在细棒中垂面上相对细棒距离为 r 处产生的电场强度, 与 z 处电荷元产生的电场强度相比, 大小相同, 但方向不同. 这一对电荷元在该点处产生的电场强度, 在 z 轴方向上的分量是大小相同、方向相反的, 从而相互抵消. 因此, 在细棒中垂面上相对细棒距离为 r 处的电场强度仅有垂直于 z 轴的分量. 则上式在垂直于 z 轴方向上的分量为

$$\mathrm{d}E_r = \mathrm{d}E\cos\alpha = \frac{q}{l} \frac{r\mathrm{d}z}{4\pi\varepsilon_0(z^2+r^2)^{\frac{3}{2}}}.$$

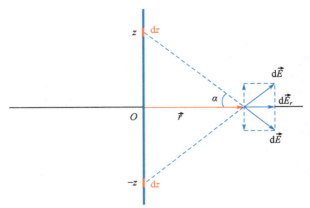

图 11-7 均匀带电细棒中垂面上的电场

对整个细棒做积分，即可得到该处的电场强度为

$$\vec{E} = \frac{\vec{r}}{r}\int_{-\frac{l}{2}}^{\frac{l}{2}} dE_r = 2\int_{0}^{\frac{l}{2}} \frac{q}{l}\frac{r\,dz}{4\pi\varepsilon_0(z^2+r^2)^{\frac{3}{2}}}\vec{e}_r = \frac{q}{4\pi\varepsilon_0 r\sqrt{\frac{l^2}{4}+r^2}}\vec{e}_r .$$

$$(11.3.1)$$

当在远处，即 $r \gg l$ 时，电场强度大小为

$$E \approx \frac{q}{4\pi\varepsilon_0 r^2},$$

这与点电荷的电场形式相同，也就是说，在远处看，有限长的均匀带电细棒表现得和点电荷近似相同．

均匀带电圆环轴线上的电场

一半径为 R 的圆环，其上均匀分布有电荷，总电量为 Q，如图 11-8 所示，现计算其轴线上的电场．

选圆环中点 O 为坐标原点，轴线所在直线为 z 轴．在圆环上任取电荷元 dq，其对轴线上某点 P 的电场贡献为

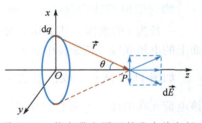

图 11-8 均匀带电圆环轴线上的电场

$$d\vec{E} = \frac{dq}{4\pi\varepsilon_0 r^2}\frac{\vec{r}}{r}.$$

考虑到圆环具有轴对称性，圆环上某电荷元与相对于轴线对称的电荷元在 P 点处将产生大小相同的电场，同时这两个电场垂直于 z 轴的电场强度分量大小相同、方向相反，因此会相互抵消，仅留下 z 轴方向上的电场强度分量 E_z，这两个电荷元在轴线上的电场强度叠加后的方向为 $\pm z$ 轴方向．

由对称性分析知，整个带电圆环在轴线上的电场，其垂直于 z 轴的电场强度分量为 0，电场的方向为 $\pm z$ 轴方向，即

$$\vec{E} = E_z\frac{z}{|z|}\vec{k}.$$

电荷元所产生电场在 z 轴方向上的电场强度分量为

$$\mathrm{d}E_z = \mathrm{d}E\cos\theta = \frac{z}{r}\frac{\mathrm{d}q}{4\pi\varepsilon_0 r^2}.$$

沿圆环对电场积分可得

$$\vec{E} = \oint_L \mathrm{d}\vec{E} = \oint_L \vec{k}\,\mathrm{d}E_z = \oint_L \vec{k}\frac{z\mathrm{d}q}{4\pi\varepsilon_0 r^3} = \frac{z}{4\pi\varepsilon_0 r^3}\vec{k}\oint_L \mathrm{d}q = \frac{zQ}{4\pi\varepsilon_0 r^3}\vec{k}.$$

考虑到

$$r^2 = R^2 + z^2 ,$$

因此，

$$\vec{E} = \frac{zQ}{4\pi\varepsilon_0 \left(z^2 + R^2\right)^{\frac{3}{2}}}\vec{k}. \tag{11.3.2}$$

当 P 点距离圆环很远，即 $z \gg R$ 时，可知

$$E = \frac{Q}{4\pi\varepsilon_0 z^2}.$$

因此，均匀带电圆环在远处的电场同样近似表现为点电荷的电场．

均匀带电圆平面轴线上的电场

将上文中的圆环扩展成一个半径为 R 的圆平面，其上均匀分布有电荷，总电量为 Q，现计算其轴线上的电场．

如图 11-9 所示，圆平面可以视为不同半径的圆环的叠加，因此取与上文所述相同的坐标和标记．圆面上一半径为 R'、宽度为 $\mathrm{d}R'$ 的圆环在轴线上 P 点处的电场强度大小为

$$\mathrm{d}E = \frac{z\mathrm{d}q}{4\pi\varepsilon_0 \left(z^2 + R'^2\right)^{\frac{3}{2}}},$$

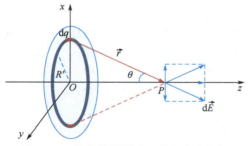

图 11-9 均匀带电圆平面轴线上的电场

其中 $\mathrm{d}q$ 为圆环上电荷的总电量，其大小为

$$\mathrm{d}q = \frac{Q}{\pi R^2}2\pi R'\mathrm{d}R' = \frac{2Q}{R^2}R'\mathrm{d}R'.$$

因此，P 点处电场强度在 z 轴方向上的分量大小为

$$E = \int_0^R \frac{2QzR'\mathrm{d}R'}{4\pi\varepsilon_0 R^2\left(z^2 + R'^2\right)^{\frac{3}{2}}} = \frac{Q}{2\pi\varepsilon_0 R^2}\left[1 - \frac{z}{\sqrt{z^2 + R^2}}\right]. \tag{11.3.3}$$

当在远处，即 $z \gg R$ 时，可知

$$E = \frac{Q}{2\pi\varepsilon_0 R^2}\left[1 - \left(1 + \frac{R^2}{z^2}\right)^{-\frac{1}{2}}\right] = \frac{Q}{2\pi\varepsilon_0 R^2}\left[1 - \left(1 - \frac{1}{2}\frac{R^2}{z^2}\right)\right] = \frac{Q}{2\pi\varepsilon_0 R^2} \cdot \frac{1}{2}\frac{R^2}{z^2} = \frac{Q}{4\pi\varepsilon_0 z^2}.$$

从远处看，均匀带电圆平面在远处的电场同样近似表现为点电荷的电场.

若圆平面为无限大，即 $R \to \infty$ 时，可得

$$E = \frac{Q}{2\pi\varepsilon_0 R^2} = \frac{\sigma}{2\varepsilon_0}, \tag{11.3.4}$$

其中 $\sigma = \dfrac{Q}{\pi R^2}$ 为电荷面密度. 此时电场强度大小为常数，与观测点和带电平面之间的距离无关. 对无穷大的带电平面而言，与带电平面垂直的任意轴线都可以认为是其对称轴，这样上式的结果与观测点的具体位置完全无关了，也就是说，对于无限大的均匀带电平面，空间中任意点的电场强度的大小都是相同的. 当无限大的均匀带电平面带正电荷时，电场强度的方向为垂直于平面向外. 反之，当无限大的均匀带电平面带负电荷时，电场强度的方向为垂直于平面向内. 当然，不可能存在无限大的均匀带电平面，但对于一般的带电平面，当距离该面足够近时，即观测点与带电平面之间的距离远小于带电平面的尺度时，可近似认为带电平面是无限大的，此时可以用式(11.3.4)作为该观测点处电场强度的近似值.

电偶极子的电场

对于两个带有相同电量的异号电荷，在相对于它们之间的间距很远的地方观测这个电荷系统时，将其称为 电偶极子. 设这样的电荷系统中每个点电荷的电量大小都为 q，其中正电荷相对于负电荷的位置矢量为 $\vec{l}$，定义该电偶极子的电偶极矩为

$$\vec{p} = q\vec{l}.$$

根据之前讨论的几种情况来看，很可能在远处看，电偶极子的表现也应该像点电荷，其电量为该电偶极子电荷的总电量. 然而电偶极子电荷的总电量为零，那么是不是在距离电偶极子很远的地方就没有电场了呢？考虑到在空间中的任意点，一般来说，距离电偶极子的两个电荷距离不同，相对方向也不一致，因此，在远处两个电荷分别产生的电场强度无法完全抵消，从而远处的电场强度并不为零. 但由于电偶极子的两个电荷其电荷性质是相反的，因此在远处两个电荷产生的电场会抵消大部分，最后保留的将是个小量（相对于单个点电荷在该处产生的电场而言）.

如图 11-10 所示，P 点相对于正负点电荷的位置矢量为

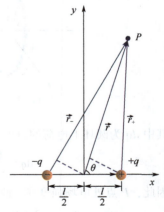

图 11-10　电偶极子的电场

$$\vec{r}_+ = \vec{r} - \frac{\vec{l}}{2}, \qquad \vec{r}_- = \vec{r} + \frac{\vec{l}}{2}, \tag{11.3.5}$$

正负点电荷在 P 点处的电场强度分别为

$$\vec{E}_+ = \frac{q\vec{r}_+}{4\pi\varepsilon_0 |\vec{r}_+|^3},$$

$$\vec{E}_- = -\frac{q\vec{r}_-}{4\pi\varepsilon_0 |\vec{r}_-|^3},$$

因此，P 点处的电场强度为

$$\vec{E} = \vec{E}_+ + \vec{E}_- = \frac{q\vec{r}_+}{4\pi\varepsilon_0 |\vec{r}_+|^3} - \frac{q\vec{r}_-}{4\pi\varepsilon_0 |\vec{r}_-|^3} = \frac{q}{4\pi\varepsilon_0}\left(\frac{\vec{r}_+}{r_+^3} - \frac{\vec{r}_-}{r_-^3}\right).$$

由式(11.3.5)可得

$$r_+^2 = r^2 + \frac{l^2}{4} - \vec{r}\cdot\vec{l}, \quad r_-^2 = r^2 + \frac{l^2}{4} + \vec{r}\cdot\vec{l},$$

因此，

$$r_\pm^{-3} = r^{-3}\left[1 + \frac{l^2}{4r^2} \mp \frac{\vec{r}\cdot\vec{l}}{r^2}\right]^{-\frac{3}{2}}.$$

当在远处观测，即 $r \gg l$ 时，

$$r_+^{-3} \approx r^{-3}\left(1 + \frac{3}{2}\frac{\vec{r}\cdot\vec{l}}{r^2}\right), \quad r_-^{-3} \approx r^{-3}\left(1 - \frac{3}{2}\frac{\vec{r}\cdot\vec{l}}{r^2}\right),$$

考虑到

$$\vec{r}_+ - \vec{r}_- = -\vec{l}, \quad \vec{r}_+ + \vec{r}_- = 2\vec{r},$$

最后可得 P 点处的电场强度为

$$\vec{E} = \frac{q}{4\pi\varepsilon_0 r^3}\left[\vec{r}_+ - \vec{r}_- + (\vec{r}_+ + \vec{r}_-)\frac{3}{2}\frac{\vec{r}\cdot\vec{l}}{r^2}\right] = \frac{-\vec{p} + 3(\hat{r}\cdot\vec{p})\hat{r}}{4\pi\varepsilon_0 r^3}. \tag{11.3.6}$$

在两点电荷的连线上，正点电荷右侧一点 P 处 $\hat{r}$ 方向与电偶极矩方向平行，则

$$\hat{r}\cdot\vec{p} = p.$$

因此，该处的电场强度为

$$\vec{E} = \frac{2\vec{p}}{4\pi\varepsilon_0 r^3}. \tag{11.3.7}$$

而在电偶极子的中垂线上，由于 $\hat{r}$ 与电偶极子垂直，有

$$\hat{r}\cdot\vec{p} = 0,$$

因此该处的电场强度为

$$\vec{E} = \frac{-\vec{p}}{4\pi\varepsilon_0 r^3}. \tag{11.3.8}$$

注意到在距离电偶极子较远的地方，电场强度的大小是与距离的 3 次方成反比的，而对单个点电荷而言，电场强度的大小是与距离的平方成反比的，因此，电偶极子在远处的电场强度的大小远小于具有相应电量的单个点电荷的电场强度的大小.

11.4 高斯定理

类似于流体力学中流量的概念，流量是相对于流体中的速度场定义的，对于其他矢量场，能否定义与流量相类似的物理量？答案是肯定的．通常把这样定义的物理量称为相应矢量场的通量，流量是流体中速度场的通量，对于电场，这一通量称为电场强度通量，简称电通量．如图 11-11 所示，对于面元 $\mathrm{d}S$，通过此面元的电通量 $\mathrm{d}\Phi_e$ 定义为该处电场垂直于面元的分量与面元大小的乘积，即

$$\mathrm{d}\Phi_e = \vec{E} \cdot \mathrm{d}\vec{S}, \tag{11.4.1}$$

其中面元的方向定义为垂直于该面元的方向．垂直于面元的方向有两个，可根据需要选择其一；对于闭合曲面，通常取向外的方向．从电场线的角度来看，电通量对应于通过面元的电场线数量．

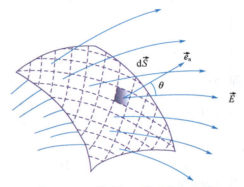

图 11-11　通过任一曲面的电通量

对于任一曲面 S，通过此曲面的电通量为

$$\Phi_e = \iint_S \vec{E} \cdot \mathrm{d}\vec{S}. \tag{11.4.2}$$

对于点电荷 q，若选取以其为球心、半径为 r 的球面作为闭合曲面，则球面上的面元用球坐标可表示为

$$\mathrm{d}\vec{S} = \frac{\vec{r}}{r} r^2 \sin\theta \mathrm{d}\theta \mathrm{d}\varphi, \tag{11.4.3}$$

通过该闭合曲面的电通量为

$$\oiint_S \vec{E} \cdot \mathrm{d}\vec{S} = \frac{q}{4\pi\varepsilon_0} \int_0^\pi \sin\theta \mathrm{d}\theta \int_0^{2\pi} \mathrm{d}\varphi = \frac{q}{\varepsilon_0}. \tag{11.4.4}$$

可以看到，此时的电通量取决于高斯面所包围的电荷电量大小．

对于上述积分，由于高斯面处的电场强度与距离 r 的平方成反比，而式(11.4.3)中的面元与距离 r 的平方成正比，因此通过上述面元的电通量是与距离 r 无关的．于是，此电通量可以写成

$$d\Phi_e = \vec{E} \cdot d\vec{S} = \frac{q}{4\pi\varepsilon_0 r^2} r^2 \sin\theta d\theta d\varphi = \frac{q}{4\pi\varepsilon_0} \sin\theta d\theta d\varphi = \frac{q}{4\pi\varepsilon_0} d\Omega,$$

$$(11.4.5)$$

而通过闭合曲面的电通量为

$$\Phi_e = \oiint_S d\Phi_e = \frac{q}{4\pi\varepsilon_0} \oiint_S d\Omega, \qquad (11.4.6)$$

其中

$$d\Omega = \sin\theta d\theta d\varphi, \qquad (11.4.7)$$

称为 立体角微元. 立体角是平面角在三维空间的拓展. 如图 11–12 所示，平面角 $d\theta$ 体现了该角所张的圆弧上弧长 dl 与半径 r 间的关系

$$dl = rd\theta, \qquad (11.4.8)$$

而立体角 $d\Omega$ 体现了圆锥面元与半径间的关系

$$dS = r^2 d\Omega. \qquad (11.4.9)$$

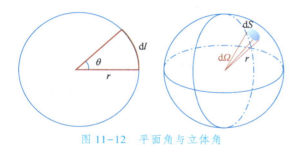

图 11–12 平面角与立体角

由于球面的面积为 $4\pi r^2$，因此相对于球心，球面所对应的立体角为 4π. 正如由两条相交直线所张成的平面角反映的是这两条直线如何将平面分割开，而与连接这两条直线的具体弧线无关，立体角也只是体现了一个锥体是如何分割三维空间的，而与锥体上的锥面的具体形状无关.

若选取的闭合曲面不是一个球面，则闭合曲面上任意一面元 dS 的方向可能并不在 $\hat{r}$ 方向上，点电荷的电场在这个面元上的电通量为

$$d\Phi_e = \vec{E} \cdot d\vec{S} = \frac{q}{4\pi\varepsilon_0 r^2} \hat{r} \cdot d\vec{S}. \qquad (11.4.10)$$

然而，如图 11–13 所示，$d\vec{S}$ 在 $\hat{r}$ 方向上的投影为

$$\hat{r} \cdot d\vec{S} = r^2 \sin\theta d\theta d\varphi, \quad (11.4.11)$$

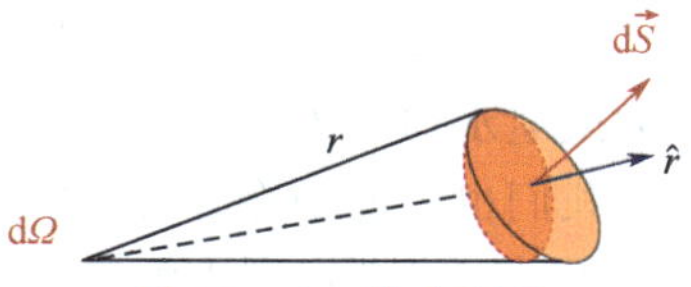

因此，从式(11.4.10)可以看到，对于点电荷，即使所选取的闭合曲面不是一个球面，只要闭合曲面将电荷包围在其中，则电通量积分的结果依然是

图 11–13 任意面元

$$\Phi_e = \frac{q}{\varepsilon_0}. \qquad (11.4.12)$$

其原因是此时相对于电荷，闭合曲面的立体角始终为 4π.

当闭合曲面没有将电荷包围起来时，则电通量为零，即

$$\Phi_e = 0. \tag{11.4.13}$$

其原因是此时相对于电荷，闭合曲面的立体角为零.

用电场线图示电场时，由于电场线的线密度代表电场强度的大小，因此电通量的大小也可以用穿过闭合曲面的电场线的多少来代表. 相对于面元方向，如果电场线是穿出闭合曲面的，则该面元上的电通量为正，反之为负. 对上面讨论的点电荷的电通量来说，如果高斯面将点电荷包围起来，无论其几何形状如何，所有的电场线都穿过闭合曲面，因此，总电通量与闭合曲面的几何形状无关. 而当闭合曲面没有包围点电荷时，穿入闭合曲面的电场线会再次从闭合曲面穿出，因此，总电通量为零.

对于多点电荷系统，利用场强叠加原理，在一般情况下可以得到

$$\oiint_S \vec{E} \cdot d\vec{S} = \frac{1}{\varepsilon_0} \sum_V q_{int}. \tag{11.4.14}$$

对于电荷连续分布的带电体，若电荷体密度为 ρ，则有

$$\oiint_S \vec{E} \cdot d\vec{S} = \frac{1}{\varepsilon_0} \iiint_V \rho dV. \tag{11.4.15}$$

$\sum_V q_{int}$ 和 $\iiint_V \rho dV$ 都是闭合曲面 S 内总电荷的电量. 上式可表述如下：通过任一闭合曲面的电通量，等于该闭合曲面包围的所有电荷的电量代数和乘以 $\frac{1}{\varepsilon_0}$，这称为高斯定理. 高斯定理中的闭合曲面通常称为高斯面.

在理解高斯定理时，应当注意到空间中任意一点的电场都是所有电荷产生的电场的叠加，闭合曲面处的电场也是这样. 但是，高斯定理表明通过闭合曲面的电通量仅与曲面内部电荷有关，而与曲面外部的电荷无关. 造成这样结果的原因之一是，电通量对应的是整体效果，即电通量是电场在曲面上的通量积分；另一个原因是库仑力与距离间的关系是平方反比.

电通量的表现可以与水流相对比，由于水可视为不可压缩流体，因此在匀质水管一端单位时间内流入了多少水，在其另一端同时就会流出多少水，这个流水量就是水流的通量. 如果在水流中取一个闭合曲面，则相同时间内流入该曲面的水和流出该曲面的水是一样多的，因此总的通量为零. 如果发现有通量不为零的情况出现，则说明在该闭合曲面内有额外的水源或泄水口. 对于电场，这样的水源或泄水口就对应着正负电荷，因此，我们也将电场称为有源场.

另外，高斯定理为解决具有很强对称性(只与一个空间坐标有关)的静电场问题提供了一种有效的方法.

例 11-2 计算电量为 q 的点电荷的电场强度.

解 对于点电荷 q，选取以点电荷 q 为球心的球面作为高斯面，如图 11-14 所示. 考虑到点电荷的电场具有球对称性，在距离点电荷 q 相同距离 r 处的电场强度大小应该是一样的，而方向应与 $\vec{r}$ 相同或相反，否则会破坏球对称性. 因此，$\vec{r}$ 处电场强度应该表示为

$$\vec{E} = E(r)\frac{\vec{r}}{r}. \qquad (11.4.16)$$

对于上述高斯面，可得

$$\Phi_e = \oiint_s \vec{E}\cdot\mathrm{d}\vec{S} = \oiint_s E(r)\,r^2\mathrm{d}\Omega = 4\pi r^2 E(r)\,.$$

根据高斯定理，电通量应为

$$\Phi_e = \frac{q}{\varepsilon_0},$$

于是可得

$$\vec{E} = \frac{q}{4\pi\varepsilon_0 r^2}\frac{\vec{r}}{r}, \qquad (11.4.17)$$

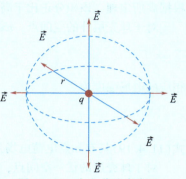

图 11-14　点电荷的高斯面

上式就是点电荷的电场强度．

例 11-3　计算内外半径分别为 R_1 和 R_2、电量为 Q 的均匀带电球壳层的电场强度．

解　内外半径分别为 R_1 和 R_2 的球壳层上电荷 Q 均匀分布，在这种情况下，电荷的分布具有球对称性．相应地，电场同样具有球对称性，类似之前点电荷的情况，电场的形式应当为

$$\vec{E} = E(r)\frac{\vec{r}}{r}. \qquad (11.4.18)$$

球壳层将空间分割为球壳层外、球壳层内及球壳层 3 个区域，因此，我们需要对这 3 个区域分别分析，如图 11-15 所示．

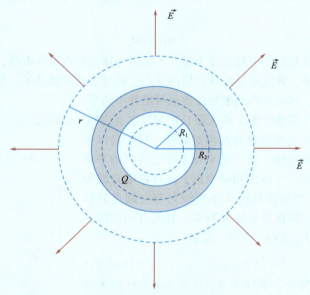

图 11-15　均匀带电球壳层

以球壳层的球心为球心，取半径为 r 的球面作为高斯面，电通量为

$$\Phi_e = \oiint_s \vec{E}\cdot\mathrm{d}\vec{S} = \oiint_s E(r)\,r^2\mathrm{d}\Omega = 4\pi r^2 E(r)\,.$$

根据高斯定理，该积分正比于高斯面内包含的总电荷电量.

对于球壳层外的空间点，$r>R_2$，高斯面将所有电荷 Q 都包围在其中，因此有

$$\Phi_e = \frac{Q}{\varepsilon_0}.$$

相应的电场强度为

$$\vec{E} = \frac{Q}{4\pi\varepsilon_0 r^2}\frac{\vec{r}}{r}, \quad r>R_2, \tag{11.4.19}$$

式(11.4.19)具有和点电荷电场强度相同的形式.

对于球壳层的任一空间点，$R_2>r>R_1$，高斯面仅将部分电荷包围在其中.球壳层的体电荷密度为

$$\rho = \frac{3Q}{4\pi(R_2^3 - R_1^3)},$$

因此，根据高斯定理，高斯面上的电通量应该为

$$\Phi_e = \frac{Q}{\varepsilon_0}\frac{r^3 - R_1^3}{R_2^3 - R_1^3},$$

相应的电场强度为

$$\vec{E} = \frac{Q}{4\pi\varepsilon_0 r^2}\frac{r^3-R_1^3}{R_2^3-R_1^3}\frac{\vec{r}}{r}, \quad R_2>r>R_1. \tag{11.4.20}$$

对于球壳层内的空间点，$r<R_1$，高斯面内没有电荷，因此其上的电通量为零，相应的电场强度也为零，即

$$\vec{E} = 0, r<R_1. \tag{11.4.21}$$

需要注意的是，球壳层内的电场强度为零并不是因为球壳层内没有电荷，而是因为在这种特殊的电荷分布情况下，各处电荷在球壳层内部产生的电场相互抵消了.如果球壳层上的电荷并不是均匀分布的，球壳层内的电场强度很可能并不是零.

例 11-4 计算线电荷密度为 λ 的无限长均匀带电直线的电场强度.

解 该无限长均匀带电直线具有两种对称性，其一是以带电直线为轴的旋转对称性；其二是平行于带电直线的平移对称性.根据对称性，可以采用轴坐标，并以带电直线为 z 轴；根据对称性，电场强度的大小应该只与空间点到带电直线的距离有关，即仅与坐标 R 有关，且其方向应该在垂直于直线的径向上，即 $\vec{e}_R$ 方向，故有

$$\vec{E} = E(R)\vec{e}_R. \tag{11.4.22}$$

取以带电直线为轴、半径为 R、长度为 l 的柱面为高斯面，如图 11-16 所示.高斯面上下底面的方向 $\vec{n}$ 与电场方向垂直，因此，在这两个面上的电通量为零；而在高斯面的侧面上，各面元的方向即为 $\vec{e}_R$ 方向.因此，高斯面上的总电通量为

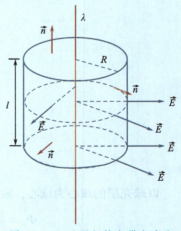

图 11-16 无限长均匀带电直线

$$\Phi_e = \oiint_S \vec{E} \cdot d\vec{S} = \iint_{侧面} E(R)\, Rd\varphi dz = 2\pi R l E(R)\ .$$

高斯面内包含的电荷电量为

$$q = \lambda l,$$

根据高斯定理，总电通量为

$$\Phi_e = \frac{\lambda l}{\varepsilon_0}.$$

相应地，电场强度为

$$\vec{E} = \frac{\lambda}{2\pi R \varepsilon_0}\vec{e}_R. \tag{11.4.23}$$

例 11-5　计算电荷面密度为 σ 的无限大均匀带电平面的电场强度.

解　考虑一均匀带电的无限大平面，其电荷面密度为 σ. 这样的带电平面具有相对于平面的镜像对称性，同时具有平行于平面的二维平移对称性以及各向同性. 因此，电场强度的大小应仅与空间点到平面的距离 l 有关，

$$E = E(l)\ , \tag{11.4.24}$$

方向应与平面垂直，且在平面两边方向相反. 如图 11-17 所示，取垂直于平面的闭合圆柱面为高斯面，且圆柱面在平面两侧的长度相同，圆柱面的横截面的面积为 S. 由于此高斯面的侧面方向 $\vec{n}$ 与电场强度方向垂直，因此高斯面侧面上的电通量为零. 高斯面的两个底面的方向都与电场强度方向相同（或相反），因此，高斯面上的总电通量为

$$\Phi_e = \oiint_S \vec{E} \cdot d\vec{S} = 2\iint_{底面} E(l)\, dS = 2E(l)\, S\ .$$

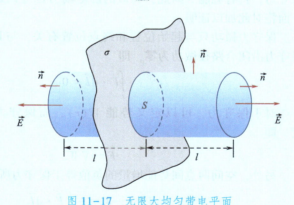

图 11-17　无限大均匀带电平面

根据高斯定理，高斯面上的总电通量应为

$$\Phi_e = \frac{Q}{\varepsilon_0} = \frac{\sigma S}{\varepsilon_0},$$

由此可得电场强度大小为

$$E = \frac{\sigma}{2\varepsilon_0}. \tag{11.4.25}$$

若平面上所带电荷为正，则电场强度的方向垂直向外；反之，若平面上所带电荷为负，则电

场强度的方向垂直向内. 之前的分析认为该带电体的电场强度大小仅与空间点到平面的距离有关，而式(11.4.25)表明该带电体的电场强度大小为常数，这并不与之前的分析相矛盾.

例 11-6　计算两个平行的无限大均匀带电平面的电场强度.

解　如图 11-18 所示，两个无限大均匀带电平面相互平行，其中一个平面带正电，电荷面密度为 $+\sigma$，另一个平面带负电，电荷面密度为 $-\sigma$. 两个无限大带电平面将空间分为 3 个区域. 由于两带电平面所带电荷的面密度大小相同，一个带正电，另一个带负电，因此在外侧的两个区域 I 和 III，两带电平面分别产生的电场的电场强度大小相同、方向相反，相互抵消，即有

$$E_{\text{I}} = E_{\text{III}} = E_1 - E_2 = 0. \qquad (11.4.26)$$

而在内侧的区域 II，两带电平面分别产生的电场的电场强度大小相同、方向相同，总电场变强，有

$$E_{\text{II}} = E_1 + E_2 = \frac{\sigma}{2\varepsilon_0} + \frac{\sigma}{2\varepsilon_0} = \frac{\sigma}{\varepsilon_0}. \qquad (11.4.27)$$

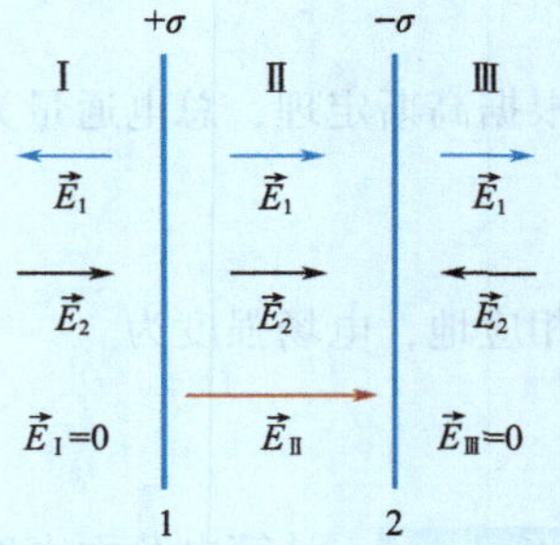

图 11-18　无限大均匀带电平行板

这一结果在之后平行板电容器的讨论中非常重要.

11.5 静电场的环路定理　电势

静电场力的基本形式与万有引力的基本形式非常相似，二者都是有心力，其大小只与距离的平方成反比，且具有各向同性的特性. 万有引力是保守力，具有势能. 因此，类似的静电场力也应该是保守力并具有势能，下面将对此加以证明.

保守力做功只与起始位置和终点位置有关，与具体路径无关，因此，保守力沿闭合路径做功为零，即

$$\oint_L \vec{F} \cdot \mathrm{d}\vec{l} = 0. \qquad (11.5.1)$$

对于保守力，可以定义势能 $W(\vec{r})$，而保守力等于其势能的负梯度，即

$$\vec{F} = -\nabla W. \qquad (11.5.2)$$

另外，空间两点间势能增量的负值等于保守力所做的功，即

$$\Delta W = W_f - W_i = -\int_i^f \vec{F} \cdot \mathrm{d}\vec{l}. \qquad (11.5.3)$$

设坐标原点处固定一个点电荷 Q，一个试探电荷 q_0 在点电荷 Q 的静电场力作用下移动，如图 11-19 所示. 移动过程中静电场力所做的元功为

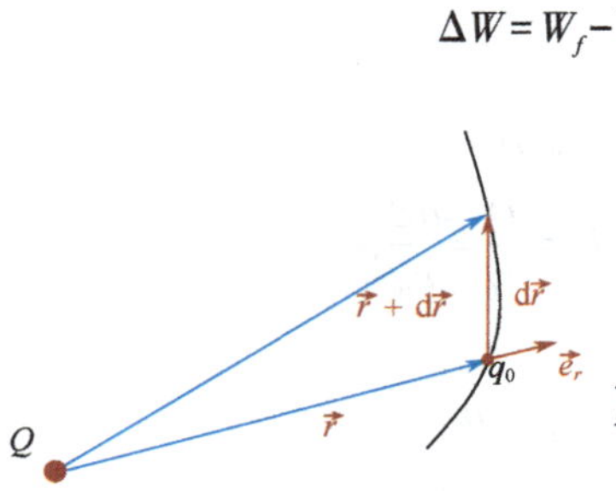

图 11-19　静电场力做功

$$\vec{F} \cdot \mathrm{d}\vec{r} = q_0 \vec{E} \cdot \mathrm{d}\vec{r} = \frac{q_0 Q}{4\pi\varepsilon_0 r^2} \vec{e}_r \cdot \mathrm{d}\vec{r} = \frac{q_0 Q}{4\pi\varepsilon_0 r^2} \mathrm{d}r.$$

$$(11.5.4)$$

若试探电荷 q_0 从 a 点经过任意路径

acb 到达 b 点，如图 11-20 所示，则静电场力所做的功为

$$\int_a^b \vec{F} \cdot \mathrm{d}\vec{l} = q_0 \int_a^b \vec{E} \cdot \mathrm{d}\vec{l} = \frac{q_0 Q}{4\pi\varepsilon_0}\left(\frac{1}{r_a} - \frac{1}{r_b}\right).$$

$$(11.5.5)$$

我们可以看到，这个功的值仅与 a、b 两点的坐标有关，跟 acb 路径没有关系．

如果试探电荷 q_0 在点电荷系统 q_1，q_2，$\cdots$，q_n 的电场中移动，则它所受到的电场力等于各个点电荷的电场力的矢量和，即

图 11-20　静电场力
沿不同路径做功

$$\vec{F} = \vec{F}_1 + \vec{F}_2 + \cdots + \vec{F}_n = \sum_{i=1}^n \vec{F}_i.$$

试探电荷 q_0 在上述点电荷系统的电场中从 a 点经过任意路径 acb 到达 b 点时，电场力 $\vec{F}$ 所做的功为

$$\int_a^b \vec{F} \cdot \mathrm{d}\vec{l} = \int_a^b \vec{F}_1 \cdot \mathrm{d}\vec{l} + \int_a^b \vec{F}_2 \cdot \mathrm{d}\vec{l} + \cdots + \int_a^b \vec{F}_n \cdot \mathrm{d}\vec{l} = \sum_{i=1}^n \frac{q_0 q_i}{4\pi\varepsilon_0}\left(\frac{1}{r_{ia}} - \frac{1}{r_{ib}}\right),$$

$$(11.5.6)$$

式中 r_{ia}、r_{ib} 分别为 q_i 到 a 点和 b 点的距离．由于任何静电场都可视为点电荷系统中各点电荷单独存在时电场的叠加，因此可得出：试探电荷在任何静电场中移动时，电场力所做的功只与此试探电荷的电量大小以及路径的起点位置和终点位置有关，而与具体路径无关．

因此，当试探电荷沿着路径 acb 从 a 点运动到 b 点之后，又经过路径 $bc'a$ 运动回 a 点，从而形成一个闭合回路时，如图 11-20 所示，静电场力做的功为零，即

$$\oint_L q_0 \vec{E} \cdot \mathrm{d}\vec{l} = 0.$$

由于试探电荷 $q_0 \neq 0$，所以上式也可写为

$$\oint_L \vec{E} \cdot \mathrm{d}\vec{l} = 0. \qquad (11.5.7)$$

上式的左边是电场强度沿闭合路径的线积分，称为电场强度 $\vec{E}$ 的 环流．因此，上式可表述为电场强度 $\vec{E}$ 的环流等于零，它是反映静电场基本特性的又一个重要规律，称为 静电场的环路定理．

任何力场，只要具备其环流为零的特征，则称为 保守力场 或 势场．综合静电场的高斯定理和环路定理，可知静电场是有源的保守力场；又由于电场线是不闭合的，即不形成漩涡，所以静电场是无旋场．

试探电荷 q_0 在静电场中沿闭合路径 L 移动时，静电场力做的功为零，静电场力为保守力，由此可引进电势能的概念．在研究静电场的性质时，可以认为试探电荷 q_0 在静电场中一定的位置处具有一定的电势能 $W(\vec{r})$，此电势能是属于试探电荷 q_0 和静电场这个系统的．这就是说，电势能与静电场的性质有关，也与处于静电场中的试探电荷的电量有关，它并不能直接描述某一给定点处静电场的性质，但是，比值 $\dfrac{W(\vec{r})}{q_0}$ 却与试探电荷 q_0 无关，只与静电

场中给定点处静电场的性质有关. 因此, 我们可以用这一比值作为表征静电场中给定点电场性质的物理量, 称为电势, 用 $V(\vec{r})$ 表示 $\vec{r}$ 处的电势, 即

$$V(\vec{r}) = \frac{W(\vec{r})}{q_0}. \tag{11.5.8}$$

由式(11.5.3)可知, 空间 a、b 两点间的电势差为

$$V_b - V_a = -\frac{1}{q_0}\int_a^b q_0 \vec{E} \cdot \mathrm{d}\vec{l} = -\int_a^b \vec{E} \cdot \mathrm{d}\vec{l}. \tag{11.5.9}$$

类似于保守力是其势能的负梯度, 作用在单位正电荷上的静电场力为相应电势的负梯度, 即电场强度等于电势的负梯度,

$$\vec{E} = \frac{\vec{F}}{q_0} = \frac{-\nabla W}{q_0} = -\nabla V. \tag{11.5.10}$$

电势与电场本身有关, 与受到电场力作用的试探电荷电量大小无关. 对于处在电场中的一个电荷 q, 其电势能为电场中该处的电势乘以它的电量. 电势是电场自身的特性, 而电势能是电场和置于电场中电荷的特性.

电势的单位对应于能量单位和电量单位的比值. 在国际单位制中, 电势的单位称为伏特, 用字母 V 表示,

$$1\mathrm{V} \equiv \frac{1\mathrm{J}}{1\mathrm{C}}.$$

电场强度的单位与电势的单位具有以下关系:

$$1\,\frac{\mathrm{N}}{\mathrm{C}} = 1\,\frac{\mathrm{N} \cdot \mathrm{m}}{\mathrm{C} \cdot \mathrm{m}} = 1\,\frac{\mathrm{J}}{\mathrm{C} \cdot \mathrm{m}} = 1\,\frac{\mathrm{V}}{\mathrm{m}}.$$

将一个电子放置在 1V 的电势差下运动, 电子受到的电场力做功为

$$1\mathrm{eV} = 1.602176634 \times 10^{-19}\mathrm{J}. \tag{11.5.11}$$

通常把上述值视为一种能量单位, 称为电子伏, 符号为 eV. 在讨论分子、原子乃至于基本粒子等微观粒子时, 电子伏是一个常用的单位.

类似于电势能, 电势在某点处绝对值的意义并不大, 重要的是空间中两点间的电势差

$$V_b - V_a = \int_b^a \vec{E} \cdot \mathrm{d}\vec{l}. \tag{11.5.12}$$

通常我们会选择空间中某一点的电势为 0, 其他空间点的电势大小为相对于电势零点的电势差,

$$V_a = 0 \rightarrow V_b = \int_b^a \vec{E} \cdot \mathrm{d}\vec{l}. \tag{11.5.13}$$

电势零点的选择以分析问题的方便来确定. 在理论计算时, 有限大小的带电体的电势零点通常选在无限远处; 在实际应用或研究电路问题时常取大地、仪器外壳等为电势零点.

若取无穷远为电势零点, 则点电荷在空间任一点 $\vec{r}_P$ 处的电势为

$$V_P = \int_P^\infty \vec{E} \cdot \mathrm{d}\vec{l} = \int_{r_P}^\infty \frac{q}{4\pi\varepsilon_0 r^2}\mathrm{d}r = \frac{q}{4\pi\varepsilon_0 r_P}. \tag{11.5.14}$$

一般情况下, 我们把点电荷的电势写成

$$V = \frac{1}{4\pi\varepsilon_0}\frac{q}{r}. \tag{11.5.15}$$

点电荷的电势是一个标量, 且具有球对称特性.

对于多个点电荷组成的电荷系统, 设点 P_0 处的电势为零, 根据场强叠加原理, 可得 P 点处的电势为

$$V = \int_P^{P_0} \vec{E} \cdot d\vec{l} = \int_P^{P_0} \sum_i \vec{E}_i \cdot d\vec{l} = \sum_i \int_P^{P_0} \vec{E}_i \cdot d\vec{l}. \qquad (11.5.16)$$

上式表明, 电荷系统在 P 点处的电势等于电荷系统中每一个点电荷单独存在时在 P 点处电势的代数和, 即

$$V = \sum_i V_i. \qquad (11.5.17)$$

这称为电势叠加原理.

例 11-7   计算半径为 R、电量为 Q 的均匀带电球体的电势.

解   对于均匀带电球体, 直接利用球体上不同位置电荷元的电势叠加来计算空间中任一点的电势比较麻烦, 我们可利用均匀带电球体的电场强度来进行电势计算.

如图 11-21 所示, 对于球外的任一点, $r > R$, 其电场强度大小为

$$E_r = \frac{Q}{4\pi\varepsilon_0 r^2},$$

因此, 该点处的电势为

$$V = -\int_\infty^r E_r dr = -\int_\infty^r \frac{Q}{4\pi\varepsilon_0 r^2} dr = \frac{Q}{4\pi\varepsilon_0 r}. \qquad (11.5.18)$$

对于球体内任一点, $r < R$, 其电场强度大小为

$$E_r = \frac{Qr}{4\pi\varepsilon_0 R^3}.$$

因此, 从该点到球体表面的电势差为

$$V_D - V_C = -\int_R^r E_r dr = -\int_\infty^r \frac{Qr}{4\pi\varepsilon_0 R^3} dr = \frac{Q}{8\pi\varepsilon_0 R^3}(R^2 - r^2). \qquad (11.5.19)$$

球体表面的电势为

$$V_C = \int_R^\infty E_r dr = \int_R^\infty \frac{Q}{4\pi\varepsilon_0 r^2} dl = \frac{Q}{4\pi\varepsilon_0 R}, \qquad (11.5.20)$$

球体内任一点的电势为

$$V_D = \int_r^\infty E_r dr = \int_r^R \frac{Qr}{4\pi\varepsilon_0 R^3} dr + \int_R^\infty \frac{Q}{4\pi\varepsilon_0 r^2} dr = \frac{Q}{8\pi\varepsilon_0 R}\left(3 - \frac{r^2}{R^2}\right). \qquad (11.5.21)$$

均匀带电球体的电势随 r 的变化如图 11-22 所示.

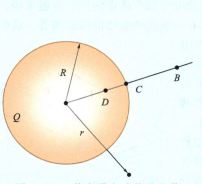
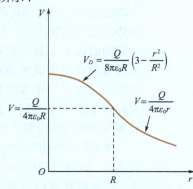

图 11-21   均匀带电球体的电势   图 11-22   均匀带电球体的电势曲线

例11-8　计算半径为 R、电量为 Q 的均匀带电球面的电势.

解　半径为 R 的球面上均匀带电,总电量为 Q. 该均匀带电球面可视为半径不同的一系列圆环的组合.

如图 11-23 所示,倾角为 θ 处宽度为 $d\theta$ 的圆环的面积为

$$dS = 2\pi R\sin\theta R d\theta,$$

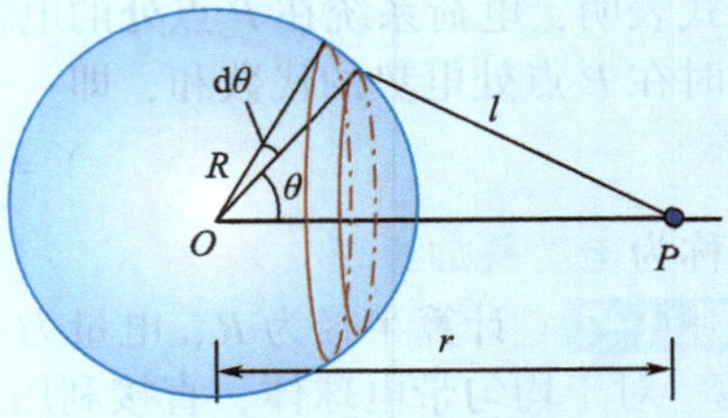

其所带电量为

$$dq = \sigma dS = \sigma 2\pi R^2 \sin\theta d\theta,$$

这一圆环在 P 点处的电势为

$$dV = \frac{dq}{4\pi\varepsilon_0 l} = \frac{1}{4\pi\varepsilon_0}\frac{\sigma 2\pi R^2 \sin\theta d\theta}{l} = \frac{q\sin\theta d\theta}{8\pi\varepsilon_0 l}.$$

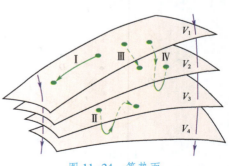

图 11-23　均匀带电球面

利用关系

$$l^2 = R^2 + r^2 - 2Rr\cos\theta,$$

对其微分可得

$$2ldl = 2rR\sin\theta d\theta,$$

因此,有

$$dV = \frac{qdl}{8\pi\varepsilon_0 rR}.$$

当 P 点处于球面外部时,$r>R$,该处的电势为

$$V = \int_{r-R}^{r+R}\frac{qdl}{8\pi\varepsilon_0 rR} = \frac{q}{4\pi\varepsilon_0 r}; \qquad (11.5.22)$$

当 P 点处于球面内部时,$r<R$,该处的电势为

$$V = \int_{R-r}^{R+r}\frac{qdl}{8\pi\varepsilon_0 rR} = \frac{q}{4\pi\varepsilon_0 R}. \qquad (11.5.23)$$

式(11.5.23)表明均匀带电球面内部的电势并不为零. 由式(11.4.21)可知均匀带电球面内部的电场为 0,而上式表明均匀带电球面内部的电势是一个常数. 这是因为电势是一个连续的函数,不会在空间中某点发生跃变. 电场强度是电势的负梯度,如果电势在空间中某处发生跃变,这就意味着该处的电场变化为无穷大,这是非物理的.

为更深入研究电场的特性,我们引入等势面的概念. 电势为零的参考点选定之后,静电场内各点的电势都有确定的值. 一般来说,静电场内的电势值是逐点变化的,但总有一些点的电势值彼此相等,这些点往往处于一定的曲面上. 我们把这些电势相等的点所组成的曲面称为**等势面**. 在同一个等势面上各点处的电势大小相同,任意两相邻等势面间的电势差相同.

电荷沿等势面移动时,电势差为零,如图 11-24 所示的情况 Ⅰ. 若电荷在移动过程中离开了等势面,但最终还是回到了

图 11-24　等势面

最初的等势面上，则电势差依然为零，如图 11-24 所示的情况Ⅱ. 若电荷从电势为 V_1 的等势面上移动到了电势为 V_2 的等势面上，则电势差为两个等势面上的电势之差，如图 11-24 所示的情况Ⅲ和情况Ⅳ.

$$V_{12} = V_1 - V_2. \tag{11.5.24}$$

电荷在等势面间运动时，电场力做功为电量乘以电势差，即

$$q(V_a - V_b) = qV_{ab}. \tag{11.5.25}$$

若电荷的运动起点和终点在同一个等势面上，则电场力做功为零，即

$$V_a = V_b \Rightarrow q(V_a - V_b) = 0.$$

如图 11-25 所示，考虑电势差为 ΔV 的相邻两个等势面，对于 P、P' 两点，它们之间的电势差满足关系

$$V_{P'} - V_P = (V + \Delta V) - V = \Delta V \approx -\vec{E} \cdot \vec{\Delta l} = E\Delta l\cos\theta = E\Delta n, \tag{11.5.26}$$

其中 Δn 是 Δl 在等势面 P 点处法线方向上的投影，也是 P 点处两等势面间的垂直距离，其指向沿电势增加的方向. 于是有

$$E \approx -\frac{\Delta V}{\Delta n}. \tag{11.5.27}$$

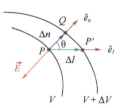

图 11-25　电势差与电场强度的关系

如图 11-25 所示，PQ 和 PP' 的夹角 θ 为零时，P 点处两等势面的间距为最小，PQ 是从 P 点出发到达另一等势面的最短距离，这一最短距离的方向即为等势面在 P 点处的法向方向，于是有

$$E = -\lim_{\Delta n \to 0} \frac{\Delta V}{\Delta n}, \tag{11.5.28}$$

即

$$\vec{E} = -\nabla V. \tag{11.5.29}$$

因此，电场中某一点的电场强度等于该点处电势的负梯度. 电场强度的方向由高电势处指向低电势处，电场强度和电势的上述关系与保守力等于势能的负梯度是类似的.

下面通过点电荷的电势来验证式（11.5.29），将点电荷的电势式（11.5.15）代入式（11.5.29）可得

$$\vec{E} = -\nabla V = -\nabla \frac{1}{4\pi\varepsilon_0} \frac{q}{r} = \frac{q}{4\pi\varepsilon_0} \frac{\vec{r}}{r^3},$$

由此可见，在点电荷的静电场中，电场强度总是与等势面垂直的，即电场线是和等势面正交的曲线簇.

一般情况下，在等势面上任取一个线元 $\mathrm{d}\vec{l}$，由式（11.5.12）可知，$\mathrm{d}V = -\vec{E} \cdot \mathrm{d}\vec{l} = 0$，即 $\vec{E}$ 垂直于 $\mathrm{d}\vec{l}$. 由此可得，电场线与等势面垂直. 下面是几种典型情况下电场线和等势面的图样.

均匀电场　均匀电场中的电场线是间隔相同的平行线，其等势面则是与电场线相互垂直的彼此平行的平面，如图 11-26 所示.

点电荷的电场　对于点电荷的电场，其等势面为同心球面，如图 11-27 所示. 由于某点处电势的大小与该点到点电荷的距离成反比，因此，对于电势差相同的等势面，在距离点电荷不同距离处，其间距是不一样的.

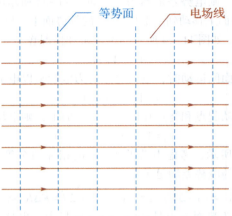

图 11-26 均匀电场的电场线和等势面

电偶极子的电场 对于电偶极子的电场，其电场线和等势面的图样相对于两个点电荷间的中垂面均呈现镜像对称的特性，如图 11-28 所示.

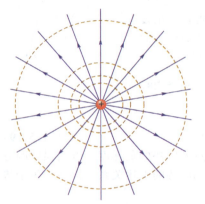

图 11-27 点电荷的电场线和等势面

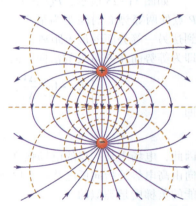

图 11-28 电偶极子的电场线和等势面

两平行带电平板的电场 两平行带电平板中间近似为均匀电场，而在边缘外附近电场强度快速减弱，电场线方向由带正电平板指向带负电平板，如图 11-29 所示.

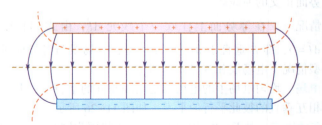

图 11-29 两平行带电平板的电场线和等势面

在计算带电体所产生的电势时，由于电势为标量，因此计算过程比较简单．计算电场强度时，可以先计算出带电体的电势，然后利用电场强度和电势的关系式（11.5.29）计算出电场强度．下面计算几种典型电荷分布下的电势和电场强度．

例 11-9 计算电偶极子的电势和电场强度．

解 建立球坐标系，电偶极子位于球坐标系原点，电偶极矩的方向沿 z 轴方向，如图 11-30 所示．空间中某点 P 相对于电偶极子的两个点电荷之间的距离分别为 r_+ 和 r_-，则 P 点处的电势为

$$V = V_+ + V_- = \frac{q}{4\pi\varepsilon_0}\left(\frac{1}{r_+} - \frac{1}{r_-}\right) = \frac{q}{4\pi\varepsilon_0}\frac{r_- - r_+}{r_+ r_-}.$$

在 P 点处，存在关系 $r \gg l$，因此有如下关系：

$$r_+ \approx r - \frac{l}{2}\cos\theta, \quad r_- \approx r + \frac{l}{2}\cos\theta.$$

于是有

$$r_- - r_+ \approx l\cos\theta, \quad r_+ r_- \approx r^2.$$

P 点处的电势为

$$V = \frac{ql\cos\theta}{4\pi\varepsilon_0 r^2},$$

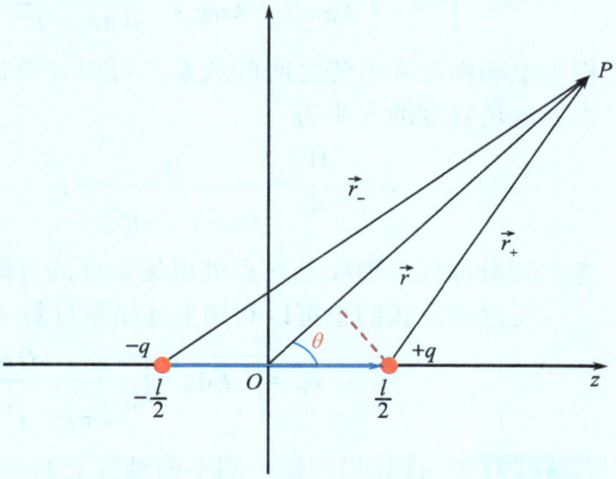

电偶极子的电偶极矩为 $\vec{p} = q\vec{l}$，于是有

$$V = \frac{p\cos\theta}{4\pi\varepsilon_0 r^2}. \qquad (11.5.30)$$

图 11-30 电偶极子的电势和电场

在球坐标系中，有

$$\vec{E} = -\nabla V = -\left(\frac{\partial V}{\partial r}\vec{e}_r + \frac{1}{r}\frac{\partial V}{\partial \theta}\vec{e}_\theta + \frac{1}{r\sin\theta}\frac{\partial V}{\partial \varphi}\vec{e}_\varphi\right),$$

则

$$E_r = -\frac{\partial V}{\partial r} = \frac{p\cos\theta}{2\pi\varepsilon_0 r^3}, \quad E_\theta = -\frac{1}{r}\frac{\partial V}{\partial \theta} = \frac{p\sin\theta}{4\pi\varepsilon_0 r^3}, \quad E_\varphi = -\frac{1}{r\sin\theta}\frac{\partial V}{\partial \varphi} = 0,$$

因此有

$$\vec{E} = \frac{p\cos\theta}{2\pi\varepsilon_0 r^3}\vec{e}_r + \frac{p\sin\theta}{4\pi\varepsilon_0 r^3}\vec{e}_\theta. \qquad (11.5.31)$$

由上册式（1.2.9）可得 $\vec{e}_r\cos\theta - \vec{e}_z = \vec{e}_\theta\sin\theta$，则式（11.5.31）还可以写成

$$\vec{E} = \frac{2p\cos\theta}{4\pi\varepsilon_0 r^3}\vec{e}_r + \frac{p}{4\pi\varepsilon_0 r^3}(\vec{e}_r\cos\theta - \vec{k}) = \frac{3p\cos\theta}{4\pi\varepsilon_0 r^3}\vec{e}_r - \frac{p}{4\pi\varepsilon_0 r^3}\vec{k},$$

即

$$\vec{E} = -\frac{1}{4\pi\varepsilon_0}\left[\frac{\vec{p}}{r^3} - 3\frac{(\vec{p}\cdot\vec{r})\vec{r}}{r^5}\right], \qquad (11.5.32)$$

延伸阅读

此式与式（11.3.6）相同．

例 11-10　计算均匀带电圆环轴线上的电势和电场强度.

解　如图 11-31 所示，均匀带电圆环上任意位置处的电荷元 $\mathrm{d}q$ 到轴线上 P 点的距离都相同，均为 r，电荷元 $\mathrm{d}q$ 在轴线上 P 点处的电势为

$$\mathrm{d}V=\frac{\mathrm{d}q}{4\pi\varepsilon_0 r}=\frac{\lambda\mathrm{d}l}{4\pi\varepsilon_0 r},$$

则轴线上 P 点处的电势为

$$V_P=\oint_L\mathrm{d}V=\oint_L\frac{\lambda\mathrm{d}l}{4\pi\varepsilon_0 r}=\frac{2\pi R\lambda}{4\pi\varepsilon_0 r}=\frac{Q}{4\pi\varepsilon_0\sqrt{R^2+z^2}}.$$

根据电场强度和电势之间的关系，可以计算出轴线上 P 点处电场强度的大小为

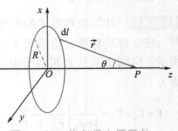

图 11-31　均匀带电圆环轴线上的电势和电场

$$E=-\frac{\mathrm{d}V_P}{\mathrm{d}z}=\frac{Qz}{4\pi\varepsilon_0\left(z^2+R^2\right)^{\frac{3}{2}}},\qquad(11.5.33)$$

考虑到对称性，轴线上 P 点处电场强度的方向沿着轴线方向.

反过来，我们也可以利用上述结果计算 P 点处的电势：

$$V_P=\int_{x_P}^{\infty}E\mathrm{d}x=\int_{x_P}^{\infty}\frac{Qx\mathrm{d}x}{4\pi\varepsilon_0\left(x^2+R^2\right)^{\frac{3}{2}}}=\frac{Q}{4\pi\varepsilon_0\sqrt{R^2+z^2}}.$$

例 11-11　计算均匀带电圆平面轴线上的电势和电场强度.

解　如图 11-32 所示，均匀带电圆平面可视为半径不同的均匀带电圆环的组合，每一个宽度为 $\mathrm{d}r$、半径为 r 的均匀带电圆环在 P 点处的电势为

$$\mathrm{d}V=\frac{\mathrm{d}q}{4\pi\varepsilon_0\sqrt{r^2+z^2}}=\frac{\sigma 2\pi r\mathrm{d}r}{4\pi\varepsilon_0\sqrt{r^2+z^2}},$$

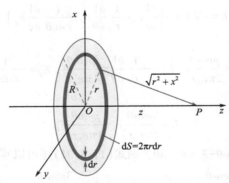

图 11-32　均匀带电圆平面轴线上的电势和电场

因此，P 点处的电势为

$$V=\frac{\sigma}{2\varepsilon_0}\int_0^R\frac{r\mathrm{d}r}{\sqrt{r^2+z^2}}=\frac{Q}{2\pi\varepsilon_0 R^2}\left(\sqrt{z^2+R^2}-z\right).\qquad(11.5.34)$$

P 点处电场强度的大小为

$$E=-\frac{\mathrm{d}V}{\mathrm{d}z}=\frac{\sigma}{2\varepsilon_0}\left(1-\frac{z}{\sqrt{z^2+R^2}}\right),\qquad(11.5.35)$$

考虑到对称性，轴线上 P 点处电场强度的方向沿着轴线方向.

11.6　静电场中的导体

延伸阅读

对于非导体，其上的电荷不能自由移动，形成稳定的电荷分布．但是对于导体，则情况不同．以金属为例，原子中分布在最外壳层的电子，距离原子核最远，受原子束缚最小，在外界影响下最容易脱离原子，使原子变成正离子．通常，把金属原子中最外层的电子称为价电子，而把原子核以及与原子核结合较紧密的内层电子称为原子实．固态金属导体是由大量的金属原子相互靠近到 10^{-10} m 量级的距离之后，原子中的价电子受其他原子的作用脱离单个原子被"公有化"后所形成的宏观物体．在这种金属导体内，原子的原子实在空间周期性规则地排列成整齐的点阵，称为晶体点阵或晶格，处于晶格格点上的原子实只能做微小位移的热振动，这样的振动通常具有随机性，总体来看可视为固定不动．而被"公有化"了的价电子，成为可以在晶格间自由运动的自由电子，从经典图像看，这些自由电子就是固态金属导体中自由运动的带电粒子或载流子，其所表现出的宏观电荷分布就是我们通常所说的金属导体中的自由电荷．

电中性的金属中自由电子的分布从统计来说是均匀的，从而使金属内部的任意区域是电中性的．当设法在金属中附加更多的自由电子，或者取走一些自由电子时，金属不再是电中性，而是带负电或带正电．

当把导体放入电场中时，由于导体内部有大量的自由电荷，这些自由电荷在电场力的作用下做宏观移动，从而改变电荷分布．反过来，电荷分布的改变又会影响电场分布．由此可见，把导体放入电场中时，电荷的分布和电场的分布相互影响、相互制约．

当导体上的电荷分布不再随时间变化时，电场分布将不再随时间变化，我们把这种状态称为静电平衡状态．导体中的自由电荷可以在导体中运动，因此，在导体达到静电平衡状态时，其上的自由电荷受到的合力必须为零，否则就会发生运动，从而破坏静电平衡状态．

在静电场中，导体达到静电平衡状态时其内部电场强度处处为零．这是因为如果导体内部电场强度不为零，则其中的自由电荷就会在电场的作用下发生运动，从而破坏静电平衡状态．由上述结论可得到以下推论．

（1）导体内部处处都是电中性的，电荷只分布在导体的表面．

对于静电场中形成稳定电荷分布的导体，其中非电中性的区域将仅为导体的表面，而其内部都是电中性的．如果其内部某处非电中性，则可以作一个高斯面包围这个区域．由高斯定理，这个高斯面上的电通量不为零，正比于被包围其中的电荷的总电量．但我们已经知道导体内部的电场强度为零，因此，高斯面上的电通量也为零．这就说明假设导体内部某处非电中性是不对的．如果围绕导体表面的某处作高斯面，高斯面的一部分是在导体外面的，而导体外面的电场强度可以不为零，那么高斯面上的电通量也可以不为零，因此，导体表面可以不是电中性的，电荷只分布在导体表面．

（2）导体是等势体，其表面是等势面．

在导体内部或表面上任取两点 a 和 b，其间的电势差 $V_b - V_a = \int_b^a \vec{E} \cdot \mathrm{d}\vec{l}$，取积分路径沿导体内部，由于导体内部电场强度处处为零，则 $V_a = V_b$．

（3）导体表面外侧附近空间的电场强度 $\vec{E}$ 的方向与导体表面垂直，电场强度 $\vec{E}$ 的大小与该处导体表面的面电荷密度 σ 有以下关系：

$$E = \frac{\sigma}{\varepsilon_0}. \tag{11.6.1}$$

证明：由于静电场中电场线与等势面处处正交，而导体表面为等势面，则导体表面外附近任一点的电场强度方向应与该处导体表面垂直．

如图 11-33 所示，跨越处于静电平衡状态下的导体表面，取一个微小的扁平状圆柱面作为高斯面，圆柱面的上下两面平行于导体表面，且充分小．这个高斯面所包围导体表面的电荷面密度 σ 可视为常量．通过这个高斯面的电通量为

$$\oiint_S \vec{E} \cdot \mathrm{d}\vec{S} = \frac{\sigma \Delta S}{\varepsilon_0},$$

其中 ΔS 为高斯面所包围的导体表面的面积，ΔS 充分小．

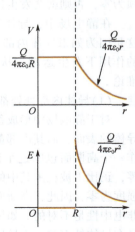
图 11-33　跨越导体表面的高斯面

$$\oiint_S \vec{E} \cdot \mathrm{d}\vec{S} = \iint_{导体内} \vec{E} \cdot \mathrm{d}\vec{S} + \iint_{导体外} \vec{E} \cdot \mathrm{d}\vec{S} + \iint_{侧面} \vec{E} \cdot \mathrm{d}\vec{S}.$$

由于导体内部电场强度为零，导体外部电场强度垂直于导体表面，则

$$\iint_{导体内} \vec{E} \cdot \mathrm{d}\vec{S} = 0, \quad \iint_{侧面} \vec{E} \cdot \mathrm{d}\vec{S} = 0,$$

因此

$$\oiint_S \vec{E} \cdot \mathrm{d}\vec{S} = \iint_{导体外} \vec{E} \cdot \mathrm{d}\vec{S} = \iint_{导体外} E\mathrm{d}S = E\Delta S.$$

由此可得，导体外表面附近的电场强度大小为

$$E = \frac{\sigma}{\varepsilon_0}.$$

以孤立带电导体球为例，由于对称性，其电荷均匀分布在导体球表面，由此可知其电场强度和电势分布同均匀带电球面，如图 11-34 所示．

一般情况下的孤立带电导体的电场线分布如图 11-35 所示．

当一个不带电的导体球靠近带电的导体球时，两个导体球上的电荷会在电场力的作用下重新分布，稳定时会形成不均匀的表面电荷分

图 11-34　孤立带电导体球的电场和电势

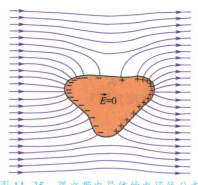

图 11-35　孤立带电导体的电场线分布

布．例如，原来带电导体球带正电荷，当它靠近原来不带电导体球时，面向原来不带电导体球的这一侧表面上电荷面密度会变大，相反方向的表面上电荷面密度会减小．而不带电导体球面向带电导体球的这一侧将带负电荷，相反方向的表面上将带正电荷，总带电量依然为零，如图 11-36 所示．

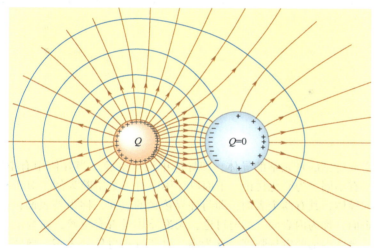

图 11-36　带电导体球靠近不带电导体球时的电场线分布

　　一般来说，电荷在导体表面上的分布不仅和导体自身的形状有关，还和附近其他带电体及其电荷分布有关．对孤立的带电导体来说，电荷在其表面上的分布由导体表面的曲率决定．导体表面曲率较大的地方，电荷面密度较大；导体表面曲率较小的地方，电荷面密度较小；导体表面凹进去的地方，电荷面密度更小，如图 11-35 所示．

　　考虑两个相距很远，半径分别为 r_1、$r_2(r_1 > r_2)$ 并用细导线连接的带电导体球，如图 11-37 所示．由于两导体球相连，因此两导体球的电势相同．当两导体球相距充分远时，可以忽略两导体球间电场的相互影响，可近似认为两导体球为孤立导体时的电势就是这种情况下的电势．若两导体球上的电量分别为 q_1、q_2，可知电势为

$$V = \frac{q_1}{4\pi\varepsilon_0 r_1} = \frac{q_2}{4\pi\varepsilon_0 r_2},$$

则电量与导体球半径间的关系为

$$\frac{q_1}{q_2} = \frac{r_1}{r_2}. \tag{11.6.2}$$

由于两导体球表面的电荷面密度分别为

$$\sigma_1 = \frac{q_1}{4\pi r_1^2}, \quad \sigma_2 = \frac{q_2}{4\pi r_2^2},$$

则

$$\frac{\sigma_1}{\sigma_2} = \frac{r_2}{r_1}. \tag{11.6.3}$$

上式说明导体球表面的电荷面密度与曲率半径成反比, 亦即导体球表面的电荷面密度与曲率成正比. 若两导体球相距不远, 两导体球所带电荷的相互影响不能忽略, 这时每个导体球都不能看作孤立导体, 两导体球表面上的电荷分布也不再均匀. 于是, 同一导体球表面上各处的曲率虽然相等, 但电荷面密度不再相同. 因此, 电荷面密度与曲率成正比仅对孤立导体成立.

图 11-37　用细导线连接的两个半径不同的导体球

之前讨论的是完整的导体, 即导体中没有空腔. 当导体中有空腔时, 情况略有不同. 为简化讨论, 下面以导体中有一个空腔为例. 对于有一个空腔的导体, 其有两个表面, 即与外界接触的表面, 称为外表面; 以及腔内的表面, 称为内表面. 如前讨论, 无论导体是否有空腔, 在静电平衡状态下, 导体内部的电场强度处处为零, 电荷分布也处处为零, 导体是等势体, 导体表面是等势面. 但是, 空腔内的电场强度不一定为零. 当空腔内没有其他电荷时, 我们假设空腔内的电场强度不为零, 则空腔内将存在电场线跨越内表面上的两点 a、b, 如图 11-38(a)所示. 沿着这样的电场线做路径积分, 可知

$$V_a - V_b = \int_a^b \vec{E} \cdot \mathrm{d}\vec{l} \neq 0,$$

这与导体表面是等势面相矛盾. 因此, 当空腔内没有电荷时, 腔内的电场强度也为零. 这通常被称为静电屏蔽效应, 即使外部空间存在很强的电场, 空腔导体上的电量也不为零, 在导体的空腔内依然是没有电场的, 或者说空腔内不受外部电场的影响, 导体将外面电场给屏蔽了. 这一效应被广泛应用, 如在一些强电场环境下, 工作人员会穿由金属制成的屏蔽衣以保证自己的安全.

在空腔内无带电体的情况下，在空腔内表面上的任意位置取跨越表面的微小高斯面，如图 11-38 (b) 所示，由于导体内和空腔内的电场强度都为零，因此这个高斯面上的电通量也为零，即高斯面内包围的电荷的电量为零．高斯面可以取得充分小，从而可以得到以下结论：在空腔内无带电体的情况下，空腔导体内表面上处处无电荷，电荷只分布在空腔导体的外表面．

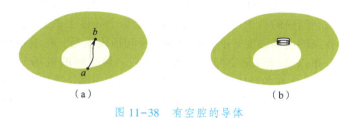

（a） （b）

图 11-38 有空腔的导体

当导体的空腔内存在带电体时，包围带电体的高斯面上的电通量必然不为零，这说明空腔内是可以存在电场的，但是如果高斯面取大一些，取在导体内靠近空腔的内表面，如图 11-39 所示，由于导体内的电场强度为零，则该高斯面上的电通量为零，其包围的空间中总电荷的电量为零．因此，空腔内存在带电体时，空腔导体的内表面上一定也存在电荷，空腔导体内表面上电荷的总电量与空腔内带电体电量的代数和为零．如果空腔导体原来是电中性的，则空腔导

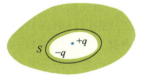

图 11-39 空腔内有点电荷的空腔导体

体外表面上会分布有与内表面上异号的电量相等的电荷，在空腔导体外面会产生电场．此时如果把空腔导体接地，空腔导体内表面上的电荷依然存在，空腔导体外表面上的电荷因接地而被中和，空腔导体外面的电场消失．也就是说，此时空腔内的电荷不再对导体外部有影响，这也是一种静电屏蔽效应，如图 11-40 所示．

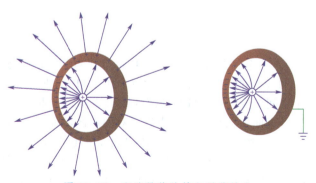

图 11-40 空腔导体的静电屏蔽效应

结合之前的结论，总体而言，对于静电平衡下具有空腔导体，其外部的带电体不会影响空腔内部的电场分布；当导体接地时，其空腔内部的带电体也不会对导体外的电场分布有影响．这统称为**静电屏蔽**．

典型的静电场问题是，给定各导体的形状、相对位置，给定各导体的电量或电势，由此确定空间电场分布．这类静电场问题常常与静电场的求解密切相关．如果设法找到一个解，它是否唯一？这一问题可由静电场的唯一性定理来回答．静电场的唯一性定理对静电场问题的分析和求解具有重要的意义，它确保合理的尝试解和猜解就是待求的解，舍此别无其他．

静电场的唯一性定理：给定静电场空间内各导体的几何形状和相对位置，给定该空间内的自由电荷分布，再给定每个导体上的总电量或电势，则该空间各点的电场强度是唯一确定的．换句话说就是，在给定空间内的自由电荷分布以及所讨论空间的边界条件后，该空间的电场分布是唯一的．由于电荷分布在各导体的表面上、各导体的表面都是等势面，因此各导体的表面构成静电场空间的边界．这里的边界条件可以是各导体的电量或各导体的电势．该定理对包括静电屏蔽在内的许多问题的解释至关重要．

例 11-12 取一任意形状的闭合金属壳，将它接地．现在外面有带电体，若金属壳内无带电体，则金属壳的内部空间 $\vec{E}=0$，如图 11-41(a) 所示．反之，将带电体放进金属壳内，而金属壳外无带电体，则金属壳的外部空间 $\vec{E}=0$，如图 11-41(b) 所示．现设想将图 11-41(a)、(b) 合并在一起，如图 11-41(c) 所示，即金属壳的外部空间有与图 11-41(a) 相同的带电体分布，金属壳的内部空间有与图 11-41(b) 相同的带电体分布．试问这时金属壳的外部空间、内部空间的电场分布是否仍与图 11-41(a)、(b) 相同？

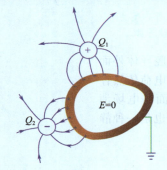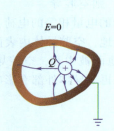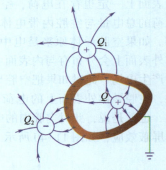

图 11-41　静电屏蔽

解 将图 11-41(a)、(b) 合并在一起，金属壳的外部空间、内部空间的电场分布仍与图 11-41(a)、(b) 相同，运用静电场唯一性定理能够确切地给予解释．如图 11-41 所示，当金属壳接地时，其电势等于零，它把整个空间分成内部区域和外部区域两部分：内部区域以金属壳内表面为边界，外部区域以金属壳外表面和无穷远处为边界．对内部区域而言，图 11-41(b) 与图 11-41(c) 给定的自由电荷分布及边界条件（空腔导体内表面的电势等于零）完全一样，所以它们的电场是唯一的，是完全一样的，与金属壳外部情况无关．同理，对外部区域而言，图 11-41(a) 与图 11-41(c) 给定的自由电荷分布及边界条件（金属壳的外表面和无穷远处的电势都等于零）完全一样，所以它们的电场是唯一的，是完全一样的，与金属壳内的状态无关．因此，接地的金属壳将金属壳的内部区域与外部区域的电场完全隔离开来，互不影响，达到静电屏蔽．

11.7 电容与电容器

对孤立导体来说，电荷在导体表面上的分布由导体表面的曲率决定，导体表面上的电荷面密度与导体表面的曲率半径成反比．如果导体的形状和大小确定，则其上的电荷面密度分布确定．相应地，导体外的电场分布及导体的电势随之确定，根据电势叠加原理，当孤立导体的电量增减时，导体的电势相应增减，孤立导体所带电量与其电势成正比，我们把孤立导体所带电量 q 和它的电势 V 的比值定义为孤立导体的电容 C，即

$$C = \frac{q}{V}. \qquad (11.7.1)$$

电容是表征导体储电能力的物理量，其物理意义是使导体升高单位电势所需的电量．对孤立导体而言，电容是一个常量．例如，对于一个半径为 R 的球形导体，电量为 q 时，其电势为 $V = \dfrac{q}{4\pi\varepsilon_0 R}$，所以它的电容为

$$C = \frac{q}{V} = 4\pi\varepsilon_0 R. \qquad (11.7.2)$$

在国际单位制中，电量的单位是 C，电势的单位是 V，电容的单位是法拉，记为 F，它们满足关系

$$1F = \frac{1C}{1V}.$$

法拉是一个很大的单位，在实际应用中往往用微法（μF）或皮法（pF）作为单位，

$$1\mu F = 10^{-6} F, \quad 1pF = 10^{-12} F.$$

我们可以将孤立导体的电容的概念推广到更宽广的情况．当两个导体 A、B 携带等量异号电荷 $\pm q$ 时，定义这个导体系统的电容为

$$C = \frac{q}{V_A - V_B},$$

其中 V_A、V_B 分别为这两个导体的电势．一般来说，它们附近有其他的带电体或导体时，导体上的电量与两导体电势差之间的正比关系会受到影响．为了消除其他带电体或导体的影响，我们利用静电屏蔽的原理，设计一个特殊的导体系统，如图 11–42 所示，用两个互不连接的导体构成闭合或近似闭合的空腔导体，从而使导体上的电量与两导体电势差之间的正比关系不受其他带电体或导体的

图 11–42 构成电容器导体系统

影响．这样的导体系统称为电容器．这两个导体称为电容器的两极板．若两极板电量为 $\pm q$，两极板之间的电势差为 $V_A - V_B$，则电容器的电容为

$$C = \frac{q}{V_A - V_B}. \qquad (11.7.3)$$

平行板电容器　两个平行放置、距离为 d 的平行导体板(见图 11-43)，两导体板之间的距离远小于导体板的线度，这两个平行导体板被称为平行板电容器. 当两个平行导体板相距很近时，近似可以将其视为无限大平行带电板，当其中一个板上带有正电荷 $+q$，另一个板上带有负电荷 $-q$ 时，两个导体板外部电场强度为零，内部电场强度大小为

$$E=\frac{\sigma}{\varepsilon_0},\qquad(11.7.4)$$

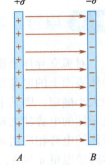

图 11-43　平行板电容器

其中 σ 为面电荷密度，满足 $q=\sigma S$，S 为导体板面积.

因此，两导体板间的电势差为

$$V_{AB}=Ed=\frac{\sigma}{\varepsilon_0}d,\qquad(11.7.5)$$

于是平行板电容器的电容为

$$C=\frac{q}{V_{AB}}=\frac{\sigma S}{\frac{\sigma d}{\varepsilon_0}}=\frac{\varepsilon_0 S}{d}.\qquad(11.7.6)$$

可以看到，对于面积与板间距确定的电容器，其电容是一常量，且与面积成正比，与间距成反比.

例 11-13　考虑一平行板电容器，其极板面积为 $S=1.00\times10^{-4}\,\mathrm{m}^2$，两极板间距离为 $d=1.00\,\mathrm{mm}$，计算其电容大小.

解　根据式(11.7.6)，该平行板电容器的电容为

$$C=\frac{\varepsilon_0 S}{d}=8.85\times10^{-12}\times\frac{1.00\times10^{-4}}{1.00\times10^{-3}}\,\mathrm{F}=0.885\times10^{-12}\,\mathrm{F}=0.885\,\mathrm{pF}.$$

这个电容器的线度是 1cm 大小，其电容大小仅是 pF 的量级. 所以，F 是一个很大的单位.

圆柱形电容器　圆柱形电容器是由一个圆柱形状导体，以及与其同轴的一个圆筒导体组成的，如图 11-44 所示. 设圆柱形的半径为 a，圆筒的内半径为 b，电容器的长度为 l. 当 $l\gg d$ 时，将其近似视为无限长，则圆柱和圆筒间的电场强度为

$$E_r=\frac{\lambda}{2\pi\varepsilon_0 r},\qquad(11.7.7)$$

(a)　　　(b)

图 11-44　圆柱形电容器

其中 $\lambda = \dfrac{Q}{l}$ 为线电荷密度. 圆筒和圆柱之间的电势差为

$$V_{ba} = -\int_a^b E_r \mathrm{d}r = -\int_a^b \frac{\lambda}{2\pi\varepsilon_0 r}\mathrm{d}r = -\frac{\lambda}{2\pi\varepsilon_0}\ln\frac{b}{a}, \qquad (11.7.8)$$

因此，圆柱形电容器的电容为

$$C = \frac{Q}{|V_{ba}|} = 2\pi\varepsilon_0 \frac{l}{\ln\dfrac{b}{a}}, \qquad (11.7.9)$$

它与长度 l 成正比，与圆筒和圆柱半径比的对数成反比.

球形电容器 球形电容器由一个金属球和与其同心的一个金属球壳组成，如图 11-45 所示. 设金属球的半径为 a，金属球壳的内半径为 b，其上分别带有电荷 $\pm Q$. 金属球和金属球壳间的电势差为

$$V_{ba} = -\int_a^b E_r \mathrm{d}r = -\int_a^b \frac{Q}{4\pi\varepsilon_0 r^2}\mathrm{d}r = \frac{Q}{4\pi\varepsilon_0}\left(\frac{1}{b} - \frac{1}{a}\right), \qquad (11.7.10)$$

因此，球形电容器的电容为

$$C = \frac{Q}{|V_{ba}|} = 4\pi\varepsilon_0 \frac{ab}{b-a}. \qquad (11.7.11)$$

当金属球壳的半径趋于无穷大，即 $b\rightarrow\infty$ 时，球形电容器的电容为

$$C = 4\pi\varepsilon_0 a, \qquad (11.7.12)$$

这正是孤立导体球的电容.

在实际应用中，我们经常把多个电容器串联或并联起来.

如图 11-46（a）所示，把 n 个电容器串联，每一个电容器的极板上电量都为 $\pm q$. 它们的电容分别为 C_1，C_2，$\cdots$，C_n，每个电容器两端的电势差分别为 V_1，V_2，$\cdots$，V_n，则有

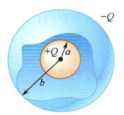

图 11-45 球形电容器

$$V_1 = \frac{q}{C_1}, \quad V_2 = \frac{q}{C_2}, \quad \cdots, \quad V_n = \frac{q}{C_n}, \qquad (11.7.13)$$

以及

$$V = V_1 + V_2 + \cdots + V_n. \qquad (11.7.14)$$

因此，串联后的等效电容 C 满足关系

$$\frac{1}{C} = \frac{V}{q} = \frac{1}{C_1} + \frac{1}{C_2} + \cdots + \frac{1}{C_n}, \qquad (11.7.15)$$

即串联电容器的等效电容的倒数等于每个电容器电容的倒数之和.

如图 11-46（b）所示，把 n 个电容器并联，每一个电容器上面的电势差是相同的，都为 V. 但每个电容器上的电量是不一样的，设分别为 q_1，q_2，$\cdots$，q_n，则这些电容器上的总电量为

$$q = q_1 + q_2 + \cdots + q_n, \qquad (11.7.16)$$

每个电容器上的电量为

$$q_1 = C_1 V, \quad q_2 = C_2 V, \quad \cdots, \quad q_n = C_n q, \qquad (11.7.17)$$

因此，等效电容为

$$C=\frac{q}{V}=C_1+C_2+\cdots+C_n, \tag{11.7.18}$$

即当电容器并联时，等效电容为所有电容器的电容之和.

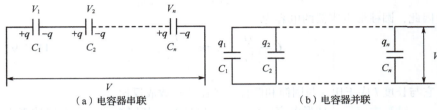

（a）电容器串联　　　　　　　（b）电容器并联

图 11-46　电容器的串联与并联

现在讨论电容器的充电过程. 如图 11-47 所示，一个电容为 C 的电容器和一个电阻值为 R 的电阻器串联. 当开关拨向 A 时，电源开始对电容充电. 在充电过程中，整个电路中各处电流都相同，都为 I. 电容和电阻两边的电势差之和等于电源电动势 ε，即

$$\frac{q}{C}+RI=\varepsilon, \tag{11.7.19}$$

其中 q 为电容器上的电量. 电路中的电流是单位时间里流过电路的电量，这也正是电容器上电量的变化率，即

$$I=\frac{\mathrm{d}q}{\mathrm{d}t}. \tag{11.7.20}$$

因此，方程（11.7.19）可重写为

$$R\frac{\mathrm{d}q}{\mathrm{d}t}+\frac{q}{C}=\varepsilon, \tag{11.7.21}$$

该方程的解为

$$q=A\mathrm{e}^{-\frac{t}{RC}}+\varepsilon C. \tag{11.7.22}$$

初始时，电容器上的电量为零，$q(t=0)=0$，可得

$$A=-\varepsilon C, \tag{11.7.23}$$

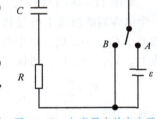

图 11-47　电容器充放电电路

因此，

$$q=\varepsilon C\left(1-\mathrm{e}^{-\frac{t}{RC}}\right). \tag{11.7.24}$$

相应地，电流随时间的变化为

$$I=\frac{\mathrm{d}q}{\mathrm{d}t}=\frac{\varepsilon}{R}\mathrm{e}^{-\frac{t}{RC}}. \tag{11.7.25}$$

从式（11.7.24）和式（11.7.25）可以看到，电容器上的电量在电路闭合后从零开始逐渐增加，最终达到饱和，为 $q_{\max}=\varepsilon C$，而电流则由初始的 $I_0=\frac{\varepsilon}{R}$ 指数衰减为零，特征时间为

$$\tau=RC, \tag{11.7.26}$$

如图 11-48 所示.

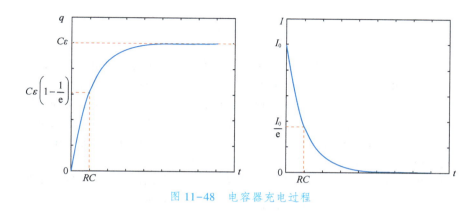

图 11-48　电容器充电过程

从方程的解来看，系统要达到稳定，所需要的时间是无限长．在实际的应用过程中，并不需要无限长的时间，只要时间比特征时间长很多，如 10 倍的特征时间，就可认为系统达到稳定了．

现在讨论电容器的放电过程．充电达到稳定后，将开关拨向 B，断开电源，直接形成闭路．此时系统的微分方程为

$$R\frac{\mathrm{d}q}{\mathrm{d}t}+\frac{q}{C}=0,\qquad(11.7.27)$$

这个方程的解为

$$q=A\mathrm{e}^{-\frac{t}{RC}},\qquad(11.7.28)$$

这时电容器上的电量为 $q(t=0)=\varepsilon C$，则 $A=\varepsilon C$，因此，

$$q=\varepsilon C\mathrm{e}^{-\frac{t}{RC}}.\qquad(11.7.29)$$

相应的电流为

$$I=\frac{\mathrm{d}q}{\mathrm{d}t}=-\frac{\varepsilon}{R}\mathrm{e}^{-\frac{t}{RC}}.\qquad(11.7.30)$$

从以上的电量与电流随时间的变化关系来看，在电容放电过程中，电量是指数减少的，同时电流的大小也是指数减小的，但电流的方向与充电时的方向相反，如图 11-49 所示．

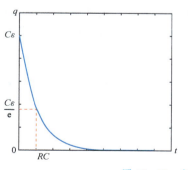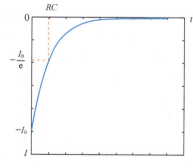

图 11-49　电容器放电过程

11.8 电场中的电介质　电介质的极化

　　电介质是由大量电中性的分子组成的绝缘体，从微观的角度看，这些分子中的电子和原子核结合得很紧密，电子处于束缚状态，因此，电介质中不存在可以自由移动的电荷．但是电介质分子中的电荷分布会受外电场的作用而发生变化，为了具体考虑这种变化，可以将每一个分子中的正电荷（总电量为 q）集中在一个点上，称为正电荷中心，将每一个分子中的所有负电荷（总电量为 $-q$）也集中在一个点上，称为负电荷中心，位于正、负电荷中心的两个点电荷在外电场中可等效为一个电偶极子，其电偶极矩为 $\vec{p}=q\vec{l}$，其中 $\vec{l}$ 为从负电荷中心指向正电荷中心的位置矢量．

　　在电介质中讨论电场的各种性质时需要考虑电介质中电荷的影响，历史上最初人们并没有从微观出发去研究存在电介质时电场的性质，而是直接通过实验开展研究．法拉第在电容器中加入电介质，发现电容增大了一个比例因子 ε_r，后来这个量被称为电介质的相对电容率，又称为相对介电常量，其大小可以通过实验测定．真空的相对介电常量为 1，其他介质的相对介电常量大于 1．

　　在电容器中加入电介质会使其电容变大，这是因为在电容器极板电量不变的情况下，电介质中电场强度的大小比无电介质时电场强度的大小要小，从而导致电容器两极板间的电势差在有电介质时比无电介质时要小．

　　如果在一个点电荷 q 周围放满相对介电常量为 ε_r 的电介质，其中的电场强度大小将会比真空情况下小 ε_r 倍，即

$$\vec{E}=\frac{q}{4\pi\varepsilon_r\varepsilon_0 r^2}\frac{\vec{r}}{r}. \tag{11.8.1}$$

定义电介质的介电常量为 ε，

$$\varepsilon=\varepsilon_0\varepsilon_r, \tag{11.8.2}$$

则式（11.8.1）可重写为

$$\vec{E}=\frac{q}{4\pi\varepsilon r^2}\frac{\vec{r}}{r}. \tag{11.8.3}$$

　　从微观角度看，有电介质时，空间中的电场强度是自由电荷产生的电场强度与电介质中电荷产生的电场强度的叠加，而这样叠加效果能够由相对介电常量来表达则是源于统计效应．通常我们把分子按照其电荷分布特性分为两种，即极性分子和非极性分子．极性分子是指分子中正电荷中心和负电荷中心不重合，这样的分子具有一定的电偶极矩 $\vec{p}$．例如，水分子就是一个典型的极性分子，它的两个氢原子与氧原子之间连线夹角约为 105°（见图 11-50）．同时氧原子比氢原子更容易吸引电子，因此，水分子

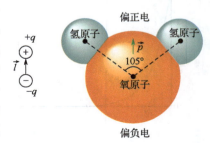

图 11-50　水分子具有一定的电偶极矩

偏向氧原子的一端带负电,而另一端带正电,形成电偶极矩.

非极性分子中的电荷分布具有较好的对称性,不具有电偶极矩.对于非极性分子,在外电场的作用下,每个分子内部的电荷分布也会发生变化,从而产生电偶极矩,这称为非极性分子的极化.非极性分子极化后的表现行为与极化分子相同,也会在外加电场的作用下产生极化电场,如图 11-51 所示.

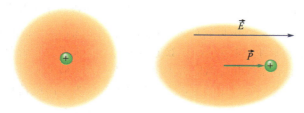

图 11-51　非极性分子的极化

在没有外电场的情况下,极性分子由于热运动,其每个分子的电偶极矩的方向是随机的,从统计角度来说,分子的电偶极矩相互抵消,不产生电场.当有外加电场时,无论是极性分子还是非极性分子,都表现出极性.分子的电偶极矩在外电场的作用下,将产生一定的有序排列,从而使总体的电偶极矩不为零,如图 11-52 所示,因此有附加的电场产生,称为**极化电场**.

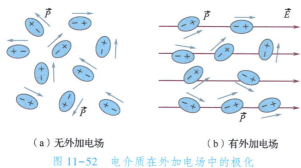

（a）无外加电场　　　　　（b）有外加电场

图 11-52　电介质在外加电场中的极化

也就是说在外电场的作用下,无论电介质是由极性分子还是由非极性分子组成,电介质中的电荷将重新分布,同时这些分布会导致不为零的极化电场.而总电场是外电场和极化电场之和.

为了定量描述电介质极化的程度,我们引入**极化强度** $\vec{P}$,其定义为电介质单位体积内分子电偶极矩的矢量和,即

$$\vec{P} = \frac{\sum_i \vec{p_i}}{\Delta V},\tag{11.8.4}$$

其中 $\vec{p_i}$ 是每个分子的电偶极矩,而 ΔV 为电介质中宏观小、微观大的一个体积元.要求宏观小的原因是极化强度定量地描述了在电介质内不同位置处的极化状况,式(11.8.4)是用一个区域内的平均值来代表空间一点的值,在操作上必须要求 ΔV 充分小.但极化强度又是一个统计平均的概念,

统计平均的稳定性要求参与统计的个体足够多,因此,从微观上 ΔV 又要足够大,以保证其中包含充分多的分子参与统计平均.

实验上表明,对于均匀的、各向同性的线性电介质,在外加电场 $\vec{E}$ 后,极化强度为

$$\vec{P}=\chi_e\varepsilon_0\vec{E}. \tag{11.8.5}$$

以平行板电容器为例,如图 11-53 所示,两极板上分别带有电荷 $\pm Q$,它们产生了电场 $\vec{E}_0$,极板间放置有电介质,其中的分子在电场 $\vec{E}_0$ 的作用下产生了有序排列,从电介质内部足够小的区域来看,尽管分子电荷重新排布,但正电荷和负电荷都是相邻的,因此局部区域上仍可认为是电中性的.但在电介质靠近极板的两端,会表现为有不为零的电荷堆积在电介质的表面上,这样的电荷被称为**极化电荷**.极化电荷会产生电场 $\vec{E}'$,称为**退极化电场**.我们由图 11-53 可以看出,退极化电场 $\vec{E}'$ 的方向和电场 $\vec{E}_0$ 的方向是相反的,这会使总的电场强度减小,即总电场为

$$\vec{E}=\vec{E}_0+\vec{E}'. \tag{11.8.6}$$

因此,我们可以说电介质在外加电场作用下产生了极化电荷并形成附加电场,从而使得总电场强度减小.

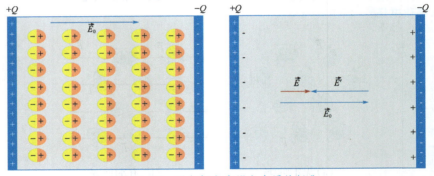

图 11-53　平行板电容器电介质的极化

均匀电介质极化后,极化电荷只出现在自由电荷附近以及电介质表面处.非均匀电介质极化后,一般在电介质内部也出现极化电荷.

下面导出电介质表面处的极化电荷面密度与极化强度之间的关系.

在电介质表面及其内部任取一个与电介质内的极化强度 $\vec{P}$ 平行的、底面积为 ΔS、轴长为 Δx 的斜柱体,如图 11-54(a)、(b)所示,斜柱体的两个底面平行于电介质表面,其中一个在电介质表面上,另一个在电介质内部,若电介质表面上的面元 ΔS 处的单位法线矢量 $\hat{e}_n$ 与极化强度 $\vec{P}$ 之间的夹角为 θ,则斜柱体的体积为 $\Delta V=\Delta S\Delta x\cos\theta.$ 由于电介质被极化,斜柱体内分子电偶极矩矢量和的大小为

$$\left|\sum_i\vec{p}_i\right|=P\Delta V=P\Delta S\cdot\Delta x\cdot\cos\theta.$$

电介质处于极化状态时,斜柱体的两个底面上出现极化电荷,斜柱体

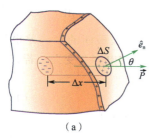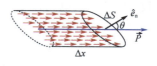

（a） （b）

图 11-54 选取的斜柱体

可视为电偶极子，其电偶极矩的大小等于斜柱体内分子电偶极矩矢量和的大小. 因此，斜柱体内分子电偶极矩矢量和的大小又可写为

$$\left| \sum_i \vec{p}_i \right| = (\sigma' \Delta S) \Delta x,$$

则

$$(\sigma' \Delta S) \Delta x = P \Delta S \cdot \Delta x \cdot \cos\theta.$$

从而，电介质表面上的极化电荷面密度为

$$\sigma' = P\cos\theta, \tag{11.8.7}$$

即

$$\sigma' = \vec{P} \cdot \hat{e}_n. \tag{11.8.8}$$

考虑两极板间充满电介质的平行板电容器，如图 11-55 所示，若极板上的电荷面密度为 σ，电介质与极板的接触面上的极化电荷面密度为 σ'，则电介质中的总电场应该是极板上电荷产生的电场与极化电荷产生的电场的叠加. 由极板上的电荷产生的电场强度大小为 $\dfrac{\sigma}{\varepsilon_0}$，由极化电荷产生的电场强度大小为 $\dfrac{\sigma'}{\varepsilon_0}$，其方向与前者相反. 因此，电介质中的电场强度为

$$E = \frac{\sigma}{\varepsilon_0} - \frac{\sigma'}{\varepsilon_0}.$$

电介质的极化强度为

$$P = \chi_e \varepsilon_0 E = \chi_e \varepsilon_0 \left(\frac{\sigma}{\varepsilon_0} - \frac{\sigma'}{\varepsilon_0} \right) = \chi_e (\sigma - \sigma'),$$

而此时

$$\sigma' = \vec{P} \cdot \hat{e}_n = P,$$

因此，极化电荷面密度为

$$\sigma' = \frac{\chi_e}{1 + \chi_e} \sigma. \tag{11.8.9}$$

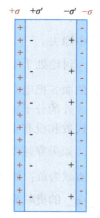

图 11-55 平行板电容器电介质的极化

电容器中的电场强度为

$$E = \frac{\sigma}{\varepsilon_0} - \frac{\sigma'}{\varepsilon_0} = \frac{1}{1 + \chi_e} \frac{\sigma}{\varepsilon_0} = \frac{E_0}{1 + \chi_e}, \tag{11.8.10}$$

其中 $E_0 = \dfrac{\sigma}{\varepsilon_0}$，为无电介质时电容器中的电场强度大小．由于填充电介质后平行板电容器中的电场强度大小变小，因此两极板间的电势差也相应减小，而极板上的电量并没有改变，从而电容器的电容会变大．若无电介质时的电容为 C_0，则填充电介质后的电容变为

$$C = (1 + \chi_e) C_0, \tag{11.8.11}$$

由此就可以定义在前面提到的电介质的相对介电常量

$$\varepsilon_r = 1 + \chi_e, \tag{11.8.12}$$

以及电介质的介电常量

$$\varepsilon = \varepsilon_r \varepsilon_0. \tag{11.8.13}$$

平行板电容器中的电场强度可用电介质的相对介电常量和介电常量表示为

$$E = \frac{\sigma}{\varepsilon_0 \varepsilon_r} = \frac{\sigma}{\varepsilon} = \frac{E_0}{\varepsilon_r}. \tag{11.8.14}$$

在有电介质的情况下，处于闭合曲面 S 内的所有电荷包括自由电荷和极化电荷．因此，高斯定理可写为

$$\oiint_S \vec{E} \cdot \mathrm{d}\vec{S} = \frac{1}{\varepsilon_0} \left(\sum_V q_{\mathrm{int}} + \sum_V q'_{\mathrm{int}} \right), \tag{11.8.15}$$

其中 $\sum_V q_{\mathrm{int}}$ 是闭合曲面 S 内总自由电荷的电量，$\sum_V q'_{\mathrm{int}}$ 是闭合曲面 S 内总极化电荷的电量．由于极化电荷的电量受到外电场的大小和电介质特性的影响，因此会造成计算上的不便．为解决这个问题，我们设法把 $\sum_V q'_{\mathrm{int}}$ 从式中隐去．

讨论处于闭合曲面 S 内的极化电荷的电量代数和 $\sum_V q'_{\mathrm{int}}$ 时，可设想闭合曲面 S 把电介质分子分为 3 类：完全处于曲面 S 内的分子，完全处于曲面 S 外的分子，穿越曲面 S 的分子．前两类分子对曲面 S 内极化电荷的电量代数和没有贡献，第 3 类分子对曲面 S 内极化电荷的电量代数和有贡献．如果穿越曲面 S 的分子的负电荷中心在曲面 S 内，则该分子对 $\sum_V q'_{\mathrm{int}}$ 的贡献为负；如果穿越曲面 S 的分子的正电荷中心在曲面 S 内，则该分子对 $\sum_V q'_{\mathrm{int}}$ 的贡献为正．假想把曲面 S 外的电介质剥离，使曲面 S 成为电介质表面．处于极化状态时，电介质表面上的极化电荷面密度为 $\sigma' = \vec{P} \cdot \hat{e}_n$，这些极化电荷只与穿越曲面 S 的分子有关．在曲面 S 上任取一个面元 $\mathrm{d}S$，该面元外侧的极化电荷为 $\sigma'\mathrm{d}S$，其对应的曲面 S 内的极化电荷为 $-\sigma'\mathrm{d}S$．因此，处于闭合曲面 S 内的极化电荷的电量代数和为

$$\sum_V q'_{\mathrm{int}} = \oiint_S (-\sigma'\mathrm{d}S) = -\oiint_S \vec{P} \cdot \hat{e}_n \mathrm{d}S,$$

即

$$\sum_V q'_{\mathrm{int}} = -\oiint_S \vec{P} \cdot \mathrm{d}\vec{S}. \tag{11.8.16}$$

代入式(11.8.15)得

$$\oiint_S \vec{E} \cdot \mathrm{d}\vec{S} = \frac{1}{\varepsilon_0}\left(\sum_V q_{\text{int}} - \oiint_S \vec{P} \cdot \mathrm{d}\vec{S}\right),$$

经移项后得

$$\oiint_S (\varepsilon_0 \vec{E} + \vec{P}) \cdot \mathrm{d}\vec{S} = \sum_V q_{\text{int}}.$$

定义<u>电位移矢量 $\vec{D}$</u> 为

$$\vec{D} = \varepsilon_0\vec{E} + \vec{P}, \tag{11.8.17}$$

于是有

$$\oiint_S \vec{D} \cdot \mathrm{d}\vec{S} = \sum_V q_{\text{int}}. \tag{11.8.18}$$

上式称为<u>有电介质时的高斯定理</u>. 它表明, 有电介质存在时, 通过电介质中任意闭合曲面的电位移通量等于该闭合曲面所包围的自由电荷电量的代数和, 与极化电荷无关.

对于各向同性线性电介质, 由式 (11.8.5), $\vec{P}$ 和 $\vec{E}$ 的关系是

$$\vec{P} = \chi_e \varepsilon_0 \vec{E},$$

代入式 (11.8.17), 得

$$\vec{D} = \varepsilon_0\vec{E} + \vec{P} = \varepsilon_0(1 + \chi_e)\vec{E} = \varepsilon_0\varepsilon_r\vec{E} = \varepsilon\vec{E}. \tag{11.8.19}$$

例 11-14 如图 11-56 所示, 一半径为 R 的带电导体球, 其电量为 Q. 在它外面同心地包一层各向同性的均匀电介质球壳, 其内、外半径分别为 a 和 b, 相对介电常量为 ε_r. 计算空间各点的极化强度大小和介质表面上的极化电荷面密度.

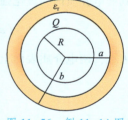

图 11-56 例 11-14 图

解 电荷均匀分布在带电导体球表面上, 电场分布具有球对称性, 取半径为 r、与导体球同心且通过场点的球面为高斯面, 则有

$$\oiint_S \vec{D} \cdot \mathrm{d}\vec{S} = \oiint_S D\mathrm{d}S = D4\pi r^2 = Q.$$

导体球外的电位移矢量大小为

$$D = \frac{Q}{4\pi r^2}(r > R).$$

由 $\vec{D} = \varepsilon_0\varepsilon_r\vec{E}$, 可得电介质内电场强度大小为

$$E = \frac{D}{\varepsilon_0\varepsilon_r} = \frac{Q}{4\pi\varepsilon_0\varepsilon_r r^2}(a \leqslant r \leqslant b).$$

由 $\vec{P} = \varepsilon_0\chi_e\vec{E}$, $\varepsilon_r = 1 + \chi_e$, 可得

$$\vec{P} = \varepsilon_0(\varepsilon_r - 1)\vec{E},$$

则电介质内极化强度大小为

$$P = \frac{(\varepsilon_r - 1)Q}{4\pi\varepsilon_r r^2}(a \leqslant r \leqslant b),$$

电介质内、外表面上极化电荷面密度分别为

$$\sigma'_a = \vec{P}_a \cdot \vec{e}_n = -P_a = \frac{(1 - \varepsilon_r)Q}{4\pi\varepsilon_r a^2}, \quad \sigma'_b = \vec{P}_b \cdot \vec{e}_n = P_b = \frac{(\varepsilon_r - 1)Q}{4\pi\varepsilon_r b^2}.$$

例 11-15　在每片面积都是 A 的两块相同的金属片之间夹有两层各向同性线性均匀电介质，它们的厚度分别为 d_1 和 d_2，介电常量分别为 ε_1 和 ε_2，如图 11-57 所示. 设两金属片上所带电量分别为 Q 和 $-Q$，忽略边缘效应，试计算：(1)两电介质表面上的极化电荷面密度；(2)两电介质分界面上的极化电荷面密度；(3)两金属片之间的电势差.

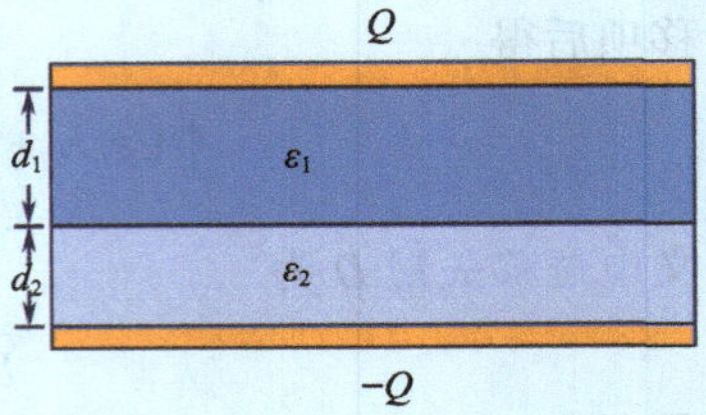

图 11-57　例 11-15 图

解　(1)设两电介质表面上的极化电荷面密度分别为 σ'_1 和 σ'_2.

由高斯定理 $\oiint\limits_{S} \vec{D} \cdot \mathrm{d}\vec{S} = \sum\limits_{V} q_{\text{int}}$，可得

$$D_1 = D_2 = \sigma = \frac{Q}{A}.$$

由 $\vec{D} = \varepsilon\vec{E}$，可得

$$E_1 = \frac{D_1}{\varepsilon_1} = \frac{Q}{\varepsilon_1 A}, \quad E_2 = \frac{D_2}{\varepsilon_2} = \frac{Q}{\varepsilon_2 A}.$$

由 $\vec{P} = \varepsilon_0 \chi_e \vec{E}$ 和 $\varepsilon_r = 1 + \chi_e$ 可得

$$\vec{P} = (\varepsilon_r - 1)\varepsilon_0 \vec{E} = (\varepsilon - \varepsilon_0)\vec{E},$$

则两电介质内的极化强度分别为

$$P_1 = (\varepsilon_1 - \varepsilon_0)E_1 = (\varepsilon_1 - \varepsilon_0)\frac{Q}{\varepsilon_1 A}, \quad P_2 = (\varepsilon_2 - \varepsilon_0)E_2 = (\varepsilon_2 - \varepsilon_0)\frac{Q}{\varepsilon_2 A}.$$

因此，两电介质表面上的极化电荷面密度分别为

$$\sigma'_1 = \vec{P}_1 \cdot \hat{e}_n = -P_1 = -(\varepsilon_1 - \varepsilon_0)\frac{Q}{\varepsilon_1 A} = -\left(1 - \frac{\varepsilon_0}{\varepsilon_1}\right)\frac{Q}{A},$$

$$\sigma'_2 = \vec{P}_2 \cdot \hat{e}_n = P_2 = (\varepsilon_2 - \varepsilon_0)\frac{Q}{\varepsilon_2 A} = \left(1 - \frac{\varepsilon_0}{\varepsilon_2}\right)\frac{Q}{A}.$$

(2)设两电介质分界面上的极化电荷面密度为 σ.

由于电介质是电中性的，则有

$$\sigma' + \sigma'_1 + \sigma'_2 = 0.$$

因此，两电介质分界面上的极化电荷面密度为

$$\sigma' = -(\sigma'_1 + \sigma'_2) = \left(1 - \frac{\varepsilon_0}{\varepsilon_1}\right)\frac{Q}{A} - \left(1 - \frac{\varepsilon_0}{\varepsilon_2}\right)\frac{Q}{A} = \left(\frac{1}{\varepsilon_2} - \frac{1}{\varepsilon_1}\right)\frac{\varepsilon_0 Q}{A}.$$

另解：

$$\sigma' = (\vec{P}_1 - \vec{P}_2) \cdot \hat{e}_n = \left(1 - \frac{\varepsilon_0}{\varepsilon_1}\right)\frac{Q}{A} - \left(1 - \frac{\varepsilon_0}{\varepsilon_2}\right)\frac{Q}{A} = \left(\frac{1}{\varepsilon_2} - \frac{1}{\varepsilon_1}\right)\frac{\varepsilon_0 Q}{A}.$$

(3)两金属片之间的电势差为

$$U = E_1 d_1 + E_2 d_2 = \left(\frac{d_1}{\varepsilon_1} + \frac{d_2}{\varepsilon_2}\right)\frac{Q}{A}.$$

11.9 电场能量

　　电场中初始时静止的电荷受到电场的作用开始运动，其动能发生了改变．出现这样的能量变化，一方面可以说是电荷在电场中的电势能发生了改变，类似于物体在重力场的作用下运动时，系统的重力势能发生了变化；另一方面也预示电场本身可能具有能量．

　　在 11.7 节中，电容器充电开始之后，电容器接电源正极的极板上开始出现正的自由电荷，接负极的极板上开始出现负的自由电荷，电容器两极板间开始具有电势差，随着电容器充电过程的进行，正、负极板上自由电荷电量的绝对值不断增大，两极板间的电势差也不断增大．最后，电容器这个带电系统达到这样的带电状态：电容器正、负极板上分别带有自由电荷 $+Q$ 和 $-Q$，电势差为 U．在整个充电过程中，外界（电源）对电容器这个带电系统做了多少功呢？如果电介质损耗可以忽略，则上述电源所做的这个功的数值其实就等于电容器这个带电系统的能量和电阻上消耗的能量，电容器这个带电系统的能量通常被称为 **静电能**．在电容放电过程中，我们仅考虑电容器与电阻串联的电路，电路中出现电流并由大变小直至消失．在这一过程中，电阻上消耗一定的能量．因此会产生这样的问题：在电阻上消耗的能量是从哪里来的？实际上电阻上消耗的能量来自于电容器储存的能量，在电阻上消耗的能量正是在充电时存储在电容器中的静电能．在放电时，电容器储存的能量被释放出来．而在充、放电前后，电容器最重要的差别是其中的电场发生了变化．

　　由式（11.7.27），可得

$$R\frac{\mathrm{d}q}{\mathrm{d}t}=-\frac{q}{C},$$

即
$$RI=-\frac{q}{C}. \tag{11.9.1}$$

电阻上消耗的能量

$$W=\int_0^\infty RI^2\mathrm{d}t=\int_0^\infty\left(-\frac{q}{C}\right)\frac{\mathrm{d}q}{\mathrm{d}t}\mathrm{d}t=\int_Q^0\frac{q}{C}\mathrm{d}q=\frac{1}{2}\frac{Q^2}{C},$$

则电容器的静电能为

$$W=\frac{1}{2}\frac{Q^2}{C}, \tag{11.9.2}$$

其中 Q 为电容器充电结束时极板上电荷的电量．此时电容器两极板间的电势差为 $U=\dfrac{Q}{C}$，则电容器的静电能可写成

$$W=\frac{1}{2}CU^2. \tag{11.9.3}$$

　　如果使用的电容器为平行板电容器，则电容器上两极板间的电势差 U、电容器中的电场强度 $\vec{E}$、两极板间的距离 d 之间的关系为 $U=Ed$．同时考虑到平行板电容器的电容为 $C=\dfrac{\varepsilon_0 S}{d}$，其中 S 为极板面积，则式（11.9.3）可写成

$$W = \frac{1}{2}\varepsilon_0 \frac{S}{d}E^2 d^2 = \frac{1}{2}\varepsilon_0 E^2 V,$$

其中 $V=Sd$ 为平行板电容器两极板间的体积．在电容器两极板之间储存的能量，即电容器的静电能，可写成

$$W = \frac{1}{2}\varepsilon_0 E^2 V. \tag{11.9.4}$$

忽略平行板电容器的边缘效应，由于平行板电容器内电场均匀分布，则能量密度可写为

$$w_e = \frac{1}{2}\varepsilon_0 E^2. \tag{11.9.5}$$

此式中仅有电场强度出现，电容器的几何特征并不出现，这表明电容器储存的能量体现在两极板之间电场中，或者说电场本身是具有能量的．因此，电容器的静电能实际上是电容器两极板之间电场的能量．

若电容器中填充了介电常量为 ε 的电介质，则平行板电容器的电容为 $C=\dfrac{\varepsilon S}{d}$，重复以上计算可知电场能量密度为

$$w_e = \frac{1}{2}\varepsilon E^2 = \frac{1}{2}\vec{D} \cdot \vec{E}. \tag{11.9.6}$$

可以证明上述能量密度在非均匀电场乃至变化的电场中依然正确．因此，在一个非均匀电场中，其总电场能量为

$$W = \iiint_V w_e \mathrm{d}V = \frac{1}{2}\iiint_V \vec{D} \cdot \vec{E}\mathrm{d}V. \tag{11.9.7}$$

在我们之前的讨论中，电场总是伴随着电荷存在的．因此无法清晰地表明，所谓的电场能量，到底是电场本身的能量还是电荷间的相互作用所对应的能量．但是我们发现，对于交变的电磁场，它是可以以电磁波的形式脱离电荷而存在的，同时还能穿越空间进行能量的传递．例如，收音机、手机等都是通过电磁波的传播来传递能量和信息的．这就直接地证实了能量是存在于电场中的观点．同时也说明了电场是一种特殊形态的物质．

例 11-16　一球形电容器的两极充电至 $\pm Q$，其内、外半径分别为 R_1 和 R_2，两极间充满介电常量为 ε 的电介质，试计算电容器的储能．

解　利用高斯定理可得两极间的电场强度

$$\vec{E} = \frac{1}{4\pi\varepsilon}\frac{Q}{r^2}\vec{e}_r (R_1 < r < R_2),$$

其中 $\vec{e}_r$ 由球心沿径向指向外．

两极间电场能量密度

$$w_e = \frac{1}{2}\varepsilon E^2 = \frac{\varepsilon}{2}\left(\frac{Q}{4\pi\varepsilon r^2}\right)^2.$$

电容器的储能实际上就是电容器两极间电场的能量，则电容器的储能为

$$W = \iiint_V w_e \mathrm{d}V = \int_{R_1}^{R_2} \frac{\varepsilon}{2}\left(\frac{Q}{4\pi\varepsilon r^2}\right)^2 4\pi r^2 \mathrm{d}r = \frac{Q^2}{8\pi\varepsilon}\left(\frac{1}{R_1} - \frac{1}{R_2}\right).$$

另解：由式(11.7.11)可知，球形电容器的电容为

$$C = 4\pi\varepsilon\left(\frac{R_1 R_2}{R_2 - R_1}\right).$$

在静电场中，电容器的静电能实际上就是电容器两极间电场的能量，由式(11.9.2)，电容器两极间电场的能量，即电容器的储能，为

$$W = \frac{1}{2}\frac{Q^2}{C} = \frac{1}{2}\frac{Q^2}{4\pi\varepsilon\left(\dfrac{R_1 R_2}{R_2 - R_1}\right)} = \frac{Q^2}{8\pi\varepsilon}\left(\frac{1}{R_1} - \frac{1}{R_2}\right).$$

📑 习题 11

11.1　在正方形的两个对角上各放一个电量为 Q 的带电粒子，而在另外两个对角上各放一个电量为 q 的带电粒子．

(1)如果作用在每个电量为 Q 的带电粒子上的合电力为零，则 Q 与 q 应有什么关系？

(2)是否有一个 q 值能使 4 个带电粒子中的每一个受到的合电力都为零？

11.2　如图 11-58 所示，一根长度为 L 的非均匀带电细棒，电荷线密度为 $\lambda(x) = \lambda_0 x$，其中 λ_0 为常数．试计算：

图 11-58　习题 11.2 图

(1)细棒中垂线上与细杆中心距离为 L 处的电场强度；

(2)细棒延长线上 $2L$ 处的电场强度．

11.3　如图 11-59 所示，带电细线弯成半径为 R 的半圆形，其电荷线密度为 $\lambda = b\sin\varphi$，其中 b 为一常数．试计算圆心 O 处的电场强度．

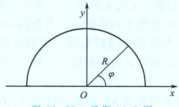

图 11-59　习题 11.3 图

11.4　一个半径为 R 的带电圆环，其电荷线密度 $\lambda(\varphi) = b\cos\varphi$，其中 b 为常数．试计算：

(1)圆环轴线上任一点处电场强度；

(2)在场点到圆环中心的距离 r 远大于 R 的情况下，证明电场强度符合电偶极子的电场形式，并求出电偶极矩．

11.5　有半径分别为 R_1 和 $R_2(R_2 > R_1)$ 的同心均匀带电球面，内球面的电量为 Q_1，外球面的电量为 Q_2．试计算空间任一点处的电场强度．

11.6　一个半径为 R 的带电球体，其电荷体密度为 $\rho(r) = \rho_0\left(1 - \dfrac{r}{R}\right)$，其中 ρ_0 为常数．试计算空间各处的电场强度．

11.7 如图 11-60 所示，一无限长圆柱面，其电荷面密度为 $\sigma = b\cos\varphi$，其中 b 为一常数. 试计算圆柱轴线上任一点处的电场强度.

11.8 两平行的无限长均匀带电直线相距为 a，其电荷线密度分别为 $-\lambda$ 和 $+\lambda$. 试计算：

(1) 在两直线构成的平面上，两直线间任一点的电场强度(选 Ox 轴如图 11-61 所示，两直线的中点为原点 O)；

(2) 两带电直线上单位长度之间的相互作用力.

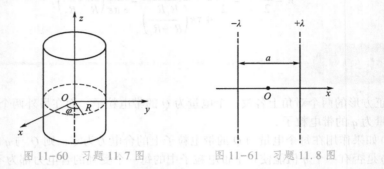

图 11-60 习题 11.7 图　　　　图 11-61 习题 11.8 图

11.9 一厚度为 b 的无限大带电平板，其电荷体密度为 $\rho = kx (0 \leqslant x \leqslant b)$，其中 k 为大于零的常数. 试计算：

(1) 平板外两侧任一点处的电场强度；

(2) 平板内任一点处的电场强度；

(3) 电场强度为零的点在何处？

11.10 两个半径均为 R 的均匀带电圆环平行放置，其电量分别为 q_1 和 q_2，两圆环的轴线沿一条共同的直线，两圆环之间的距离为 $3R$，若在轴线上，在两圆环之间与电量为 q_1 的圆环距离为 R 处的合电场为零，则 $\dfrac{q_1}{q_2}$ 是多少？

11.11 一电偶极矩为 $\vec{p}$、转动惯量为 I 的电偶极子放置在电场强度大小为 E 的均匀电场中，电偶极子在其平衡位置附近做小幅度振动，求其振动频率.

11.12 如图 11-62 所示，有一半径为 R 的圆平面. 在通过圆平面的圆心且与圆平面垂直的轴线上一点处，有一个电量为 q 的点电荷. 点电荷与圆平面的圆心间距为 x. 试计算通过该圆平面的电通量.

11.13 如图 11-63 所示，圆锥面的高为 h、底面半径为 R. 在其顶点与底面中心连线的中点上放置一个电量为 q 的点电荷，试计算通过该圆锥面的侧面的电通量.

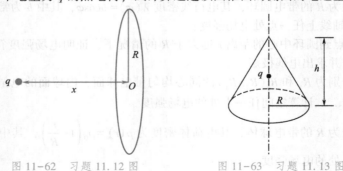

图 11-62 习题 11.12 图　　　　图 11-63 习题 11.13 图

11. 14 有 4 个点电荷, 其电量分别为 $2q$, q, $-q$, $-2q$. 如果可能, 说明你将怎样设置一个闭合曲面, 使它至少包围 $2q$ 的电量, 而且穿过它的电通量分别为 0, $\dfrac{3q}{\varepsilon_0}$ 和 $\dfrac{2q}{\varepsilon_0}$?

11. 15 实验中已发现在地球大气层的某个区域中, 电场的方向是竖直向下的. 在 300m 的高处, 电场大小为 60.0N/C; 在 200m 高处, 电场大小为 100N/C. 试计算边长为 100m、两水平表面分别在 200m 和 300m 高度的立方体面内所包含的净电荷电量. 忽略地球的曲率.

11. 16 一半径为 R 的带电实心绝缘球体, 其电荷均匀分布, 电荷体密度为 $\rho=\rho_0\dfrac{r}{R}$, 式中 ρ_0 是常量. 计算球体上的全部电荷电量, 并利用高斯定理计算球体内的电场强度.

11. 17 有一电荷面密度为 σ 的无限大均匀带电平面, 若以该平面处为电势零点, 试计算带电平面周围空间的电势分布.

11. 18 电量分别为 $+q$ 和 $-3q$ 的两个点电荷, 相距为 d. 试计算:
(1)在它们的连线上电场强度为零的点与电荷为 $+q$ 的点电荷相距多远?
(2)若选无穷远处电势为零, 则两点电荷之间电势为零的点与电荷为 $+q$ 的点电荷相距多远?

11. 19 一半径为 R 的均匀带电圆面, 电荷面密度为 σ, 假设无穷远处为电势零点, 计算圆面中心的电势.

11. 20 一无限大的均匀带电平面, 中部有一半径为 R 的圆孔, 设带电平面的电荷面密度为 σ. 试计算通过小孔中心并与平面垂直的直线上任一点的电场强度和电势(假设选小孔中心处的电势为零).

11. 21 一半径为 R 的无限长带电圆柱体, 其电荷体密度为 $\rho=Ar(r\leqslant R)$, 其中 A 为常量. 试计算:
(1)圆柱体内、外各点的电场强度大小;
(2)选与圆柱轴线距离为 $l(l>R)$ 处为电势零点, 试计算圆柱体内、外各点的电势.

11. 22 如图 11-64 所示, 一内半径为 a、外半径为 b 的金属球壳, 带有电荷 Q, 在球壳空腔内距球心 r 处有一点电荷 q. 设无限远处为电势零点, 试计算:
(1)球壳内、外表面上的电荷;
(2)球心 O 点处, 由球壳内表面上的电荷产生的电势;
(3)球心 O 点处的总电势.

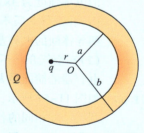

图 11-64 习题 11.22 图

11. 23 一平行板电容器, 极板面积为 $S=10^{-4}\,\text{m}^2$, 两极板之间距离为 $d=1$mm, 当这个电容器两极板间电势差 $V=10$V 时, 两极板之间的相互作用力为多大?

11. 24 一球形水滴带有 30pC 的电量, 其表面的电势为 500V(以无穷远处为电势零点). 求:
(1)该水滴的半径有多大?
(2)如果把两个具有同样电荷和半径的这种水滴聚集起来形成一个大水滴, 则该大水滴表面处的电势为多大?(设电荷分布在水滴表面上, 水滴聚集时总电荷无损失.)

11. 25 求电荷应如何分布才能产生形如 $\dfrac{A}{r}\text{e}^{-\mu r}$ (其中 A 和 μ 为常数)的电势分布.

11.26 一电偶极子包含两个点电荷，它们的电量均为 1.50nC 并相距 6.20μm. 把此电偶极子放到电场强度为 1100N/C 的电场中. 问：

(1) 此电偶极子的电偶极矩大小是多少？

(2) 电偶极子的取向与电场平行、反向平行时的势能差是多少？

11.27 氢原子中质子和电子间距离为 5.29×10^{-11} m，将其中的电子拉开到无穷远处所需要的能量称为氢原子的电离能. 计算该电离能的大小，并用电子伏表示.

11.28 一个任意形状的孤立的带电空腔导体，其电量为 $+10 \times 10^{-6}$ C，空腔内有一个电量为 $q = +3.0 \times 10^{-6}$ C 的点电荷. 问：在空腔导体内表面上及空腔导体外表面上的电量分别是多少？

11.29 如图 11-65 所示，带电金属球壳的内、外半径分别为 a 和 b，其电量为 Q，在金属球壳内距球心 O 为 r 处放置一电量为 q 的点电荷. 试计算：

(1) O 点的电势；

(2) 金属球壳外距球心 O 为 R 处 P 点的电场强度.

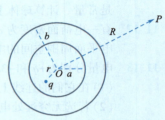

图 11-65　习题 11.29 图

11.30 已知一个平行板电容器，极板面积为 $0.2 m^2$，两极板间距离为 0.5cm，充电至 500V 后断开电源. 若把极板间距离拉开一倍，需要做多少功？

11.31 如图 11-66 所示，平行放置两金属板 A 和 B，其面积均为 S，两板内表面间距为 d (d 的线度远小于两板边长的线度，也就是金属板带电后可忽略边缘效应).

(1) 金属板 A 带电量为 q，金属板 B 不带电时，求两极板间的电势差.

(2) 金属板 A 带电量为 q，金属板 B 带电量为 $3q$ 时，求两板间的电势差.

(3) 金属板 A 带电量为 q，金属板 B 接地，求两极板间的电势差.

11.32 两共轴金属圆筒构成一个空气电容器，外圆筒半径为 1cm，空气击穿的电场强度为 3×10^6 V/m. 问：

(1) 在空气介质不致击穿的前提下，应如何选择内圆筒的半径，以使两导体间的电势差最大？

(2) 在空气介质不致击穿的前提下，应如何选择内圆筒的半径，以使电容器的储能最大？

图 11-66　习题 11.31 图

11.33 如图 11-67 所示，一平行板电容器，极板面积为 S，两极板之间距离为 d，其间填有两层厚度相同的各向同性均匀电介质，其介电常量分别为 ε_1 和 ε_2. 当电容器两极板上带电量为 $\pm Q$ 时，在维持电量不变的情况下，将其中的介电常量为 ε_1 的电介质抽出，试求外力所做的功.

11.34 如图 11-68 所示，一个由理想导体构成的平行板电容器，两极板之间充满两层可导电的电介质，它们的厚度分别为 d_1 和 d_2，介电常量和电阻率分别为 ε_1、ρ_1 与 ε_2、ρ_2. 电源电动势为 V，忽略边缘效应，试计算：

(1) 两种电介质中的电场；

(2) 通过电容器的电流；

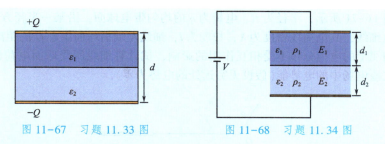

图 11-67 习题 11.33 图   图 11-68   习题 11.34 图

(3)在两种电介质分界面上的总电荷面密度；

(4)在两种电介质分界面上的自由电荷面密度.

11.35 半径为 R 的介质球，相对介电常量为 ε_r，其体电荷密度 $\rho = \rho_0\left(1 - \dfrac{r}{R}\right)$，其中 ρ_0 为常量，r 是球心到球内某点的距离．试计算：

(1)介质球内的电位移矢量和电场强度；

(2)在半径 r 多大处电场强度最大？

11.36 如图 11-69 所示，平行板电容器的两板间距为 d. 将它充电至电势差为 U，然后断开电源，插入厚度为 $\dfrac{d}{2}$、相对介电常数为 ε_r 的电介质平板.

图 11-69   习题 11.36 图

(1)计算电介质中的 $\vec{D}$、$\vec{E}$、$\vec{P}$ 的大小及电介质表面的极化电荷面密度 σ'；

(2)计算电容器两板板间的电势差；

(3)画出电容器内的 $\vec{D}$ 线、$\vec{E}$ 线及 $\vec{P}$ 线；

(4)如果插入厚度为 $\dfrac{d}{2}$ 的电介质平板后，保持电源接通，那么电介质中的 $\vec{D}$、$\vec{E}$、$\vec{P}$ 又为多大？

11.37 一球形电容器，内球壳半径为 R_1，外球壳半径为 R_2，两球壳间充有两层各向同性均匀电介质，其界面半径为 R，介电常量分别为 ε_1 和 ε_2，如图 11-70 所示．设在两球壳间加上电势差 V，计算电容器的电容以及电容器储存的能量.

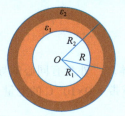

图 11-70   习题 11.37 图

11.38 如图 11-71 所示，半径为 R、电量为 q 的均匀带电球面，沿某一半径方向上有一均匀带电细线，其电荷线密度为 λ，长度为 l，细线左端离球面中心 O 的距离为 b. 设球面和细线上的电荷分布不受相互作用的影响，试计算细线所受球面电荷的电场力和细线在该电场中的电势能(假设无穷远处的电势为零).

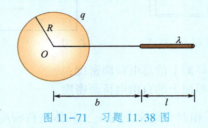

图 11-71　习题 11.38 图

11.39 在介电常量为 ε 的无限大各向同性均匀介质中，有一半径为 R 的带电导体球，其电量为 Q，计算电场能量.

11.40 一半径为 R 的各向同性均匀电介质球，其相对介电常量为 ε_r. 球体内均匀分布正电荷，总电量为 Q. 试计算球内的电场能量.

11.41 一平行板电容器，其极板面积为 S，两极板间距离为 $d(d \ll \sqrt{S})$，中间充有两种各向同性的均匀电介质，其分界面与极板平行，相对介电常量分别为 ε_{r1} 和 ε_{r2}，厚度分别为 d_1 和 d_2，且 $d_1 + d_2 = d$，如图 11-72 所示. 假设两极板上所带电荷电量分别为 $+Q$ 和 $-Q$，试计算：
(1)电容器的电容；
(2)电容器储存的能量.

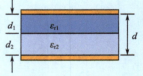

图 11-72　习题 11.41 图

11.42 一圆柱形电容器，内圆柱的半径为 R_1，外圆柱的半径为 R_2，长为 $L(L \gg R_2 - R_1)$，两圆柱之间充满相对介电常量为 ε_r 的各向同性均匀电介质. 设内外圆柱单位长度上带电荷(即电荷线密度)分别为 λ 和 $-\lambda$，试计算：
(1)电容器的电容；
(2)电容器储存的能量.

11.43 将一电容器充电直到它所存储的能量为 100.0J，然后将未充电的、电容大小相同的第二个电容器与之并联. 如果电荷在两个电容器上平均分配，则存储在电场中的总能量是多少？其余的能量到哪里去了？

11.44 如图 11-73 所示，由 3 个点电荷构成一个电荷系统，计算该电荷系统的相互作用能.

图 11-73　习题 11.44 图

11.45 真空中半径为 3.0cm 的导体球，外套有同心的导体球壳，导体球壳的内外半径分别为 6.0cm 和 8.0cm，导体球带 1.0×10^{-8}C 的电量. 试求下列两种情况下，系统静电能的损失：

（1）将导体球壳接地；

（2）将导体球壳与导体球用导线相连.

11.46 两个电偶极子相距为 r，电偶极矩分别为 $\vec{P}_1$ 和 $\vec{P}_2$. 试计算下列两种情况下，两电偶极子的相互作用能：

（1）相互平行放置，如图 11-74(a) 所示；

（2）相互反平行放置，如图 11-74(b) 所示.

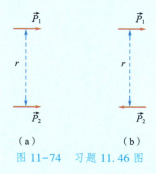

（a） （b）

图 11-74 习题 11.46 图

第12章 稳恒磁场

静止电荷的周围存在电场．如果电荷运动，则电荷的周围不仅存在电场，也存在磁场．电荷的流动形成电流，电流在其周围产生磁场，磁场也是物质的一种形态，它只对运动电荷或电流施加作用．本章将讨论不随时间变化的稳恒磁场的性质和基本规律，主要研究由稳恒电流产生的稳恒磁场，首先引入描述磁场的基本物理量——磁感应强度，然后讨论磁场的基本规律——毕奥-萨伐尔定律及其应用，并由此得到描述磁场基本性质的磁高斯定理和安培环路定理，接着讨论磁场对载流导线、载流线圈和运动电荷施加作用力所遵从的规律．电荷是静止还是运动是相对于参考系而言的，因此，对磁场的描述取决于观察者所在的参考系．本章还将对电场和磁场的这种相对性做简单说明．

12.1 磁场　磁感应强度

天然磁石吸铁现象的发现可以追溯到远古时代，早在公元前 6 世纪，古希腊哲学家泰勒斯（Thales）记述了磁石吸铁的现象，磁石是一种天然磁铁矿矿石（化学成分是 Fe_3O_4）．我国早在春秋时期已有关于磁石的记载，《管子》、《淮南子》等典籍中都提到了磁石的吸铁性．天然磁石相互吸引或排斥的现象，几乎在我国和古希腊同时被发现并记载，但我国最早发现了磁石的磁极性，并利用这一性质发明了指南针，这是人类首次利用磁场的一个重要应用．指南针利用磁石的指向性，帮助古代航海家确定方向，这一发明对航海和地理探索具有重大意义．

磁石有吸铁的性质，磁石的这种性质称为磁性．随后人们又逐渐认识到，在强磁性体附近，铁磁性物质会变成暂时磁性的物体或永久磁性的物体，这种现象称为磁化．人们把铁磁性物质放在强磁体附近进行磁化，制成各种形状的具有磁性的磁铁，磁铁具有两个磁极，通常称为北极（N 极）和南极（S 极）．这种极性使磁性物体相互作用时展示出吸引或排斥的现象．早期人们发现，自由悬挂的磁铁总是指向南北方向，这种现象在指南针中得到了实际应用．指南针的指针实际上是一块自由旋转的小磁铁，其北极指向地理北极，而南极指向地理南极．磁铁的极性还遵循同性相斥、异性相吸的原则．这意味着当两个磁铁的同性磁极靠近时，它们会互相排斥，而当异性磁极靠近时，它们会互相吸引．基于与地球磁场的相互作用，这两个磁极被定义为南极和北极．

延伸阅读

要定量描述磁现象并不容易．在讨论电场时，人们利用充分小的试探电荷在电场中所受的力来描述电场．类似地，人们可以用充分小的磁针在磁场中的行为来描述磁场．然而，这种描述方法更为复杂，特别是在准确描述磁针行为方面存在一些挑战．

实验表明，在磁性物体、运动电荷以及电流间都存在磁相互作用．实际上，一切磁现象都起源于电荷的运动，磁现象的本质是电流，种种磁相互作用都可归结为电流与电流的相互作用，电流与电流的相互作用是以磁场为中介物质传递的，即电流在其周围空间产生磁场，磁场给予其中的电流作用力．这种磁相互作用是通过磁场来传递的．在磁场中运动的电荷所

延伸阅读

　　受到的磁场作用力被称为洛伦兹力，我们可以借助电荷在磁场中所受的磁场力来描述磁场．

　　实验中发现，在仅有磁场存在的情况下，对于一个以速度 $\vec{v}$ 运动、携带电量为 q 的带电粒子，其受到的洛伦兹力总是和运动的方向相垂直．在外磁场保持不变的情况下，改变带电粒子的运动方向，带电粒子的受力大小也会发生改变，在某个特殊方向上带电粒子不受力．当带电粒子运动速度相对于这个特殊方向的角度为 θ 时，其受力大小与 $\sin\theta$ 成正比．由此可定义描述磁场的物理量——磁感应强度 $\vec{B}$，若 $\vec{F}_{\mathrm{B}}$ 为带电粒子受到的洛伦兹力，则磁感应强度与洛伦兹力间的关系为

$$\vec{F}_{\mathrm{B}} = q\vec{v} \times \vec{B}. \tag{12.1.1}$$

当运动速度方向与磁感应强度矢量 $\vec{B}$ 的方向垂直时，$\vec{B}$ 的大小为

$$B = \frac{F_{\mathrm{B}}}{|q|\,v}, \tag{12.1.2}$$

此时的 F_{B} 是以速度 $\vec{v}$ 运动的带电粒子受到的最大洛伦兹力．同时从式 (12.1.1) 也可以看出，磁感应强度矢量 $\vec{B}$ 的方向就是当带电粒子受到的磁场力为零时的运动速度方向．不改变带电粒子运动速度大小，仅改变其运动方向时，$\theta = 0$ 时带电粒子受力为零，而当 $\theta = \dfrac{\pi}{2}$ 或 $\theta = -\dfrac{\pi}{2}$ 时带电粒子受到的洛伦兹力最大．一般情况下，带电粒子受到的洛伦兹力大小为

$$F_{\mathrm{B}} = |q|\,vB\sin\theta, \tag{12.1.3}$$

由此可得

$$B = \frac{F_{\mathrm{B}}}{|q|\,v\sin\theta}. \tag{12.1.4}$$

根据右手定则，对于带电粒子电量大于零的情况，如果右手的食指指向 $\vec{v}$ 的方向，然后从小于 180° 的方向旋转到 $\vec{B}$ 的方向，则大拇指指向 $\vec{F}_{\mathrm{B}}$ 的方向，如图 12-1 所示．

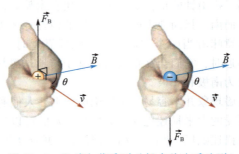

图 12-1　运动电荷受到磁场力的右手法则

　　磁感应强度的单位为特斯拉，用字母 T 表示．具体来说，特斯拉的大小定义为

$$1\mathrm{T} = \frac{1\mathrm{N}}{1\mathrm{C} \cdot \mathrm{m/s}} = \frac{1\mathrm{N}}{1\mathrm{A} \cdot \mathrm{m}},$$

即当 1C 的电荷以 1m/s 的速度垂直于磁场运动时，若其受到的洛伦兹力为 1N，则磁场的磁感应强度为 1T. 这也可以表达为对于垂直于磁场的电流，当电流强度为 1A，而其单位长度（1m）上的受力为 1N 时，磁场的磁感应强度为 1T.

　　磁感应强度在不同的物理体系中差异巨大. 而特斯拉是一个很大的单位，地球表面的磁场仅约为 $2.5 \times 10^{-5} \sim 6.5 \times 10^{-5}$ T，且在南北磁极较强，在赤道地区较弱. 因此，人们经常会使用一个表达弱磁场的单位高斯（G），其定义为

$$1G = 10^{-4}T.$$

　　普通磁铁的磁极附近，磁感应强度在 $10^{-2} \sim 10^{-1}$ T. 近代发明的钕铁硼（NdFeB）磁铁可达到 1.0~1.4T. 电磁铁的磁感应强度则根据设计和用途，从几毫特斯拉到几特斯拉不等. 核磁共振成像（NMRI）设备的磁感应强度一般为 1.5~3T，高场 MRI 可达到 7T 或更高. 实验室和工业应用中的超导磁铁常用于高能物理实验，能产生高达 20T 的磁场，而粒子加速器如欧洲核子研究中心（CERN）的强子对撞机（LHC）中的超导磁铁产生的磁场约为 8.3T. 自然现象中，太阳黑子区域的磁感应强度约为 0.1~0.4T，而中子星表面的磁感应强度可高达 $10^{8} \sim 10^{11}$ T，是已知最强的磁场. 在日常生活中，磁性听写器磁头产生的磁场约 10mT，家用电器如电动机和微波炉周围的磁场通常在 0.1~1mT 范围内.

　　更一般的情况下，洛伦兹力可用来描述电荷在电磁场中所受的作用力，它可揭示电荷、磁场和电场之间的相互作用关系. 洛伦兹力可以表述为：当一个带电粒子在磁场和电场中运动时，它将受到一个合力，该合力称为**洛伦兹力**. 洛伦兹力的大小和方向取决于带电粒子的电量、速度以及电场强度和磁感应强度，洛伦兹力的表达式为

$$\vec{F} = q\vec{E} + q\vec{v} \times \vec{B}, \tag{12.1.5}$$

其中 $\vec{F}$ 表示洛伦兹力，q 是带电粒子的电量，$\vec{E}$ 是电场的电场强度，$\vec{v}$ 是带电粒子的速度，$\vec{B}$ 是磁场的磁感应强度.

　　洛伦兹力表达式的第一项 $q\vec{E}$ 表示电荷在电场中所受的库仑力，其大小与电场强度和电量成正比；洛伦兹力表达式的第二项 $q\vec{v} \times \vec{B}$ 表示电荷在磁场中所受的磁场力，其大小与电荷的运动速度、磁感应强度和电量成正比.

　　类似于电场线用图形方式描绘电场分布情况，我们也可以通过磁感应线来形象地呈现磁场的分布情况，使磁场分布有一个直观的形象化图像. 磁感应线是分布在磁场区域内有方向的曲线簇，这些曲线上每一点处的切线方向都与该点处的磁感应强度方向一致，磁场区域内每一点处曲线簇的密度，即垂直于磁感应线的单位横截面上穿过的磁感应线数量，代表该点处磁感应强度的大小. 磁感应线越密集，表示磁场越强；反之，磁感应线越分散，则代表磁场越弱. 这种直观的表示方式，有助于我们在思考和分析磁场特性时，更容易地把握其强弱分布情况.

延伸阅读

需要注意的是，磁感应线只是一种便于观察和分析的形象化图像，而非真实存在的物理实体．通过在纸上撒上铁屑并将磁体靠近的实验，我们能够观察到铁屑因受到磁场的影响而重新排列，形成的图像与磁感应线的图样相似．这种实验为我们提供了一种直观的方式来验证和展示磁场的分布．

总体而言，磁感应线的引入为磁场的可视化提供了有力的工具，通过这种图形化的表示方式，我们能够更容易地理解和研究磁场的性质．磁感应线是闭合曲线，它从磁体的 N 极出发，经过一定范围的空间后，回到磁体的 S 极，然后在磁体内部闭合．磁感应线不会相交或断裂．

图 12-2 所示为条形磁铁和马蹄形磁铁的磁场所对应的磁感应线，图 12-3 所示为将磁铁放置到不同的位置时，铁屑所表现出来的磁场分布情况．

两根平行无限长载流直导线的磁感应线

圆电流的磁感应线

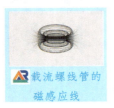

载流螺线管的磁感应线

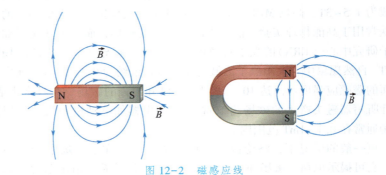

图 12-2　磁感应线

图 12-3　磁场中的铁屑分布

12.2 毕奥-萨伐尔定律

在计算电荷系统产生的电场的电场强度时，把电荷连续分布的带电体视为由充分多的电荷元 dq 组成，以点电荷的电场强度为基础，按照电场强度叠加原理计算电荷连续分布的带电体产生的电场的电场强度．实验表明，磁场和电场一样遵从场的叠加原理．电流产生磁场，这里也可以把电流视为充分多的微小电流段的集合，只要找出任一微小电流段产生的磁场的磁感应强度表达式，从它出发，应用磁场的叠加原理就可以计算出具体电流产生的磁场的磁感应强度.

在 19 世纪 20 年代, 毕奥(J. B. Biot)和萨伐尔(F. Savart)对电流产生的磁场分布做了许多实验研究, 并和拉普拉斯(Laplace)一起研究和分析了很多实验资料, 得到了对应微小电流段产生磁场的磁感应强度的计算表达式, 此式称为**毕奥-萨伐尔定律**.

如图 12-4 所示, 假设在真空中有电流为 I 的任意形状的载流导线, 导线截面与所考察的场点 P 的距离比较可略去不计, 这样的电流称为**线电流**. 在线电流上任取长为 $\mathrm{d}l$ 的线元, 规定 $\mathrm{d}\vec{l}$ 的方向与线元内电流的方向相同, 并将乘积 $I\mathrm{d}\vec{l}$ 称为**电流元**, 我们把电流元看成是代表微小电流段特征的一个矢量. 根据毕奥-萨伐尔定律, 电流元 $I\mathrm{d}\vec{l}$ 在场点 P 处产生磁场的磁感应强度 $\mathrm{d}\vec{B}$ 为

$$\mathrm{d}\vec{B} = \frac{\mu_0}{4\pi}\frac{I\mathrm{d}\vec{l}\times\vec{r}}{r^3}, \tag{12.2.1}$$

式中 $\mu_0 = 4\pi\times10^{-7}\,\mathrm{T\cdot m/A}$, 称为**真空中的磁导率**. $\vec{r}$ 是从电流元 $I\mathrm{d}\vec{l}$ 指向场点 P 的位置矢量. 毕奥-萨伐尔定律可以用来计算任意形状的载流导线在空间的磁场分布, 通过对整个载流导线电流分布进行积分, 可以计算出由整个载流导线电流分布产生的磁场的磁感应强度, 有

$$\vec{B} = \int_l \frac{\mu_0}{4\pi}\frac{I\mathrm{d}\vec{l}\times\vec{r}}{r^3}. \tag{12.2.2}$$

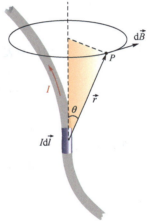

我们能够利用上式来研究复杂形状电流分布所产生的磁场, 并且可以利用其解决各种实际问题.

由式(12.2.1)可以看出, 真空中的磁导 图 12-4 电流元的磁感应强度
率表明了电流及其产生磁场大小间的关系, 最初以此式子来定义磁场的大小, 因此最初真空磁导率的值是直接定义出来的, 为一精确值, 即

$$\mu_0 = 4\pi\times10^{-7}\,\mathrm{T\cdot m/A}.$$

但随着科学技术的进步, 人们意识到, 将真空磁导率作为一个可测量的量, 而不是一个固定值, 可以更好地反映物理现象. 因此, 国际计量大会决定将真空磁导率与电流单位安培(A)的定义联系起来, 使其成为一个可以通过实验测量得到的量. 在 2018 年新国际单位制中, 对真空磁导率的推荐值是

$$\mu_0 \approx 12.5663706212(19)\times10^{-7}\,\mathrm{T\cdot m/A}.$$

其不确定度等于精细结构常数推荐值的不确定度. 这意味着, 虽然真空磁导率的数值被用作计算的基础, 但它的确切值可能会根据未来的科学发现和技术进步而有所调整.

例 12-1　有一根有限长的载流直导线，其中电流为 I，求与其距离为 a 的 P 点处的磁感应强度.

解　如图 12-5 所示，以导线上 P 点的投影位置为坐标原点 O，导线中电流方向设为 x 方向，OP 方向为 y 方向.载流导线上处于坐标 x 处、长度为 $\mathrm{d}l$ 的电流元，其在 P 点处产生的磁感应强度为

$$\mathrm{d}\vec{B}=\frac{\mu_0}{4\pi}\frac{I\mathrm{d}\vec{l}\times\vec{r}}{r^3}=\frac{\mu_0}{4\pi}\frac{I\sin\theta\mathrm{d}x}{r^2}\vec{k}. \tag{12.2.3}$$

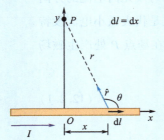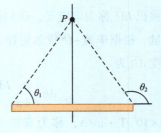

图 12-5　载流直导线

上式中的变量 l、r、θ 应化为统一的变量的表达式，由图 12-5 可知，它们之间的关系为

$$r=\frac{a}{\sin\theta},\quad y=a, \tag{12.2.4}$$

因而 x 为

$$x=a\cot(\pi-\theta)=-a\cot\theta. \tag{12.2.5}$$

x 的微分可以转换为 θ 的微分，有

$$\mathrm{d}x=a\csc^2\theta\mathrm{d}\theta. \tag{12.2.6}$$

式（12.2.3）可以重写为

$$\mathrm{d}\vec{B}=\frac{\mu_0 I}{4\pi a}\sin\theta\mathrm{d}\theta\vec{k}. \tag{12.2.7}$$

对整个载流导线积分即可得到 P 点处的磁感应强度

$$\vec{B}=\frac{\mu_0 I}{4\pi a}\int_{\theta_1}^{\theta_2}\sin\theta\mathrm{d}\theta\vec{k}=\frac{\mu_0 I}{4\pi a}(\cos\theta_1-\cos\theta_2)\vec{k}. \tag{12.2.8}$$

计算机模拟

有限长载流
直导线的磁场

当载流直导线的长度为无限长时，$\theta_1\to 0$，$\theta_2\to\pi$，此时 P 点处的磁感应强度为

$$\vec{B}=\frac{\mu_0 I}{4\pi a}(\cos 0-\cos\pi)\vec{k}=\frac{\mu_0 I}{2\pi a}\vec{k}. \tag{12.2.9}$$

可以看出，无限长载流直导线产生的磁场的磁感应强度与距离成反比，且沿着以导线为轴的圆周切线方向.其磁感应线如图 12-6 所示.

图 12-7 所示为铁屑在载流直导线产生的磁场中的分布情况，可以看到其表现出轴对称的分布.

磁场方向和电流方向之间的关系同样满足右手法则：握拳并伸出大拇指，大拇指所对应方向为电流方向，四指方向为磁场方向，如图 12-8 所示.

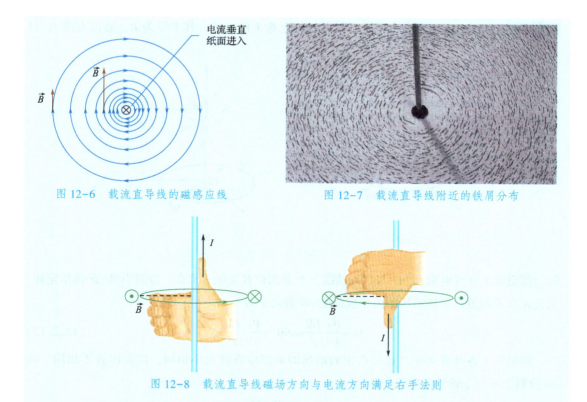

图 12-6　载流直导线的磁感应线

图 12-7　载流直导线附近的铁屑分布

图 12-8　载流直导线磁场方向与电流方向满足右手法则

当导线是有限长时，P 点处的磁感应强度不仅与其到导线的距离 a 有关，也与其相对导线所处的位置以及导线的长度（即 θ_1 和 θ_2 的大小）有关．但当导线无限长时，P 点处的磁感应强度则仅与其到导线的距离 a 有关．现实中不存在无限长的导线，但当场点距离载流导线很近的时候，即 a 相对导线长度很小的时候，可以将有限长的载流直导线近似看作无限长的载流直导线．

例 12-2　如图 12-9 所示，以 R 为半径的圆弧导线上通过电流 I 时，求圆心处的磁场．

解　由电流的方向可知导线 AA' 与 CC' 段上的电流对 O 点磁场无贡献，即 O 点磁场仅与圆弧 AC 上的电流有关．对于圆弧上任一电流元 $I\mathrm{d}l$，其在 O 点产生的磁场的磁感应强度大小为

$$\mathrm{d}B=\frac{\mu_0 I}{4\pi R^2}\mathrm{d}l, \tag{12.2.10}$$

方向为垂直于纸面朝外，其中 $\mathrm{d}l=R\mathrm{d}\theta$．由于圆弧上每一个电流元在 O 点产生的磁场方向都相同，因此沿圆弧积分即可得到 O 点的磁感应强度大小，为

$$B=\frac{\mu_0 I\theta}{4\pi R}. \tag{12.2.11}$$

由此可知，若是一个完整圆形导线上的电流，其在圆心处产生的磁场的磁感应强度大小为

$$B=\frac{\mu_0 I}{2R}. \tag{12.2.12}$$

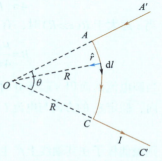

图 12-9　载流圆弧导线

例 12-3 如图 12-10 所示，单匝载流圆线圈也称为圆电流，其半径为 R，通以电流 I，计算圆电流轴线上 P 点处的磁感应强度.

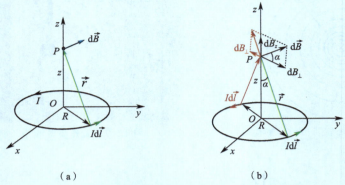

（a）　　　　　　　　　　（b）

图 12-10　单匝载流圆线圈上电流元的磁感应强度

解　圆电流上任意电流元 $I\mathrm{d}\vec{l}$ 与其到轴线上 P 点的位置矢量 $\vec{r}$ 垂直. 按照毕奥-萨伐尔定律，电流元在 P 点处产生的磁场的磁感应强度 $\mathrm{d}\vec{B}$ 的大小为

$$\mathrm{d}B=\frac{\mu_0}{4\pi}\frac{I\mathrm{d}l}{r^2}\sin 90°=\frac{\mu_0}{4\pi}\frac{I\mathrm{d}l}{r^2}. \tag{12.2.13}$$

圆电流上各电流元在 P 点处产生的磁场的磁感应强度大小相同，但方向各不相同. 将 $\mathrm{d}\vec{B}$ 分解为平行于轴线方向的分量

$$\mathrm{d}B_z=\mathrm{d}B\sin\alpha=\frac{\mu_0}{4\pi}\frac{I\mathrm{d}l}{r^2}\sin\alpha \tag{12.2.14}$$

和垂直于轴线方向的分量 $\mathrm{d}B_\perp$，其中 α 为 $\vec{r}$ 与轴线的夹角. 由对称性可知垂直于轴线方向的各分量相互叠加抵消，而平行于轴线的各分量相互加强，因此，P 点处的磁感应强度大小为

$$B=\int_L \mathrm{d}B_z=\frac{\mu_0 I}{4\pi}\int_0^{2\pi R}\frac{\sin\alpha\,\mathrm{d}l}{r^2}=\frac{\mu_0 IR}{2r^2}\sin\alpha=\frac{\mu_0 R^2 I}{2\left(R^2+z^2\right)^{\frac{3}{2}}}. \tag{12.2.15}$$

注意到圆电流的面积为 $S=\pi R^2$，则上式可以写为

$$B=\frac{2\mu_0 SI}{4\pi\left(R^2+z^2\right)^{\frac{3}{2}}}. \tag{12.2.16}$$

当 z 远大于 $R(z\gg R)$ 时，有

$$B=\frac{\mu_0}{4\pi}\frac{2SI}{z^3}.$$

计算机模拟

圆电流轴线上的磁场

计算机模拟

二平行圆电流轴线上的磁场

当圆电流的面积 S 趋于 0 时，此时圆电流称为**磁偶极子**. 如果大拇指指向单位矢量 $\hat{e}_n$ 的方向，假定 $\hat{e}_n$ 的方向与电流 I 的方向满足右手法则，定义磁偶极子的**磁偶极矩**(简称为**磁矩**)为

$$\vec{m}=SI\hat{e}_n, \tag{12.2.17}$$

则磁偶极子在其轴线上产生的磁感应强度可写成

$$B=\frac{\mu_0}{4\pi}\frac{2m}{z^3}. \tag{12.2.18}$$

对比电偶极子，电偶极子在其轴线上产生的电场强度大小为

$$E = \frac{1}{4\pi\varepsilon_0}\frac{2p}{r^3},$$

$\vec{p}$ 为电偶极子的电偶极矩．可以看到，磁偶极子在其轴线上产生的磁感应强度大小有类似的表达形式．

例 12-4 均匀密绕在圆柱面上的螺旋线圈称为密绕螺线管．设螺线管的半径为 R，其上的电流为 I．每单位长度上有线圈 n 匝．计算载流密绕螺线管轴线上任一点 P 处的磁感应强度．

解 建立坐标系，P 点为坐标系的原点，如图 12-11 所示，在密绕螺线管上任取一充分窄的小段 dx，该小段有线圈 ndx 匝，由于线圈密绕，因此这一小段线圈在轴线上 P 点处所产生的磁场的磁感应强度大小为

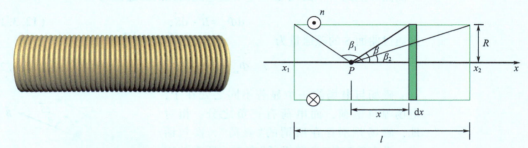

图 12-11 载流密绕螺线管轴线上的磁感应强度

$$dB_P = \frac{\mu_0 R^2(Indx)}{2(R^2+x^2)^{\frac{3}{2}}}, \tag{12.2.19}$$

方向沿轴线向右．整个螺线管在轴线上 P 点处所产生磁场的磁感应强度大小为

$$B_P = \int_{x_1}^{x_2}\frac{\mu_0 R^2 Indx}{2(R^2+x^2)^{\frac{3}{2}}}. \tag{12.2.20}$$

由图 12-11 可知，

$$x = R\cot\beta, \quad R^2+x^2 = R^2\csc^2\beta, \tag{12.2.21}$$

微分后得

$$dx = -R\csc^2\beta d\beta, \tag{12.2.22}$$

则

$$B_P = -\frac{\mu_0 nI}{2}\int_{\beta_1}^{\beta_2}\frac{R^3\csc^2\beta d\beta}{R^3\csc^3\beta} = \frac{\mu_0 nI}{2}(\cos\beta_2 - \cos\beta_1). \tag{12.2.23}$$

如果螺线管无限长，则 $\beta_1 \to \pi$，$\beta_2 \to 0$，可得

$$B = \mu_0 nI. \tag{12.2.24}$$

一般情况下，当密绕螺线管的长度相比其直径大得多时（$l \gg R$），就可以将密绕螺线管视为无限长．由式（12.2.24），无限长载流密绕螺线管轴线上的磁感应强度大小为 $B = \mu_0 nI$，与位置无关．后面章节将证明对于不在轴线上的内部各点，磁感应强度大小也为 $B = \mu_0 nI$，即无限长载流密绕螺线管内部的磁场为均匀磁场．

计算机模拟

长直载流螺线管轴线上的磁场

12.3 磁场的高斯定理　安培环路定理

在讨论静电场时，根据库仑定律和电场强度叠加原理，可得到静电场的高斯定理和安培环路定理，它们是静电场的两个基本定理．对于稳恒磁场，根据毕奥-萨伐尔定律和磁感应强度叠加原理，也可以得到磁场的高斯定理和安培环路定理，它们是稳恒磁场的两个基本定理．

磁场的高斯定理

如图 12-12 所示，设空间存在磁感应强度为 $\vec{B}$ 的磁场，对于磁场内任一曲面 S 上的一个面元 $\mathrm{d}\vec{S}$，定义通过此面元的磁通量为

$$\mathrm{d}\Phi_{\mathrm{m}} = \vec{B} \cdot \mathrm{d}\vec{S}, \qquad (12.3.1)$$

则通过曲面 S 的磁通量为

$$\Phi_{\mathrm{m}} = \iint_{S} \vec{B} \cdot \mathrm{d}\vec{S}. \qquad (12.3.2)$$

磁场与电场的一个显著不同之处在于，电场源自电荷，而电荷有正负之分；相对地，磁场并不存在所谓的"磁荷"．换句话说，没有单独的"磁单极子"存在．所有的磁体都具有两极：南极和北极．因此，如果我们期望磁场表现出类似电场的特性，即磁通量与其所包围的磁荷量成正比，那么我们会发现，由于不存在独立的磁荷，这种比例关系中的磁荷总量必然为零．因此，磁场通过任何闭合曲面的磁通量也必然等于零，这就是磁场的高斯定理．

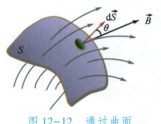

图 12-12　通过曲面 S 的磁通量

从另一个角度考虑，磁场的特性之一是其磁感应线是闭合的，这意味着从任意点出发的磁感应线最终会回到起点．可用穿过某一曲面的磁感应线数量来表示穿过该曲面的磁通量．对一个闭合曲面来说，磁感应线会从曲面的一侧进入，然后从另一侧离开，如图 12-13 所示．因此，穿过任意一个闭合曲面的磁通量为零．

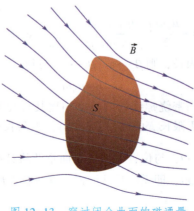

图 12-13　穿过闭合曲面的磁通量

　　磁场的高斯定理可表述为：对于任意闭合曲面，穿过该曲面的磁通量为零，即

$$\oiint\limits_{S} \vec{B} \cdot \mathrm{d}\vec{S} = 0 . \qquad (12.3.3)$$

这里的积分是在闭合曲面 S 上进行的.

　　根据毕奥–萨伐尔定律，一个电流元 $I\mathrm{d}\vec{l}$ 产生的磁场是以电流元所在直线为轴对称分布的，其磁感应线是以电流元所在直线为轴的同心圆，如图 12–14 所示. 这意味着每条磁感应线不会在空间中的某一点开始或结束，而是闭合的. 在电流元 $I\mathrm{d}\vec{l}$ 产生的磁场中任取一个闭合曲面，由于磁感应线是闭合的，因此穿过该闭合曲面的磁通量为零.

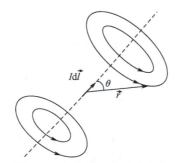

图 12–14　电流元的磁感应线

　　根据磁感应强度叠加原理，任一载流回路产生的磁场的磁感应强度可视为该载流回路上充分多个电流元单独存在时产生的磁场的磁感应强度的叠加，穿过任一闭合曲面 S 的磁通量应为所有电流元单独存在时产生的磁场穿过该闭合曲面的磁通量的代数和，由于单个电流元的磁场穿过闭合曲面 S 的磁通量为零，则上述代数和也等于零，即任一载流回路产生的磁场穿过该闭合曲面 S 的磁通量为零. 因此，在稳恒磁场中，对于任意闭合曲面，穿过该曲面的磁通量为零.

　　如前所述，磁场的高斯定理反映了自然界中不存在磁单极. 磁单极是一个假设的理想磁体，只有一个磁极，即北极或南极，而不同时存在两个磁极. 磁单极在理论上被认为是可能存在的，但目前尚未观测到. 如果有磁单极存在，那么磁感应线将会有起点和终点，就像电场线从正电荷出发到负电荷那样. 在物理学的发展历程中，人们尝试寻找到磁单极. 然而，尽管有理论上的假设和一些实验结果支持，迄今为止，尚未有确凿的证据证实磁单极存在. 尽管目前对于磁单极没有直接的观测证据，但其在理论研究和实验探索中仍然具有重要意义.

安培环路定理

　　在静电场的讨论中，我们研究了电场强度沿任意闭合回路的积分（电场强度矢量的环流），得到积分为零的结果，即

$$\oint\limits_{L} \vec{E} \cdot \mathrm{d}\vec{l} = 0 , \qquad (12.3.4)$$

这表明静电场是一个保守场, 我们由此引入电势这个物理量来描述静电场. 在磁场中, 磁感应强度沿任意闭合回路的积分(磁感应强度矢量的环流)有什么特性呢?

　　安培环路定理描述了恒定电流和磁场之间的关系. 其内容为: 在磁场中, 磁感应强度 $\vec{B}$ 沿任意闭合回路 L 的积分等于真空中的磁导率 μ_0 乘以穿过该闭合回路所包围曲面的电流 I_{enc}, 即

$$\oint_L \vec{B} \cdot \mathrm{d}\vec{l} = \mu_0 I_{enc}. \tag{12.3.5}$$

其中, $\mathrm{d}\vec{l}$ 是闭合回路 L 上的线元矢量, 其方向沿着闭合回路 L 的绕行方向, 穿过闭合回路 L 所包围曲面的电流方向与闭合回路 L 的绕行方向满足右手法则.

　　安培环路定理表明, 磁感应强度矢量的环流并不等于零, 一般不能引入标量势来描述磁场. 当电流分布具有某种对称性时, 根据安培环路定理, 可以计算由此产生的具有某种对称分布的磁场的磁感应强度. 例如, 对于无限长的载流直导线, 通过安培环路定理可以方便地求得其周围的磁场分布. 此外, 对于载流螺线管和环形电流等复杂电流结构, 安培环路定理也提供了简便的计算方法.

　　我们可以利用毕奥-萨伐尔定律推导安培环路定理, 这里我们并不做严格的证明, 仅用无限长载流直导线的磁场作为例证.

　　以无限长载流直导线为 z 轴, 当导线上沿着 z 轴正方向流过电流 I 时, 在柱坐标系中其周围的磁感应强度为

$$\vec{B} = \frac{\mu_0 I}{2\pi R}\vec{e}_\varphi. \tag{12.3.6}$$

考虑一个垂直于载流直导线的平面上的回路(见图 12-15), 则

$$\vec{B} \cdot \mathrm{d}\vec{l} = \frac{\mu_0 I}{2\pi R}\vec{e}_\varphi \cdot \mathrm{d}\vec{l} = \frac{\mu_0 I}{2\pi}\mathrm{d}\varphi. \tag{12.3.7}$$

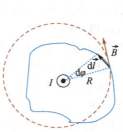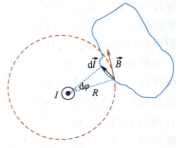

图 12-15　回路的两种情况

可以看到, 这个积分元仅与回路线元相对于载流导线的张角有关, 而与其到载流导线的距离无关. 因此, 当载流导线穿过回路所包围的曲面时, 积分为

$$\oint_L \vec{B} \cdot \mathrm{d}\vec{l} = \mu_0 I; \tag{12.3.8}$$

而当载流导线在回路之外时, 积分为

$$\oint_L \vec{B} \cdot \mathrm{d}\vec{l} = 0 . \tag{12.3.9}$$

上述结果与安培环路定理一致. 考虑到在垂直于载流直导线的平面内, 场点到载流直导线的垂线垂直于载流直导线上恒定电流产生的磁场方向, 因此即使回路平面并不垂直于导线, 所得结果与上述结果依然是一样的.

当有多个载流导线穿过回路所包围的曲面时, 安培环路定理中的 I_{enc} 应该是这些载流导线电流的代数和, 即有

$$I_{\text{enc}} = \sum_i I_i , \tag{12.3.10}$$

并可依据右手法则确定这些电流的正负, 即右手握拳, 四指指向回路绕行方向, 则沿大拇指方向的电流为正, 反之为负. 如图 12-16 所示情况, i_1 为正, i_2 为负, i_3 没有穿过回路所包围的曲面, 磁感应强度的环流为

$$\oint_L \vec{B} \cdot \mathrm{d}\vec{l} = \mu_0 (i_1 - i_2) .$$

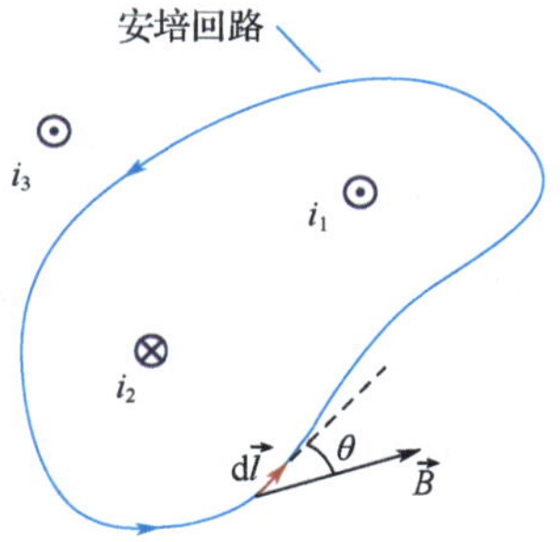

图 12-16　多个电流中的部分电流穿过回路所包围的曲面

安培环路定理作为电磁学中的一个定理, 它可以用来求解一些对称性较高的问题, 例如, 对于无限长的载流直导线, 当其上通过电流时, 可以不用毕奥-萨伐尔定律, 而利用安培环路定理来计算其产生的磁场的磁感应强度.

例 12-5　利用安培环路定理计算无限长载流直导线产生的磁场的磁感应强度.

解　无限长载流直导线具有轴对称性, 其上的恒定电流产生的磁场的磁感应强度也应具有轴对称性, 即在以轴线为圆心、垂直于载流直导线的半径为 R 的圆周上磁感应强度大小相同, 如图 12-17 所示. 可以判断, 此时磁感应强度的方向是与圆周相切的. 以载流直导线上的电流方向为 z 轴方向, 选取轴坐标系, 则磁感应强度可表示为

$$\vec{B} = B \vec{e}_\varphi . \tag{12.3.11}$$

因此, 磁感应强度的环流为

$$\oint_L \vec{B} \cdot \mathrm{d}\vec{l} = 2\pi R B = \mu_0 I . \tag{12.3.12}$$

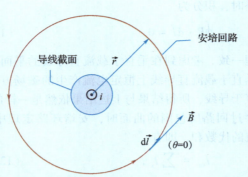

图 12-17 无限长载流直导线的安培回路

由此可得磁感应强度为

$$\vec{B} = \frac{\mu_0 I}{2\pi R}\vec{e}_\varphi, \tag{12.3.13}$$

与之前的计算相同.

例 12-6 密绕螺绕环上线圈的总匝数为 N，电流为 I，利用安培环路定理计算载流密绕螺绕环产生的磁场的磁感应强度.

解 如图 12-18 所示，考虑对称性，密绕螺绕环内同心圆上磁感应强度大小相同，方向与圆相切.以半径为 r、处于密绕螺绕环内部的同心圆为闭合回路 L，则磁感应强度的环流为

$$\oint_L \vec{B} \cdot \mathrm{d}\vec{l} = 2\pi r B = \mu_0 N I. \tag{12.3.14}$$

由此可得密绕螺绕环内磁感应强度的大小为

$$B = \frac{\mu_0 N I}{2\pi r}, \tag{12.3.15}$$

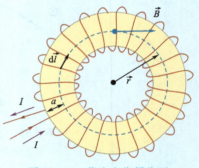

图 12-18 载流密绕螺绕环

其方向根据右手法则沿同心圆的切向方向.若同心圆在密绕螺绕环外部，则无论该同心圆是否将密绕螺绕环纳入其中，穿过该同心圆所包围曲面的总电流都是零，因此在密绕螺绕环外部是没有磁场的，磁场被封闭在密绕螺绕环的内部.

例 12-7 利用安培环路定理计算无限长直载流密绕螺线管产生的磁场.

解 考虑对称性，无限长直载流密绕螺线管内部的磁场方向和螺线管平行，且其大小在沿螺线管方向上不同的位置都一样大.因此，我们可以取图 12-19 所示的矩形闭合回路，其中 1、3 部分与螺线管平行，长度为 l，2、4 部分与螺线管垂直，长度为 b.

在此闭合回路上，由于 2、4 部分与磁场垂直，因此积分为零.此外，如果保持 1 部分位置不变，而改变 3 部分的位置，即改变 3 部分到螺线管的距离，由于这样的变动并没有改变穿过闭合回路的电流，因此闭合回路上的积分不变.此时由

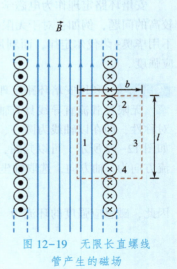

图 12-19 无限长直螺线管产生的磁场

于 1 部分位置未变，因此其对回路积分的贡献没有变化，这就意味着 3 部分对回路积分的贡献也没有变化。因此，无论 3 部分处于什么位置，磁感应强度都是一样的，即螺线管外磁感应强度大小相同。类似地，保持 3 部分位置不变，而改变 1 部分的位置。同理可知螺线管内不同位置上的磁感应强度也是相同的。而从螺线管的剖面图上看，在螺线管外的位置上左右两边的电流所产生的磁场是相互削弱的，而在螺线管内部左右两边的电流所产生的磁场是相互加强的。因此，对于距离螺线管无穷远的位置，磁感应强度应该为零。而由前面推理得到螺线管外各处磁感应强度相同，因此，螺线管外的磁感应强度为零，即螺线管外无磁场。若螺线管内的磁感应强度大小为 B，则由安培环路定理可知

$$\oint_L \vec{B} \cdot \mathrm{d}\vec{l} = Bl = \mu_0 NI, \tag{12.3.16}$$

由此可得无限长直载流密绕螺线管内磁感应强度的大小为

$$B = \frac{\mu_0 NI}{l} = \mu_0 nI, \tag{12.3.17}$$

其中 n 为螺线管单位长度上绕过的载流导线匝数，磁感应强度的方向根据右手法则平行于螺线管方向。类似于密绕螺绕环，磁场被封闭在螺线管内部。不同的是，螺绕环内不同的半径处磁感应强度大小是不同的，而无限长直载流密绕螺线管内部为匀强磁场。

12.4 带电粒子在磁场中的运动

在磁场中运动的带电粒子受到的洛伦兹力为

$$\vec{F} = q\vec{v} \times \vec{B}. \tag{12.4.1}$$

由上式可知，洛伦兹力垂直于带电粒子的运动速度，它不会改变带电粒子运动的速度大小，但会改变带电粒子的运动方向，也就是说，洛伦兹力是不做功的。此外，沿相同方向运动的正负带电粒子，受到的洛伦兹力的方向是相反的。若带电粒子是在均匀磁场中运动，并且初始时速度方向和磁感应强度方向相互垂直，则该带电粒子受到的洛伦兹力大小不变，洛伦兹力将使它做匀速圆周运动，如图 12-20 所示。于是有

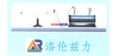

$$F = qvB = m\frac{v^2}{r}. \tag{12.4.2}$$

圆周运动的半径为

$$r = \frac{mv}{qB}, \tag{12.4.3}$$

角速度大小为

$$\omega = \frac{v}{r} = \frac{qB}{m}, \tag{12.4.4}$$

周期为

$$T = \frac{2\pi}{\omega} = \frac{2\pi r}{v} = \frac{2\pi m}{qB}. \tag{12.4.5}$$

由上式可知，圆周运动的周期与带电粒子的质量、电量以及磁感应强度有关，

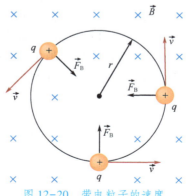

图 12-20　带电粒子的速度垂直于均匀磁场方向

而与带电粒子的运动速度无关.

　　当带电粒子的速度与磁场不垂直时，可以将带电粒子的速度分解为垂直于磁场方向的分量和平行于磁场方向的分量，前者与磁场相互作用产生洛伦兹力，使带电粒子在垂直于磁场的方向上做圆周运动，后者因与磁场平行，不产生洛伦兹力，从而在平行于磁场方向上带电粒子将做匀速直线运动. 因此，二者合起来使带电粒子在磁场中做螺旋运动，如图 12-21 所示.

计算机模拟

带电粒子在
磁场中运动

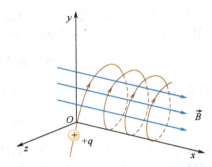

图 12-21　带电粒子的速度不垂直于均匀磁场

　　若带电粒子的速度方向与磁场方向之间的夹角为 θ，则螺旋线的螺距为

$$h = v\cos\theta T = \frac{2\pi m}{qB}v\cos\theta. \tag{12.4.6}$$

　　当一组带电粒子以近似相同的速度从同一点发射，并且它们的速度方向与磁场的方向几乎平行时，这些带电粒子将围绕磁感应线进行螺旋运动. 由于圆周运动的周期只依赖于带电粒子的质量、电量和磁感应强度，而与带电粒子的速度无关，因此所有带电粒子的周期相同. 即使它们的运动半径不同，由于它们的速度大小近似相同，且速度方向与磁场方向的夹角很小，它们在磁场方向的速度分量也将非常接近，这导致它们的螺旋运动的螺距几乎相同. 这意味着，经过一个周期后，这些粒子将再次在另一点汇聚，这就是磁聚焦现象.

　　磁聚焦现象与光线通过透镜后的聚焦行为有相似之处. 在透镜中，平行于主轴的光线会在透镜的焦点处汇聚. 同样地，在磁聚焦中，带电粒子束在经过一个周期的螺旋运动后，会在与发射点对称的位置汇聚，从而实现磁聚焦，如图 12-22 所示. 这是控制带电粒子束的一种重要方法，被广泛应用于粒子加速器和等离子体物理中.

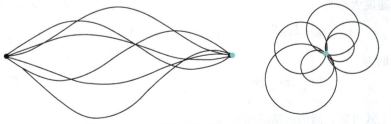

图 12-22　磁聚焦过程的侧向图和截面图

利用非均匀的磁场可以设计所谓的磁镜来限制带电粒子的运动．这被称为磁镜约束，广泛应用于等离子体物理和核聚变研究．如图 12-23 所示，磁镜装置通常由两端磁场较强、中间磁场较弱的区域组成，这种结构形成了类似瓶子的形状．带电粒子在磁场中运动时会受到洛伦兹力的作用，沿着磁感应线做螺旋运动．当带电粒子从磁场较弱的区域运动到磁场较强的区域时，其平行于磁感应线的速度分量会逐渐减少，而垂直于磁感应线的速度分量会增加，使带电粒子的螺旋半径减小．同时，在磁镜的两端，由于磁场由弱转强，运动的带电粒子受到的洛伦兹力是偏向磁镜中间的，因此这一过程中，带电粒子的平行动能逐渐转换为垂直动能．当带电粒子进入磁场强度足够大的区域时，其平行于磁场方向的速度分量会减至零并反向运动，这个过程称为磁反射．通过这一机制，带电粒子被限制在磁镜装置的中间区域内，从而实现对带电粒子的有效约束．磁镜效应的关键在于保持带电粒子的磁矩不变，随着带电粒子进入强磁场区域，垂直速度增加，平行速度减小，最终导致带电粒子反射．磁镜约束在核聚变研究和其他物理实验中具有重要意义，尽管现代核聚变研究更多采用托卡马克等装置，但磁镜约束仍为理解带电粒子在磁场中的运动提供了基础．

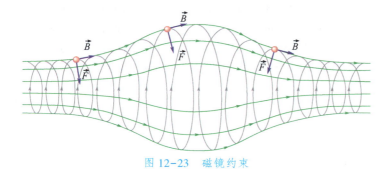

图 12-23　磁镜约束

磁镜效应对宇宙射线在地球上的行为也有重要影响，特别是在极地地区和磁层中．地球的磁场像一个巨大的磁镜系统，对进入地球磁层的高能带电粒子(宇宙射线)产生显著影响．地球的磁场类似于一个巨大的磁偶极子，从南极延伸到北极，并在赤道附近最弱．这种分布使进入地球磁层的宇宙射线带电粒子在接近极地的地方会遇到逐渐增强的磁场．宇宙射线中的带电粒子在进入地球磁场时，由于洛伦兹力的作用，会沿着磁感应线做螺旋运动．当这些带电粒子从磁场较弱的赤道区域向磁场较强的极地区域运动时，平行于磁感应线的速度分量会逐渐减少，垂直于磁感应线的速度分量会增加．如果磁场增加到一定程度，带电粒子的平行速度分量将减至零并反向运动，形成反射．这种现象类似于磁镜效应，使许多宇宙射线带电粒子被反射回空间而不进入大气层．

尽管大多数宇宙射线带电粒子在地球磁场的保护下被反射，但一些高能带电粒子能克服磁镜效应的约束，进入极地降落带．这些带电粒子能够沿着磁场线直达地球的极地区域，导致极地上空的高能带电粒子活动增多，这也是极地地区极光现象频发的原因之一．此外，在地球磁场中，有一些空间区域(如辐射带)能够捕获和储存宇宙射线带电粒子,这也是通过磁镜效应实现的.带电粒子在这些区域内受到反复反射和捕获,形成稳定的带电粒子带,如范艾伦辐射带,这里的带电粒子可以在磁场中来回运动,被困在磁镜中.

由于磁镜效应的存在,地球磁场对宇宙射线的屏蔽作用在不同纬度上有所不同.在赤道地区,地球磁场较弱,更多的宇宙射线带电粒子能够直接进入,而在极地地区,磁镜效应较强,许多宇宙射线带电粒子被反射回空间.因此,宇宙射线在地球表面的强度分布呈现出纬度效应:赤道地区的宇宙射线强度较高,而极地地区相对较低.磁镜效应通过反射和捕获高能带电粒子,对宇宙射线在地球磁层和大气层中的行为产生显著影响.这一效应不仅使地球表面免受大量高能带电粒子的直接轰击,还导致极地地区特有的带电粒子活动现象,如极光.磁镜效应在理解地球磁场与宇宙射线相互作用的机制中起到了关键作用.

质谱仪

利用带电粒子在磁场中运动时受力这一特性,人们发明了质谱仪,用以检测带电粒子的特性,区分不同的带电粒子.质谱仪可以分为两个部分.第一部分中布置了相互垂直的电场和磁场,如图 12-24 所示,来自粒子源的带电粒子从交叉的电场和磁场中穿过,将同时受到电场力和磁场力的作用,其中电场力的方向与电场的方向平行,而磁场力的方向与带电粒子的运动方向垂直.当带电粒子的运动方向同时垂直于电场和磁场,且满足条件

$$qE = qvB, \tag{12.4.7}$$

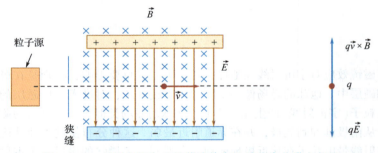

图 12-24   利用电场和磁场筛选特定运动速度的带电粒子

即其受到的电场力和磁场力大小正好相同时,考虑到所布置的电场和磁场方向,此时带电粒子受到的电场力和磁场力方向是相反的,即带电粒子受到的合力为零.因此,带电粒子从粒子源开始做匀速直线运动直至脱离电场和磁场.若在电场和磁场中相对于粒子源的另一端开放带电粒子释放口,则只有运动速度大小恰好为

$$v = \frac{E}{B} \tag{12.4.8}$$

的带电粒子可以通过电场和磁场被释放出来.因此,质谱仪第一部分的作

用是对带电粒子的运动速度做筛选，而筛选的运动速度大小是由电场强度和磁感应强度控制的．

如图 12-25 所示，质谱仪的第二部分中只有磁场没有电场，通过第一部分的带电粒子进入第二部分后，则受到洛伦兹力的作用，开始做匀速圆周运动，实验上可以测定其圆周运动的半径 r，此半径被称为回旋半径．由于

$$r = \frac{mv}{qB},\qquad (12.4.9)$$

由式(12.4.8)，可得

$$\frac{q}{m} = \frac{E}{B^2 r},\qquad (12.4.10)$$

这称为带电粒子的荷质比．在实验中，电场强度和磁感应强度是人为设定的，回旋半径 r 是可以实验测量的，因此，通过实验可以确定带电粒子的荷质比．电子就是汤姆孙(J. J. Thomson) 1897 年在剑桥大学用类似的装置发现的．汤姆孙确定了阴极射线是一种带电粒子，并测定了其荷质比，发现比氢离子的荷质比要大得多，也就是说，阴极射线是一种比氢离子质量要小得多的带电粒子，此项理论和实验研究最重要的结果就是发现了电子．汤姆孙因此获得 1906 年的诺贝尔物理学奖．

计算机模拟

质谱仪

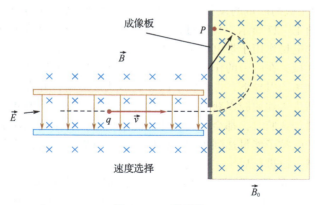

图 12-25　质谱仪

正电子

正电子的发现是粒子物理学历史上的重要里程碑．它的发现者是美国物理学家安德森(C. D. Anderson)，他在 1932 年研究宇宙射线的实验中发现了这种亚原子粒子．安德森的实验使用了云室和一个强磁场，通过这些设备，他能够观察和记录高速带电粒子的运动轨迹．强磁场使带电粒子进行圆周运动．

在实验中，安德森观察到了一些带电粒子的运动轨迹，如图 12-26 所示．其中两条轨迹有相同的半径，但偏转向了相反的方向．可以确定其中一条轨迹是电子的运动轨迹，那么另外一条轨道所对应的带电粒子应该带有正电荷，但其质量与电子相同．经过仔细分析，他确认这种带电粒子并

非质子，因为质子的质量要比电子大得多．为了验证这一新粒子的存在，他进行了多次重复实验，最终确认了这种带有正电荷、质量与电子相同的粒子．这一发现也得到了其他科学家的实验验证．

安德森将这种新粒子命名为"正电子"，这标志着反物质概念被实验证实．正电子的发现为进一步研究反物质铺平了道路，并且为理解粒子和反粒子的对称性提供了重要的实验依据．正电子的发现不仅拓宽了人们对基本粒子的认识，也为量子力学和宇宙学的发展提供了新的视角．

安德森因发现正电子而于 1936 年获得诺贝尔物理学奖，他的工作也激励了后续的科学研究．在正电子被发现后，科学

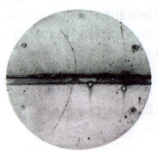

图 12-26 安德森发现正电子的云室照片

家们继续探索反物质的性质和应用，包括正电子在医学成像技术(如正电子发射型计算机断层显像)中的应用．这一发现无疑对现代物理学和科学技术的发展产生了深远影响．

回旋加速器

在粒子物理学实验中，回旋加速器是一种能够将带电粒子(如质子和电子)加速至极高能量的设备．它主要通过交替变化的电场和磁场来加速粒子，如图 12-27 所示．具体过程如下：带电粒子首先进入加速腔，在这里，强大的电场作用于带电粒子，使其速度增加．随后，带电粒子进入一个强磁场区域，在磁力的作用下，带电粒子路径发生偏转并开始进行回旋运动．在磁场的引导下，带电粒子以螺旋形轨迹运动，并在每个轨道周期结束时重新进入加速腔以获得进一步的加速．这个过程不断重复，每次带电粒子通过加速腔时，都会得到额外的能量增益，直至达到所需的最高能量水平．带电粒子能量达到预定目标后，它们可以被导向特定的实验装置或目标区域，以进行后续实验或应用．

值得注意的是，随着带电粒子速度的提升，其回旋半径会相应增大．在磁场强度固定不变的情况下，带电粒子在回旋加速器中沿着半径逐渐增大的螺旋线运动．根据先前的理论计算，当磁场强度保持恒定时，带电粒子的回旋周期是固定不变的，并且与其运动速度无关．因此，可以使用固定频率的交变电场在加速器两侧对带电粒子进行有效加速．

然而，在带电粒子运动速度较高时，相对论效应将变得显著，此时带电粒子质量会随着速度增加而发生变化，导致回旋周期不再固定．因此，在高速情况下使用回旋加速器时，必须对磁场的方向和强度进行精确控制．这样做可以确保带电粒子每次进入加速腔时都受到正确方向的电场作用，并且可以控制回旋半径以保持带电粒子始终在预定轨道上运动．

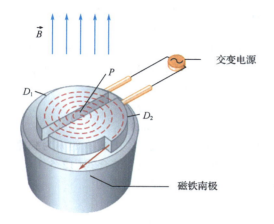

图 12-27 回旋加速器原理图

12.5 霍尔效应

在真空中运动的带电粒子受到磁场作用后会改变运动方向，在导体中也会出现同样的情况．如图 12-28 所示，考虑一个长条形载流导体，通过的电流为 I，此时若在垂直于电流方向施加磁感应强度为 $\vec{B}$ 的磁场，则载流导体中沿着导体长边方向运动的电荷同时发生偏转．在图 12-28 所示情况下，形成电流的运动电荷（如电子）会向上堆积，从而使在垂直于电流的方向上产生电荷分布的不均衡，正负电荷会积累在载流导体的上下两侧，结果在载流导体上下两侧之间形成一个电场，这个电场对运动电荷的作用力方向与洛伦兹力的方向相反，当载流导体上下两侧的电荷积累达到一定程度时，运动电荷受力平衡，不再发生运动方向偏转的现象．此时载流导体上下两侧间形成恒定的电势差，且满足

$$U = Ed, \qquad (12.5.1)$$

其中 E 是积累在载流导体上下两侧的电荷产生的电场强度大小，d 是载流导体的宽度．这一现象被称为霍尔效应，U 称为霍尔电压．

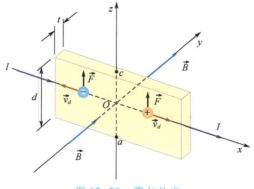

图 12-28 霍尔效应

　　随着上下两侧电荷的积累，载流导体上下两侧间形成的电势差增大，相应的电场强度也在增大，当电场力与洛伦兹力达到平衡时，

$$qE = qv_d B, \qquad (12.5.2)$$

此时在载流导体上下两侧间形成恒定的电势差，此电势差就是霍尔电压. $\vec{v}_d$ 是运动电荷沿载流导体长边方向的漂移速度，正是这个漂移速度导致电流的产生，它与电流 I 的关系为

$$v_d = \frac{I}{nqA}. \qquad (12.5.3)$$

通常我们把上述的运动电荷称为载流子，上式中的 n 为载流子的粒子数密度，A 为长条形载流导体的横截面面积. 结合式(12.5.1)、式(12.5.2)和式(12.5.3)，可以得到载流子的粒子数密度为

$$n = \frac{IBd}{UqA}. \qquad (12.5.4)$$

上式右边皆为可测量的量，因此，应用霍尔效应可以通过一个宏观实验来测量导体的微观特性，即载流子的粒子数密度.

　　此外，无论载流子是带正电的还是带负电的，在图12-28所示情况下都是向上方堆积的，这就使载流子所带的是正电或是负电时，所测量到的侧向电动势的正负是不同的. 当载流子带正电时，上方堆积的是正电荷，侧向电动势上方电势较高；反之，当载流子带负电时，上方堆积的是负电荷，侧向电动势下方电势较高. 因此，通过测量霍尔电压的正负，可以获知载流子的电荷属性，如图12-29所示. 这一特性在确认半导体的载流子特性时起到了重要的作用.

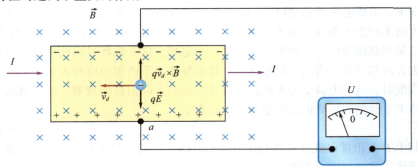

（a）带负电荷的载流子，电势差上负下正

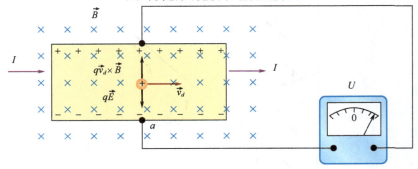

（b）带正电荷的载流子，电势差上正下负

图12-29　带正、负电荷的载流子的霍尔效应

　　在金属中，部分电子可以在其中自由移动，而带正电的原子核不能自由移动，电流是电子的定向漂移产生的，从而就产生了明显的霍尔效应．而对于电解液这样的导体，由于其中带正电的正离子和带负电的负离子都会运动，因此在磁场的作用下向同一个方向堆积，最终就不会有明显的霍尔效应产生．在半导体的研究中，理论上提出存在两种导电模式，一种是电子导电，另一种是空穴导电．空穴是一种在固体中的电子结构概念．它指的是一个电子从价带（能带结构中的最高占据能级）跃迁到导带（能带结构中的最低未占据能级）留下的空位．空穴的运动和行为类似于一个带正电荷的粒子．尽管空穴本质上是电子的行为，但在描述和分析电子在固体中的运动和输运时，空穴被视为正电荷载体．空穴只是一种理论模型，还是一种实在存在？利用霍尔效应就可以做出实验上的判断，空穴因为带正电，所表现的霍尔效应就与电子导电是不一样的．在量子物理学中，对空穴的理解是处理半导体和其他固体材料中电子行为的重要工具．通过空穴理论，研究者能够解释和预测半导体材料的导电特性，包括电导率、迁移率以及电子和空穴之间的相互作用．

　　霍尔效应由霍尔（E. H. Hall）于 1879 年首次发现，霍尔效应被广泛用于测量材料的电导率和载流子浓度，这对于理解材料的电学性质和优化半导体器件至关重要．其次，霍尔效应在研究拓扑物态和量子效应中具有重要应用，揭示了量子霍尔液体和拓扑绝缘体等新奇物理现象．此外，霍尔效应也为磁电子学领域提供了基础，可用于探索自旋电流和自旋输运现象，推动了新型磁性传感器和存储器件的发展．在国际单位制中，基于霍尔效应的量子化电阻已成为电阻的精确测量标准．霍尔效应在科学研究和科学技术发展中有广泛的应用，为探索新材料和开发新技术提供了重要支持．

　　量子霍尔效应（quantum hall effect，QHE）是一种在二维电子系统中发现的重要量子现象．它的发现和研究不仅揭示了新奇的物理现象，还对固体物理学和量子物理学的发展产生了深远的影响．量子霍尔效应有两个主要类别：整数量子霍尔效应（integer quantum hall effect，IQHE）和分数量子霍尔效应（fractional quantum hall effect，FQHE）．

　　整数量子霍尔效应由德国物理学家克利青（Klaus von Klitzing）于 1980 年首次发现．当强磁场垂直于二维电子系统施加时，电子在磁场中形成闭合的循环轨道，这些轨道在能量上被分离成一系列离散的朗道能级（landau levels）．当费米能级落在朗道能级之间的间隙时，横向电阻（霍尔电阻）表现出精确的量子化值，这些值是普朗克常量（h）和电子电量（e）比值的倍数．与此同时，纵向电阻在这些能级间隙处降为零．克利青因此发现而获得了 1985 年的诺贝尔物理学奖．

　　分数量子霍尔效应由施特默（Horst Ludwig Störmer）、崔琦（Daniel Tsui）和劳夫林（R. B. Laughlin）在 1982 年发现．与整数量子霍尔效应不同，分数量子霍尔效应中的填充因子是分数而不是整数．该效应是由电子间的强相互作用引起的，导致形成一种新的量子流体状态．在这种状态下，电子能够组成复合费米子，表现出准粒子行为，具有分数电荷．施特默、崔琦和劳夫林因此发现而获得了 1998 年的诺贝尔物理学奖.

　　量子霍尔效应的物理机制可以通过朗道能级、电子的局域化和边缘态来理解. 在强磁场下, 电子的能级被量子化为离散的朗道能级. 由于杂质和缺陷的存在, 电子在朗道能级之间的运动被局域化, 这导致在这些间隙处纵向电阻为零. 在二维系统的边界处存在导电的边缘态, 这些边缘态是无散射的, 电子可以沿着边缘自由移动, 这些边缘态是量子霍尔效应中电导量子化的主要原因.

　　量子霍尔效应不仅在基础物理研究中具有重要意义, 还在精密测量和计量学中具有实际应用. 由于量子霍尔效应的电导量子化具有极高的精度和稳定性, 它被用于定义国际上标准的电阻值. 此外, 量子霍尔效应在研究拓扑物质、拓扑绝缘体和量子计算等前沿领域也发挥了重要作用. 总之, 量子霍尔效应通过研究二维电子系统在强磁场下的行为, 揭示了深刻的物理原理, 深化了我们对量子物理和固体物理的理解, 并推动了许多前沿科学领域的发展.

　　由清华大学薛其坤院士领衔, 清华大学、中科院物理所和斯坦福大学研究人员联合组成的团队在量子反常霍尔效应研究中取得重大突破, 他们从实验中首次观测到整数的反常量子霍尔效应. 这是物理学领域基础研究的一项重要科学发现.

　　反常量子霍尔效应（anomalous quantum hall effect, AQHE）是一种特殊的量子霍尔效应, 它在没有外加磁场的情况下也能出现离散的霍尔电导量子化现象. 传统的量子霍尔效应需要在强磁场下才能观察到, 而反常量子霍尔效应是由于材料本身的磁性或自旋-轨道耦合导致电子轨道的量子化, 从而产生量子化的霍尔电导. 这一效应揭示了材料的拓扑性质和自发磁性之间的深刻联系.

　　反常量子霍尔效应中的量子化霍尔电导通常与材料的拓扑性质有关. 拓扑绝缘体是一类材料, 它们在体内是绝缘的, 但在边缘或表面存在导电的边缘态, 这些边缘态是由材料的拓扑不变量决定的, 不受材料的形状或杂质的影响. 在某些拓扑绝缘体中, 如果存在自发的磁性或外加磁性掺杂, 可以打破时间反演对称性, 导致量子霍尔效应在没有外加磁场的情况下也能出现. 这种现象可以通过陈数（拓扑不变量的一种）来描述, 陈数的非零值对应于量子化的霍尔电导.

　　近年来, 实验上实现反常量子霍尔效应的材料主要有磁性掺杂的拓扑绝缘体. 例如, 在铋锑碲等拓扑绝缘体中掺杂磁性元素（如钕、锰、铬等）, 可以诱导出反常量子霍尔效应. 此外, 二维范德华材料也被认为是实现反常量子霍尔效应的候选材料. 反常量子霍尔效应的物理机制主要涉及自旋-轨道耦合和磁性. 自旋-轨道耦合是指电子的自旋与其运动轨道之间的相互作用, 在强自旋-轨道耦合材料中, 自旋和轨道的结合可以导致非平庸的拓扑结构. 当材料具有自发磁性或通过外部手段引入磁性时, 时间反演对称性被打破, 电子的轨道运动会形成有效的内部磁场. 这种内部磁场可以使电子轨道量子化, 从而出现量子化的霍尔电导.

　　反常量子霍尔效应的研究不仅具有重要的基础科学意义, 还具有广泛的应用前景．例如，在低功耗电子器件、量子计算和自旋电子学等领域，反常量子霍尔效应可以提供新的设计思路和技术手段．通过研究和理解这一效应，科学家们不仅能够探索新奇的量子现象，还可以开发出具有独特性能的新型材料和器件．

12.6 磁场对载流导线的作用

放置在磁场中的载流导线受到磁场力，这是安培首先发现并进行一系列实验研究后给出定量表述的，故称为安培力．安培力实际上是载流导线中做定向运动的大量载流子受到洛伦兹力的宏观表现，下面我们利用洛伦兹力公式导出计算安培力的公式．

如图 12-30 所示，在磁场 $\vec{B}$ 中有一载流导线，导线横截面积为 S，电流为 I，导线中载流子数密度为 n，平均漂移速度为 $\vec{v}$．在载流导线上任取一电流元 $I\mathrm{d}\vec{l}$，在电流元范围内磁场 $\vec{B}$ 可视为均匀，电流元内每一个载流子受到的磁场力为

图 12-30　磁场中的载流导线

$$\vec{f} = q\vec{v} \times \vec{B}.$$

载流导线 $\mathrm{d}l$ 段内的载流子数为 $nS\mathrm{d}l$，$\mathrm{d}l$ 段载流导线受到的安培力就是其中各个载流子定向运动所受洛伦兹力之和，即

$$\mathrm{d}\vec{F} = nS\mathrm{d}l(q\vec{v} \times \vec{B}) = nSv(q\mathrm{d}\vec{l} \times \vec{B}).$$

考虑到载流导线中的电流 $I = qnvS$，则有

$$\mathrm{d}\vec{F} = I\mathrm{d}\vec{l} \times \vec{B}. \tag{12.6.1}$$

上式称为安培力公式．

对整个载流导线而言，其受到的安培力合力为

$$\vec{F} = \int_L I\mathrm{d}\vec{l} \times \vec{B}. \tag{12.6.2}$$

需要指出的是，载流导线内的载流子除了定向运动，还有无规则热运动．无规则热运动的速度朝各个方向的概率相同，任一方向上的热运动不比其他方向上的热运动占优势，在宏观上载流子热运动速度的矢量和为零，由热运动引起的洛伦兹力之和也为零，因此，在宏观上载流子的热运动对安培力没有贡献，在上述讨论中不予考虑．

将一直导线放置到磁场中，如图 12-31 所示，磁场方向垂直纸面向里．当导线中无电流时，导线不受力．当导线通以从下到上的电流时，导线就会受到方向向左的安培力作用，从而产生向左的形变．类似地，当导线通以从上到下的电流时，导线就会受到方向向右的安培力作用，从而产生向右的形变．

若空间中存在两根载流导线，则其中任一根导线上的电流在空间中产

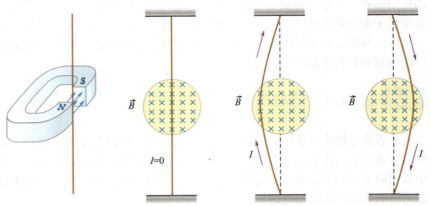

图 12-31 不同方向的电流在磁场中的受力情况

生磁场,而该磁场将对另一根导线施加安培力.反之亦然.因此,这两根载流导线会相互作用.在这两根载流导线上分别取电流元 $I_1\mathrm{d}\vec{l}_1$(记作电流元 1)和电流元 $I_2\mathrm{d}\vec{l}_2$(记作电流元 2),空间坐标分别为 $\vec{r}_1$ 和 $\vec{r}_2$,则电流元 1 在电流元 2 处产生的磁场为

$$\mathrm{d}\vec{B}_1 = \frac{\mu_0}{4\pi}\frac{I_1\mathrm{d}\vec{l}_1 \times \hat{r}_{12}}{r_{12}^2}, \tag{12.6.3}$$

其中 $\vec{r}_{12} = \vec{r}_2 - \vec{r}_1$.电流元 2 受到的安培力为

$$\mathrm{d}\vec{F}_{21} = I_2\mathrm{d}\vec{l}_2 \times \mathrm{d}\vec{B}_1 = \frac{\mu_0}{4\pi}\frac{I_2\mathrm{d}\vec{l}_2 \times (I_1\mathrm{d}\vec{l}_1 \times \hat{r}_{12})}{r_{12}^2}. \tag{12.6.4}$$

对于两根载流导线受到的完整安培力,需要将上式沿两根导线做积分.

可以注意到上式对于指标 1、2 没有交换对称性或反对称性,即在一般情况下,

$$\mathrm{d}\vec{F}_{21} \neq -\mathrm{d}\vec{F}_{12}. \tag{12.6.5}$$

表面上,这违反了牛顿第三定律,即电流元 1 对电流元 2 的作用力与电流元 2 对电流元 1 的作用力之间不存在大小相同、方向相反的关系.但仔细分析可以知道,两电流元间相互作用是电流元激发出了磁场,磁场再对电流元产生相互作用,并不是两个电流元间直接的相互作用,这也表明磁场具有物质性.

如图 12-32 所示,分别载有电流 I_1 和 I_2 的直导线平行放置,它们之间的间距为 d,则电流 I_1 在电流元 $I_2\mathrm{d}l_2$ 处产生的磁场的磁感应强度大小为

$$B_{21} = \frac{\mu_0 I_1}{2\pi d}, \tag{12.6.6}$$

方向如图 12-32 所示.相应的电流元 $I_2\mathrm{d}l_2$ 受到此磁场的磁场力大小为

$$\mathrm{d}F_{21} = I_2\mathrm{d}l_2 B_{21} = \frac{\mu_0 I_1 I_2}{2\pi d}\mathrm{d}l_2; \tag{12.6.7}$$

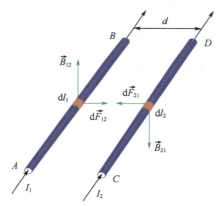

图 12-32 平行载流直导线间的相互作用

对于电流元 $I_1 \mathrm{d}l_1$，其受到的磁场力 $\mathrm{d}F_{12} = I_1 \mathrm{d}l_1 B_{12} = \dfrac{\mu_0 I_1 I_2}{2\pi d} \mathrm{d}l_1$. 两个力方向相反，为吸引力. 类似地，当电流 I_1 和 I_2 方向相反时，两导线相互排斥.

计算机模拟

磁场对载流直导线的作用

这一特性曾经用于定义电流的基本单位安培的大小：对于置于真空中的两条相互平行、间距 1m 的直导线，它们各自通过同样大小的恒定电流，若它们之间单位长度上的相互作用力为 $2 \times 10^{-7} \mathrm{N}$，则其上流过的电流强度被定义为 1A.

例 12-8 如图 12-33 所示，有一弯曲的载流导线处在均匀磁场 $\vec{B}$ 中，求 a、b 两点间弯曲的载流导线受到的安培力.

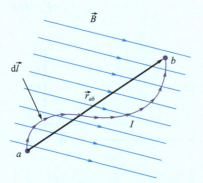

图 12-33 弯曲载流导线受均匀磁场作用

解 a、b 两点间弯曲的载流导线受到的安培力为

$$\vec{F} = \int_a^b (I\mathrm{d}\vec{l} \times \vec{B}) \ , \tag{12.6.8}$$

导线各处电流强度相同，又处于均匀磁场中，因此有

$$\vec{F} = I\left(\int_a^b \mathrm{d}\vec{l}\right) \times \vec{B} = I\vec{r}_{ab} \times \vec{B} \ . \tag{12.6.9}$$

由此可以看出，在均匀磁场中，弯曲的载流导线两点间弯曲部分受到的安培力仅与两点间的相对坐标有关，与载流导线在这两点间的具体形状无关.

由此可以得知，闭合载流导线在均匀磁场中(见图12-34)所受合力为零，即有

$$\vec{F} = I(\oint_L d\vec{l}) \times \vec{B} = 0. \tag{12.6.10}$$

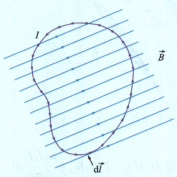

图12-34　闭合载流导线受均匀磁场作用

磁场对载流线圈的作用

如图12-35所示，在磁感应强度为$\vec{B}$的均匀磁场中，有一刚性矩形平面载流线圈，边长分别为a和b，其中电流为I. 当线圈平面与磁场方向平行时，载流线圈1、3部分与磁场方向平行，因此不受力. 2、4部分与磁场垂直，其中的电流方向相反，因此，它们受到的安培力方向相反，垂直于线圈平面；安培力大小相同，即

$$F_2 = F_4 = IaB. \tag{12.6.11}$$

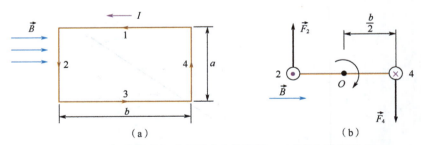

(a)　　　　　　　　　　　(b)

图12-35　闭合载流矩形线圈受磁场作用——磁场与线圈平行

以1、3部分中心点连线为轴，2、4部分安培力的力矩大小和方向都相同，磁场作用于平面载流线圈的力矩大小为

$$M_{max} = F_2 \frac{b}{2} + F_4 \frac{b}{2} = IabB = ISB, \tag{12.6.12}$$

其中S为平面载流线圈的面积. 在此力矩的作用下，平面载流线圈将绕轴转动.

如图 12-36 所示,当线圈平面与磁场之间有一个夹角的时候,1、3 部分受到方向相反的安培力作用,但这两个力的方向在载流线圈平面内,相对于转轴无力矩.由于是刚性线圈,这两个力对线圈无影响.2、4 部分受到的安培力与磁场垂直,但线圈平面的方向与磁场方向间有夹角 θ,此时磁场作用于平面载流线圈的力矩大小为

$$M = F_1 \frac{b}{2} \sin\theta + F_3 \frac{b}{2} \sin\theta = IabB\sin\theta = ISB\sin\theta, \qquad (12.6.13)$$

或将力矩表示为

$$\vec{M} = I\vec{S} \times \vec{B}. \qquad (12.6.14)$$

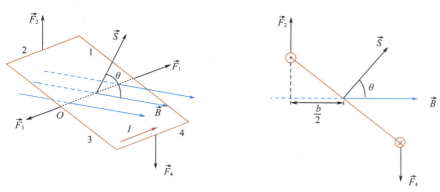

图 12-36　闭合载流矩形线圈受磁场作用——磁场与线圈不平行

在均匀磁场中,平面载流线圈的磁偶极矩为

$$\vec{m} = I\vec{S}. \qquad (12.6.15)$$

载流线圈平面的方向根据电流方向按右手法则确定.磁场作用于平面载流线圈的力矩为

$$\vec{M} = \vec{m} \times \vec{B}. \qquad (12.6.16)$$

在一般情况下,对于一个任意形状的平面载流线圈,如果它处于均匀磁场中,可以将此载流线圈平面用大量的非常窄的矩形线圈平面填充.如图 12-37 所示,可以想象每一个矩形线圈中都有与整个载流线圈相同的电流流过.对于任意相邻的两个矩形线圈,其相邻边上的电流方向是相反的,因此,这些边上的电流将抵消.对于每一个矩形线圈,其磁偶极矩为

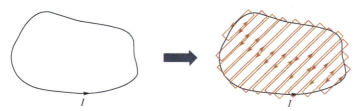

图 12-37　任意形状的平面载流线圈受均匀磁场作用

$$\mathrm{d}\vec{m} = I\mathrm{d}S\hat{e}_n, \qquad (12.6.17)$$

其在磁场中受到的力矩为

$$\mathrm{d}\vec{M} = \mathrm{d}\vec{m} \times \vec{B}. \tag{12.6.18}$$

磁场作用于整个平面载流线圈的力矩等于每一个矩形线圈受到的力矩之和，则有

$$\vec{M} = \int_S \mathrm{d}\vec{M} = \int_S (\mathrm{d}\vec{m} \times \vec{B}) = \int_S (I\mathrm{d}S\hat{e}_n \times \vec{B}). \tag{12.6.19}$$

由于每个矩形线圈上各处的电流强度是相同的，磁场也是均匀的，因此有

$$\vec{M} = I\left(\int_S \mathrm{d}S\right)\hat{e}_n \times \vec{B} = IS\hat{e}_n \times \vec{B} = \vec{m} \times \vec{B}. \tag{12.6.20}$$

计算机模拟

磁场对载流
线圈的作用

　　磁场对载流线圈的作用是电动机和发电机的基本工作原理．在电动机中，载流线圈在磁场中受力矩作用产生旋转运动，将电能转化为机械能．在发电机中，旋转的载流线圈在磁场中产生感应电动势，将机械能转化为电能．许多传感器和测量仪器也利用磁场对载流线圈的作用来检测和测量物理量．

12.7 电磁场的相对论性变换

　　我们在前面的章节中讨论了静止电荷产生的静电场、稳恒电流产生的磁场．静止或运动都是相对于特定参考系而言的．如果在一个参考系 S 中观察某电荷是静止的，那么在相对于 S 系做匀速运动的另一个参考系 S' 中，该电荷是运动的．因此，在 S 系中，仅会观察到静电场，而在 S' 系中，会同时观察到电场和磁场．对于相同的电荷，只是转换了参考系，就看到了迥然不同的物理现象．这说明电场和磁场之间存在更深刻的内在联系．

　　电磁学的基本规律在不同参考系中的具体表现成为一个重要的问题．在牛顿力学中，不同参考系之间的坐标变换是伽利略变换．然而，深入研究发现，电磁学的基本物理规律在伽利略变换下并不保持不变．为了保证在不同参考系下观察到的电磁学基本物理规律形式相同，相应的坐标变换应为洛伦兹变换．因此，在讨论不同参考系下的电磁现象时，我们应使用洛伦兹变换．

　　如图 12-38 所示，S' 系相对于 S 系以速度 $\vec{v}$ 沿着 x 轴正方向运动，设在 $t=t'=0$ 时，S' 系和 S 系重合．在 S' 系中，静止的点电荷 q 位于坐标系原点 O' 处，点电荷 q_0 以速度 $\vec{v}'_0$ 运动．

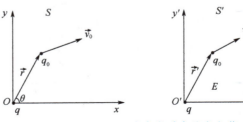

图 12-38　两个参考系中的点电荷

在 S' 系中点电荷 q 所产生的静电场 $\vec{E}'$ 为

$$\vec{E}' = \frac{q\vec{r}'}{4\pi\varepsilon_0 r'^3},\tag{12.7.1}$$

q_0 在 S' 系中所受到的电场力为

$$\vec{F}' = q_0\vec{E}' = q_0\frac{q\vec{r}'}{4\pi\varepsilon_0 r'^3},\tag{12.7.2}$$

可以证明 q_0 在 S 系中所受到的力为

$$\vec{F} = q_0\frac{q\vec{r}}{4\pi\varepsilon_0 r^3}\,\frac{1-\dfrac{\nu^2}{c^2}}{\left(1-\dfrac{\nu^2}{c^2}\sin^2\theta\right)^{\frac{3}{2}}} + q_0\vec{\nu}_0\times\frac{q\vec{\nu}\times\vec{r}}{4\pi\varepsilon_0 c^2 r^3}\,\frac{1-\dfrac{\nu^2}{c^2}}{\left(1-\dfrac{\nu^2}{c^2}\sin^2\theta\right)^{\frac{3}{2}}},\tag{12.7.3}$$

其中 θ 为 $\vec{r}$ 与 x 轴间的夹角. 在 S 系中, q_0 受到 q 的作用力又可以表示为

$$\vec{F} = q_0\vec{E} + q_0\vec{\nu}_0\times\vec{B}.\tag{12.7.4}$$

因此, 在 S 系中观察, 运动点电荷 q 运动到坐标原点时, 在 $\vec{r}$ 处产生的电场强度为

$$\vec{E} = \frac{q\vec{r}}{4\pi\varepsilon_0 r^3}\cdot\frac{1-\dfrac{\nu^2}{c^2}}{\left(1-\dfrac{\nu^2}{c^2}\sin^2\theta\right)^{\frac{3}{2}}},\tag{12.7.5}$$

磁感应强度为

$$\vec{B} = \frac{q\vec{\nu}\times\vec{r}}{4\pi\varepsilon_0 c^2 r^3}\cdot\frac{1-\dfrac{\nu^2}{c^2}}{\left(1-\dfrac{\nu^2}{c^2}\sin^2\theta\right)^{\frac{3}{2}}}.\tag{12.7.6}$$

在低速情况下, 即 $\dfrac{\nu}{c}\ll 1$ 时,

$$\frac{1-\dfrac{\nu^2}{c^2}}{\left(1-\dfrac{\nu^2}{c^2}\sin^2\theta\right)^{\frac{3}{2}}}\to 1\tag{12.7.7}$$

因此, 电场强度为

$$\vec{E} = \frac{q\vec{r}}{4\pi\varepsilon_0 r^3}.\tag{12.7.8}$$

这与静止电荷的电场相同, 是各向同性的, 即球对称的.

当 ν 很大时, 则不能做类似于式(12.7.7)的近似, 此时电场强度不再是各向同性的, 在不同方向上电场强度不同, 电场线的分布如图 12-39 所示.

当 $\theta = 0$ 时, 电场强度为

$$\vec{E} = \frac{q\vec{r}}{4\pi\varepsilon_0 r^3}\cdot\left(1-\frac{\nu^2}{c^2}\right),\tag{12.7.9}$$

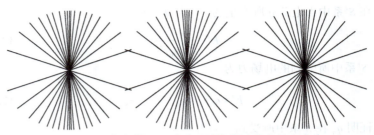

图 12-39　点电荷 q 运动到不同位置时的电场线分布

比静止电荷产生的电场小了一个因子 $1-\dfrac{v^2}{c^2}$. 当 $\theta=\dfrac{\pi}{2}$ 时，电场强度为

$$\vec{E}=\frac{q\vec{r}}{4\pi\varepsilon_0 r^3}\cdot\frac{1}{\sqrt{1-\dfrac{v^2}{c^2}}},\qquad(12.7.10)$$

比静止电荷产生的电场大了一个因子 $\dfrac{1}{\sqrt{1-\dfrac{v^2}{c^2}}}$.

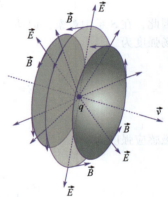

图 12-40　点电荷 q 产生的磁场

对于 q 产生的磁场，在低速情况下，磁感应强度为

$$\vec{B}=\frac{q\vec{v}\times\vec{r}}{4\pi\varepsilon_0 c^2 r^3}.\qquad(12.7.11)$$

由于光速满足 $c^2=\dfrac{1}{\varepsilon_0\mu_0}$，因此上式又可写为

$$\vec{B}=\frac{\mu_0}{4\pi}\cdot\frac{q\vec{v}\times\vec{r}}{r^3},\qquad(12.7.12)$$

其磁感应线是以点电荷 q 的运动轨迹为轴的一组同心圆，如图 12-40 所示.

假设在 S' 系中，两个点电荷 q_1、q_2 静止，q_1 处于坐标系原点，q_2 处于 y' 轴上，如图 12-41 所示.

在 S' 系中，这两个点电荷都受到静电场力，大小皆为

$$F'_e=\frac{1}{4\pi\varepsilon_0}\cdot\frac{q_1 q_2}{r_0^2}.\qquad(12.7.13)$$

在 S 系中，S' 系相对于 S 系沿 x 轴以速度 $\vec{v}$ 运动，由于 $\theta=\dfrac{\pi}{2}$，则 q_2 受到的电场力大小为

$$F_e=q_2\frac{q_1}{4\pi\varepsilon_0 r_0^2}\cdot\frac{1}{\sqrt{1-\dfrac{v^2}{c^2}}},\qquad(12.7.14)$$

方向沿 y 轴向上. q_2 受到的磁场力大小为

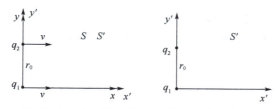

图 12-41　相对静止的点电荷在不同参考系中

$$F_{\mathrm{m}} = q_2 \nu \cdot \frac{q_1 \nu}{4\pi\varepsilon_0 c^2 r_0^2} \cdot \frac{1}{\sqrt{1 - \dfrac{\nu^2}{c^2}}}, \qquad (12.7.15)$$

方向沿 y 轴向下．作用在 q_2 上的合力大小为

$$F = F_{\mathrm{e}} - F_{\mathrm{m}} = \frac{q_1 q_2}{4\pi\varepsilon_0 r_0^2} \cdot \sqrt{1 - \frac{\nu^2}{c^2}}, \qquad (12.7.16)$$

磁场力和电场力的比值为

$$\frac{F_{\mathrm{m}}}{F_{\mathrm{e}}} = \left(\frac{\nu}{c}\right)^2. \qquad (12.7.17)$$

因此，在低速运动情况下，磁场力远远小于电场力，可以忽略．而在高速运动中，$\dfrac{\nu}{c} \to 1$，此时磁场力与电场力有相同的数量级，磁场力将起到与电场力相当的作用．

在通电导线中，导线中自由电子漂移速度极小，大约为 $10^{-4}\,\mathrm{ms^{-1}}$ 数量级，因此，

$$\left(\frac{\nu}{c}\right)^2 \approx 10^{-24}. \qquad (12.7.18)$$

相应地，磁场力和电场力的比值为

$$\frac{F_{\mathrm{m}}}{F_{\mathrm{e}}} = \left(\frac{\nu}{c}\right)^2 \approx 10^{-24}. \qquad (12.7.19)$$

由上式可知，如果存在电场力，磁场力可以忽略．但是，由于通电导线能保持严格的电中性，通电导线之间电场力消失的程度远小于 10^{-24}，这就使磁场力保留下来，成为通电导线之间相互作用的主要项．

📝 习题 12

12.1　一段弯曲成 $\dfrac{1}{4}$ 圆形的载流导线，半径为 $R = 0.15\,\mathrm{m}$，电流为 $I = 6\mathrm{A}$．试计算圆心处的磁感应强度 $\vec{B}$．

12.2　一个半径为 $R = 0.20\,\mathrm{m}$ 的载流圆环，电流为 $I = 6.0\mathrm{A}$．以圆环中心为坐标系原点，试计算该圆环轴线上距圆环中心 $z = 0.20\,\mathrm{m}$ 处的磁感应强度 $\vec{B}$．

12.3 两段半无限长载流导线与一段半径为 R 的半圆弧载流导线相连，构成图 12-42 所示载流导线构型，所有的载流导线匀质且由相同材质构成. 假设载流导线载有稳恒电流 I，求半圆弧圆心 O 处的磁感应强度.

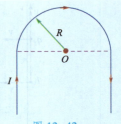

图 12-42
习题 12.3 图

12.4 半径为 R 的圆片上均匀分布电荷面密度为 σ_0 的电荷. 当该圆片以大小为 ω 的匀角速度绕垂直于圆面且通过圆心的轴旋转时，求轴线上距圆片中心为 x 处的磁感应强度.

12.5 无限长圆柱形空心导体载有电流 I，该空心导体内外半径分别为 a 和 b（见图 12-43），设电流均匀分布在导体截面上，求空间任意点的磁感应强度.

12.6 如图 12-44 所示，半径为 R 的均匀带电长直圆柱体（长度远大于半径），电荷体密度为 ρ，该圆柱体以角速度 $\vec{\omega}$ 绕其轴线匀速转动. 求圆柱体内部距轴线 r 处的磁感应强度.

12.7 如图 12-45 所示，一无限长圆柱形导体，横截面半径为 R，在导体内有一半径为 a 的圆柱形孔，它的轴线平行于圆柱形导体的轴线，且与圆柱形导体的轴线相距 b，设导体中载有均匀分布的电流 I，求孔内任意一点的磁感应强度.

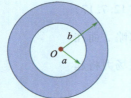

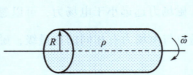

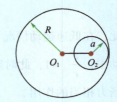

图 12-43 习题 12.5 图　　　图 12-44 习题 12.6 图　　　图 12-45 习题 12.7 图

12.8 无限长实心圆柱导线内磁感应强度大小恒为 B，已知导线内电流密度仅与到圆柱体轴线的距离有关，求电流密度.

12.9 空间某区域磁感应强度的方向平行于 y 轴，其随 x 的变化关系如图 12-46 所示，即

$$B_y(x) = \begin{cases} B_0, & x \geqslant a, \\ \dfrac{B_0 x}{a}, & -a < x < a, \\ -B_0, & x \leqslant -a. \end{cases}$$

计算空间中的电流密度.

12.10 如图 12-47 所示，有一长为 b、电荷线密度为 λ 的带电直导线 AB，绕垂直轴 OO' 在水平面内匀角速转动，角速度为 $\vec{\omega}$，设 A 点到 OO' 轴的距离为 a. 求在带电直导线 AB 的延长线与 OO' 轴的交点 O 处的磁感应强度.

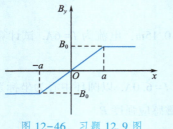

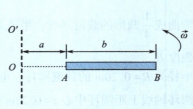

图 12-46 习题 12.9 图　　　图 12-47 习题 12.10 图

12.11 半径为 R 的球面上均匀分布电荷,电荷面密度为 σ,当该球面以角速度 $\vec{\omega}$ 绕它的直径旋转时,求球心处磁感应强度的大小.

12.12 当氢原子处于基态时,假设其电子可视为在半径 $R = 0.53 \times 10^{-10}$m 的圆周半径上做匀速圆周运动,求电子的这种运动在圆轨道的中心所产生的磁感应强度.

12.13 如图 12-48 所示,真空中一个带有电量 $q\,(>0)$ 的粒子,以速度 $\vec{v}$ 平行于均匀带电的长直导线运动,该导线的线电荷密度为 $\lambda\,(>0)$,并载有传导电流 I,粒子要以多大的速度运动,才能使其一直保持在一条与导线距离为 d 的平行线上?

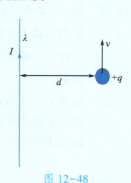

图 12-48
习题 12.13 图

12.14 有一根无限长同轴圆柱形导线,内导线半径为 $a = 0.01$m;外导线内半径为 $b = 0.02$m,外半径为 $c = 0.03$m. 内导线和外导线的电流为 $I_1 = 8.0$A 和 $I_2 = 8.0$A(电流 I_1 和电流 I_2 方向相反). 利用安培环路定理,求在 $r = 0.015$m 和 $r = 0.025$m 处的磁感应强度 $\vec{B}$.

12.15 一个长为 $a = 0.3$m、宽为 $b = 0.2$m 的单匝矩形载流线圈,电流为 $I = 2.0$A. 试计算该矩形载流线圈中心处的磁感应强度 $\vec{B}$.

12.16 无限长直圆柱形导体内有一无限长直圆柱形空腔(见图 12-49),空腔与导线的两轴线平行,间距为 a,若导体内的电流密度均匀为 $\vec{j}$,$\vec{j}$ 的方向平行于轴线. 求腔内任意点的磁感应强度 $\vec{B}$.

12.17 如图 12-50 所示,I_1 为垂直于纸面的无限长直载流导线的电流,I_2 为纸面内一段导线中的电流,a 为纸面内一段导线的长度,b 为两导线间垂直距离. 试计算电流为 I_2 的载流导线所受的力.

12.18 真空中有一均匀带电的细长薄壁圆柱面,圆柱面半径为 R,电荷面密度为 σ,当圆柱面绕其轴线以匀角速度 $\vec{\omega}$ 旋转时,如图 12-51 所示,求圆柱表面单位面积上所受的磁场力.

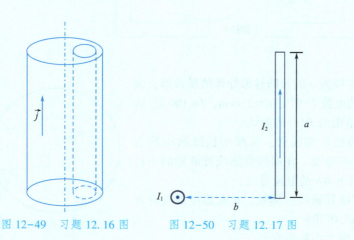

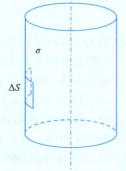

图 12-49　习题 12.16 图　　图 12-50　习题 12.17 图　　图 12-51　习题 12.18 图

12.19 一均匀带电长直圆柱体，电荷体密度为 ρ，半径为 R. 若圆柱体绕其轴线匀速旋转，角速度为 $\vec{\omega}$，试计算：

(1) 圆柱体内距轴线 r 处的磁感应强度；

(2) 长直圆柱体两端面中心处的磁感应强度.

12.20 如图 12-52 所示，在匀强磁场中放置一无限大均匀载流平面($z=0$)，其面电流密度沿 x 轴正方向，大小为 $i = 100\,\mathrm{A/m}$. 现测得载流平面上方的磁感应强度为 $\vec{B}_1$，其方向沿 z 轴正方向，大小为 $B_1 = 6.28 \times 10^{-5}\,\mathrm{T}$. 试计算载流平面下方的磁感应强度 $\vec{B}_2$.

12.21 如图 12-53 所示，两无限长平行放置的柱形导体内通过等值、反向电流 I，通有电流的两个阴影部分所表示的横截面的面积皆为 S，两圆柱轴线间的距离 $O_1O_2 = d$. 试求两导体中部真空部分的磁感应强度.

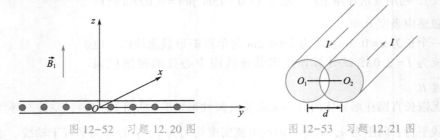
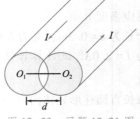

图 12-52　习题 12.20 图　　　　图 12-53　习题 12.21 图

12.22 如图 12-54 所示，两个正方形导体回路分别载有 5.0A 和 4.0A 的电流，对于图示的两个闭合路径，磁感应强度的路径积分 $\oint_L \vec{B} \cdot \mathrm{d}\vec{l}$ 各为多少？

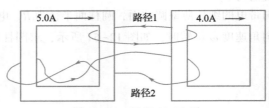

图 12-54　习题 12.22 图

12.23 图 12-55 所示的是半径为 a 的长圆柱形导体的横截面，该导体载有均匀分布的电流 I. 假定 $a = 2.0\,\mathrm{cm}$，$I = 100\,\mathrm{A}$，请画出在 $0 < r < 6.0\,\mathrm{cm}$ 范围内 $B(r)$ 的曲线.

12.24 一半径为 7.00cm 的长直螺线管，每厘米长度的匝数为 10，且载有 20.0mA 的电流. 在螺线管轴线处放置的一长直载流导体，其上有 6.0A 的电流通过.

(1) 在沿径向距离螺线管轴线多远处，总磁感应强度的方向与轴线的方向成 45.0°角？

(2) 那里的磁感应强度大小是多少？

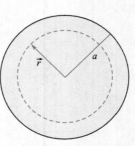

图 12-55　习题 12.23 图

12.25 两个半径为 R 的 300 匝的线圈均载有电流 I，它们相距 R，设 $R = 5.0\text{cm}$，$I = 50\text{A}$. 建立坐标系，取中间点 P 为坐标系原点，如图 12-56 所示. 画出从 $x = -5\text{cm}$ 到 $x = +5\text{cm}$ 范围内总磁感应强度大小的曲线.

12.26 一个长为 $a = 0.2\text{m}$、宽为 $b = 0.1\text{m}$ 的单匝矩形载流导线，电流为 $I = 1\text{A}$. 计算该矩形电流的磁矩.

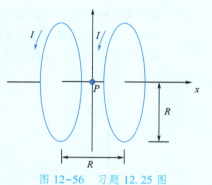

图 12-56 习题 12.25 图

12.27 地球的磁偶极矩为 $8.00 \times 10^{22}\text{J/T}$，假定这是由电荷在熔融的地球外核中流动所生成，如果它们的圆形路径半径为 3500km，计算相应的电流大小.

12.28 一 α 粒子 (电量为 $3.2 \times 10^{-19}\text{C}$，质量为 $6.6 \times 10^{-27}\text{kg}$) 以 550m/s 的速率通过磁感应强度大小为 0.045T 的均匀磁场，求磁场作用在粒子上的力的大小以及粒子所产生的加速度大小.

12.29 一电子在均匀电场和磁场都存在的区域穿过，其初始速度为 $(12.0\vec{j} + 15.0\vec{k})\text{ km/s}$，已知 $\vec{B} = (400\mu\text{T})\vec{i}$. 若电子具有稳定的加速度 $\vec{a} = (2.00 \times 10^{12}\text{m/s}^2)\vec{i}$，求电场强度 $\vec{E}$.

12.30 一电子被 200V 的电势差从静止开始加速后，进入与其速度方向垂直的均匀磁场中，磁场强度为 $B = 1.0 \times 10^{-4}\text{T}$，计算电子的速率以及在磁场中运动路径的半径.

12.31 一带电粒子 (电量 $q = 1.6 \times 10^{-19}\text{C}$，质量 $m = 9.1 \times 10^{-31}\text{kg}$) 以速率 $v = 1 \times 10^7\text{m/s}$ 进入磁感应强度大小为 $B = 0.05\text{T}$ 的匀强磁场，且其速度方向垂直于磁场方向. 求该粒子的圆周运动半径以及回旋频率.

12.32 一带电粒子 (电量 $q = 1.6 \times 10^{-19}\text{C}$) 以速率 $v = 1 \times 10^5\text{m/s}$ 进入一个区域，区域内存在平行的匀强电场 $E = 2000\text{N/C}$ 和匀强磁场 $B = 0.02\text{T}$. 求粒子路径不偏转的条件，即电场力和磁场力平衡的条件.

12.33 在霍尔效应实验中，宽 1.0cm、长 4.0cm、厚 $1.0 \times 10^{-3}\text{cm}$ 的导体，沿长度方向载有 3.0A 的电流，当磁感应强度大小 $B = 1.5\text{T}$ 的磁场垂直通过该薄导体时，产生 $1.0 \times 10^{-5}\text{V}$ 的横向霍耳电压 (在宽度两端). 求：
(1) 载流子的漂移速度；
(2) 每立方厘米的载流子数目；
(3) 假设载流子是电子，试由给定的电流和磁场方向在图上画出霍耳电压的极性.

12.34 对于长 1cm、宽 2mm、厚 0.2mm 的电子型导电材料，如果在长端两端加 1.5V 电压时得到 15mA 的电流，再沿样品垂直方向加上 0.2T 的磁场，测得霍尔电压为 -30mV，求材料的霍尔系数、载流子电子浓度以及零磁场时的电阻率.

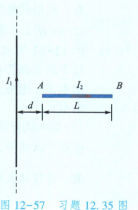

12.35 分别通有电流强度为 I_1 和 I_2 的无限长直导线和长为 L 的载流导线 AB，如图 12-57 所示放置. 已知载流导线 AB 近端到无限长直导线的距离为 d，求导线 AB 受到的安培力.

图 12-57 习题 12.35 图

12.36　如图 12-58 所示，半径为 R、载有电流 I_2 的导体圆环与电流为 I_1 的长直导线放在同一平面内，长直导线与导体圆环的圆心之间的距离为 d，且 $R<d$，二者间绝缘，求作用在载流导体圆环上的力．

12.37　如图 12-59 所示，半径为 R、带电总量为 Q 的均匀带电圆盘处于大小为 B 的均匀磁场中，该磁场磁感应强度方向与盘面夹角为 φ，当带电圆盘以角速度 $\vec{\omega}$ 绕通过圆心且垂直于盘面的轴匀速转动时，求带电圆盘在磁场中所受到力矩的大小和方向．

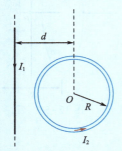

图 12-58　习题 12.36 图

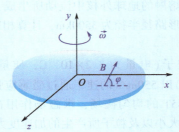

图 12-59　习题 12.37 图

12.38　磁矩 $m=2A\cdot m^2$ 的电流环放在一个均匀磁场中（$B=0.1T$），若磁矩与磁场方向成 30° 角，求电流环所受的力矩．

12.39　磁矩 $m=1.5A\cdot m^2$ 的电流环放在一个均匀磁场中（$B=0.2T$）．若磁矩与磁场方向平行，求电流环在磁场中的势能．

12.40　4 根长铜线彼此平行，它们的横截面构成边长 $a=20cm$ 的正方形的 4 个顶点，每根导线中都载有 20A 的电流，方向如图 12-60 所示．

(1)在正方形中心处磁感应强度的大小及方向如何？

(2)作用在左下方导线单位长度上的磁力大小及方向如何？

(3)若电流全部从纸面流出．任一根导线单位长度上受到的磁力大小及方向如何？

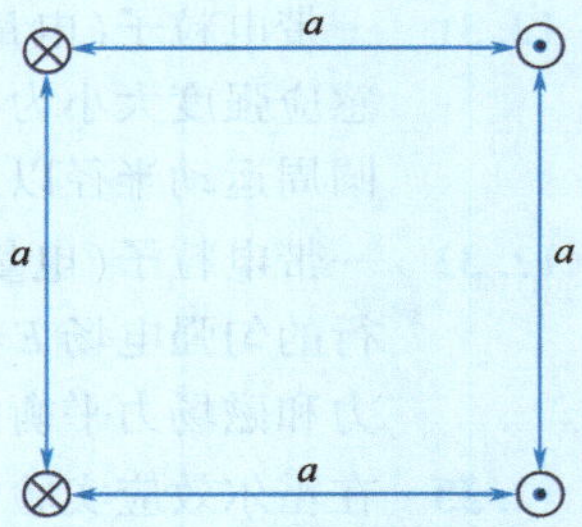

图 12-60　习题 12.40 图

12.41　垂直于电流为 I_1 的长直载流导线的任一平面内，有一扇形载流线框，电流为 I_2，尺寸、位置如图 12-61 所示．求该扇形线框所受到的力矩．

12.42　图 12-62 所示是轨道炮的理想示意图．射弹 P 位于两条圆形截面的宽轨道之间，一电流源发送电流，电流通过两轨道并通过（导电的）射弹本身．

(1)设两轨道间的距离为 w，R 为轨道半径，I 为电流．试证明：作用在射弹上的力是沿轨道向右的，并且其大小由 $F=\dfrac{i^2\mu_0}{2\pi}\ln\dfrac{w+R}{R}$ 近似给出．

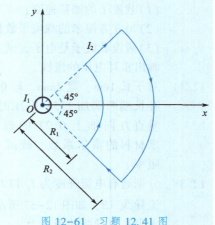

图 12-61　习题 12.41 图

（2）如果射弹由静止从轨道左端向右运动，求它在右端发出时的速率．假定 $I=$ 450kA，$w=12\text{mm}$，$R=6.7\text{cm}$，$L=4.0\text{m}$，射弹的质量为 $m=10\text{g}$.

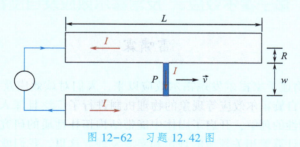

图 12-62　习题 12.42 图

12.43　一半径为 12cm 的圆形单匝载流线圈载有 15A 的电流．有一匝数为 50、载有 1.3A 电流、半径为 0.82cm 的平面线圈与该圆形单匝载流线圈同心．求单匝载流线圈在其中心处产生的磁感应强度，以及作用在平面线圈上的力矩（假定两线圈的平面相互垂直）.

12.44　在某参考系 S 中观察，电场和磁场分别为 $\vec{E}$ 和 $\vec{B}$. 在满足什么条件时，可以找到另外的参考系 S'，使：

（1）$\vec{E}'$ 和 $\vec{B}'$ 垂直；

（2）$\vec{B}'=0$；

（3）$\vec{E}'=0$.

12.45　在无限大均匀带正电荷的平面为静止的参考系 S 中，观测到该平面的电荷面密度为 σ_0. 当此带电平面平行于 xOz 平面，且以速度 $\vec{v}$ 沿 z 轴方向匀速运动时，求该空间的电场强度和磁感应强度.

12.46　在一个充电电容器为静止的参考系 S 中观测到电容器极板上电荷面密度分别为 $+\sigma_e$ 和 $-\sigma_e$. 设此电容器极板平行于 xOz 平面，且以速度 $\vec{v}$ 沿 x 轴方向匀速运动．求该空间的电场强度和磁感应强度.

专题 2　量子霍尔效应、反常霍尔效应及自旋霍尔效应

雷啸霖

自 1879 年美国物理学家霍尔发现霍尔效应以来，人们对该效应及其相关的量子霍尔效应、反常霍尔效应、自旋霍尔效应等现象的物理机制进行了广泛且深入的研究，深化了人类对物理学中凝聚态物性的理解，开启了固体中能带结构拓扑性质的研究，并带动了从固体电子学到光子学和量子计算等相关领域的理论和实验发展．这里，我们就相关现象的物理机制和发展历程做简要概述．

量子霍尔效应

1879 年，霍尔在实验中发现，在金属材料上施加相互垂直的稳恒电场和磁场，在与二者都垂直的方向上会产生电压．这一后来被称为霍尔效应的现象在经典理论范畴内即可得到合理解释．正如 12.5 节所述，当沿 x 方向施加电场 E_x 时，导体在 x 方向产生电流，其密度为 $j_x = nev$，这里 n 为电子浓度（二维系统中，n 可理解为电子面密度），v 为电子在 x 方向的漂移速度．额外在 z 方向施加磁场时，电子漂移轨迹将发生偏转，从而导致电荷在与磁场和电场都垂直的方向上材料相对的两边积累，即在 y 方向产生电场 E_y，当 $E_y = -vB$ 时，在 x 方向漂移的电子不再偏移，达到稳恒状态．这一现象可以通过欧姆定律来描述，将 j_x、j_y 与电场 E_x、E_y 表示为列数组，而电阻率 ρ 表示为 2×2 数组，则有

$$\begin{pmatrix} E_x \\ E_y \end{pmatrix} = \rho \begin{pmatrix} j_x \\ j_y \end{pmatrix} = \begin{pmatrix} \rho_{xx} & \rho_{xy} \\ \rho_{yx} & \rho_{yy} \end{pmatrix} \begin{pmatrix} j_x \\ j_y \end{pmatrix}.$$

利用上述实验，令 $j_x = nev$，$j_y = 0$，可得

$$E_x = \rho_{xx} j_x,\ E_y = \rho_{yx} j_x;$$

再利用 $E_y = -vB$ 即可得到横向电阻率 ρ_{yx}，即

$$\rho_{yx} = -\frac{B}{ne}.$$

同样地，如果外加稳恒电场施加在 y 方向，则可推导出 $\rho_{xy} = \frac{B}{ne}$．

我们看到，在经典情况下，横向电阻率与磁感应强度大小成正比．然而，当磁场比较强、温度比较低时，材料中电子的量子效应变得越来越重要．人们发现，当电子在平行于磁场方向受限从而使电子仅在二维空间运动时（称为二维系统），横向电阻率（或称为霍尔电阻）随磁场的变化在大体上随磁场线性变化的基础上，出现许多平台，在平台位置，对应的纵向电阻率 ρ_{xx} 为零（见图专题 2-1）．这一现象在 1980 年由克利青（Klitzing）、多尔达（Dorda）及派波尔（Pepper）在半导体二维材料中发现，被称为整数量子霍尔效应，由于这一发现，克利青于 1985 年获诺贝尔物理学奖．

整数量子霍尔效应可以利用单电子量子化图像来描述．在垂直方向上存在磁场的二维系统中，电子能级是量子化的：

$$E_i = \left(i + \frac{1}{2}\right)\hbar\omega_c,\ i = 0,1,2,\cdots.$$

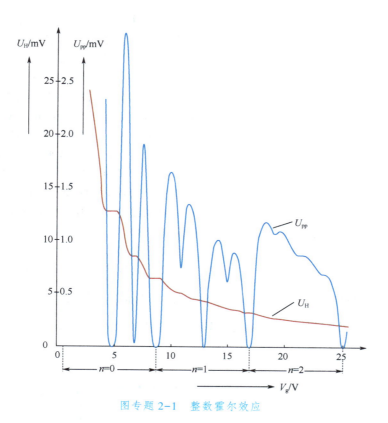

图专题 2-1　整数霍尔效应

其中，$\omega_c = \dfrac{eB}{m}$，m 为电子有效质量，$\hbar = \dfrac{h}{2\pi}$（h 为普朗克常数）. 这样的能级被称为朗道能级，

而每个能级上能容纳的电子面密度数目是有限的，最大值 $n_B = \dfrac{eB}{h}$. 在给定电子面密度 n 的情况

下，随着 B 的减少，电子填充的朗道能级数目越来越多. 当电子恰好填满第 i 个能级时，即

$n = in_B = \dfrac{ieB}{h}$ 时，有

$$\rho_{xy} = \frac{B}{ne} = \frac{h}{ie^2}, \quad i = 1, 2, 3, \cdots.$$

此式即为整数量子霍尔效应所观测到的横向霍尔电阻平台位置.

　　霍尔电阻平台的阻值仅取决于两个基本常数——普朗克常数和基本电荷单位. 众所周知，电子在材料中的输运行为与电子-电子、电子-杂质和电子-晶格等散射有关，因此，霍尔电阻值只与基本常数有关这一事实引起了人们广泛的关注. 1981 年，劳夫林（Laughlin）指出，量子化的霍尔电阻是物理规律应保证规范不变性这一基本原理的必然结果.

　　在对量子霍尔效应中霍尔电阻平台形成机制的描述中，存在两种不同的理论. 一种理论认为，体电流和材料中杂质引起的局域态共同形成了霍尔平台. 在材料中，杂质导致朗道能级展宽为能带（见图专题 2-2），如果在特定磁感应强度的磁场中，电子恰好填满第 i 个能级，随着磁场磁感应强度大小的降低，多余的电子将填充到能带中具有局域性、无法参与导电的能级上，这些电子对电导率没有贡献，从而在霍尔电阻随磁场变化的曲线上形成平台.

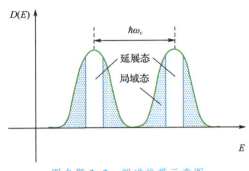

图专题 2-2　朗道能带示意图

另一种理论认为边电流是形成量子霍尔平台的原因．1982 年，霍尔珀林（Halperin）指出，在强磁场下的二维系统中，存在定域于边界附近的电子态，如图专题 2-3 所示，这些准一维电子态能负载沿着边缘流动的电流，而且这些边缘态具有确定的手性：在两对边电子沿边缘的速度方向相反．当沿 y 方向的上下边界之间存在电势差时，边界上沿水平方向的电流大小不等，从而形成净不为零的水平方向电流（对应的实验构型为在 y 方向加电压而在 x 方向测电流）．

在后续的研究中，人们发现边缘态与材料整体非平庸能带拓扑性质相对应．施加垂直磁场的二维材料中，能量动量空间内具有不为零的陈数（Chern number），在该材料与拓扑平庸的真空接触的边界上必然存在边缘态，其能量值与动量之间具有线性关系，随着动量的改变，边缘态能量穿过两相邻朗道能级之间的区域，边缘态导电通道数目（每一导电通道贡献 $\dfrac{e^2}{h}$ 的电导率）与整体材料内部的陈数对应，这一现象称为体边对应．利用这样的对应，从边缘态和材料整体角度分析量子霍尔效应可得到相同的结论．

图专题 2-3　边缘态模型（箭头表示边缘态电子速度方向）

20 世纪 90 年代，霍尔电流是沿着二维材料整体流动还是沿着边界流动是有争论的．二者都有一些实验支持，也有一些实验需要综合两种霍尔电流才能解释．应该指出的是，一般实验中观测到的量子霍尔电阻都包含这两种机制，而它们所占比重取决于边界、功函数、测量构型等因素．

当将更强的磁场（约为 20T）作用到更纯净的二维样品上时，人们在更低温度（约为 0.1K）下发现了更新颖的现象．1983 年，崔琦（Tsui）、斯多莫（Stomer）和戈萨德（Gossard）发现，在电子分数填充朗道能级、分数值为 $i=\dfrac{1}{3},\dfrac{2}{3},\dfrac{2}{5},\dfrac{3}{5},\cdots$ 时，也出现了量子霍尔电阻平台（见图专题 2-4），该现象被称为分数量子霍尔效应．单电子模型无法解释这一现象，同年，劳夫林从包含电子-电子相互作用的多电子哈密顿量出发，写出了描述体系的多体波函数，由于该波函数描述费米子系统，要求波函数交换任意一对坐标反对称，从而很好地解释了填充因子为 $i=\dfrac{1}{\nu}$（ν 为奇数）的分数量子霍尔效应．以此为基础，霍尔丹（Haldane）进一步解释了分数值为其他值时的分数量子霍尔效应．由于在发现和解释分数霍尔效应方面的贡献，劳夫林、崔琦和斯多莫被授予 1988 年诺贝尔物理学奖．

在后续研究中，人们试图寻求整数和分数量子霍尔效应的统一描述．1987 年，格尔文（Girvin）和麦克唐纳（MacDonald）对劳夫林波函数做一特定的规范变换，可以得到交换一对坐标对称的波函数，即将费米子波函数与玻色子波函数联系起来．受这一发现的启发，20 世纪 80 年代末，张首晟、汉森（Hansson）、基未尔森（Kivelson）和李东海提出了复合玻色子理论，给出了整数和分数量子霍尔效应的整体图像，并指出在填充因子为 $i=\dfrac{1}{\nu}$（ν 为奇数）时的多电子体系为不可压缩量子流体．需要指出的是，虽然分数量子霍尔效应被发现已有 40 多年了，但已有的理论都未能给出基态不可压缩性产生的原因．

进入 21 世纪后，随着石墨烯等新型二维材料的成功制备，它们的量子霍尔效应研究引起了人们极大的兴趣．2005 年，张远波等人

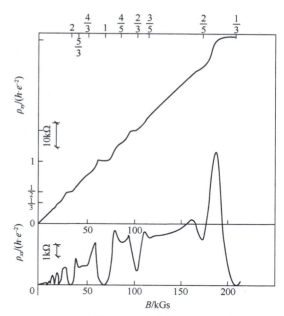

图专题 2-4　分数量子霍尔效应

在实验中观测到石墨烯中的整数量子霍尔效应（见图专题 2-5），霍尔电阻平台满足规律

$$\rho_{xy}=\pm\frac{h}{g_s\left(i+\dfrac{1}{2}\right)e^2},\ i=0,1,2,\cdots,$$

其中，$g_s=4$ 为简并度．这一实验结果也可以利用单电子模型并结合石墨烯中特殊的能量-动量关系予以解释．有意思的是，由于朗道能级间距比较大，在常温下都可观测到石墨烯中的整数量子霍尔效应．

人们一直致力于观测石墨烯中的分数量子霍尔效应．2009 年，有两个实验组观测到了 $i=\dfrac{1}{3}$ 条件下的量子霍尔平台（见图专题 2-6），证实了即使在非传统二维半导体材料中亦有分数量子霍尔效应，进一步说明了量子霍尔效应的普遍性．

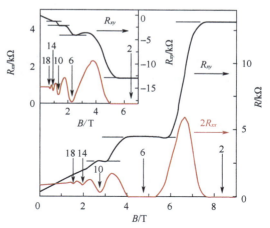

图专题 2-5　石墨烯中的整数量子霍尔效应
［图中竖箭头和数字分别表示磁感应
强度 B 和因子 $g_s\left(i+\dfrac{1}{2}\right)$］

反常霍尔效应

历史上，霍尔在金属中发现霍尔效应后不久，1881 年，他发现，在磁性材料中，即使不外加磁场，在垂直于磁化强度方向施加电场，也能在与二者都垂直的方向上观测到电压。这一现象后来被称为反常霍尔效应．

由于反常霍尔效应与电子的自旋这一自由度密切相关，对它的起源的解释相对经典霍尔效应来说要困难得多．直到 1954 年，基于自旋轨道耦合，卡普鲁斯（Karplus）和路丁格（Lut-

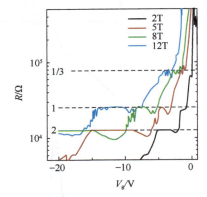

图专题 2-6　石墨烯中的分数量子霍尔效应

tinger)提出了反常霍尔效应的内禀机制：在外电场中，自旋轨道耦合导致不同自旋取向的电子往不同方向偏转，在铁磁材料中自旋取向不同的电子数目不同，从而导致在垂直于电场方向相对的两个界面上积累的电子数目不同，形成横向电场，如图专题 2-7 所示．此外，人们还提出了一些与杂质散射相关的外禀机制，以便解释实验中观测到的反常霍尔电阻率与纵向电阻率之间的关系．1970 年，伯杰(Berger)提出边跳跃(side jump)机制，他指出，不同自旋的电子与杂质发生自旋轨道耦合相关散射，横向偏转到不同边界，两边界上积累不同数目电子形成横向电压；20 世纪 50 年代，斯密特(Smit)提出斜散射(skew scattering)机制，认为反常霍尔电压的产生是自旋轨道耦合杂质散射导致不同自旋电子波各向异性增强的结果．由于各种外禀机制强烈地依赖于杂质类型、温度等条件，目前还未有定论．

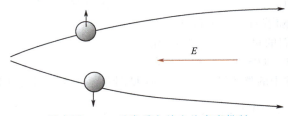

图专题 2-7　反常霍尔效应的内禀机制

　　反常霍尔效应内禀机制的研究在 21 世纪取得了显著的成就．2002 年，Jungwirth、Niu、MacDonald、Onoda 和 Nagaosa 等将内禀机制与铁磁材料中的贝里位相和非平庸拓扑性质相联系，指出了反常霍尔电导与系统能带拓扑结构不变量陈数之间的关系．例如，在自旋与动量耦合成线性关系的磁性二维系统(即满足二维有质量狄拉克方程)中，根据 Thouless、Kohmoto、Nightingale 和 den Nijs 在 1982 年给出的电导公式可计算横向电导率 σ_{xy}(与霍尔电阻率的关系为 $\sigma_{xy}=\dfrac{-\rho_{xy}}{\rho_{xx}^2+\rho_{xy}^2}\approx-\rho_{xy}^{-1}$)：

$$\sigma_{xy}=\frac{e^2}{h}C.$$

其中，C 为整数，它的值不依赖于磁化强度的大小，但改变磁化强度方向时，它将改变符号．能否在材料中观测到这一量子反常霍尔电导呢？物理学家进行了理论和实验的不断尝试，2013 年我国物理学家薛其坤领导的清华大学和中国科学院物理所实验团队终于在掺 Cr 的 $(Bi,Sb)_2Te_3$ 薄膜中观测到了量子反常霍尔效应(见图专题 2-8)．

　　根据体边对应，反常霍尔效应亦可用边缘态予以解释．由于材料与真空具有不同拓扑结构，在材料边缘存在局域的边缘态(见图专题 2-9)，该态的能量随动量这一量子数的改变而改变，并穿过体材料的带隙区域．与前文解释量子霍尔效应类似，这些态由于磁化所导致的时间反演对称性破缺，具有固定的手性：不同边上边缘态沿边的速度方向不同．当费米能级处于体材料的带隙区域时，总有边态处于能参与导电的费米能级上，形成导电通道；当两边具有不同的电压时，体系具有净不为零的电流．

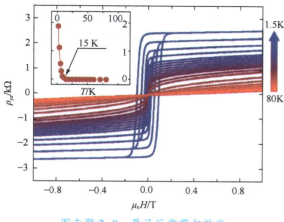

图专题 2-8　量子反常霍尔效应

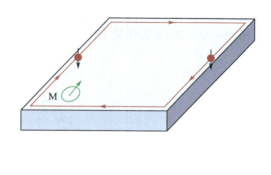

图专题 2-9　反常霍尔效应的边缘态解释

自旋霍尔效应

为了观测到反常霍尔效应的横向电压，要求材料处于磁化状态，从而在垂直于电场方向上积累不同数目的电荷，形成霍尔电压. 然而，我们注意到，即使系统未处于磁化状态，在垂直于电场的方向上，自旋轨道耦合导致自旋相反的电子偏转方向也相反，导致自旋流（即自旋相反的电流相减）也不为零. 人们将在外加电场形成电荷电流的同时，垂直方向上产生自旋流的现象称为自旋霍尔效应. 早在 1971 年，亚科诺夫（Dyaknov）和佩雷尔（Perel）就提出，在电子形成纵向电流的情况下，电子与杂质自旋轨道耦合相关散射可产生横向自旋流. 然而，当时人们对电子自旋的应用还未深入探讨，这一现象并未引起足够的重视. 随着自旋电子学概念的提出，挖掘电子自旋自由度的应用成为 20 世纪 90 年代的重要课题，在此背景下，Hirsch 于 1999 年在理论上重新提出了自旋霍尔效应，引起了人们的广泛研究，于 2004 年在实验上观测到了自旋霍尔效应：不同自旋的电子在垂直于电场方向的边缘上积累（见图专题 2-10）.

随着研究的深入，人们发现系统中内禀的自旋轨道耦合可导致量子化的自旋霍尔效应. Murakami、Nagaosa、张首晟、Sinova、Culcer、牛谦、Sinitsyn、Jungwirth 和 MacDonald 等人利用自旋霍尔效应的内禀机制，预言自旋流与纵向电场的比值——自旋霍尔电导 σ_{xy}^{s}——具有量子化的值：

$$\sigma_{xy}^{s} = \frac{e}{8\pi}.$$

图专题 2-10　n 型 GaAs 中的自旋霍尔效应

随后，利用体边对应，Kane 和 Mele 提出了量子自旋霍尔效应. 如图专题 2-11 所示，由于自旋轨道耦合，量子自旋霍尔边缘态的电子自旋态和动量锁定，自旋向上和向下的电子运动方向相反，当施加电压只允许电子往一个方向运动时，自旋向上的电子和自旋向下的电子实现空间分离，当施加纵向电压只允许电子在一个方向上运动时，就会形成两个一维导电通道，各自贡献一个量子化的霍尔电导，从而得到 $\sigma = \frac{2e^{2}}{h}$ 的纵向电导. 自旋霍尔电流是时间反演对称保持的物理量，实验上无法直接测量，量子自旋霍尔效应则可通过测量量子化的纵向电导来确定. 需要指出的是, 量子霍尔态系统具有时间反演对称性, 其陈数为零, 从这个角度来看, 似乎系统与真空具有相同的能带拓扑性质, 然而霍尔自旋流的存在意味着二者拓扑性质应有所不同. 2005 年, Kane 和 Mele 指出, 可以用拓扑不变量 Z_2 来表征量子霍尔态的能带拓扑性质.

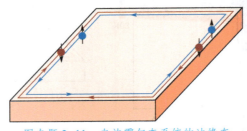

图专题 2-11　自旋霍尔态系统的边缘态

2006 年, Bernevig 和张首晟等人预测 $(Hg,Cd)Te/HgTe/(Hg,Cd)Te$ 量子阱结构中通过调整阱宽可观测到从普通绝缘态到量子霍尔态的转变. 次年, 德国维尔茨堡大学的 Molenkamp 等人在实验中观测到了量子化的直流电导 $\dfrac{2e^2}{h}$, 如图专题 2-12 所示. 之后, 人们在 AlSb/InAs/GaSb/AlSb 量子阱、单层 WTe_2 等材料中都观测到了量子自旋霍尔效应.

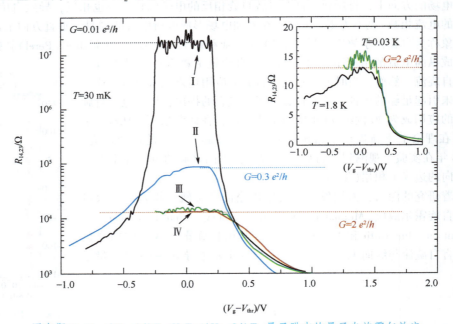

图专题 2-12　$(Hg,Cd)Te/HgTe/(Hg,Cd)Te$ 量子阱中的量子自旋霍尔效应

最后需要指出的是, 在应用方面, 传统霍尔效应被广泛地应用于传感器、磁发电等领域. 而量子霍尔效应、量子反常霍尔效应、量子自旋霍尔效应等现象目前仍然是凝聚态物理的研究热点, 我们期望这些现象在量子通信、量子计算等方面有广泛的应用.

第13章 磁介质

电流或运动电荷产生磁场，原子中有电子绕原子核的运动和电子的自旋，所以原子、分子也具有磁性，原子、分子在总体上可以等效为圆电流，圆电流的磁性质可以用磁矩来表示．当磁介质处于磁场中时，其中的圆电流将受到磁场力矩的作用而使磁介质发生磁化，处于磁化状态的磁介质反过来又会影响磁场的分布．凡是处于磁场中与磁场发生相互作用的实物物质都称为**磁介质**，本章将在经典物理学范围内介绍磁介质的磁化机制，有磁介质存在时稳恒磁场的基本规律，以及铁磁质的特性和应用．

13.1 磁介质对磁场的影响

磁介质的磁性源于其原子和分子内部电子的运动，这些电子运动产生的磁矩在宏观尺度上的排列导致了磁介质的磁性．

电子在原子核周围做轨道运动，这个运动可以视为圆电流，进而产生磁场．这个现象可以类比宏观圆电流产生的磁场．从经典力学的角度，假设电子围绕原子核做半径为 r 的圆周运动，运动速度为 $\vec{v}$，如图 13-1 所示，则其角动量为

$$\vec{L}_{\text{orb}} = \vec{r} \times (m_e \vec{v}) = r m_e v \hat{k}. \tag{13.1.1}$$

单位时间内通过轨道横截面的电量为电流，其大小为

$$I = \frac{ev}{2\pi r}. \tag{13.1.2}$$

这样的圆电流所产生的磁矩为

$$\vec{\mu}_{\text{orb}} = I \cdot \pi r^2 \cdot (-\vec{k}) = -\frac{1}{2} evr\vec{k}, \tag{13.1.3}$$

其中方向 $-\vec{k}$ 源于电子带负电．

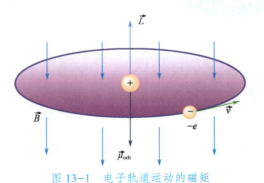

图 13-1　电子轨道运动的磁矩

对比式(13.1.1)，电子轨道磁矩又可以写成

$$\vec{\mu}_{\text{orb}} = -\frac{e}{2m_e} \vec{L}_{\text{orb}}. \tag{13.1.4}$$

实际上，对原子中电子运动的更细致研究发现，电子的运动不像经典力学中粒子的运动，并不存在经典轨道．根据量子力学，电子在原子核外的运动具有随机性．但是在量子力学中，仍可用角动量来描述电子的行为，只

是其角动量的大小不是连续变化的，而是依据某些规则量子化的. 因此，式(13.1.4)依然是可以用的.

其次，电子自身还具有自旋角动量，这使电子类似于一个小磁铁，它的自旋运动也会产生磁场. 与电子的轨道运动类似，电子并非绕着自身的轴做自转，而是具有自旋角动量的属性，也就是说，自旋角动量和电荷以及质量类似，是电子本身所固有的特性，而不是某种运动的特征量. 设电子的自旋角动量用 $\vec{S}$ 表示，不同于电子的轨道运动，电子自旋所对应的磁矩为

$$\vec{\mu}_{\text{spin}} = -\frac{e}{m_e}\vec{S}. \tag{13.1.5}$$

电子的轨道运动和自旋共同决定了单个原子的磁矩，我们把单个分子内的各种磁矩的矢量和称为**分子的固有磁矩**，简称**分子磁矩**. 对大多数磁介质而言，在无外磁场的情况下，不同单个分子的磁矩指向是随机的，从而导致磁介质的总磁矩为零，即磁介质此时并没有磁性. 而对于某些特殊的磁介质，分子的磁矩在一定程度上表现出指向有序，从而磁介质的总磁矩不为零，这就使其表现为磁体.

此外，原子之间的相互作用也在决定磁介质磁性方面起着重要作用. 在固体中，原子间的相互作用会影响它们的磁矩排列，从而影响整体的磁性. 不同磁介质由于其内部电子结构和原子间相互作用的差异，会表现出顺磁性、抗磁性、铁磁性等不同类型的磁性.

顺磁质

顺磁质是顺磁性材料，顺磁质的磁化方向与外磁场方向一致. 外磁场撤去后，这种磁化会迅速消失，顺磁质立刻恢复到无磁化状态. 此外，顺磁性随温度的升高而减弱.

对于顺磁质，在无外磁场的情况下，顺磁质分子磁矩不为零. 由于分子的热运动，分子磁矩的取向是随机的(见图 13-2)，沿各方向取向的概率相等，从而相互抵消，导致在每个充分小的体积元内分子磁矩的矢量和为零，宏观上不显示磁性，即此时有

$$\sum_i \vec{\mu}_i = 0. \tag{13.1.6}$$

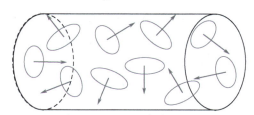

图 13-2　随机取向的分子磁矩

在有外磁场时，顺磁质的分子磁矩受到磁场力矩的作用，使分子磁矩倾向于沿外磁场方向排列(见图 13-3). 由于分子的热运动，各个分子磁矩的这种取向不可能完全整齐，外磁场越强，温度越低，分子磁矩排列得

越整齐. 在每个宏观小体积元内, 分子磁矩的矢量和不再为零, 宏观上显示磁性, 使磁场有所增强, 即此时有

$$\sum_i \vec{\mu}_i \neq 0. \tag{13.1.7}$$

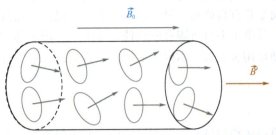

图 13-3　分子磁矩在外加磁场作用下出现定向排列

顺磁质分子磁矩的这种有序排列产生的磁场 $\vec{B}'$ 的方向与外磁场 $\vec{B}_0$ 的方向相同, 顺磁质内总磁场为

$$\vec{B} = \vec{B}_0 + \vec{B}' > \vec{B}_0. \tag{13.1.8}$$

但由于热运动的存在, 分子磁矩的排列不会完全有序, 因此顺磁质的磁性通常较弱. 随着温度升高, 分子热运动增强, 分子磁矩的有序排列更加困难, 导致顺磁性减弱.

抗磁质

抗磁质是抗磁性材料, 不同于顺磁质, 抗磁质在外磁场存在时会产生与外磁场方向相反的微小磁化, 这种磁化在外磁场撤去后会立即消失, 从而使抗磁质立即恢复到无磁化状态. 抗磁性不依赖温度的变化, 这使其在各种环境下表现相对稳定.

在有外磁场的情况下, 电子轨道会感应出一个与外磁场方向相反的磁场, 从而产生抗磁性, 抗磁性是一种普遍存在的性质. 由于这种反应是由电子的轨道运动引起的, 抗磁性通常非常弱. 此外, 由于抗磁性与热运动无关, 其磁化特性不随温度变化.

对抗磁质施加外磁场 $\vec{B}_0$ 时, 做轨道运动的电子受到磁场作用的力矩为

$$\vec{M} = \vec{\mu}_{\mathrm{orb}} \times \vec{B}_0, \tag{13.1.9}$$

该力矩将导致电子的轨道运动的角动量发生变化, 其增量为

$$\mathrm{d}\vec{L} = \vec{M}\mathrm{d}t = (\vec{\mu}_{\mathrm{orb}} \times \vec{B}_0)\mathrm{d}t. \tag{13.1.10}$$

考虑到式(13.1.4), 则有

$$\mathrm{d}\vec{L} = -\frac{e}{2m}(\vec{L} \times \vec{B}_0)\mathrm{d}t. \tag{13.1.11}$$

由此可知, 角动量的增量与角动量垂直, 即 $\mathrm{d}\vec{L} \perp \vec{L}$, 这将导致电子以外磁场方向为轴产生进动, 如图 13-4 所示. 由图 13-4 可知, 无论电子轨道磁矩的方向如何, 产生的进动的方向相对于外磁场而言是一样的. 这样的进动也类似于一个圆电流, 将产生一个附加的磁矩 $\Delta\vec{\mu}_{\mathrm{orb}}$, 或称为感应磁矩, 该磁矩的方向与外磁场 $\vec{B}_0$ 的方向相反.

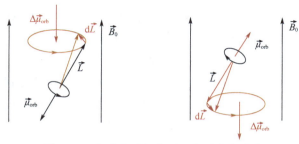

图 13-4　在外加磁场作用下电子产生进动

由于感应磁矩的方向与外磁场的方向相反，所产生的附加磁场也与外磁场反向，因此将削弱外磁场，使总磁感应强度比外磁场的磁感应强度小，即 $\vec{B} < \vec{B}_0$. 由于在这个磁化过程中，分子的热运动不会造成影响，因此材料的抗磁性并不依赖温度的变化.

一般情况下，顺磁性和抗磁性会在同一磁介质中同时存在，但其中之一通常会占主导地位，这取决于磁介质的组成成分和结构. 磁介质的磁性主要由其电子结构和化学键的特性决定. 例如，顺磁性材料通常具有未配对电子，而抗磁性材料多为配对电子. 大多数磁介质要么主要表现出顺磁性，要么主要表现出抗磁性.

通过更细致地理解顺磁质和抗磁质的特性及其物理机制，我们可以深入掌握磁介质的多样性及其在各种应用中的表现. 这不仅有助于理论研究，还对实际应用中的材料选择和优化具有重要意义.

13.2　磁化强度和磁化电流

对于磁介质，可以不涉及磁化的微观过程，通过引用一个宏观物理量来描述磁介质被磁化的程度，这个宏观物理量称为磁化强度，其被定义为在外磁场作用下磁介质单位体积内所有分子磁矩的矢量和. 具体讲，在磁介质中任选一个宏观小、微观大的体积元 ΔV，我们把 ΔV 内所有分子磁矩的矢量和记作 $\sum_i \vec{\mu}_i$，则磁化强度 $\vec{M}$ 可定义为

$$\vec{M} = \frac{\sum_i \vec{\mu}_i}{\Delta V}. \tag{13.2.1}$$

磁化强度的单位是安培/米（A/m）.

磁化强度反映了磁介质在外加磁场作用下内部分子磁矩排列的有序程度，这样定义的磁化强度是具有统计意义的，因此在 ΔV 的选取上有所要求，即要求 ΔV 从宏观上看要充分小，从微观上看要充分大. 在宏观上磁化强度是坐标的函数，即

$$\vec{M} = \vec{M}(\vec{r}), \tag{13.2.2}$$

因此要求 ΔV 必须充分小，这样才能够用式（13.2.1）来定义空间一点处的

磁化强度. 从微观上看, 磁化强度是体积 ΔV 内所有分子磁矩的矢量和与体积 ΔV 的商. 为保证这个值的稳定性, 就要求微观上体积 ΔV 充分大, 其中包含的分子数足够多, 这样才能保证统计值的涨落足够小.

当无外磁场时, 磁介质内的磁化强度为零. 当存在外磁场, 即 $\vec{B}_0 \neq 0$ 时, 对于顺磁质, 磁化强度的方向与 $\vec{B}_0$ 的方向相同, 其受到的磁场力与外磁场方向一致; 对于抗磁质, 磁化强度的方向与 $\vec{B}_0$ 的方向相反, 其受到的磁场力与外磁场方向相反, 如图 13-5 所示.

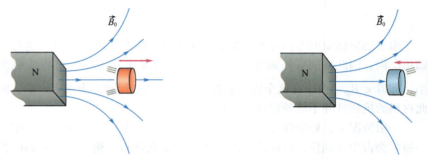

图 13-5 顺磁质和抗磁质在磁场中受到的作用力

在电磁学中, 磁化电流提供了一种等效的描述方法, 可以将复杂的磁化现象简化为我们更熟悉的电流现象. 通过引入磁化电流, 我们可以用已知的电流和磁场之间的关系来分析磁化介质中的磁场分布, 从而简化计算和理解.

磁介质内部的磁偶极子在微观上可以等效地视为充分小的圆电流. 如图 13-6 所示, 在外磁场 $\vec{B}_0$ 的作用下, 磁介质内部的分子磁矩产生定向排列. 我们可将这些分子磁矩都等效地视为一样大小的圆电流. 在磁介质内部, 这些圆电流相互紧贴, 相邻的两个圆电流在接触点处电流大小相同、方向相反, 因此, 整体而言, 在磁介质内部, 等效圆电流相互抵消. 在磁介质界面处则保留下来一层等效电流 I', 这一层电流被称为磁化电流.

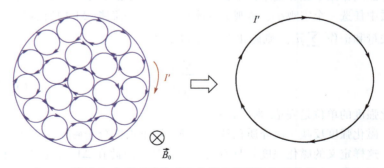

图 13-6 顺磁质被磁化的微观机制与宏观效果

总之, 我们可将分子磁矩视为圆电流, 这些圆电流在宏观上累积形成磁化电流. 通过这种扩展, 我们可以将微观的磁偶极子模型与宏观的磁化电流联系起来, 得到从微观到宏观的一致描述.

如图 13-7 所示，假设在密绕线圈内放置一个柱状的顺磁质，并通以电流 I_0，这将在线圈内部形成磁场 $\vec{B}_0$，在该磁场的作用下，柱状磁介质被磁化，等效地在磁介质表面诱导出磁化电流 I'．由于是顺磁质，I_0 和 I' 的方向相同．（如果是抗磁质，则 I_0 和 I' 的方向相反．）

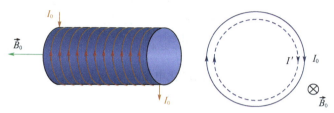

图 13-7　顺磁质被载流线圈的磁场磁化

对于磁化电流，经常会用到面磁化电流密度的概念，即在磁介质的界面上通过垂直于电流方向的单位长度的磁化电流，且有

$$\alpha' = \frac{\mathrm{d}I'}{\mathrm{d}l}. \tag{13.2.3}$$

下面导出面磁化电流密度 $\vec{\alpha}'$ 与磁化强度 $\vec{M}$ 之间的普遍关系．对于磁介质和真空分界面的磁介质这一侧，我们在垂直于面磁化电流方向取线元 $\mathrm{d}\vec{l}$，线元处的磁化强度 $\vec{M}$ 与线元 $\mathrm{d}\vec{l}$ 间的夹角为 θ，如图 13-8 所示．

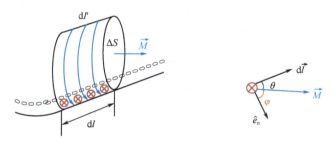

图 13-8　磁化强度和磁化电流的关系

如果在磁介质中分割出长为 $\mathrm{d}l$、底面垂直于 $\vec{M}$、截面积为 $\mathrm{d}S$ 的充分小的斜柱体，则此斜柱体内的总分子磁矩可以用磁化强度和体积的乘积来表示，有

$$\left| \sum_i \vec{\mu}_i \right| = M\Delta V \ ; \tag{13.2.4}$$

也可以用磁化电流来表示，有

$$\left| \sum_i \vec{\mu}_i \right| = \Delta S \mathrm{d}I'. \tag{13.2.5}$$

其中，$\mathrm{d}I'$ 为沿斜柱体侧面流过的磁化电流，而斜柱体体积为

$$\Delta V = \Delta S \mathrm{d}l \cdot \cos\theta. \tag{13.2.6}$$

结合式（13.2.4）、式（13.2.5）和式（13.2.6），可得

$$\Delta S \mathrm{d}I' = M\Delta S \mathrm{d}l \cdot \cos\theta, \tag{13.2.7}$$

消掉 ΔS 后得

$$dI' = Mdl \cdot \cos\theta, \tag{13.2.8}$$

因此，面磁化电流密度大小为

$$\alpha' = \frac{dI'}{dl} = M\cos\theta. \tag{13.2.9}$$

由于磁介质界面的法向单位矢量 $\hat{e}_n$ 垂直于磁化电流和线元 $d\vec{l}$，设其与磁化强度方向间的夹角为 φ，θ 与 φ 互为余角，则

$$\alpha' = \frac{dI'}{dl} = M\sin\varphi. \tag{13.2.10}$$

考虑各物理量的方向后，可得面磁化电流密度为

$$\vec{\alpha}' = \vec{M} \times \hat{e}_n. \tag{13.2.11}$$

同时，由式(13.2.8)可得面磁化电流元为

$$dI' = \vec{M} \cdot d\vec{l}, \tag{13.2.12}$$

围绕磁介质表面积分后可得面磁化电流为

$$I' = \oint_L \vec{M} \cdot d\vec{l}. \tag{13.2.13}$$

　　将一个磁介质放置在真空中时，磁介质界面处的面磁化电流密度由式(13.2.13)决定. 当两磁介质相互接触时，在两磁介质与对方接触的表面上都有磁化电流产生，如图13-9所示，此时有

$$\vec{\alpha}_1' = \vec{M}_1 \times \hat{e}_{n1}, \ \vec{\alpha}_2' = \vec{M}_2 \times \hat{e}_{n2}, \tag{13.2.14}$$

其中 $\vec{M}_1$ 和 $\vec{M}_2$ 分别为两磁介质内的磁化强度；$\hat{e}_{n1}$ 和 $\hat{e}_{n2}$ 分别为两磁介质界面处的法向单位矢量，它们满足关系 $\hat{e}_{n1} = -\hat{e}_{n2}$.

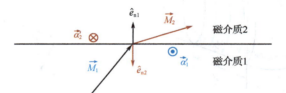

图 13-9　两磁介质表面上的磁化电流

　　因此，两磁介质分界面上的面磁化电流密度是式(13.2.14)中两个面磁化电流密度的矢量和，即

$$\vec{\alpha}' = \vec{\alpha}_1' + \vec{\alpha}_2' = (\vec{M}_1 - \vec{M}_2) \times \hat{e}_{n1}. \tag{13.2.15}$$

13.3　有磁介质时的高斯定理

　　在磁介质存在的情况下，空间中的总磁感应强度为外加磁场的磁感应强度 $\vec{B}_0$ 与磁介质被磁化后所产生的磁化电流的磁感应强度 $\vec{B}'$ 之和，即

$$\vec{B} = \vec{B}_0 + \vec{B}'. \tag{13.3.1}$$

外加磁场满足高斯定理，有

$$\oiint_S \vec{B}_0 \cdot \mathrm{d}\vec{S} = 0. \tag{13.3.2}$$

由于磁化效应可以等效地用磁化电流的物理效应来表达，而磁化电流的物理表现与传导电流相同，因此由磁化电流产生的磁场 $\vec{B}'$ 也满足关系

$$\oiint_S \vec{B}' \cdot \mathrm{d}\vec{S} = 0. \tag{13.3.3}$$

因此，在有磁介质时，高斯定理的形式没有发生变化，即磁感应强度对闭合曲面的通量积分为零，有

$$\oiint_S \vec{B} \cdot \mathrm{d}\vec{S} = \oiint_S (\vec{B}_0 + \vec{B}') \cdot \mathrm{d}\vec{S} = 0,$$

即

$$\oiint_S \vec{B} \cdot \mathrm{d}\vec{S} = 0. \tag{13.3.4}$$

这就是**有磁介质时的高斯定理**，可以表述为：对总磁场 $\vec{B}$ 而言，磁场中任一闭合曲面 S 的总磁通量恒等于零.

在两磁介质的分界面附近取图 13-10 所示的扁平柱状闭合曲面，并做磁感应强度的通量积分. 取柱状闭合曲面垂直于两磁介质分界面方向的厚度非常小，从而可以忽略侧面上的通量积分，只留上下底面的通量积分，此时有

$$\oiint_S \vec{B} \cdot \mathrm{d}\vec{S} = \iint_{S_1} \vec{B} \cdot \mathrm{d}\vec{S} + \iint_{S_2} \vec{B} \cdot \mathrm{d}\vec{S} = B_{n1} S_{n1} - B_{n2} S_{n2} = 0.$$

由于闭合曲面的上下底面面积相同，因此两磁介质分界面上的磁感应强度满足边值关系

$$B_{1n} = B_{2n}, \tag{13.3.5}$$

即在两磁介质分界面上磁感应强度的法向分量连续.

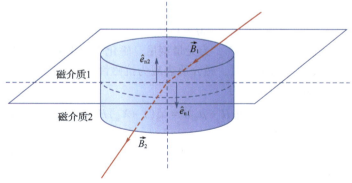

图 13-10　两磁介质接触面处的扁平柱状闭合曲面

13.4　有磁介质时的安培环路定理

安培环路定理描述了磁场和电流之间的重要关系. 当空间中存在磁介质时，安培环路定理就需要进行扩展，应当包括磁化效应. 由于磁介质的

磁化效应可以等效地用磁化电流来描述，因此在安培环路定理中应该将磁化电流加入其中，即

$$\oint_L \vec{B} \cdot \mathrm{d}\vec{l} = \mu_0 \left(\sum_i I_i + \sum_i I_i' \right), \tag{13.4.1}$$

其中 $\vec{B}$ 为总磁感应强度，I_i 为环路 L 中包围的传导电流，I_i' 为环路 L 中包围的磁化电流. 由式(13.2.13)，可以用磁化强度将式(13.4.1)等号右边第二项替换，得到

$$\oint_L \vec{B} \cdot \mathrm{d}\vec{l} = \mu_0 \left(\sum_i I_i + \oint_L \vec{M} \cdot \mathrm{d}\vec{l} \right). \tag{13.4.2}$$

将磁化强度项移到等式左边，得到

$$\oint_L \left(\frac{\vec{B}}{\mu_0} - \vec{M} \right) \cdot \mathrm{d}\vec{l} = \sum_i I_i. \tag{13.4.3}$$

我们引入一个新的辅助矢量 $\vec{H}$，

$$\vec{H} = \frac{\vec{B}}{\mu_0} - \vec{M}, \tag{13.4.4}$$

称为磁场强度. 利用磁场强度，就可以得到有磁介质时的安培环路定理，即

$$\oint_L \vec{H} \cdot \mathrm{d}\vec{l} = \sum_i I_i. \tag{13.4.5}$$

与没有磁介质的情况相比，可以看到是用磁场强度替换了磁感应强度，磁介质产生的物理效应被包容在磁场强度中. 式(13.4.5)等号的右边仅有传导电流. 如果使用式(13.4.1)，则需要知道磁化电流大小，但磁化电流只是一个等效的物理量，难以通过仪器直接测量. 式(13.4.5)中不存在磁化电流，所以适用范围更广.

实验表明，对于各向同性的线性磁介质，磁化强度和磁场强度成正比关系，有

$$\vec{M} = \chi_m \vec{H}, \tag{13.4.6}$$

其中 χ_m 称为磁介质的磁化率，为无量纲量. 磁化率为正值时，磁介质表现为顺磁性；磁化率为负值时，磁介质表现为抗磁性.

式(13.4.4)可以重写为

$$\vec{B} = \mu_0 \vec{H} + \mu_0 \vec{M} = \mu_0 (1 + \chi_m) \vec{H}, \tag{13.4.7}$$

我们定义相对磁导率

$$\mu_r = 1 + \chi_m, \tag{13.4.8}$$

以及磁导率

$$\mu = \mu_0 \mu_r, \tag{13.4.9}$$

由式(13.4.7)可得

$$\vec{B} = \mu_0 \mu_r \vec{H} = \mu \vec{H}. \tag{13.4.10}$$

在各向同性的线性磁介质中，磁导率是一个标量；在更一般的情况下，它是张量.

例 13-1　如图 13-11 所示，一半径为 R_1 的长直导线上包裹相对磁导率为 μ_r 的磁介质，外半径为 R_2，导线中通有电流 I. 求磁介质内部磁场的磁感应强度大小，以及磁介质界面处磁化电流的大小和方向.

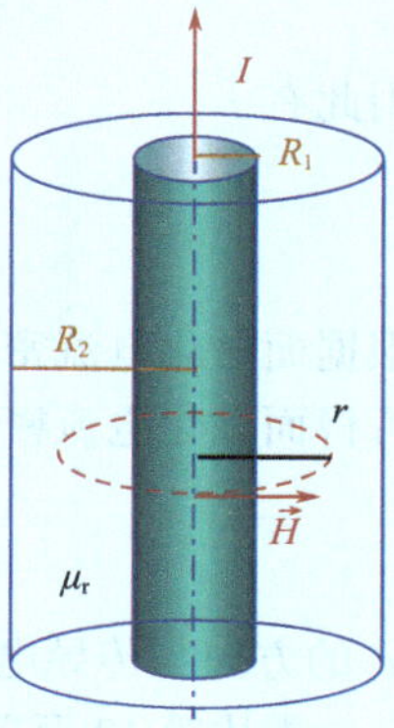

解　假设磁介质为顺磁质，考虑到对称性，在磁介质内取以对称轴为圆心、半径为 r 的环路，磁场强度 $\vec{H}$ 在该环路上各处大小相同，方向为环路的切向，并与电流之间满足右手法则. 由有磁介质时的安培环路定理，得

$$\oint_L \vec{H} \cdot \mathrm{d}\vec{l} = I. \tag{13.4.11}$$

式（13.4.11）等号左边的积分为

$$\oint_L \vec{H} \cdot \mathrm{d}\vec{l} = \oint_L H\mathrm{d}l = 2\pi r H, \tag{13.4.12}$$

因此，磁介质中的磁场强度大小为

$$H = \frac{I}{2\pi r}. \tag{13.4.13}$$

相应地，磁感应强度大小为

$$B = \mu H = \mu_0 \mu_r \frac{I}{2\pi r}. \tag{13.4.14}$$

由磁化强度与磁场强度的关系可知

$$M = \chi_m H = (\mu_r - 1)H = \frac{(\mu_r - 1)I}{2\pi r}, \tag{13.4.15}$$

由于面磁化电流密度和磁化强度间存在关系 $\vec{\alpha}' = \vec{M} \times \hat{n}$，因此由图 13-11 可知在磁介质的内表面，面磁化电流密度的方向与导线中的传导电流方向相同，其大小为

$$\alpha_1' = M\big|_{r=R_1} = \frac{(\mu_r - 1)I}{2\pi R_1}, \tag{13.4.16}$$

则磁介质内表面上总的电流大小为

$$I_1' = 2\pi R_1 \alpha_1' = (\mu_r - 1)I. \tag{13.4.17}$$

相应地，在磁介质的外表面，面磁化电流密度的方向与导线中的电流方向相反，其大小为

$$\alpha_2' = M\big|_{r=R_2} = \frac{(\mu_r - 1)I}{2\pi R_2}, \tag{13.4.18}$$

则磁介质外表面上总的电流大小为

$$I_2' = 2\pi R_2 \alpha_2' = (\mu_r - 1)I. \tag{13.4.19}$$

例 13-2　如图 13-12（a）所示，一沿棒长方向均匀磁化的圆柱形磁介质棒（顺磁质），半径为 R，长为 l，其总磁矩的值为 m. 求棒内的磁化强度，棒的圆柱表面上的面磁化电流密度，以及棒内中点处的磁感应强度大小.

解　磁介质的磁化强度为

$$\vec{M} = \frac{\sum\limits_i \vec{\mu}_i}{V}, \tag{13.4.20}$$

由题可知

图 13-11　例 13-1 图

$$\vec{m} = \sum_i \vec{\mu}_i, \tag{13.4.21}$$

因此有

$$M = \frac{m}{V} = \frac{m}{\pi R^2 l}. \tag{13.4.22}$$

根据面磁化电流密度和磁化强度之间的关系 $\vec{\alpha}' = \vec{M} \times \hat{n}$，其中 $\hat{n}$ 为磁介质表面法向单位矢量，可得面磁化电流密度的大小为

$$\alpha' = M = \frac{m}{\pi R^2 l}, \tag{13.4.23}$$

$\vec{\alpha}'$ 的方向与传导电流 I 的方向相同.

类比第 12 章关于密绕载流线圈轴线上磁场的计算，可得图 13–12（b）中 P 点处的磁感应强度大小为

$$B_P = \frac{\mu_0 \alpha'}{2} (\cos\beta_2 - \cos\beta_1). \tag{13.4.24}$$

当 P 为棒内中点时，有

$$\cos\beta_1 = -\cos\beta_2 = \frac{\frac{1}{2}l}{\sqrt{R^2 + \left(\frac{1}{2}l\right)^2}}, \tag{13.4.25}$$

最后得到 P 点处的磁感应强度大小为

$$B_P = \mu_0 \alpha' \frac{\frac{1}{2}l}{\sqrt{R^2 + \frac{l^2}{4}}}. \tag{13.4.26}$$

（a）均匀磁化的圆柱形磁介质棒

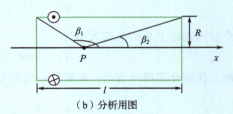
（b）分析用图

图 13–12 例 13–2 图

13.5 铁磁质

还有一类特殊的磁性材料，称为铁磁质，包括铁、钴、镍、钆、镝，铁和其他金属或非金属的合金，以及铁的氧化物，如铁氧体等. 铁磁质磁性强，撤消外加磁场后磁性仍保留，其 $\vec{M}$ 和 $\vec{H}$ 的关系呈现非线性、不一一对应、与磁化历史有关. 除此之外，铁磁质还存在磁滞现象，即磁化强度

随外加磁场的变化具有滞后性. 为了研究铁磁质的磁化规律, 可以通过实验测量得到铁磁质的磁化强度 $\vec{M}$ 与磁场强度 $\vec{H}$ 的关系曲线, 或磁感应强度 $\vec{B}$ 与磁场强度 $\vec{H}$ 的关系曲线, 它们统称为磁化曲线.

对于铁磁质, 往往其磁化强度远大于磁场强度, 即 $M \gg H$, 测量得到的磁感应强度主要来源于磁介质的磁化, 因此有

$$B = \mu_0(H + M) \approx \mu_0 M. \qquad (13.5.1)$$

由此可见, $B-H$ 曲线与 $M-H$ 曲线相似.

研究铁磁质磁化规律的实验装置如图 13-13 所示, 线路的左边是一个带有可变负载电阻的电源, 通过双切开关连接到右边的电路上. 右边有一个用铁磁质做成的密绕螺绕环, 其半径为 R, 绕有 N 匝线圈. 当线圈通有电流 I 时, 螺绕环内的磁场强度为 $\vec{H}$, 应用有磁介质时的安培环路定理可得到 $H = \dfrac{NI}{2\pi R}$. 在铁磁质材料的某处破开一个狭窄的缺口, 可在此处将特斯拉计探头放入, 以便测量狭缝内的磁感应强度大小. 由于 $\vec{B}$ 的法向分量是连续的, 则铁磁质内的磁感应强度与狭缝内的磁感应强度相同.

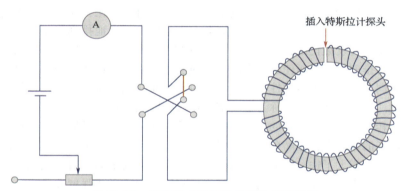

图 13-13　研究铁磁质磁化规律的实验装置

在实验开始时, 线圈中没有电流, 因此线圈不产生磁场, 测得的铁磁质内的磁感应强度大小为零. 当接通电源并缓慢地从大到小调整电阻值时, 线圈中的电流从无到有, 逐渐增大, H 也同步增大, 测得的磁感应强度大小从零开始逐渐增大, 但增大的方式并非线性. 如图 13-14 所示, 曲线 Oa 显示了铁磁质在 H 从零变大时, 磁感应强度大小 B 随之增大直至达到饱和, Oa 称为起始磁化曲线. 在铁磁质对外加磁场的响应达到饱和后, 逐渐减小电流 I 以减小 H, 铁磁质的

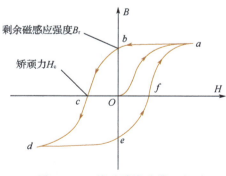

图 13-14　铁磁质的磁滞回线

计算机模拟

磁滞回线

磁感应强度大小也随之减小，但其减小并不沿着曲线 Oa 的反方向进行，而是沿着曲线 ab 进行. 当电流 I 减小到零，亦即 H 减小到零时，铁磁质的磁场并未消失，而是保留一定的磁感应强度 $\vec{B}_r$，$\vec{B}_r$ 称为剩余磁感应强度.

在保持剩余磁感应强度的情况下，改变电流方向，并增大反向电流，亦即对铁磁质施加逐步增大的反向外磁场，磁感应强度大小进一步沿 bc 曲线减少，直至为零，此时对应的 c 点处的 H_c 称为矫顽力. 使反向电流继续增大，以增大反向的 H 值，亦即继续增大反向外磁场，铁磁质将反向磁化，直至饱和，如图 13-14 所示的 cd 曲线. 若将电流改回原方向，之后再减弱电流，再度减小到零，磁感应强度大小将沿曲线 de 变化，到达 e 点时仍将具有剩余值，再使电流增大，则磁感应强度大小将沿曲线 efa 变化，回到 a 点，从而形成一个闭合曲线，这称为磁滞回线.

铁磁质的磁化规律和独特性质来源于其微观结构和原子级别的相互作用，铁磁质的基本物理机制是相邻原子的电子之间存在交换作用，这种交换作用是一种量子效应，它使电子自旋在平行排列时能量更低，达到自发磁化的饱和状态，导致相邻原子的电子自旋倾向于平行排列，从而使铁磁质表现出电子自旋磁矩的自发磁化.

铁磁质的磁性主要来源于电子自旋磁矩的自发磁化，在没有外磁场的情况下，铁磁质中的电子自旋磁矩会在小范围内自发地排列起来，形成一个个小的自发磁化区，称为磁畴，如图 13-15 所示. 每个磁畴内部的磁矩是平行排列的，从而使磁畴内的磁化强度达到最大. 各磁畴的自发磁化方向不同，宏观上不显磁性. 磁畴结构的形成和变化是铁磁质磁化过程中的关键. 磁畴之间的边界称为磁畴壁，在这些区域，磁矩逐渐从一个磁畴的方向转变为另一个磁畴的方向. 磁畴壁的存在降低了铁磁质的总磁能. 在外磁场的作用下，磁畴的大小和方向会发生变化，磁畴沿外磁场方向排列，从而增大了铁磁质的总体磁化强度. 当外磁场足够大时，铁磁质的磁化会达到饱和，此时所有的磁畴都指向相同方向，磁化强度非常大，再增大外磁场将不会改变铁磁质的内部结构.

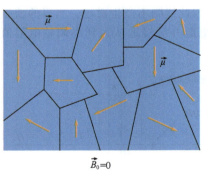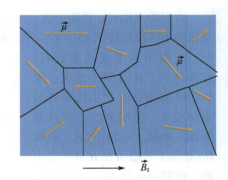

图 13-15　铁磁质磁畴与磁化

如果将外磁场撤掉，由于被磁化的铁磁质受体内杂质和内应力的阻碍，不能恢复磁化前的状态，磁畴仍具有较强的稳定性，保持一定的定向性，因此呈现剩余磁性.

铁磁材料在现代科学技术和工业生产中有广泛的应用，涵盖电动机、发电机、变压器和电感器等核心部件，可提升设备效率和功率密度. 在磁存储设备中，铁磁材料被用于计算机硬盘、磁带、磁盘和磁卡中，通过磁化状态的变化来实现存储和读取数据. 磁分离和磁选工艺利用铁磁材料的磁性特点实现矿物加工和废物处理中的目标材料分离. 在传感器和探测器中，铁磁材料被用来检测磁场、位置、速度和电流等参数，广泛应用于霍尔效应传感器和磁阻传感器等设备. 医疗设备中的核磁共振成像设备和磁疗仪等，利用磁场达到成像和治疗目的. 通信设备中的滤波器、天线和隔离器通过控制和调节电磁信号的传输和接收提高通信性能. 铁磁材料在电子产品(如扬声器、耳机、麦克风)中也有重要应用，被用于转换电信号和声信号. 磁悬浮技术利用铁磁材料实现非接触式悬浮和运动，减少摩擦损耗，提高列车的运行速度和稳定性. 磁控开关和继电器中，铁磁材料被用于实现电路通断控制，广泛应用于自动化控制和电力系统中. 这些应用展示了铁磁材料在不同领域的重要作用，推动了科技进步和工业发展.

习题 13

13.1 一个磁介质球被均匀磁化，其磁化强度为 $\vec{M}$. 求磁介质球球面上的面磁化电流密度 $\vec{\alpha}'$.

13.2 在磁化强度为 $\vec{M}$ 的均匀磁化的无限大磁介质中，挖出一个半径为 R 的球形腔. 求此腔表面的面磁化电流密度和磁化电流产生的磁矩.

13.3 一圆铁环的周长为 $l = 30\,\text{cm}$，横截面 $S = 10\,\text{cm}^2$，环上紧密地绕有 300 匝线圈. 当导线中电流 $I = 50\,\text{mA}$ 时，通过环截面的磁通量 $\Phi_m = 5.0 \times 10^{-5}\,\text{Wb}$. 求铁环的磁化率 χ_m.

13.4 如图 13-16 所示，一根沿轴向均匀磁化的细长永磁棒，磁化强度为 $\vec{M}$，求图中各点的 $\vec{B}$ 和 $\vec{H}$.

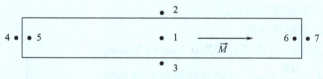

图 13-16　习题 13.4 图

13.5 如图 13-17 所示，一永磁环的磁化强度为 $\vec{M}$，磁环上开有一条很狭窄的细缝. 求点 1、2 处的磁感应强度大小和磁场强度大小.

13.6 一根无限长直圆柱形铜导线，外包一层相对磁导率为 μ_r 的圆筒形磁介质(顺磁质)，导线半径为 R_1，磁介质的外半径为 R_2，导线内均匀通过电流 I，如图 13-18 所示. 试求：
(1)磁介质内、外的磁场强度、磁感应强度的分布，并画出 $H(r)$ 和 $B(r)$ 曲线(r 为磁场中某点离圆柱轴线的距离)；
(2)磁介质内、外表面的磁化电流.

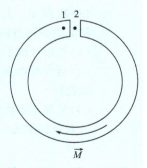

图 13-17　习题 13.5 图

13.7 螺绕环上均匀密绕线圈，线圈中通有电流 I，管内充满相对磁导率为 $\mu_r = 4200$ 的磁介质. 设线圈中的电流在磁介质中产生的磁感应强度的大小为 B_0，磁化电流在磁介质中产生的磁感应强度的大小为 B'，求 B_0 与 B' 之比.

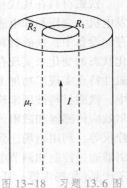

图 13-18　习题 13.6 图

13.8 一个磁导率为 μ_1 的无限长均匀磁介质（顺磁质）圆柱体，半径为 R_1，其中心位置有一根载流直导线，电流为 I；在它外面还有一半径为 R_2 的无限长同轴圆柱面，其上通有反向电流 I，二者之间充满磁导率为 μ_2 的均匀磁介质，如图 13-19 所示. 试计算空间各处磁感应强度大小 B，以及两磁介质分界面上的磁化电流.

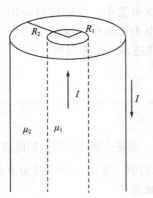
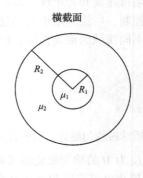

横截面

图 13-19　习题 13.8 图

13.9 一个直径为 8cm、厚为 0.5cm 的磁介质圆盘，沿垂直盘面方向被均匀磁化，已知磁化强度大小为 $1.4 \times 10^6 \text{A/m}$. 试计算：

(1) 绕圆盘边缘的磁化电流；

(2) 圆盘中心的磁感应强度；

(3) 圆盘中心的磁场强度.

13.10 一圆形磁芯的内、外半径分别为 0.5mm 和 0.8mm，矫顽力为 $H_c = \dfrac{500}{\pi} \text{A/m}$. 设磁芯原磁化方向如图 13-20 所示，其中心位置有一根直导线，现欲使磁芯的磁化方向翻转.

(1) 指出导线上电流的方向.

(2) 至少增加至多大电流时，磁芯中磁化方向开始翻转？

(3) 增加至多大电流时，磁芯中从内而外的磁化方向全部翻转？

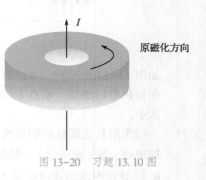

原磁化方向

图 13-20　习题 13.10 图

第14章 电磁感应

电磁感应现象的发现是电磁学中的重大成就之一,它揭示了电与磁之间深刻的内在联系,这一发现无论在科学上还是在工程技术上都有巨大意义,它的实际应用在我们的日常生活中无处不在,从最常见的电动机、发电机到无线电通信等,极大地推动着社会生产力的发展.

本章主要介绍电磁感应现象及其基本规律,包括动生电动势、感生电动势、自感和互感现象,以及麦克斯韦关于涡旋电场和位移电流的假设等. 此外,本章还将对麦克斯韦方程组、电磁波的产生和传播及其基本特性做简要介绍.

14.1 法拉第电磁感应定律

19世纪初,电学和磁学被认为是两个独立的领域. 然而,随着研究的深入,科学家们逐渐发现了它们之间的联系. 1820年,丹麦物理学家奥斯特发现电流的磁效应后,同时提出了寻找其逆效应的研究课题.

1822年,法国物理学家阿拉戈(D. F. J. Arago)等人在测量地磁强度时偶然发现,在磁针附近的金属对磁针的振动有阻尼作用,受此启发,1824年阿拉戈做了圆盘实验,发现当悬挂在圆盘上方的磁针靠近旋转的铜圆盘时,磁针会跟着旋转,这种现象其实是典型的电磁感应现象,由于表现间接,当时未能给予解释. 1829年,美国物理学家亨利(J. Henry)在研究用不同长度导线缠绕的电磁铁的提举力时,意外地发现,当通电流的线圈与电源断开时,在断开处会产生强烈的电火花,这其实就是自感现象. 但当时亨利未能做出解释,搁置了下来. 直至1832年6月,亨利偶然读到法拉第电磁感应的论文摘要,才重新研究,并在同年发表论文,成为自感现象的发现者.

1831年8月29日,法拉第(M. Faraday)在实验中发现随时间变化的电流会在邻近导线中产生感应电流,这一发现标志着电磁感应定律的诞生. 随后,他又做了一系列实验,从不同角度证实了电磁感应现象. 下面介绍有关电磁感应现象的4个典型实验.

(1)将一个线圈连接到一个电流计(用来测量电流的仪器),如图14-1所示. 法拉第用一根磁棒插入或拔出线圈,观察到电流计指针发生偏转,这表明线圈中产生了电流. 法拉第意识到,当磁棒相对于线圈运动时,线圈处的磁场发生了变化,导致了感应电流的产生. 他推断,磁场的变化和相对运动都是产生感应电流的原因.

(2)在此之前,人们已经知道一个载流线圈和一根磁棒相当. 那么使载流线圈和另一个线圈做相对运动,也应当产生感应电流. 为此,法拉第用一个载流线圈代替磁棒重复上面的实验,如图14-2所示,他观察到了同样的现象. 法拉第意识到,当载流线圈相对于线圈运

电磁感应现象_1

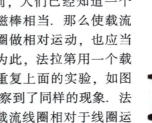
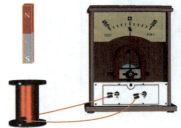

图14-1 插入或拔出磁棒

动时，线圈处的磁场发生了变化，导致了感应电流的产生．他推断，磁场的变化和相对运动都是产生感应电流的原因．

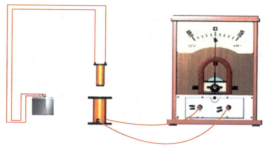

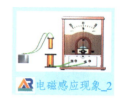

电磁感应现象_2

图 14-2　插入或拔出载流线圈

（3）为了进一步验证他的假设，法拉第设计了另一个实验．如图 14-3 所示，他将两个线圈放在一起，一个线圈（初级线圈）与电池相连，并接有开关．另一个线圈（次级线圈）连接到电流计．当他通过操作开关在初级线圈中通电或断电时，次级线圈中的电流计指针发生了偏转．在之前的实验中，载流线圈相对于线圈有运动，而在这个实验中并没有相对运动．由此可以推断，在这个实验中，初级线圈中的电流变化引起了次级线圈处的磁场变化，进而在次级线圈中产生了感应电流．这进一步证实了法拉第关于磁场变化导致感应电流产生的假设．

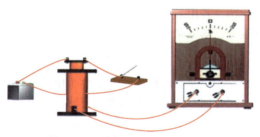

电磁感应现象_3

图 14-3　给初级线圈通电或断电

在另一个实验中，法拉第将一根铁环（铁芯）绕上两个线圈，一个线圈 A 连接电池和开关，另一个线圈 B 连接电流计，如图 14-4 所示．当他通过操作开关给线圈 A 通电或断电时，线圈 B 中产生了瞬时感应电流，磁场的变化通过铁芯传递到了第二个线圈，这也说明磁场的变化产生了感应电流．

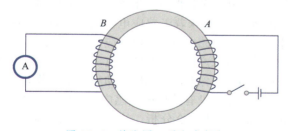

图 14-4　给线圈 A 通电或断电

(4)上面的认识是否完整？法拉第设计了图14-5所示的实验，在连接电流计的回路中，让导线在磁场中左右移动，这一过程中，导体回路中产生了电流. 在这个实验中，磁场没有发生变化，导线移动时，导体回路所包围的面积发生了变化，从而导致了感应电流的产生. 因此，把感应电流的产生归结为是由磁场变化引起的，这一认识是不完整的.

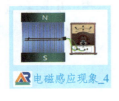
电磁感应现象_4

从上述4个实验直接产生的结果来看，磁场变化和导线回路所包围面积发生变化有一个共同点，就是它们都使通过线圈或导线回路所包围面积的磁通量发生了变化. 由此可以得到结论：当通过闭合回路所包围面积的磁通量发生变化时，回路中就产生感应电流.

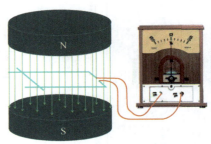
图14-5　导线在磁场中运动

回路中由于磁通量的变化产生了感应电流，感应电流的出现表明存在某种感应电动势.

我们知道，在一个电路中，如图14-6所示，要使整个电路上出现均匀而恒定不变的稳恒电流，需要电源内的非静电作用将正电荷(负电荷)由负极(正极)迁移到正极(负极)，通常用电动势来量度电源中非静电作用的做功能力. 电源的电动势定义为将单位正电荷从电源负极经电源内部移到正极时非静电力所做的功，若用 $\vec{E}_k$ 表示电源内部单位正电荷受到的非静电力，则电动势 ε 为

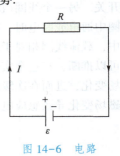
图14-6　电路

$$\varepsilon = \int_-^+ \vec{E}_k \cdot \mathrm{d}\vec{l}. \tag{14.1.1}$$

在某些情况下，非静电作用存在于整个电流回路中，这时式(14.1.1)的积分应针对闭合回路计算，电动势相应地成为

$$\varepsilon = \oint_L \vec{E}_k \cdot \mathrm{d}\vec{l}. \tag{14.1.2}$$

如图14-6所示，由于外电路上的 $\vec{E}_k$ 为零，因此通常直接将式(14.1.1)写成式(14.1.2)的形式.

1832年法拉第发现，在相同条件下，不同导体回路中产生的感应电流与导体的导电能力成正比. 这表明，在一定条件下形成了某种感应电动势. 法拉第由此意识到，感应电流是由与导体性质无关的感应电动势产生的，感应电动势正是在各种情形下产生感应电流的原因. 法拉第相信，即使没有闭合导体回路(这意味着无感应电流)，感应电动势仍然有可能存在，闭合导体回路只是使感应电动势以感应电流的形式体现出来而已. 法拉第发现了电磁感应现象之后，认为感应电流来源于感应电动势，并用动态的、相互联系的力线图像对产生感应电动势的原因做出了近距作用的物理解释. 但是，法拉第并没有给出电磁感应定律的定量表达式. 1845年，诺依曼(F. Neumann)经过理论分析，给出了电磁感应定律的定量表达

式，即

$$\varepsilon = -\frac{\mathrm{d}\Phi_B}{\mathrm{d}t}. \tag{14.1.3}$$

式(14.1.3)表明，当穿过导体回路的磁通量发生变化时，在导体回路中产生的感应电动势 ε 与穿过回路的磁通量的变化率 $\frac{\mathrm{d}\Phi_B}{\mathrm{d}t}$ 成正比.

式(14.1.3)又可以表示为

$$\varepsilon = \oint_L \vec{E}_k \cdot \mathrm{d}\vec{l} = -\frac{\mathrm{d}}{\mathrm{d}t}\iint_S \vec{B} \cdot \mathrm{d}\vec{S}, \tag{14.1.4}$$

这一关系称为法拉第电磁感应定律.

在利用上式判断电动势的方向时，涉及回路绕行方向和回路所包围平面法线方向之间的关系. 这可以由右手法则来确定. 右手握拳，四指旋转所对应的方向为回路绕行方向，大拇指所对应的方向为回路所包围平面的法线方向. 当穿过回路所包围面积的磁通量增大时，产生的感应电动势方向与回路绕行方向相反；反之，当穿过回路所包围面积的磁通量减小时，产生的感应电动势方向与回路绕行方向相同，如图 14-7 所示.

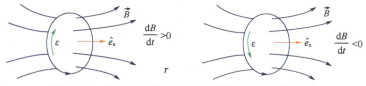

图 14-7　感应电动势方向与磁通量变化之间的关系

可以看到，在电磁感应过程中产生了感应电流，这一电流又会产生附加磁场. 其方向与磁通量变化密切相关. 当磁通量减少时，感应电流产生的磁场将增加磁通量. 而当磁通量增大时，感应电流产生的磁场将减少磁通量. 即当穿过回路所包围面积的磁通量发生变化时，感应电流会产生一个磁场，这个磁场的方向总是试图抵消原始磁通量的变化. 德国物理学家楞次(H. F. E. Lenz)于 1834 年将其总结为楞次定律：感应电流的方向总是反抗引起感应电流的磁通量变化. 楞次定律对应的就是式(14.1.3)等号右边的负号.

穿过一个回路所包围面积的磁通量，正比于穿过其中的磁感应线的数目. 当将一个磁铁靠近线圈时，线圈处磁场变强，磁感应线的密度变大，于是穿过线圈的磁感应线数量增加，在这种情况下，感应电流产生的附加磁场将使穿过线圈的磁感应线数量减少，如图 14-8(a)所示. 相反，当一个磁铁离开线圈时，线圈处磁场变弱，磁感应线的密度变小，穿过线圈的磁感应线数量减少，在这种情况下，感应电流产生的附加磁场将使穿过线圈的磁感应线数量增多，如图 14-8(b)所示.

若导体回路由 N 匝线圈组成，当穿过线圈的磁通量变化时，每匝线圈中都产生感应电动势，由于匝与匝之间是串联的，因此整个线圈的感应电动势等于各匝感应电动势之和. 设穿过每匝的磁通量为 Φ_i，$i = 1, 2, \cdots, N$，

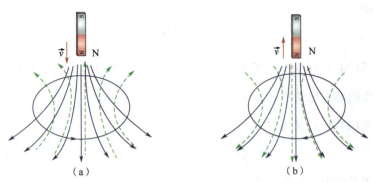

图 14-8   感应电流的方向

则整个线圈的感应电动势为

$$\varepsilon = \sum_{i=1}^{N}\left(-\frac{\mathrm{d}\Phi_i}{\mathrm{d}t}\right) = -\frac{\mathrm{d}\sum_{i=1}^{N}\Phi_i}{\mathrm{d}t} = -\frac{\mathrm{d}\Psi}{\mathrm{d}t}, \tag{14.1.5}$$

其中

$$\Psi = \sum_{i=1}^{N}\Phi_i. \tag{14.1.6}$$

Ψ 被称为磁通匝链数，简称磁链. 如果穿过每匝的磁通量相同，则

$$\Psi = \sum_{i=1}^{N}\Phi_i = N\Phi_i. \tag{14.1.7}$$

法拉第电磁感应定律表明，只要穿过回路所包围面积的磁通量发生变化，就会产生感应电动势. 实际上，磁通量发生变化产生感应电动势不外乎 3 种情况：其一是在恒定磁场中因为导体运动而产生感应电动势，这种情况下的感应电动势称为动生电动势；其二是导体不动，仅由磁场的变化产生感应电动势，这种情况下的感应电动势称为感生电动势；其三是前面两种情况同时存在，在这种情况下，既有动生电动势又有感生电动势，总的感应电动势是二者之和.

14.2 动生电动势

当导体在磁场中运动时，在导体中产生动生电动势. 动生电动势的产生可以用洛伦兹力来解释. 如图 14-9 所示，在均匀磁场 $\vec{B}$ 中放置一个 U 形导体框，导体框平面与磁场相互垂直，长为 l 的导体棒 ab 与导体框组成一个矩形回路，其中导体棒 ab 以速度 $\vec{v}$ 沿导体框向右运动. 在 $\mathrm{d}t$ 时间内，矩形回路内的磁通量增加

$$\mathrm{d}\Phi_B = Bl v\mathrm{d}t, \tag{14.2.1}$$

由法拉第电磁感应定律可以得到感应电动势为

$$\varepsilon = -\frac{\mathrm{d}\Phi_B}{\mathrm{d}t} = -Bl v. \tag{14.2.2}$$

感应电动势的大小为 Blv 、方向为从 b 到 a，感应电流的方向如图 14-9 所示.

动生电动势对应的非静电力是洛伦兹力，如图 14-10 所示，导体棒中的电荷 q 随着导体棒以速度 $\vec{v}$ 运动，由此受到洛伦兹力 $\vec{F} = q\vec{v} \times \vec{B}$ 的作用，在其作用下电荷向上移动，作用在单位正电荷上的非静电力为

$$\vec{E}_k = \frac{\vec{F}}{q} = \frac{q\vec{v} \times \vec{B}}{q} = \vec{v} \times \vec{B}, \tag{14.2.3}$$

在导体棒 ab 两端的动生电动势为

$$\varepsilon = \int_b^a \vec{E}_k \cdot \mathrm{d}\vec{l} = \int_b^a (\vec{v} \times \vec{B}) \cdot \mathrm{d}\vec{l} = Blv. \tag{14.2.4}$$

动生电动势的大小为 Blv 、方向为从 b 到 a，感应电流的方向如图 14-9 所示. 因此，此动生电动势正是式 (14.2.2) 中的感应电动势. 电荷受到导体棒的束缚，只能沿着导体棒运动，其在洛伦兹力和导体棒束缚力的共同作用下产生感应电流.

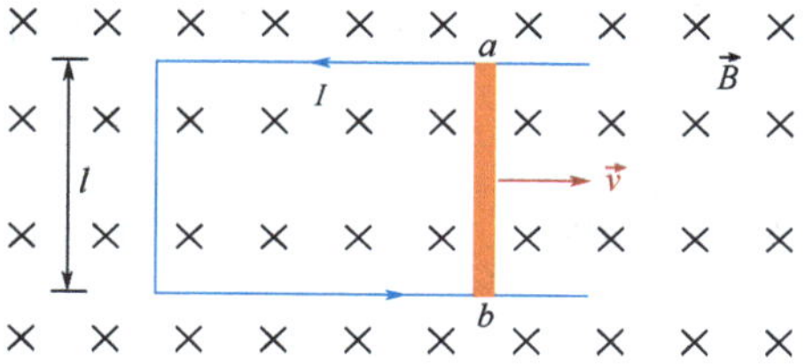

图 14-9　导体棒在磁场中运动产生感应电动势

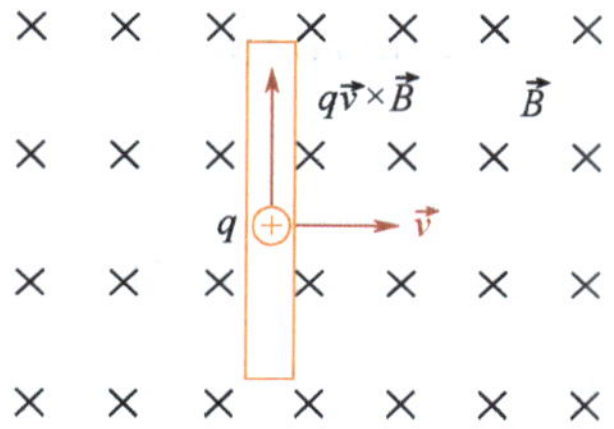

图 14-10　运动导体棒中的电荷受到洛伦兹力作用

对于矩形回路，动生电动势为

$$\varepsilon = \oint_L (\vec{v} \times \vec{B}) \cdot \mathrm{d}\vec{l}. \tag{14.2.5}$$

以上分析基于直导体棒的运动. 一般情况下，对于一段弯曲导体棒在磁场中的运动，也有同样的结论.

例 14-1　如图 14-11 所示，空间中放置一载有电流 I 的无限长直导线，另有一段长为 b 的直导线 OA，其一端 O 固定于距离无限长直导线 a 处. 两导线共面. 导线 OA 绕 O 点以角速度 $\vec{\omega}$ 旋转，求其两端的感应电动势.

解　电流在导线 OA 上距离 O 点 l 处产生的磁场的磁感应强度大小为

$$B = \frac{\mu_0 I}{2\pi(a + l\cos\theta)}, \tag{14.2.6}$$

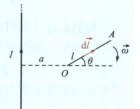

图 14-11　例 14-1 图

因此，在 OA 中导线微元上产生的感应电动势为

$$\mathrm{d}\varepsilon = (\vec{v} \times \vec{B}) \cdot \mathrm{d}\vec{l} = l\omega \frac{\mu_0 I}{2\pi(a + l\cos\theta)}\mathrm{d}l, \tag{14.2.7}$$

对整个导线 OA 积分，得其两端的感应电动势为

$$\varepsilon = \int_O^A \mathrm{d}\varepsilon = \frac{\mu_0 \omega I}{2\pi\cos\theta}\left(b - \frac{a}{\cos\theta}\ln\frac{a + b\cos\theta}{a}\right). \tag{14.2.8}$$

例 14-2　如图 14-12 所示，由金属导体制成的直角三角形框架，BC 段的长度为 a，BC 段与 AC 段之间的夹角为 β. 将该框架放在磁感应强度为 $\vec{B}$ 的均匀磁场中. 此框架以 AB 段为轴以匀角速度 $\vec{\omega}$ 转动，求在图示位置时整个框架上产生的感应电动势.

解　框架上的总感应电动势为 AB、BC、CA 段上产生的感应电动势之和. AB 段并没有运动，因此其上的感应电动势为零. AC 段上的感应电动势为

$$\varepsilon_{AC} = \int_A^C (\vec{v} \times \vec{B}) \cdot \mathrm{d}\vec{l}, \qquad (14.2.9)$$

由于 $\vec{v} = \vec{\omega} \times \vec{r}$，则

$$\varepsilon_{AC} = \int_A^C \omega(l\cos\beta)Bdl\cos\beta. \qquad (14.2.10)$$

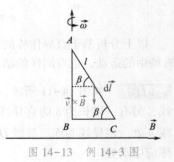

图 14-12　例 14-2 图

由于积分中 β 和 ω 都为常数，因此

$$\varepsilon_{AC} = \omega B\cos^2\beta \int_A^C ldl = \omega B\cos^2\beta \frac{1}{2}\overline{AC}^2 = \frac{1}{2}\omega Ba^2. \qquad (14.2.11)$$

BC 段上的感应电动势为

$$\varepsilon_{BC} = \int_B^C (\vec{v} \times \vec{B}) \cdot \mathrm{d}\vec{l} = \int_B^C \omega lBdl = \frac{1}{2}\omega Ba^2. \qquad (14.2.12)$$

因此，整个框架上的感应电动势为

$$\varepsilon = \varepsilon_{BC} + \varepsilon_{CA} = \varepsilon_{BC} - \varepsilon_{AC} = 0. \qquad (14.2.13)$$

例 14-3　如图 14-13 所示，若将例 14-2 中的磁场方向旋转 90°，则框架上的总感应电动势为多少？

解　在这种情况下，AB 段依然没有运动，因此，其上的感应电动势为 0. BC 段的运动平面与磁场平行，因此，其上的感应电动势也为 0. 框架上的总感应电动势即为 AC 段上的感应电动势，

$$\varepsilon = \varepsilon_{AC} = \frac{1}{2}\omega Ba^2\tan\beta. \qquad (14.2.14)$$

我们也可以利用磁通量的变化来计算框架上的总感应电动势. 框架上的磁通量为

$$\Phi = \vec{B} \cdot \vec{S} = BS\sin\alpha, \qquad (14.2.15)$$

其中 α 为框架平面与磁场间的夹角，且有

$$\frac{\mathrm{d}\alpha}{\mathrm{d}t} = \omega. \qquad (14.2.16)$$

因此，框架上的总感应电动势为

$$\varepsilon = -\frac{\mathrm{d}\Phi}{\mathrm{d}t} = -BS\frac{\mathrm{d}(\sin\alpha)}{\mathrm{d}t} = -BS\cos\alpha\omega. \qquad (14.2.17)$$

上式中 S 为框架面积，

$$S = \frac{1}{2}a(a\tan\beta) = \frac{1}{2}a^2\tan\beta, \qquad (14.2.18)$$

图 14-13　例 14-3 图

因此，总感应电动势为

$$\varepsilon = -\frac{1}{2}\omega Ba^2\tan\beta\cos\alpha. \qquad (14.2.19)$$

初始时 $\alpha = 0$，因此，

$$\varepsilon = -\frac{1}{2}\omega Ba^2\tan\beta, \qquad (14.2.20)$$

其中的负号表示总感应电动势的方向是沿着 ACB 方向.

导线在磁场中运动时产生了感应电流，而感应电流会产生焦耳热，导致损失一部分能量.

仍然考虑垂直放置在磁场中的矩形导体框，导体框的电阻为 R，导体框上有一个电阻可忽略的导体棒，导体棒长为 L，导体棒在导体框上可无摩擦滑动，导体框和导体棒组成一个矩形导体闭合回路，如图 14−14 所示. 初始时导体框上的导体棒以初始速度 $\vec{v}_0$ 沿导体框运动. 当速度大小为 v 时，导体棒上的感应电动势为

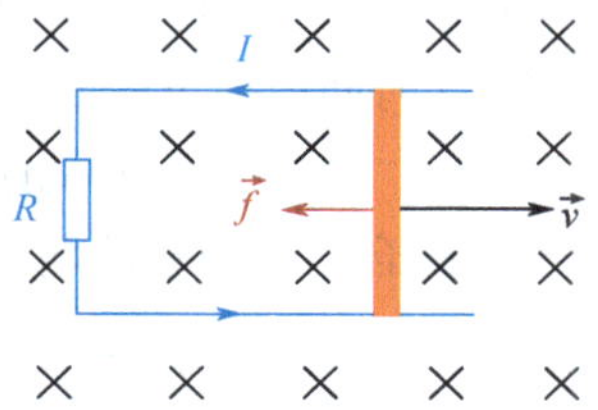

图 14−14　导体棒在磁场中运动时的能量转换

$$\varepsilon = vBL. \qquad (14.2.21)$$

由于导体框的电阻为 R，则产生的感应电流为

$$I = \frac{\varepsilon}{R} = \frac{BLv}{R}. \qquad (14.2.22)$$

导体棒受到的安培力大小为

$$f = \int |I\mathrm{d}\vec{l} \times \vec{B}| = IBL = \frac{B^2L^2v}{R}. \qquad (14.2.23)$$

若无外力作用，则导体棒的运动会因安培力的作用而减速，其运动方程为

$$-\frac{B^2L^2v}{R} = m\frac{\mathrm{d}v}{\mathrm{d}t}, \qquad (14.2.24)$$

其中 m 为导体棒质量. 令

$$\tau = \frac{mR}{B^2L^2}, \qquad (14.2.25)$$

则方程变为

$$\frac{\mathrm{d}v}{v} = -\frac{\mathrm{d}t}{\tau}, \qquad (14.2.26)$$

其解为

$$v = v_0\mathrm{e}^{-\frac{t}{\tau}}, \qquad (14.2.27)$$

因此，最终导体棒将静止.

感应电流产生的焦耳热为

$$W = \int_0^\infty I^2R\mathrm{d}t = \frac{B^2L^2}{R}\int_0^\infty v^2\mathrm{d}t, \qquad (14.2.28)$$

将式(14.2.27)代入得

$$W = \frac{B^2L^2v_0^2}{R}\int_0^\infty \mathrm{e}^{-\frac{2t}{\tau}}\mathrm{d}t = \frac{B^2L^2v_0^2}{2R}\tau = \frac{1}{2}mv_0^2, \qquad (14.2.29)$$

由此可知，导体棒最初所具有的动能 $\frac{1}{2}mv_0^2$ 最终全部转化为回路中感应电流释放的焦耳热.

结合式（14.1.4）和式（14.2.5）可以得到动生电动势

$$\varepsilon = \oint_L (\vec{v} \times \vec{B}) \cdot \mathrm{d}\vec{l} = -\frac{\mathrm{d}}{\mathrm{d}t}\iint_S \vec{B} \cdot \mathrm{d}\vec{S}. \qquad (14.2.30)$$

可以证明，在稳恒磁场中上式是一个普遍规律.

考虑一个在稳恒磁场中运动的闭合回路，t 时刻闭合回路 L 位于 $c(t)$，速度为 $\vec{v}$，经过 Δt 时间，在 $t+\Delta t$ 时刻闭合回路 L'（在 Δt 时间闭合回路 L 变为 L'）位于 $c'(t+\Delta t)$，如图 14-15 所示. 闭合回路 L 上的线元 $\mathrm{d}\vec{l}$ 在 Δt 时间内扫过的面积为

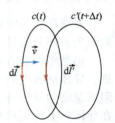

图 14-15　在稳恒磁场中运动的闭合回路

$$\mathrm{d}\vec{S} = \mathrm{d}\vec{l} \times \vec{v}\Delta t, \qquad (14.2.31)$$

则整个闭合回路扫过的侧面积为

$$S_c = \int_L \mathrm{d}\vec{l} \times \vec{v}\Delta t.$$

假设位于 $c(t)$ 位置的闭合回路 L 所包围的曲面为 S，位于 $c'(t+\Delta t)$ 位置的闭合回路 L' 所包围的曲面为 S'，则 S、S' 和 S_c 构成了闭合曲面. 由稳恒磁场的高斯定理

$$\oiint_\Sigma \vec{B} \cdot \mathrm{d}\vec{S} = 0 \qquad (14.2.32)$$

得

$$\oiint_\Sigma \vec{B} \cdot \mathrm{d}\vec{S} = -\iint_S \vec{B} \cdot \mathrm{d}\vec{S} + \iint_{S'} \vec{B} \cdot \mathrm{d}\vec{S} + \oint_L \vec{B} \cdot (\mathrm{d}\vec{l} \times \vec{v}\Delta t) = 0,$$

$$(14.2.33)$$

由此可得

$$\oint_L \vec{B} \cdot (\mathrm{d}\vec{l} \times \vec{v}\Delta t) = -\left(\iint_S \vec{B} \cdot \mathrm{d}\vec{S} - \iint_{S'} \vec{B} \cdot \mathrm{d}\vec{S}\right) = -\Delta\iint_S \vec{B} \cdot \mathrm{d}\vec{S}. \qquad (14.2.34)$$

等式左边的积分是对回路做的，与时间无关，因此有

$$\oint_L \vec{B} \cdot (\mathrm{d}\vec{l} \times \vec{v}) = -\frac{\Delta\iint_S \vec{B} \cdot \mathrm{d}\vec{S}}{\Delta t}. \qquad (14.2.35)$$

当 $\Delta t \to 0$ 时，有

$$\oint_L \vec{B} \cdot (\mathrm{d}\vec{l} \times \vec{v}) = -\frac{\mathrm{d}}{\mathrm{d}t}\iint_S \vec{B} \cdot \mathrm{d}\vec{S}. \qquad (14.2.36)$$

由矢量公式 $(\vec{A} \times \vec{B}) \cdot \vec{C} = (\vec{B} \times \vec{C}) \cdot \vec{A} = (\vec{C} \times \vec{A}) \cdot \vec{B}$，式（14.2.36）可写为

$$\varepsilon = \oint_L (\vec{v} \times \vec{B}) \cdot \mathrm{d}\vec{l} = -\frac{\mathrm{d}}{\mathrm{d}t}\iint_S \vec{B} \cdot \mathrm{d}\vec{S}. \qquad (14.2.37)$$

另外，洛伦兹力的方向与电荷的运动速度方向垂直，因此，洛伦兹力不做功. 但是我们知道产生动生电动势的非静电力是洛伦兹力，而作为产生动生电动势的非静电力，洛伦兹力是要做功的，这是否矛盾？

如图 14-16 所示，考虑导体棒以速度 $\vec{v}$ 在磁场中运动. 导体棒中的电

荷相对于导体棒的定向漂移速度为 $\vec{u}$, 该速度决定
了电流的大小. 因此, 电荷总的运动速度为 $\vec{v} + \vec{u}$.
电荷受到的洛伦兹力其实是由两部分组成的, 其中
一部分与速度 $\vec{v}$ 相关,

$$\vec{F} = q\vec{v} \times \vec{B} ; \qquad (14.2.38)$$

另一部分与漂移速度 $\vec{u}$ 相关,

$$\vec{F}' = q\vec{u} \times \vec{B}. \qquad (14.2.39)$$

当回路电阻为 R 时, 感应电流的大小为

$$I = \frac{vBl}{R}, \qquad (14.2.40)$$

电荷的漂移速度与电流间的关系为

$$u = \frac{I}{nqS} = \frac{vBl}{nqSR}, \qquad (14.2.41)$$

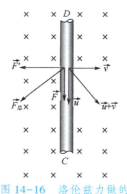

图 14-16 洛伦兹力做的
总功为零

其中 n 为载流子数密度. 由此, $\vec{F}$ 做功的功率为

$$\vec{F} \cdot \vec{u} = q(\vec{v} \times \vec{B}) \cdot \vec{u}, \qquad (14.2.42)$$

$\vec{F}'$ 做功的功率为

$$\vec{F}' \cdot \vec{v} = q(\vec{u} \times \vec{B}) \cdot \vec{v} = q(\vec{B} \times \vec{v}) \cdot \vec{u} = -q(\vec{v} \times \vec{B}) \cdot \vec{u}. \qquad (14.2.43)$$

由此可见, 两个力做功相互抵消, 即洛伦兹力做的总功为零. 在之前的讨
论中体现出来的只是洛伦兹力的一个分力产生作用.

如果大块导体在非均匀磁场中运动, 则在导体内会因动生电动势而出
现涡旋状的感应电流, 这种因电磁感应在大块导体内产生的涡旋状的电流
称为 **涡电流**. 例如, 一块悬挂在水平轴上
可在竖直面内自由摆动的金属片形成一个
金属摆 (见图 14-17), 当金属摆的金属片
进入电磁铁的一对磁极之间时, 穿过运动
金属片的磁通量发生变化, 金属片内产生
涡电流, 涡电流又受到磁场的安培力作用.
根据楞次定律和安培力公式, 不难判断安
培力总是阻碍金属摆的运动, 因此, 金属
片的摆动会因受到阻力而迅速停止. 如果把

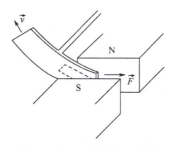

图 14-17 磁场中的金属摆

AR 电磁阻尼

上述金属摆的整块金属片换成细条状的金属片, 使涡电流受限制, 涡电流只
能在细条范围内流动, 则增大了电阻, 减小了涡电流, 从而金属片的摆动受
到的阻力迅速减小.

14.3 感生电动势

在静止的导体中, 因磁场变化产生的感应电动势称为感生电动势. 例
如, 当静止的线圈中磁场变化时, 线圈中会产生感生电动势. 那么, 引起
感生电动势的非静电力究竟是什么?

如图 14-18 所示，在均匀磁场 $\vec{B}$ 中放置一半径为 r 的圆形导体回路. 当磁场随时间变化时，穿过回路的磁通量大小发生了变化，从而导致导体回路中产生感应电动势和感应电流，其方向如图 14-18(a)所示.

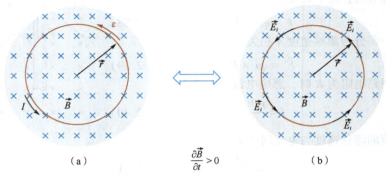

$$\frac{\partial \vec{B}}{\partial t} > 0$$

（a）　　　　　　　　（b）

图 14-18　感生电动势与涡旋电场

变化的磁场在导体中产生感生电动势，感生电动势与导体回路的物理性质无关，作用在单位电荷上的非静电力完全由随时间变化的磁场决定. 麦克斯韦(J. C. Maxwell)分析和研究了这类电磁感应现象后提出：变化的磁场产生**涡旋电场** $\vec{E}_i$，涡旋电场是引起感生电动势的原因，涡旋电场不依赖于导体的存在，可以在真空中存在. 如图 14-18(b)所示，引起感生电动势的非静电力是涡旋电场，正是涡旋电场推动了导体中的电荷运动，形成感应电流. 涡旋电场区别于静电场的一个重要特点是环流不为零，其环流等于感生电动势，即

$$\varepsilon = \oint_L \vec{E}_i \cdot d\vec{l}. \tag{14.3.1}$$

结合式(14.1.4)，可得

$$\oint_L \vec{E}_i \cdot d\vec{l} = -\frac{d}{dt}\iint_S \vec{B} \cdot d\vec{S}. \tag{14.3.2}$$

如果回路固定不动，磁通量的变化仅来自磁场的变化，则上式可写成

$$\oint_L \vec{E}_i \cdot d\vec{l} = -\iint_S \frac{\partial \vec{B}}{\partial t} \cdot d\vec{S}. \tag{14.3.3}$$

涡旋电场的存在是麦克斯韦电磁场理论的基本假设之一.

例 14-4　如图 14-19 所示，一长直导线载有电流 $I = I_0\sin(\omega t)$，旁边有一与它共面的矩形线框，线框的长边与直导线平行，矩形线框的边长分别为 a、b，线框共有 N 匝. 线框固定在距长直导线 x_0 处. 求线框上的感应电动势.

解　如图 14-19 所示，在 x 处取一宽度为 dx 的矩形面积元，载流长直导线在 x 处的磁感应强度为

$$B = \frac{\mu_0 I}{2\pi x}, \tag{14.3.4}$$

穿过矩形面积元的磁通量为

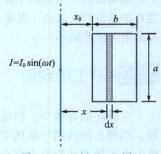

图 14-19　例 14-4 图

$$\mathrm{d}\Phi_B = Ba\,\mathrm{d}x = \frac{\mu_0 Ia}{2\pi x}\mathrm{d}x,$$

因此，矩形线框中的总磁通量为

$$\Phi_B = N\frac{\mu_0 Ia}{2\pi}\int_{x_0}^{x_0+b}\frac{1}{x}\mathrm{d}x = \frac{N\mu_0 Ia}{2\pi}\ln\frac{x_0+b}{x_0}. \tag{14.3.5}$$

线框上的感应电动势为

$$\varepsilon = -\frac{\mathrm{d}\Phi_B}{\mathrm{d}t} = -\frac{N\mu_0 a}{2\pi}\ln\frac{x_0+b}{x_0}\frac{\mathrm{d}I}{\mathrm{d}t}, \tag{14.3.6}$$

将 $I = I_0\sin(\omega t)$ 代入可得

$$\varepsilon = -\frac{N\mu_0 aI_0\omega}{2\pi}\cos(\omega t)\ln\frac{x_0+b}{x_0}. \tag{14.3.7}$$

电子感应加速器是一种利用涡旋电场加速带电粒子（如电子）的装置．如图 14-20 所示，电子感应加速器在电磁铁的两极之间有一个环形真空室．电磁铁由交变电流激发，在两极之间产生一个对称分布的交变磁场．这个交变磁场在真空室内激发出涡旋电场，其电场线是一系列同心圆．使用电子枪将电子沿切线方向射入环形真空室，电子将在涡旋电场的作用下被加速．同时，电子会受到真空室中磁场的洛伦兹力作用，从而沿半径为 R 的圆形轨道运动．

计算机模拟

电子感应加速器

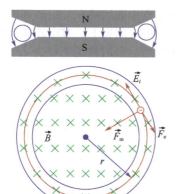

图 14-20　电子感应加速器原理图

由于磁场和涡旋电场都是交变的，所以在交变电流的一个周期内，只有当涡旋电场的方向与电子绕行的方向相反时，电子才能得到加速．如图 14-21 所示，其中的环形箭头表明了在磁场变化周期中不同时间区间内真空室中涡旋电场的方向．电子沿顺时针方向的切线射入轨道，由于电子带负电荷，只有第一个 $\frac{1}{4}$ 周期内和第四个 $\frac{1}{4}$ 周期内的电子才能被加速，但是在第四个 $\frac{1}{4}$ 周期内的电子受到的洛伦兹力方向沿轨道的径向向外，因此在整个周期内只有第一个 $\dfrac{1}{4}$ 周期可用于加速电子. 在第一个 $\dfrac{1}{4}$ 周期内涡旋电场对电子做顺时针方向的加速，在第一个 $\dfrac{1}{4}$ 周期结束前将电子从加速器中引出. 实际上，第一个 $\dfrac{1}{4}$ 周期内电子已经被加速到绕轨道回旋数十万圈，由此获得很高的能量. 每次注入电子束后，电子在涡旋电场的作用下迅速加速，在涡旋电场尚未改变方向前，必须将已加速的电子束及时从加速器中引出，以确保其获得最大能量. 这一过程要求加速器具备高精度的同步控制系统，以协调电子束的注入、加速和引出.

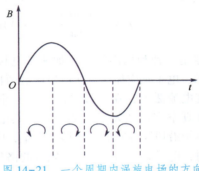

图 14-21　一个周期内涡旋电场的方向

为了使电子在加速过程中能维持在一定的圆形轨道上运动，以便最后用偏转装置将电子引离轨道打到靶上，对电磁铁产生的磁场的径向分布有一定的要求. 假设电子圆周运动的轨道半径为 r，电子圆周运动轨道处的磁感应强度为 $\vec{B}$，则电子运动满足方程

$$evB = m\frac{v^2}{r}, \tag{14.3.8}$$

由此得到磁感应强度大小与速度大小之间的关系

$$B = \frac{mv}{er}. \tag{14.3.9}$$

于是，磁场的变化与电子运动速率的变化之间的关系为

$$\frac{\mathrm{d}B}{\mathrm{d}t} = \frac{1}{er}\frac{\mathrm{d}(mv)}{\mathrm{d}t}. \tag{14.3.10}$$

磁场变化激发出的涡旋电场满足关系

$$\oint_L \vec{E} \cdot \mathrm{d}\vec{l} = -\frac{\mathrm{d}}{\mathrm{d}t}\iint_S \vec{B} \cdot \mathrm{d}\vec{S}, \tag{14.3.11}$$

磁通量可以用平均磁感应强度大小 $\overline{B}$ 表示为

$$\iint_S B \cdot \mathrm{d}S = \overline{B}\pi r^2. \tag{14.3.12}$$

涡旋电场的大小在环路中相同，将式（14.3.12）代入式（14.3.11）得

$$E = \frac{1}{2}r\frac{\mathrm{d}\overline{B}}{\mathrm{d}t}. \tag{14.3.13}$$

电子在运动路径的切向受到涡旋电场的驱动, 满足运动方程

$$eE = \frac{\mathrm{d}(m\nu)}{\mathrm{d}t}, \tag{14.3.14}$$

将式 (14.3.13) 代入式 (14.3.14) 得

$$e\left(\frac{1}{2}r\frac{\mathrm{d}\overline{B}}{\mathrm{d}t}\right) = \frac{\mathrm{d}(m\nu)}{\mathrm{d}t}. \tag{14.3.15}$$

对比式 (14.3.10) 和式 (14.3.15), 可得

$$\frac{1}{2}er\frac{\mathrm{d}\overline{B}}{\mathrm{d}t} = er\frac{\mathrm{d}B}{\mathrm{d}t}, \tag{14.3.16}$$

即

$$\frac{\mathrm{d}B}{\mathrm{d}t} = \frac{1}{2}\frac{\mathrm{d}\overline{B}}{\mathrm{d}t}. \tag{14.3.17}$$

电子圆周运动轨道处的磁感应强度与平均磁感应强度之间的关系为

$$B = \frac{1}{2}\overline{B}, \tag{14.3.18}$$

这一关系是电子感应加速器中磁场设置的一个限制条件, 亦即电子圆周运动轨道处磁场的磁感应强度等于轨道内磁场的磁感应强度平均值的一半时, 电子可以在确定的轨道上被加速.

由于用电子枪注入真空室的电子束已经具有一定的速度, 在涡旋电场方向改变前的短时间内, 电子束会进行数十万次轨道运行, 同时不断受到电场加速获得能量. 大型电子回旋加速器已经能够产生能量超过 340MeV 的电子束, 用于粒子物理研究. 考虑到电磁铁的质量, 高能电子回旋加速器的制造受到严重限制, 例如, 一个 340MeV 的大型电子回旋加速器装置, 电磁铁的质量约为 330t.

能量在 7~20MeV 范围内的低能电子回旋加速器可用作医疗和工业射线照相中高能 "硬" X 射线的来源. 便携式电子回旋加速器工作在大约 7MeV 的能量水平, 已被设计用于工业射线照相中, 如检查混凝土、钢铁等结构的完整性.

将大块导体放入随时间变化的磁场中, 由于变化磁场激发出的涡旋电场的作用, 在导体内同样要产生涡电流. 例如, 带有铁芯的载流螺线管中的交变磁场在铁芯内就会产生涡电流. 由于铁芯的截面积很大, 电阻又小, 其涡电流很大, 结果会产生大量的焦耳热. 电器设备中的一些部件含有铁芯, 在高频应用中, 铁芯内存在涡电流, 不但造成损失能量, 而且使设备发热甚至烧坏. 因此, 应当设法减小涡电流. 例如, 变压器和电机的铁芯都不用整块钢铁, 而是采用相互绝缘的很薄的矽钢片叠压而成, 使涡电流受绝缘的限制只能在薄片范围内流动, 从而减小了涡电流, 使损耗降低.

当导线通有稳恒电流时, 导线横截面内的电流密度基本上是均匀分布的. 当导线通有交变电流时, 在导线内激发出变化磁场 $\vec{B}$, 其方向平行于导线横截面. 根据式 (14.3.3), 此变化磁场又会激发出涡旋电场, 由此

会产生涡电流 i，其方向如图 14-22（a）所示．从图中可以看到，靠近导线轴线处涡电流 i 的方向与导线内传导电流 I 的方向是相反的，在靠近导线表面处涡电流 i 的方向与导线内传导电流 I 的方向是相同的，这将导致导线内的总电流密度在导线横截面内分布不再均匀，在导线内的中间区域电流密度弱，在导线表面附近电流密度强，如图 14-22（b）所示．在高频交变电流情况下，电流趋向于分布在导线的表面层，这种现象称为**趋肤效应**．趋肤效应使载流导线的有效截面减小，导线电阻增大．对于高频交变电流，趋肤效应明显，导线电阻显著地随频率的增高而增大．趋肤效应的深度与电流的频率、导体材料的电导率和磁导率有关．频率越高，趋肤效应越显著，趋肤深度越浅．在高频应用中，趋肤效应影响导线设计、电力传输及电子设备的信号传输等．例如，在导线设计中，使用多股细导线可以减少趋肤效应带来的电阻增加；在高频电力传输中，趋肤效应增加了导线的有效电阻，导致更高的功率损耗；在电子设备中，尤其是印刷电

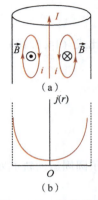

图 14-22　趋肤效应

路板设计中，趋肤效应对信号完整性和传输效率有显著影响．因此，在高频电磁应用中，趋肤效应是需要特别考虑的一个重要因素．

14.4 ▶ 自感和互感

考虑一线圈，当线圈中有电流时，将在线圈中产生磁场 $\vec{B}$，如图 14-23 所示．若线圈中的电流随时间发生变化，

$$I = I(t), \tag{14.4.1}$$

则磁场也会相应地随时间发生变化，

$$B = B(t), \tag{14.4.2}$$

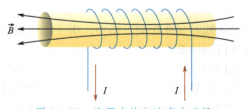

图 14-23　线圈中的电流产生磁场

因此，穿过线圈的磁通量也会随时间发生变化，这样在线圈中将产生感应电动势，如图 14-24 所示．这种现象称为**自感现象**，所产生的感应电动势称为**自感电动势**．也就是说，在一个线圈中，由于电流变化，该线圈自身产生了感应电动势，这种现象是由线圈中的磁通量变化引起的．自感现象在许多电气和电子设备中具有广泛的应用，如电感器、变压器和电动机等．

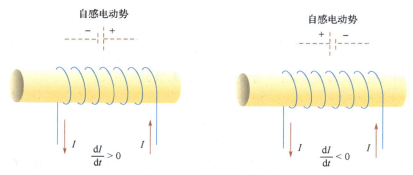

图 14-24　线圈的自感现象

对于一个密绕的 N 匝线圈，若其上的电流为 I，线圈自身产生的磁通量对于每一匝来说都相等，则线圈中穿过每匝的磁通量为 Φ_B. 由于线圈中电流所激发的磁感应强度的大小与电流成正比，因此通过线圈的磁链也与线圈中的电流成正比，即

$$\Psi \propto I.$$

写成等式，即

$$\Psi = N\Phi_B = LI. \tag{14.4.3}$$

式中 L 是比例系数，与线圈的形状、大小、匝数及周围介质的情况有关，称为线圈的自感系数，简称自感.

在国际单位制中，自感的单位为亨利（符号为 H），

$$1\text{H} = 1\,\frac{\text{T} \cdot \text{m}^2}{\text{A}}. \tag{14.4.4}$$

当线圈上的电流随时间发生变化时，所产生的自感电动势为

$$\varepsilon_L = -N\frac{\mathrm{d}\Phi_B}{\mathrm{d}t}, \tag{14.4.5}$$

利用自感系数可将上式重写为

$$\varepsilon_L = -L\frac{\mathrm{d}I}{\mathrm{d}t}. \tag{14.4.6}$$

当一个截面积为 S、长为 l 的 N 匝长直密绕螺线管上的电流为 I 时，其中产生的磁场的磁感应强度大小为

$$B = \mu_0\frac{N}{l}I, \tag{14.4.7}$$

通过螺线管横截面的磁通量为

$$\Phi_B = BS = \mu_0\frac{NS}{l}I, \tag{14.4.8}$$

因此，密绕螺线管的自感系数为

$$L = N\frac{\Phi_B}{I} = \mu_0\frac{N^2 S}{l}, \tag{14.4.9}$$

其又可以表示为

$$L = \mu_0 \frac{(nl)^2 S}{l} = \mu_0 n^2 V, \qquad (14.4.10)$$

其中 n 为螺线管线圈单位长度的匝数，V 为螺线管的体积．一般情况下，线圈的体积不会很大，为了制作自感系数比较大的螺线管，就需要增加线圈的线密度，即便如此，一般的线圈自感系数也并不大．

把两个线圈靠近，如图 14-25 所示，当线圈 1 通电流 I_1 时，其产生的磁场 $\vec{B}_1$ 穿过线圈 2．当 I_1 发生变化时，$\vec{B}_1$ 同时发生变化，从而引起线圈 2 中的磁通量发生变化，因此，在线圈 2 中将产生感应电动势．类似地，当线圈 2 通电流 I_2 时，其产生的磁场 $\vec{B}_2$ 穿过线圈 1．当 I_2 发生变化时，$\vec{B}_2$ 同时发生变化，从而引起线圈 1 中的磁通量发生变化，因此，在线圈 1 中将产生感应电动势．这种电磁感应现象称为**互感现象**，所产生的感应电动势称为**互感电动势**．

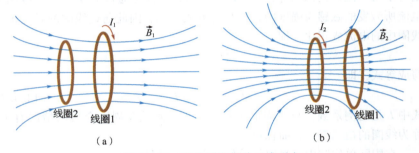

图 14-25 两线圈之间的互感现象

类似引入自感系数 L，现在引入**互感系数** M．线圈 1 的电流 I_1 激发的磁场在线圈 2 中产生的磁链与电流 I_1 成正比，即

$$\Psi_{21} = M_{21} I_1. \qquad (14.4.11)$$

同理，线圈 2 的电流 I_2 激发的磁场在线圈 1 中产生的磁链与电流 I_2 成正比，即

$$\Psi_{12} = M_{12} I_2. \qquad (14.4.12)$$

比例系数 M_{21} 称为线圈 1 对线圈 2 的互感系数，M_{12} 称为线圈 2 对线圈 1 的互感系数．理论上可以证明 M_{21} 与 M_{12} 总是相等的，即

$$M_{21} = M_{12} = M. \qquad (14.4.13)$$

当电流 I_1 发生变化时，在线圈 2 中激发的感应电动势为

$$\varepsilon_{21} = -\frac{\Psi_{21}}{dt} = -M\frac{dI_1}{dt} - I_1\frac{dM}{dt}. \qquad (14.4.14)$$

当电流 I_2 发生变化时，在线圈 1 中激发的感应电动势为

$$\varepsilon_{12} = -\frac{\Psi_{12}}{dt} = -M\frac{dI_2}{dt} - I_2\frac{dM}{dt}. \qquad (14.4.15)$$

当 M 不随时间变化时，有

$$\varepsilon_{21} = -M\frac{dI_1}{dt}, \quad \varepsilon_{12} = -M\frac{dI_2}{dt}. \qquad (14.4.16)$$

　　将两个密绕线圈邻近放置，使它们发生互感应，其中线圈 1 有 N_1 匝，线圈 2 有 N_2 匝．一般情况下，回路 1 的磁场通过自身回路的磁通量与它通过回路 2 的磁通量是不相等的，通常有

$$\Phi_{21} \leqslant \Phi_1. \tag{14.4.17}$$

令

$$\Phi_{21} = k_1 \Phi_1, \quad k_1 \leqslant 1, \tag{14.4.18}$$

同理有

$$\Phi_{12} = k_2 \Phi_2, \quad k_2 \leqslant 1, \tag{14.4.19}$$

其中 k_1、k_2 为比例系数．

　　由于两个线圈都是密绕的，则磁链可写成

$$\Psi_{21} = N_2 \Phi_{21} = N_2 k_1 \Phi_1, \tag{14.4.20}$$

$$\Psi_{12} = N_1 \Phi_{12} = N_1 k_2 \Phi_2. \tag{14.4.21}$$

因此，互感系数满足关系

$$M_{21} = \frac{N_2 k_1 \Phi_1}{I_1}, \quad M_{12} = \frac{N_1 k_2 \Phi_2}{I_2}, \tag{14.4.22}$$

从而

$$M_{12} M_{21} = M^2 = \frac{N_2 k_1 \Phi_1 N_1 k_2 \Phi_2}{I_1 I_2}. \tag{14.4.23}$$

而根据自感关系，有

$$\Psi_1 = N_1 \Phi_1 = L_1 I_1, \quad \Psi_2 = N_2 \Phi_2 = L_2 I_2, \tag{14.4.24}$$

将上式代入（14.4.23），得

$$M^2 = k_1 k_2 L_1 L_2. \tag{14.4.25}$$

因此，互感系数和自感系数之间满足关系

$$M = \sqrt{k_1 k_2} \cdot \sqrt{L_1 L_2} = k \sqrt{L_1 L_2}, \tag{14.4.26}$$

其中

$$k = \sqrt{k_1 k_2}, \tag{14.4.27}$$

称为线圈 1 和线圈 2 的**耦合系数**．

　　若两个线圈紧密缠绕在一起，穿过线圈 1 的磁链全部穿过线圈 2，反之亦然，则

$$k = 1, \quad M = \sqrt{L_1 L_2}. \tag{14.4.28}$$

　　在一般情况下，由于存在漏磁，因此有

$$k < 1, \quad M < \sqrt{L_1 L_2}. \tag{14.4.29}$$

　　由此可见，两个线圈的互感系数 M 与各自的自感系数 L_1、L_2 密切相关，但又不完全取决于后者．如果两个线圈中每个线圈产生的磁通量对每匝来说都相等，并且全部穿过另一个线圈中的每匝，此种情况称为**无漏磁**，$k = 1$．在无漏磁的情况下，两个线圈的互感系数 M 仅由各自的自感系数 L_1 和 L_2 确定．实际上，使两个线圈密绕并缠在一起就能很好地实现无漏磁．

例 14-5 如图 14-26 所示，两个圆环同心且在同一平面上. 较小的圆环半径为 r_1，较大的圆环半径为 r_2，且 $r_1 \ll r_2$. 设小圆环中有随时间变化的电流 $I = kt$，k 是一个正的常数. 求较大圆环中的感应电动势.

解 小圆环中电流在大圆环中产生的磁通量为

$$\Phi_{21} = MI. \qquad (14.4.30)$$

假设大圆环上有电流 I_2 流过，则其在小圆环中产生的磁通量为

$$\Phi_{12} = MI_2. \qquad (14.4.31)$$

大圆环在其小圆环中心产生的磁场为

$$B_1 = \frac{\mu_0 I_2}{2r_2}. \qquad (14.4.32)$$

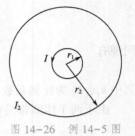

图 14-26 例 14-5 图

考虑到小圆环半径远小于大圆环半径，可以认为大圆环上的电流在小圆环中产生的磁通量为

$$\Phi_{12} = B_1 \pi r_1^2. \qquad (14.4.33)$$

因此可以得到互感系数为

$$M = \frac{\Phi_{12}}{I_2} = \frac{\mu_0 \pi r_1^2}{2r_2}. \qquad (14.4.34)$$

最后可以得到较大圆环中的感应电动势为

$$\varepsilon_{21} = -M \frac{dI}{dt} = -\frac{\mu_0 \pi r_1^2}{2r_2} \cdot k. \qquad (14.4.35)$$

例 14-6 如图 14-27 所示，一长直导线载有电流 I，旁边有一与它共面的矩形线框，线框的长边与直导线平行，矩形线框的边长分别为 a、b.（1）保持电流大小不变，线框以速度 $\vec{v}$ 向右运动，求线框位于距长直导线 x_0 处的感应电动势；（2）若在线框运动过程中电流发生变化，且 $\frac{dI}{dt} > 0$，求这种情况下线框位于距长直导线 x_0 处的感应电动势.

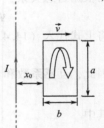

图 14-27 例 14-6 图

解 （1）线框运动时产生的感应电动势为

$$\varepsilon = \oint_L (\vec{v} \times \vec{B}) \cdot d\vec{l} = \int_{l_1} vBdl - \int_{l_2} vBdl = \frac{\mu_0 Iav}{2\pi} \left(\frac{1}{x_0} - \frac{1}{x_0 + b} \right), \qquad (14.4.36)$$

其方向为顺时针方向.

（2）穿过线框的磁通量为

$$\Phi = \int_{x_0}^{x_0+b} \frac{\mu_0 I}{2\pi x} a dx = \frac{\mu_0 Ia}{2\pi} \ln \frac{x+b}{x}, \qquad (14.4.37)$$

其中 x 是线框到长直导线的距离. 若线框运动的同时，电流也发生变化，则线框位于距长直导线 x_0 处时，线框中的感应电动势为

$$\varepsilon = -\frac{d\Phi(I,x)}{dt} \bigg|_{x=x_0} = -\frac{\mu_0 a}{2\pi} \ln \frac{x_0+b}{x_0} \frac{dI}{dt} + \frac{\mu_0 Iav}{2\pi} \left(\frac{1}{x_0} - \frac{1}{x_0+b} \right). \qquad (14.4.38)$$

对于问题（2），我们也可以利用互感来计算，长直导线中电流在线框中产生的磁通量可以用互感系数表示为

$$\Phi = MI, \qquad (14.4.39)$$

则互感系数为

$$M = \frac{\Phi}{I} = \frac{\mu_0 a}{2\pi} \ln \frac{x+b}{x}. \tag{14.4.40}$$

注意到此时的互感系数是随时间发生变化的，因此，线框中的感应电动势为

$$\varepsilon = -\frac{\mathrm{d}}{\mathrm{d}t}(MI) = -M\frac{\mathrm{d}I}{\mathrm{d}t} - I\frac{\mathrm{d}M}{\mathrm{d}t}. \tag{14.4.41}$$

当线框位于距长直导线 x_0 处时，线框中的感应电动势为

$$\varepsilon = -\frac{\mu_0 a}{2\pi} \ln \frac{x_0+b}{x_0} \frac{\mathrm{d}I}{\mathrm{d}t} + \frac{\mu_0 I a v}{2\pi} \left(\frac{1}{x_0} - \frac{1}{x_0+b} \right). \tag{14.4.42}$$

　　对比例题 14-4，我们可以看出，线框运动的同时电流也发生变化的情况，可视为电流不变、线框运动与线框不动、电流变化两种情况的合成.

例 14-7　如图 14-28 所示，磁控管构件由很薄的金属片弯成一半径为 r 的空心长圆柱和两块相距为 d、边长为 l 的正方形平行板构成，且满足条件 $r \ll l$、$d \ll l$，此构件总电阻为 R，电流 I 的方向如图所示.（1）计算此构件的自感系数.（2）若通以变化电流 $I = I_0 - kt$，则 $t = 0$ 时右侧两端边缘间的电势差是否为 $I_0 R$？为什么？

解　（1）考虑到 $r \ll l$，金属片通以电流 I 时，在中空圆柱内产生一沿轴向向外的均匀磁场

$$B_1 = \mu_0 \alpha = \mu_0 \frac{I}{l}, \tag{14.4.43}$$

在平行板之间产生一沿同一方向的均匀磁场

$$B_2 = \frac{\mu_0 \alpha}{2} + \frac{\mu_0 \alpha}{2} = \mu_0 \frac{I}{l}, \tag{14.4.44}$$

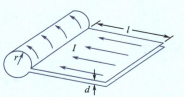

图 14-28　例 14-7 图

因此，通过磁控管构件的总磁通量为

$$\Phi_m = \mu_0 \frac{I}{l} \pi r^2 + \mu_0 \frac{I}{l} l d = \frac{\mu_0}{l}(\pi r^2 + ld)I. \tag{14.4.45}$$

根据磁通量与自感系数之间的关系 $\Phi_m = LI$，可以得到自感系数为

$$L = \frac{\mu_0}{l}(\pi r^2 + ld). \tag{14.4.46}$$

　　（2）当电流 $I = I_0 - kt$ 时，磁控管构件内产生的感应电动势为

$$\varepsilon = -L\frac{\mathrm{d}I}{\mathrm{d}t} = \frac{\mu_0}{l}(\pi r^2 + ld)k. \tag{14.4.47}$$

若 $k > 0$，则 ε 的方向与电流 I 的方向相同；若上下两端的电势差为 $u_1 - u_2$，则有

$$(u_1 - u_2) + \varepsilon = IR, \tag{14.4.48}$$

因此可得

$$u_1 - u_2 = -\frac{\mu_0}{l}(\pi r^2 + ld)k + (I_0 - kt)R. \tag{14.4.49}$$

当 $t = 0$ 时，该电势差为

$$u_1 - u_2 = I_0 R - \frac{\mu_0}{l}(\pi r^2 + ld)k. \tag{14.4.50}$$

电势差并不是 $I_0 R$，这是因为电流在变化，电路上存在感应电动势.

例 14-8 一均匀磁场被限制在半径为 R 的无限长圆柱面内，设磁场随时间的变化率 $\dfrac{\mathrm{d}B}{\mathrm{d}t}$ 为一常量 $(\dfrac{\mathrm{d}B}{\mathrm{d}t}>0)$．现有两个回路 L_1、L_2，如图 14-29（a）所示，圆 L_1 的半径为 r，扇形 L_2 的两个弧的半径为 r_1、r_2．设 L_1、L_2 为材料均匀、粗细均匀的导线．问：L_1、L_2 回路有无感应电流？

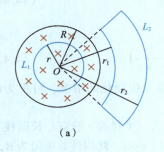
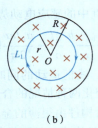
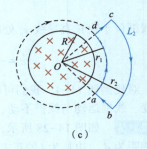

（a）　　　　　　　　　　（b）　　　　　　　　　　（c）

图 14-29　例 14-8 图

解　对于 L_1 回路，取顺时针为正方向，设 $\vec{E}_{旋}$ 与 L_1 同方向，如图 14-29（b）所示，则

$$\varepsilon_{感} = \oint_{L_1} \vec{E}_{旋} \cdot \mathrm{d}\vec{l} = \oint_{L_1} E_{旋}\,\mathrm{d}l = E_{旋}\,2\pi r, \tag{14.4.51}$$

同时有

$$\varepsilon_{感} = -\frac{\mathrm{d}\Phi}{\mathrm{d}t} = -\frac{\mathrm{d}(\pi r^2 B)}{\mathrm{d}t} = -\pi r^2 \frac{\mathrm{d}B}{\mathrm{d}t}. \tag{14.4.52}$$

对比上面两式，可得涡旋电场为

$$E_{旋} = -\frac{r}{2}\frac{\mathrm{d}B}{\mathrm{d}t}. \tag{14.4.53}$$

由于磁感应强度的变化率为正，则涡旋电场的方向为逆时针方向．设 L_1 中的总电阻为 R'，则感应电流为

$$I_{感} = \frac{\varepsilon_{感}}{R'} = -\frac{\pi r^2}{R'}\frac{\mathrm{d}B}{\mathrm{d}t} \neq 0, \tag{14.4.54}$$

因此，L_1 回路有逆时针方向的感应电流．

对于 L_2 回路，取顺时针为正方向，作半径为 r_1 的圆形回路，如图 14-29（c）所示．设 $\vec{E}_{旋}$ 的方向与圆形回路的绕行方向相同，则

$$\oint_{(r_1圆)} \vec{E}_{旋} \cdot \mathrm{d}\vec{l} = \oint_{(r_1圆)} E_{旋}\,\mathrm{d}l = E_{旋}\,2\pi r_1. \tag{14.4.55}$$

同样，根据法拉第电磁感应定律，在该圆形回路上应该满足关系

$$E_{旋}\,2\pi r_1 = -\frac{\mathrm{d}\Phi}{\mathrm{d}t} = -\frac{\mathrm{d}}{\mathrm{d}t}(\pi R^2 B) = -\pi R^2 \frac{\mathrm{d}B}{\mathrm{d}t}. \tag{14.4.56}$$

因此，在半径为 r_1 的圆形回路上的涡旋电场为

$$(E_{旋})_{r_1} = -\frac{R^2}{2r_1}\frac{\mathrm{d}B}{\mathrm{d}t}, \tag{14.4.57}$$

其方向为逆时针方向．

ad 段的感应电动势为

$$\varepsilon_{ad} = \int_a^d (\vec{E}_{\text{旋}})_{r_1} \cdot \mathrm{d}\vec{l} = \int_a^d (E_{\text{旋}})_{r_1} \mathrm{d}l = (E_{\text{旋}})_{r_1} \widehat{da} = \frac{R^2}{2r_1} \frac{\mathrm{d}B}{\mathrm{d}t} \widehat{da}, \quad (14.4.58)$$

同理可得 cb 段的感应电动势为

$$\varepsilon_{cb} = \frac{R^2}{2r_2} \frac{\mathrm{d}B}{\mathrm{d}t} \widehat{bc}. \quad (14.4.59)$$

在 ba、dc 两段上，涡旋电场 $\vec{E}_{\text{旋}}$ 与线元 $\mathrm{d}\vec{l}$ 垂直，因此，这两段上的感应电动势为 0，即有

$$\varepsilon_{ba} = 0, \ \varepsilon_{dc} = 0. \quad (14.4.60)$$

对于整个 L_2 回路，感应电动势为

$$\varepsilon = \varepsilon_{ad} + \varepsilon_{dc} + \varepsilon_{cb} + \varepsilon_{ba} = \frac{R^2}{2r_1} \frac{\mathrm{d}B}{\mathrm{d}t} \widehat{da} - \frac{R^2}{2r_2} \frac{\mathrm{d}B}{\mathrm{d}t} \widehat{cb}, \quad (14.4.61)$$

注意到关系

$$\widehat{da} = r_1 \theta, \widehat{cb} = r_2 \theta, \quad (14.4.62)$$

代入式（14.4.61）中，可知 L_2 回路上的感应电动势为 0，即

$$\varepsilon = 0. \quad (14.4.63)$$

因此，L_2 回路无感应电流.

14.5 暂态过程

　　LCR 暂态过程是在包含电感器（L）、电容器（C）和电阻（R）的电路中，当电路状态从一种稳态转变为另一种稳态时所经历的过渡过程. 这种暂态过程通常在电路发生突变时产生，如在开关操作、电源突然接入或断开、或初始条件发生变化的情况下. 由于电感器和电容器具有能量存储的特性，电感器以磁场的形式存储能量，而电容器以电场的形式存储能量. 当电路状态改变时，这些元件需要时间来调整其存储的能量. 这种调整的过程会在电路中引发特定的电压和电流行为，称为暂态响应.

　　暂态过程决定了电路如何从一种状态过渡到另一种状态，涉及电压和电流的剧烈变化. 理解和分析这些变化对于设计稳定、可靠的电子系统至关重要. 暂态过程往往伴随快速的电流和电压变化，这可能对电路中的元件施加过大的应力，甚至导致损坏. 通过研究暂态过程，工程师可以设计适当的保护措施来防止系统损坏，确保其安全性和可靠性. 此外，暂态过程的分析能够帮助优化电路性能，特别是在开关电源、通信系统和信号处理器等应用中，系统的响应速度、稳定性和精度与暂态过程密切相关. 通过研究暂态过程，工程师能够设计出快速达到稳态且无振荡或过度响应的电路系统. 理解暂态过程还可以识别和预防系统中的不稳定性，如振荡或谐波失真，从而确保系统在突变条件下能够正常工作. 在复杂系统的设计和测试中，暂态分析比稳态分析提供了更多关于系统在各种实际操作条件下瞬时行为的信息，可帮助提高设计的针对性和准确性. 尤其是在电路的启动和关断过程中，暂态特性决定了启动时间和电流峰值，对电机、电力系统

和其他设备的性能有直接影响. 通过深入研究暂态过程, 工程师可以优化这些特性, 避免共振和其他有害效应, 从而设计出更为高效和稳定的系统.

LCR 暂态过程可以细分为 LR、CR、LC 及 LCR 等几种基本的暂态过程. CR 过程在第 11 章中已经讨论过, 这里分析其他的几种暂态过程.

LR 电路是由电感器（L）和电阻（R）串联组成的电路. 电感器在电流变化时会产生反向电动势, 抵抗电流的变化, 使电流变化不是瞬时的, 而需要一定时间才能稳定下来.

如图 14-30 所示, 将开关 S 接通 1 时, 电源会接入电路. 当电路中电流为 I 时, 电路中电源电动势 ε 和电感器上的自感电动势 ε_L 满足关系

$$\varepsilon + \varepsilon_L = RI, \qquad (14.5.1)$$

自感电动势为

$$\varepsilon_L = - L \frac{dI}{dt}, \qquad (14.5.2)$$

代入式（14.5.1）得

$$\varepsilon - L \frac{dI}{dt} - IR = 0, \qquad (14.5.3)$$

重新整理上式后得

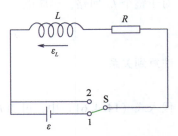

图 14-30　LR 电路接入电源

$$\frac{dI}{dt} + \frac{R}{L}I - \frac{\varepsilon}{L} = 0. \qquad (14.5.4)$$

这是一个关于电流 I 的非齐次线性微分方程, 其解为该方程的特解和对应的齐次方程的通解之和. 我们容易找到该方程的一个特解为

$$I_1 = \frac{\varepsilon}{R}, \qquad (14.5.5)$$

方程（14.5.4）对应的齐次方程为

$$\frac{dI}{dt} + \frac{R}{L}I = 0, \qquad (14.5.6)$$

其通解为

$$I_2 = I_0 e^{-\frac{R}{L}t}, \qquad (14.5.7)$$

其中 I_0 为积分常数. 因此, 方程（14.5.4）的解可写成

$$I = \frac{\varepsilon}{R} + I_0 e^{-\frac{R}{L}t}. \qquad (14.5.8)$$

初始时, $t = 0$, 电路中的电流为零, 我们可以得到积分常数为

$$I_0 = - \frac{\varepsilon}{R}. \qquad (14.5.9)$$

因此, 方程（14.5.4）的解为

$$I = \frac{\varepsilon}{R}(1 - e^{-\frac{R}{L}t}). \qquad (14.5.10)$$

方程（14.5.4）也可以直接用积分的方式求解, 我们将其重写为

$$\frac{dI}{I - \frac{\varepsilon}{R}} = - \frac{R}{L}dt, \qquad (14.5.11)$$

对上式等号两边积分, 初始时电流 $I = 0$, 则

$$\int_0^I \frac{\mathrm{d}I}{I - \frac{\varepsilon}{R}} = -\int_0^t \frac{R}{L}\mathrm{d}t, \tag{14.5.12}$$

积分后即可得到式 (14.5.10). 定义时间常数为

$$\tau = \frac{L}{R}, \tag{14.5.13}$$

将其代入式 (14.5.10) 得

$$I = \frac{\varepsilon}{R}(1 - \mathrm{e}^{-\frac{t}{\tau}}). \tag{14.5.14}$$

这个解表明, 在 $t = 0$ 时, 电流 $I = 0$, 如图 14-31 所示, 随后电流 I 随时间逐渐增加, 最终达到稳态, 增长过程呈现指数增长的态势. 时间常数 τ 决定了电流 I 变化的快慢, 时间常数越大, 电流 I 达到稳态所需的时间就越长. 电流 I 一开始很小的原因是电感器在电流变化时产生了反向电动势, 从而抵抗了电流的变化. 但随着时间的推移, 电感器的影响逐渐减弱, 最后当电流 I 达到稳态时, 电感器不再对电流 I 产生影响, 电流 I 仅由电阻决定, 遵循欧姆定律 $I = \frac{\varepsilon}{R}$. 即当时间 $t \gg \tau$ 时, 电流可视为

$$I = \frac{\varepsilon}{R}. \tag{14.5.15}$$

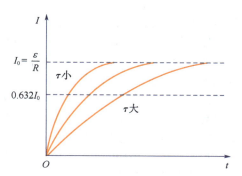

图 14-31 *LR* 电路接入电源时电流随时间的变化

下面讨论 *LR* 电路的放电过程. 如图 14-32 所示, 先将 *LR* 电路中的开关拨到 1 端, 待系统稳定后再将开关拨到 2 端.

开关拨到 2 端后, 电路满足方程

$$L\frac{\mathrm{d}I}{\mathrm{d}t} + IR = 0, \tag{14.5.16}$$

上式可重写为

$$\frac{\mathrm{d}I}{\mathrm{d}t} + \frac{R}{L}I = 0. \tag{14.5.17}$$

这正是前一种情况电流满足的方程所对应的齐次方程, 其通解为式 (14.5.7). 由

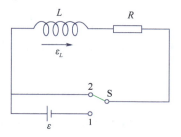

图 14-32 *LR* 电路不接入电源

于电感器的存在，初始时（$t = 0$），电路中的电流不会发生突变，仍是原电流，即 $I(t = 0) = \dfrac{\varepsilon}{R}$，代入式（14.5.7），得到积分常数为

$$I_0 = \frac{\varepsilon}{R}, \tag{14.5.18}$$

因此，式（14.5.17）的解为

$$I = \frac{\varepsilon}{R} e^{-\frac{t}{\tau}}. \tag{14.5.19}$$

如图 14-33 所示，在这个过程中电流呈现指数衰减，当时间足够长时，电路中的电流为零. 变化的快慢同样由时间常数 τ 决定.

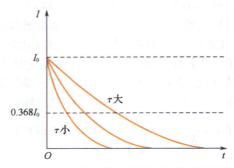

图 14-33　LR 电路不接电源时电流随时间的变化

当 LR 电路断开电源直接连接时，电流以指数形式衰减. 这是因为电感器会抵抗电流的突然变化，导致电流缓慢地变化. 电感器抗拒电流变化的特性使电流变化更加平滑，避免了突变. LR 电路的这些特点使其在需要控制电流变化速度或平滑电流过渡的应用中非常重要.

LCR 电路由电感器（L）、电容器（C）和电阻器（R）串联组成，其特点在于它能表现出复杂的动态行为，包括振荡、衰减和稳态响应的多样性. 当施加外部电压时，电路中的电流和电压不会立即稳定，而是经历一个暂态过程，这个过程的特性取决于电感器、电阻和电容器的参数.

如图 14-34 所示，将开关 S 拨到 1 端，接通电源，此时电路满足方程

$$\varepsilon + \varepsilon_L = \frac{q}{C} + RI, \tag{14.5.20}$$

该式可重写为

$$L \frac{dI}{dt} + \frac{q}{C} + RI = \varepsilon. \tag{14.5.21}$$

上式存在两个变量，电流 I 和电荷 q，这两个变量间存在关系

$$I = \frac{dq}{dt}. \tag{14.5.22}$$

将式（14.5.22）代入式（14.5.21），可得到关于电荷的方程

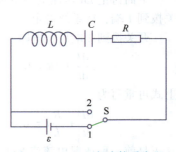

图 14-34　LCR 电路接通电源

$$L\frac{\mathrm{d}^2 q}{\mathrm{d}t^2} + \frac{q}{C} + R\frac{\mathrm{d}q}{\mathrm{d}t} = \varepsilon,　\quad (14.5.23)$$

整理后得到

$$\frac{\mathrm{d}^2 q}{\mathrm{d}t^2} + \frac{R}{L}\frac{\mathrm{d}q}{\mathrm{d}t} + \frac{1}{LC}q = \frac{\varepsilon}{L}.　\quad (14.5.24)$$

当把开关拨到 2 端时，电路满足方程

$$\frac{\mathrm{d}^2 q}{\mathrm{d}t^2} + \frac{R}{L}\frac{\mathrm{d}q}{\mathrm{d}t} + \frac{1}{LC}q = 0,　\quad (14.5.25)$$

这对应放电过程. 对比第 7 章中讨论过的阻尼振动方程

$$\frac{\mathrm{d}^2 x}{\mathrm{d}t^2} + 2\beta\frac{\mathrm{d}x}{\mathrm{d}t} + \omega_0^2 x = 0,　\quad (14.5.26)$$

我们可以看到方程 （14.5.25） 和方程 （14.5.26） 在数学形式上是类似的. 对应可以有阻尼系数

$$\beta = \frac{R}{2L},　\quad (14.5.27)$$

以及固有角频率

$$\omega_0 = \frac{1}{\sqrt{LC}}.　\quad (14.5.28)$$

我们可以看到，在 LCR 电路中电阻起到阻尼作用，而固有角频率是由电感器和电容器共同决定的. 在 LCR 电路中会出现"振动"，这种"振动"对应聚集在电容器极板上的电荷的振荡变化. 进一步，它又表现为电路中电流的振荡变化. 振荡的固有角频率为 ω_0. 在阻尼振动中会有 3 种不同的振动模式，即过阻尼、临界阻尼和欠阻尼模式，这些模式由 β 和 ω_0 的关系决定. 当 $\beta^2 > \omega_0^2$ 时，为过阻尼模式；当 $\beta^2 = \omega_0^2$ 时，为临界阻尼模式；当 $\beta^2 < \omega_0^2$ 时，为欠阻尼模式. 相应地，我们可以定义阻尼度

$$\lambda = \frac{R}{2}\sqrt{\frac{C}{L}},　\quad (14.5.29)$$

$\lambda > 1$ 对应过阻尼模式，$\lambda = 1$ 对应临界阻尼模式，$\lambda < 1$ 对应欠阻尼模式. 过阻尼和临界阻尼模式都表现为电容器极板上的电荷快速单调衰减的态势，而欠阻尼则是振荡衰减模式，如图 14-35 （a） 中所示.

方程 （14.5.24） 的一个特解为

$$q = \varepsilon C,　\quad (14.5.30)$$

对比 LR 电路可知对于充电过程，即开关拨到 1 端的过程，电容器极板上聚集的电荷电量将从 0 开始增长，稳定时为 εC，同样会出现过阻尼、临界阻尼和欠阻尼 3 种模式，如图 14-35 （b） 中所示. 由于电流对应于电容器极板上聚集的电荷电量的变化率，因此无论是充电过程还是放电过程，稳定时电流 I 都趋于 0.

当 LCR 电路中电阻为 0 时，将仅出现欠阻尼过程，而且不会出现衰减现象，电容器极板上聚集的电荷电量或电路中的电流将呈现无衰减的周期振荡，其角频率为 ω_0，因此，我们也将 ω_0 称为固有角频率. 相应地，振

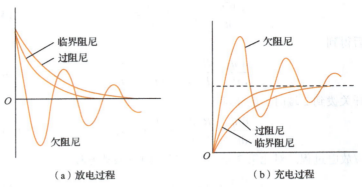

（a）放电过程　　　　　　　　（b）充电过程

图 14-35　*LCR* 电路的充放电过程

荡固有频率为

$$f_0 = \frac{1}{2\pi \sqrt{LC}},\qquad(14.5.31)$$

振荡固有周期为

$$T_0 = 2\pi \sqrt{LC}.\qquad(14.5.32)$$

　　但是当电路中电阻不为 0，且为欠阻尼模式时，振荡角频率变为

$$\omega_d = \left[\frac{1}{LC} - \left(\frac{R}{2L}\right)^2\right]^{\frac{1}{2}},\qquad(14.5.33)$$

振荡频率为

$$f = \frac{1}{2\pi}\sqrt{\frac{1}{LC} - \frac{R^2}{4L^2}},\qquad(14.5.34)$$

振荡周期为

$$T = \frac{2\pi}{\sqrt{\dfrac{1}{LC} - \dfrac{R^2}{4L^2}}}.\qquad(14.5.35)$$

　　在电路中电感器和电容器表现出不同的特性．电感器的作用是抗拒其中磁场的变化，而电容器的作用是聚集或释放电荷．在放电过程初始时，电容器处于带电状态并开始向电感器释放电荷，导致电流在电路中流动．当电流通过电感器时，电感器内产生的磁场逐渐增强，同时电容器的电荷逐渐减少，直到电容器完全放电．接下来，电感器的磁场开始衰减，产生的电流又使电容器重新充电，但电容器极板上电荷的极性与初始状态相反．这个过程会反复进行，电路中的电流和电压因此不断地在电感器和电容器之间来回转换，形成一个持续的振荡过程．电路的振荡频率是自然频率，不依赖于外部电源的驱动，而是由电感器和电容器的物理特性所决定．在理想情况下，如果没有电阻，这种振荡可以无限持续下去．然而，在实际电路中，电路中的少量电阻会逐渐消耗能量，使振荡幅度随着时间的推移逐渐衰减．这种振荡行为使 *LCR* 电路在无线电、滤波器、振荡器和其他电子设备中广泛应用，尤其在生成和处理特定频率的信号时具有重要意义．

例 14-9　一 LC 电路，电容为 $C=9.00\text{pF}$，自感系数为 $L=2.81\text{mH}$，在放电过程中初始时电容器上的电势差为 $U=12.0\text{V}$，计算该电路的振荡频率、电容器上聚集电荷电量的最大值及电路中电流的最大值.

解　振荡频率为

$$f=\frac{1}{2\pi\sqrt{LC}}=\frac{1}{2\pi\times\sqrt{2.81\times10^{-3}\times9.00\times10^{-12}}}\text{Hz}=1.00\times10^{6}\text{Hz},$$

电容器上聚集电荷电量的最大值为

$$q_{max}=CU=9.00\times10^{-12}\times12.0\text{C}=1.08\times10^{-10}\text{C},$$

电路中电流的最大值为

$$I_{max}=2\pi f q_{max}=2\pi\times10^{6}\times1.08\times10^{-10}\text{A}=6.79\times10^{-4}\text{A}.$$

由此例可以看到，我们可以很容易用 LC 电路产生频率很高的电磁振荡，但电容器上聚集的电荷电量及电路中的电流并不大.

14.6 磁场能量

对于 LR 电路，在断开电源的情况下，电路中仍有可能存在电流，并通过电阻产生热量，这些能量必须有其来源. 重新审视 LR 电路的充电过程，在其方程 $\varepsilon+\varepsilon_L=IR$ 两端乘以 $I\text{d}t$，从而可以考察电路中能量的变化，由此得到

$$\varepsilon I\text{d}t=-\varepsilon_L I\text{d}t+I^2 R\text{d}t. \tag{14.6.1}$$

将自感电动势 $\varepsilon_L=-L\dfrac{\text{d}I}{\text{d}t}$ 代入得

$$\varepsilon I\text{d}t=LI\text{d}I+I^2 R\text{d}t. \tag{14.6.2}$$

在 $t=0$ 时，电路中无电流，$I=0$，在 t 时刻，电流为 I. 对上式等号两边积分，则有

$$\int_0^t\varepsilon I\text{d}t=\int_0^I LI\text{d}I+\int_0^t I^2 R\text{d}t. \tag{14.6.3}$$

上式等号左边为电源输出的能量，等号右边第 2 项为电阻上消耗的能量，而等号右边第 1 项应该是与电感器相关的能量，我们可以猜测它是电感器中所储存的能量. 把等号右边第 1 项用 W_m 表示，则

$$W_m=\int_0^I LI\text{d}I=\frac{1}{2}LI^2, \tag{14.6.4}$$

电感器在充电前后，其中的磁场发生了变化，初始时没有磁场，充电后具有了磁场，因此，电感器中所储存的能量应该是储存在磁场中的能量.

式（14.6.4）是用自感系数和电流表示的磁场能量，下面我们用描述磁场的物理量来表示磁场能量. 以线密度为 n 的长直密绕螺线管为例，电流为 I 时，螺线管内磁场的磁感应强度为

$$B=\mu_0 nI=\mu_0\frac{N}{l}I, \tag{14.6.5}$$

式中 N 为线圈的总线圈匝数，l 为螺线管的长度. 螺线管的磁链为

$$\Psi = NBS = \mu_0 \left(\frac{N}{l}\right)^2 ISl = \mu_0 n^2 IV. \qquad (14.6.6)$$

式中 $V = Sl$ 为长直密绕螺线管内空间的体积，由式（14.4.3）可知

$$\Psi = LI, \qquad (14.6.7)$$

因此，自感系数为

$$L = \mu_0 n^2 V. \qquad (14.6.8)$$

将其代入式（14.6.4）中，得到螺线管内的磁场的能量为

$$W_m = \frac{1}{2} LI^2 = \frac{1}{2} \mu_0 n^2 V \frac{B^2}{\mu_0^2 n^2} = \frac{1}{2\mu_0} B^2 V, \qquad (14.6.9)$$

从而磁场的能量密度为

$$w_m = \frac{W_m}{V} = \frac{1}{2\mu_0} B^2. \qquad (14.6.10)$$

考虑到真空中磁感应强度和磁场强度的关系 $\vec{B} = \mu_0 \vec{H}$，磁场的能量密度又可以写成

$$w_m = \frac{1}{2} BH, \qquad (14.6.11)$$

上述磁场能量密度的表达式是从长直密绕螺线管的特例得到的。可以证明，在一般情况下，磁场能量密度的表达式可以写成

$$w_m = \frac{1}{2} \vec{B} \cdot \vec{H}, \qquad (14.6.12)$$

磁场的能量为

$$W_m = \iiint_V w_m \, dV. \qquad (14.6.13)$$

14.7 麦克斯韦方程组

延伸阅读

麦克斯韦方程组的出现是 19 世纪物理学发展的一个重要里程碑，它标志着电磁理论的系统化和统一化. 从 18 世纪到 19 世纪，库仑定律、毕奥-萨伐尔定律、法拉第电磁感应定律等规律相继建立，不仅表明电磁现象各个局部的规律已经建立，而且表明对电磁现象的研究已经从静止、稳恒的情况扩展到运动、变化的情况. 这些规律独立存在，彼此之间的联系尚未完全被理解.

麦克斯韦（J. C. Maxwell）在 19 世纪中叶通过对前人研究的深入思考和探索，建立了一套完备的电磁场方程组，将电场和磁场的行为统一在一个理论框架内，并且预测了电磁波的存在，这一预测后来被赫兹（H. Hertz）的实验所证实.

位移电流

考虑图 14-36 所示的电路，其中电流 I 为稳恒电流，不随时间发生变化，任取一个闭合回路 L，导线穿过闭合回路 L 所包围的任意曲面，由安培环路定理可得

$$\oint_L \vec{B} \cdot \mathrm{d}\vec{l} = \mu_0 I = \mu_0 \iint_S \vec{J}_c \cdot \mathrm{d}\vec{S}, \qquad (14.7.1)$$

其中 $\vec{J}_c$ 为传导电流密度. 如图 14-36 所示, 取闭合回路所包围的两个曲面 S_1 和 S_2, 对这两个曲面, 式 (14.7.1) 皆成立. 若将曲面 S_1 和 S_2 合起来构成一个闭合曲面 S, $S = S_1 + S_2$, 则传导电流密度对闭合曲面 S 的面积分为

$$\oiint_S \vec{J}_c \cdot \mathrm{d}\vec{S} = 0. \qquad (14.7.2)$$

上式为电流的连续性方程, 即流入闭合曲面 S 的电流将全部流出该闭合曲面.

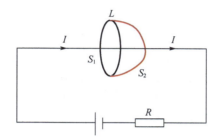

图 14-36 稳恒电流情况下的安培环路定理

考虑一个充电过程, 如图 14-37 所示, 取一个闭合回路 L, 并取闭合回路所包围的两个曲面 S_1 和 S_2, 导线穿过曲面 S_1, 曲面 S_2 的一部分位于电容器两极板之间, 在充电的这个暂态过程中, 导线中有传导电流, 电容器两极板之间没有传导电流, 但电容器两极板上的电荷电量随时间增加, 因此, 电容器极板之间存在一个变化的电场.

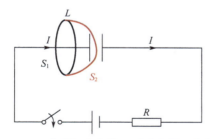

图 14-37 非稳恒电流情况下的安培环路定理

对于闭合回路 L 所包围的曲面 S_1, 根据安培环路定理可得

$$\oint_L \vec{B} \cdot \mathrm{d}\vec{l} = \mu_0 \iint_{S_1} \vec{J}_c \cdot \mathrm{d}\vec{S} = \mu_0 I. \qquad (14.7.3)$$

对于闭合回路 L 所包围的曲面 S_2, 由于其中并没有传导电流流过, 则根据安培环路定理可得

$$\oint_L \vec{B} \cdot \mathrm{d}\vec{l} = \mu_0 \iint_{S_2} \vec{J}_c \cdot \mathrm{d}\vec{S} = 0. \qquad (14.7.4)$$

对于闭合回路 L 所包围的两个不同的曲面, 得到了两个不同的结果, 这两个结果相互矛盾. 因此, 安培环路定理在非稳恒电流情况下不成立, 需要对其进行修改.

由于电容器中没有传导电流,因此电路中的传导电流不满足连续性方程 (14.7.2). 将曲面 S_1 和 S_2 合起来构成一个闭合曲面 S, $S = S_1 + S_2$, 由电荷守恒定律, 有

$$- \oiint_S \vec{J}_c \cdot \mathrm{d}\vec{S} = \frac{\mathrm{d}q}{\mathrm{d}t}, \tag{14.7.5}$$

即单位时间内流入闭合曲面 S 的电荷电量等于单位时间内闭合曲面 S 内电荷电量的增加量, 而单位时间内闭合曲面 S 内电荷电量的增加量正是电容器极板上单位时间内聚集的电荷电量的增加量. 假设高斯定理在非稳恒情况下也成立, 则有

$$\oiint_S \vec{D} \cdot \mathrm{d}\vec{S} = q. \tag{14.7.6}$$

在上式等号两边对时间求导, 得

$$\frac{\mathrm{d}q}{\mathrm{d}t} = \frac{\mathrm{d}}{\mathrm{d}t} \oiint_S \vec{D} \cdot \mathrm{d}\vec{S} = \oiint_S \frac{\partial \vec{D}}{\partial t} \cdot \mathrm{d}\vec{S}. \tag{14.7.7}$$

将上式代入式(14.7.5), 得

$$- \oiint_S \vec{J}_c \cdot \mathrm{d}\vec{S} = \oiint_S \frac{\partial \vec{D}}{\partial t} \cdot \mathrm{d}\vec{S}. \tag{14.7.8}$$

上式等号左边是流入闭合曲面 S 的传导电流, 如果把等号右边视为流出闭合曲面 S 的某种电流, 则电流连续. 麦克斯韦提出了位移电流的假设, 定义穿过闭合曲面 S 的位移电流为

$$I_d = \int_S \vec{J}_d \cdot \mathrm{d}\vec{S} = \int_S \frac{\partial \vec{D}}{\partial t} \cdot \mathrm{d}\vec{S}, \tag{14.7.9}$$

其中 $\vec{J}_d = \dfrac{\partial \vec{D}}{\partial t}$, 称为位移电流密度.

把式(14.7.8)改写成

$$\oiint_S \left(\vec{J}_c + \frac{\partial \vec{D}}{\partial t} \right) \cdot \mathrm{d}\vec{S} = 0, \tag{14.7.10}$$

由上式, 电流密度可写成

$$\vec{J} = \vec{J}_c + \vec{J}_d,$$

则式(14.7.10)可写成与式(14.7.2)相同的形式, 依然满足电流的连续性方程. 流入闭合曲面 S 的电流为传导电流, 流出该闭合曲面的电流为位移电流. 流入闭合曲面 S 的传导电流等于流出该闭合曲面的位移电流. 在图 14-37 所示的充电过程中, 电路中传导电流中断处被位移电流所接替, 单就一种电流而言是不连续的, 但两种电流之和成为连续的闭合电流.

位移电流并不是实际的电荷移动, 它取决于随时间变化的电场, 等于电位移矢量的时间变化率.

另外, 电荷在真空中的运动所对应的电流称为运流电流, 麦克斯韦在引入位移电流的假设之后, 又提出了全电流的概念, 在普遍情况下, 通过任一曲面的电流应包括传导电流、运流电流和位移电流, 它们的代数和称为全电流, 全电流在空间永远是连续的闭合电流. 因此, 安培环路定理可修改为

$$\oint_L \vec{B} \cdot d\vec{l} = \mu_0 (I_c + I_d + I_m), \tag{14.7.11}$$

其中 I_c 为穿过 L 所包围曲面的传导电流，I_d 为穿过 L 所包围曲面的位移电流，I_m 为穿过 L 所包围曲面的运流电流．

对于各向同性线性介质，$\vec{B} = \mu \vec{H}$，则有

$$\oint_L \vec{H} \cdot d\vec{l} = I_c + I_d + I_m. \tag{14.7.12}$$

式（14.7.11）、式（14.7.12）称为 修改了的安培环路定理．

在上面讨论的充电过程中，对闭合回路 L 所包围的曲面 S_1，有

$$\oint_L \vec{B} \cdot d\vec{l} = \mu_0 I_c. \tag{14.7.13}$$

对闭合回路 L 所包围的曲面 S_2，有

$$\oint_L \vec{B} \cdot d\vec{l} = \mu_0 I_d. \tag{14.7.14}$$

传导电流 I_c 和位移电流 I_d 之和成为连续的闭合电流，满足连续性方程．式（14.7.13）和式（14.7.14）的积分结果相同，不会出现矛盾．

位移电流的引入不仅修正了安培环路定理，还带来了重要的物理预测．麦克斯韦意识到，这种新的电流形式意味着变化的电场可以产生涡旋状的磁场．结合法拉第电磁感应定律，这意味着电场和磁场可以相互产生，这一推论直接导致预测了电磁波的存在．

例 14-10 一平行板电容器的两极板都是半径为 $5.0\,\text{cm}$ 的圆导体板．假设充电后电荷在极板上均匀分布，两极板间电场强度随时间的变化率为 $\dfrac{dE}{dt} = 2.0 \times 10^{13}\,\text{V}/(\text{m} \cdot \text{s})$．计算两极板间的位移电流、两极板间磁感应强度的分布和极板边缘处的磁感应强度．

解 两极板间的位移电流为

$$I_d = \int_S \frac{\partial \vec{D}}{\partial t} \cdot d\vec{S} = \varepsilon_0 \int_S \frac{d\vec{E}}{dt} \cdot d\vec{S} = \varepsilon_0 \frac{dE}{dt} \cdot \pi R^2, \tag{14.7.15}$$

将相应的物理量值代入得

$$I_d = 8.85 \times 10^{-12} \times 2.0 \times 10^{13} \times \pi \times 0.05^2 \,\text{A} = 1.4\,\text{A}. \tag{14.7.16}$$

磁场强度的回路积分为

$$\oint_L \vec{H} \cdot d\vec{l} = \oint_L H dl = \frac{1}{\mu_0} \oint_L B dl = \frac{1}{\mu_0} B \cdot 2\pi r, \tag{14.7.17}$$

由磁场强度回路积分和位移电流间的关系得

$$\oint_L \vec{H} \cdot d\vec{l} = \int_S \frac{\partial \vec{D}}{\partial t} \cdot d\vec{S} = \varepsilon_0 \frac{dE}{dt} \cdot \pi r^2, \tag{14.7.18}$$

因此，两极板间的磁感应强度为

$$B = \frac{\mu_0 \varepsilon_0}{2} \frac{dE}{dt} r. \tag{14.7.19}$$

在两极板边缘处 $r = R$，磁感应强度为

$$B(R) = \frac{\mu_0 \varepsilon_0}{2} \frac{\mathrm{d}E}{\mathrm{d}t} R = 5.6 \times 10^{-6} \mathrm{T}. \qquad (14.7.20)$$

结果表明，尽管电场强度随时间的变化率已经相当大，但它所激发的磁场仍然是很弱的，在实验上不易测量到.

麦克斯韦方程组

在一般情况下，空间的总电场 $\vec{E}$ 是静电场 $\vec{E}_s$ 和涡旋电场 $\vec{E}_i$ 的叠加，即

$$\vec{E} = \vec{E}_s + \vec{E}_i. \qquad (14.7.21)$$

电场强度的环流为

$$\oint_L \vec{E} \cdot \mathrm{d}\vec{l} = \oint_L (\vec{E}_s + \vec{E}_i) \cdot \mathrm{d}\vec{l} = \oint_L \vec{E}_s \cdot \mathrm{d}\vec{l} + \oint_L \vec{E}_i \cdot \mathrm{d}\vec{l}, \qquad (14.7.22)$$

由于静电场的环流为 0，而涡旋电场的环流满足法拉第电磁感应定律，因此上式可重写为

$$\oint_L \vec{E} \cdot \mathrm{d}\vec{l} = -\frac{\mathrm{d}}{\mathrm{d}t} \int_S \vec{B} \cdot \mathrm{d}\vec{S}. \qquad (14.7.23)$$

麦克斯韦将法拉第电磁感应定律加以推广，把磁通量的变化由缓变推广到迅变，使其适用于普遍情况. 他对静电场的高斯定理、磁学的高斯定理及修改了的安培环路定理加以推广，认为它们在非稳恒情况下也都成立，适用于普遍情况. 这样，麦克斯韦在涡旋电场和位移电流假设的基础上，把电磁学中最基本的实验规律概括、归纳、总结和提高到一组在一般情况下电磁场普遍满足的方程，即

$$\oint_S \vec{D} \cdot \mathrm{d}\vec{S} = \iiint_V \rho \mathrm{d}V, \qquad ①$$

$$\oint_L \vec{E} \cdot \mathrm{d}\vec{l} = -\frac{\mathrm{d}}{\mathrm{d}t} \iint_S \vec{B} \cdot \mathrm{d}\vec{S}, \qquad ②$$

$$\qquad (14.7.24)$$

$$\oint_S \vec{B} \cdot \mathrm{d}\vec{S} = 0, \qquad ③$$

$$\oint_L \vec{H} \cdot \mathrm{d}\vec{l} = \int_S \vec{j} \cdot \mathrm{d}\vec{S} + \frac{\mathrm{d}}{\mathrm{d}t} \iint_S \vec{D} \cdot \mathrm{d}\vec{S}. \qquad ④$$

这 4 个方程称为麦克斯韦方程组的积分形式.

对于各向同性的线性介质，电位移矢量与电场强度、磁感应强度与磁场强度、电流密度与电场强度之间的关系为

$$\vec{D} = \varepsilon\vec{E}, \ \vec{B} = \mu\vec{H}, \ \vec{j} = \sigma\vec{E}, \qquad (14.7.25)$$

其中 σ 为介质电导率.

利用数学中的高斯公式和斯托克斯公式，可由麦克斯韦方程组的积分形式导出麦克斯韦方程组的微分形式.

数学中的高斯公式为

$$\oint_S \vec{f} \cdot \mathrm{d}\vec{S} = \iiint_V \nabla \cdot \vec{f} \mathrm{d}V, \qquad (14.7.26)$$

根据上式，式(14.7.24)中的方程①可写成

$$\iiint\limits_{V} \nabla \cdot \vec{D} \mathrm{d}V = \iiint\limits_{V} \rho \mathrm{d}V, \tag{14.7.27}$$

由于上式对任意空间 V 都成立，因此可得

$$\nabla \cdot \vec{D} = \rho. \tag{14.7.28}$$

同理，从式(14.7.24)中的方程③可以得到

$$\nabla \cdot \vec{B} = 0. \tag{14.7.29}$$

数学中的斯托克斯公式为

$$\oint\limits_{L} \vec{f} \cdot \mathrm{d}\vec{l} = \int\limits_{S} (\nabla \times \vec{f}) \cdot \mathrm{d}\vec{S}, \tag{14.7.30}$$

根据上式，式(14.7.24)中的方程②可写成

$$\iint\limits_{S} (\nabla \times \vec{E}) \cdot \mathrm{d}\vec{S} = -\iint\limits_{S} \frac{\partial \vec{B}}{\partial t} \cdot \mathrm{d}\vec{S}. \tag{14.7.31}$$

同样，由于上式对任意曲面 S 都成立，因此可得

$$\nabla \times \vec{E} = -\frac{\partial \vec{B}}{\partial t}. \tag{14.7.32}$$

类似地，从式(14.7.24)中的方程④可以得到

$$\nabla \times \vec{H} = \vec{J} + \frac{\partial \vec{D}}{\partial t}. \tag{14.7.33}$$

这样就得到了麦克斯韦方程组的微分形式，即

$$\begin{aligned}
\nabla \cdot \vec{D} &= \rho, &\quad &① \\
\nabla \times \vec{E} &= -\frac{\partial \vec{B}}{\partial t}, &\quad &② \\
\nabla \cdot \vec{B} &= 0, &\quad &③ \\
\nabla \times \vec{H} &= \vec{J} + \frac{\partial \vec{D}}{\partial t}. &\quad &④
\end{aligned} \tag{14.7.34}$$

　　麦克斯韦方程组的微分形式能够精确地描述电场和磁场在空间中每一点的局部性质，揭示这些场的局部变化关系. 这使微分形式适合用来研究复杂几何条件下的场分布，积分形式则更注重对电场和磁场在整个区域内的整体描述，这使其在物理直观性上具有优势. 积分形式能够更容易地与物理现象直接关联，帮助我们从整体上理解电磁场的基本规律. 然而，积分形式缺乏对局部信息的描述，强调的是封闭区域内的整体行为.

　　麦克斯韦方程组的 4 个方程通过统一描述电场和磁场的行为，揭示了电磁现象的本质及其相互作用的规律. 首先，方程①描述了电场的源，表明电场的散度与空间中的电荷密度成正比，这意味着电场线从正电荷发散并收敛于负电荷，电场是发散状的，电荷是电场的源. 方程③说明了磁场的性质，指出磁感应线是闭合的，没有起点和终点，磁场是涡旋状的，在自然界中不存在磁单极.

　　方程②展示了电场和磁场之间的动态关系，揭示了变化的磁场能够在

周围空间产生电场. 方程④描述了不仅电流产生磁场, 变化的电场同样可以产生磁场. 这2个方程表明, 电场与磁场是相互关联的, 在变化中能够相互产生.

从麦克斯韦方程组可以看出变化的磁场产生电场, 所产生的电场是从无电场到有电场, 这本身就是一个变化过程. 此变化的电场产生新的磁场, 新的磁场也是从无磁场到有磁场, 这本身也是一个变化过程. 此变化的磁场又要产生新的电场……因此, 变化的磁场和变化的电场总是相互依赖、同生共存, 形成一个统一的不可分割的整体——电磁场. 当空间某些地方存在随时间变化的电荷或电流时, 它们将成为激发变化电场或变化磁场的源, 此源被称为波源, 电磁场离开波源逐步向远处传播, 在此过程中将电磁场的变化以波的方式在空间中传播开来, 形成电磁波.

例如, 随时间变化的交变电流会在其周围激发出涡旋磁场, 而该涡旋磁场本身也是变化的, 它会在邻近区域进一步激发涡旋电场. 随着这些变化的涡旋电场和涡旋磁场相互激发, 电磁场离开波源逐渐向远处传播, 如图14-38所示.

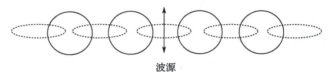

波源

图14-38 变化着的电磁场的传播

对式(14.7.34)中的方程②两边求旋度, 可得

$$\nabla \times (\nabla \times \vec{E}) = \nabla \times \left(-\frac{\partial \vec{B}}{\partial t}\right), \qquad (14.7.35)$$

上式等号左边可以写成

$$\nabla \times (\nabla \times \vec{E}) = \nabla(\nabla \cdot \vec{E}) - \nabla^2 \vec{E}, \qquad (14.7.36)$$

其中 ∇^2 称为拉普拉斯算符. 拉普拉斯算符在直角坐标系中可写为

$$\nabla^2 = \left(\frac{\partial^2}{\partial x^2} + \frac{\partial^2}{\partial y^2} + \frac{\partial^2}{\partial z^2}\right). \qquad (14.7.37)$$

对于电荷密度为零的空间, 式(14.7.34)中的方程①可以化为 $\nabla \cdot \vec{E} = 0$, 将其代入式(14.7.36), 可得

$$-\nabla^2 \vec{E} = -\frac{\partial}{\partial t}(\nabla \times \vec{B}). \qquad (14.7.38)$$

由式(14.7.25)可知, $\vec{B} = \mu \vec{H} = \mu_0 \mu_r \vec{H}$, 则上式可化为

$$-\nabla^2 \vec{E} = -\mu_0 \mu_r \frac{\partial}{\partial t}(\nabla \times \vec{H}). \qquad (14.7.39)$$

若空间内电流密度 $\vec{J} = 0$, 利用式(14.7.25)中的 $\vec{D} = \varepsilon \vec{E} = \varepsilon_0 \varepsilon_r \vec{E}$, 并利用式(14.7.34)中的方程④, 可得到

$$\frac{\partial^2 \vec{E}}{\partial t^2} = \frac{1}{\varepsilon_0 \varepsilon_r \mu_0 \mu_r} \nabla^2 \vec{E}. \qquad (14.7.40)$$

令

$$\nu = \frac{1}{\sqrt{\varepsilon_0 \varepsilon_r \mu_0 \mu_r}}, \tag{14.7.41}$$

则式(14.7.40)可重写为

$$\frac{\partial^2 \vec{E}}{\partial t^2} = \nu^2 \nabla^2 \vec{E}. \tag{14.7.42}$$

类似地,可得到磁场强度满足的方程为

$$\frac{\partial^2 \vec{H}}{\partial t^2} = \nu^2 \nabla^2 \vec{H}. \tag{14.7.43}$$

式(14.7.42)和式(14.7.43)称为电磁波的波动方程. 它们的解的一种基本形式为

$$\vec{E} = \vec{E}_0 \cos(\omega t - \vec{k} \cdot \vec{r}), \tag{14.7.44}$$

$$\vec{H} = \vec{H}_0 \cos(\omega t - \vec{k} \cdot \vec{r}), \tag{14.7.45}$$

称为电磁波的波动方程的平面波解. 其中,$\omega = 2\pi f$ 为电磁波的角频率,$\vec{k}$ 称为波矢,它与波长 λ 的关系为 $k = \dfrac{2\pi}{\lambda}$.

由式(14.7.44)可得

$$\frac{\partial^2 \vec{E}}{\partial t^2} = -\omega^2 \vec{E}_0 \cos(\omega t - \vec{k} \cdot \vec{r}), \tag{14.7.46}$$

用拉普拉斯算符作用于 $\cos(\omega t - \vec{k} \cdot \vec{r})$,得

$$\begin{aligned}
\nabla^2 \cos(\omega t - \vec{k} \cdot \vec{r}) &= \left(\frac{\partial^2}{\partial x^2} + \frac{\partial^2}{\partial y^2} + \frac{\partial^2}{\partial z^2}\right) \cos[\omega t - (k_x x + k_y y + k_z z)] \\
&= -k_x^2 \cos[\omega t - (k_x x + k_y y + k_z z)] - \\
&\quad k_y^2 \cos[\omega t - (k_x x + k_y y + k_z z)] - \\
&\quad k_z^2 \cos[\omega t - (k_x x + k_y y + k_z z)] \\
&= -(k_x^2 + k_y^2 + k_z^2) \cos[\omega t - (k_x x + k_y y + k_z z)] \\
&= -k^2 \cos(\omega t - \vec{k} \cdot \vec{r}),
\end{aligned}$$

即

$$\nabla^2 \cos(\omega t - \vec{k} \cdot \vec{r}) = -k^2 \cos(\omega t - \vec{k} \cdot \vec{r}). \tag{14.7.47}$$

于是

$$\nu^2 \nabla^2 \vec{E} = \nu^2 \vec{E}_0 \nabla^2 \cos(\omega t - \vec{k} \cdot \vec{r}) = -\nu^2 k^2 \vec{E}_0 \cos(\omega t - \vec{k} \cdot \vec{r}). \tag{14.7.48}$$

将式(14.7.46)和式(14.7.48)代入式(14.7.42)中,可得角频率、波速和波矢之间的关系为

$$\omega^2 = \nu^2 k^2. \tag{14.7.49}$$

由上式,得 $\omega = \nu k$,进一步可得 $2\pi f = \nu \dfrac{2\pi}{\lambda}$,

则

$$\nu = \lambda f. \tag{14.7.50}$$

由上式可见，ν 是电磁波的波速.

$$\nu = \frac{1}{\sqrt{\varepsilon_0 \varepsilon_r \mu_0 \mu_r}} = \frac{1}{\sqrt{\varepsilon\mu}} = \frac{c}{\sqrt{\varepsilon_r \mu_r}}.$$

对于真空，电磁波的波速为

$$c = \frac{1}{\sqrt{\varepsilon_0 \mu_0}}, \tag{14.7.51}$$

定义折射率

$$n = \sqrt{\varepsilon_r \mu_r}, \tag{14.7.52}$$

则介质中电磁波的波速和真空中电磁波的波速之间的关系为

$$\nu = \frac{c}{n}. \tag{14.7.53}$$

需要注意的是，这里的波速为相速度.

　　电磁波的发现与实验验证是物理学史上的重大事件. 这个过程可以追溯到 19 世纪初期，当时的科学家们已经熟知光是一种波动现象，但对其本质和与电磁现象的关系仍然不清楚. 麦克斯韦方程组预测了电磁波的存在，即电场和磁场可以在没有介质存在的情况下相互激发，形成电磁波，并以光速传播. 这一理论不仅解释了光的电磁波本质，还预示了其他形式的电磁波的可能性.

　　尽管麦克斯韦的理论非常完备，但在当时缺乏实验的直接验证. 直到 1888 年，德国物理学家赫兹使用火花放电装置产生高频电振荡，并通过巧妙设计的接收天线，观测到电磁波的存在和传播，验证了麦克斯韦的预测. 赫兹的实验不仅证实了电磁波的存在，还测量了电磁波的速度，结果与光速一致，从而进一步确认了光的电磁波本质.

　　电磁波和机械波虽然在传播过程中表现出一些相似的特性，但它们在传播机制和物理本质上存在根本性的区别. 二者都具有波的基本性质，如波长、频率、振幅和传播速度，且都能发生干涉、衍射、反射和折射现象. 然而，电磁波不需要介质便可在真空中传播，其本质是变化的电场和变化的磁场相互激发. 机械波则必须依赖介质，是通过介质中质元的机械振动实现的. 电磁波在真空中的传播速度是光速，而机械波的传播速度依赖介质的性质，如密度和弹性模量.

14.8 电磁波的辐射和传播

电磁场的能量密度和能流密度

　　电磁波实际上就是运动中的电磁场，它既具备与其他物质运动形态相同的普遍性，又展现出特殊性. 电磁场的运动能量可以与其他形式的能量相互转化，比如通过天线辐射的电磁波，电磁场的能量随着电磁波的传播从天线传向远方，接收器能够在空间的不同位置接收到这些能量. 然而，同一个接收器在不同的空间点上接收到的功率是不同的，这取决于它与天线的距离和方向. 这说明电磁场的能量按照一定的方式在空间中分布.

由于电磁场在运动着，电磁场能量不是固定地分布于空间中，而是随着电磁场的运动在空间中传播，因此需要引入两个物理量来描述电磁场的能量，即电磁场的能量密度和能流密度.

电磁场内任一空间点附近单位体积内的能量称为电磁场在该点处的能量密度，用 w 表示.

单位时间内流过垂直于电磁波传播方向单位面积的电磁场能量称为电磁场的能流密度，用 $\vec{S}$ 表示.

考虑空间中某区域，其体积为 V，表面积为 A，该区域内的自由电荷体密度为 ρ，电磁场对电荷的作用力密度为 $\vec{f}$，电荷的运动速度为 $\vec{v}$，则电磁场对该区域内的电荷做功的功率为

$$\iiint_V \vec{f} \cdot \vec{v}\,\mathrm{d}V, \tag{14.8.1}$$

该区域内电磁场能量的变化率为

$$\frac{\mathrm{d}}{\mathrm{d}t}\iiint_V w\,\mathrm{d}V = \iiint_V \frac{\partial w}{\partial t}\,\mathrm{d}V. \tag{14.8.2}$$

在单位时间内通过表面流入区域 V 内的电磁场能量，一方面用于对电荷做功，另一方面用于该区域内电磁场能量的增加，则有

$$-\oiint_A \vec{S} \cdot \mathrm{d}\vec{A} = \iiint_V \vec{f} \cdot \vec{v}\,\mathrm{d}V + \iiint_V \frac{\partial w}{\partial t}\,\mathrm{d}V, \tag{14.8.3}$$

上式等号左边的面元 $\mathrm{d}\vec{A}$ 的方向垂直于区域 V 的表面向外，因此，前面的负号表明这是单位时间内流入区域 V 内的电磁场能量. 利用数学中的高斯公式，可以将上式重写为

$$-\iiint_V \nabla \cdot \vec{S}\,\mathrm{d}V = \iiint_V \vec{f} \cdot \vec{v}\,\mathrm{d}V + \iiint_V \frac{\partial w}{\partial t}\,\mathrm{d}V. \tag{14.8.4}$$

由于上式对任意空间区域 V 成立，因此可得

$$-\nabla \cdot \vec{S} = \vec{f} \cdot \vec{v} + \frac{\partial w}{\partial t}. \tag{14.8.5}$$

单位体积内电荷受到的电磁场的作用力为

$$\vec{f} = \rho\vec{E} + \rho\vec{v} \times \vec{B}, \tag{14.8.6}$$

该力做功的功率密度为

$$\vec{f} \cdot \vec{v} = (\rho\vec{E} + \rho\vec{v} \times \vec{B}) \cdot \vec{v} = \vec{E} \cdot (\rho\vec{v}) = \vec{E} \cdot \vec{J}. \tag{14.8.7}$$

上式中磁场相关量消失了，这是因为磁场力总是与电荷运动速度垂直，所以不做功，只有电场力对电荷做功. 由麦克斯韦方程组(14.7.34)中的方程④，电流密度可写为

$$\vec{J} = \nabla \times \vec{H} - \frac{\partial \vec{D}}{\partial t}, \tag{14.8.8}$$

用电场强度 $\vec{E}$ 点乘上式两边，有

$$\vec{E} \cdot \vec{J} = \vec{E} \cdot (\nabla \times \vec{H}) - \vec{E} \cdot \frac{\partial \vec{D}}{\partial t}, \tag{14.8.9}$$

由数学公式

$$\nabla \cdot (\vec{E} \times \vec{H}) = \vec{H} \cdot (\nabla \times \vec{E}) - \vec{E} \cdot (\nabla \times \vec{H}),$$

可得

$$\vec{E} \cdot (\nabla \times \vec{H}) = \vec{H} \cdot (\nabla \times \vec{E}) - \nabla \cdot (\vec{E} \times \vec{H}). \tag{14.8.10}$$

将上式代入式（14.8.9），并利用麦克斯韦方程组（14.7.34）中的方程②，得

$$\vec{E} \cdot \vec{J} = -\nabla \cdot (\vec{E} \times \vec{H}) + \vec{H} \cdot \left(-\frac{\partial \vec{B}}{\partial t} \right) - \vec{E} \cdot \frac{\partial \vec{D}}{\partial t}, \tag{14.8.11}$$

对比式（14.8.7），可得电磁场对电荷做功的功率密度为

$$\vec{f} \cdot \vec{v} = -\nabla \cdot (\vec{E} \times \vec{H}) - \vec{H} \cdot \frac{\partial \vec{B}}{\partial t} - \vec{E} \cdot \frac{\partial \vec{D}}{\partial t}. \tag{14.8.12}$$

对于各向同性线性介质，有

$$\vec{D} = \varepsilon \vec{E}, \quad \vec{B} = \mu \vec{H}, \tag{14.8.13}$$

则

$$\begin{aligned}
\vec{H} \cdot \frac{\partial \vec{B}}{\partial t} + \vec{E} \cdot \frac{\partial \vec{D}}{\partial t} &= \frac{\vec{B}}{\mu} \cdot \frac{\partial \vec{B}}{\partial t} + \vec{E} \cdot \frac{\partial}{\partial t}(\varepsilon \vec{E}) \\
&= \frac{1}{2} \frac{\partial}{\partial t} \left(\frac{\vec{B}}{\mu} \cdot \vec{B} + \varepsilon \vec{E} \cdot \vec{E} \right) \\
&= \frac{\partial}{\partial t} \left[\frac{1}{2} (\vec{E} \cdot \vec{D} + \vec{H} \cdot \vec{B}) \right],
\end{aligned}$$

即

$$\vec{H} \cdot \frac{\partial \vec{B}}{\partial t} + \vec{E} \cdot \frac{\partial \vec{D}}{\partial t} = \frac{\partial}{\partial t} \left[\frac{1}{2} (\vec{E} \cdot \vec{D} + \vec{H} \cdot \vec{B}) \right]. \tag{14.8.14}$$

将上式代入式（14.8.12），得

$$-\nabla \cdot (\vec{E} \times \vec{H}) = \vec{f} \cdot \vec{v} + \frac{\partial}{\partial t} \left[\frac{1}{2} (\vec{E} \cdot \vec{D} + \vec{H} \cdot \vec{B}) \right],$$

对比式（14.8.5），可得到电磁场的能流密度为

$$\vec{S} = \vec{E} \times \vec{H}, \tag{14.8.15}$$

电磁场的能量密度为

$$w = \frac{1}{2} (\vec{E} \cdot \vec{D} + \vec{H} \cdot \vec{B}). \tag{14.8.16}$$

延伸阅读

如果在真空中，有

$$\vec{D} = \varepsilon_0 \vec{E}, \quad \vec{B} = \mu_0 \vec{H}, \tag{14.8.17}$$

则真空中电磁场的能量密度为

$$w = \frac{1}{2} \left(\varepsilon_0 E^2 + \frac{1}{\mu_0} B^2 \right). \tag{14.8.18}$$

例 14-11 如图 14-39 所示，半径为 r 的圆形平板电容器两极板间距为 h，计算此圆形平板电容器充电过程中单位时间内从电容器外输入的电磁能.

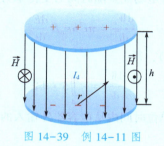

图 14-39 例 14-11 图

解 在平板电容器中位移电流为

$$I_d = \iint_A \frac{\partial \vec{D}}{\partial t} \cdot d\vec{A} = \iint_A \frac{dD}{dt} dA = A \frac{dD}{dt}, \qquad (14.8.19)$$

其中 $A = \pi r^2$ 为极板面积. 由于 $\vec{D} = \varepsilon_0 \vec{E}$，因此位移电流又可以用电场强度来表示，有

$$I_d = \pi r^2 \varepsilon_0 \frac{dE}{dt}. \qquad (14.8.20)$$

考虑到对称性，圆形平板电容器中激发的磁场也应该沿着电容器的对称轴呈轴对称分布. 由法拉第电磁感应定律，沿着电容器两极板间平行于极板的边缘圆周，做磁场强度的环路积分，可得

$$\oint_L \vec{H} \cdot d\vec{l} = H \cdot 2\pi r = I_d, \qquad (14.8.21)$$

因此，电容器边缘处的磁场强度大小为

$$H = \frac{I_d}{2\pi r} = \frac{r}{2} \varepsilon_0 \frac{dE}{dt}, \qquad (14.8.22)$$

其方向沿着边缘与位移电流方向呈右手法则关系，如图 4-39 所示. 电容器中电场强度的方向是由电容器带正电荷的极板指向带负电荷的极板，由此可知在电容器侧面处，能流密度 $\vec{S} = \vec{E} \times \vec{H}$ 的方向是垂直于侧面向里的. 单位时间内在电容器侧面处输入的电磁能为

$$-\iint_A \vec{S} \cdot d\vec{A} = -\iint_A \vec{E} \times \vec{H} \cdot d\vec{A}, \qquad (14.8.23)$$

这里的积分曲面 A 为电容器的侧面，$d\vec{A}$ 的方向垂直于电容器侧面向外，上式等号左边的负号表明是从侧面进入电容器的电磁能. 因此，

$$-\iint_A \vec{S} \cdot d\vec{A} = \iint_A EH dA = 2\pi r h EH. \qquad (14.8.24)$$

将式 (14.8.22) 代入上式，即可得到圆形平板电容器充电时单位时间内从侧面输入的电磁能

$$-\iint_A \vec{S} \cdot d\vec{A} = \pi r^2 h \varepsilon_0 E \frac{dE}{dt}. \qquad (14.8.25)$$

由于 $\vec{S}$ 的方向平行于电容器极板，因此在电容器极板处没有电磁能输入.

电容器所储存的电场能量为

$$W_e = \iiint_V w_e \, \mathrm{d}V = \iint_V \frac{1}{2}\varepsilon_0 E^2 \, \mathrm{d}V = \frac{1}{2}\varepsilon_0 E^2 \pi r^2 h, \tag{14.8.26}$$

上式等号两边对时间求导，可得电场能量随时间的变化率为

$$\frac{\mathrm{d}W_e}{\mathrm{d}t} = \pi r^2 h \varepsilon_0 E \frac{\mathrm{d}E}{\mathrm{d}t}. \tag{14.8.27}$$

对比式（14.8.25）和式（14.8.27），得

$$\frac{\mathrm{d}W_e}{\mathrm{d}t} = -\iint_A \vec{S} \cdot \mathrm{d}\vec{A} \tag{14.8.28}$$

因此，圆形平板电容器充电时单位时间内从电容器外输入的电磁能正好等于电容器所储存的电场能量的增加量.

平面电磁波

对于平面电磁波，有

$$\vec{E} = \vec{E}_0 \cos(\omega t - \vec{k} \cdot \vec{r}), \quad \vec{H} = \vec{H}_0 \cos(\omega t - \vec{k} \cdot \vec{r}), \tag{14.8.29}$$

其中 $\vec{E}_0$ 和 $\vec{H}_0$ 为常矢量. 电场强度的散度为

$$\nabla \cdot \vec{E} = \nabla \cdot [\vec{E}_0 \cos(\omega t - \vec{k} \cdot \vec{r})] = \nabla \cos(\omega t - \vec{k} \cdot \vec{r}) \cdot \vec{E}_0, \tag{14.8.30}$$

注意到关系

$$\nabla \cos(\omega t - \vec{k} \cdot \vec{r}) = (\hat{e}_x k_x + \hat{e}_y k_y + \hat{e}_z k_z)\sin(\omega t - \vec{k} \cdot \vec{r})$$
$$= \sin(\omega t - \vec{k} \cdot \vec{r})\vec{k}, \tag{14.8.31}$$

因此

$$\nabla \cdot \vec{E} = \nabla \cdot [\vec{E}_0 \cos(\omega t - \vec{k} \cdot \vec{r})]$$
$$= [\nabla \cos(\omega t - \vec{k} \cdot \vec{r})] \cdot \vec{E}_0 \tag{14.8.32}$$
$$= \sin(\omega t - \vec{k} \cdot \vec{r})\vec{k} \cdot \vec{E}_0.$$

由于空间中电荷为零，则有 $\nabla \cdot \vec{E} = 0$，因此得到

$$\vec{k} \cdot \vec{E}_0 = 0.$$

$\vec{E}_0$ 与电场强度 $\vec{E}$ 方向相同，则波矢 $\vec{k}$ 与电场强度 $\vec{E}$ 是相互垂直的，类似可得波矢 $\vec{k}$ 与磁场强度 $\vec{H}$ 也是相互垂直的，即

$$\vec{k} \perp \vec{E}, \quad \vec{k} \perp \vec{H}.$$

因此，平面电磁波的电场方向和磁场方向都与波的传播方向垂直，说明平面电磁波是横波.

电场强度的旋度为

$$\nabla \times \vec{E} = \nabla \times [\cos(\omega t - \vec{k} \cdot \vec{r})\vec{E}_0] = [\nabla \cos(\omega t - \vec{k} \cdot \vec{r})] \times \vec{E}_0, \tag{14.8.33}$$

将式（14.8.31）代入得

$$\nabla \times \vec{E} = \sin(\omega t - \vec{k} \cdot \vec{r})\vec{k} \times \vec{E}_0. \tag{14.8.34}$$

假设磁场强度 $\vec{H}$ 与电场强度 $\vec{E}$ 间存在相位差 φ，即 $\vec{H} = \vec{H}_0 \cos(\omega t - \vec{k} \cdot \vec{r} +$

φ），则

$$\frac{\partial \vec{H}}{\partial t} = -\omega \vec{H}_0 \sin(\omega t - \vec{k} \cdot \vec{r} + \varphi). \qquad (14.8.35)$$

根据麦克斯韦方程 $\nabla \times \vec{E} = -\mu_0 \mu_r \dfrac{\partial \vec{H}}{\partial t}$，由式（14.8.34）和式（14.8.35）得

$$\vec{k} \times \vec{E}_0 \sin(\omega t - \vec{k} \cdot \vec{r}) = \mu_0 \mu_r \omega \vec{H}_0 \sin(\omega t - \vec{k} \cdot \vec{r} + \varphi). \qquad (14.8.36)$$

注意到此方程等号两边正弦函数前的系数为常矢量，要保证方程成立，则要求 $\varphi = 0$，即磁场强度 $\vec{H}$ 与电场强度 $\vec{E}$ 是同相位的，并且有

$$\vec{k} \times \vec{E}_0 = \mu_0 \mu_r \omega \vec{H}_0. \qquad (14.8.37)$$

$\vec{E}_0$ 与电场强度 $\vec{E}$ 同方向，$\vec{H}_0$ 与磁场强度 $\vec{H}$ 同方向，上式表明电场强度 $\vec{E}$ 与磁场强度 $\vec{H}$ 是相互垂直的，

$$\vec{E} \perp \vec{H}. \qquad (14.8.38)$$

再结合之前得到的电场强度 $\vec{E}$ 与磁场强度 $\vec{H}$ 都与波矢 $\vec{k}$ 垂直的结论，可以得知 $\vec{E}$、$\vec{H}$、$\vec{k}$ 3 个矢量是相互垂直的，如图 14-40 所示，即有

$$\vec{E} \perp \vec{H}, \; \vec{E} \perp \vec{k}, \; \vec{H} \perp \vec{k}. \qquad (14.8.39)$$

而 $\vec{S} = \vec{E} \times \vec{H}$ 的方向就是 $\vec{k}$ 的方向，这说明电磁波能流密度的方向就是电磁波的传播方向．由于

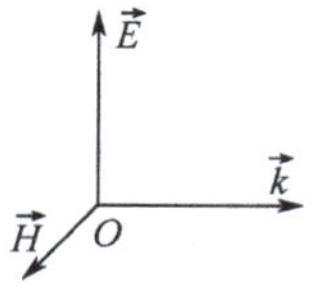

图 14-40 $\vec{E}$、$\vec{H}$、$\vec{k}$ 的方向

存在关系 $\nu = \dfrac{\omega}{k}$，因此从式（14.8.37）可得

$$\frac{|\vec{E}|}{|\vec{H}|} = \nu \mu_0 \mu_r = \frac{\mu_0 \mu_r}{\sqrt{\varepsilon_0 \varepsilon_r \mu_0 \mu_r}} = \sqrt{\frac{\mu_0 \mu_r}{\varepsilon_0 \varepsilon_r}}, \qquad (14.8.40)$$

或者

$$\frac{|\vec{E}|}{|\vec{B}|} = \nu, \qquad (14.8.41)$$

在真空中，有

$$\frac{|\vec{E}|}{|\vec{B}|} = c. \qquad (14.8.42)$$

由上面的分析，可得到平面电磁波的基本特性：

（1）$\vec{E}$ 和 $\vec{B}$ 都与电磁波的传播方向垂直，电磁波是横波；

（2）$\vec{E}$ 和 $\vec{B}$ 相互垂直，$\vec{E} \times \vec{B}$ 沿着电磁波的传播方向；

（3）$\vec{E}$ 和 $\vec{B}$ 同相位；

（4）$\vec{E}$ 和 $\vec{B}$ 满足 $\dfrac{|\vec{E}|}{|\vec{B}|} = \nu$.

在真空中，平面电磁波的能量密度为

$$w = \frac{1}{2}\left(\varepsilon_0 E^2 + \frac{1}{\mu_0}B^2\right) = \varepsilon_0 E^2 = \frac{1}{\mu_0}B^2. \qquad (14.8.43)$$

由于电场强度和磁感应强度相互垂直，因此平面电磁波的能流密度为

$$\vec{S} = \frac{1}{\mu_0}\vec{E} \times \vec{B} = \frac{1}{\mu_0}EB\hat{k}. \qquad (14.8.44)$$

利用式(14.8.42)，能流密度又可以写成

$$\vec{S} = \sqrt{\frac{\varepsilon_0}{\mu_0}}E^2\hat{k} = c\varepsilon_0 E^2\hat{k} = cw\hat{k}. \qquad (14.8.45)$$

电磁波强度 I 定义为能流密度大小的平均值，因此

$$I = \langle S \rangle = \left[\sqrt{\frac{\varepsilon_0}{\mu_0}}E^2\right] = \sqrt{\frac{\varepsilon_0}{\mu_0}}\frac{1}{T}\int_0^T E^2\mathrm{d}t. \qquad (14.8.46)$$

由于

$$E^2 = \vec{E} \cdot \vec{E} = E_0^2\cos^2(\omega t - kx) ,$$

则电磁波强度为

$$I = \frac{1}{2}\sqrt{\frac{\varepsilon_0}{\mu_0}}E_0^2. \qquad (14.8.47)$$

振荡电偶极子电磁波

振荡电偶极子是电磁辐射的基本源之一，尤其是在天线和微观粒子辐射中发挥重要作用。当一个电偶极子的电偶极矩随时间做简谐振动时，亦即 $\vec{p} = \vec{p}_0\cos(\omega t)$，则形成一个振荡电偶极子，所产生的辐射通常称为偶极辐射。

随时间变化的电偶极矩的大小可以写成

$$p = ql = ql_0\cos(\omega t). \qquad (14.8.48)$$

振荡电偶极子产生变化的电场和磁场，这种变化的电场和磁场相互作用形成电磁波。电偶极子的振荡频率决定了辐射频率，而其振幅则影响辐射的强度。具体而言，电偶极子的加速度越大，产生的辐射就越强。这是因为随着电荷的快速运动，电场的变化速率增加，进而形成更强的辐射。

距离振荡电偶极子很远的区域称为辐射区。辐射区的条件：$r \gg \lambda \gg l$。在球坐标系中(见图14-41)，由麦克斯韦方程组可以得到振荡电偶极子电磁波在辐射区的电场强度和磁感应强度分别为

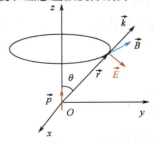

图 14-41　球坐标系中的辐射区

$$\vec{E}(r,\theta,\varphi,t)=\frac{\omega^2 p_0\sin\theta}{4\pi\varepsilon_0\nu^2 r}\cos(\omega t-\vec{k}\cdot\vec{r})\hat{e}_\theta, \qquad (14.8.49)$$

$$\vec{B}(r,\theta,\varphi,t)=\frac{\mu_0\omega^2 p_0\sin\theta}{4\pi\nu r}\cos(\omega t-\vec{k}\cdot\vec{r})\hat{e}_\varphi, \qquad (14.8.50)$$

由式(14.8.49)和式(14.8.50)，可得到振荡电偶极子电磁波(辐射区)的基本特性：

（1）$\vec{E}$ 和 $\vec{B}$ 都与电磁波的传播方向垂直，电磁波是横波；

（2）$\vec{E}$ 和 $\vec{B}$ 相互垂直，$\vec{E}\times\vec{B}$ 沿着电磁波的传播方向；

（3）$\vec{E}$ 和 $\vec{B}$ 同相位；

（4）$\vec{E}$ 和 $\vec{B}$ 满足 $\dfrac{|\vec{E}|}{|\vec{B}|}=\nu$ ；

振荡电偶极子的电磁波

（5）振荡电偶极子电磁波具有方向性，在 $\theta=\dfrac{\pi}{2}$ 方向上场强最大，在 $\theta=0$ 和 $\theta=\pi$ 方向上场强为零；

（6）$E\propto\dfrac{1}{r}$，$B\propto\dfrac{1}{r}$；

（7）$E\propto\omega^2$，$B\propto\omega^2$.

电磁波的能流密度为

$$\vec{S}=\frac{1}{\mu_0}\vec{E}\times\vec{B}=\frac{\omega^4 p_0^2\sin^2\theta}{16\pi^2\varepsilon_0\nu^3 r^2}\cos^2(\omega t-\vec{k}\cdot\vec{r})\hat{e}_k, \qquad (14.8.51)$$

电磁波的强度为

$$I=\langle S\rangle=\frac{1}{T}\int_0^T S\,\mathrm{d}t=\frac{1}{T}\int_0^T\frac{\omega^4 p_0^2\sin^2\theta}{16\pi^2\varepsilon_0\nu^3 r^2}\cos^2(\omega t-\vec{k}\cdot\vec{r})\,\mathrm{d}t, \qquad (14.8.52)$$

积分后得到

$$I=\frac{\omega^4 p_0^2\sin^2\theta}{32\pi^2\varepsilon_0\nu^3 r^2}. \qquad (14.8.53)$$

总辐射功率为

延伸阅读

$$\langle P\rangle=\iint_{\text{球面}}\langle S\rangle r^2\sin\theta\,\mathrm{d}\theta\,\mathrm{d}\varphi=\iint_{\text{球面}}\frac{\omega^4 p_0^2\sin^2\theta}{32\pi^2\varepsilon_0\nu^3 r^2}r^2\sin\theta\,\mathrm{d}\theta\,\mathrm{d}\varphi=\frac{\omega^4 p_0^2}{12\pi\varepsilon_0\nu^3}. \qquad (14.8.54)$$

习题 14

14.1 一环形天线的直径为 10cm，电磁信号的磁场垂直于该环形的平面，在某一时刻磁场大小以 0.16T/s 的速率发生变化．假设在天线环面内磁场分布是均匀的．求此时在天线中的感应电动势．

14.2 均匀密绕的无限长直螺线管半径为 R，单位长度上的匝数为 n，导线中通过随时间交变的电流 $i = I_0\sin(\omega t)$，其中 I_0 和 ω 为正的常量．求：

（1）螺线管内外感生电场的分布；

（2）紧套在螺线管上的一个细塑料圆环中的感生电动势的大小和方向．

14.3 同轴的两个平行导线圆回路如图 14-42 所示，半径为 r 的小回路在半径为 R 的大回路上方，两个回路的间距 $x>R$．由大回路中电流 i 产生的磁场在整个小回路的范围内接近于常量．假设保持大回路不动，x 以 $\dfrac{\mathrm{d}x}{\mathrm{d}t} = \nu$ 的恒定速率增大，求：

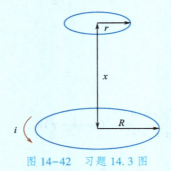

图 14-42　习题 14.3 图

（1）穿过以小回路为边界的面积的磁通量；

（2）小回路中的感应电动势，并确定感应电流的方向．

14.4 如图 14-43 所示，在一通有电流 I 的无限长导线所在平面，有一半径为 a、电阻为 R 的导线环，环中心到直导线距离为 l，且 $a \ll l$．当直导线电流被切断后，试计算导线环流过的总电量．

14.5 如图 14-44 所示，一直角三角形 abc 回路放在一磁感应强度大小为 B 的均匀磁场中，斜边长度为 l，ab、ac 两边夹角为 $30°$，磁场的方向与直角边 ab 平行，回路绕 ab 边以大小为 ω 的角速度匀速旋转，求 ac 边和整个回路产生的动生电动势．

14.6 如图 14-45 所示，通电流为 I 的长直导线附近有长方形线圈，该线圈绕中心轴 $\overline{OO'}$ 以大小为 ω 的角速度匀速旋转，设线圈与长直导线共面时为初始时刻，求线圈中的感应电动势．已知长方形线圈的长为 a、宽为 b，$\overline{OO'}$ 轴与长直导线平行，相距为 l，且 $l > \dfrac{b}{2}$．

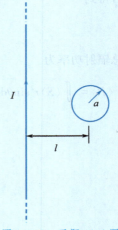

图 14-43　习题 14.4 图

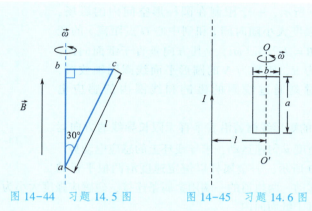

图 14-44　习题 14.5 图　　　　图 14-45　习题 14.6 图

14.7 如图 14-46 所示，电量为 Q 的正电荷均匀分布在半径为 a、长为 $L(L \gg a)$ 的绝缘长圆柱体内，一半径为 $b(b > a)$、电阻为 R 的单匝圆形线圈套在圆柱体外（圆形线圈中心位于圆柱体中部，且圆柱体轴线通过圆形线圈中心，并垂直于线圈平面）。现圆柱体以大小为 ω 的角速度绕中心轴线旋转，且转速按规律 $\omega = \omega_0 e^{-\alpha t}$ 随时间变化，其中 ω_0 和 α 是已知正常数。求圆形线圈中感应电流的大小（圆柱体可看成无限长，其磁导率可近似取真空磁导率 μ_0）。

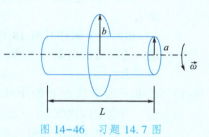

图 14-46　习题 14.7 图

14.8 如图 14-47 所示，半径为 a 的长直螺线管内有随时间变化的均匀磁场 $\vec{B}$，已知 $\dfrac{\mathrm{d}B}{\mathrm{d}t} > 0$。一电阻均匀分布的直导线，弯成等腰梯形的闭合回路 $ABCDA$，总电阻为 R，上底长为 a，下底长为 $2a$。A、B、C、D 4 点处于半径为 a 的圆周上，O 为圆心，试计算 AB 段导线和闭合回路中的感应电动势。

14.9 如图 14-48 所示，单位长度电阻为 λ 的均匀导线做成半径为 R 的回路，内套半径为 $\dfrac{\sqrt{3}}{4}R$ 的无限长螺线管，螺线管与回路的直径 MN 相切，切点恰好为圆心，其内部的均匀磁场垂直于回路平面，且随时间正比例地增大，亦即 $B = kt$（常数 $k > 0$）。试计算直径 MN 左侧半个回路中的感应电动势。

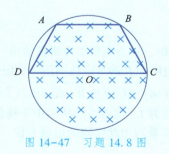

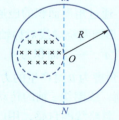

图 14-47　习题 14.8 图　　　图 14-48　习题 14.9 图

14.10 如图 14-49 所示，一个限制在圆柱形空间内的磁场，其磁感应强度大小随时间 t 和到中心 O 点距离 r 的变化规律为 $B = kr^2t\sin(\omega t)$，其方向垂直于纸面向内. 现将半径为 R、匝数为 N 的圆形平面线圈同轴放置，试计算 t 时刻通过线圈的磁链和线圈内的感应电动势.

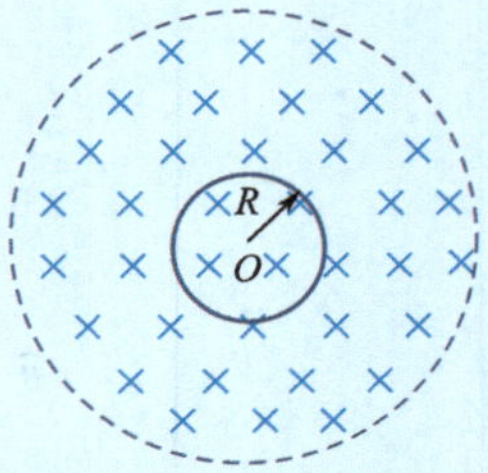

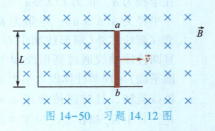

图 14-49　习题 14.10 图

14.11 例 14-4 中的矩形线框若沿着垂直无限长导线的方向运动，且以速度 $\vec{v}$ 匀速运动，求导线环上的感应电动势.

14.12 如图 14-50 所示，一金属杆以恒定速度沿两根平行的金属轨道移动. 两轨道的一端用金属条连接，磁感应强度大小为 $B = 0.350\text{T}$ 的磁场，其方向垂直于纸面向内.

(1) 如果两轨道相距 25.0cm，金属杆的移动速率为 55.0cm/s，则所产生的电动势有多大？

(2) 如果该金属杆具有 18.0Ω 的电阻，而两轨道及连接器的电阻可忽略，则金属杆中的电流有多大？

14.13 设电子为半径为 R 的小球，电荷分布于其表面. 当电子以速度 $\vec{v}$（$\vec{v}$ 远小于真空中光速）运动时，在电子周围无限大空间激发出磁场. 试计算磁场总能量.

图 14-50　习题 14.12 图

14.14 一个自感系数为 12H 的线圈中有强度为 2A 的电流流过，如何使该线圈上出现 60V 的自感电动势？

14.15 一个圆形线圈半径为 10.0cm 且包含 30 匝密绕导线. 现有 2.60mT 的外加磁场，磁场方向与线圈平面垂直.

(1) 如果线圈中无电流，求通过线圈的总磁通量.

(2) 如果线圈中通过某个方向的电流，当其大小为 3.80A 时，发现穿过线圈的总磁通量等于零，则线圈的自感系数是多少？

14.16 两个自感系数分别为 L_1 和 L_2 的电感器相距很远，计算它们并联和串联时的等效自感系数.

14.17 一无限长的载流直导线载有电流 $I_1 = 20\text{A}$，一矩形回路载有电流 $I_2 = 10\text{A}$，二者共面，如图 14-51 所示. 已知 $x_0 = 0.01\text{m}$，$b = 0.08\text{m}$，$a = 0.12\text{m}$. 试计算：

(1) 作用在矩形回路上的合力；

(2) $I_2 = 0$ 时，通过矩形面积的磁通量；

(3) 外力使矩形回路绕虚线对称轴转 30°，外力克服磁力所做的功.

14.18 如图 14-52 所示，一个面积为 A、总电阻为 R 的导电线圈用一个倔强系数为 k 的悬丝（当悬丝扭转角度为 θ 时产生的力矩为 $k\theta$）挂在磁场 $\vec{B} = B\cos(\omega t)\vec{j}$ 中，线圈在 yOz 平面达到了平衡，线圈绕 z 轴的转动惯量为 I. 现将线圈从图中平衡位置扭过一个小角度 θ 后释放. 忽略线圈自感，用已知参数写出此线圈的运动方程.

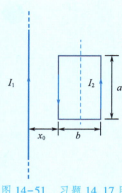

图 14-51　习题 14.17 图

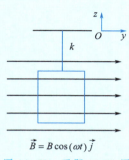

图 14-52　习题 14.18 图

14.19　一个 N 匝密绕的矩形线圈如图 14-53 所示，邻近放置一长直导线．试计算此线圈与无限长直导线组合的互感系数．

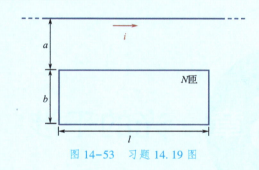

图 14-53　习题 14.19 图

14.20　LR 电路中的电流在电池从电路中撤掉后的 1s 内从 1.0A 下降到 10mA．如果 $L = 10H$，求电路的电阻．

14.21　在图 14-54 所示电路中，开关长时间保持在 a 位置，然后把它转换到 b 位置．试计算形成的振荡电流的频率和振幅．

14.22　一个振荡 LC 电路由一个 75.0mH 的电感器和一个 3.60F 的电容器组成．如果电容器上的最大电量为 2.90μC，求电路中的总能量和最大电流．

14.23　必须用多大的电感器与 17pF 的电容器连接构成振荡器，才能产生波长为 550nm 的电磁波（即可见光）？对结果做一评论．

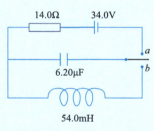

图 14-54　习题 14.21 图

第15章 光的干涉

光是一种电磁波，能引起人眼视觉的那部分电磁波称为可见光，通常也称为光波．在真空中，可见光的波长范围为 350~770nm，不同波长的可见光能引起人眼不同颜色的视觉，波长由小到大能引起人眼从紫色到红色各种颜色的视觉．我们在讨论机械波时知道，两列频率相同、振动方向相互平行、相位差恒定的机械波叠加时，在重叠区域会产生机械波的干涉现象．在对光的研究中，人们发现满足一定条件的两列光波或多列光波相遇时，在它们的重叠区域会出现光的干涉现象．光的干涉现象是光的波动性的重要特征之一，本章介绍光的干涉现象和规律，主要讨论获得相干光的方法、光程的概念、光程差和相位差的关系、明暗条纹分布的规律，以及典型的光的干涉实验．

15.1　光波的相干叠加

电磁波由两个相互垂直的振动矢量——电场强度 $\vec{E}$ 和磁感应强度 $\vec{B}$ 来表征，在光和物质的相互作用过程中，能引起视觉和使感光材料感光的主要是光波中的电场产生的作用．因此，我们只关心 $\vec{E}$ 的振动，并把 $\vec{E}$ 的振动称为光振动，电场强度 $\vec{E}$ 称为光矢量．

通常，光波的强度不是很大时，光波的传播遵从光波叠加原理，即在空间传播的几列光波相遇时，在它们重叠区域内任意一点 P 处的合成光波的光矢量 $\vec{E}$ 等于各列光波单独存在时在该点处的光矢量 $\vec{E}_1, \vec{E}_2, \vec{E}_3, \cdots$ 的矢量和，即有

$$\vec{E} = \vec{E}_1 + \vec{E}_2 + \vec{E}_3 + \cdots. \tag{15.1.1}$$

应当指出，上述光波叠加原理并不总是成立，其适用性是有条件的．例如，当光波的强度非常大时，在一定的介质内并不满足上述光波叠加原理，会出现非线性效应，本章内容不涉及这类现象．

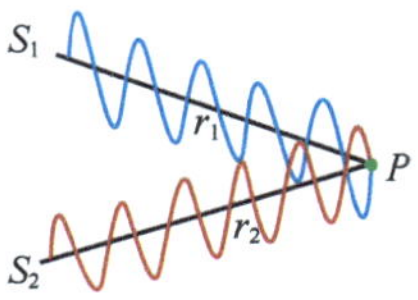

图 15-1　两列光波

假设两个独立点光源 S_1 和 S_2 发出的两列简谐波在真空中任一点 P 处相遇，如图 15-1 所示，点光源 S_1 到 P 点的距离为 r_1，点光源 S_2 到 P 点的距离为 r_2，P 点距离两点光源很远，由此可认为 S_1 和 S_2 在 P 点处产生的是平面简谐波，两列光波在 P 点处的光矢量分别为 $\vec{E}_1$ 和 $\vec{E}_2$，则有

$$\vec{E}_1 = \vec{E}_{10} \cos\left(\omega_1 t + \varphi_1 - \frac{2\pi}{\lambda_1} r_1\right), \tag{15.1.2}$$

$$\vec{E}_2 = \vec{E}_{20} \cos\left(\omega_2 t + \varphi_2 - \frac{2\pi}{\lambda_2} r_2\right), \tag{15.1.3}$$

在 P 点处的合成光波的光矢量为

$$\vec{E} = \vec{E}_1 + \vec{E}_2, \tag{15.1.4}$$

由式（15.1.4）可得

$$\overline{E^2} = \overline{\vec{E} \cdot \vec{E}} = \overline{(\vec{E}_1 + \vec{E}_2) \cdot (\vec{E}_1 + \vec{E}_2)}$$

$$= \overline{\vec{E}_1^2} + \overline{\vec{E}_2^2} + \overline{2\vec{E}_1 \cdot \vec{E}_2}.$$

由于光波的强度正比于光振动振幅的平方，而上述两列光波在同一介质中传播，以 I_1 和 I_2 分别表示两列光波的光强，则合成光波的光强 I 可写成

$$I = I_1 + I_2 + \overline{2\vec{E}_1 \cdot \vec{E}_2}. \tag{15.1.5}$$

其中，$\overline{2\vec{E}_1 \cdot \vec{E}_2}$ 称为干涉项，它决定两列光波叠加的性质，下面对干涉项进行一些讨论.

（1）当 $\vec{E}_1 \perp \vec{E}_2$ 时，有 $\overline{2\vec{E}_1 \cdot \vec{E}_2} = 0$. 通常情况下，$\vec{E}_1$ 和 $\vec{E}_2$ 并不一定垂直，此时可将它们进行正交分解，其中只有平行分量才可能使干涉项不为零.

（2）如果 $\vec{E}_1$ 和 $\vec{E}_2$ 平行，但 $\omega_1 \neq \omega_2$，相位差也不恒定，这时可将式（15.1.2）、式（15.1.3）写成标量形式，有

$$E_1 = E_{10}\cos\left(\omega_1 t + \varphi_1 - \frac{2\pi}{\lambda_1}r_1\right), \tag{15.1.6}$$

$$E_2 = E_{20}\cos\left(\omega_2 t + \varphi_2 - \frac{2\pi}{\lambda_2}r_2\right), \tag{15.1.7}$$

从而有

$$2\vec{E}_1 \cdot \vec{E}_2 = E_{10}E_{20}\left\{\cos\left[(\omega_1+\omega_2)t + (\varphi_1+\varphi_2) - \left(\frac{2\pi}{\lambda_1}r_1 + \frac{2\pi}{\lambda_2}r_2\right)\right] + \right.$$
$$\left. \cos\left[(\omega_1-\omega_2)t + (\varphi_1-\varphi_2) - \left(\frac{2\pi}{\lambda_1}r_1 - \frac{2\pi}{\lambda_2}r_2\right)\right]\right\}.$$

人眼或各种光探测仪器的响应时间 τ 都远大于光矢量的振动周期 T，上式等号右端各项平均值的计算时间由人眼或光探测仪器的响应时间来确定. 因此，对上式等号右端在观测响应时间 τ 内求平均值，其中第一项显然为零，对于第二项，当 $\omega_1 \neq \omega_2$ 时，其值也为零，即

$$\overline{2\vec{E}_1 \cdot \vec{E}_2} = \frac{1}{\tau}\int_t^{t+\tau} 2\vec{E}_1 \cdot \vec{E}_2 \, \mathrm{d}t = 0,$$

则

$$I = I_1 + I_2.$$

由此可见，振动方向平行、频率不同的两列平面简谐波叠加时，干涉项等于零.

在上述讨论中，如果 $\omega_1 = \omega_2$，由于光源中原子发光的独立性和随机性，两列光波间的 φ_1 和 φ_2 各自独立，且随机地取值，并等概率地取 $0 \sim 2\pi$ 的所有值，与 $\varphi_1 - \varphi_2$ 有关的余弦项在观测响应时间 τ 内取平均值总是等于零. 因此，在观测响应时间 τ 内有

$$\overline{2\vec{E}_1 \cdot \vec{E}_2} = \frac{1}{\tau}\int_t^{t+\tau} 2\vec{E}_1 \cdot \vec{E}_2 \, \mathrm{d}t = 0,$$

则

$$I = I_1 + I_2.$$

由此可见，振动方向平行、频率相同的两列平面简谐波叠加时，由于相位差 $\varphi_1 - \varphi_2$ 不是恒定的，因此干涉项也等于零.

综上所述，两列光波叠加时，通常在叠加区域内任一点处干涉项为零，合成光波的光强为 $I=I_1+I_2$，我们把这种情况称为非相干叠加. 我们把干涉项不为零的叠加称为相干叠加，相干叠加应当满足以下条件：①光矢量振动方向平行；②频率相同；③相位差恒定. 这 3 个条件称为相干条件，满足相干条件的两列光波称为相干光，相应的光源称为相干光源.

光波相干叠加时，空间各点的光强一般不同，形成一个稳定的光强分布图样，称为干涉图样，这一现象称为光的干涉.

两列光波满足相干条件时，可将式（15.1.6）、式（15.1.7）写成如下形式：

$$E_1 = E_{10}\cos\left(\omega t + \varphi_1 - \frac{2\pi}{\lambda_1}r_1\right),$$

$$E_2 = E_{20}\cos\left(\omega t + \varphi_2 - \frac{2\pi}{\lambda_2}r_2\right).$$

由式（15.1.5）可知，在叠加区域内任一点处的光强为

$$I=I_1+I_2+2\overrightarrow{E_1\cdot E_2}=I_1+I_2+2\sqrt{I_1I_2}\cos\left[(\varphi_1-\varphi_2)-\left(\frac{2\pi}{\lambda_1}r_1-\frac{2\pi}{\lambda_2}r_2\right)\right],$$

即
$$I=I_1+I_2+2\sqrt{I_1I_2}\cos\Delta\varphi, \tag{15.1.8}$$

其中
$$\Delta\varphi=(\varphi_1-\varphi_2)-\left(\frac{2\pi}{\lambda_1}r_1-\frac{2\pi}{\lambda_2}r_2\right). \tag{15.1.9}$$

两束相干光在叠加区域内任一点处的光强不仅取决于两束光的光强 I_1 和 I_2，还与两束光之间的相位差 $\Delta\varphi$ 有关. 当两束光在空间不同位置相遇时，其相位差 $\Delta\varphi$ 有不同的数值. 因此，在叠加区域内各个不同点处的光强连续变化，形成稳定的光强分布图样.

当 $\Delta\varphi=\pm2k\pi(k=0,1,2,\cdots)$ 时，$I=I_1+I_2+2\sqrt{I_1I_2}$，这些位置处的光强最大，称为干涉相长.

当 $\Delta\varphi=\pm(2k-1)\pi(k=1,2,3,\cdots)$ 时，$I=I_1+I_2-2\sqrt{I_1I_2}$，这些位置处的光强最小，称为干涉相消.

普通光源中，包含大量的发光原子或分子，普通光源中处于激发态的原子自发辐射时发射出光波，原子发射的光波是一段频率一定、振动方向一定、有限长的光波，通常称为光波列. 原子光波列的示意图如图 15-2 所示，其中 L 是波列长度. 每个原子或分子发射一个光波列的持续时间很短（数量级为 10^{-8}s），一个原子每秒可能多次发射光波列. 普通光源中不同原子发射出的光波列，或者同一原子不同时刻发射出的光波列，它们的频率、初相位、波列长度、传播方向等都可能不同. 所以，普通光源

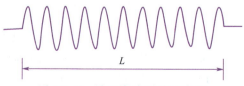

图 15-2　原子光波列的示意图

发出的光波是由大量原子随机发射出的无序光波列组成的，这些光波列之间没有固定的相位关系．例如，在空间相遇的由两个独立光源发出的两束光波，实际上是由分属于两光束的大量光波列叠加形成的，在实验中根本不可能保持两光束间相位差恒定．当然，也可以认为在 10^{-8} s 内某对光波列间曾发生过干涉，但这种瞬间干涉是如此的短暂，并且步调不一致地发生在大量的光波列之间，即使利用快速光电探测器也不能观测出来．

要观察普通光源发出的光的干涉现象，必须对光源做特殊安排，只有从同一光源的同一部分发出的光波通过某些装置进行分束处理后，我们才有可能观察到光的干涉现象．

激光出现之后，由于激光是一种极好的相干光，因此利用激光可以实现两个独立激光束的干涉．快速光电接收器件的出现，使我们可以观察到比过去短暂得多的干涉现象．

15.2 双缝干涉

杨氏双缝干涉实验

英国物理学家托马斯·杨(T. Young)在 1801 年首先用实验方法观察到光的干涉现象．如图 15-3 所示，他让光通过一个小孔 S，再通过离小孔 S 一段距离的两个小孔 S_1 和 S_2，这两个小孔靠得很近并且与前一个小孔 S 等距离，它们成为从同一个波阵面上分出来的两个同相位的点光源，这两个点光源可视为相干光源，由此发出两束可满足相干条件的球面波，两球面波在两小孔后面的观察屏幕上叠加，可得到明暗相间的干涉条纹．为了提高干涉

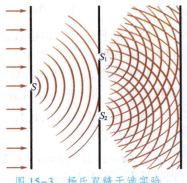

图 15-3　杨氏双缝干涉实验

条纹的亮度，用 3 个相互平行的狭缝代替上述 3 个小孔，这样的实验称为杨氏双缝干涉实验．从微观分析看，该实验能够从光源发出的同一波列的波阵面上取出两个次波源，因此，杨氏双缝干涉实验是典型的分波阵面法干涉实验．

设一束单色光照射到狭缝 S 上，通过狭缝 S 形成一个柱面光波，然后入射到平行于狭缝 S 的两个彼此极为靠近的等宽狭缝 S_1 和 S_2，由此形成两个柱面波并在空间叠加．在观察屏幕上形成平行于双缝的明暗相间的干涉条纹，如图 15-4 所示．

下面分析相干光源 S_1 和 S_2 在观察屏幕上产生干涉条纹的分布情况，相干光源 S_1 和 S_2 是在同一个波阵面上取的两个子波源，可认为 $\varphi_1 = \varphi_2 = \varphi_0$，$I_1 = I_2 = I_0$，由式(15.1.8)和式(15.1.9)可知

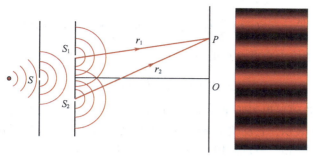

图 15-4　杨氏双缝干涉实验及干涉条纹

$$I = 2I_0 + 2I_0\cos\Delta\varphi = 2I_0(1+\cos\Delta\varphi) = 4I_0\cos^2\frac{\Delta\varphi}{2}, \qquad (15.2.1)$$

$$\Delta\varphi = \frac{2\pi}{\lambda}r_2 - \frac{2\pi}{\lambda}r_1 = \frac{2\pi}{\lambda}(r_2-r_1) = \frac{2\pi}{\lambda}\delta. \qquad (15.2.2)$$

如图 15-5 所示, 从 S_1 和 S_2 发出的光到达屏幕上任一点 P 的波程差为
$\delta = r_2 - r_1$.

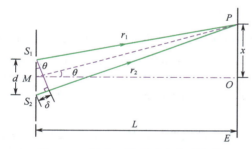

图 15-5　杨氏双缝干涉条纹的计算

S_1 和 S_2 连线的中点为 M, S_1 和 S_2 连线的垂直平分线与观察屏幕相交
于 O 点, 假设屏幕上 P 点到 O 点的距离为 x, θ 是 PM 和 MO 之间的夹角.
在杨氏双缝干涉实验中, $L \gg d$, $L \gg x$, 则 $\sin\theta \approx \tan\theta = \dfrac{x}{L}$, 由此可得

$$\delta = r_2 - r_1 \approx d\sin\theta \approx d\cdot\frac{x}{L}.$$

由式(15.2.1)、式(15.2.2), 可得光强分布

$$I = 4I_0\cos^2\left(\frac{\pi d}{\lambda}\sin\theta\right). \qquad (15.2.3)$$

当 $\delta = \dfrac{dx}{L} = \pm k\lambda$ 时, $\Delta\varphi = \pm 2k\pi$, 则 P 点处是明条纹中心, 即各级明条
纹中心离 O 点的距离为

$$x = \pm k\frac{L\lambda}{d}(k=0,1,2,\cdots). \qquad (15.2.4)$$

$k=0$ 对应的条纹称为中央明条纹, $k=1,2,\cdots$ 对应的条纹分别称为第一

级明条纹、第二级明条纹……

当 $\delta = \dfrac{dx}{L} = \pm(2k-1)\dfrac{\lambda}{2}$ 时，$\Delta\varphi = \pm(2k-1)\pi$，则 P 点处是暗条纹中心，即各级暗条纹中心离 O 点的距离为

$$x = \pm(2k-1)\frac{L\lambda}{2d} \quad (k=1,2,3,\cdots). \tag{15.2.5}$$

AR 杨氏双缝干涉实验

通常我们把相邻明条纹中心（或相邻暗条纹中心）的距离称为条纹间距，用 Δx 表示，它反映了条纹的疏密程度．由式（15.2.4）得出的明条纹间距和由式（15.2.5）得出的暗条纹间距相等，都为

$$\Delta x = \frac{L\lambda}{d}.$$

计算机模拟

杨氏双缝光强分布
曲线和干涉图样

由此可见，干涉条纹是等间距分布的．

如果用不同波长的光做杨氏双缝干涉实验，由于波长不同，干涉条纹间距也不同，波长越长，条纹间距越大，但是它们的中央明条纹的位置都相同，都在观察屏幕的中央．如果用白光作为光源，则屏幕中央显示白色条纹，两边对称分布由紫到红的少量彩色条纹，远处由于各彩色条纹交错重叠而不显示条纹．

菲涅耳双面镜和劳埃德镜

在杨氏双缝干涉实验中，狭缝 S、S_1、S_2 越窄，干涉条纹越清晰，通过狭缝的光也越弱，此时它们的边缘衍射效应往往会对实验产生影响而使问题复杂化．在杨氏双缝干涉实验之后，菲涅耳（A. J. Fresnel）和劳埃德（H. Lloyd）等人做了一些新的实验，例如，菲涅耳双面镜实验和劳埃德镜实验．

菲涅耳双面镜是由两块平面镜 M_1 和 M_2 组成的，二者之间有一个微小的夹角 ε，狭缝 S 与 M_1 和 M_2 的交线（图中以 C 表示）平行，如图 15-6 所示．狭缝 S 用单色光照射后作为缝光源，从狭缝 S 发出的光一部分在 M_1 上反射，另一部分在 M_2 上反射，所得的两束反射光是从同一入射波前分出来的，所以是相干的，在它们的重叠区域将出现干涉条纹．从平面镜 M_1 和 M_2 反射出来的两束相干光如同是由 S_1 和 S_2 产生的，S_1 和 S_2 是光源 S 对平面镜 M_1 和 M_2 的虚像，S_1 和 S_2 相当于杨氏双缝实验中的双缝．

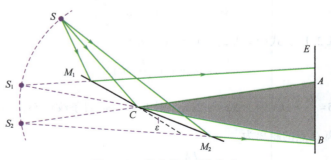

图 15-6　菲涅耳双面镜实验

劳埃德镜是由一块平面镜组成的，如图 15-7 所示，从狭缝 S_1 发出的光波一部分直接入射到观察屏幕上，另一部分掠入射到平面镜 MN 后反射到观察屏幕上，这两束相干光的重叠区域将出现干涉条纹，从平面镜 MN 反射出来的光如同是由虚像 S_2 产生的．特别是，当观察屏幕移至与平面镜端 N 接触时，根据 S_1 和 S_2 到该处的波程差计算，应该是明条纹中心，实验上却发现该接触点位于暗条纹中心，其他的条纹也有相应的变化．这一实验事实表明直射到屏幕上的光波和从平面镜反射的光波在 N 处相位相反，由于直射光波的相位不会变化，所以只能认为光波从空气入射到平面镜发生反射时，反射光的相位突变了 π，这一变化导致反射光的波程在反射过程中损失（附加）了半个波长，这种现象称为半波损失．

计算机模拟

劳埃德镜实验

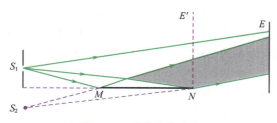

图 15-7　劳埃德镜实验

光学中折射率大的介质称为光密介质，折射率小的介质称为光疏介质．理论和实验都证明：光由光疏介质入射到光密介质在界面上反射时，在掠入射（入射角接近 90°）或垂直入射的条件下，在反射点处将发生半波损失．

例 15-1 在杨氏双缝干涉实验中，用波长 $\lambda = 589.3\text{nm}$ 的钠光灯作为光源，观察屏幕与双缝的距离为 $L = 800\text{mm}$，问：（1）双缝间距 $d = 1\text{mm}$ 和 $d = 10\text{mm}$ 时，相邻明条纹的间距分别为多大？（2）如果眼睛能分辨的相邻明条纹最小间距为 0.065mm，则能分清干涉条纹的双缝间距 d 最大是多少？

解　（1）$d = 1\text{mm}$，相邻明条纹的间距为

$$\Delta x = \frac{L\lambda}{d} = \frac{800 \times 589.3 \times 10^{-6}}{1}\text{mm} = 0.471\text{mm}.$$

$d = 10\text{mm}$，相邻明条纹的间距为

$$\Delta x = \frac{L\lambda}{d} = \frac{800 \times 589.3 \times 10^{-6}}{10}\text{mm} = 0.047\text{mm}.$$

（2）$\Delta x = 0.065\text{mm}$，双缝间距为

$$d = \frac{L\lambda}{\Delta x} = \frac{800 \times 589.3 \times 10^{-6}}{0.065}\text{mm} = 7.25\text{mm}.$$

这表明，双缝间距 d 必须小于 7.25mm，才能分清干涉条纹．因此，$d = 10\text{mm}$ 时，实际上是分不清干涉条纹的．

例 15-2 在杨氏双缝干涉实验中，用白光作为光源，假设狭缝间距为 d，观察屏幕与双缝的距离为 L，试估算能看到清晰彩色干涉条纹的级次．

解　白光波长在 400~760nm 范围内，在观察屏幕上明条纹中心的位置由下式确定：

$$x = \pm k \frac{L\lambda}{d} \quad (k = 0, 1, 2, \cdots).$$

当 $k=0$ 时，各种波长的中央明条纹在观察屏幕上 $x=0$ 处重叠，形成中央白色明条纹．在中央明条纹两侧，各种波长的同一级次的明条纹，由于波长不同而 x 值不同，因此彼此错开，从中央向外，由紫到红，产生不同级次条纹的重叠．最先发生重叠的是某一级次的红光和高一级次的紫光，因此能观察到清晰彩色干涉条纹的级次由下式确定：

$$k\lambda_{红} = (k+1)\lambda_{紫}.$$

由此得

$$k = \frac{\lambda_{紫}}{\lambda_{红} - \lambda_{紫}} = \frac{400}{760 - 400} = 1.1,$$

k 取整数，由此可见，只有第 1 级能观察到清晰的彩色干涉条纹．

例 15-3 一射电望远镜的天线设在湖岸上，距湖面高度为 h，如图 15-8 所示．对岸地平线上方有一恒星正在升起，发出波长为 λ 的电磁波．当天线接收到第 1 级干涉极大时，恒星的方位与湖面所成的角度 θ 为多大？

解 天线接收到的电磁波一部分直接来自恒星，另一部分经湖面反射，这两部分电磁波在天线处叠加，它们满足相干条件，产生干涉．设电磁波在湖面上 A 点处反射，两部分电磁波的波程差为

$$AC - BC = \frac{h}{\sin\theta}[1 - \cos(2\theta)] = 2h\sin\theta.$$

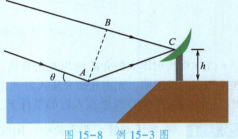

图 15-8 例 15-3 图

考虑到电磁波经水面反射时产生半波损失，则有

$$\delta = AC - BC + \frac{\lambda}{2} = 2h\sin\theta + \frac{\lambda}{2}.$$

对于第 1 级干涉极大，有

$$\delta = 2h\sin\theta + \frac{\lambda}{2} = \lambda,$$

由此可得

$$\theta = \arcsin\frac{\lambda}{4h}.$$

空间相干性

在杨氏双缝干涉实验中，如果将狭缝 S 加宽，干涉条纹的清晰度就会下降，甚至干涉条纹完全消失．这说明光源的宽度对干涉图样有重要影响，下面予以分析说明．

如图 15-9 所示，用宽度为 b 的面光源直接照射双缝 S_1 和 S_2，整个面光源可看作由许多并排的垂直于纸面的线光源组成，这些线光源独立发出的光波是非相干光，在通过双缝后各自产生一套干涉条纹，在观察屏幕上各套条纹彼此错开，在条纹重叠处的总光强是各条纹光强的非相干叠加．例如，面光源中部的线光源 A 产生的中央明条纹在观察屏幕上 O 处，面光源边缘两线光源 B 和 C 产生的中央明条纹分别在观察屏幕上 O_B 和 O_C 处，面光源宽度很小时，O、O_B、O_C 大致重合，即各套干涉条纹并没有

错开，观察屏幕上的干涉条纹十分清晰．面光源的宽度越大，则各套干涉条纹错开越大，导致干涉条纹的可见度越小．当面光源的宽度增大到使边缘线光源 B 和 C 所产生的第 1 级暗条纹正好落在中部线光源 A 所产生的中央明条纹 O 处时，将会使整个干涉条纹因相互错开而变得完全模糊起来．这时对应的面光源宽度 b 已成为能产生干涉所允许的面光源最大宽度．

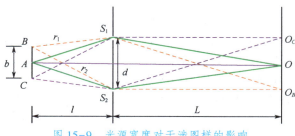

图 15-9　光源宽度对干涉图样的影响

由 B 发出的两束光通过 S_1 和 S_2 到达 O 点形成第 1 级暗条纹时，这两束光的波程差应等于 $\dfrac{\lambda}{2}$，即

$$(r_2+S_2O)-(r_1+S_1O)=r_2-r_1=\frac{\lambda}{2}.$$

而

$$r_2^2=l^2+\left(\frac{d}{2}+\frac{b}{2}\right)^2,\quad r_1^2=l^2+\left(\frac{d}{2}-\frac{b}{2}\right)^2,$$

则有 $r_2^2-r_1^2=bd$，由此得 $r_2-r_1=\dfrac{bd}{r_2+r_1}=\dfrac{\lambda}{2}$．

因为 $l\gg d$，$l\gg b$，所以 $\dfrac{bd}{r_2+r_1}\approx\dfrac{db}{2l}$，从而有 $\dfrac{db}{2l}=\dfrac{\lambda}{2}$．

因此，
$$b=\frac{l\lambda}{d},\tag{15.2.6}$$

或
$$d=\frac{l\lambda}{b}.\tag{15.2.7}$$

上式表明，在杨氏双缝干涉实验中，在 l 一定的条件下，只有当 $b<\dfrac{l\lambda}{d}$ 时，才能获得干涉条纹，而面光源越宽，要求 S_1 和 S_2 两缝越靠近才能获得干涉条纹，这就是杨氏双缝干涉实验中要求 S 也为狭缝的原因．从另一方面来说，具有一定宽度 b 的面光源发出的光波，在其波阵面上沿垂直于波线方向并不是任意两处发出的次波都能产生干涉，只有距离小于 $\dfrac{l\lambda}{b}$ 的两处发出的次波才是相干的，这一性质称为光波的空间相干性．

上述讨论对面光源宽度的限制，是对普通光源而言的．对于激光光源，因为激光光场中任意两点的光都是相干光，所以用激光直接照射双缝就能得到清晰的干涉条纹．

光程与光程差

在前面讨论的干涉现象中，两束相干光始终在同一介质内传播，给定单色光的频率 f 在不同介质内是相同的，在折射率为 n 的介质内，光速 $v = \dfrac{c}{n}$，在此介质内单色光的波长为

$$\lambda' = \frac{v}{f} = \frac{c}{nf} = \frac{\lambda}{n},$$

由此可见，光波在介质内传播时，其波长与介质的折射率有关. 因此，讨论光波在几种不同介质内传播时，为了便于计算相干光在不同介质内传播相遇时的相位差，特引入光程的概念.

如图 15-10 所示，考虑光由 S 点沿一条路径经过多种不同的均匀介质，到达 P 点，所经历的时间为

$$t = \frac{l_1}{v_1} + \frac{l_2}{v_2} + \frac{l_3}{v_3} = \sum_{i=1}^{3} \frac{l_i}{v_i},$$

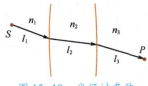

图 15-10　光经过多种不同介质

式中 l_i 和 v_i 分别为光波在第 i 种介质内的波程和速度大小. 由于 $v_i = \dfrac{c}{n_i}$，上式可写成

$$t = \frac{1}{c} \sum_{i=1}^{3} n_i l_i. \tag{15.2.8}$$

在折射率为 n 的介质内，如果光波在时间 t 内通过的波程（即几何路程）为 x，则其间的波数为 $\dfrac{x}{\lambda'}$，其中 λ' 为光波在折射率为 n 的介质内的波长. 同样波数的光波在真空中通过的几何路程为

$$\frac{x}{\lambda'} \lambda = nx,$$

式中 λ 为真空中光波的波长. 由此可见，在相同时间内，光波在介质内传播的路程 x 相当于光波在真空中传播的路程 nx.

另一方面，光波传播一个波长的距离，相位都改变 2π，在改变相同相位 $\Delta\varphi$ 的条件下，光波在不同介质内传播的路程是不同的. 如果光波在某介质内传播的路程为 x，则有

$$\Delta\varphi = 2\pi \frac{x}{\lambda'} = 2\pi \frac{nx}{\lambda}.$$

上式说明，在相位变化相同的条件下，光波在介质内传播的路程 x 相当于光波在真空中传播的路程 nx.

综上所述，我们引入光程的概念，将光波在介质内传播的路程 x 与该介质的折射率 n 的乘积 nx，称为光程.

如图 15-10 所示，如果用 L 表示光波从 S 到 P 的光程，则

$$L = \sum_{i=1}^{3} n_i l_i. \tag{15.2.9}$$

如果介质的折射率连续变化，则有

$$L = \int_s^P n\mathrm{d}l . \tag{15.2.10}$$

假设 S_1 和 S_2 是相干光源，频率为 f，它们的初相位相同，经路程 r_1 和 r_2 到达空间某点 P 相遇，如图 15-11 所示. 光波 S_1P 和 S_2P 分别在折射率为 n_1 和 n_2 的介质内传播，则这两相干光波在 P 点的相位差为

$$\Delta\varphi = \frac{2\pi r_2}{\lambda_2} - \frac{2\pi r_1}{\lambda_1} = \frac{2\pi n_2 r_2}{\lambda} - \frac{2\pi n_1 r_1}{\lambda},$$

即

$$\Delta\varphi = \frac{2\pi}{\lambda}(n_2 r_2 - n_1 r_1). \tag{15.2.11}$$

式 (15.2.11) 中的 λ 是真空中的波长. 由此可见，引入光程的概念后，计算通过不同介质的相干光的相位差时，可统一使用真空中的波长 λ 进行计算. 令 $\delta = n_2 r_2 - n_1 r_1$，$\delta$ 称为<u>光程差</u>.

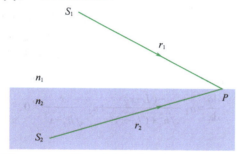

图 15-11 两相干光波分别经过两种不同介质

采用光程概念后，相当于把光在不同介质中的传播都折算为光在真空中的传播，这样，相位差可用光程差来表示，它们的关系是

$$\Delta\varphi = \frac{2\pi}{\lambda}\delta. \tag{15.2.12}$$

费马原理

费马（Pierre de Fermat）于 1657 年提出一条关于光传播的普遍原理，即光从空间的一点传到另一点是沿着时间为极值的路径传播的，这被称为<u>费马原理</u>. 由式 (15.2.10) 可得费马原理的另一表述：光从空间的一点传到另一点是沿着光程为极值的路径传播的. 也就是说，光由空间一点到另一点的传播在几何上存在无数条可能的路径，每条路径都对应一个光程值. 根据费马原理，实际路径所对应的光程，或者是所有光程可能值中的极小值，或者是所有光程可能值中的极大值，或者是某一恒定值. 从费马原理可以导出与光的传播路径有关的直线传播定律、反射定律和折射定律.

在均匀介质中，A 和 B 两点之间的光程取极值，等价于 A 和 B 两点之间的几何路程取极值，A 和 B 两点之间的直线为最短，因此，由费马原理可直接得出均匀介质内光沿直线传播.

如图 15-12 所示，自 S 点发出的光在两种介质的分界面 CC' 上由 O

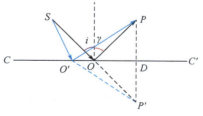

图 15-12 反射定律满足费马原理

点反射后通过 P 点，假设 $i=\gamma$，不难看出光线 SOP 的光程较其他任一光线 $SO'P$ 的光程都小．为说明这一结果，在垂线 PD 的延长线上取 P' 点，使 $PD=DP'$，此时 $PO=OP'$、$PO'=O'P'$，点 S、O、P' 在一条直线上，显然直线 SOP' 的长度小于折线 $SO'P'$ 的长度，由此可知折线 SOP 的长度小于折线 $SO'P$ 的长度．根据费马原理，所有从 S 点发出的光线，除光线 SOP 外，都不能通过 P 点．因此，$i=\gamma$．

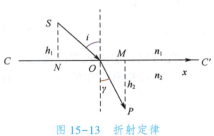

图 15-13　折射定律满足费马原理

如图 15-13 所示，自 S 点发出的光通过折射率为 n_1 和 n_2 的两介质的分界面 CC' 上的折射点 O 而到 P 点，折射光线由光程极小的条件决定．对于任意给定的 S 点和 P 点，假设其在两介质分界面 CC' 上的两垂足 N 和 M 间的距离为 L，折射点 O 和垂足 M 间的距离为 x，则光线 SOP 的光程为

$$\delta=n_1 SO+n_2 OP=n_1 \sqrt{h_1^2+(L-x)^2}+n_2 \sqrt{h_2^2+x^2}.$$

$$\frac{\mathrm{d}\delta}{\mathrm{d}x}=n_1 \frac{-(L-x)}{\sqrt{h_1^2+(L-x)^2}}+n_2 \frac{x}{\sqrt{h_2^2+x^2}}=0,$$

因此有

$$n_1 \sin i=n_2 \sin\gamma.$$

可见，满足费马原理的光线，必然满足折射定律．

　　以上是光程为极小的例子，下面给出光程为恒定值的例子．

　　如图 15-14 所示，透镜中物点 S 和像点 S' 之间不同光线的几何路程是不相等的，以物点 S 为球心作球面 ABC，显然球面 ABC 是波阵面；以像点 S' 为球心作球面 $A'B'C'$，显然 $A'B'C'$ 也是波阵面．波阵面上各点的相位是相同的，所以从 ABC 到 $A'B'C'$ 是等相位面的传播，光从 A 传播到 A'、从 B 传播到 B'、从 C 传播到 C' 的时间都相等，由此可知光从 A 传播到 A'、从 B 传播到 B'、从 C 传播到 C' 的光程也都相等．可见，满足费马原理的光线，必然满足透镜中物点 S 和像点 S' 之间各光线的光程都相等，即透镜成像中物像之间的光程为恒定值．

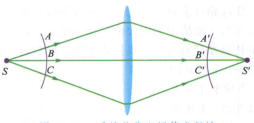

图 15-14　透镜物像之间等光程性

　　应用上面的结果，还可以得到平行光截面上的各点（如图 15-15 中的点 A、B、C）到透镜焦平面上光的会聚点 P 之间的光程都相等．或者反过

来，焦平面上物点 S 经过透镜到平行光截面上各点(如图 15-16 中的点 A、B、C)的光程都相等.

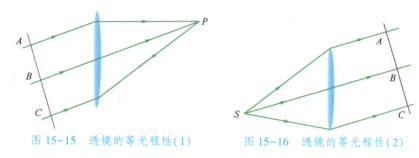

图 15-15　透镜的等光程性(1)　　　　图 15-16　透镜的等光程性(2)

时间相干性和单色性

严格的单色光是无穷长的简谐波，这样的光波叠加时，可在任意光程差的情况下实现干涉. 实际上，普通光源发光的微观过程是间歇的，每个原子的持续发光时间是有限的，这就决定了从光源发出的每个波列有一定的长度. 以杨氏双缝干涉实验为例，从光源每次发出的波列经过两个狭缝后被分成两个波列，如图 15-17 所示. 被分成的两个波列 a_1 和 a_2 由于经历了不同的光程而有先后的差别，图中 a_2 要比 a_1 落后，它们在不同的时间到达叠加点，时间差由光程差决定，这两个波列相互重叠时可实现相干叠加，这时就能产生干涉，如图 15-17(a) 所示. 当光程差超过波列本身的长度时，两波列完全不能重叠，只是先后通过叠加点，此时不能产生干涉，如图 15-17(b) 所示. 因此，要使两波列产生干涉，其最大光程差 δ_{m} 必须小于波列长度 L，我们称波列长度 L 为**相干长度**. 我们把光源中原子每次发光的持续时间称为**相干时间**，用 τ 表示，则每一波列在真空中的长度为 $L=c\tau$，其中 c 为真空中的光速.

计算机模拟

相干长度

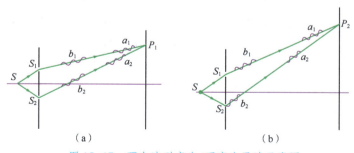

图 15-17　两个波列产生/不产生干涉示意图

光源发出的波列越长，产生干涉所允许的光程差就越大，而 L 的长短取决于光源的相干时间 τ，我们将光源的这种相干性称为时间相干性.

时间相干性与波源的单色性联系在一起，平面简谐波是具有单一波长的无限长波列，而有限长的光波列不是严格的单色光波，它有一定的波长

范围 $\Delta\lambda$，通常把 $\Delta\lambda$ 称为**谱线宽度**. 如图 15-18 所示，如果中心波长 λ 处的光强为 I_0，则光强为 $\frac{I_0}{2}$ 处对应的波长间隔为谱线宽度. 由此可知，谱线宽度越小，其单色性越好.

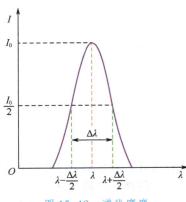

图 15-18　谱线宽度

假设杨氏双缝干涉实验中，光源发出中心波长为 λ、谱线宽度为 $\Delta\lambda$ 的光波，并且各波长成分有相同的光强. 由于不同波长的光波是不相干的，所以观察屏幕上任一点 P 的光强都是 $\Delta\lambda$ 内各种波长成分形成的干涉条纹在该点的光强的非相干叠加. 图 15-19 给出了分布在 $\lambda-\frac{\Delta\lambda}{2}$ 与 $\lambda+\frac{\Delta\lambda}{2}$ 之间各波长成分的光强分布曲线，为清楚起见，图中只画出 $\lambda-\frac{\Delta\lambda}{2}$ 和 $\lambda+\frac{\Delta\lambda}{2}$ 两边缘波长的光强分布曲线，曲线上方的数字表示这两边缘波长的干涉级，其他各波长的曲线分布在整个阴影区，将谱线宽度 $\Delta\lambda$ 内各波长的光强相加，可得到合光强分布曲线，即图 15-19 上方的曲线. 由于光程差 δ 与 x 成正比，所以可以用横坐标 x 表示光程差 δ. 在中央明条纹中心（$x=0$ 处），各波长成分相互重合. 除中央明条纹以外，不同波长的同级极大都相互错开，干涉级次越高，错开的距离就越大. 随着 x 的增加，条纹宽度也增加，当条纹宽度增加到一定时，相邻条纹将发生重叠，从而使条纹可见度下降以至消失. 考虑观察屏幕上任一点 P，如果 P 点沿 x 轴由原点向 x 轴正方向移动，两狭缝发出的光在 P 点的光程差将由零开始增加，当光程差增加到 δ_m 时，条纹可见度恰好为零. 由图 15-19 可以看出，当光程差增大到波长为 $\lambda-\frac{\Delta\lambda}{2}$ 的单色光所产生的第 $k+1$ 级明条纹中心与波长为 $\lambda+\frac{\Delta\lambda}{2}$ 的单色光所产生的第 k 级明条纹中心重合时，条纹可见度下降为零，即

$$\delta_m = (k+1)\left(\lambda-\frac{\Delta\lambda}{2}\right) = k\left(\lambda+\frac{\Delta\lambda}{2}\right).$$

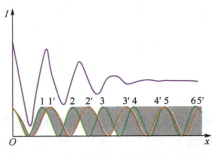

图 15-19　谱线宽度对干涉条纹的影响

考虑到 $\Delta\lambda \ll \lambda$，由上式可得

$$k = \frac{\lambda - \dfrac{\Delta\lambda}{2}}{\Delta\lambda} \approx \frac{\lambda}{\Delta\lambda}, \quad \delta_m \approx k\lambda = \frac{\lambda^2}{\Delta\lambda},$$

由此我们可以得到相干长度 L 和谱线宽度 $\Delta\lambda$ 之间的关系为

$$L = \frac{\lambda^2}{\Delta\lambda}.$$

上式说明，光的单色性越好，相干长度就越长，时间相干性就越好，光的单色性与时间相干性是紧密联系在一起的．光的时间相干性和光的单色性是对光的同一性质的不同描述，只是表达的角度不同．

15.3　薄膜干涉

我们在日常生活中常见的光源都有一定的宽度，称为扩展光源，扩展光源照射在薄膜上也会产生干涉现象，称为薄膜干涉．例如，在日光照射下，肥皂膜、油膜等呈现彩色的花纹，这些都是常见的薄膜干涉现象．一束光入射到薄膜上，一部分在上表面反射，另一部分向薄膜内折射，再在下表面反射并通过薄膜折射回原来介质，经薄膜上下两表面反射所得的光束 1 和光束 2 是相干的，它们可以看作从同一入射光的振幅分割出来的，所以用这种方法产生的干涉称为分振幅法干涉，如图 15-20 所示．严格来说，一束入射光入射到薄膜上时，它将在表面上相继发生多次反射和折射，形成多束反射光和透射光，但由于经多次反射后光的强度迅速下降，因此通常情况下只考虑初始的两束光，视为两光束干涉，且认为参与干涉的这两束光振幅相等．

如图 15-21 所示，设厚度为 t、折射率为 n_2 的薄膜放在折射率为 n_1 的介质中，屏幕上 P 点处的光强取决于两光束 1 和 2 的光程差 δ，

$$\delta = n_2(P_1P_2 + P_2P_3) - n_1 P_1 P_4 + \frac{\lambda}{2},$$

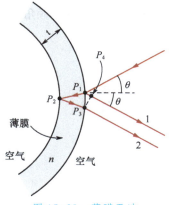

图 15-20　薄膜干涉

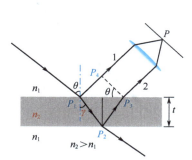

图 15-21　薄膜两表面反射光的光程差

式中出现 $\frac{\lambda}{2}$ 是因为光在薄膜上表面反射时有半波损失. 由几何关系

$$P_1P_4 = P_1P_3\sin\theta = 2t\tan\gamma\sin\theta, \quad P_1P_2 = P_2P_3 = \frac{t}{\cos\gamma},$$

可得两光束的光程差为

$$\delta = 2n_2\frac{t}{\cos\gamma} - 2n_1 t\tan\gamma\sin\theta + \frac{\lambda}{2}$$

$$= \frac{2t}{\cos\gamma}(n_2 - n_1\sin\lambda\sin\theta) + \frac{\lambda}{2},$$

把 $n_1\sin\theta = n_2\sin\gamma$ 代入上式, 得

$$\delta = \frac{2n_2 t}{\cos\gamma}(1-\sin^2\gamma) + \frac{\lambda}{2},$$

则

$$\delta = 2n_2 t\cos\gamma + \frac{\lambda}{2}$$

$$= 2t\sqrt{n_2^2 - n_1^2\sin^2\theta} + \frac{\lambda}{2}. \tag{15.3.1}$$

当 $2t\sqrt{n_2^2-n_1^2\sin^2\theta}+\frac{\lambda}{2}=k\lambda$, $k=1,2,\cdots$时, 反射光干涉相长, 其中 k 为明纹的级次.

当 $2t\sqrt{n_2^2-n_1^2\sin^2\theta}+\frac{\lambda}{2}=(2k+1)\frac{\lambda}{2}$, $k=0,1,2,\cdots$时, 反射光干涉相消, 其中 k 为暗纹的级次.

由式(15.3.1)可知, 对于厚度均匀的薄膜, 同一条干涉条纹是由同一倾角的入射光形成的, 这种条纹级次取决于入射角的干涉称为等倾干涉.

图 15-22 是观察等倾干涉条纹的示意图, 薄膜水平放置, 半反射半透射平面镜 M 与薄膜成45°放置, 会聚透镜 L 的光轴与薄膜表面垂直. 从面光源 S 发射出的部分光入射到薄膜, 再由薄膜上、下表面反射后形成一对平行反射光入射到 M, 其中部分光被 M 反射, 被 M 反射的光透过 L 会聚到屏幕 E 上, 从 S 上一点沿同一圆锥面发射出的光, 都是以相同倾角入射到

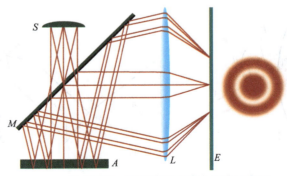

图 15-22 观察等倾干涉条纹的示意图

薄膜上的, 在观察屏幕上形成一个圆形的干涉条纹. 面光源 S 上每一点发射出的光都产生一组相应的干涉条纹, 各组条纹间是非相干的, 由于方向相同的平行光都被透镜 L 汇聚到观察屏幕上同一点, 所以由面光源 S 上不同点发射出的有相同倾角的光形成的干涉条纹都重叠在一起, 干涉条纹的总光强是 S 上所有点光源产生的干涉条纹的光强之和, 这样就使干涉条纹更加明亮.

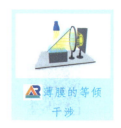

等倾圆环形干涉条纹的半径大小可用相应的入射角 θ(或折射角 γ) 表示, 大的半径与大 θ(或 γ) 对应, θ(或 γ) 为零时 k 值最大, 即中心点的干涉级次最高, 条纹越向外干涉级次越低. 此外, 从中央向外各相邻明条纹的间距也不同, 呈内疏外密分布, 如图 15-23 所示.

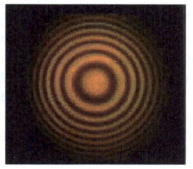

图 15-23　等倾干涉条纹

等倾干涉光强分布曲线和干涉图样

如果薄膜的厚度不均匀, 当入射角保持不变时, 由式 (15.3.1) 可知, 光程差仅与薄膜的厚度有关, 凡是厚度相同的地方, 光程差相同, 对应同一条干涉条纹, 这种干涉称为等厚干涉. 在实验室中常见的这种干涉现象是劈尖干涉和牛顿环.

劈尖干涉

如图 15-24 所示, 两块平面玻璃片一端互相叠合, 另一端夹一薄纸片, 两玻璃片之间形成一劈尖形空气薄膜, 称为空气劈尖. 空气劈尖上、下两表面的交线称为棱边, 上、下两表面的夹角 θ 称为顶角, 在平行于棱边的直线上, 空气劈尖的厚度是相等的.

当单色平行光垂直入射空气劈尖时, 在空气劈尖 ($n_2 = 1$) 上、下表面产生的反射光可以在空气劈尖上表面处相遇而形成干涉条纹. 对于平行于空气劈尖棱边的直线上各点, 劈尖厚度相等, 所以空气劈尖的干涉条纹为平行于棱边的直线条纹. 如图 15-25 所示, 在空气劈尖厚度为 e 处的两反射光之间的光程差为

$$\delta = 2e + \frac{\lambda}{2} = \begin{cases} k\lambda, & k = 1, 2, \cdots, & \text{(明纹)} \\ (2k+1)\dfrac{\lambda}{2}, & k = 0, 1, 2, \cdots. & \text{(暗纹)} \end{cases}$$

劈尖干涉实验

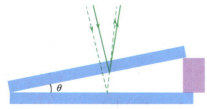

图 15-24　劈尖干涉 (1)

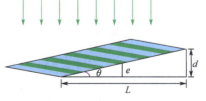

图 15-25　劈尖干涉 (2)

光在空气劈尖下表面反射时，光从光疏介质正入射到光密介质，反射光产生半波损失，所以上式出现 $\dfrac{\lambda}{2}$ 项.

设 e_k 和 e_{k+1} 分别为第 k 级和第 $k+1$ 级明条纹对应的劈尖厚度，如图 15-26 所示，则两相邻明条纹之间的距离 l 由下式决定：

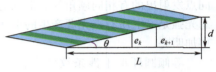

图 15-26　等厚干涉条纹示意图

$$l\sin\theta = e_{k+1} - e_k = \frac{1}{2}(k+1)\lambda - \frac{1}{2}k\lambda = \frac{\lambda}{2}.$$

式中 θ 为劈尖的顶角. 显然，干涉条纹是等间距的，而且 θ 越小，干涉条纹越疏；θ 越大，干涉条纹越密. 如果劈尖的顶角 θ 相当大，干涉条纹将无法看到. 因此，干涉条纹只能在很尖的劈尖上看到.

由上式可见，如果劈尖的顶角是已知的，那么测出干涉条纹的间距 l 就可以计算出单色光的波长. 反过来，如果单色光的波长是已知的，那么就可以计算出微小的角度. 工程技术上常利用这个原理来测定细丝的直径或薄片的厚度.

从上面讨论可知，如果劈尖上、下表面都是光学平面，劈尖干涉条纹将是一系列平行的、等间距的明暗条纹. 通常可利用这一现象来检查工件的平整度.

牛顿环

如图 15-27 所示，把一块曲率半径很大的平凸透镜放在一块平板玻璃片上，平凸透镜的凸球面和平板玻璃片的上表面构成一劈尖形空气薄膜. 当光束垂直地射向平凸透镜时，由平凸透镜的凸球面所反射的光和平板玻璃片的上表面所反射的光发生干涉，形成干涉条纹，如图 15-28 所示，这些干涉条纹是以接触点 O 为中心的同心圆环，称为**牛顿环**.

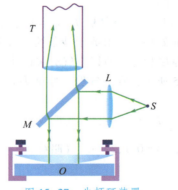

图 15-27　牛顿环装置

图 15-28　牛顿环

牛顿环的明纹中心和暗纹中心处所对应的空气层厚度 e 满足下式：

$$2e + \frac{\lambda}{2} = k\lambda, \quad k = 1,2,3,\cdots \text{（明纹中心）}, \tag{15.3.2}$$

$$2e + \frac{\lambda}{2} = (2k+1)\frac{\lambda}{2}, \quad k = 0,1,2,\cdots \text{（暗纹中心）}. \tag{15.3.3}$$

显然，在牛顿环中心 O 点处，相应的空气层厚度 $e=0$，由于有半波损失，对应的干涉结果呈现暗斑．

从图 15-29 可知，牛顿环的半径 r 和它对应的空气层厚度 e 的关系为

$$r^2 = R^2 - (R-e)^2 = 2Re - e^2.$$

由于 $R \gg e$，略去 e^2，则有

$$r^2 = 2Re,$$

于是

$$e = \frac{r^2}{2R}.$$

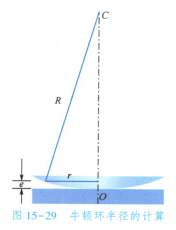

图 15-29　牛顿环半径的计算

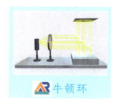

将其代入式（15.3.2）和式（15.3.3），可得明环中心的半径

$$r_k = \sqrt{(2k-1)R\frac{\lambda}{2}}, \quad k = 1, 2, 3, \cdots;$$

$$(15.3.4)$$

暗环中心的半径 $r_k = \sqrt{kR\lambda}$，$k = 0, 1, 2, \cdots$.　　(15.3.5)
因此，平凸透镜的曲率半径为

$$R = \frac{1}{4m\lambda}(D_{k+m}^2 - D_k^2). \quad (15.3.6)$$

牛顿环光强分布
曲线和干涉图样

在实验上，测出牛顿环的直径 D，则可由式（15.3.6）计算平凸透镜的曲率半径 R 或光波波长 λ．

另外，需要注意的是，牛顿环与等倾干涉条纹都是内疏外密的圆环形条纹，牛顿环的圆环形条纹级次是由环心向外递增的，等倾干涉条纹则相反．如果使空气层厚度减小，牛顿环的圆环形条纹将向外扩大，等倾干涉条纹则相反．

例 15-4　使白光垂直入射到空气中厚为 320nm 的肥皂膜上（其折射率 $n = 1.33$），请问：肥皂膜呈现什么色彩？

解　由于是垂直入射，且入射光由空气入射到肥皂膜上表面反射时有半波损失，因此入射光经肥皂膜上、下表面反射后的光程差为

$$2nt + \frac{\lambda}{2} = k\lambda,$$

从而

$$\lambda = \frac{2nt}{k - \frac{1}{2}}.$$

于是得：

（1）$k = 1$ 时，$\lambda = 4ne = 1700$nm，为红外光；

（2）$k = 2$ 时，$\lambda = \frac{4}{3}ne = 567$nm，为黄光；

（3）$k = 3$ 时，$\lambda = \frac{4}{5}ne = 341$nm，为紫外光．

因此，肥皂膜呈现黄色．

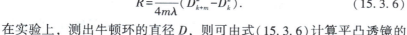

例15-5 平面单色光垂直照射在厚度均匀的油膜上，油膜覆盖在玻璃板上．所用光源波长可以连续变化，已知观察到500nm与700nm波长的光在反射中消失．油膜的折射率为1.30，玻璃的折射率为1.50，油膜的厚度是多少？

解 设 $\lambda_1 = 500$nm，$\lambda_2 = 700$nm，$n_1 = 1.30$.

入射光由空气入射到油膜上表面反射时有半波损失，入射光由油膜入射到玻璃板上表面反射时也有半波损失．由题意，相邻两个干涉极小所对应的光程差满足

$$2n_1 t = (2k+1)\frac{\lambda_1}{2}, \quad 2n_1 t = \left[(2k-1)+1\right]\frac{\lambda_2}{2},$$

由上式，得

$$(2k+1)\frac{\lambda_1}{2} = (2k-1)\frac{\lambda_2}{2}.$$

所以，
$$k = 3.$$

从而，
$$t = 6.73 \times 10^{-4} \text{mm}.$$

15.4 迈克耳孙干涉仪

迈克耳孙(A. A. Michelson)干涉仪的结构如图15-30所示．M_1 和 M_2 是相互垂直放置的两平面反射镜，M_2 固定，M_1 可沿导轨前后做微小移动．G_1 和 G_2 是两块与 M_1 和 M_2 成45°平行放置的厚度和折射率均相同的平面玻璃板，其中 G_1 的背面镀有半反射膜．来自透镜 L 的单色平行光经 G_1 分成两部分，一部分在半反射膜上反射，向 M_1 传播，如图中所示的光束1，经 M_1 反射后，再穿过 G_1 向 E 处传播，如图中所示的光束1′；另一部分穿过半反射膜，接着穿过 G_2 向 M_2 传播，如图中所示的光束2，经 M_2 反射后，再穿过 G_2，经 G_1 背面半反射膜反射，向 E 处传播，如图中所示的光线2′．显然，1′、2′是两束相干光，在 E 处可以观察到干涉条纹．G_2 称为补偿板，用来补偿光程，使光束1′和2′通过平面玻璃板的次数相同，其光程差可调整到零附近．

平面反射镜 M_2 经 G_1 背面半反射膜形成的虚像为 M_2'，由于虚像 M_2' 和实物 M_2 相对于半反射膜的位置是对称的，所以虚像 M_2' 应在 M_1 附近．来自 M_2 的反射光束2′可看作从 M_2' 处反射的．如果 M_1 与 M_2 相互垂直，则 M_2' 与 M_1 相互平行，M_2' 与 M_1 形成等厚的空气层．由 M_1 和 M_2 两平面反射镜的反射光产生的干涉，就如同 M_1 与 M_2' 形成的假想空气薄膜两表面的反射光产生的干涉．因此，在视场中的干涉条纹将为环形的等倾干涉条纹．如果 M_1 和 M_2 不相互垂直，使 M_1 和 M_2' 有微小夹角，形成空气劈尖，则可在视场中看到光束1′和2′产生的等厚条纹．

干涉条纹的位置取决于光程差．只要光程差有微小变化，干涉条纹就会发生移动．移动 M_1 相当于改变空气薄膜的厚度，空气薄膜的厚度改变 Δe 时，光程差改变 $2\Delta e$，当 $2\Delta e = \lambda$ 时，视场中就移过一条明纹，亦即 M_1 每移动 $\frac{\lambda}{2}$ 距离时，视场中就有一条明纹移过．所以，由明纹移动数目 N 就

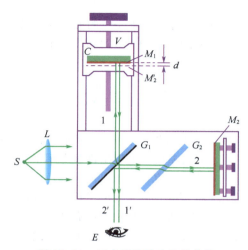

图 15-30 迈克耳孙干涉仪的结构

可算出 M_1 移动的距离 d 为

$$d = N\frac{\lambda}{2}. \qquad (15.4.1)$$

由上式可知，用已知波长的光波可以测定长度，也可用已知的长度来测定波长.

另外，如果 M_1 与 M_2 相互垂直，M_2' 与 M_1 形成等厚的空气层，假设两反射面 M_2' 与 M_1 的间距为 t，借助于调节螺旋使 M_1 沿导轨移动时，两反射面 M_2' 与 M_1 的间距 t 将连续变化，干涉条纹也将随之变化. 由此可测量波长接近的两谱线的波长差，设两谱线的波长分别为 λ_1 和 λ_2，$\lambda_1 < \lambda_2$. 在小范围观察的条件下，注视视场中的某处，调整 M_1 的位置，使该处 λ_1 的 k_1 级极大恰好与 λ_2 的 k_2 级极大重合，则有

$$2t = k_1\lambda_1 = k_2\lambda_2,$$

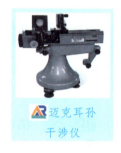

迈克耳孙
干涉仪

此时干涉条纹最清晰. 现移动 M_1，使 t 改变 Δt，λ_1 和 λ_2 的级次发生变化，波长较长的光级次变化小，波长较短的光级次变化大，如果 λ_1 的级次改变了 Δk，λ_2 的级次改变了 $\Delta k - \frac{1}{2}$，则波长为 λ_1 的光仍是干涉极大，波长为 λ_2 的光变成干涉极小. 此时波长为 λ_1 的干涉极大恰好落在波长为 λ_2 的干涉极小上，干涉条纹变得模糊不清，这时有

$$2\Delta t = \Delta k \cdot \lambda_1 = \left(\Delta k - \frac{1}{2}\right)\lambda_2. \qquad (15.4.2)$$

由上式可得

$$\lambda_2 - \lambda_1 = \frac{\lambda_2}{2\Delta k}. \qquad (15.4.3)$$

继续移动 M_1，则 t 继续改变，波长为 λ_2 的光级次将进一步落后，当落后到值为 1 时，波长为 λ_2 的光和波长为 λ_1 的光的光程差都等于各自波长的整数倍，都达到干涉极大，此时干涉条纹重新变清晰.

由此可见，移动 M_1，使 t 连续增大或减小时，由于 λ_1 和 λ_2 级次变化的快慢不同，可在视场中观察到干涉条纹的可见度呈现清晰-模糊-清晰的周期性变化．由式（15.4.2）、式（15.4.3）可得，干涉条纹可见度变化一个周期时，t 改变了

$$\Delta t = \frac{\lambda_1 \lambda_2}{2\Delta\lambda} \approx \frac{\overline{\lambda}^2}{2\Delta\lambda}, \tag{15.4.4}$$

式中 $\overline{\lambda}$ 是平均波长．

迈克耳孙干涉仪使相干的两光路分开，从而可在其中的一支光路中插入其他装置进行研究，在此基础上发展出许多专用干涉仪．原子发光的波长可作为长度的自然基准．迈克耳孙曾以镉灯红色谱线为基准，用迈克耳孙干涉仪测定了国际米原器的长度，促成了长度基准从国际米原器实物基准改为光波波长自然基准．迈克耳孙曾用迈克耳孙干涉仪测量在地球上各个方向光速的差异，这是物理上精确度极高的实验之一，得到的结果是否定的，为狭义相对论的建立奠定了实验基础．

例 15-6 在迈克耳孙干涉仪中，假设平面反射镜 M_1 和 M_2 相互垂直放置，用波长为 589.3nm 的钠光产生干涉．在迈克耳孙干涉仪的一支光路中放入折射率为 1.40 的薄膜时，产生了 7.0 条条纹的移动，试计算薄膜的厚度．

解 设薄膜厚度为 e，未放入薄膜时光程差为

$$\delta = k\lambda,$$

放入薄膜后光程差改变了

$$\Delta\delta = \Delta k \cdot \lambda,$$

即

$$2ne - 2e = \Delta k \cdot \lambda,$$

则

$$e = \frac{\Delta k \cdot \lambda}{2(n-1)} = \frac{7.0 \times 589.3 \times 10^{-9}}{2 \times (1.40-1)}\text{m} = 5.156 \times 10^{-6}\text{m}.$$

例 15-7 钠黄光由两条谱线组成，其平均波长为 589.3nm，用它作为迈克耳孙干涉仪的光源．移动反射镜 M_1，观察到干涉条纹的可见度呈现模糊-清晰-模糊的周期性变化，在视场中统计得到相继两次可见度为模糊之间共移过了 982 条条纹．试计算：（1）两谱线的波长差；（2）在可见度变化一个周期内，反射镜移动的距离．

解 （1）设两谱线的波长分别为 λ_1 和 λ_2（$\lambda_1 < \lambda_2$），可见度从第一次模糊到第二次模糊，λ_1 的级次改变 Δk，λ_2 的级次改变 $\Delta k - 1$．

所以，

$$2\Delta t = \Delta k \cdot \lambda_1 = (\Delta k - 1)\lambda_2.$$

由上式，得

$$\Delta\lambda = \lambda_2 - \lambda_1 = \frac{\lambda_2}{\Delta k} \approx \frac{\overline{\lambda}}{\Delta k} = \frac{589.3}{982}\text{nm} = 0.6\text{nm}.$$

（2）由式（15.4.4），得

$$\Delta t = \frac{\overline{\lambda}^2}{2\Delta\lambda} = \frac{589.3^2}{2 \times 0.6}\text{nm} = 2.894 \times 10^5\text{nm} = 0.2894\text{mm}.$$

习题 15

15.1 在杨氏双缝干涉实验中，观察屏幕上 P 点处的波程差 $r_2-r_1=\dfrac{\lambda}{3}$，则 P 点处干涉加强时的最大光强与该点处的光强的比值是多少？

15.2 在杨氏双缝干涉实验中，波长为 500nm 的单色光垂直入射到双缝上，双缝与观察屏幕的距离为 200cm，中央明条纹两侧第 10 级明条纹中心之间的距离为 2.20cm，试计算双缝间的距离．

15.3 在杨氏双缝干涉实验中，双缝与观察屏幕之间的距离为 1.2m，双缝间距为 0.45mm，若测得观察屏幕上干涉条纹相邻明条纹间距为 1.5mm，试计算光源发出的单色光的波长．

15.4 在杨氏双缝干涉实验中，波长为 550nm 的单色光垂直入射到缝间距为 2×10^{-4}m 的双缝上，双缝到观察屏幕的距离为 2m．试计算：
(1) 中央明条纹两侧第 10 级明条纹中心的间距；
(2) 用一块厚度为 6.6×10^{-5}m、折射率为 1.58 的玻璃片覆盖其中的一条缝后，零级明条纹移到原来的第几级明条纹处？

15.5 在杨氏双缝干涉实验中，波长为 480nm 的单色光垂直入射到双缝上，如果用折射率为 1.4 的薄玻璃片覆盖上缝，用同样厚度且折射率为 1.7 的薄玻璃片覆盖下缝，将使观察屏幕上的中央明条纹变成第 5 级明条纹．试计算薄玻璃片的厚度．

15.6 在折射率为 1.50 的玻璃上，镀上折射率为 1.35 的薄膜．入射光垂直照射薄膜上表面，观察反射光的干涉，发现对于波长为 600nm 的光波干涉相消，对于波长为 700nm 的光波干涉相长．试计算薄膜的厚度．

15.7 波长为 600nm 的单色光垂直照射由两块平板玻璃构成的空气劈尖，空气劈尖顶角为 2×10^{-4}rad．改变空气劈尖顶角，相邻两明条纹间距缩小了 1.0mm，试计算空气劈尖顶角的改变量．

15.8 折射率为 1.60 的两块平板玻璃之间形成一个顶角 θ 很小的空气劈尖，波长为 600nm 的单色光垂直入射，产生等厚干涉条纹．假如劈尖内是折射率为 1.40 的液体时相邻明条纹间距比劈尖内是空气时相邻明条纹间距小 0.5mm，那么顶角 θ 应是多少？

15.9 用波长为 λ_1 的单色光照射空气劈尖，从反射光干涉条纹中观察到空气劈尖装置的 A 点处是暗条纹．若连续增大入射光波长，直到波长变为 λ_2 时，A 点再次变为暗条纹．求 A 点处空气劈尖厚度．

15.10 用波长为 500nm 的单色光做牛顿环实验，测得第 k 个暗环半径为 4mm，第 $k+10$ 个暗环半径为 6mm，试计算平凸透镜凸面的曲率半径．

15.11 在牛顿环实验中，平凸透镜的曲率半径为 3.00m，当用某种单色光照射时，测得第 k 个暗环半径为 4.24mm，第 $k+10$ 个暗环半径为 6.00mm．试计算所用单色光的波长．

15.12 在牛顿环装置的平凸透镜和平板玻璃间充入某种透明液体，观测到第 10 个明环的直径由充液前的 14.8cm 变成充液后的 12.7cm，则这种液体的折射率是多少？

15.13 用波长为 λ 的单色光垂直照射牛顿环装置时，测得第 1 个暗环半径和第 4 个暗环半径之差为 Δr_1，而用未知单色光垂直照射时，测得第 1 个暗环半径和第 4 个暗环半径之差为 Δr_2，试计算未知单色光的波长．

15. 14 牛顿环装置如图 15-31 所示，平凸透镜中心恰好和平板玻璃接触，平凸透镜凸面的
曲率半径为 400cm. 某单色光垂直入射，观察反射光形成的牛顿环，测得第 5 个明环
的半径是 0.30cm.

(1)求入射光的波长.

(2)设图中 $OA = 1.00$cm，试计算在半径为 OA 的范围内
可观察到的明环数目.

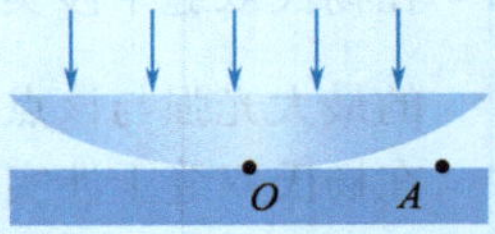

15. 15 用波长为 λ 的单色光垂直照射牛顿环装置，现把折射
率为 1.50 的玻璃平凸透镜和平板玻璃之间的空气换成
水，空气的折射率为 1.00，水的折射率为 1.33，则第 k 个暗环半径的改变量 $r_k - r_k'$ 等
于多少？

图 15-31 习题 15.14 图

15. 16 用波长为 λ 的单色光作为光源，观察迈克耳孙干涉仪的等倾干涉条纹. 先看到视场
中有 10 条亮纹(包括中心的亮斑在内). 在移动反射镜 M_2 的过程中，看到往中心缩
进去 10 条亮纹. 移动反射镜 M_2 后，视场中有 5 条亮纹(包括中心的亮斑在内). 试
计算开始时视场中心亮斑的干涉级 k.

第16章 光的衍射

衍射和干涉一样，是波动所特有的现象．由于光波的波长较短，一般情况下光的衍射现象不易被人们察觉，只有当障碍物的大小与光的波长可以相比拟时，人们才能观察到光的衍射现象．通过一些实验装置可以观察到明显的衍射现象，第一个通过实验方法观察到光的衍射现象的人是格利马尔弟(F. M. Grimaldi)．光的衍射现象只有用波动理论才能得到圆满解释，历史上曾把光的衍射现象作为光的波动性的重要依据．

按照光源和观察屏幕距离障碍物的远近，可把光的衍射分为菲涅耳(A. J. Fresnel)衍射和夫琅禾费(J. von Fraunhofer)衍射两大类．光源或观察屏幕到障碍物的距离为有限远，此情形为菲涅耳衍射，如图 16-1 所示；光源和观察屏幕到障碍物的距离均为无限远，此情形为夫琅禾费衍射，如图 16-2 所示，这时到达障碍物和到达观察屏幕的都是平行光，显然可用透镜实现夫琅禾费衍射，如图 16-3 所示．正如图 16-3 中所显示的情形，在实际的衍射实验装置中，常见的障碍物是带有各种形状通光孔的不透光屏．本章只讨论夫琅禾费衍射．

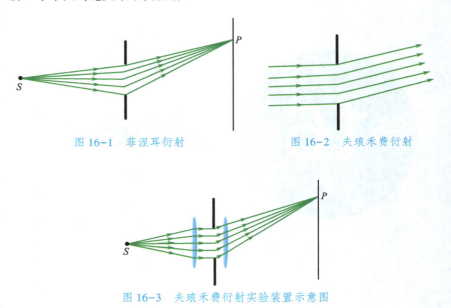

图 16-1　菲涅耳衍射　　　　图 16-2　夫琅禾费衍射

图 16-3　夫琅禾费衍射实验装置示意图

16.1 惠更斯-菲涅耳原理

惠更斯原理可以解释波遇到障碍物时传播方向的改变，却不能解释光的衍射图样中的光强分布．菲涅耳发展了惠更斯原理，在惠更斯的子波假设基础上，提出了子波相干叠加的概念，认为光场中任一点的光振动是这些子波在该点相干叠加的结果．在惠更斯原理的基础上，经菲涅耳发展和补充后的原理称为惠更斯-菲涅耳原理，该原理可表述如下：波在传播过程中，从同一波阵面上各点发出的子波经传播而在空间某点相遇时产生相干叠加．

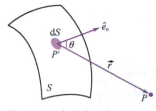

图 16-4 惠更斯-菲涅耳原理

如果已知某时刻波阵面 S，则空间任一点 P 的光振动可由 S 上每个面元 $\mathrm{d}S$（$\mathrm{d}S$ 取得足够小，可看作点波源）发出的子波在该点叠加后的合振动表示．对于光波，当参与相干叠加的光振动矢量近于平行时，可做标量处理．如图 16-4 所示，把波阵面 S 分成许多面元 $\mathrm{d}S$，菲涅耳假设，面元 $\mathrm{d}S$ 发出的子波在 P 点引起的光振动的振幅应当与从光源传播到 P' 点的光振动的振幅 $E(P')$ 成正比，与面元 $\mathrm{d}S$ 成正比，与 $\mathrm{d}S$ 到 P 点的距离 r 成反比，并且与面元法线方向 $\hat{e}_\mathrm{n}$ 和 $\vec{r}$ 之间的夹角 θ 有关，θ 越大，振幅越小．用 $K(\theta)$ 表示随 θ 增大而减小的函数，$K(\theta)$ 称为倾斜因子．P 点处的相位比面元 $\mathrm{d}S$ 处的相位落后 $\dfrac{2\pi}{\lambda}r$，若取 $t=0$ 时刻波阵面 S 上各点发出的子波初相位为零，则 $\mathrm{d}S$ 发出的子波在 P 点引起的光振动可写成

$$\mathrm{d}E = CE(P')K(\theta)\frac{1}{r}\cos\left(\omega t - \frac{2\pi}{\lambda}r\right)\mathrm{d}S, \qquad (16.1.1)$$

式中 C 为比例常数．

对式（16.1.1）积分，就得到整个波阵面 S 上所有面元发出的子波在 P 点引起的合振动，即

$$E = \int_S CE(P')K(\theta)\frac{1}{r}\cos\left(\omega t - \frac{2\pi}{\lambda}r\right)\mathrm{d}S. \qquad (16.1.2)$$

这就是惠更斯-菲涅耳原理的数学表达式，称为菲涅耳衍射积分．

菲涅耳假设倾斜因子 $K(\theta)$ 为随 θ 角增大而缓慢减小的函数，沿原波传播方向的子波振幅最大，当 $\theta=0$ 时，$K(\theta)$ 最大，$K(\theta)=1$；当 $\theta\geqslant\dfrac{\pi}{2}$ 时，$K(\theta)=0$，表示子波不能向后传播．借助于惠更斯-菲涅耳原理，原则上可以定量描述光通过各种障碍物所产生的衍射现象，但对一般的衍射问题，积分计算相当复杂．

16.2 夫琅禾费单缝衍射

在不透明的屏上开一条单狭缝，其长度远大于宽度，因此，狭缝可看作无穷长狭缝．夫琅禾费单缝衍射要求光源放在无穷远，这相当于入射光为平行光．观察点也应在无穷远处，但是通常借助于透镜把无穷远处的衍射结果移到透镜的主焦面上观察．夫琅禾费单缝衍射实验装置如图 16-5 所示．光源 S 放在透镜 L_1 的主焦面上，从透镜 L_1 透射出的光形成一束平行光．这束平行光照射在单缝 K 上，

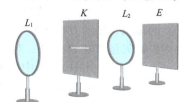

图 16-5 实验装置

一部分穿过单缝，再经过透镜 L_2，在 L_2 的焦平面处的屏幕 E 上将出现一组明暗相间的衍射条纹. 图 16-6(a) 所示为点光源的单缝衍射图样，图 16-6 (b) 所示为平行于狭缝的线光源的单缝衍射图样.

夫琅禾费单缝
衍射

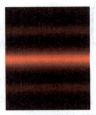

（a）点光源的单缝衍射图样　　（b）线光源的单缝衍射图样

图 16-6　单缝衍射图样

如图 16-7 所示，设想把单缝处的波阵面分成 N 个等宽的细窄条，宽度均为 $\Delta x = \dfrac{a}{N}$，每个细窄条可看作子波的波源. 因为 N 充分大，则细窄条的宽度充分小，每个细窄条发出的子波到 P 点的距离近似相等，所以在 P 点处各子波的光振动近似平行，振幅近似相等(近似等于 ΔE).

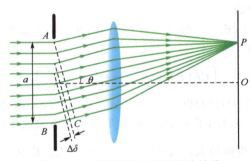

图 16-7　单缝衍射的光程差的计算

狭缝上、下最边缘处的两细窄条 A、B 发出的光到达 P 点的光程差为 $BC = a\sin\theta$，则相邻两细窄条发出的子波到达 P 点时的光程差均为

$$\Delta\delta = \Delta x\sin\theta = \frac{a\sin\theta}{N},$$

相应的相位差为

$$\Delta\varphi = \frac{2\pi}{\lambda}\frac{a\sin\theta}{N}.$$

根据惠更斯—菲涅耳原理，P 点的光振动等于这 N 个细窄条发出的子波在 P 点的光振动的矢量和，也就是说，P 点的光振动可视为 N 个同频率、同振幅、振动方向平行、相位依次差一个恒量 $\Delta\varphi$ 的光振动的合成，可用振幅矢量方法来处理. 对于 O 点，$\theta = 0$，$\Delta\varphi = 0$，则 $E_0 = N\Delta E$，如图 16-8(a) 所示，其中 E_0 为中央明纹中心 O 处的合振幅；对于 P 点，$E_P < E_0$，如图 16-8(b) 所示，$N \to \infty$ 时，N 条相接的折线将变为一条圆弧.

由图 16-8(c) 可得

$$\angle aOb = 2\beta = N\Delta\varphi, \quad \beta = \frac{N\Delta\varphi}{2} = \frac{\pi a \sin\theta}{\lambda}, \quad \frac{\frac{E_P}{2}}{R} = \sin\beta,$$

则

$$E_P = 2R\sin\beta. \tag{16.2.1}$$

由图 16-8（a）（b）（c）可得

$$E_0 = 2\beta R, \tag{16.2.2}$$

由式（16.2.1）、式（16.2.2）可得

$$\frac{E_P}{E_0} = \frac{\sin\beta}{\beta},$$

所以 P 点的合振幅为

$$E_P = E_0 \frac{\sin\beta}{\beta}. \tag{16.2.3}$$

于是，P 点的光强为

$$I = I_0 \left(\frac{\sin\beta}{\beta}\right)^2, \tag{16.2.4}$$

式中 $\beta = \frac{\pi a \sin\theta}{\lambda}$，$I_0$ 为中央明纹中心 O 处的光强．式（16.2.4）就是夫琅禾费单缝衍射的光强公式．

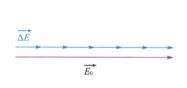

（a）振幅矢量方法（情形1）　　　（b）振幅矢量方法（情形2）

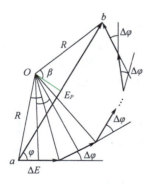

（c）振幅矢量方法（情形3）

图 16-8　振幅矢量方法

将夫琅禾费单缝衍射的光强公式按 $I-\sin\theta$ 作图，得到图 16-9 所示的光强分布曲线，中央是光强的主极大，两边对称地分布光强为零的值和一

些次级大.

主极大出现在 $\theta = 0$ 处，$I = I_0$，它是中央明纹的中心.

光强极小的位置满足
$$a\sin\theta = \pm k\lambda, k = \pm 1, \pm 2, \pm 3, \cdots, \quad (16.2.5)$$
对应的光强 $I = 0$，由式（16.2.5）可确定暗纹中心.

中央明纹两侧存在一些次级大，对应次级明纹中心.

由 $\dfrac{\mathrm{d}I}{\mathrm{d}\beta} = 0$，可得 $\tan\beta = \beta$，这是超越方程，可用图解方法解此超越方程，即画出曲线 $y = \tan\beta$ 和直线 $y = \beta$，二者交点的 β 值即为所求的解，如图 16-10 所示，所以，各次级明纹中心满足

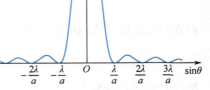

图 16-9　单缝衍射光强分布曲线

$$\sin\theta = \pm 1.43\frac{\lambda}{a}, \pm 2.46\frac{\lambda}{a}, \pm 3.47\frac{\lambda}{a}, \cdots.$$

以上结果表明：次级明纹中心的位置差不多在两相邻暗纹的中点，但朝中央明纹中心方向稍偏少许.

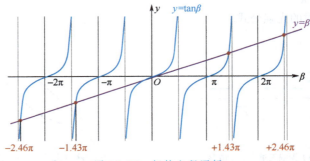

图 16-10　超越方程图解

把上述结果代入式（16.2.4），可得各次级明纹中心的光强为
$$I_{次级明纹} = 0.0472I_0, 0.0165I_0, 0.0083I_0, \cdots.$$

由上述结果可以看出，各次级明纹中心的光强随级次 k 值的增加而迅速减小，如第 1 级次级明纹中心的光强还不到中央明纹中心光强的 5%.

如图 16-11 所示，以 O 点为坐标原点，建立 x 轴方向向上的直角坐标系，假设透镜焦距为 f，衍射角 θ 对应的观察屏幕上 P 点的坐标为 x，则 $\tan\theta = \dfrac{x}{f}$，中央明纹的宽度 Δx_0 可由下式决定：

$$a\sin\theta_1 = \lambda, \quad \tan\theta_1 = \frac{\dfrac{\Delta x_0}{2}}{f},$$

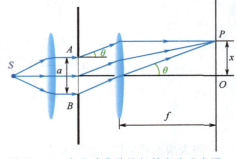

图 16-11　夫琅禾费单缝衍射实验示意图

即

$$\Delta x_0 = 2f\tan\theta_1 \approx 2f\sin\theta_1 = \frac{2f\lambda}{a}.$$

次级明纹的宽度为

$$\Delta x_k = x_{k+1} - x_k = \frac{(k+1)\lambda f}{a} - \frac{k\lambda f}{a} = \frac{f\lambda}{a} = \frac{1}{2}\Delta x_0,$$

由此可见，各次级明纹的宽度近似相等，中央明纹的宽度约为各次级明纹宽度的 2 倍．

例 16-1　在夫琅禾费单缝衍射实验中，垂直入射的光有两种波长，$\lambda_1 = 400\text{nm}$，$\lambda_2 = 760\text{nm}$．已知狭缝宽度 $a = 1.0 \times 10^{-2}\text{cm}$，透镜焦距 $f = 50\text{cm}$．计算两种波长的光的第一级衍射明纹中心之间的距离．

解　（1）由单缝衍射各次级明纹中心公式可知

$$a\sin\theta_1 = 1.43\lambda_1,\quad a\sin\theta_2 = 1.43\lambda_2,$$

由于 $a \ll f$，则

$$\sin\theta_1 \approx \tan\theta_1 = \frac{x_1}{f},\quad \sin\theta_2 \approx \tan\theta_2 = \frac{x_2}{f},$$

因此

$$x_1 = \frac{1.43\lambda_1}{a}f,\quad x_2 = \frac{1.43\lambda_2}{a}f.$$

两个第一级明纹之间距离为

$$\Delta x = x_2 - x_1 = 1.43\frac{f}{a}(\lambda_2 - \lambda_1)$$

$$= 1.43 \times \frac{50}{1.0 \times 10^{-2}} \times (760 - 400) \times 10^{-7}\text{cm} = 0.26\text{cm}.$$

下面讨论单缝衍射和双缝干涉．前面我们讨论杨氏双缝干涉实验时，为了不使问题变得复杂，暂时没有考虑衍射，实际上在杨氏双缝干涉实验中，每个狭缝都会产生衍射，通过每条狭缝的衍射光都会在观察屏幕上形成一组衍射图样，每组衍射的光强分布为

$$I' = I_0\left(\frac{\sin\beta}{\beta}\right)^2.$$

根据透镜的成像特点我们知道，在单缝衍射实验中，将狭缝沿垂直于光的入射方向稍微上下平移时，观察屏幕上的衍射条纹不动、条纹宽度也不变．由此可知，杨氏双缝干涉实验中不同位置的两条狭缝在观察屏幕上的衍射图样时是完全重合的，观察屏幕上的光强分布是由完全重合的这两部分衍射光的干涉产生的．

在不考虑每个狭缝的衍射时，由式（15.2.3）可知，经过双缝出射的光波叠加得到的光强为

$$I = 4I'\cos^2\left(\frac{\pi d}{\lambda}\sin\theta\right).$$

实际上，要考虑每个狭缝的衍射，因此，经过双缝出射的光波叠加得到的光强应当为

$$I = 4I_0\left(\frac{\sin\beta}{\beta}\right)^2\cos^2\left(\frac{\pi d}{\lambda}\sin\theta\right), \tag{16.2.6}$$

式中 $\beta = \dfrac{\pi a\sin\theta}{\lambda}$，$I_0$ 为中央明纹中心 O 处的光强．

式（16.2.6）是考虑到每个狭缝的衍射时双缝干涉的实际光强，该光强为双缝干涉的光强分布函数和单缝衍射的光强分布函数的乘积．由此可见，考虑到单缝衍射时，杨氏双缝干涉实验中观察屏幕上实际的干涉极大光强并不是等光强的，而是按照单缝衍射光强分布产生了

光强变化，衍射角越大，观察屏幕上干涉极大的光强越弱，通常把这种现象称为各干涉极大受到单缝衍射的调制，相应的光强分布曲线如图 16-12 所示，其中图 16-12(a)所示为双缝干涉光强分布曲线，图 16-12(b)所示为单缝衍射光强分布曲线，图 16-12(c)所示为实际的光强分布曲线.

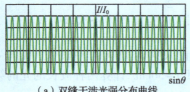

（a）双缝干涉光强分布曲线

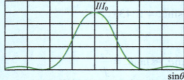

（b）单缝衍射光强分布曲线

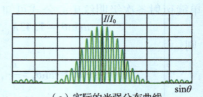

（c）实际的光强分布曲线

图 16-12　光强分布曲线

16.3 光栅衍射

　　大量宽度相等、间距相等的平行狭缝所构成的光学器件称为光栅，光栅的种类很多，有透射光栅、反射光栅等，本节只讨论透射光栅. 设透射光栅的总缝数为 N，狭缝宽度为 a，狭缝间不透光部分的宽度为 b，$d=a+b$ 称为光栅常量.

计算机模拟

透射光栅实验

　　图 16-13 所示是透射光栅衍射示意图，平行单色光垂直入射到光栅上，光栅的每一个狭缝都产生一个衍射图样，夫琅禾费单缝衍射图样不随狭缝的上下移动而变化，光栅上 N 个狭缝产生的 N 套衍射图样在观察屏幕上相互重叠，并且发生干涉. 所以，光栅的衍射图样是单缝衍射和多缝干涉的总效果，即 N 个狭缝的干涉图样受到单缝衍射的调制.

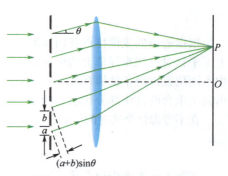

图 16-13　透射光栅衍射示意图

　　对应于衍射角 θ，任意两相邻狭缝发出的光束在观察屏幕上 P 点的光振动矢量的相位差为

$$\Delta\varphi = \frac{2\pi\delta}{\lambda} = \frac{2\pi d\sin\theta}{\lambda}. \tag{16.3.1}$$

　　由式(16.2.3)可知，每个狭缝发出的光束在观察屏幕上 P 点的光振动

的振幅为

$$E' = E'_0 \frac{\sin\beta}{\beta} \left(\text{其中} \beta = \frac{\pi a}{\lambda}\sin\theta \right).$$

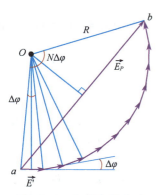

图 16-14　振幅矢量方法

　　因为每个狭缝发出的光束到 P 点的距离近似相等，所以在 P 点每个狭缝发出的光束的光振动近似平行，振幅近似相等（均近似等于 E'）。

　　P 点的光振动等于这 N 个狭缝发出的子波在 P 点的光振动的矢量和，也就是说，P 点的光振动可视为 N 个同频率、同振幅、振动方向平行、相位依次差一个恒量 $\Delta\varphi$ 的光振动的合成，可用振幅矢量方法来处理．如图 16-14 所示，有

$$\frac{E_P}{2} \Big/ R = \sin\frac{N\Delta\varphi}{2}, \quad E_P = 2R\sin\frac{N\Delta\varphi}{2},$$

$$\frac{E'}{2} \Big/ R = \sin\frac{\Delta\varphi}{2}, \quad E' = 2R\sin\frac{\Delta\varphi}{2},$$

则

$$\frac{E_P}{E'} = \frac{\sin\dfrac{N\Delta\varphi}{2}}{\sin\dfrac{\Delta\varphi}{2}}.$$

令 $\alpha = \dfrac{\Delta\varphi}{2} = \dfrac{\pi d}{\lambda}\sin\theta$，则 $\dfrac{E_P}{E'} = \dfrac{\sin(N\alpha)}{\sin\alpha}$，$E_P = E'_0 \dfrac{\sin\beta}{\beta} \dfrac{\sin(N\alpha)}{\sin\alpha}$，

因此，有

$$I_P = I'_0 \left(\frac{\sin\beta}{\beta}\right)^2 \left[\frac{\sin(N\alpha)}{\sin\alpha}\right]^2, \tag{16.3.2}$$

其中 I'_0 为单缝衍射中央主极大光强，$\beta = \dfrac{\pi a}{\lambda}\sin\theta$，$\alpha = \dfrac{\pi d}{\lambda}\sin\theta$．

　　下面讨论光栅衍射条纹的分布．

　　（1）主极大

　　当 $\alpha = \pm k\pi (k=0,1,2,3,\cdots)$ 时，$I = I_{max} = I'_0 N^2 \left(\dfrac{\sin\beta}{\beta}\right)^2$，光强取极大值．

　　由上式可得 $\dfrac{\pi d}{\lambda}\sin\theta = \pm k\pi$，则

$$d\sin\theta = \pm k\lambda\,(k=0,1,2,3,\cdots). \tag{16.3.3}$$

式（16.3.3）称为光栅方程，满足光栅方程的明纹称为主极大明纹．

　　（2）暗纹

　　当 $N\alpha = \pm k'\pi (k'=1,2,3,\cdots,\ k'\neq Nk)$ 时，$I=0$，出现暗条纹．

由式(16.3.3)可得

$$d\sin\theta = \pm\frac{k'}{N}\lambda\ (k'=1,2,3,\cdots,k'\ne Nk),\qquad(16.3.4)$$

式(16.3.4)为产生暗条纹的条件.

应该注意，式(16.3.4)中 k' 取值应去掉 $k'=kN$ 的情况，因为这属于出现主极大明纹的情况，所以 k' 应取如下数值：

$$k'=\pm1,\pm2,\cdots,\pm(N-1)\,;\ \pm(N+1),\pm(N+2),\cdots,\pm(2N-1),\pm(2N+1),\cdots.$$

由此可见，在两个相邻的主极大明纹之间有 $N-1$ 条暗纹.

（3）次极大

透射光栅光强分布
曲线和衍射图样

既然在相邻两主极大明纹之间有 $N-1$ 条暗纹，则在两暗纹之间一定还存在明纹，这些明纹的光强比主极大光强小很多，称为次极大或次级明纹. 两主极大明纹之间出现的次极大明纹数目为 $N-2$ 条.

由于光栅的狭缝数目 N 是一个很大的数，次级大光强不仅比主极大光强小很多，其宽度也很小，它们与暗纹混成一片，结果是在两相邻主极大明纹之间布满了暗纹和光强极弱的次级明纹，相邻主极大明纹之间实际上是一暗区，因此在观察屏幕上呈现的光栅衍射图样的特点是暗弱背景上一系列又细又亮的主极大明纹. 单色光经过光栅衍射后形成各级细而亮的主极大明纹，这使人们可以精确地测定其波长. 如果用复色光照射光栅，除中央明纹外，不同波长的同一级主极大明纹的位置是不同的，并按波长由短到长自中央向外侧依次分开排列，每一干涉级次都有这样的一组细窄亮线，光栅衍射产生的这种按波长排列的细窄亮线称为光栅的谱线.

如果对应某一衍射角 θ，既满足光栅方程

$$d\sin\theta = \pm k\lambda\ (k=0,1,2,3,\cdots),$$

又满足单缝衍射暗纹条件

$$a\sin\theta = \pm k'\lambda\ (k'=1,2,3,\cdots),\qquad(16.3.5)$$

则 k 级主极大是暗的，在光栅衍射图样中，该级明条纹消失，这种现象称为缺级. 由式(16.3.5)可得缺级的级次为

$$k=\frac{d}{a}k'\ (k'=1,2,3,\cdots),\qquad(16.3.6)$$

例如，当 $d=4a$ 时，$k=4k'$，即 $k=4,8,12,\cdots$ 的主极大明纹消失，如图 16-15 所示.

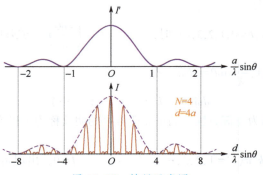

图 16-15　缺级示意图

例 16-2　如图 16-16 所示，波长为 600nm 的单色光垂直入射到一光栅上，光栅的光栅常数为 7×10^{-3}cm，光栅的每条狭缝宽为 2×10^{-3}cm，在光栅后面放一焦距为 1m 的透镜，试计算：(1)单缝衍射中央明条纹宽度为多少？(2)在该宽度内有几个光栅衍射主极大？

解　(1)$a=2\times10^{-3}$cm，

由式(16.3.6)可知，单缝衍射暗条纹中心满足

$$a\sin\theta=k\lambda,$$

对于第一级暗条纹中心，取 $k=1$，则有 $\sin\theta=\dfrac{\lambda}{a}$.

由于 $x\ll f$，因此 $\tan\theta=\dfrac{x}{f}\approx\sin\theta$，于是 $\dfrac{x}{f}=\dfrac{\lambda}{a}$.

$$x=\frac{\lambda}{a}f=\frac{600\times10^{-9}}{2\times10^{-3}\times10^{-2}}\times1\text{m}=0.03\text{m},$$

中央明条纹宽度为 $\Delta x=2x=0.06$m.

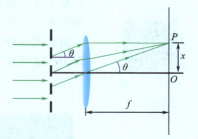

图 16-16　例 16-2 图

(2)$d=7\times10^{-3}$cm，由光栅方程可知

$$k=\frac{d\sin\theta}{\lambda}=\frac{dx}{\lambda f}=\frac{7\times10^{-3}\times10^{-2}\times0.03}{600\times10^{-9}\times1}=3.5,$$

取 $k=3$，则 $k=0,\pm1,\pm2,\pm3$，共有 7 个主极大.

例 16-3　在光栅衍射实验中，垂直入射的光有两种波长，$\lambda_1=400$nm，$\lambda_2=760$nm. 已知光栅常数 $d=1.0\times10^{-3}$cm，在光栅后面放一焦距 $f=50$cm 的透镜. 试计算这两种光的第 1 级主极大之间的距离.

解　由光栅方程可知

$$d\sin\theta_1=k\lambda_1=1\lambda_1,\quad d\sin\theta_2=k\lambda_2=1\lambda_2,$$

由于 $d\ll f$，则 $\sin\theta_1\approx\tan\theta_1=\dfrac{x_1}{f}$，$\sin\theta_2\approx\tan\theta_2=\dfrac{x_2}{f}$，

从而 $x_1=\dfrac{\lambda_1}{d}f$，$x_2=\dfrac{\lambda_2}{d}f$.

因此，$\Delta x=x_2-x_1=\dfrac{f}{d}(\lambda_2-\lambda_1)=\dfrac{50}{1.0\times10^{-3}}\times(760-400)\times10^{-7}cm=1.8$cm.

例 16-4　波长为 400nm 的单色光垂直入射到光栅上，光栅常数为 2.4×10^3nm，在衍射角 $\theta=30°$ 的方向上第 3 级主极大不出现. 试计算该光栅可能的狭缝宽度.

解　在 $\theta=30°$ 的方向上，波长 $\lambda=400$nm 的第 3 级主极大缺级，则有

$$d\sin30°=3\lambda,\quad a\sin30°=k'\lambda,$$

所以 $\dfrac{d}{a}=\dfrac{3}{k'}$，即 $a=\dfrac{d}{3}k'$.

取 $k'=1$，狭缝宽度为

$$a=\frac{d}{3}=\frac{2.4\times10^3}{3}\text{nm}=0.8\times10^3\text{nm}.$$

取 $k'=2$，狭缝宽度为

$$a=\frac{d}{3}\times2=\frac{2.4\times10^3}{3}\times2\text{nm}=1.6\times10^3\text{nm}.$$

16.4 光学仪器的分辨本领

夫琅禾费圆孔衍射

计算机模拟

圆孔的夫琅禾
费衍射实验

计算机模拟

圆孔的夫琅禾费
衍射光强分布
曲线和衍射图样

如果在夫琅禾费单缝衍射实验装置中，用小圆孔代替狭缝，则在观察屏幕上可看到圆孔衍射图样，中间是一个明亮的圆斑，为中央亮斑，其外围分布一组很淡的同心暗环和明环环纹，如图16-17所示. 夫琅禾费圆孔衍射的光强分布可根据惠更斯-菲涅耳原理进行计算，光强分布曲线如图16-18所示，其中第一个光强极小值位置满足

图 16-17　圆孔衍射图样

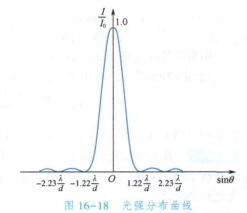

图 16-18　光强分布曲线

$$\sin\theta_1 = 1.22\frac{\lambda}{d}, \qquad (16.4.1)$$

式中 λ 为入射光的波长，d 为圆孔直径.

由第一级暗环包围的中央亮斑称为艾里(G. B. Airy)斑，计算结果表明，艾里斑集中了83.8%衍射光的能量. 如图16-19所示，如果透镜的焦距为 f，观察屏幕上艾里斑的半径为 R，艾里斑对透镜光心的张角为 $2\theta_1$，则艾里斑的半角宽度就是衍射图样中第一级暗环对应的衍射角 θ_1. 艾里斑的半角宽度 θ_1 很小，由式(16.4.1)可得

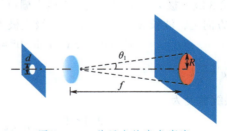

图 16-19　艾里斑的半角宽度

$$\theta_1 \approx \sin\theta_1 = 1.22\frac{\lambda}{d}. \qquad (16.4.2)$$

艾里斑的半径 R 为

$$R = f\tan\theta_1 \approx f\sin\theta_1 = 1.22\frac{\lambda}{d}f. \qquad (16.4.3)$$

由式(16.4.3)可知：d 越小，艾里斑越大，衍射现象越显著；反之，d 越大，艾里斑越小，衍射现象越不明显．当 $\frac{\lambda}{d} \ll 1$ 时，衍射现象可忽略，艾里斑和各环纹向中心收缩成一点，这正是几何光学的结果．

光学仪器的分辨本领

光学仪器中的光阑和透镜都是圆形的，研究夫琅禾费圆孔衍射对于评价仪器成像质量具有重要意义．成像光学仪器的物镜都有限制光束的孔径，这些孔径通常是物镜的圆形边框，这使物光通过光学仪器成像时，物点所成的像不是理想的几何光学像点，而是艾里斑，这必然会影响像的清晰度．

如图 16-20 所示，透镜相当于一个透光的小圆孔，观察屏幕放在其焦平面处，两个很近的点光源(两个物点)A 和 B 通过透镜成像，在观察屏幕上它们的艾里斑重叠．图 16-20(a)表示两个艾里斑重叠很少，能分辨出这两个点光源；图 16-20(b)表示两个艾里斑部分重叠，恰好能分辨出这两个点光源；图 16-20(c)表示两个艾里斑大部分重叠，分辨不出这两个点光源．那么，在什么条件下，两个物点所成的像恰好能分辨？人们通常采用瑞利(Rayleigh)提出的标准，并称其为瑞利判据．

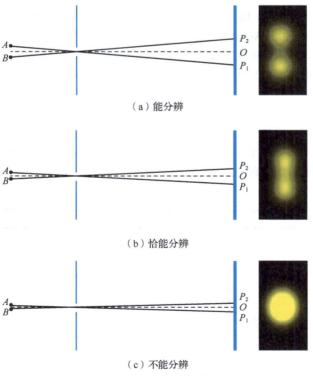

（a）能分辨

（b）恰能分辨

（c）不能分辨

图 16-20 艾里斑的半角宽度

瑞利判据规定：两个光强分布相同的艾里斑重叠后，其总光强分布曲线中央凹陷处的光强为最大光强的80%时，恰好能分辨。根据计算可知，这相当于对于两个等光强的非相干物点，如果其中一个艾里斑的中心恰好落在另一个艾里斑的边缘(第一级暗环处)，则此两物点被认为恰好可以分辨。

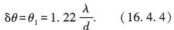

计算机模拟

两个艾里斑的
分辨

如图16-21所示，当恰好能分辨两物点时，两物点A和B对透镜光心的张角$\delta\theta$等于艾里斑的半角宽度θ_1，即

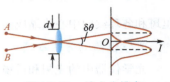

$$\delta\theta = \theta_1 = 1.22\frac{\lambda}{d}. \quad (16.4.4)$$

图16-21　最小分辨角

若两物点A和B对透镜光心的张角小于$\delta\theta$，则不能分辨两物点，故$\delta\theta$称为光学仪器的最小分辨角，其倒数R称为光学仪器的分辨本领，即

$$R = \frac{1}{\delta\theta} = \frac{d}{1.22\lambda}. \quad (16.4.5)$$

由此可见，光学仪器的分辨本领与孔径d成正比，与波长λ成反比。望远镜的物镜孔径越大，它的分辨本领越高。用于天文观测的天文望远镜，为提高分辨本领，采用的物镜孔径都很大，有的孔径达5m以上。采用波长越短的光，分辨本领越高，电子显微镜的分辨本领之所以远大于普通光学显微镜，就是因为采用了波长远小于可见光波长的电子束。

光栅的分辨本领

根据光栅方程(16.3.3)，如果光栅常数d一定，则对于波长不同的入射光，同一级次k对应的衍射角θ不同，波长小的衍射角小，波长大的衍射角大。例如，入射光里包含几种不同波长的光，$\lambda_1 < \lambda_2 < \lambda_3 < \lambda_4$，除了这几种波长的光在中央明纹处彼此重合外，其他各级明纹将按照波长从小到大的顺序依次排列，分别错开，级次越高，错开越大，如图16-22所示。如果入射光是白光，则除了中央明纹仍为白色亮条纹外，其他各级明纹将按照由紫到红的顺序依次分开，形成彩色光谱，对称地排列在中央明纹两侧，如图16-23所示。光栅除了零级之外，其他各级可将光源中不同波长的光分开来的性质称为色散。

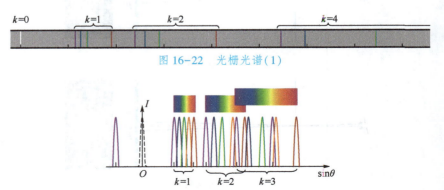

图16-22　光栅光谱(1)

图16-23　光栅光谱(2)(入射光是白光)

光栅光谱被广泛地应用于各种光谱仪器中，光栅的作用是使不同波长光波的同级光谱有不同的衍射角，为描述光栅的这一功能，通常用角色散本领来反映光栅使不同波长的谱线在空间分开的程度. 设两光波的波长分别为 λ 和 $\lambda+\mathrm{d}\lambda$，它们的 k 级谱线分开的角间距为 $\mathrm{d}\theta$，则角色散本领 D 可定义为

$$D=\frac{\mathrm{d}\theta}{\mathrm{d}\lambda}, \tag{16.4.6}$$

即角色散本领表示在同一级光谱中，单位波长间隔的两条谱线分开的角间距.

对光栅方程(16.3.3)两边取微分，得

$$d\cos\theta\mathrm{d}\theta=k\mathrm{d}\lambda,$$

因此，光栅的角色散本领为

$$D=\frac{\mathrm{d}\theta}{\mathrm{d}\lambda}=\frac{k}{d\cos\theta}. \tag{16.4.7}$$

角色散本领只表示两条谱线分开的程度，实际上每一条谱线都具有一定的宽度，当两条谱线靠得很近时，它们还可能因彼此部分重叠而分辨不出是两条谱线，所以必须引入光栅分辨本领来描述光栅分辨谱线的能力. 若光栅恰能分辨开的两条同级谱线的波长分别为 λ 和 $\lambda+\Delta\lambda$，则光栅分辨本领可定义为

$$R=\frac{\lambda}{\Delta\lambda}. \tag{16.4.8}$$

光栅分辨本领定义也称为色分辨本领，光栅恰能分辨开两条同级谱线的判据仍然是瑞利判据，即如果两条谱线中一条谱线的主极大恰好落在另一条谱线主极大最邻近的第一极小的位置，则两条谱线恰能分辨，如图16-24 所示.

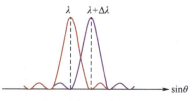

图 16-24 光栅光谱恰能分辨

对 k 级谱线而言，当波长为 $\lambda+\Delta\lambda$ 的 k 级主极大正好与波长为 λ 的第 $k'=kN+1$ 级极小重合时，波长为 λ 的谱线与波长为 $\lambda+\Delta\lambda$ 的谱线恰能分辨.

由光栅方程(16.3.3)可知，波长为 $\lambda+\Delta\lambda$ 的 k 级主极大满足

$$d\sin\theta=k(\lambda+\Delta\lambda).$$

由式(16.3.4)可知，波长为 λ 的 k 级主极大最邻近的第一极小满足

$$d\sin\theta=\frac{k'}{N}\lambda=\frac{kN+1}{N}\lambda.$$

由上述两式，得

$$k(\lambda+\Delta\lambda)=\frac{kN+1}{N}\lambda,$$

$$k\Delta\lambda=\frac{\lambda}{N},$$

则有

$$R=\frac{\lambda}{\Delta\lambda}=kN. \tag{16.4.9}$$

式(16.4.9)表明，光栅的分辨本领与谱线的级次和光栅的缝数都成正比．这是由于谱线级次增大，较高级次的谱线具有较大的角色散本领；光栅的缝数增大，使谱线变锐．通常光栅的缝数很大，因此光栅有很高的分辨本领．

例16-5　波长 $\lambda = 600\text{nm}$ 的单色光垂直入射到光栅上，在衍射角 $\theta = 30°$ 的方向上出现第2级主极大，并且在该处恰能分辨波长差 $\Delta\lambda = 5\times10^{-3}\text{nm}$ 的两条谱线．试计算该光栅的光栅常数和狭缝数．

解　由光栅公式 $d\sin\theta = k\lambda$，光栅常数为

$$d = \frac{k\lambda}{\sin\theta} = \frac{2\times600}{\sin30°}\text{nm} = 2.4\times10^3\text{nm}.$$

由式(16.4.9)，有 $\dfrac{\lambda}{\Delta\lambda} = kN$，狭缝数为

$$N = \frac{\lambda}{k\Delta\lambda} = \frac{600}{2\times5\times10^{-3}} = 60000.$$

16.5　X 射线衍射

X 射线是德国物理学家伦琴(W. K. Rontgen)于1895年发现的．产生 X 射线的 X 射线管如图16-25所示，K 是发射电子的热阴极，A 是由钼或钨制成的阳极，两极之间加有数万伏的高电压，由阴极发射出的电子在强电场中被加速，被加速的高速电子撞到阳极上，电子撞击时激烈减速，由此发出波长约为 0.1nm 数量级的电磁波，此电磁波就是 X 射线．由于它的波长很短，用普通光栅观察不到 X 射线的衍射现象，因此用人工的方法无法制造出适用于 X 射线的光栅．

1912年德国物理学家劳厄(Max von Laue)想到，晶体中原子的规则排列是一种适用于 X 射线的三维空间光栅．劳厄通过实验成功地获得了 X 射线的衍射图样，实验装置如图16-26所示．一束 X 射线穿过铅板上的小孔后射向一薄单晶片 C，并经单晶片 C 衍射后使照相底片 E 感光，结果在感光底片上得到一些具有某种对称分布的衍射斑点，称为劳厄斑，如图16-27所示．实验的成功，证实了 X 射线也是一种电磁波，也证实了晶体内的原子是按一定的间隔规则排列的．这是由于当 X 射线照射到晶体上时，组成晶体点阵的每一个原子(或离子)成为发出子波的波源，向各方向发出子波

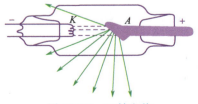

图16-25　X 射线管

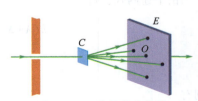

图16-26　劳厄实验装置

（称为散射），这些子波相干叠加的结果使某些特定方向的衍射光形成主极大，并在感光底片上显影出相应的劳厄斑.

　　1913 年，英国布拉格父子（William Henry Bragg 和 William Lawrence Bragg）提出一种较为简单的研究 X 射线衍射的方法. 他们认为晶体点阵可视为由一系列平行的原子（或离子）层构成的，如图 16-28 所示，这些原子层称为晶面，当 X 射线照射到晶体上时，组成晶体点阵的每一个原子（或离子）所发出的子波的相干叠加可以分为同一晶面上的原子所发出的子波的叠加和不同晶面上的原子所发出的子波的叠加.

图 16-27　劳厄斑

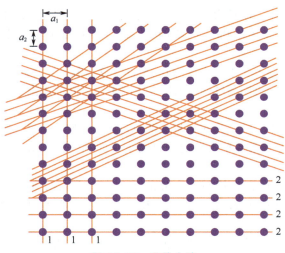

图 16-28　晶体点阵

　　取一组晶面，设该组晶面各层之间的距离为 d，称为晶面间距. 一束单色平行的 X 射线以掠射角 θ 入射到晶面上，对于同一晶面上各原子所发出的衍射光的相干叠加，只有在衍射方向与该晶面的夹角等于掠射角的方向上时，衍射光强极大，这是由于同一晶面上相邻原子在满足反射定律的方向上光程差为零. 对于不同晶面上原子所发出的衍射光的相干叠加，相干叠加后的衍射光强由相邻两晶面上原子所发出的衍射光的光程差确定，如图 16-29 所示，相邻两晶面发出的衍射光的光程差为

$$\delta = AC + CB = 2d\sin\theta.$$

显然，各晶面发出的衍射光相互加强而形成亮点的条件是

$$2d\sin\theta = k\lambda, \quad k = 1, 2, 3, \cdots,$$

$$(16.5.1)$$

该式称为**布拉格公式**. 在满足式（16.5.1）

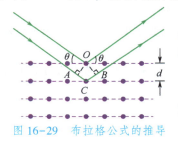

图 16-29　布拉格公式的推导

的方向上各晶面反射的衍射光都相互叠加而加强，形成亮点.

同一晶体内包含许多不同取向的晶面组，当 X 射线入射到晶体上时，对于不同的晶面组，掠射角 θ 不同，晶面间距 d 也不同，凡是满足式（16.5.1）的衍射光，都能在相应的反射方向得到加强，获得衍射光的极大值，形成不同的斑点，组成的衍射图样就是劳厄斑.

X 射线衍射的应用，一方面是用于研究晶体的结构，另一方面是用于研究 X 射线的谱结构，并可用于生物分子结构的研究. 1953 年，沃森（James Dewey Watson）和克里克（Francis Harry Compton Crick）利用 X 射线衍射得到了脱氧核糖核酸（deoxyribo nucleic acid，DNA）的双螺旋结构.

延伸阅读

习题 16

16.1 在夫琅禾费单缝衍射实验中，波长为 589.3nm 的单色光垂直入射到单缝上，单缝宽度为 0.5mm，缝后放一个焦距为 700mm 的薄透镜，试计算观察屏幕上中央明条纹的宽度.

16.2 某种单色光垂直入射到单缝上，单缝宽度为 0.15mm，缝后放一个焦距为 400mm 的薄透镜，在观察屏幕上测得中央明条纹两侧的第 3 级暗条纹之间的距离为 8.0mm，试计算入射光的波长.

16.3 在夫琅禾费单缝衍射实验中，波长为 632.8nm 的单色光垂直照射单缝，缝后放一个焦距为 400mm 的薄透镜，在观察屏幕上测得中央明条纹的宽度为 3.4mm，则单缝的宽度是多少?

16.4 在夫琅禾费单缝衍射实验中，波长为 500nm 的单色光垂直入射到单缝上，缝宽为 0.10mm. 缝后放一个焦距为 100cm 的薄透镜，试计算观察屏幕上中央明条纹旁的第一个明条纹的宽度.

16.5 在夫琅禾费单缝衍射实验中，含有两种波长 λ_1 和 λ_2 的光垂直入射到单缝上. 如果对应 λ_1 的第 1 级极小与对应 λ_2 的第 2 级极小正好重合，则 λ_1 与 λ_2 之间有何关系?

16.6 在夫琅禾费单缝衍射实验中，垂直入射的光有 400nm 和 760nm 两种波长. 已知单缝宽度为 1.0×10^{-2}cm，透镜焦距为 50cm. 试计算对应上述两种波长的第 1 级衍射明条纹中心之间的距离.

16.7 具有两种波长的一束光垂直入射到光栅上，已知对应波长为 560nm 的第 3 级主极大衍射角和对应波长为 λ' 的第 4 级主极大衍射角均为 30°，试计算波长 λ'.

16.8 具有两种波长 λ_1 和 λ_2 的一束光垂直入射到光栅上，$\lambda_1 = 600$nm，$\lambda_2 = 400$nm. 在距中央明条纹 5cm 处，已知对应 λ_1 的第 k 级主极大与对应 λ_2 的第 $k+1$ 级主极大正好重合，光栅后放一个焦距为 50cm 的薄透镜，试计算 k 和光栅常数.

16.9 波长为 400~760nm 的白光垂直入射到光栅上，在它的衍射光谱中，第 2 级和第 3 级发生重叠，求第 2 级光谱被重叠的波长范围.

16.10 某种单色光垂直入射到每厘米有 8000 条刻线的光栅上，如果第 1 级谱线的衍射角为 30°，则入射光的波长是多少? 能否观察到第 2 级谱线?

16.11 波长为 450~650nm 的白光垂直入射到每厘米有 5000 条刻线的光栅上，观察屏幕放在透镜的焦面处，观察屏幕上第 2 级光谱各色光在观察屏幕上所占范围的宽度为 35.1cm. 求透镜的焦距.

16.12 波长为 480nm 的单色光垂直入射到双缝上，双缝间距为 0.40mm，每条缝的宽度都是 0.080mm，双缝后放一个焦距为 2.0m 的透镜。请问：在观察屏幕上双缝干涉条纹的间距是多少？在单缝衍射中央明条纹范围内的双缝干涉明条纹数目是多少？相应的级数是多少？

16.13 设汽车前灯光的波长为 550nm，两个前灯的距离为 1.22m，在夜间人眼的瞳孔直径为 5mm，试根据瑞利判据计算人眼恰能分辨上述两个前灯时，人与汽车之间的距离.

16.14 在通常亮度下，人眼的瞳孔直径约为 3mm，若视觉感受最灵敏的光波长为 550nm，试问：

(1) 人眼最小分辨角是多大？

(2) 在教室的黑板上，画出相距为 2mm 的两条横线，坐在距黑板 10m 处的同学能否看清？

16.15 波长为 600nm 的单色光垂直入射到光栅上，在衍射角 $\theta = 30°$ 的方向上可以看到第 2 级主极大，并且在该处恰能分辨波长差 $\Delta\lambda = 5 \times 10^{-3}$nm 的两条谱线. 当用波长为 400nm 的单色光垂直照射该光栅时，在衍射角 $\theta = 30°$ 的方向上却看不到本应出现的第 3 级主极大. 试计算光栅常数、总缝数和可能的缝宽.

16.16 一束单色 X 射线以 30° 角掠射晶体表面时，在反射方向出现第 1 级主极大. 另一束波长为 0.097nm 的单色 X 射线在与晶体表面掠射角为 60° 时，出现第 3 级主极大. 试求第一束 X 射线的波长.

第17章 光的偏振

　　光的干涉和衍射现象揭示了光的波动性，光的偏振现象验证了光的横波性.

　　横波的光矢量振动方向垂直于光波传播方向，在垂直于光波传播方向的平面内，光矢量可能有不同的振动方向，这种振动方向对于传播方向的不对称现象称为偏振，通常把光矢量保持在特定振动方向上的状态称为偏振态. 纵波的光矢量振动方向与波的传播方向一致，在垂直于光波传播方向的各个方向观察纵波，情况是完全相同的，具有对称性. 偏振是横波区别于纵波的标志.

　　偏振态可分为以下几种：线偏振态（线偏振光）、圆偏振态（圆偏振光）、椭圆偏振态（椭圆偏振光），以及自然光和部分偏振光.

　　本章主要讨论光的各种偏振态、偏振光的获得和检验、光在介质分界面上反射和折射时的偏振现象、双折射现象和偏振光的干涉.

17.1 偏振光和自然光

线偏振光

　　在光传播过程中，如果光矢量振动方向始终保持在一固定平面内，则这种光称为线偏振光. 我们把光矢量振动方向和光波传播方向构成的平面称为振动面，由于线偏振光的光矢量始终保持在固定的振动面内，所以线偏振光又称为平面偏振光. 通常用图 17-1 所示方法来表示振动方向平行于纸平面的线偏振光（上图）和振动方向垂直于纸平面的线偏振光（下图）.

图 17-1　线偏振光

椭圆偏振光和圆偏振光

　　在光的传播过程中，光矢量绕传播方向旋转，其旋转角速度对应光波的角频率，如果迎着光的传播方向看，光矢量的端点轨迹是一个椭圆（或圆），则这种光称为椭圆（或圆）偏振光. 当迎着光的传播方向看时，如果光矢量沿着顺时针方向旋转，则这种光称为右旋椭圆（或圆）偏振光；反之则为左旋椭圆（或圆）偏振光. 圆偏振光如图 17-2 所示.

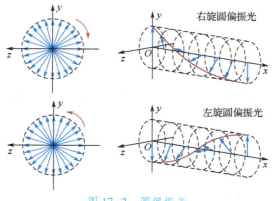

图 17-2　圆偏振光

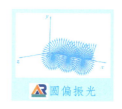

圆偏振光

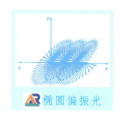

椭圆偏振光

椭圆(或圆)偏振光可以看成两个振动面相互垂直、存在确定相位差的线偏振光的叠加. 假设沿着 x 轴方向传播、光矢量振动方向分别沿 y 轴和 z 轴的两线偏振光分别为

$$E_y = E_{y0} \cos(\omega t + \varphi_1 - kx) , \qquad (17.1.1)$$

$$E_z = E_{z0} \cos(\omega t + \varphi_2 - kx) , \qquad (17.1.2)$$

由上式可知，当 $\Delta\varphi = \varphi_2 - \varphi_1 \neq 0, \pm\pi$ 时，两线偏振光叠加的结果为椭圆偏振光；当 $\Delta\varphi = \pm\dfrac{\pi}{2}$ 时，两线偏振光叠加的结果为正椭圆偏振光，如果 $E_{y0} = E_{z0}$，则叠加的结果为圆偏振光；当 $\Delta\varphi = 0, \pm\pi$ 时，两线偏振光叠加的结果为线偏振光，如图 17-3 所示.

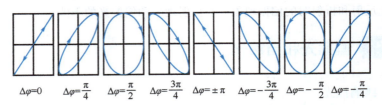

$$\Delta\varphi = 0 \qquad \Delta\varphi = \frac{\pi}{4} \qquad \Delta\varphi = \frac{\pi}{2} \qquad \Delta\varphi = \frac{3\pi}{4} \qquad \Delta\varphi = \pm\pi \qquad \Delta\varphi = -\frac{3\pi}{4} \qquad \Delta\varphi = -\frac{\pi}{2} \qquad \Delta\varphi = -\frac{\pi}{4}$$

图 17-3　两个振动面相互垂直的线偏振光叠加结果示意图

自然光

普通光源包含大量的原子、分子等微观粒子，光源发出的光就是这些微观粒子产生的光辐射，它们的频率、初相位、偏振态、波列长度、传播方向和发射的时间等可能不同，发射光波列是互不相关地、无规则地进行的. 光源发出的光在垂直于光波传播方向的平面内包含各个方向的光矢量，从统计平均来说，没有哪一个方向上的光矢量更占优势. 所以我们迎着光传播的方向看，光矢量的分布是均匀的，在垂直于光波传播方向的平面内，所有可能方向上光矢量的振幅相等，这种光就是自然光，如图 17-4 所示.

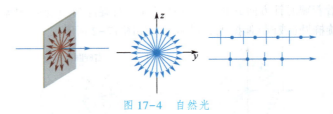

图 17-4　自然光

假设自然光沿 x 轴方向传播，在垂直于光波传播方向的 yOx 平面内，把自然光中所有方向的光振动都投影到相互垂直的两个方向上，则在这两个方向上的平均振幅应相等. 设这两个正交方向分别为 y 轴方向和 z 轴方向，则自然光可用光振动方向分别平行于 y 轴和 z 轴的两个正交的线偏振光来表示. 设自然光的光强为 I_0，两个正交的线偏振光的光强分别为 I_y 和 I_z，由于是非相干叠加，则

$$I_0 = I_y + I_z = 2I_y , \quad I_y = I_z = \frac{1}{2}I_0.$$

上式表明，自然光可分解成任意两个相互独立、没有固定相位关系、等振幅且振动方向互相垂直的线偏振光，这两个线偏振光的光强各占自然光光强的一半.

在光学实验中，常采用某些装置完全移去自然光中两相互垂直的光振动之一而获得线偏振光. 例如，将 I_z 去掉，就获得在 y 轴方向上振动的线偏振光.

部分偏振光

有时光波在垂直于传播方向的平面内虽然包含各个方向的光振动，但不同方向上的振幅不同，在某一方向上振幅最大，在与之垂直的方向上振幅最小，这种光称为部分偏振光，如图 17–5 所示.

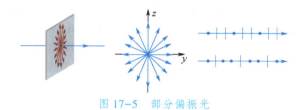

图 17–5　部分偏振光

我们用偏振度来表示部分偏振光的偏振化程度，若最大振幅和最小振幅所对应的光强分别为 $I_{\max}$ 和 $I_{\min}$，则偏振度为

$$P = \frac{I_{\max} - I_{\min}}{I_{\max} + I_{\min}}. \tag{17.1.3}$$

对于线偏振光，$I_{\min} = 0$，则 $P = 1$；对于自然光，$I_{\max} = I_{\min}$，则 $P = 0$；对于部分偏振光，$I_{\max} > I_{\min} > 0$，则 P 在 0 和 1 之间.

17.2 偏振片和马吕斯定律

从自然光获得偏振光的过程称为起偏，而鉴别光是否为偏振光则称为检偏. 起偏和检偏最常用的方法是用一种称为偏振片的光学元件来实现.

偏振片的这种起偏和检偏作用是由于这种介质能强烈吸收入射光在某方向上的光振动，而让与之垂直方向上的光振动透过，从而使入射光变为线偏振光. 例如，最简单的偏振片是将聚乙烯醇薄膜经碘溶液浸泡，然后沿一个方向拉伸并烘干制成. 聚乙烯醇–碘分子沿拉伸方向排成一条长链，当光波入射到用这种材料制成的光学元件时，沿长链方向的光矢量驱动电子在长链方向振动，其结果是沿该方向振动的光波被强烈吸收，而在与长链垂直方向上的电子无法运动，光波相应分量没有被吸收. 上述垂直于长链的方向为偏振片的透光方向，通常称该方向为偏振片的偏振化方向，从偏振片透过的光是平行于偏振化方向的线偏振光，我们一般在图中用符号↕表示偏振片的偏振化方向，如图 17–6 所示. 自然光通过偏振片之后成为线偏振光，其光强为自然光光强的一半，偏振片可作为起偏振器.

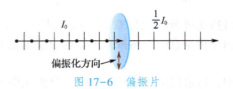

图 17-6　偏振片

如图 17-7 所示，有两个平行放置的偏振片 P_1 和 P_2，自然光垂直入射到偏振片 P_1 上，透过的光成为线偏振光，其振动方向平行于 P_1 的偏振化方向，其光强 I_1 等于入射自然光光强 I_0 的 $\frac{1}{2}$. 透过 P_1 的线偏振光再入射到偏振片 P_2 上，如果 P_2 的偏振化方向与 P_1 的偏振化方向平行，则透过 P_2 的光强最强，仍为 I_1；如果二者的偏振化方向垂直，则光强为 I_1 的线偏振光无法透过 P_2，称为消光. 因此，将 P_2 绕光波传播方向慢慢转动，我们将看到透过 P_2 的光强随 P_2 的转动出现变化. 例如，透过 P_2 的光由亮逐渐变暗，再由暗逐渐变亮，转动一周出现两次最亮和两次最暗. 可见此处偏振片 P_2 可起到检验入射光是否为线偏振光的作用，故称其为检偏器.

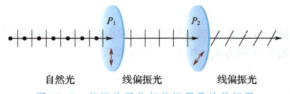

图 17-7　偏振片用作起偏振器及检偏振器

马吕斯（E. L. Malus）在研究线偏振光透过检偏器后透射光的光强时发现：如果入射线偏振光的光强为 I_0，则透射光的光强（忽略检偏器对透射光的吸收）I 为

$$I = I_0\cos^2\alpha, \qquad (17.2.1)$$

式中 α 是检偏器的偏振化方向和入射线偏振光的光矢量振动方向之间的夹角. 这就是马吕斯定律.

如图 17-8 所示，设 E_0 为入射线偏振光的光矢量的振幅，$\vec{e}_2$ 的方向平行于检偏器 P_2 的偏振化方向，入射线偏振光的光矢量振动方向与 P_2 的偏振化方向之间的夹角为 α，将光振动分解为平行于 $\vec{e}_2$ 和垂直于 $\vec{e}_2$ 的两个分振动，它们的振幅分别为 $E_0\cos\alpha$ 和 $E_0\sin\alpha$. 因为只有平行分量可以透过检偏器 P_2，所以透射光的振幅 E 为

$$E = E_0\cos\alpha.$$

透射光强 I 和入射光强 I_0 之比为

$$\frac{I}{I_0} = \frac{E^2}{E_0^2} = \cos^2\alpha,$$

所以

$$I = I_0 \cos^2 \alpha.$$

由上式可知，当 $\alpha = 0°$ 或 $180°$ 时，$I = I_0$，光强最强，当 $\alpha = 90°$ 或 $270°$ 时，$I = 0$，这时没有光从检偏器透出.

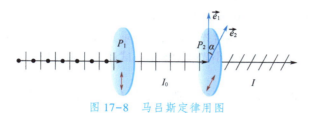

图 17-8 马吕斯定律用图

例 17-1 如图 17-9 所示，在偏振化方向互相垂直的偏振片 P_1 和偏振片 P_2 之间插入偏振片 P_3，入射自然光的光强为 I_0，试计算由 P_2 透射出的光强是多少？

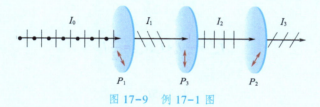

图 17-9 例 17-1 图

解 自然光光强为 I_0，入射到偏振片 P_1 上，透过的光成为线偏振光，其光强 $I_1 = \dfrac{1}{2} I_0$. 光强为 I_1 的线偏振光入射到偏振片 P_3 上，设 P_1 的偏振化方向与 P_3 的偏振化方向之间的夹角为 α，透过 P_3 的光强为 I_3，根据马吕斯定律可得

$$I_3 = I_1 \cos^2 \alpha = \frac{1}{2} I_0 \cos^2 \alpha.$$

设 P_3 的偏振化方向与 P_2 的偏振化方向之间的夹角为 β，光强为 I_3 的线偏振光透过 P_2 的光强为 I_2，根据马吕斯定律可得

$$I_2 = I_3 \cos^2 \beta = \frac{1}{2} I_0 \cos^2 \alpha \cos^2 \beta.$$

由于 $\alpha + \beta = \dfrac{\pi}{2}$，则有

$$I_2 = \frac{1}{2} I_0 \cos^2 \alpha \sin^2 \alpha = \frac{1}{8} I_0 \sin^2 (2\alpha) = \frac{1}{16} I_0 [1 - \cos(4\alpha)].$$

例 17-2 两个完全相同的偏振片 P_1 和 P_2 平行放置，P_1 的偏振化方向与 P_2 的偏振化方向之间的夹角为 $30°$，光强为 I_0 的自然光垂直入射，通过第一个偏振片 P_1 后的光强为 $0.32 I_0$，试计算通过第二个偏振片 P_2 后的出射光强.

解 光强为 I_0 的自然光通过第一个偏振片 P_1 后的光强 $I_1 = 0.32 I_0$，$I_1 < 0.5 I_0$，说明该偏振片有吸收，其透过率为

$$\gamma = \frac{0.32I_0}{0.5I_0} = 0.64.$$

根据马吕斯定律可得，通过第二个偏振片 P_2 后的光强 I_2 为

$$I_2 = \gamma I_1 \cos^2\alpha = 0.64 \times 0.32I_0\cos^2 30° = 0.15I_0.$$

例 17-3 一束光是自然光和线偏振光的混合光，该混合光垂直入射一偏振片，透射光的光强随偏振片的转动而变化，其最大光强是最小光强的 5 倍．试计算入射光中自然光的光强和线偏振光的光强各占入射光光强的百分比．

解 设入射光中自然光的光强和线偏振光的光强分别为 I_0 和 I_1，自然光通过偏振片后的光强为 $\frac{1}{2}I_0$，线偏振光通过偏振片后的光强为 $I_1\cos^2\alpha$，其中 α 为线偏振光的振动方向和偏振片的偏振化方向之间的夹角，则通过偏振片后的透射光的光强为

$$I = \frac{1}{2}I_0 + I_1\cos^2\alpha.$$

由此得

$$I_{max} = \frac{1}{2}I_0 + I_1, \quad I_{min} = \frac{1}{2}I_0.$$

根据题意有

$$I_{max} = 5I_{min},$$

则

$$I_1 = 2I_0.$$

自然光的光强所占百分比为

$$\frac{I_0}{I_0 + I_1} \times 100\% = \frac{I_0}{3I_0} \times 100\% \approx 33.3\%.$$

线偏振光的光强所占百分比为

$$\frac{I_1}{I_0 + I_1} \times 100\% = \frac{2I_0}{3I_0} \times 100\% \approx 66.7\%.$$

17.3 反射光和折射光的偏振

自然光在两种介质的分界面上发生反射和折射时，反射光和折射光一般是部分偏振光，其偏振度与入射角以及两种介质的折射率有关．在特定情况下，反射光有可能成为线偏振光．

如图 17-10 所示，自然光以入射角 i 入射到折射率分别为 n_1 和 n_2 的两种介质的分界面上，折射角为 r，通常把入射光线与界面法线所确定的平面称为入射面．我们可以把自然光的光振动分解为两个相互垂直、振幅相等的分振动，其中垂直于入射面的分振动称为垂直振动，平行于入射面的振动称为平行振动．实验表明，一般情况下反射光为部分偏振光，垂直振动占优势；折射光也是部分偏振光，平行振动占优势．

1812 年，布儒斯特(D. Brewster)发现，当入射光以某一特定的入射角

i_0 入射到两种不同介质的分界面上时, 反射光中只有振动方向垂直于入射面的光振动, 而平行于入射面的光振动变为零, 这时的反射光成为振动方向垂直于入射面的线偏振光. 实验还发现, 自然光以该特定的入射角 i_0 入射时, 反射光线和折射光线相互垂直, 如图 17-11 所示, 即

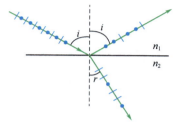

图 17-10　反射和折射时光的偏振

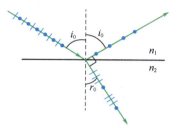

图 17-11　布儒斯特角

$$i_0 + r_0 = \frac{\pi}{2}.$$

根据折射定律, 有

$$n_1 \sin i_0 = n_2 \sin r_0.$$

由以上两式可得

$$n_1 \sin i_0 = n_2 \sin\left(\frac{\pi}{2} - i_0\right) = n_2 \cos i_0,$$

即

$$\tan i_0 = \frac{n_2}{n_1}. \tag{17.3.1}$$

式 (17.3.1) 称为**布儒斯特定律**, 这个特定的入射角 i_0 称为**布儒斯特角**或**起偏角**.

当自然光以布儒斯特角入射到两种不同介质的分界面时, 其反射光是线偏振光, 光振动垂直于入射面, 其能量只占入射光中垂直振动光能的一小部分; 折射光是部分偏振光, 光振动平行于入射面, 折射光占有入射光中平行振动的全部光能和垂直振动的大部分光能.

设空气中玻璃的折射率为 n, 入射光以布儒斯特角入射到玻璃的上表面, 玻璃内的折射光是部分偏振光, 折射光以入射角 r 入射到玻璃的下表面, 空气的折射率可视为 1, 由折射定律可得

$$\sin i_0 = n \sin r,$$

则

$$\tan r = \frac{\sin r}{\cos r} = \frac{\sin r}{\cos\left(\frac{\pi}{2} - i_0\right)} = \frac{\sin r}{\sin i_0} = \frac{1}{n}.$$

由此可见, 玻璃内的折射光以布儒斯特角 r 入射到玻璃的下表面, 反射光也是线偏振光, 折射光仍为部分偏振光, 其偏振度比玻璃内的折射光要略高一些, 如图 17-12 所示.

为了增强反射光的强度和折射光的偏振度, 可以把玻璃片叠起来, 形

成玻璃片堆. 入射光在玻璃片堆的各个玻璃表面上经过多次反射和折射,导致反射光中的垂直振动得到加强, 折射光的偏振度逐渐增加. 玻璃片数越多, 透射光的偏振度越高. 当玻璃片足够多时, 最后透射出来的折射光接近于线偏振光, 其光振动方向平行于入射面, 反射的线偏振光的光振动方向垂直于入射面, 如图 17-13 所示.

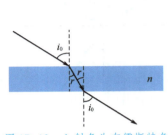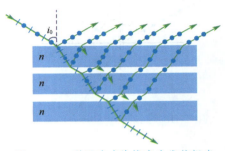

图 17-12　入射角为布儒斯特角　　　图 17-13　利用玻璃片堆产生线偏振光

17.4 光的双折射

晶体的双折射现象

计算机模拟

光的双折射
现象

双折射现象是由丹麦的巴瑟林纳(E. Bartholinus)在 1669 年首先发现的, 他在纸上画一个黑点, 在上面放一块方解石晶体, 透过方解石晶体向下看时, 他看到了两个黑点, 这说明方解石晶体内产生了传播方向不同的两束折射光. 转动方解石晶体时, 一个黑点保持不动, 另一个黑点绕前者转动. 后来荷兰物理学家惠更斯进一步发现, 这两束折射光都是线偏振光.

计算机模拟

方解石晶体产生
两束折射光的模拟

一束入射光在两种各向同性介质的分界面发生折射时, 只有一束折射光, 其折射角与入射角之间的关系遵从折射定律. 然而, 上述实验表明, 一束光入射到方解石晶体内时, 方解石晶体内产生了两束折射光, 此现象称为双折射, 这是由晶体的各向异性造成的, 方解石晶体是各向异性介质, 许多晶体如石英、云母等各向异性介质都可产生双折射现象.

寻常光和非常光

双折射现象中的两束折射光, 一束折射光遵从通常的折射定律, 称为寻常光(ordinary light), 简称 o 光, o 光在入射面内传播; 另一束折射光不遵从折射定律, 并且不一定在入射面内传播, 称为非常光(extraordinary light), 简称 e 光. o 光和 e 光都是线偏振光, 它们的光振动方向不同.

在方解石这类晶体内存在一个特殊的方向, 光沿这个方向传播时不发生双折射现象, 这个特殊方向称为晶体的光轴. 例如, 方解石晶体的 8 个顶点中有两个特殊的顶点, 它们是 3 个钝角面会合的顶点, 相邻两棱边之间的夹角都是 102°; 这种顶点有一个特殊方向, 它与 3 条棱边成等角, 此特殊方向就是方解石晶体的光轴方向, 如图 17-14 所示. 应该指出, 光轴仅标志双折射晶体的一个特定方向, 在晶体内任何平行于这个方向的直线

都是晶体的光轴．具有一个光轴方向的晶体称为单轴晶体，例如，方解
石、石英等晶体．有些晶体具有两个光轴方向，称为双轴晶体，例如，云
母、硫黄等晶体．本书只讨论单轴晶体的双折射．

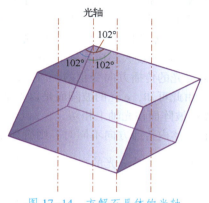

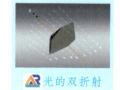
光的双折射

图 17-14　方解石晶体的光轴

　　光在单轴晶体内传播时，光的传播方向与光轴所构成的平面称为光的
主平面．o 光的光振动垂直于 o 光的主平面，e 光的光振动平行于 e 光的主
平面．一般情况下，o 光的主平面和 e 光的主平面不一定重合．光轴与晶
体任一表面的法线所构成的平面称为晶体的主截面，主截面并不只是一个
平面，而是包含光轴并与晶体表面垂直的一些平面．当入射面与晶体的主
截面重合时，o 光和 e 光的主平面都重合于晶体的主截面，o 光的振动面垂
直于晶体的主截面，e 光的振动面在晶体的主截面内．此时，o 光的光振动
垂直于 e 光的光振动，如图 17-15 所示．

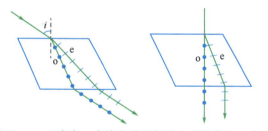

图 17-15　o 光和 e 光的主平面都重合于晶体的主截面

对双折射现象的解释

　　晶体各向异性的表现之一是其介电系数 ε 与方向有关，介质中的光速
$\nu = \dfrac{1}{\sqrt{\varepsilon\mu}}$，所以光在晶体内的传播速度与光的传播方向有关．进一步的分析
表明，光在晶体内传播速度的大小与光矢量相对于光轴的取向有关．设想
在晶体内有一个点波源，它发出的光波在晶体内传播，由于 o 光的光矢量
总垂直于 o 光的主平面，则 o 光向任何方向传播时，其光矢量总是和光轴
垂直．这决定了 o 光向任何方向传播时，其传播速度的大小均相同，用 ν_o

表示 o 光的速度大小.因此,o 光的波阵面是球面.由于 e 光的光矢量总是在其主平面内,e 光的光矢量与光轴共面,则 e 光向任何方向传播时,e 光的光矢量与光轴可以有各种夹角.如果 e 光的光矢量与光轴垂直,则 e 光的光速等于 o 光的光速 ν_o;如果 e 光的光矢量平行于光轴,其光速不等于 ν_o,用 ν_e 表示 e 光沿垂直于光轴方向的速度大小,此方向上 e 光的速度大小 ν_e 和 o 光的速度大小 ν_o 差别最大.因此,当 e 光的光矢量与光轴之间的夹角为其他角度时,e 光的速度大小应在 ν_o 与 ν_e 之间.显然,e 光的光矢量与光轴的夹角是随 e 光的传播方向变化的,所以向不同方向传播的 e 光有不同的速度大小.由此可知,e 光的波阵面是以光轴为轴的旋转椭球面,e 光的波阵面和 o 光的波阵面在光轴上相切.

对 e 光而言,在晶体内传播方向不同时,则折射率不同.我们把 e 光沿垂直于光轴方向的折射率称为 e 光的主折射率,用 n_e 表示,$n_e = \dfrac{c}{\nu_e}$.对 o 光而言,晶体的折射率 $n_o = \dfrac{c}{\nu_o}$,由于各方向的 ν_o 相同,所以 o 光的折射率是由晶体材料决定的常量,与方向无关.根据 ν_o 和 ν_e 的大小,可把晶体分为正晶体和负晶体两类(见图 17-16),$\nu_o > \nu_e$(或 $n_o < n_e$)的为正晶体,如石英;$\nu_o < \nu_e$(或 $n_o > n_e$)的为负晶体,如方解石.正晶体的波阵面是 o 光的球面包围 e 光的旋转椭球面,负晶体的波阵面则是 e 光的旋转椭球面包围 o 光的球面,如图 17-17 所示.

光轴   光轴

$v_e \Delta t$ $v_e \Delta t$

$v_o \Delta t$ $v_o \Delta t$

正晶体   负晶体

图 17-16 正晶体和负晶体

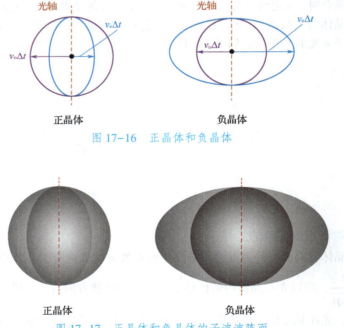

正晶体   负晶体

图 17-17 正晶体和负晶体的子波波阵面

根据惠更斯原理,利用作图的方法可画出 o 光和 e 光在晶体内的传播方向,下面以平行自然光入射到方解石晶体为例进行说明.

（1）平行光倾斜入射，光轴在入射面内，如图 17-18（a）所示. 平面波波阵面 AC 以入射角 i 入射在方解石表面上，当波阵面上的 C 端在第一种介质中传播到 D 点时，左端 A 点已在晶体内产生了两个子波波阵面：球面和旋转椭球面. 这两个子波波阵面在光轴方向上相切于 B 点. 从 D 点画出两个平面 DE 和 DF 分别与球面和旋转椭球面相切，则 DE 平面是寻常光的新波阵面，DF 平面是非常光的新波阵面. 引 AE 及 AF 两直线，分别得到 o 光和 e 光在晶体内的传播方向，二者的光振动方向相互垂直.

（2）平行光垂直入射，光轴平行于晶体表面，如图 17-18（b）所示. o 光和 e 光折射后仍沿原入射方向传播，但二者传播速度大小不同、折射率不同，波阵面并不重合，结果使 o 光与 e 光之间产生一定的相位差，它们具有相互垂直的光振动方向.

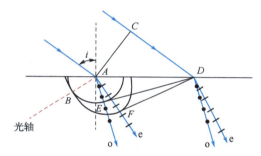

（a）自然光倾斜入射方解石的双折射现象

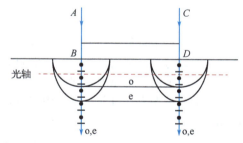

（b）自然光垂直入射方解石（光轴平行于晶体表面）的双折射现象

图 17-18   平面波在晶体内传播的作图特例

玻片

如图 17-18（b）所示，光垂直入射到光轴与表面平行的双折射晶体时，晶体内的 o 光和 e 光沿同一方向传播，二者传播速度不同，它们的光振动方向相互垂直. 如果入射光是自然光，o 光和 e 光间不存在确定的相位关系；如果入射光是线偏振光，且线偏振光的光振动方向平行于光轴或垂直于光轴，则晶体内只存在 e 光或 o 光；当入射的线偏振光的光振动方向既不平行于光轴也不垂直于光轴时，晶体内同时存在 o 光和 e 光，o 光和 e 光是从同一入射的线偏振光分解来的，它们在晶体前表面处具有相同的相位，传播到晶体后表面处产生了确定的相位差，透过晶体后，便成为两束光振动方向相互垂直、相位差恒定的线偏振光.

设晶体厚度为 d，晶体内 o 光和 e 光的传播速度不同，即折射率不同，则 o 光和 e 光传播到晶体后表面处产生的光程差为

$$\delta = n_o d - n_e d,$$ (17.4.1)

相应的相位差为

$$\Delta\varphi = \frac{2\pi}{\lambda}\delta = \frac{2\pi}{\lambda}(n_o - n_e)d.$$ (17.4.2)

通常把适当选取晶体厚度 d、光轴与两个表面平行的双折射晶体薄片称为波片，对于波长为 λ 的单色光，能使晶体内 o 光和 e 光产生 $\frac{\lambda}{4}$ 光程差（即 $\frac{\pi}{2}$ 的相位差）的波片称为该单色光的 $\frac{1}{4}$ 波片，$\frac{1}{4}$ 波片的厚度 d 由下式决定：

$$d = \frac{\lambda}{4|n_o - n_e|}.$$

能使晶体内 o 光和 e 光产生 $\frac{\lambda}{2}$ 光程差（即 π 的相位差）的波片称为该单色光的 $\frac{1}{2}$ 波片，$\frac{1}{2}$ 波片的厚度 d 由下式决定：

$$d = \frac{\lambda}{2|n_o - n_e|}.$$

17.5 偏振棱镜

偏振片等起偏器件只能产生近似的线偏振光，因为总会包含极少量的与偏振化方向垂直的光振动分量. 利用晶体的双折射制成的偏振棱镜可产生纯粹的线偏振光. 偏振棱镜的基本原理是把晶体内的两条折射光分得更开，由此获得单束纯粹的线偏振光. 目前有各种用双折射晶体制成的、获得纯粹线偏振光的偏振棱镜，这里简要介绍尼科耳（Nicol）棱镜和沃拉斯顿（Wollaston）棱镜.

尼科耳棱镜

尼科耳棱镜是用方解石晶体制成的，由两块根据特殊要求加工成的方解石晶体用加拿大树胶黏合在一起而构成. 如图 17-19 所示，设自然光沿着尼科耳棱镜的长边方向入射到端面 AC，进入前半个棱镜内分成 o 光和 e 光，它们都在主截面内，光振动方向垂直，o 光大约以 76° 的入射角入射到树胶层，已知树胶的折射率 $n = 1.550$，方解石对 o 光的折射率为 $n_o = 1.658$，由于 o 光在由光密介质到光疏介质的界面上发生反射，且入射角大于全反射临界角（约为 70°），于是 o 光在树胶层面上发生全反射，不能穿过树胶层，全反射的 o 光被棱镜涂黑的侧面所吸收. 对 e 光而言，方解石对其传播方向的折射率小于树胶的折射率，e 光在树胶层面上不发生全反射，可进入后半个棱镜，从尼科耳棱镜的端面 MN 出射后就成为光振动

方向与主截面平行的线偏振光.

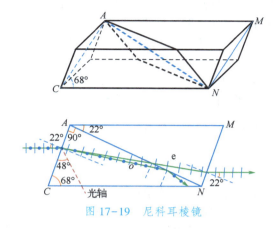

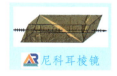
尼科耳棱镜

图 17-19　尼科耳棱镜

沃拉斯顿棱镜

用尼科耳棱镜可获得一束有固定方向的线偏振光, 而用沃拉斯顿棱镜可获得光振动方向相互垂直的两束线偏振光.

如图 17-20 所示, 沃拉斯顿棱镜是由两块方解石直角棱镜胶合(忽略胶合层的厚度)而成的, 第一块棱镜 ABD 的光轴平行于端面 AB, 第二块棱镜的光轴垂直于纸平面, 自然光垂直入射到端面 AB 上, 进入第一棱镜后 o 光和 e 光并不分开, 但具有不同的传播速度, 即具有不同的折射率. 进入第二棱镜后, 由于两棱镜的光轴相互垂直, 于是第一棱镜内的 o 光在第二棱镜内变成 e 光, 第一棱镜内的 e 光在第二棱镜内变成 o 光, o 光的折射率和 e 光的折射率也相应地发生了变化. 方解石晶体是负晶体, $n_o > n_e$, 则第一棱镜内的 o 光在第二棱镜内变成 e 光后要远离 BD

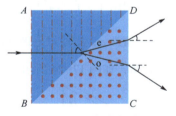

图 17-20　沃拉斯顿棱镜

沃拉斯顿棱镜的构造

沃拉斯顿棱镜产生线偏振光

面的法线方向传播, 而第一棱镜内的 e 光在第二棱镜内变成 o 光后要靠近 BD 面的法线方向传播, 于是两束折射光在第二棱镜内分开传播, 它们从端面 CD 透出进入空气时, 都是由光密介质进入光疏介质, 从而将进一步分开传播, 这样就得到两束分得足够开、光振动方向垂直的线偏振光.

17.6 偏振光的获得与检验

通过偏振片观察圆偏振光时, 观察到的光强取决于出射线偏振光的振幅, 即旋转的光矢量在偏振片的偏振化方向上投影的最大值, 如图 17-21 所示. 不论偏振片的偏振化方向在什么方位, 光矢量投影的最大值均相等, 旋转偏振片时观察不到光强的变化, 因此, 仅用偏振片是不能区分自然光和圆偏振光的.

通过偏振片观察椭圆偏振光时，如果偏振片的偏振化方向与椭圆的半长轴方向一致，则透过的光强最大；如果偏振片的偏振化方向与半短轴方向一致，则透过的光强最小，如图 17-22 所示．旋转偏振片时观察到的光强变化与部分偏振光的情形一样，因此，仅用偏振片是不能区分部分偏振光和椭圆偏振光的．

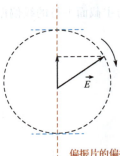

偏振片的偏振化方向

图 17-21　通过偏振片
观察圆偏振光

线偏振光垂直入射到 $\frac{1}{4}$ 波片上，其光振动方向与 $\frac{1}{4}$ 波片的光轴之间的夹角为 α，在波片内 o 光和 e 光是由同一入射线偏振光分解而来的，它们的光矢量振幅分别为 $E_o = E\sin\alpha$ 和 $E_e = E\cos\alpha$，其中 E 是入射线偏振光的光矢量振幅．当 o 光和 e 光透出 $\frac{1}{4}$ 波片时，产生两束光矢量相互垂直、相位差为 $\frac{\pi}{2}$ 的线偏振光，它们叠加成为椭圆偏振光或圆偏振光，如图 17-23 所示．如果 $\alpha = 45°$，则 $E_o = E_e$，叠加的结果是圆偏振光．

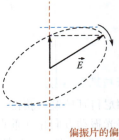

偏振片的偏振化方向

图 17-22　通过偏振片
观察椭圆偏振光

线偏振光垂直入射到 $\frac{1}{2}$ 波片上，如果其光振动方向与 $\frac{1}{2}$ 波片的光轴之间的夹角为 α，则通过 $\frac{1}{2}$ 波片的线偏振光仍为线偏振光，但其振动面已转过 2α 角，如图 17-24 所示．

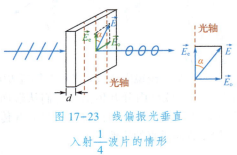

图 17-23　线偏振光垂直
入射 $\frac{1}{4}$ 波片的情形

图 17-24　线偏振光垂直入射
$\frac{1}{2}$ 波片的情形

圆偏振光垂直入射到 $\frac{1}{4}$ 波片上，入射的圆偏振光在波片内的前表面处可分解成振幅相等、相位差为 $\pm\frac{\pi}{2}$ 的 o 光和 e 光，它们的振动方向分别与 $\frac{1}{4}$ 波片的光轴垂直和平行，它们透出 $\frac{1}{4}$ 波片时，又附加了 $\frac{\pi}{2}$ 的相位差，形成两束光矢量相互垂直、相位差为 0 或 π 的线偏振光，两束光的传播速度恢复到一样，它们叠加的结果是线偏振光．

$\frac{1}{4}$ 波片也可以使椭圆偏振光变成线偏振光，但需要转动 $\frac{1}{4}$ 波片使其光轴与椭圆半长轴或半短轴方向一致，使波片内前表面处 o 光和 e 光的相位差为 $\pm\frac{\pi}{2}$，它们透出 $\frac{1}{4}$ 波片时，形成两束光矢量相互垂直、相位差为 0 或 π 的线偏振光，叠加的结果是线偏振光．

如前所述，用一个已知偏振化方向的偏振片和一块已知光轴方向的 $\frac{1}{4}$ 波片，就可以根据出射光强的变化来鉴别不同偏振态的光．

一束光垂直入射到偏振片上，根据偏振片在旋转一周时有无消光现象，首先可将线偏振光鉴别出来；然后做进一步检验，偏振片在旋转一周时透过偏振片的光强如果不发生变化，则可断定入射光是自然光或圆偏振光，否则就是部分偏振光或椭圆偏振光．

计算机模拟

偏振光的模拟

鉴别自然光和圆偏振光可做以下操作：使入射光依次通过 $\frac{1}{4}$ 波片和偏振片，入射光如果是圆偏振光，则通过 $\frac{1}{4}$ 波片后会变成线偏振光；让 $\frac{1}{4}$ 波片后的偏振片旋转一周，如果透过偏振片的光强会有两次消光现象，则入射光为圆偏振光，否则为自然光．

如果这束光是部分偏振光或椭圆偏振光，则做以下操作：使入射光依次通过 $\frac{1}{4}$ 波片和偏振片，入射光如果是椭圆偏振光，则设法让 $\frac{1}{4}$ 波片的光轴方向与椭圆半长轴或半短轴方向一致，这可使椭圆偏振光通过 $\frac{1}{4}$ 波片后变成线偏振光；偏振片旋转一周时，若透过偏振片的光强会有两次消光现象，则可把椭圆偏振光鉴别出来．

自然光通过 $\frac{1}{4}$ 波片后仍为自然光，部分偏振光通过 $\frac{1}{4}$ 波片后仍为部分偏振光．因此，自然光或部分椭圆偏振光通过 $\frac{1}{4}$ 波片后，用偏振片检验将找不到消光位置．

📑习题 17

17.1 将两个偏振片叠放在一起，这两个偏振片的偏振化方向之间的夹角为 60°，一束光强为 I_0 的线偏振光垂直入射到偏振片上，该光束的光矢量振动方向与两个偏振片的偏振化方向皆成 30°角．
(1) 求透过每个偏振片后的光强．
(2) 若将原入射光束换为光强相同的自然光，求透过每个偏振片后的光强．

17.2　光强为 I_0 的自然光垂直入射到 3 个叠在一起的偏振片 P_1, P_2, P_3 上，已知 P_1 与 P_3 的偏振化方向相互垂直，请回答下列问题：

(1) P_2 与 P_3 的偏振化方向之间夹角为多大时，穿过第三个偏振片的光强为 $\dfrac{I_0}{8}$.

(2) 若以入射光方向为轴转动 P_2，当 P_2 转过多大角度时，穿过第三个偏振片的光强由原来的 $\dfrac{I_0}{8}$ 单调减小到 $\dfrac{I_0}{16}$？此时 P_1 与 P_2 的偏振化方向之间的夹角为多大？

17.3　两个偏振片叠在一起，其偏振化方向之间的夹角为 45°. 光强为 I_0 的光垂直入射到偏振片上，入射光由光强相同的自然光和线偏振光混合而成. 此入射光中，线偏振光的光矢量沿什么方向时，才能使连续透过两个偏振片后的光强最大？在这种情况下，透过第一个偏振片的光强和透过两个偏振片后的光强各是多少？

17.4　由光强相同的自然光和线偏振光混合而成的一束光垂直入射到几个叠在一起的偏振片上，欲使最后出射光的光矢量方向垂直于原来入射光中线偏振光的光矢量方向，且入射光中两种成分的光的出射光强相等，至少需要几个偏振片？它们的偏振化方向应如何放置？这种情况下，最后的出射光强与入射光强的比值是多少？

17.5　两个偏振片叠在一起，欲使一束垂直入射的线偏振光经过这两个偏振片之后光矢量方向转过 90°，且使出射光强尽可能大，那么入射光的光矢量方向和两偏振片的偏振化方向之间的夹角应如何选择？这种情况下的最大出射光强与入射光强的比值是多少？

17.6　自然光由空气入射到某介质片表面上，此介质的布儒斯特角为 56°，求此介质的折射率. 若把此介质片放入水中，水的折射率为 1.33，自然光由水入射到该介质片表面上，求此时的布儒斯特角.

17.7　一块玻璃板放在空气中，空气的折射率为 1.00，玻璃的折射率为 1.60，玻璃板的上、下表面相互平行. 自然光由空气以 i 角入射在玻璃板上表面，若玻璃板上表面处的反射光为线偏振光，则入射角 i 是多少？玻璃板上表面处折射角是多少？玻璃板下表面处的反射光是否也是线偏振光？

17.8　自然光自空气入射到一块方解石晶体上，晶体厚度为 2.00cm，其光轴方向如图 17-25 所示，o 光折射率为 1.658，e 光主折射率为 1.486，已知入射角为 60°. 试计算 a、b 两透射光间的垂直距离，并在图中标明两透射光的光矢量方向.

17.9　线偏振光垂直入射到石英晶片上，晶片光轴平行于晶片的表面，在石英晶片内，o 光折射率为 1.544，e 光主折射率为 1.553.

(1) 若入射光的光矢量方向与晶片光轴成 60° 角，试计算 o 光与 e 光的光强之比.

(2) 若晶片厚度为 0.50mm，透过的 o 光与 e 光的光程差为多少？

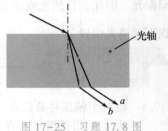

图 17-25　习题 17.8 图

17.10　一束波长为 589.3nm 的单色光垂直入射到方解石晶片上，晶片光轴平行于晶片的表面. 已知晶片厚度为 0.05mm，o 光折射率为 1.658，e 光主折射率为 1.486. 试计算 o 光、e 光两光束穿出晶片后的光程差和相位差.

17.11 假设用方解石晶体制作对钠黄光适用的 $\frac{1}{4}$ 波片，钠黄光的波长为 589.3nm.

(1)请指出应如何选取该 $\frac{1}{4}$ 波片的光轴方向.

(2)对于钠黄光，在方解石内，o 光的折射率为 1.658，e 光的主折射率为 1.486，试计算此 $\frac{1}{4}$ 波片的厚度.

17.12 一束光相继穿过两个尼科耳棱镜. 固定第一个尼科耳棱镜，转动第二个尼科耳棱镜，使两个尼科耳棱镜主截面之间的夹角由 60° 变为 30°.

(1)若入射光是自然光，则转动前后透射光的光强之比是多少？

(2)若入射光是线偏振光，且它的光矢量方向不垂直于第一个尼科耳棱镜主截面，则转动前后透射光的光强之比是多少？

第18章　量子力学基础

从 17 世纪到 19 世纪，经典物理学在宏观物理现象的领域内取得了辉煌的成就，就在经典物理学处于巅峰的 19 世纪末，人们陆续观察到一些新的实验现象，这些实验现象无法用经典物理学理论进行解释，其中主要有黑体辐射、光电效应、原子光谱等．这迫使物理学家跳出传统的经典物理学理论框架，去寻找新的解决途径，从而导致量子力学的诞生．

18.1 ▶ 黑体辐射与普朗克的能量子假设

任何物体在任何温度下都在不断地向外辐射各种波长的电磁波，其波谱是连续的，波长自远红外区延伸到紫外区，电磁辐射能量按波长的分布随物体的温度而异．一般温度下，单位时间内辐射的电磁波能量很少，辐射的电磁波主要在红外区．随着温度升高，单位时间内辐射的电磁波能量越来越多，其颜色也将发生变化．例如，把铁块放在炉中加热，起初看不到它发光，可感受到它辐射出来的热量，它所辐射的电磁波主要在红外区；随着温度不断升高，在 800K 时它发出暗红色的可见光，随后逐渐转为橙色、黄白色直到青白色．这说明辐射能量的大小以及辐射能量按波长的分布都与物体的温度有关，处在热平衡状态的物体在一定温度下的电磁辐射称为平衡热辐射，简称热辐射．辐射能量按波长的分布称为能谱分布，热辐射能量的能谱是连续能谱．

热辐射中存在一定的规律性，为了研究物体热辐射规律，需要引入物体的单色辐出度、辐出度和单色吸收比等概念．

设物体的温度为 T，单位时间内从单位表面积上辐射出来波长在 $\lambda \sim \lambda + \mathrm{d}\lambda$ 间隔内的辐射能量为 $\mathrm{d}E(\lambda, T)$，实验表明 $\mathrm{d}E(\lambda, T)$ 与 $\mathrm{d}\lambda$ 成正比，它们的比值定义为物体的单色辐出度，用 $M(\lambda, T)$ 表示，即

$$M(\lambda, T) = \frac{\mathrm{d}E(\lambda, T)}{\mathrm{d}\lambda}. \tag{18.1.1}$$

单色辐出度与波长和温度有关，与物体本身的性质和表面状态有关．

温度 T 一定时，单位时间内从物体单位表面积上辐射出来的各种波长的总辐射能量称为辐出度，用 $M(T)$ 表示，即

$$M(T) = \int_0^\infty M(\lambda, T) \,\mathrm{d}\lambda. \tag{18.1.2}$$

辐出度与温度有关，与物体本身的性质和表面结构有关．

物体在任何温度时，不但辐射电磁波，也吸收辐射到它表面上的电磁波．如果单位时间内辐射到物体表面单位面积上 $\lambda \sim \lambda + \mathrm{d}\lambda$ 波长范围内的电磁波能量为 $\mathrm{d}E_i(\lambda, T)$，其中被物体吸收的部分为 $\mathrm{d}E_a(\lambda, T)$，则单色吸收比 $\alpha(\lambda, T)$ 可定义为

$$\alpha(\lambda, T) = \frac{\mathrm{d}E_a(\lambda, T)}{\mathrm{d}E_i(\lambda, T)}. \tag{18.1.3}$$

单色吸收比与波长和温度有关，与物体本身的性质和表面状态有关．

对于不同物体性质和不同表面结构的物体，单色辐出度和单色吸收比有很大的不同，但是同一物体的单色辐出度和单色吸收比之间有内在的联

系．基尔霍夫（G. R. Kirchhoff）于 1859 年发现任何物体在同一温度下的单色辐出度和单色吸收比成正比，其比值与物体性质和表面结构无关，只与波长和温度有关，即

$$\frac{M(\lambda,T)}{\alpha(\lambda,T)}=M_0(\lambda,T). \qquad (18.1.4)$$

这个规律称为**基尔霍夫定律**，$M_0(\lambda,T)$ 是一个仅取决于波长和温度的普适函数，与物体性质和表面结构无关．

确定普适函数 $M_0(\lambda,T)$ 的具体形式是一件极其重要的事情，由式（18.1.4）可知，普适函数 $M_0(\lambda,T)$ 可以看成某个单色吸收比 $\alpha(\lambda,T)=1$ 的物体的单色辐出度，这个物体称为**黑体**，因此，研究黑体的辐射规律成为当时物理学家首选的课题．

黑体是理想化的模型，自然界并不存在真正的黑体，对于一个任意不透明材料做成的封闭空腔，在腔壁上开一个小孔，小孔表面可以看成黑体的表面，如图 18-1 所示，入射的辐射能通过小孔进入空腔，在空腔内多次反射，每反射一次，腔壁吸收一部分辐射能，这样，经过很多次的相继反射，射入小孔的辐射几乎完全被腔壁吸收．由于小孔很小，射入小孔的辐射很少再从小孔内射出来，也就是说，这一小

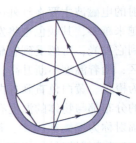

图 18-1　有小孔的空腔

孔的行为相当于吸收了全部入射的辐射能，即 $\alpha(\lambda,T)=1$．加热空腔时，腔壁将向腔内发射热辐射，其中一部分从小孔向外辐射，从小孔向外的辐射可视为黑体辐射．

1879 年，奥地利物理学家斯特藩（J. Stefan）总结实验数据，提出黑体的辐出度与温度的 4 次方成正比，即

$$M_0(T)=\sigma T^4. \qquad (18.1.5)$$

1884 年，斯特藩的学生玻尔兹曼通过热力学理论导出了这个结果，所以上式称为**斯特藩-玻尔兹曼定律**，σ 称为**斯特藩-玻尔兹曼常量**，其值为

$$\sigma=5.6704\times10^{-8}\mathrm{W\cdot m^{-2}\cdot K^{-4}}.$$

1893 年，维恩（W. Wien）根据热力学理论得出，任何温度下黑体的单色辐出度都有一个极大值，该极大值所对应的波长 λ_m 与温度成反比，即

$$T\lambda_m=b, \qquad (18.1.6)$$

其中 $b=2.898\times10^{-3}\mathrm{m\cdot K}$．上式称为**维恩位移定律**．维恩位移定律表明，随着黑体温度的升高，其单色辐出度的极大值向短波方向移动．

上述热辐射规律在现代科学技术中有广泛的应用，它是测量高温、遥感、红外追踪等技术的物理基础．例如，在冶炼技术中，人们常在冶炼炉上开一小孔，小孔可近似地视为黑体，从而通过测定它的辐出度 $M_0(T)$，可得到炉温 T．

19 世纪末，物理学家测得了各种温度下黑体辐射单色辐出度与频率的关系，人们习惯上常将黑体辐射单色辐出度换算成与波长的关系，得到图 18-2

所示曲线. 如何从理论上导出黑体辐射单色辐出度的数学表达式, 使它能与实验曲线相符, 成为 19 世纪末物理学中引人注目的课题之一. 许多物理学家做出了巨大的努力, 始终没有取得成功, 根据经典物理学理论导出的公式都与实验曲线不符合, 其中较突出的是维恩、瑞利(J. W. S. Rayleigh)和金斯(J. H. Jeans)的工作.

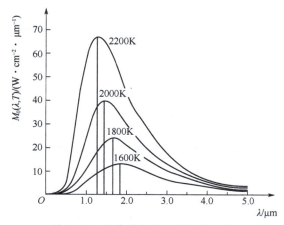

图 18-2　黑体单色辐出度实验曲线

1896 年, 维恩把黑体的器壁看成由各种频率振动的谐振子组成, 假定谐振子的能量按频率的分布类似于麦克斯韦速度分布律, 由经典统计物理学导出了一个公式

$$M_0(\lambda, T) = \frac{c_1}{\lambda^5} e^{\frac{c_2}{\lambda T}}. \tag{18.1.7}$$

该公式称为维恩公式, 其中 c_1 和 c_2 为两个常量, 由实验确定. 维恩公式只在短波区域与实验结果符合, 而在长波区域与实验结果有明显的偏离, 如图 18-3 所示.

1900 年, 瑞利根据经典电磁理论和统计物理学理论, 得到一个黑体辐射公式, 其中错了一个因子, 后来被金斯纠正, 得出

$$M_0(\lambda, T) = \frac{2\pi c k T}{\lambda^4}. \tag{18.1.8}$$

该公式称为瑞利-金斯公式, 其中 k 为玻尔兹曼常量, c 为真空中的光速. 瑞利-金斯公式在长波区域与实验结果符合较好, 在短波区域与实验结果有较大偏离, 特别是在紫外端出现发散, 曾被埃伦菲斯特(P. Ehrenfest)称为"紫外灾难", 如图 18-3 所示.

1900 年, 普朗克(M. Planck)利用拟合的方法, 给出了一个与实验结果符合得很好的黑体辐射公式, 为

$$M_0(\lambda, T) = \frac{2\pi h c^2 \lambda^{-5}}{e^{\frac{hc}{\lambda k T}} - 1}. \tag{18.1.9}$$

式中 c 是真空中的光速, k 是玻尔兹曼常量, h 是一个新引入的常量, 后来称为普朗克常量, 其值为

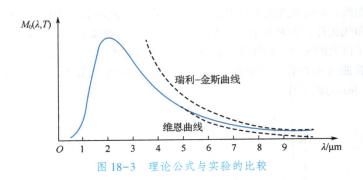

图 18-3　理论公式与实验的比较

$$h = 6.626 \times 10^{-34} \text{J} \cdot \text{s}.$$

式（18.1.9）称为**普朗克公式**. 当 λ 很小时，$e^{\frac{hc}{\lambda kT}} - 1 \approx e^{\frac{hc}{\lambda kT}}$，由此得维恩公式 [式（18.1.7）]；当 λ 很大时，$e^{\frac{hc}{\lambda kT}} - 1 \approx \frac{hc}{\lambda kT}$，由此得瑞利-金斯公式 [式（18.1.8）]. 根据普朗克公式还可以导出斯特藩-玻尔兹曼定律和维恩位移定律.

为了从理论上得到普朗克公式，普朗克发现必须引入一个与经典物理学完全不相容的新概念，亦即必须做能量量子化的假设，才能从理论上导出黑体辐射公式 [式（18.1.9）]. 由此，普朗克提出以下能量量子化的假设：

（1）黑体的腔壁是由无数个谐振子组成的，这些谐振子不断地吸收和辐射电磁波，与腔内的辐射场交换能量；

（2）谐振子与辐射场交换的能量只能是某个最小能量单元 ε 的整数倍，即

$$E = n\varepsilon, \quad n = 1, 2, 3, \cdots.$$

最小能量单元 ε 与辐射频率 ν 成正比，可写成

$$\varepsilon = h\nu, \quad (18.1.10)$$

式中 h 是普朗克常量. $\varepsilon = h\nu$ 称为**能量子**.

普朗克的能量量子化假设具有深刻和普遍的意义，它第一次向人们揭示了微观运动规律的基本特征，它第一次冲击了经典物理学的传统观念. 从经典物理学的角度来看，这种能量不连续的概念是完全不相容的. 所以，尽管普朗克从能量量子化的假设导出了与实验完全符合的普朗克公式，然而在能量量子化概念提出之后的 5 年中，没有人对其加以理会，很多物理学家觉得太离谱，直到 1905 年爱因斯坦提出光量子的概念，成功解释了光电效应的实验事实，支持了普朗克的能量量子化概念. 由于能量量子化的概念同经典物理学严重背离，因此在之后的 10 余年内，普朗克很后悔当时提出能量量子化假设，并想尽办法试图将其纳入经典物理学范畴，在所有努力均遭失败后，他才理解能量量子化的真正深刻含义.

18.2 光电效应和爱因斯坦的光子理论

当光束照在金属表面上时，可使电子从金属中逸出，这种现象称为光电效应，所逸出的电子称为光电子.

研究光电效应的实验装置如图 18-4 所示，在真空玻璃管内，装有金属电极 K(阴极)和 A(阳极)，在两极之间加有电压. 如果阴极 K 不受光照射，管中没有电流通过，当有适当频率的光通过石英窗口照射在阴极 K 上时，便有光电子逸出，经电场加速，光电子向阳极 A 运动而形成电流，这种电流称为<u>光电流</u>. 从实验中得到以下规律.

(1)在入射光的光强和频率不变的条件下，随着外加正向电压 U 增加，光电流 I 逐渐增大，当外加正向电压 U 足够大时，光电流 I 达到饱和值 I_m，此时从阴极 K 逸出的光电子全部到达阳极 A，饱和电流 I_m 与光强成正比，如图 18-5 所示.

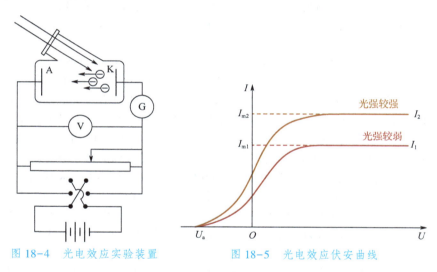

图 18-4 光电效应实验装置   图 18-5 光电效应伏安曲线

(2)正向电压 U 降低时，光电流 I 减小. 如果使电压 U 减小到零，甚至进一步加上反向电压时，光电流 I 仍不为零，这表明逸出的光电子具有足够的初始动能来克服电场的阻力而到达阳极. 仅当反向电压达到临界值 U_a 时才能使光电流 I 减小到零，这一电压 U_a 称为遏止电压，这表明从阴极逸出的光电子的最大初始动能为 eU_a，即

$$\frac{1}{2}mv_m^2 = eU_a. \tag{18.2.1}$$

式中 e 为电子的电量，m 为电子的质量. 实验表明遏止电压与光强无关，与入射光的频率呈线性关系，图 18-6 给出了铯(Cs)、钠(Na)和钙(Ca)的遏止电压 U_a 与入射光频率 ν 的关系，其函数关系可表示为

$$U_a = K(\nu - \nu_0). \tag{18.2.2}$$

显然，曲线的斜率 K 是一个与材料性质无关的普适常量. 对任何特定

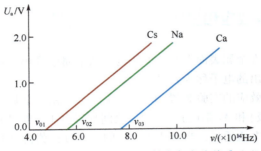

图18-6 遏止电压与入射光频率的关系

的金属表面来说，遏止电压 U_a 随入射光频率增加而增加. 对某种金属来说，存在一个频率的阈值 ν_0，只有当入射光频率 $\nu > \nu_0$ 时，才能产生光电子；而当 $\nu < \nu_0$ 时，不管光的强度有多大，都不能产生光电子，ν_0 称为截止频率，又称为红限，不同金属具有不同的截止频率.

（3）当入射光的频率大于截止频率时，无论入射光的光强怎样微弱，几乎在照射的同时就产生光电流，该过程几乎是瞬时发生的，弛豫时间不超过 10^{-9} s.

以上实验结果是经典物理学理论无法解释的. 根据经典电磁波理论，金属在光的照射下，金属内的电子从电磁波中吸收能量，电子做受迫振动，入射光的光强越大，电子的振动就越激烈，从而具有更大的动能，逸出金属表面的光电子的初始动能应取决于入射光的光强，光电子的初始动能应随入射光的光强增大而增大. 但实验结果是，光电子的初始动能与光强无关，却与频率成线性关系，并且当频率小于该金属的截止频率时，不论入射光的光强有多大，都不能发生光电效应. 按照经典电磁波理论，金属内的电子在电磁波的作用下总能获得足够的能量而逸出金属表面，不应存在截止频率. 如果入射光的光强很弱，那么金属内的电子需要经过长时间的积累，才有足够的能量逸出金属表面，光电子的产生不可能是瞬时的.

为了解释光电效应，爱因斯坦在普朗克能量子假设的基础上提出了光量子假设："在我看来，如果假设光的能量在空间中不是连续分布的，似乎就可以更好地理解黑体辐射、光致发光、紫外光产生阴极射线（即光电效应），以及其他一些有关光的产生和转化现象的观测结果. 按照这一假设，从点光源发射出来的光束的能量在传播中将不是连续分布在越来越大的空间之中，而是由个数有限的局限于空间各点的能量子所组成，这些能量子能够运动，但不能再分割，只能整个地被吸收或产生."按照爱因斯坦的假设，不仅在发射和吸收时，光的能量是一份一份的，光本身就是由一个个集中存在、不可分割的能量子组成的，频率为 ν 的能量子为 $h\nu$，h 为普朗克常量，这些能量子后来被称为光量子，简称光子.

爱因斯坦的光子假设是对普朗克能量子假设的进一步发展，根据普朗克的能量子假设，谐振子系统只能以最小能量 $h\nu$ 为单元不连续地改变能量，辐射或吸收电磁波. 爱因斯坦把这一假设加以推广并进而大胆假定, 电磁波本身就是一份一份不连续的能量流, 其中每一份的数值等于 $h\nu$. 爱因斯坦的这个假设表明, 光不仅具有波动性, 同时还具有微粒性.

按照爱因斯坦的光子假设, 当光照射在金属上时, 金属中的自由电子通过吸收光子而获得能量, 金属中的电子吸收一个光子, 能量立即增加 $h\nu$, 电子把这能量的一部分用于脱出金属表面时克服阻力所需做的功 W, 余下的部分就成为电子脱出金属表面后所具有的初始动能 $\frac{1}{2}mv^2$. 根据能量守恒定律, 有

$$h\nu = W + \frac{1}{2}mv^2, \qquad (18.2.3)$$

式中 ν 是入射光的频率. 上式称为 爱因斯坦光电效应方程 . 由于金属内部的电子可处于不同的能量状态, 从金属逸出时所需做的功 W 各不相同, 通常把 W 的最小值 W_0 称为 逸出功 . 如果 $\frac{1}{2}mv_m^2$ 是电子逸出金属表面后所具有的最大初始动能, 亦即光电子的最大初始动能, 则爱因斯坦光电效应方程可写成

$$h\nu = W_0 + \frac{1}{2}mv_m^2. \qquad (18.2.4)$$

爱因斯坦光电效应方程与前面的实验规律完全相符, 可以解释光电效应的所有实验规律.

光强越大, 单位时间内照射到阴极表面单位面积上的光子数就越多, 逸出的光电子数也就越多, 从而饱和光电流也就越大, 饱和光电流与光强成正比.

不论入射光的光强有多大, 金属中的自由电子每次只吸收一个光子而获得能量 $h\nu$, 电子的初始动能只取决于 $h\nu$ 和 W, 与光强无关, 能够使某种金属产生光电子的入射光, 其截止频率 ν_0 应由该金属的逸出功 W_0 决定, 即

$$\nu_0 = \frac{W_0}{h}. \qquad (18.2.5)$$

不同金属的逸出功不同, 因而截止频率也不同.

金属中的自由电子每次只吸收一个光子而获得能量 $h\nu$, 只要这个能量大于逸出功, 电子就会脱离金属表面, 而不需要能量积累的过程, 这就解释了光电效应的瞬时性.

1916 年, 密立根对光电效应进行了精确测量, 确定遏止电压 U_a 与入射光频率 ν 有线性关系, 亦即 U_a–ν 关系是一条直线. 根据爱因斯坦光电效应方程, 该直线的斜率是 $\frac{h}{e}$, 密立根根据实验测定的斜率和电子电量得到了普朗克常量 h 的值, 这与用其他方法测量得到的结果符合得很好, 因此从实验上验证了光子假说和爱因斯坦光电效应方程的正确性. 于是, 能量为 $h\nu$ 的光子概念被广泛地接受了.

18.3 康普顿效应

通常黑体辐射指的是从红外波段到可见光波段的辐射，光电效应中的辐射则是从可见光波段到紫外波段，本节讨论的康普顿效应则是从 X 射线到 γ 射线波段的辐射．

1923 年，康普顿（A. H. Compton）在 X 射线散射实验中发现，在散射光谱中除有与入射光波长 λ_0 相同的射线，还有波长 $\lambda > \lambda_0$ 的射线．这种波长增大的散射称为**康普顿散射**或**康普顿效应**．

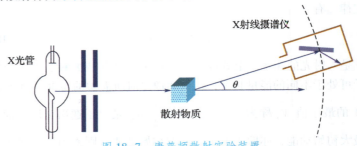

图 18-7　康普顿散射实验装置

研究康普顿散射的实验装置如图 18-7 所示，X 射线源发出一束波长为 λ_0 的 X 射线，投射到石墨上，经石墨散射后，散射光的波长及相对光强可以由 X 射线摄谱仪来测定，改变 X 射线摄谱仪的方位，可以测得不同散射角的散射光的波长和相对光强，实验结果如图 18-8 所示，图中横坐标表示散射光的波长，纵坐标表示散射光的相对光强．1926 年，我国物理学家吴有训对相同散射角下不同的散射物质进行了研究，实验结果如图 18-9 所示．

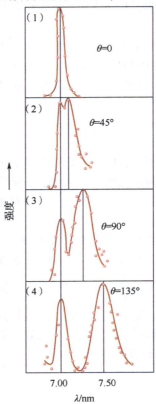

图 18-8　不同散射角的散射光的波长和相对光强

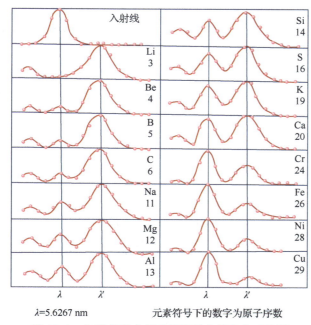

入射线
Si 14
Li 3
S 16
Be 4
K 19
B 5
Ca 20
C 6
Cr 24
Na 11
Fe 26
Mg 12
Ni 28
Al 13
Cu 29

λ λ' λ λ'

$\lambda=5.6267\,\text{nm}$ 元素符号下的数字为原子序数

图 18-9   相同散射角下不同散射物质的实验结果

上述实验结果表明：（1）波长改变量 $\lambda'-\lambda$ 随散射角 θ 的增加而增加，且散射光中波长为 λ 的谱线强度随散射角 θ 的增加而减小，波长为 λ' 的谱线强度则随散射角 θ 的增加而增加；（2）对于不同的散射物质，在同一散射角下，波长的改变量 $\lambda'-\lambda$ 都相同，与散射物质无关．波长为 λ 的谱线强度随散射物质原子序数的增大而增加，波长为 λ' 的谱线强度随散射物质原子序数的增大而减小．

上述实验结果，对于波长不变的散射光，用经典电磁理论是很容易解释的，但对于波长增大的散射光，经典电磁理论则无法解释．

康普顿用光子的概念成功解释了康普顿散射，其散射过程可视为入射的 X 射线光子经散射物质中电子的作用而散射的过程，X 射线光子的能量约为 $10^4 \sim 10^5\,\text{eV}$，散射物质中那些受原子核束缚较弱的电子只需 $10 \sim 10^2\,\text{eV}$ 的能量即可脱离原子核的束缚，所以可近似地认为它们是自由电子，自由电子的热运动能量远小于 X 射线光子的能量．据此，入射的 X 射线光子与散射物质中弱束缚电子的相互作用可近似看作光子与静止自由电子的弹性碰撞．

如图 18-10 所示，设碰撞前入射光子的频率为 ν，能量为 $h\nu$，动量为 $\dfrac{h\nu}{c}\vec{e}$，静止自由电子的能量为 m_0c^2，动量为零．碰撞后，散射光子和反冲电子可能向各方向运动，但须满足动量守恒和能量守恒．如果碰撞后光子的散射角为 θ，频率为 ν'，则能量为 $h\nu'$，动量为 $\dfrac{h\nu'}{c}\vec{e}'$；电子沿与入射方向成 φ 角的方向运动，其速度为 v，质量为 m，动量为 $m\vec{v}$，有

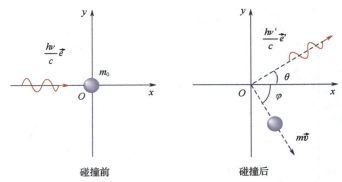

碰撞前　　　　　　　　　　碰撞后

图 18-10　光子与静止电子碰撞

$$h\nu+m_0c^2=h\nu'+mc^2, \qquad (18.3.1)$$

$$\frac{h\nu}{c}\vec{e}=m\vec{v}+\frac{h\nu'}{c}\vec{e}', \qquad (18.3.2)$$

$$m=\frac{m_0}{\sqrt{1-\dfrac{v^2}{c^2}}}. \qquad (18.3.3)$$

将式(18.3.2)写成　　　　　　$m\vec{v}=\frac{h\nu}{c}\vec{e}-\frac{h\nu'}{c}\vec{e}',$

由此得

$$(mv)^2=\left(\frac{h\nu}{c}\right)^2+\left(\frac{h\nu'}{c}\right)^2-2\cdot\frac{h\nu}{c}\cdot\frac{h\nu'}{c}\cos\theta,$$

即　　　　　　　$m^2v^2c^2=h^2(\nu^2+\nu'^2-2\nu\nu'\cos\theta). \qquad (18.3.4)$

由式(18.3.1)，可得

$$m^2c^4=h^2(\nu^2+\nu'^2-2\nu\nu')+m_0^2c^4+2hm_0c^2(\nu'-\nu). \qquad (18.3.5)$$

式(18.3.5)减去式(18.3.4)，再代入式(18.3.3)，得

$$2h^2\nu\nu'(1-\cos\theta)=2hm_0c^2(\nu'-\nu),$$

则有　　　$\lambda'-\lambda=\dfrac{c}{\nu'}-\dfrac{c}{\nu}=\dfrac{h}{m_0c}(1-\cos\theta)=\dfrac{2h}{m_0c}\sin^2\dfrac{\theta}{2}=2\lambda_C\sin^2\dfrac{\theta}{2},\quad(18.3.6)$

其中　　　$\lambda_C=\dfrac{h}{m_0c}=\dfrac{6.63\times10^{-34}}{9.1\times10^{-31}\times3\times10^8}\text{m}=2.43\times10^{-12}\text{m}.$

λ_C 称为电子的康普顿波长，是一个与散射物质无关的普适常量．式(18.3.6)表明，散射光波长的改变量 $\lambda'-\lambda$ 与散射物质无关，仅取决于散射角 θ，此结果与实验结果符合得很好．

散射 X 射线中除了有波长为 λ' 的射线，还有波长为 λ 的射线，这可以用入射 X 射线光子和原子内层电子的碰撞来解释．原子内层电子与原子核的束缚较强，光子与内层电子的碰撞相当于光子与整个原子发生碰撞，式(18.3.6)仍然适用，其中的 m_0 应理解为整个原子质量，它远大于电子的质量，碰撞后光子基本上不失去能量，于是散射光波长与入射光波长相差极微小，实际观察到的散射光中波长为 λ 的谱线就是光子与原子碰撞的结果. 随着原子序数的增大, 电子数增加, 内层电子数的相对比例增大, 而外层电子数的相对比例较小, 由此可知, 波长为 λ 的谱线强度随散射物质原子序数的增大而增加, 波长为 λ' 的谱线强度随散射物质原子序数的增大而减小.

在上述讨论中, 假定电子在碰撞前是静止的, 而实际上电子处于各种可能的运动状态, 碰撞前的动量并不等于零, 这导致散射光中包含各种可能的波长. 因此, 散射光中就不仅具有 λ 和 λ' 两种波长成分, 还具有其他各种波长成分, 散射光强度按波长的分布实际上是出现两个峰值的连续分布.

康普顿效应的理论和实验完全一致, 不仅证明了光的粒子性, 而且证明了微观粒子相互作用过程也遵循能量守恒定律和动量守恒定律.

18.4 玻尔的氢原子理论

氢原子光谱的实验规律

原子光谱的规律性提供了原子内部结构的重要信息, 氢原子是最简单的原子, 其光谱规律也最简单, 对氢原子光谱的研究是进一步研究原子光谱的基础.

图 18-11 所示是氢原子光谱在可见光区域和紫外光区域的谱线分布图, 其中 H_α、H_β、H_γ 和 H_δ 都在可见光区域, 谱线从 H_α 开始向短波长方向展开, 谱线间距越来越小, 谱线强度越来越弱, 最后谱线趋近一个极限位置, 用 H_∞ 表示, $H_\infty = 364.6\,\text{nm}$. 巴耳末(J. J. Balmer)于 1885 年首先发现了氢原子光谱的 4 条可见光谱线, 从实验中测得的这 4 条谱线可统一用下式表示:

$$\lambda = B\frac{n^2}{n^2-4}. \tag{18.4.1}$$

式中 B 为恒量, $B = 364.6\,\text{nm}$, n 为一些整数, 当 $n = 3,4,5,6$ 时, 上式分别给出 4 条谱线 H_α、H_β、H_γ 和 H_δ 的波长值, 上式称为 **巴耳末公式**. 1985 年观测到的氢原子光谱线已有 14 条, 都可以用巴耳末公式表示.

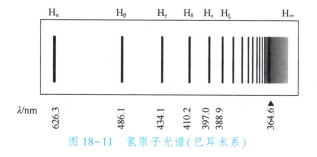

图 18-11 氢原子光谱(巴耳末系)

1889 年, 里德伯(J. R. Rydberg)提出了一个普遍的公式:

$$\tilde{\nu} = R_H \left(\frac{1}{m^2} - \frac{1}{n^2} \right) = T(m) - T(n). \tag{18.4.2}$$

上式称为**里德伯公式**. 氢原子的所有谱线都可以用这个公式表示，式中 $\tilde{\nu} = \frac{1}{\lambda}$，$\tilde{\nu}$ 称为波数，$T(m) = \frac{R_H}{m^2}$、$T(n) = \frac{R_H}{n^2}$ 称为光谱项，$R_H = 1.0973731568 \times 10^7 \, m^{-1}$，$R_H$ 称为里德伯常量，m 和 n 均为整数，且 $n > m$，每一个 m 值对应一个谱线系，每一个 n 值对应谱线系中的一条谱线. 当 $m = 2, n = 3, 4, 5, \cdots$ 时，上式正是巴耳末公式，其给出的一系列谱线称为巴耳末系. 后来氢原子光谱的其他谱线系不断地被发现：

莱曼系（1906 年发现，处于紫外区），$\tilde{\nu} = R_H \left(\frac{1}{1^2} - \frac{1}{n^2} \right)$，$n = 2, 3, 4, \cdots$；

帕邢系（1908 年发现，处于红外区），$\tilde{\nu} = R_H \left(\frac{1}{3^2} - \frac{1}{n^2} \right)$，$n = 4, 5, 6, \cdots$；

布拉开系（1922 年发现，处于红外区），$\tilde{\nu} = R_H \left(\frac{1}{4^2} - \frac{1}{n^2} \right)$，$n = 5, 6, 7, \cdots$；

普丰德系（1924 年发现，处于红外区），$\tilde{\nu} = R_H \left(\frac{1}{5^2} - \frac{1}{n^2} \right)$，$n = 6, 7, 8, \cdots$.

上述这些谱线系都可以概括在里德伯公式［式(18.4.2)］中，氢原子任一条谱线的波数都可以表示为两个光谱项之差，看起来非常复杂的氢原子谱线竟然可以如此简单地表示出来. 里德伯公式是实验结果的总结，完全是凭经验凑出来的，里德伯公式为什么能与实验事实符合得如此之好，在公式问世后将近 30 年内，一直是个谜.

原子的核式结构模型

原子光谱的实验规律确定之后，许多人尝试为原子的内部结构建立一模型，以解释光谱的实验规律.

19 世纪 70 年代，人们在对气体放电现象的研究中发现了阴极射线，并发现阴极射线在电磁场中会偏转，由偏转的方向可以证明阴极射线是带负电的. 汤姆孙(J. J. Thomson)认为阴极射线是由阴极产生的高速运动的带负电的粒子流，1897 年他在各种不同条件下测定了组成阴极射线的粒子的荷质比，各次测定都得到相同的值，从而发现了电子，它具有静止质量 $m_0 = 9.1093837 \times 10^{-31} \, kg$，电量 $e = -1.6021766 \times 10^{-19} \, C$.

1903 年，汤姆孙提出一个原子模型：原子呈球形，由带正电荷的物质和带负电荷的电子组成，其中带正电荷的物质均匀分布在整个球体中，电子分立地嵌在其中，从而使原子整体呈电中性. 1909 年，卢瑟福(E. Rutherford)和他的助手盖革(H. Geiger)及学生马斯登(E. Marsden)在做 α 粒子轰击极薄的金箔的散射实验时，观察到绝大部分 α 粒子几乎直接穿过金箔，但有少数 α 粒子发生大得多的偏转，大约有 $\frac{1}{8000}$ 的 α 粒子散射角大于 90°，这用汤姆孙的原子模型根本无法解释.

对散射实验的结果经过近两年的分析，1911 年卢瑟福提出原子的核式模型：原子中的正电荷集中在原子中心很小的区域内，其线度不超过 10^{-14}m，却集中了绝大部分的原子质量，形成原子核；电子则围绕原子核运动．

当 α 粒子射向原子时，由于 α 粒子的质量比电子的质量大得多，α 粒子和电子的相互作用对 α 粒子的运动几乎没有影响．由于原子中的正电荷集中在很小的区域内，α 粒子在原子核外受到全部正电荷的作用，它与正电荷的距离可以很小，这样正电荷对 α 粒子的库仑力可以很大，因而可以发生大角度散射．

后来进一步的实验证明了卢瑟福的原子核式模型是正确的，但是它与经典理论产生了严重的分歧．根据经典理论，电子处于原子核的静电场中，如果电子静止，就会被原子核吸引而进入核内．如果电子受到库仑力的作用绕核运动，根据麦克斯韦电磁理论，任何做加速运动的带电粒子都会不断地辐射电磁波，电子绕核运动是加速运动，同样会不断辐射电磁波，电子会不断地损失能量，电子离核的距离将越来越小，最后必然会坠落原子核上．这就是说，原子是一个不稳定的系统，这显然与事实不符．此外，电子绕核运动时辐射电磁波，其能量逐渐减少，向外辐射的电磁波的频率应该是连续变化的，原子光谱应该是连续光谱．但实验表明，原子是稳定的，原子光谱不是连续的，而是分离的，上述这些结论显然与实验事实相矛盾，依据经典理论无法说明原子谱线规律等．

波尔的氢原子理论

1913 年，波尔（A. N. Bohr）创立了氢原子结构的半经典量子理论，使人们对原子结构的认识向前推进了一大步．他在卢瑟福的原子核式模型的基础上，结合当时已知的原子光谱实验规律，提出了以下两个基本假定．

（1）定态假定：电子绕核运动时原子既不辐射也不吸收能量，而是处于一定的能量状态，简称定态．

（2）跃迁假定：只有当原子从某一较高能量 E_n 的定态跃迁到另一较低能量 E_m 的定态时，原子的能量才发生变化，在此过程中原子辐射一个光子的能量，其频率 ν 满足

$$h\nu = E_n - E_m, \tag{18.4.3}$$

式中 h 为普朗克常量；反之，原子在较低能量 E_m 的定态时，吸收频率为 ν 的光子，就可跃迁到较高能量 E_n 的定态．

为了把原子的能级定量地确定下来，仅根据玻尔的上述基本假定是不够的．玻尔提出，在量子数很大的极限情况下，量子体系的行为将趋于与经典体系相同．这是玻尔对应原理的一种表述．玻尔根据对应原理导出了一个角动量量子化条件：在氢原子中容许的定态上，电子绕核圆周运动的角动量满足

$$rmv = n\frac{h}{2\pi} = n\hbar, \quad n = 1, 2, 3, \cdots, \tag{18.4.4}$$

式中 $\hbar$ 称为约化普朗克常量，n 为正整数，称为量子数．

从上述两个基本假定和角动量量子化条件出发，可导出氢原子的定态

能量公式，并解释氢原子光谱的实验规律.

考虑氢原子中电子绕核做圆周运动，有

$$\frac{1}{4\pi\varepsilon_0}\frac{e^2}{r^2}=m\frac{v^2}{r}, \qquad (18.4.5)$$

式中 r 为电子绕核运动的轨道半径，e 为电子电量的绝对值，m 为电子质量，v 为电子速率.

由式(18.4.4)和式(18.4.5)可得氢原子中容许的定态的电子轨道半径为

$$r_n=\frac{4\pi\varepsilon_0\hbar^2 n^2}{me^2}, \quad n=1,2,3,\cdots, \qquad (18.4.6)$$

其中 $n=1$ 的电子轨道半径最小，为

$$a_0=r_1=\frac{4\pi\varepsilon_0\hbar^2}{me^2}=5.2917706\times10^{-11}\text{m}, \qquad (18.4.7)$$

称为波尔半径.

由式(18.4.4)可得

$$v_n=\frac{nh}{2\pi mr}. \qquad (18.4.8)$$

电子在第 n 个轨道上运动时，原子系统的总能量为

$$E_n=\frac{1}{2}mv_n^2-\frac{e^2}{4\pi\varepsilon_0 r_n}.$$

由式(18.4.6)和式(18.4.8)，上式可写为

$$E_n=-\frac{me^4}{8\varepsilon_0^2 h^2 n^2}, \quad n=1,2,3,\cdots. \qquad (18.4.9)$$

上式表明，氢原子的定态能量不能连续取值，只能取一系列分立的值，称为能量量子化，这种量子化的定态能量值称为能级. 氢原子处于最低能级 E_1 时对应的状态称为基态，电子受到外界激发时，可从基态跃迁到较高能级 $E_2,E_3,E_4,\cdots$ 上，氢原子处于这些能级时对应的状态称为激发态.

根据波尔的跃迁假定，当电子从较高能量 E_n 跃迁到较低能量 E_m 时，辐射能量为 $h\nu$ 的光子，因此，氢原子光谱的频率为

$$\nu=\frac{E_n-E_m}{h}=\frac{me^4}{8\varepsilon_0^2 h^3}\left(\frac{1}{m^2}-\frac{1}{n^2}\right).$$

由于 $\lambda=\dfrac{c}{\nu}$，则有

$$\tilde{\nu}=\frac{1}{\lambda}=\frac{E_n-E_m}{hc}=\frac{me^4}{8\varepsilon_0^2 h^3 c}\left(\frac{1}{m^2}-\frac{1}{n^2}\right). \qquad (18.4.10)$$

将式(18.4.10)与式(18.4.2)比较，得

$$R_H=\frac{me^4}{8\varepsilon_0^2 h^3 c}=1.0973731\times10^7\text{m}^{-1},$$

理论值与实验结果符合得相当好，说明波尔理论相当成功.

图 18-12 所示是氢原子的能级图，图中给出了能级间跃迁所产生的各谱线系，其中能量最低的定态是基态，往上依次是第一激发态、第二激

发态……氢原子从基态激发到 E_∞ 时，相当于电子从第一轨道跃迁到无穷远处，脱离原子核的束缚，这称为 电离. 使原子电离所需的能量称为 电离能.

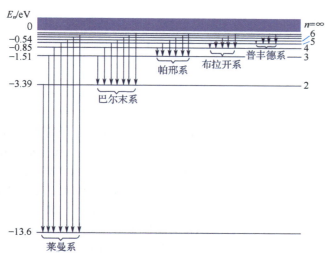

图 18-12 氢原子的能级图

由式(18.4.9)计算出的基态氢原子的电离能为
$$E_\infty - E_1 = 13.6 \text{eV},$$
这与实验测得的基态氢原子的电离能 13.6eV 相符.

弗兰克-赫兹实验

波尔的原子定态假定是以光谱实验规律为基础提出的，它必须为另一些实验所证实，才能被确认. 1914 年，弗兰克(J. Franck)和赫兹(H. Hertz)利用加速后的电子和汞原子的非弹性碰撞，使汞原子从低能级激发到高能级，从而在实验上直观地证实了原子中存在一系列能量不连续的定态.

实验装置如图 18-13 所示，将玻璃管内的空气抽出，注入少量的汞蒸气，玻璃管内封接热阴极 K、栅极 G 和阳极 A. 在 K 和 G 之间的加速电压为 U_1，在 G 与 A 之间的减速电压为 U_2，$U_2 \ll U_1$. 热阴极 K 发出的电子被 U_1 加速，穿过栅极 G 后被 U_2 减速，到达阳极 A 后形成阳极电流 I. 连续增加 K 和 G 之间的电压 U_1，测得的阳极电流 I 和加速电压 U_1 之间的关系如图 18-14 所示. 图中显示曲线出现周期性的峰值，当 K 和 G 之间的电压 U_1 由零逐渐增大时，电流 I 逐渐增大；当电压 U_1 达到 4.9V 时，电流 I 突然减小，然后又增大；当电压 U_1 达到 9.8V 时，电流 I 又突然减小，接着再增大；当电压 U_1 达到 14.7V 时，电流 I 又减小. 这 3 个电压之间相差 4.9V，也就是说，当 K 和 G 之间的电压 U_1 为 4.9V 的整数倍时，电流 I 突然减小.

上述实验结果的合理解释是：当 K 和 G 之间的电压 U_1 低于 4.9V 时，热阴极 K 发出的电子在电压 U_1 加速下获得的动能较小，对于绝大多数处于基态能量的汞原子，只要电子的动能不足以使它激发到第一激发态，原

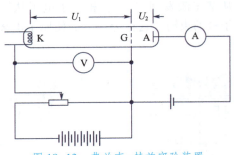

图 18-13　弗兰克-赫兹实验装置

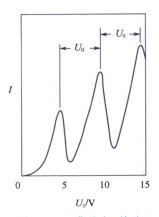

图 18-14　弗兰克-赫兹
实验结果

子内部能量不变化，电子的能量不会转移给原子内部，电子只与汞原子发生弹性碰撞；随着电压 U_1 增大，电流 I 增大，当 K 和 G 之间的电压 U_1 达到 4.9V 时，电子可能在栅极 G 处与汞原子发生非弹性碰撞，电子将加速获得的能量 4.9eV 全部转移给汞原子，使汞原子从基态跃迁到第一激发态，电子失去能量后，由于不能克服在 G 和 A 之间的反向电压，不能到达阳极，造成电流 I 急剧减小；之后随着 K 和 G 之间的电压 U_1 增大，等到电压 U_1 超过 4.9V 较多时，电子与汞原子碰撞后，还留有足够的能量用于克服在 G 和 A 之间的反向电压而到达阳极，电流又开始增大；当 K 和 G 之间的电压 U_1 达到 4.9V 的 2 倍时，电子可能在栅极 G 处与汞原子发生第二次非弹性碰撞而失去能量，造成电流 I 再次急剧减小；以此类推．因此，弗兰克-赫兹实验证明了原子内部确实存在能量不连续的定态，汞原子的第一激发态比基态能量高 4.9eV.

当汞原子跃迁到第一激发态时，原子是不稳定的，它随即从第一激发态跃迁到基态，辐射的光波波长为

$$\lambda = \frac{hc}{E_2-E_1} = \frac{hc}{4.9eV} = 2.5\times10^2 \text{nm}.$$

实验中确实观测到了此谱线，波长为 253.7nm.

波尔理论的局限性

波尔的半经典量子理论在说明光谱线结构方面取得了很大的成功，波尔提出的一些最基本的概念，如能量量子化、定态、能级跃迁决定辐射频率等，在量子力学中仍是非常重要的概念．然而，波尔的半经典量子理论存在的问题和局限性也逐渐被人们认识．它只能计算氢原子和类氢离子的光谱线，对其他稍微复杂的原子就无能为力，它完全没有涉及谱线强度、宽度和偏振等．从理论体系上来看，它的根本问题在于以经典理论为基础，提出了与经典理论不相容的假定，如定态假定、跃迁假定和量子化条件等，它远不是一个完善的理论．但是，波尔的半经典量子理论是量子力学发展史上一个

重要的里程碑，对于之后建立量子力学理论起到了巨大的推动作用.

18.5 微观粒子的波动性

在经典物理学中，实物粒子和波动是两种重要的研究对象，它们具有不同的表现. 光的干涉、衍射和偏振现象都表明，光具有波动性；前面讨论的黑体辐射、光电效应、康普顿散射和光谱都表明，光具有微粒性，或称为粒子性. 综合这些现象和特征，光作为一个可观测的物理实在，既具有波动性，又具有粒子性，简单来讲就是，光具有波粒二象性. 实物粒子通常是指静止质量不为零的实物基本单元，如电子、中子、质子等. 经典理论认为，实物粒子除了具有能量、动量外，每一时刻它们在空间都有确定的位置和速度，即有确定的运动轨道，它们的运动不能叠加，不能产生干涉和衍射现象. 但是，在人们认识到光具有粒子性后，进一步的研究发现实物粒子也具有波动性.

德布罗意假设

法国学者德布罗意（Louis Victor de Broglie）仔细分析了光的微粒说和光的波动说的历史过程，他认为在 19 世纪人们对光的研究中，只重视了光的波动性，忽视了光的粒子性，现在对于实物粒子可能只重视了粒子性，忽视了波动性. 他深信波粒二象性应是所有物质的普遍属性，是"遍及整个物理世界的一种绝对普遍的现象". 据此，德布罗意提出，具有能量 E 和动量 p 的实物粒子具有波动性，所联系的波的频率 ν 与波长 λ 分别为

$$\nu = \frac{E}{h}, \quad \lambda = \frac{h}{p}. \tag{18.5.1}$$

上式称为德布罗意关系，其中 λ 称为德布罗意波长，与实物粒子相联系的波称为德布罗意波或物质波.

德布罗意首先用物质波的概念解释了波尔氢原子理论中的轨道量子化，他把氢原子的定态与驻波联系起来，一个在氢原子中沿定态轨道运动的电子，如果具有波动性，则一定是驻波，如图 18-15 中虚线所示. 如果不是驻波，沿封闭圆轨道传播的波就会由于

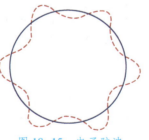

图 18-15　电子驻波

干涉而相消，从能量的角度来看，只有驻波的能量不会传播出去. 因此，电子绕核运动的轨道是有限制的，电子绕核运动的轨道的周长必须等于波长的整数倍，即

$$2\pi r = n\lambda, \quad n = 1, 2, 3, \cdots.$$

将式（18.5.1）代入上式，可得电子的角动量

$$rp = n \frac{h}{2\pi},$$

式中 r 是轨道半径. 这正是波尔的轨道角动量量子化条件. 由此可见，德布

罗意从物质波的驻波条件比较自然地导出了波尔的轨道角动量量子化条件.

例18-1 计算经过电势差 $U = 150V$ 和 $U = 1.5 \times 10^4 V$ 加速的电子的德布罗意波长(在 $U \leq 1.5 \times 10^4 V$ 时,可不考虑相对论效应).

解 电子经过电势差 U 加速后的动能为

$$\frac{1}{2} m_0 v^2 = eU,$$

式中 m_0 为电子的静止质量. 由上式可得

$$v = \sqrt{\frac{2eU}{m_0}},$$

将其代入式(18.5.1),可得电子的德布罗意波长为

$$\lambda = \frac{h}{m_0 v} = \frac{h}{\sqrt{2m_0 eU}} = \frac{1.225}{\sqrt{U}} nm.$$

将 $U = 150V$ 代入,得 $\lambda \approx 0.1nm$;将 $U = 1.5 \times 10^4 V$ 代入,得 $\lambda \approx 0.01nm$. 由此可见,在通常条件下,电子的德布罗意波长与 X 射线的波长相近.

例18-2 计算质量 $m = 0.01kg$、速率 $v = 300m/s$ 的子弹的德布罗意波长.

解 由于 $v \ll c$,所以无须考虑相对论效应. 由式(18.5.1),可得子弹的德布罗意波长为

$$\lambda = \frac{h}{mv} = \frac{6.63 \times 10^{-34}}{0.01 \times 300} m = 2.21 \times 10^{-34} m.$$

由此可见,由于 h 是一个非常小的量,导致宏观粒子的德布罗意波长非常小,在当今任何实验中都不可能测出它的波动性,它表现出来的主要是粒子性.

电子衍射实验

德布罗意假设要得到承认,必须有实验直接或间接证实. 电子的德布罗意波长与 X 射线的波长相近,如果电子确实具有波动性,将电子束投射到晶体上时也应像 X 射线那样产生衍射现象.

德布罗意假设很快就在实验上得到证实. 1927 年,戴维孙(C. J. Davisson)和革末(L. Germer)进行了镍单晶的电子衍射实验,实验装置如图 18-16 所示. 电子枪发射的经过电势差 U 加速的低能电子束垂直投射到镍单晶的适当晶面上(经加工研磨而成的平面),通过晶面衍射的电子可在双层法拉第圆筒的收集器中检测到. 晶体可绕入射电子束方向旋转,收集器与入射电子束之间的夹角 θ 可在 $20° \sim 90°$ 范围内变化. 收集器的两层圆筒之间加反向电压,目的是用来遏止能量较小的二次电子进入收集器. 实验观察到,U 不同时,收集器在不同的 θ 角方向上检测到峰值. 当 $U = 54V$ 时,沿 $\theta = 50°$ 方向上检测到散射电子的明显峰值,如图 18-17 所示. 该现象用电子的德布罗意波衍射能很好地解释.

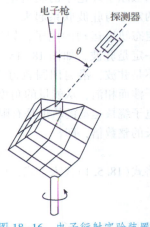

图 18-16 电子衍射实验装置

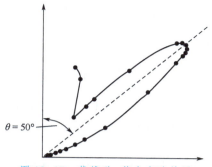

图 18-17　戴维孙-革末实验结果

对于镍单晶，横竖晶格常量都是 $b=0.215\text{nm}$，如图 18-18 所示，设掠射角为 φ，则有 $\psi+\varphi=\dfrac{\pi}{2}$，$\dfrac{\theta}{2}+\varphi=\dfrac{\pi}{2}$，所以 $\psi=\dfrac{\theta}{2}$.

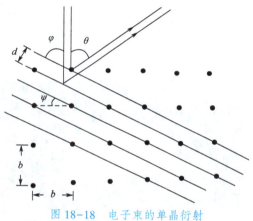

图 18-18　电子束的单晶衍射

考虑到电子波的衍射类似于 X 射线的衍射，衍射极大值同样满足布拉格公式[式(16.5.1)]，则有
$$2d\sin\varphi=k\lambda,$$
式中 d 为晶面间距离，λ 为波长，k 为整数. 由图 18-18 可得 $d=b\sin\psi$. 对应一级衍射极大，可得
$$\lambda=2d\sin\varphi=2b\sin\psi\cos\psi$$
$$=b\sin2\psi=b\sin\theta=0.165\text{nm}.$$

另一方面，按照德布罗意假设，电子波的波长 $\lambda=\dfrac{h}{p}$，当速度不大时，动量 p 可用经典表达式，即 $E_{\text{k}}=\dfrac{p^2}{2m}$，则
$$\lambda=\frac{h}{p}=\frac{h}{\sqrt{2mE_{\text{k}}}}.$$

将 $E_{\text{k}}=eU$ 代入上式，得

$$\lambda = \frac{h}{\sqrt{2meU}} \approx \frac{1.226}{\sqrt{U}}nm.$$

把 $U = 54V$ 代入上式，得

$$\lambda = \frac{1.226}{\sqrt{54}}nm = 0.167nm.$$

二者结果惊人的一致，因此，上述实验一方面证实了电子确实具有波动性，能像 X 射线一样满足布拉格公式；另一方面检验了德布罗意波长关系的正确性.

同年，汤姆孙(G. P. Thomson)用高速电子束射向多晶金属箔，多晶金属箔由大量取向各异的微小单晶体组成，透射电子的散射波发生干涉，在多晶金属箔后面的照相底片上记录到类似于 X 射线通过多晶产生的德拜图那样的圆形衍射环纹，X 射线衍射和电子衍射的比较如图 18-19 所示，上半图为 0.071nm 的 X 射线通过铝箔的衍射图，下半图为 600eV 的电子束通过铝箔的衍射图. 根据圆环半径得出的电子德布罗意波波长值与德布罗意预言的值在 1% 的误差范围内符合，从而证实了电子衍射时的波长符合德布罗意关系 $\lambda = \frac{h}{p}$.

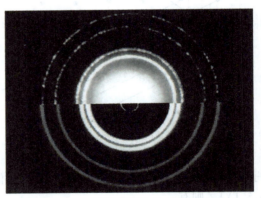

图 18-19　X 射线衍射和电子衍射的比较

1960 年，约森(C. Jonsson)用特殊的工艺在薄金属片上制得 5 条狭缝，每条狭缝长 50μm、宽 0.3μm，缝间距为 1μm，用 50kV 电压加速电子，电子束分别通过薄片上的单缝、双缝……五缝，在距狭缝 35cm 处的屏幕上得到类似光的衍射图样，相对强度和位置与光学计算一致，这是电子具有波动性的又一例证. 图 18-20 所示显示了电子的双缝衍射.

图 18-20　电子的双缝衍射

电子的波动性获得实验证实之后，人们在其他的一些实验中观察到质子、中子、原子等微观粒子同样存在衍射现象，德布罗意关系也同样正确.

微观粒子的波动性在现代科学技术上已得到广泛应用. 例如，由于电子波长很小，电子显微镜的分辨本领比光学显微镜要大得多；电子和中子的波动性可用于研究固体和液体内的原子结构等.

微观粒子的波粒二象性

如前所述，从20世纪20年代开始，人们认识到微观粒子不仅具有粒子性，而且具有波动性，即所谓的波粒二象性. 微观粒子在某些条件下表现出粒子性，在另一些条件下表现出波动性，而这两种性质虽然存在于同一客体中，却不能同时表现出来.

"粒子"和"波动"是经典物理学从宏观世界中建立的概念，在经典物理学中我们很容易直观地了解它们. 经典粒子具有整体性、不可分割性，总是和轨道概念联系在一起，一切经典粒子皆做轨道运动，经典波动具有可叠加性，能产生干涉、衍射和偏振，经典波动概念总是和某种实际的物理量联系在一起，这些物理量（如位移、速度、电场强度等）可以实际测量，经典的粒子和波动永远不能统一到一个客体上去.

然而，微观粒子不同于经典意义上的粒子，也不同于经典意义上的波动，微观粒子的粒子性和波动性可以统一到一个客体上. 微观粒子的粒子性是其基本性质的直观表征，也就是其颗粒性或物质的原子性，具有一定的质量、电荷等属性，但其运动不具有确定的轨道. 微观粒子的波动性具有可叠加性，能产生干涉、衍射和偏振，微观粒子的波动性不代表实在的物理量的波动. 对于微观粒子所具有的波粒二象性，其物理图像超越了经典观念的范畴. 如何解释微观粒子的粒子性和波动性的关系问题，也就是如何解释物质波的波函数的物理意义问题. 在德布罗意提出物质波假设之后，这个问题困惑了人们很长时间，直到波恩（M. Born）提出物质波波函数的统计诠释，这个问题才有了令人满意的答案.

18.6 波函数及其统计解释

波函数的统计解释

既然粒子具有波动性，那么应该有描述波动性的函数——波函数. 奥地利物理学家薛定谔（E. Schrödinger）在1925年提出用波函数 $\Psi(x,t)$ 来描述粒子运动状态，他认为，沿着 x 轴方向自由运动的物质波应该是一种单色平面波，即 $\Psi(x,t)=\psi_0\cos\left(\dfrac{2\pi}{\lambda}x-2\pi\nu t\right)$，其中的波长 λ 和频率 ν 应由德布罗意公式[式（18.5.1）]确定. 通常，该平面波表示成复数形式，即

$$\Psi(x,t)=\psi_0\mathrm{e}^{-\frac{\mathrm{i}}{\hbar}(Et-px)},$$

其中 ψ_0 为待定系数. 若粒子做三维自由运动，则波函数可表示为

$$\Psi(\vec{r},t)=\psi_0 e^{-\frac{i}{\hbar}(Et-\vec{p}\cdot\vec{r})}.$$

虽然,薛定谔基于上述想法,建立了描述波函数随时间演化的方程——薛定谔方程,并解决了氢原子能级量子化问题,然而波函数的物理意义模糊不清,许多物理学家迷惑不解而大伤脑筋.

爱因斯坦为了解释光粒子(光量子或光子)和光波的二象性,把光波的强度解释为光子出现的概率密度.受这个观念的启发,德国物理学家玻恩(M. Born)于1926年提出,$|\Psi|^2$ 应是粒子的概率密度.他认为,对单个粒子来说,**波函数的模的平方(波的强度)代表时刻 t、在空间位置 $\vec{r}$ 处,单位体积元中微观粒子出现的概率,即**

$$\rho(\vec{r},t)\equiv|\Psi(\vec{r},t)|^2=\Psi^*(\vec{r},t)\Psi(\vec{r},t)$$

其中 $\Psi^*(\vec{r},t)$ 是 $\Psi(\vec{r},t)$ 的复共轭.由于波函数的模的平方具有概率密度的意义,所以德布罗意波也称为概率波.在 $\vec{r}$ 附近体积 dV 中发现粒子的概率为

$$\rho(\vec{r},t)\mathrm{d}V=|\Psi(\vec{r},t)|^2\mathrm{d}V,$$

而在全空间一定能找到粒子,所以概率密度在全空间的积分应为1,即

$$\int_\Omega|\Psi(\vec{r},t)|^2\mathrm{d}V=1,\qquad\qquad(18.6.1)$$

其中 Ω 表示全空间区域.式(18.6.1)为波函数的归一化条件.

玻恩关于波函数的统计解释是量子力学的基本假设之一,在量子力学的发展中起到了重要作用,他因此于1954年获得了诺贝尔物理学奖.

我们接着来看如何利用微观粒子的波函数来解释电子单缝衍射实验.如图18-21所示,当实验中电子枪射出的电子流很弱时,入射电子几乎一个一个地通过单缝,观察屏幕的底片上则出现一个一个的点子.开始时,点子无规则分布,说明电子具有"粒子性",但不满足经典的决定论.随着电子枪持续发射出电子,通过单缝到达观察屏幕底片上的点子数目不断增多,逐渐形成衍射图样.衍射图样虽然是多个不同电子持续撞击观察屏幕

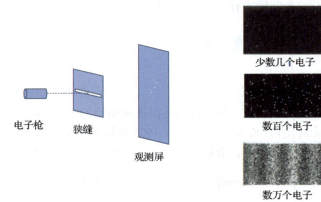

少数几个电子

数百个电子

数万个电子

(a)实验装置示意图   (b)实验结果

电子枪   狭缝

观测屏

图18-21　电子单缝衍射实验

底片形成的，但每个电子从电子枪射出到撞击底片过程环境都相同，因此可以认为衍射图样是单个电子重复多次相同实验表现出的统计效果．衍射图样的形成表明，单个电子具有波动性，遵循统计规律：电子经过单缝出现在观察屏幕底片上某个位置具有一定的概率．

波函数的标准化条件

波函数的统计解释赋予了波函数特定的物理意义，相应地，这对波函数的具体形式也提出了要求．

根据波函数的统计解释，首先，要求波函数的模 $|\Psi(\vec{r},t)|$ 单值，从而保证概率密度的单值性．其次，物理上要求在空间任何有限体积元中找到粒子的概率为有限值，即要求全空间中任意点 $\vec{r}$ 附近波函数的模的平方的任意小体积 Ω_0 的积分 $\int_{\Omega_0}|\Psi(\vec{r},t)|^2\mathrm{d}V$ 有限．量子力学中，在孤立点上波函数模的平方发散是允许的．最后，波函数应连续，从而保证我们能建立一个偏微分方程来解决波函数随时间演化的问题．

量子态的叠加原理

在线性介质中，当波函数分别为 $y_1(x,t)$ 和 $y_2(x,t)$ 的两列经典机械波相遇时，它们的线性叠加 $c_1y_1(x,t)+c_2y_2(x,t)$ 可描述此时的状态，这就是机械波所满足的线性叠加原理，这一原理也适用于物质波．

设 $\Psi_1(\vec{r},t)$ 是描述粒子运动的一个态，$\Psi_2(\vec{r},t)$ 也是描述粒子运动的一个态，则它们的线性叠加

$$\Psi(\vec{r},t)=c_1\Psi_1(\vec{r},t)+c_2\Psi_2(\vec{r},t) \qquad (18.6.2)$$

也是描述粒子运动的一个态，这就是量子态的叠加原理．

态叠加原理是量子力学的另一个基本假设，表明物质波像经典波那样满足可叠加性，可产生干涉、衍射等波特有的现象．例如，在电子双缝干涉实验中，用波函数 $\Psi_1(\vec{r},t)$ 来描述打开第一个缝时电子的状态，用 $\Psi_2(\vec{r},t)$ 表示打开第二个缝时电子的状态，当两个缝都打开时，电子处于这两个态的叠加态 $\Psi(\vec{r},t)=c_1\Psi_1(\vec{r},t)+c_2\Psi_2(\vec{r},t)$，该态模的平方出现干涉项．

18.7 不确定关系

位置坐标和动量是描述经典粒子运动状态的重要物理量，然而，当处理具有波粒二象性的微观粒子时，二者不再是能同时用于描述状态的物理量．如图 18-22(a) 所示，对于理想简谐波，具有确定的波长，即有确定的动量，然而，除特定点外，波函数在 $-\infty$ 到 $+\infty$ 区间都不为零，即在该区间任何位置附近发现粒子的概率都不为零，即粒子的位置不确定．另一方面，一个小脉冲波能很好地描述粒子的位置，但该波没有确定的波长，即粒子的动量不确定，如图 18-22(b) 所示．经典粒子的动量和位置坐标可以精确地同时确定，而对于量子粒子，有确定动量的粒子，位置无法确定，反之亦然．

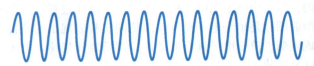

（a）理想简谐波

（b）脉冲波

图 18-22　理想简谐波和脉冲波

位置与动量的不确定关系

　　为了进一步定量地确定位置坐标和动量之间无法同时确定的程度，定义 x 轴方向位置坐标和动量的不确定范围：

$$\Delta x=\sqrt{\overline{(x-\bar{x})^2}},$$

$$\Delta p_x=\sqrt{\overline{(p_x-\bar{p}_x)^2}},$$

其中 $\bar{A}$ 表示物理量 A 的平均值．其他分量的位置坐标和动量的不确定范围也可类似定义．

　　考察图 18-23 所示的电子单缝衍射实验．在电子投射到单缝前，沿 y 轴方向运动，有确定的 y 轴方向动量，即确定的波长 λ．同时，电子有确定的 x 轴方向动量 $p_x=0$，而没有确定的 x 轴方向位置坐标，即位置坐标的不确定范围 $\Delta x=+\infty$．在电子通过宽度为 a 的单缝后，在缝后观察屏幕上观察到衍射图样，图样的一级明纹对应的衍射角满足 $\sin\theta=\dfrac{\lambda}{a}$，即电子的动量不再准确地沿 y 轴方向了，而是有微小的 x 轴方向分量，其值可估计为

$$\Delta p_x\approx p_y\tan\theta\approx p_y\frac{\lambda}{a}=\frac{h}{a}. \tag{18.7.1}$$

上式最后一步用了德布罗意关系 $p_y=\dfrac{h}{\lambda}$．而通过单缝后电子位置坐标的不确定范围为 a，即 $\Delta x=a$，将该式代入式（18.7.1）得

$$\Delta p_x\Delta x\approx h, \tag{18.7.2}$$

该式可用于估计动量和位置之间不能同时确定的程度．

　　更准确地，利用动量和位置这两个物理量在量子力学中满足的特殊关系，可推导出

$$\begin{cases}\Delta p_x\Delta x\geqslant\dfrac{\hbar}{2},\\[2mm]\Delta p_y\Delta y\geqslant\dfrac{\hbar}{2},\\[2mm]\Delta p_z\Delta z\geqslant\dfrac{\hbar}{2},\end{cases} \tag{18.7.3}$$

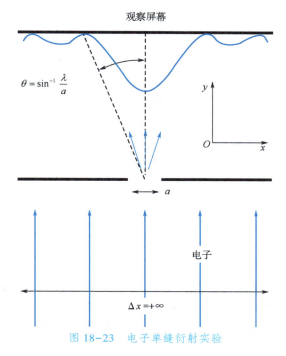

观察屏幕

$\theta = \sin^{-1} \dfrac{\lambda}{a}$

a

电子

$\Delta x = +\infty$

图 18-23 电子单缝衍射实验

其中 $\hbar = \dfrac{h}{2\pi}$. 该式于 1927 年由海森堡(W. K. Heisenberg)首次提出，被称为海森堡位置与动量不确定关系. 不确定关系的根源在于微观粒子的波动性，该关系表明，粒子不存在位置和动量同时确定的状态，因此，微观粒子没有确定的轨道，无法用经典力学的方法予以描述.

利用不确定关系可以定量分析为什么可以用动量和位置坐标来同时描述宏观物体状态，而描述微观物体则不行. 例如，质量为 1g 的小球以 1m/s 的速度运动，如果位置的不确定范围为 $\Delta x = 10^{-6}$m(宏观上来看，足够精确)，而动量的不确定范围为 $\Delta p_x = 6.63 \times 10^{-28}$kg·m/s，远小于小球的动量 $p_x = 1 \times 10^{-3}$kg·m/s，因此可以认为，小球动量是完全确定的. 而对微观粒子来说，情况则完全不同. 例如，原子内电子位置的不确定范围为 $\Delta x = 10^{-10}$m，电子绕原子核运动的速度大小 $v \approx 10^6$m/s，由不确定关系可估计 $\dfrac{\Delta p}{mv} \approx 1$，动量的不确定范围无法忽略，因此，电子没有确定的轨道.

例 18-3 质量为 m 的微观粒子被束缚在宽度为 a 的一维无限深方势阱内(阱内势能为零，阱外势能无限大)，由不确定关系估计该粒子的基态能量.

解 粒子在阱内的位置不确定范围为 $\Delta x = a$，所以

$$\Delta p_x \approx \frac{h}{\Delta x} = \frac{h}{a}.$$

由此可以估计

$$E \approx \frac{\Delta p_x^2}{2m} \approx \frac{h^2}{2ma^2}.$$

时间与能量的不确定关系

由微观粒子动量和位置的不确定关系，可以推测，时间与能量也应满足类似的不确定关系．我们以真空中沿 x 轴方向传播的光子来说明这一问题．若光波列长度为 Δx，即光子位置坐标不确定范围为 Δx，光子通过某一点时间的不确定范围为 Δt，则 $\Delta x = c\Delta t$，将其代入光子的动量与位置不确定关系

$$\Delta p_x \Delta x \geqslant \frac{\hbar}{2},$$

可得

$$c\Delta p_x \Delta t \geqslant \frac{\hbar}{2}.$$

而 $E = cp_x$，所以

$$\Delta E \Delta t \geqslant \frac{\hbar}{2}. \tag{18.7.4}$$

该式也是由海森堡首先提出的，它说明，如果我们试图非常精确地测量一个量子系统的能量（使 ΔE 很小），那么时间的测量就会变得很模糊；反之，如果我们试图准确地定义一个事件发生的时间（使 Δt 很小），那么我们对这段时间内系统能量的测量就会有很大的不确定性．对应地，我们可以将 Δt 理解为系统中某量子态的寿命，ΔE 则为该量子态能量的不确定范围．例如，原子从能量较高能级跃迁到能量最低的能级，发射出来的光在光谱上有一定的宽度 $\Delta\nu$，即跃迁过程能量有不确定范围 $\Delta E = h\Delta\nu$，由此可估计能量较高能级的寿命为

$$\Delta t \approx \frac{\hbar}{2\Delta E} = \frac{1}{4\pi\Delta\nu}.$$

18.8 薛定谔方程

延伸阅读

量子力学中力学量的平均值与算符

在介绍薛定谔方程之前，有必要先介绍一下量子力学中如何确定粒子的能量、动量等力学量的平均值（在量子力学中，力学量指的是本征波函数具有完备性的物理量）．我们发现，为了在给定波函数的情况下能确定力学量的平均值，量子理论中的力学量需要对应力学量算符．

波函数之所以能用于描述系统状态，在于通过它能确定粒子的位置、动量、能量等力学量的值，然而，波函数具有内禀的概率特性，一般情况下，我们通过波函数仅能确定在该状态下某力学量的平均值（多次测量后得到的平均值）．我们以粒子在一维空间运动为例来讨论位置、动量和能量的平均值，相关结论可以推广到三维情形．

根据波函数的统计解释，状态用归一化波函数 $\Psi(x,t)$ 描述的粒子，在 t 时刻位置处于 $x \to x+dx$ 之间的概率为 $|\Psi(x,t)|^2 dx$，因此，该粒子位置坐标 x 的平均值可表示为

$$\langle x \rangle = \int_{-\infty}^{+\infty} x \Psi^*(x,t) \Psi(x,t) \, \mathrm{d}x. \tag{18.8.1}$$

类似地，考察处于归一化状态 $\Psi(x,t)$ 的粒子，以位置坐标 x 为自变量的函数 $g(x)$ 的平均值为

$$\langle g(x) \rangle = \int_{-\infty}^{+\infty} g(x) \Psi^*(x,t) \Psi(x,t) \, \mathrm{d}x.$$

需要强调的是，波函数仅提供能写成 x 的函数的物理量 $g(x)$ 的平均值，而无法给出单次测量的测量值．当人们说波函数提供了系统状态的完备描述时，实际指的是可以确定力学量的平均值．

当人们利用确定 $g(x)$ 平均值的思路去探讨动量这一物理量的平均值时，却碰到了困难．如果动量的平均值可表示为 $\langle p_x \rangle = \int_{-\infty}^{+\infty} \Psi^*(x,t) p_x \Psi(x,t) \, \mathrm{d}x$ 来计算，则意味着 p_x 为位置坐标 x 和时间 t 的函数，在 $x \to x+\mathrm{d}x$ 之间动量 p_x 有确定的值，即可以同时确定位置 x 和动量 p_x，这与海森堡不确定关系矛盾．

为了解决这一困难，人们注意到，对状态为 $\Psi(x,t) = \psi_0 \mathrm{e}^{\frac{\mathrm{i}}{\hbar}(p_x x - Et)}$ 的自由粒子来说，将波函数关于位置坐标求导可得到动量

$$-\mathrm{i}\hbar \frac{\partial \Psi(x,t)}{\partial x} = p_x \Psi(x,t). \tag{18.8.2}$$

数学上，算符指的是一种能将一个函数映射到另外一个函数的操作．如果算符 $\hat{Q}$ 将函数 $f(x)$ 映射为 $g(x)$，则表示为 $\hat{Q} f(x) = g(x)$．式 $(18.8.2)$ 表明，将算符 $-\mathrm{i}\hbar \frac{\partial}{\partial x}$ 作用到函数 $\Psi(x,t)$ 上，可以得到自由粒子的动量乘以函数 $\Psi(x,t)$，结合波函数的归一化条件 $\int_{-\infty}^{+\infty} \Psi^*(x,t) \Psi(x,t) \, \mathrm{d}x = 1$，即可得到动量的平均值(利用了波函数的归一化条件)：

$$\langle p_x \rangle = \int_{-\infty}^{+\infty} \Psi^*(x,t) \left[-\mathrm{i}\hbar \frac{\partial}{\partial x} \Psi(x,t) \right] \mathrm{d}x = p_x.$$

以上针对自由粒子动量平均值的讨论表明，为了用依赖于位置坐标和时间的波函数完备地描述系统状态，我们不得不使用算符来给出动量的平均值．由于经典物理中的物理量通常都是位置坐标和动量的函数，因此在量子理论中，我们需要将物理量与算符对应．

的确，量子力学中假设，每一个力学量都有一个算符与之对应，并可利用该算符计算测量处于某状态的粒子对应力学量的平均值．设力学量 Q 对应算符 $\hat{Q}$，对于处于归一化波函数 $\Psi(x,t)$ 态的粒子，测量力学量 Q 得到的平均值定义为

$$\langle Q \rangle = \int_{-\infty}^{+\infty} \Psi^*(x,t) \hat{Q} \Psi(x,t) \, \mathrm{d}x. \tag{18.8.3}$$

根据式 $(18.8.3)$，并结合式 $(18.8.2)$，将算符 $-\mathrm{i}\hbar \frac{\partial}{\partial x}$ 推广，作用到更一般非自由粒子波函数上，并定义该算符为动量对应的算符，称为**动量算符**，记为 $\hat{p}_x$(这里符号 p_x 上的^表示算符)：

$$\hat{p}_x = -\mathrm{i}\hbar \frac{\partial}{\partial x}. \tag{18.8.4}$$

动量的平均值则可表示为

$$\langle p_x \rangle = -\mathrm{i}\hbar \int_{-\infty}^{+\infty} \varPsi^*(x,t) \frac{\partial \varPsi(x,t)}{\partial x} \mathrm{d}x. \tag{18.8.5}$$

结合式（18.8.1）和式（18.8.3）可以看出，位置坐标 x 这一力学量对应的算符就是它本身，即 $\hat{x}=x$：

$$\hat{x}\varPsi(x,t) = x\varPsi(x,t). \tag{18.8.6}$$

利用式（18.8.5）和式（18.8.6）可构造为位置坐标和动量的函数的力学量所对应的算符.

以上定义的**位置坐标和动量所对应的算符也可推广到三维的情形**：

$$\hat{\vec{r}} = \vec{r}, \tag{18.8.7}$$

$$\hat{\vec{p}} = -\mathrm{i}\hbar \nabla. \tag{18.8.8}$$

而且，对于用位置坐标和动量表示的经典力学量，如 $F = F(\vec{r}, \vec{p})$，可将其中的位置坐标和动量换成相应的算符［式（18.8.7）和式（18.8.8）］，得到对应的量子力学中的力学量算符［有时需要与调换 $\vec{r}$ 和 $\hat{\vec{p}}$ 顺序后的 $F(\vec{p}, \vec{r})$ 进行组合，以保证力学量算符的厄米性］.

薛定谔方程的建立

有了上述基本概念，我们就可以引入描述粒子波函数随时间演化的方程——薛定谔方程. 历史上，在德布罗意提出物质具有波粒二象性的两年后，奥地利物理学家薛定谔受德拜邀请向其研究组成员介绍物质波理论，德拜听后表示，这些想法看起来都不太成熟，因为要正确处理波的行为，应该有一个波动方程，用来描述波如何从一个地方走到另一个地方. 薛定谔受他的启发，根据合理的演绎，猜测出了物质波应满足的方程.

考察一质量为 m 的粒子，以动量 p_x 沿着 x 轴方向自由运动，根据粒子的波粒二象性，其波函数应具有形式

$$\varPsi(x,t) = \psi_0 \mathrm{e}^{\frac{\mathrm{i}}{\hbar}(p_x x - Et)},$$

其中 E 为粒子能量. 我们注意到

$$\frac{\partial}{\partial t}\varPsi(x,t) = -\frac{\mathrm{i}E}{\hbar}\varPsi(x,t),$$

$$\frac{\partial^2}{\partial x^2}\varPsi(x,t) = -\frac{p_x^2}{\hbar^2}\varPsi(x,t),$$

如果将上面两式右边用能量和动量关系 $E = \dfrac{p_x^2}{2m}$ 联系起来，则有

$$\mathrm{i}\hbar \frac{\partial}{\partial t}\varPsi(x,t) = -\frac{\hbar^2}{2m}\frac{\partial^2}{\partial x^2}\varPsi(x,t), \tag{18.8.9}$$

该方程为自由粒子的薛定谔方程. 进一步，如果粒子在一维势场 $U(x,t)$ 中运动，由于经典力学里粒子运动的总能量为 $E = \dfrac{p_x^2}{2m} + U(x,t)$，故可将式

(18.8.9)做推广，写成

$$i\hbar \frac{\partial}{\partial t}\Psi(x,t) = \left[-\frac{\hbar^2}{2m}\frac{\partial^2}{\partial x^2} + U(x,t)\right]\Psi(x,t), \qquad (18.8.10)$$

从而得到粒子一维运动的薛定谔方程. 更一般地, 方程(18.8.10)可进一步推广到三维情形. 如果粒子在三维势场 $U(\vec{r},t)$ 中运动, 由于经典力学里粒子运动的总能量为 $E = \frac{p_x^2}{2m} + \frac{p_y^2}{2m} + \frac{p_z^2}{2m} + U(\vec{r},t)$, 故波函数 $\Psi(\vec{r},t)$ 满足的方程可写成

$$i\hbar \frac{\partial}{\partial t}\Psi(\vec{r},t) = \left[-\frac{\hbar^2}{2m}\frac{\partial^2}{\partial x^2} - \frac{\hbar^2}{2m}\frac{\partial^2}{\partial y^2} - \frac{\hbar^2}{2m}\frac{\partial^2}{\partial z^2} + U(\vec{r},t)\right]\Psi(\vec{r},t).$$

$$(18.8.11)$$

引入算符 $\nabla = \vec{i}\frac{\partial}{\partial x} + \vec{j}\frac{\partial}{\partial y} + \vec{k}\frac{\partial}{\partial z}$, 将方程(18.8.11)改写为

$$i\hbar \frac{\partial}{\partial t}\Psi(\vec{r},t) = \left[-\frac{\hbar^2}{2m}\nabla^2 + U(\vec{r},t)\right]\Psi(\vec{r},t), \qquad (18.8.12)$$

该方程即为描述粒子运动的薛定谔方程.

需要强调的是, 薛定谔方程不是推导出来的, 而是依据实验事实和基本假定"建立"的, 是否正确则需要由实验来检验. 它描述了非相对论条件下, 实物粒子在势场中的状态随时间的演化, 反映了微观粒子的运动规律. 因提出量子力学中最基本的方程, 薛定谔于 1933 年获诺贝尔物理学奖.

我们注意到, 经典力学的波动方程含时间的二阶偏导数, 而薛定谔方程仅含时间的一阶偏导数, 这一点告诉我们, 量子力学中的物质波与经典力学中弦的振动以及电场强度或磁场强度的波动等有很大的不同. 例如, 经典力学中的物理量应为实函数, 而物质波的波函数没有这一限制, 可以为复数; 函数 $\Psi(x,t) = A\cos(kx - \omega t)$ 可以用于描述经典物理量的波动, 却不满足自由粒子的薛定谔方程.

根据薛定谔方程右边表达式, 可以定义算符

$$\hat{H} = -\frac{\hbar^2}{2m}\nabla^2 + U(\vec{r},t), \qquad (18.8.13)$$

称为哈密顿算符, 它是能量这一力学量所对应的算符. 薛定谔方程因此可改写为

$$i\hbar \frac{\partial}{\partial t}\Psi(\vec{r},t) = \hat{H}\Psi(\vec{r},t). \qquad (18.8.14)$$

概率流

根据波函数的统计解释, $\rho(\vec{r},t) \equiv |\Psi(\vec{r},t)|^2$ 表示粒子出现的概率密度, 而对于有限体积 V 的积分 $\int_V |\Psi(\vec{r},t)|^2 \mathrm{d}V$, 则表示在该体积内发现粒子的概率. 我们计算该概率随时间的变化情况, 即计算 $\frac{\mathrm{d}}{\mathrm{d}t}\int_V \Psi^*(\vec{r},t)\Psi(\vec{r},t)\mathrm{d}V$. 将薛定谔方程(18.8.12)取复共轭, 有

$$-\mathrm{i}\hbar\frac{\partial}{\partial t}\Psi^*(\vec{r},t)=\left[-\frac{\hbar^2}{2m}\nabla^2+U(\vec{r},t)\right]\Psi^*(\vec{r},t), \qquad (18.8.15)$$

将方程(18.8.12)和方程(18.8.15)两边分别乘以 $\Psi^*(\vec{r},t)$ 和 $\Psi(\vec{r},t)$，再将所得的两式相减：

$$\mathrm{i}\hbar\frac{\partial}{\partial t}\left[\Psi^*(\vec{r},t)\Psi(\vec{r},t)\right]=-\frac{\hbar^2}{2m}\left[\Psi^*(\vec{r},t)\nabla^2\Psi(\vec{r},t)-\Psi(\vec{r},t)\nabla^2\Psi^*(\vec{r},t)\right].$$
$$(18.8.16)$$

利用∇算符的性质：

$$\nabla\cdot\left[\Psi^*(\vec{r},t)\nabla\Psi(\vec{r},t)\right]=\left[\nabla\Psi^*(\vec{r},t)\right]\cdot\left[\nabla\Psi(\vec{r},t)\right]+\Psi^*(\vec{r},t)\nabla^2\Psi(\vec{r},t),$$

式(18.8.16)可改写为

$$\mathrm{i}\hbar\frac{\partial}{\partial t}\left[\Psi^*(\vec{r},t)\Psi(\vec{r},t)\right]=-\frac{\hbar^2}{2m}\nabla\cdot\left[\Psi^*(\vec{r},t)\nabla\Psi(\vec{r},t)-\Psi(\vec{r},t)\nabla\Psi^*(\vec{r},t)\right],$$
$$(18.8.17)$$

所以有

$$\frac{\mathrm{d}}{\mathrm{d}t}\int_V\Psi^*(\vec{r},t)\Psi(\vec{r},t)\mathrm{d}V=-\int_V\nabla\cdot\vec{J}\mathrm{d}V, \qquad (18.8.18)$$

其中 $\vec{J}$ 定义为

$$\vec{J}=\frac{\hbar}{2m\mathrm{i}}\left[\Psi^*(\vec{r},t)\nabla\Psi(\vec{r},t)-\Psi(\vec{r},t)\nabla\Psi^*(\vec{r},t)\right]. \qquad (18.8.19)$$

利用高斯定理，可将式(18.8.18)中右边的体积积分变换成对包围体积 V 的封闭面 S 的积分，有

$$\frac{\mathrm{d}}{\mathrm{d}t}\int_V\rho(\vec{r},t)\mathrm{d}V+\int_S\vec{J}\cdot\mathrm{d}\vec{S}=0. \qquad (18.8.20)$$

由此可见，$\vec{J}$ 可称为概率流密度矢量，或简称为流密度．式(18.8.20)表明，一封闭区域内粒子出现的概率随时间的变化率，等于单位时间内粒子穿入区域表面的概率流密度的面积分．由式(18.8.17)可得

$$\frac{\partial}{\partial t}\rho(\vec{r},t)+\nabla\cdot\vec{J}=0, \qquad (18.8.21)$$

该式与经典物理中的连续性方程类似．

作为一个例子，考察有确定动量 $\vec{p}$ 和确定能量 E 的自由粒子的概率流密度．该粒子的波函数为

$$\Psi(\vec{r},t)=A\exp\left[\frac{\mathrm{i}}{\hbar}(\vec{p}\cdot\vec{r}-Et)\right],$$

对应的概率密度为

$$\rho(\vec{r},t)=|\Psi(\vec{r},t)|^2=|A|^2,$$

利用性质

$$\nabla\mathrm{e}^{\frac{\mathrm{i}}{\hbar}\vec{p}\cdot\vec{r}}=\frac{\mathrm{i}\vec{p}}{\hbar}\mathrm{e}^{\frac{\mathrm{i}}{\hbar}\vec{p}\cdot\vec{r}},\quad \nabla\mathrm{e}^{-\frac{\mathrm{i}}{\hbar}\vec{p}\cdot\vec{r}}=-\frac{\mathrm{i}\vec{p}}{\hbar}\mathrm{e}^{\frac{\mathrm{i}}{\hbar}\vec{p}\cdot\vec{r}},$$

并根据概率流密度矢量的定义式(18.8.19)，可得到

$$\vec{J}=|A|^2\frac{\vec{p}}{m}=\rho\vec{v},$$

其中 $\vec{v}=\dfrac{\vec{p}}{m}$ 即为粒子速度. 这种情况下, 概率流动类似于流体的流动.

例 18-4 推导描述相对论性自由粒子波动性的方程, 并导出该方程的连续性方程.

解 对于相对论性的自由粒子, 动量和能量满足关系

$$E^2=p^2c^2+m_0^2c^4.$$

从薛定谔方程的启发性推导过程可以看出, 我们将上式中的 E 替换成算符 $i\hbar\dfrac{\partial}{\partial t}$, 将 p 替换成动量算符 $-i\hbar\nabla$, 并作用到波函数上, 即可得到相对论性自由粒子的波动方程

$$\left(i\hbar\frac{\partial}{\partial t}\right)^2\Psi(\vec{r},t)=\left[(-i\hbar c\,\nabla)^2+m_0^2c^4\right]\Psi(\vec{r},t),$$

整理后即有

$$\left[\hbar^2\frac{\partial^2}{\partial t^2}-\hbar^2c^2\nabla^2+m_0^2c^4\right]\Psi(\vec{r},t)=0, \tag{18.8.22}$$

该方程被称为克莱因-戈尔登(Klein-Gordon)方程, 它是相对论量子力学和量子场论中的基本方程, 是薛定谔方程的相对论形式, 用于描述自旋为零的自由粒子. 克莱因-戈尔登方程是由瑞典理论物理学家奥斯卡·克莱因和德国人沃尔特·戈尔登于二十世纪二三十年代独立推导出来的, 该方程在高能物理领域应用广泛.

为了得到克莱因-戈尔登方程对应的概率密度和概率流密度矢量, 我们将方程(18.8.22)取复共轭, 得

$$\left[\hbar^2\frac{\partial^2}{\partial t^2}-\hbar^2c^2\nabla^2+m_0^2c^4\right]\Psi^*(\vec{r},t)=0. \tag{18.8.23}$$

将式(18.8.22)两边乘以 $\Psi^*(\vec{r},t)$, 将式(18.8.23)两边乘以 $\Psi(\vec{r},t)$, 再将得到的结果相减, 可得出

$$\Psi^*(\vec{r},t)\frac{\partial^2}{\partial t^2}\Psi(\vec{r},t)-\Psi(\vec{r},t)\frac{\partial^2}{\partial t^2}\Psi^*(\vec{r},t)-\Psi^*(\vec{r},t)c^2\nabla^2\Psi(\vec{r},t)+\Psi(\vec{r},t)c^2\nabla^2\Psi^*(\vec{r},t)=0,$$

该式也可以写成

$$\frac{\partial}{\partial t}\left[\Psi^*(\vec{r},t)\frac{\partial}{\partial t}\Psi(\vec{r},t)-\Psi(\vec{r},t)\frac{\partial}{\partial t}\Psi^*(\vec{r},t)\right]$$
$$-\nabla\cdot\left[\Psi^*(\vec{r},t)c^2\nabla\Psi(\vec{r},t)-\Psi(\vec{r},t)c^2\nabla\Psi^*(\vec{r},t)\right]=0.$$

由上式, 我们可以定义概率密度和概率流密度矢量分别为

$$\rho=i\left[\Psi^*(\vec{r},t)\frac{\partial}{\partial t}\Psi(\vec{r},t)-\Psi(\vec{r},t)\frac{\partial}{\partial t}\Psi^*(\vec{r},t)\right],$$

$$\vec{J}=i\left[\Psi^*(\vec{r},t)c^2\nabla\Psi(\vec{r},t)-\Psi(\vec{r},t)c^2\nabla\Psi^*(\vec{r},t)\right],$$

从而得到连续性方程

$$\frac{\partial}{\partial t}\rho(\vec{r},t)+\nabla\cdot\vec{J}=0.$$

需要说明的是, 这样定义的概率密度 $\rho(\vec{r},t)$ 并不正定. 在 1934 年, 泡利和韦斯科夫将 $e\rho(\vec{r},t)$ 解释为电荷密度, 用电荷守恒代替流守恒, 很好地解决了概率密度 $\rho(\vec{r},t)$ 不正定的问题. 然而, 早期, 正是由于克莱因-戈尔登方程存在这样的"缺陷", 促使英国物理学家狄拉

克（P. A. M. Dirac）利用 $E=\pm\sqrt{p^2c^2+m_0^2c^4}$ 的能量-动量关系，在 1928 年导出了描述电子运动的方程（后来被称为狄拉克方程）. 有意思的是，狄拉克方程在研究氢原子能级分布时，能很好地解释实验上观测到的氢原子能级，可自动导出电子的自旋量子数应为 $\frac{1}{2}$，以及电子自旋磁矩与自旋角动量之比为轨道角动量情形时的关系. 过去电子的这些性质都是从分析实验结果中总结出来的，并没有理论的来源和解释，狄拉克方程却可自动地导出这些重要的基本性质，因此，它是理论上的重大进展.

定态薛定谔方程

若微观粒子处在稳定的势场中，势能函数 U 与时间无关，则相关问题被称为定态问题. 例如，自由粒子运动 $U(\vec r,t)=0$，氢原子中的电子所受到的势场 $U(r)=-\frac{1}{4\pi\varepsilon_0}\frac{e^2}{r}$. 定态问题薛定谔方程的求解，需要利用分离变量的思想，寻找一类特殊解，这些解能表示为各自变量的函数的乘积形式.

假设方程(18.8.12)中，势能与时间无关，$U(\vec r,t)\equiv U(\vec r)$，则相应的薛定谔方程为

$$i\hbar\frac{\partial}{\partial t}\Psi(\vec r,t)=\left[-\frac{\hbar^2}{2m}\nabla^2+U(\vec r)\right]\Psi(\vec r,t),\qquad(18.8.24)$$

该方程为偏微分方程，对于此类方程，通常从寻找方程的特解出发来求解问题. 设该方程的特解可表示为时间部分和位置部分的乘积，即

$$\Psi(\vec r,t)=\psi(\vec r)T(t),\qquad(18.8.25)$$

代入方程(18.8.24)，则有

$$i\hbar\frac{dT(t)}{dt}\psi(\vec r)=T(t)\left[-\frac{\hbar^2}{2m}\nabla^2+U(\vec r)\right]\psi(\vec r),$$

两边除以 $\psi(\vec r)T(t)$，得

$$i\hbar\frac{1}{T(t)}\frac{dT(t)}{dt}=\frac{1}{\psi(\vec r)}\left[-\frac{\hbar^2}{2m}\nabla^2+U(\vec r)\right]\psi(\vec r).\qquad(18.8.26)$$

该式左边是 t 的函数，右边为空间坐标的函数，t 与 $\vec r$ 是无关的自变量，欲使方程(18.8.26)成立，只能方程左右两边等于共同的常数，设该常数为 E，即得

$$i\hbar\frac{dT(t)}{dt}=ET(t)\qquad(18.8.27)$$

和

$$\left[-\frac{\hbar^2}{2m}\nabla^2+U(\vec r)\right]\psi(\vec r)=E\psi(\vec r).\qquad(18.8.28)$$

方程(18.8.28)称为定态薛定谔方程. 利用哈密顿算符的定义，式(18.8.28)可表示为

$$\hat H\psi(\vec r)=E\psi(\vec r).\qquad(18.8.29)$$

在 E 确定后，方程(18.8.27)的解可表示为

$$T(t)=e^{-\frac{i}{\hbar}Et},$$

因此，波函数具有形式

$$\Psi(\vec{r},t)=\psi(\vec{r})e^{-\frac{i}{\hbar}Et}. \tag{18.8.30}$$

显然，当粒子处于式(18.8.29)所描述的状态时，概率密度

$$\rho(\vec{r},t)\equiv|\Psi(\vec{r},t)|^2=|\psi(\vec{r})|^2$$

与时间无关，因此，我们说粒子处于定态，形如式(18.8.30)的波函数，即以 $e^{-\frac{i}{\hbar}Et}$ 形式依赖于时间的波函数，称为定态波函数[有时也将 $\psi(\vec{r})$ 称为定态波函数].

定态薛定谔方程的常数 E 的物理意义是什么？从力学量平均值的定义出发，处于形如式(18.8.30)的定态的粒子的平均能量为

$$\langle E\rangle=i\hbar\int_{-\infty}^{+\infty}\Psi^*(\vec{r},t)\hat{H}\Psi(\vec{r},t)\mathrm{d}V=E\int_{-\infty}^{+\infty}\psi^*(\vec{r})\psi(\vec{r})\mathrm{d}V=E,$$

由此可见，E 为处于定态的粒子的能量平均值.

数学上，形如式(18.8.29)的方程称为算符 $\hat{H}$ 的本征方程，E 为算符的本征值，与 E 对应的波函数 $\psi(\vec{r})$ 则称为本征波函数(或称为本征态).

通过边界条件和定态薛定谔方程确定本征波函数和本征值后，能分离成时间部分和空间部分函数乘积的方程(18.8.24)的特解也就确定了. 由于薛定谔方程为线性方程，所以特解的线性组合也是薛定谔方程的解，将特解组合即可求得满足特定初始条件的解. 这一方法我们将在下一节中结合一维定态问题予以讲解.

18.9 一维定态问题

我们首先从一维定态问题出发，讨论薛定谔方程的求解过程，并分析解的性质. 考虑质量为 m 的粒子在势场 $U(x)$ 中的运动，描述粒子状态的波函数 $\Psi(x,t)$ 满足薛定谔方程

$$i\hbar\frac{\partial\Psi(x,t)}{\partial t}=\left[-\frac{\hbar^2}{2m}\frac{\partial^2}{\partial x^2}+U(x)\right]\Psi(x,t), \tag{18.9.1}$$

假设该方程有形如 $\Psi(x,t)=e^{-\frac{iEt}{\hbar}}\psi(x)$ 的特解，分离变量后，得到定态波函数 $\psi(x)$ 满足的定态薛定谔方程为

$$\left[-\frac{\hbar^2}{2m}\frac{\mathrm{d}^2}{\mathrm{d}x^2}+U(x)\right]\psi(x)=E\psi(x). \tag{18.9.2}$$

本节将从定态薛定谔方程出发，讨论一维无限深方势阱、一维薛定谔方程的定解问题、量子力学中关于测量的假设、宇称、一维有限深方势阱、势垒与透射、一维谐振子、一维周期势模型等问题.

一维无限深方势阱

金属中的电子由于金属表面势能(势垒)的束缚，被限制在一个有限的空间范围内运动. 如果金属表面势垒很高，则可以将金属表面看成一个刚性盒子. 如果只考虑一维运动，则可将金属表面看作一个一维刚性盒子. 势能函数为

$$U(x) = \begin{cases} 0, & 0 \leqslant x \leqslant a, \\ \infty, & x<0, x>a, \end{cases} \quad (18.9.3)$$

具有这种形式势能的模型称为一维无限深方势阱（见图18-24）.

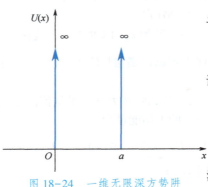

图18-24 一维无限深方势阱

在方势阱外，由于势能无穷大，粒子在该区域出现的概率为零，所以

$$\psi(x) = 0, \quad z<0, x>a. \quad (18.9.4)$$

在方势阱内，粒子满足的定态薛定谔方程具有形式

$$-\frac{\hbar^2}{2m}\frac{\mathrm{d}^2}{\mathrm{d}x^2}\psi(x) = E\psi(x), \quad 0 \leqslant x \leqslant a. \quad (18.9.5)$$

由于波函数具有连续性，因此要求波函数在阱壁满足条件

$$\psi(x=0) = \psi(x=a) = 0. \quad (18.9.6)$$

从方程(18.9.5)可以看出，阱内的波函数可写成

$$\psi(x) = A\sin(kx) + B\cos(kx), \quad (18.9.7)$$

其中 $k = \sqrt{\dfrac{2mE}{\hbar^2}}$. 将边界条件代入式(18.9.7)，得

$$B = 0, \quad (18.9.8)$$
$$A\sin(ka) = 0. \quad (18.9.9)$$

这是关于系数 A 和 B 的齐次方程组，要有非零解，则要求 A 和 B 不能全为零，因此要求

$$\sin(ka) = 0,$$

即得

$$ka = n\pi, \quad n=1,2,3,\cdots. \quad (18.9.10)$$

利用 k 的定义，可得到定态薛定谔方程中的能量 E：

$$E_n = \frac{\hbar^2 n^2 \pi^2}{2ma^2} = n^2 E_1, \quad (18.9.11)$$

其中 $E_1 = \dfrac{\hbar^2 \pi^2}{2ma^2}$. 由此可见，能量只能取分立的值，即能量量子化了. 由式(18.9.11)可得出，相邻两个能级之间间距不相等：

$$\Delta E = E_{n+1} - E_n = (2n+1)E_1. \quad (18.9.12)$$

当 n 增大时，ΔE 也随之增大. 当阱宽度增加，即 a 增大时，ΔE 随之下降. 当 a 很大时，粒子几乎自由运动，$\Delta E \to 0$，即粒子能拥有的能量几乎连续，此时粒子允许有任意大于零的能量. 当粒子质量 m 增大时，ΔE 随之下降.

需要说明的是，式(18.9.11)对应的最小能量为一不为零的值 E_1，这一能量被称为**零点能**. 零点能不等于零是粒子具有波动性的体现.

将式(18.9.8)代入式(18.9.7)，可得定态波函数 $\psi(x)$：

计算机模拟

一维无限深方势阱

$$\psi_n(x) = \begin{cases} A\sin\dfrac{n\pi x}{a}, & 0 \leqslant x \leqslant a, \\ 0, & x < 0, x > a. \end{cases} \qquad (18.9.13)$$

利用归一化条件

$$\int_{-\infty}^{+\infty} |\psi_n(x)|^2 \mathrm{d}x = \int_0^a |A|^2 \sin^2\frac{n\pi x}{a}\mathrm{d}x = 1,$$

系数 A 可取为 $A = \sqrt{\dfrac{2}{a}}$，由此得到归一化的能量本征波函数

$$\psi_n(x) = \begin{cases} \sqrt{\dfrac{2}{a}}\sin\dfrac{n\pi x}{a}, & 0 \leqslant x \leqslant a, \\ 0, & x < 0, x > a. \end{cases} \qquad (18.9.14)$$

而该本征波函数对应的定态含时波函数为

$$\Psi_n(x,t) = \psi_n(x)\mathrm{e}^{-\frac{\mathrm{i}}{\hbar}E_n t}. \qquad (18.9.15)$$

量子物理中，通常将最低能量所对应的状态称为基态，将高于基态的最低能量所对应的状态称为第一激发态，将高于第一激发态的最低能量所对应的状态称为第二激发态等．对于处于一维无限深方势阱中的粒子，$n=1$ 对应基态，$n=2$ 对应第一激发态，$n=3$ 对应第二激发态，$n=4$ 对应第三激发态，如图 18-25 所示．

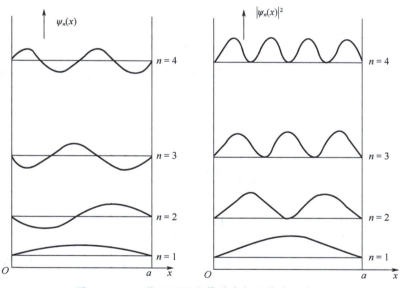

图 18-25　一维无限深方势阱中粒子状态示意图

事实上，阱两端波函数为零的粒子状态可对应于两端固定、弦长为 a 的弦振动．这种弦中只有驻波才能稳定地存在，这种驻波满足的条件是 $\dfrac{\lambda_n}{2}n = a$，这里 λ_n 为驻波模式的波长．根据动量与波长的关系，有 $p_n = \dfrac{h}{\lambda_n} = \dfrac{n\pi\hbar}{a}$，能量为 $E_n = \dfrac{p_n^2}{2m} = \dfrac{n^2\pi^2\hbar^2}{2ma^2}$，此即为式 (18.9.11)．

定态本征波函数也可以展开为频率相同、波长相同、传播方向相反的两单色平面波的叠加：

$$\Psi_n(x,t)=\sqrt{\frac{2}{a}}\sin(k_nx)\,\mathrm{e}^{-\frac{\mathrm{i}}{\hbar}E_nt}=\frac{1}{2\mathrm{i}}\sqrt{\frac{2}{a}}\left[\mathrm{e}^{-\frac{\mathrm{i}}{\hbar}(E_nt-p_nx)}-\mathrm{e}^{-\frac{\mathrm{i}}{\hbar}(E_nt+p_nx)}\right].$$

$$(18.9.16)$$

由式(18.9.14)我们看到，每一量子数 n 决定了一个能量值，同时决定了一个本征波函数 $\psi_n(x)$. 当然，本征波函数系数的选取有一定的任意性，但正如第 256 页延伸阅读所描述的那样，仅相差一个乘数因子的两函数是线性相关的. 因此，对一维无限深方势阱来说，哈密顿算符的一个本征值对应于一个线性无关的本征波函数.

对于一个特定哈密顿算符，它的一个本征值对应于多个线性无关的本征波函数的现象称为能级简并，能级对应的线性无关的函数的数目称为该能级的简并度. 如果某能级简并度为 1，即与该能级对应的线性无关的本征波函数仅有一个，则称该能级为非简并能级. 一维无限深方势阱的本征能级都是非简并能级.

例 18-5 证明：在要求波函数满足 $x\to\pm\infty$ 时趋于零的边界条件限制下，一维定态薛定谔方程的本征能量是非简并的.

证明 利用反证法. 假设有两个线性无关的函数 $\psi_1(x)$ 和 $\psi_2(x)$ 对应于同一个本征值，即它们都满足定态薛定谔方程：

$$-\frac{\hbar^2}{2m}\frac{\mathrm{d}^2\psi_i(x)}{\mathrm{d}x^2}+U(x)\psi_i(x)=E\psi_i(x),\quad i=1,2.$$

将 $\psi_1(x)$ 满足的方程乘以 $\psi_2(x)$，同时将 $\psi_2(x)$ 满足的方程乘以 $\psi_1(x)$，再将得到的两式相减，即有

$$\psi_1(x)\frac{\mathrm{d}^2\psi_2(x)}{\mathrm{d}x^2}-\psi_2(x)\frac{\mathrm{d}^2\psi_1(x)}{\mathrm{d}x^2}=0,$$

该表达式可整理成

$$\frac{\mathrm{d}}{\mathrm{d}x}\left[\psi_1(x)\frac{\mathrm{d}\psi_2(x)}{\mathrm{d}x}-\psi_2(x)\frac{\mathrm{d}\psi_1(x)}{\mathrm{d}x}\right]=0.$$

该式表明

$$\psi_1(x)\frac{\mathrm{d}\psi_2(x)}{\mathrm{d}x}-\psi_2(x)\frac{\mathrm{d}\psi_1(x)}{\mathrm{d}x}=C,$$

其中 C 为积分常数. 由于要求波函数 $\psi_1(x)$ 和 $\psi_2(x)$ 在 $x\to\pm\infty$ 时都趋于零，所以 $C=0$，即得

$$\frac{\psi_2'(x)}{\psi_2(x)}=\frac{\psi_1'(x)}{\psi_1(x)},$$

或

$$\frac{\mathrm{d}}{\mathrm{d}x}\ln\left[\frac{\psi_2(x)}{\psi_1(x)}\right]=0.$$

这也就意味着

$$\frac{\psi_2(x)}{\psi_1(x)}=常数,$$

即波函数 $\psi_1(x)$ 和 $\psi_2(x)$ 是线性相关的. 这与最初的假设矛盾. 因此, 要求在 $x \to \pm\infty$ 时波函数的模趋于零的一维定态薛定谔方程的本征能量总是非简并的.

例 18-6 质量为 m 的粒子处于宽度为 a 的一维无限深方势阱中, 计算处于第一激发态的粒子的力学量 x, x^2, p_x, p_x^2 的平均值.

解 第一激发态对应于量子数 $n=2$ 的状态, 其定态含时波函数为

$$\Psi_2(x,t) = \begin{cases} \sqrt{\dfrac{2}{a}}\sin\dfrac{2\pi x}{a}\mathrm{e}^{\frac{\mathrm{i}E_2 t}{\hbar}}, & 0 \leq x \leq a, \\ 0, & x<0, x>a. \end{cases}$$

位置坐标 x 的平均值为

$$\langle x \rangle_{n=2} = \int_{-\infty}^{+\infty} \Psi_2^*(x,t) x \Psi_2(x,t)\,\mathrm{d}x = \frac{2}{a}\int_0^a x\sin^2\frac{2\pi x}{a}\,\mathrm{d}x = \frac{a}{2},$$

该值表示粒子的平均位置在阱中央, 而从图 18-25 可以看出, 在 $x=\dfrac{a}{2}$ 位置, 概率密度 $|\Psi_2(x,t)|^2$ 却为零.

位置坐标 x^2 的平均值为

$$\langle x^2 \rangle_{n=2} = \int_{-\infty}^{+\infty} \Psi_2^*(x,t) x^2 \Psi_2(x,t)\,\mathrm{d}x = \frac{2}{a}\int_0^a x^2\sin^2\frac{2\pi x}{a}\,\mathrm{d}x = a^2\left(\frac{1}{3} - \frac{1}{8\pi^2}\right) \approx 0.32a^2,$$

正如我们期待的那样, $\sqrt{\langle x^2 \rangle_{n=2}} \approx 0.57a > 0.5a = \langle x \rangle_{n=2}$.

动量 p_x 的平均值为

$$\langle p_x \rangle_{n=2} = \int_{-\infty}^{+\infty} \Psi_2^*(x,t) \hat{p}_x \Psi_2(x,t)\,\mathrm{d}x = -\frac{2\mathrm{i}\hbar}{a}\int_0^a \left(\sin\frac{2\pi x}{a}\right)\frac{\mathrm{d}}{\mathrm{d}x}\left(\sin\frac{2\pi x}{a}\right)\mathrm{d}x = 0,$$

由于粒子在阱中等概率地向左或向右运动, 所以动量的平均值为零.

动量 p_x^2 的平均值可表示为

$$\langle p_x^2 \rangle_{n=2} = \int_{-\infty}^{+\infty} \Psi_2^*(x,t) \hat{p}_x^2 \Psi_2(x,t)\,\mathrm{d}x = \frac{2}{a}\int_0^a \left(\sin\frac{2\pi x}{a}\right)\left(-\mathrm{i}\hbar\frac{\mathrm{d}}{\mathrm{d}x}\right)\left(-\mathrm{i}\hbar\frac{\mathrm{d}}{\mathrm{d}x}\right)\left(\sin\frac{2\pi x}{a}\right)\mathrm{d}x,$$

两次求导后积分得

$$\langle p_x^2 \rangle_{n=2} = \frac{4\pi^2\hbar^2}{a^2}. \tag{18.9.17}$$

事实上, 由于方势阱中 $U=0$, 动量 p_x^2 的平均值与能量平均值有简单的关系

$$\langle E \rangle_{n=2} = \frac{1}{2m}\langle p_x^2 \rangle_{n=2},$$

而由作为定态的第一激发态 $\langle E \rangle_{n=2} = \dfrac{4\hbar^2\pi^2}{2m\,a^2}$, 同样可得到式 (18.9.17).

一维薛定谔方程的定解问题

确定定态薛定谔方程的本征波函数和本征值, 仅是求解定态含时薛定谔方程的重要一步. 对完整的偏微分方程问题来说, 还要求得到的解满足一定的初始条件: 已知在 $t=0$ 时,

$$\Psi(x,t=0) = \varphi(x).$$

延伸阅读

由于薛定谔方程是线性方程，由定态薛定谔方程确定的定态解及其线性组合都是薛定谔方程的解，这就为我们构造满足初始条件的解提供了便利．假设定态含时薛定谔方程(18.9.1)的一般解可表示为

$$\Psi(x,t) = \sum_{n=1}^{\infty} c_n e^{-\frac{iE_n t}{\hbar}} \psi_n(x), \tag{18.9.18}$$

其中 c_n 为待定系数．令式(18.9.18)中 $t=0$，有

$$\varphi(x) = \sum_{n=1}^{\infty} c_n \psi_n(x). \tag{18.9.19}$$

如果 $\{\psi_n(x) \mid n=1,2,3,\cdots\}$ 为正交归一函数集，即

$$\int \psi_n^*(x) \psi_l(x) \mathrm{d}x = \delta_{nl}, \tag{18.9.20}$$

则可将式(18.9.19)左右两边乘以 $\psi_l^*(x)$，并积分，再利用式(18.9.20)，求和项仅剩 $n=l$ 项，从而得到待定系数

$$c_l = \int \varphi(x) \psi_l^*(x) \mathrm{d}x. \tag{18.9.21}$$

对一维无限深方势阱问题来说，哈密顿算符的本征波函数在 $(0,a)$ 区间恰好是傅里叶正弦级数的基函数，而这些函数的集合构成正交完备集．事实上，我们要求不仅仅是能量，而是所有物理量(或称为力学量)，其对应的算符的本征波函数都应构成完备集．可以证明，对应于不同能量本征值的本征波函数彼此正交．

例 18-7 质量为 m 的粒子处于长度为 a 的一维无限深方势阱中，势能为式(18.9.3)．最初，粒子处于状态

$$\Psi(x,t=0) = \begin{cases} \sqrt{\dfrac{30}{a^5}} x(a-x), & 0 \leqslant x \leqslant a, \\ 0, & x<0, \ x>a, \end{cases}$$

求 t 时刻粒子的波函数．

解 利用式(18.9.21)可得

$$c_n = \sqrt{\frac{2}{a}} \int_0^a \Psi(x,t=0) \sin\frac{n\pi x}{a} \mathrm{d}x = \frac{4\sqrt{15}}{\pi^3 n^3} [1-(-1)^n],$$

因此，t 时刻粒子的波函数具有形式

$$\Psi(x,t) = \sum_{n=1}^{\infty} \frac{4\sqrt{30}}{\pi^3 n^3 \sqrt{a}} [1-(-1)^n] \sin\frac{n\pi x}{a} e^{-\frac{i\hbar n^2 \pi^2}{2ma^2}t}.$$

量子力学关于测量的基本假设

根据上述求偏微分方程的流程，如何理解得到的解(18.9.18)是量子力学面临的重要问题，以玻尔为首的哥本哈根学派给出了正统的解释．

我们可以从能量的平均值出发来理解式(18.9.18)．如前所述，粒子处于状态 $\Psi(x,t)$ 的能量平均值就是哈密顿算符的平均值

$$\langle \hat{H} \rangle = \int \Psi^*(x,t) [\hat{H}\Psi(x,t)] \mathrm{d}x.$$

将薛定谔方程的解(18.9.18)代入，并展开，得

$$\langle \hat{H} \rangle = \int \Big[\sum_{n=1}^{\infty} c_n^* \mathrm{e}^{\mathrm{i}\frac{E_n t}{\hbar}} \psi_n^*(x) \Big] \hat{H} \Big[\sum_{m=1}^{\infty} c_m \mathrm{e}^{-\mathrm{i}\frac{E_m t}{\hbar}} \psi_m(x) \Big] \mathrm{d}x,$$

交换求和与积分的顺序，得

$$\langle \hat{H} \rangle = \sum_{n,m} c_n^* c_m \mathrm{e}^{\mathrm{i}\frac{(E_n - E_m)t}{\hbar}} \int \psi_n^*(x) [\hat{H}\psi_m(x)] \mathrm{d}x.$$

利用 $\hat{H}\psi_m(x) = E_m \psi_m(x)$ 以及正交归一性关系(18.9.20)，求和仅有 $m = n$ 时才不为零，由此最终得到

$$\langle \hat{H} \rangle = \sum_n |c_n|^2 E_n. \tag{18.9.22}$$

对于式(18.9.22)，我们可以这样理解：针对状态(18.9.18)做能量测量时，每次测量可能得到的值为哈密顿算符本征值 E_1，E_2，…中的某一个，如 E_n，测得该值的概率为 $|c_n|^2$，这样多次测量后的平均值即为式(18.9.22).

有意思的问题是，针对状态(18.9.18)做一次能量测量得到值 E_n 后，紧接着再做一次测量，能量值应该是多少？在进行一次测量时，我们所得到的结果显然只是这些可能结果中的一个，刚测量之后，实现了这一结果，此时不能说"得到这个结果的概率了"，因为刚测量之后体系所处的状态与最初的 $\Psi(x,t)$ 状态是不同的. 哥本哈根学派认为，能量测量本身作为一个经典的操作，必然对波函数有所干扰，能量测量会导致波包塌缩，**如果能量测量得到非简并的能量值 E_n，波函数则会塌缩到 $\Psi_n(x,t)$**. 如果紧接着再做一次能量测量，则一定得到能量 E_n，因为进行第二次能量测量的状态就是 $\Psi_n(x,t)$ 状态.

需要说明的是，由于波函数塌缩，每次能量测量后，波函数都发生了变化. 要测得式(18.9.22)所示的平均值，则需要重新制备与测量前完全相同的状态，并进行测量，如此反复，方能测得平均值.

显然，以上哥本哈根学派关于平均值、测量值和波函数塌缩的观点，不仅可用于粒子处于无限深方势阱的情形，对于更一般的势能形式也适用. 同时，该观点不仅针对能量测量，对于更一般的力学量测量也是成立的.

在量子力学中，测量力学量 Q，需要先求解该力学量对应的算符的本征方程(为了简洁，我们考虑一维运动的粒子，结论同样可以推广到三维运动的情形)

$$\hat{Q}\psi(x) = \lambda \psi(x),$$

从而得到系列本征值 $\{\lambda_1, \lambda_2, \cdots, \lambda_n, \cdots\}$，以及对应的正交归一化完备本征波函数集 $\{\psi_1(x), \psi_2(x), \cdots, \psi_n(x), \cdots\}$. 假设某时刻粒子处于状态 $\varphi(x)$，将其用本征波函数展开：

$$\varphi(x) = \sum_n c_n \psi_n(x),$$

其中

$$c_n = \int \psi_n^*(x)\varphi(x)\mathrm{d}x.$$

该式表明，如果此时对 $\varphi(x)$ 测量力学量 Q，测得的可能值为本征值中一个，如 λ_n，测得该值的概率为 $|c_n|^2$，测量后波函数塌缩到状态 $\psi_n(x)$

(假设本征值 λ_n 非简并，与之对应的本征波函数仅有 1 个)，多次测量的平均值为 $\langle Q \rangle = \sum_n |c_n|^2 \lambda_n$. 需要注意的是，测量力学量 Q 塌缩到状态 $\psi_n(x)$ 后，后续以该状态为初始状态，以遵循薛定谔方程(18.9.1)的方式演化.

综上所述，哥本哈根学派对微观世界中测量的观点可总结为以下几点.

(1)波函数塌缩：每当对一个量子态进行测量时，该量子态塌缩成为被测量力学量算符的本征态.

(2)测量结果：一个可观测量的测量值是原始态塌缩到的本征态所对应的本征值.

(3)玻尔法则：量子态在测量时塌缩到给定本征态的概率，由原始态以本征态为基函数展开时对应的展开系数的模方确定.

哥本哈根学派关于微观世界中测量的观点得到了大量实验支持，但显然这种解释与日常生活中的测量有很大的不同，因此，这些观点也受到了包括爱因斯坦、薛定谔、德布罗意等物理学家的质疑. 在量子力学建立之初的二十世纪二三十年代，这些物理学家和以玻尔为首的哥本哈根学派通过理想实验反复交锋，使人们对量子力学的理解更加深刻. 其中，最著名的是 1935 年薛定谔提出的被后世称为薛定谔猫的理想实验.

如图 18-26 所示，将一只猫、一瓶毒药和放射源放入密闭容器，放射源中原子有 50% 的概率会发生衰变. 如果盒内监测器(如盖革计数器)检测到放射性，即原子发生衰变，则烧瓶会破碎，毒药被释放，最终猫会死亡. 打开箱子，猫可能处于死猫状态(记为 ψ_1 态)或活猫状态(记为 ψ_2 态). 按照哥本哈根学派的正统解释，打开箱子前猫既活着又死了，即处于态

$$\psi = \frac{1}{\sqrt{2}}\psi_1 + \frac{1}{\sqrt{2}}\psi_2.$$

图 18-26　薛定谔猫

但是，人们打开盒子看向盒内时，ψ 态塌缩到死猫或活猫状态，猫不是活着就是死了，也就是说猫的状态由我们的观测行为所决定. 这一看上去很荒谬的结论却是支配微观世界的规律，后来的大量实验证实了哥本哈根学派解释的正确性，波函数塌缩更成为现代量子保密通信的基础.

例 18-8　质量为 m 的粒子处于长度为 a 的一维无限深方势阱中,势能为式(18.9.3).最初,粒子处于状态

$$\Psi(x,t=0)=\begin{cases}\dfrac{4}{\sqrt{a}}\sin\dfrac{\pi x}{a}\cos^2\dfrac{\pi x}{a}, & 0\leqslant x\leqslant a,\\[3mm]0, & x<0,x>a,\end{cases}$$

求 t 时刻粒子的波函数、粒子的能量测量值、测得各能量值的概率及平均能量.

解　利用三角函数二倍角公式及积化和差公式可得,在 $0\leqslant x\leqslant a$ 时,

$$\Psi(x,t=0)=\frac{4}{\sqrt{a}}\sin\frac{\pi x}{a}\cos^2\frac{\pi x}{a}=\frac{1}{\sqrt{a}}\sin\frac{\pi x}{a}+\frac{1}{\sqrt{a}}\sin\frac{3\pi x}{a}.$$

利用一维无限深方势阱的本征波函数,$\Psi(x,t=0)$ 可展开为

$$\Psi(x,t=0)=\frac{1}{\sqrt{2}}\psi_1(x)+\frac{1}{\sqrt{2}}\psi_3(x),$$

因此,t 时刻粒子的波函数具有形式

$$\Psi(x,t)=\frac{1}{\sqrt{2}}\psi_1(x)\,\mathrm{e}^{-\frac{\mathrm{i}}{\hbar}E_1t}+\frac{1}{\sqrt{2}}\psi_3(x)\,\mathrm{e}^{-\frac{\mathrm{i}}{\hbar}E_3t}. \tag{18.9.23}$$

与式(18.9.18)比较可知,展开系数 $c_1=c_3=\dfrac{\sqrt{2}}{2}$,其余系数则为零.因此,能量的测量值仅为 $E_1=\dfrac{\hbar^2\pi^2}{2ma^2}$ 或 $E_3=\dfrac{9\hbar^2\pi^2}{2ma^2}$,测得这两个能量值的概率为 $|c_1|^2=|c_3|^2=\dfrac{1}{2}$.由此可求出粒子的平均能量

$$\langle H\rangle=|c_1|^2E_1+|c_2|^2E_3=\frac{5\hbar^2\pi^2}{2ma^2}.$$

例 18-9　(测量和时间演化的问题)设某系统的哈密顿算符 $\hat{H}$ 具有不同的本征值 $\{E_n\,|\,n=1,2,3,\cdots\}$,本征值所属的正交归一完备本征波函数集为 $\{\psi_n(x)\,|\,n=1,2,3,\cdots\}$.另有力学量 Q 对应的算符 $\hat{Q}$,具有不同的本征值 $\{\lambda_n\,|\,n=1,2,3,\cdots\}$,本征值所属的正交归一完备本征函数集为 $\{\phi_n(x)\,|\,n=1,2,3,\cdots\}$.现该系统在 $t=0$ 时刻的波函数为 $\psi(x)$.

(1)求在 $t=0$ 时刻,测量力学量 Q 得到特定值 λ_i 的概率以及在测量之后(瞬时)系统所处的状态.

(2)经过(1)的测量后任意 t 时刻系统的波函数 $\Psi(x,t)$.

解　(1)将 $\psi(x)$ 用函数集 $\{\phi_n(x)\,|\,n=1,2,3,\cdots\}$ 展开,得

$$\psi(x)=\sum_{n=1}^{\infty}a_n\phi_n(x),$$

其中系数为

$$a_n=\int_{-\infty}^{+\infty}\phi_n^*(x)\psi(x)\,\mathrm{d}x.$$

因此,测得特定值 λ_i 的概率为

$$|a_i|^2=\left|\int_{-\infty}^{+\infty}\phi_i^*(x)\psi(x)\,\mathrm{d}x\right|^2,$$

测量之后系统所处的状态为 $\phi_i(x)$.

（2）之后状态的演化遵循薛定谔方程，所以需要将初始态 $\phi_i(x)$ 用哈密顿算符的本征波函数展开：

$$\phi_i(x) = \sum_{n=1}^{\infty} c_n \psi_n(x),$$

其中

$$c_n = \int_{-\infty}^{+\infty} \psi_n^*(x)\phi_i(x)\,\mathrm{d}x.$$

所以，t 时刻系统的波函数为

$$\Psi(x,t) = \sum_{n=1}^{\infty} c_n \mathrm{e}^{-\frac{iE_n t}{\hbar}} \psi_n(x).$$

宇称

薛定谔方程可能具有一些对称性质，在不求解方程的前提下，也可以给出解的一些性质．其中比较重要的一个性质是宇称对称性．

当粒子处于一维无限深方势阱中时，势能函数（18.9.3）相对于 $x = \dfrac{a}{2}$ 是对称函数，而从图 18-25 可以看出，哈密顿算符的本征波函数 $\psi_n(x)$ 相对于 $x = \dfrac{a}{2}$ 或者是奇对称，或者是偶对称，那么，势能函数的对称性与本征波函数为偶函数或奇函数之间是否有特定关系？

的确，哈密顿算符本征波函数的奇偶性与势能的偶对称密切相关．为了说明这一点，我们引入一个重要的力学量——宇称．对波函数 $\psi(x)$ 的空间反射操作称为空间反射算符 $\hat{P}$，即

$$\hat{P}\psi(x) = \psi(-x). \tag{18.9.24}$$

由于

$$\hat{P}^2\psi(x) = \hat{P}[\hat{P}\psi(x)] = \hat{P}\psi(-x) = \psi(x), \tag{18.9.25}$$

所以

$$\hat{P}^2 = \hat{I}. \tag{18.9.26}$$

这里 $\hat{I}$ 为单位算符，该算符作用到任意波函数 $\psi(x)$ 上得到波函数 $\psi(x)$ 自身．考察空间反射算符的本征方程

$$\hat{P}\psi(x) = \lambda\psi(x), \tag{18.9.27}$$

对该方程两边使用算符 $\hat{P}$，得到

$$\hat{P}^2\psi(x) = \lambda\hat{P}\psi(x) = \lambda^2\psi(x), \tag{18.9.28}$$

与式（18.9.25）比较得

$$\lambda^2 = 1,$$

所以，空间反射算符的本征值可取 $\lambda = \pm 1$ 两个值．$\lambda = 1$ 所对应的波函数满足

$$\hat{P}\psi(x) \equiv \psi(-x) = \psi(x),$$

我们称这样的波函数具有正宇称（或偶宇称）．类似地，$\lambda = -1$ 所对应的波函数满足

$$\hat{P}\psi(x) \equiv \psi(-x) = -\psi(x),$$

我们称这样的波函数具有负宇称(或奇宇称). 如果在空间反射操作下, $\psi(-x) \neq \psi(x)$ 且 $\psi(-x) \neq -\psi(x)$, 我们就称这样的波函数没有确定的宇称.

利用宇称来考察定态薛定谔方程, 我们可以得到哈密顿算符本征波函数的一个重要性质: 当势能函数 $U(x)$ 具有反射不变性时, 哈密顿算符本征波函数必有确定的宇称.

为了证明这一点, 我们首先证明如果定态薛定谔方程中的势场 $U(x)$ 具有反射不变性, 若 $\psi(x)$ 属于本征能量值 E 的本征波函数, 则 $\psi(-x)$ 也属于该能量值的本征波函数. 对定态薛定谔方程(18.9.2)两边做空间反射操作, 并考虑到势场 $U(x)$ 具有正宇称, 我们得到

$$\left[-\frac{\hbar^2}{2m} \frac{\mathrm{d}^2}{\mathrm{d}x^2} + U(x) \right] \psi(-x) = E\psi(-x),$$

这也就意味着, $\psi(-x)$ 也是本征值为 E 的定态薛定谔方程的解. 所以, 当势能函数 $U(x)$ 具有反射不变性时, $\psi(-x)$ 和 $\psi(x)$ 都应该属于同一本征值 E 的本征波函数.

如果一维问题中一个能量本征值仅对应一个线性无关的本征波函数, 则 $\psi(-x)$ 和 $\psi(x)$ 应线性相关, 即

$$\psi(-x) = c\psi(x), \qquad (18.9.29)$$

其中 c 为一常数. 对上式两边作用空间反射算符, 得

$$\psi(x) = c\psi(-x) = c^2 \psi(x).$$

这里, 最后一个等号利用了式(18.9.29). 由此可见, $c^2 = 1$, 即 $c = \pm 1$, 所以 $\psi(-x) = \psi(x)$ 或 $\psi(-x) = -\psi(x)$, 即本征波函数有确定宇称.

如果属于同一本征值 E 有两个线性无关的本征波函数, 例如 $\psi_1(x)$ 和 $\psi_2(x)$, 则 $\psi_1(-x)$ 和 $\psi_2(-x)$ 也是属于本征值 E 的本征波函数. 假设 $\psi_1(x)$ 和 $\psi_2(x)$ 中某函数没有确定宇称, 则可通过与 $\psi_1(-x)$ 或 $\psi_2(-x)$ 组合的方式, 例如 $\frac{1}{\sqrt{2}} [\psi_i(x) + \psi_i(-x)]$ 来构造有确定宇称的本征波函数.

以上关于宇称的讨论也适用于三维情形. 在三维问题中, 能级简并时, 对于同一本征值 E, 有 f 个线性无关的本征波函数 $\{\psi_i(\vec{r}) | i = 1, 2, \cdots, f\}$, 由于 $U(\vec{r})$ 具有反射不变性, 所以 $\{\psi_i(-\vec{r}) | i = 1, 2, \cdots, f\}$ 也属于 E 的本征波函数. 只要 $\{\psi_i(\vec{r})\}$ 中存在一个无确定宇称的本征波函数, 如 $\psi_j(\vec{r})$, 就可用有确定宇称的组合 $\frac{1}{\sqrt{2}} [\psi_j(\vec{r}) \pm \psi_j(-\vec{r})]$ 替代, 最后总能组合成一组具有确定宇称的解, 从而保证当势能函数 $U(\vec{r})$ 具有反射不变性时, 哈密顿算符本征波函数必有确定的宇称.

一维有限深方势阱

事实上, 一维无限深方势阱这一模型实验上比较难以实现, 通常的势阱总有一定的深度. 例如, 在半导体物理中, 用 AlGaAs 和 GaAs 两种不同材料制成异质结, 两个这种异质结构成 AlGaAs-GaAs-AlGaAs 量子阱, 这样的量子阱可以用一维有限深方势阱模型来描述.

为简单起见, 我们考察粒子处于图 18-27 所示的一维有限深方势阱

中，阱宽度为 $2a$，势能函数为

$$U(x) = \begin{cases} U_0, & |x| > a, & \text{I 区和 III 区}, \\ 0, & |x| < a, & \text{II 区}, \end{cases} \qquad (18.9.30)$$

粒子定态波函数满足的定态薛定谔方程为

$$\begin{cases} \dfrac{\mathrm{d}^2\psi}{\mathrm{d}x^2} + \dfrac{2mE}{\hbar^2}\psi = 0, & |x| < a, & \text{II 区}, \\ \dfrac{\mathrm{d}^2\psi}{\mathrm{d}x^2} + \dfrac{2m}{\hbar^2}(E - U_0)\psi = 0, & |x| > a, & \text{I 区和 III 区}, \end{cases}$$

同时要求波函数及其导数在方势阱边缘 $|x| = a$ 处连续，且在 $x \to \pm\infty$ 时，$\psi(x) \to 0$.

我们仅讨论 $0 < E < U_0$ 的情形. 为此，我们引入常数 $k = \sqrt{\dfrac{2mE}{\hbar^2}}$ 和 $k' = \sqrt{\dfrac{2m(U_0 - E)}{\hbar^2}}$，定态薛定谔方程可改写为

$$\begin{cases} \dfrac{\mathrm{d}^2\psi}{\mathrm{d}x^2} + k^2\psi = 0, & |x| < a, & \text{II 区}, \\ \dfrac{\mathrm{d}^2\psi}{\mathrm{d}x^2} - k'^2\psi = 0, & |x| > a, & \text{I 区和 III 区}. \end{cases}$$

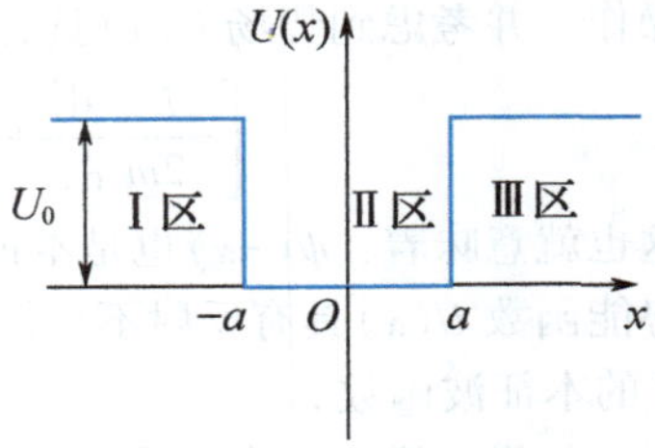

图 18-27 一维有限深方势阱

从该方程可以看出，在 I 区的波函数应具有形式

$$\psi_{\mathrm{I}}(x) = A\mathrm{e}^{k'x} + B\mathrm{e}^{-k'x}, \quad \text{I 区}, \ x < -a,$$

然而要求 $x \to -\infty$ 时，$\psi(x) \to 0$，所以系数 $B = 0$，即

$$\psi_{\mathrm{I}}(x) = A\mathrm{e}^{k'x}, \quad \text{I 区}, \ x < -a. \qquad (18.9.31)$$

类似地，可以得到在 III 区的波函数

$$\psi_{\mathrm{III}}(x) = B\mathrm{e}^{-k'x}, \quad \text{III 区}, \ x > a. \qquad (18.9.32)$$

在 II 区薛定谔方程的通解为

$$\psi_{\mathrm{II}}(x) = C\cos(kx) + D\sin(kx), \quad \text{II 区}, \ |x| < a, \qquad (18.9.33)$$

然而由于势能函数(18.9.30)具有反射不变性，因此波函数应具有确定的宇称，这也就意味着式(18.9.33)的解中仅能取余弦函数部分或正弦函数部分.

1. 偶宇称的本征波函数

当本征波函数具有偶宇称时，式(18.9.31)和式(18.9.32)中的系数满足 $A = B$，且

$$\psi_{\mathrm{II}}(x) = C\cos(kx), \quad \text{II 区}, \ |x| < a.$$

利用波函数及其导数在方势阱边缘 $x = a$ 处连续，得

$$\begin{cases} C\cos(ka) - B\mathrm{e}^{-k'a} = 0, \\ -Ck\sin(ka) + Bk'\mathrm{e}^{-k'a} = 0. \end{cases}$$

这是一确定系数 B 和 C 的齐次方程组，要求有非零解，则方程组的系数行列式为零：

$$\begin{vmatrix} \cos(ka) & -\mathrm{e}^{-k'a} \\ -k\sin(ka) & k'\mathrm{e}^{-k'a} \end{vmatrix} = k'\mathrm{e}^{-k'a}\cos(ka) - k\sin(ka)\mathrm{e}^{-k'a} = 0,$$

即得确定本征能量值的超越方程

$$k\tan(ka)=k'. \tag{18.9.34}$$

为了求解该方程，引入 $u=ka$ 和 $v=k'a$，由于 k' 和 k 满足 $k'^2+k^2=\dfrac{2mU_0}{\hbar^2}$，所以

$$u^2+v^2=\frac{2mU_0a^2}{\hbar^2}. \tag{18.9.35}$$

同时，由式（18.9.34）可得

$$v=u\tan u. \tag{18.9.36}$$

我们可以用画图方式给出同时满足式（18.9.35）和式（18.9.36）的 u 与 v. 如图 18-28 所示，在第一象限内（$u>0$ 且 $v>0$），式（18.9.35）与式（18.9.36）所对应曲线的交点即为所需的解，交点的个数（即本征值的个数）取决于 $\dfrac{2mU_0a^2}{\hbar^2}$ 的值.

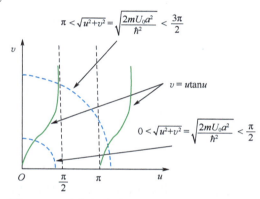

图 18-28 确定偶宇称波函数对应的能量本征值

由图 18-28 可知，当 $0<\sqrt{\dfrac{2mU_0a^2}{\hbar^2}}<\dfrac{\pi}{2}$ 时，满足式（18.9.35）的曲线和满足式（18.9.36）的曲线有一个交点，因此，仅有一个小于 U_0 的本征值对应偶宇称的本征波函数. 当 $\pi\leqslant\sqrt{\dfrac{2mU_0a^2}{\hbar^2}}<\dfrac{3\pi}{2}$ 时，两条曲线有两个交点，因此有两个小于 U_0 的本征值对应偶宇称的本征波函数. 以此类推，当 $n\pi\leqslant\sqrt{\dfrac{2mU_0a^2}{\hbar^2}}<\dfrac{\pi(2n+1)}{2}$ 时，有 $n+1$ 个小于 U_0 的本征值对应偶宇称的本征波函数.

2. 奇宇称的本征波函数

当本征波函数具有奇宇称时，式（18.9.31）和式（18.9.32）中的系数满足 $A=-B$，且

$$\psi_{\mathrm{II}}(x)=D\sin(kx)，\quad \text{Ⅱ区，}\ |x|<a.$$

利用波函数本身及其导数在方势阱边缘 $x=a$ 处连续，得

$$\begin{cases} D\sin(ka)-Be^{-k'a}=0, \\ Dk\cos(ka)+Bk'e^{-k'a}=0. \end{cases}$$

要求该方程组有非零解，则方程组的系数行列式为零：

$$\begin{vmatrix} \sin(ka) & -e^{-k'a} \\ k\cos(ka) & k'e^{-k'a} \end{vmatrix} = k'e^{-k'a}\sin(ka) + k\cos(ka)e^{-k'a} = 0,$$

即得确定本征能量值的超越方程

$$k\cot(ka) = -k'. \tag{18.9.37}$$

同样引入 $u = ka$ 和 $v = k'a$，二者应满足式（18.9.35），同时，由式（18.9.37）可得

$$v = -u\cot u. \tag{18.9.38}$$

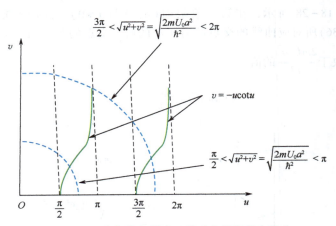

图 18-29　确定奇宇称波函数对应的能量本征值

与偶对称情形类似，可以用画图方式给出同时满足式（18.9.35）和式（18.9.38）的 u 与 v，如图 18-29 所示．当 $\dfrac{\pi}{2} \leqslant \sqrt{\dfrac{2mU_0 a^2}{\hbar^2}} < \pi$ 时，仅有一个小于 U_0 的本征值对应奇宇称的本征波函数．同样，类推可以得到，当 $\dfrac{\pi(2n-1)}{2} \leqslant \sqrt{\dfrac{2mU_0 a^2}{\hbar^2}} < n\pi$ 时，有 n 个小于 U_0 的本征值对应奇宇称的本征波函数．

综上所述，对于势能为有限深方势阱的粒子，当 $0 < E < U_0$ 时，本征波函数具有确定的宇称，能量本征值的个数取决于 $\dfrac{2mU_0 a^2}{\hbar^2}$ 值的大小．只要 $\dfrac{2mU_0 a^2}{\hbar^2} > 0$，总存在至少一个小于 U_0 的本征值；当 $\sqrt{\dfrac{2mU_0 a^2}{\hbar^2}} > \dfrac{\pi}{2}$ 时，则存在第一激发态．

我们还注意到，当 $n\pi \leqslant \sqrt{\dfrac{2mU_0 a^2}{\hbar^2}} < \dfrac{\pi(2n+1)}{2}$ 时，有 $n+1$ 个小于 U_0 的本征值对应偶宇称的本征波函数，它们满足方程 $v = u\tan u$，同时，满足式（18.9.35）的曲线也与奇对称本征波函数满足的方程 $v = -u\cot u$ 有 n 个交点．因此，当 $\dfrac{2mU_0 a^2}{\hbar^2}$ 满足条件 $n\pi \leqslant \sqrt{\dfrac{2mU_0 a^2}{\hbar^2}} < \dfrac{\pi(2n+1)}{2}$ 时，有 $n+1$ 个偶对

称和 n 个奇对称的本征波函数(对应本征能量小于 U_0). 同样,当满足条件

$$\frac{\pi(2n-1)}{2} \leq \sqrt{\frac{2mU_0a^2}{\hbar^2}} < n\pi$$ 时,有 n 个偶对称和 n 个奇对称的本征波函数(对

应本征能量小于 U_0). 图 18-30 画出了满足条件 $\pi < \sqrt{\frac{2mU_0a^2}{\hbar^2}} < \frac{3\pi}{2}$ 时,一维有

限深方势阱的本征能量和本征波函数,此时,小于 U_0 的本征值所属的本征
波函数包括 2 个偶对称本征波函数和 1 个奇对称本征波函数.

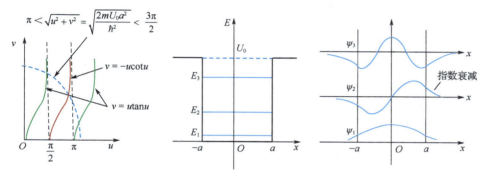

图 18-30　一维有限深方势阱的本征能量和本征波函数

在经典物理中,当粒子能量满足 $0<E<U_0$ 条件时,粒子不允许在阱外
存在,然而在量子物理中,粒子有一定的概率存在于阱外的区域Ⅰ和区域
Ⅲ(见图 18-30),波函数指数衰减,并在 $x>\delta x$ 后波函数迅速衰减,其中

$$\delta x \approx \frac{1}{k'} = \frac{\hbar}{\sqrt{2m(U_0-E)}},$$

称为渗透深度.

在现代半导体工艺中,通过分子外延技术可以实现在一种材料的表面
生长出高质量的另外一种材料,从而制备符合特定需求的人工微结构材
料. 例如,人们让 GaAs 和 AlGaAs 两种材料交替生长,形成 GaAs-AlGaAs
-GaAs 量子阱结构,由于两种材料通常具有不同的能带结构,在生长方
向,AlGaAs 区域就形成了在电子的势阱. 在这种量子阱结构中,形成的势
阱高度约为 $U_0 = 0.30\text{eV}$,对于阱宽度 $2a = 10\text{nm}$,材料中电子的有效质量取
为 $m = 0.067m_e$(材料中电子的运动与真空中电子运动不同,导致质量有所

不同,m_e 为真空中电子质量),$\sqrt{\frac{2mU_0a^2}{\hbar^2}} = 3.63$,因此,共有 3 个能量低

于 U_0 的能级——$0.034\text{eV}, 0.13\text{eV}, 0.27\text{eV}$,分别对应偶对称、奇对称和偶
对称本征波函数.

势垒与透射

假设有一个大于零的势能函数,其最大值为 U_0,在 $x \to \pm\infty$ 时势能函
数趋于零,其对于从左边(或右边)射入的粒子构成了势垒. 将给定能量 E
的粒子从左边无穷远处射向该势垒,对遵循经典物理的粒子来说,当 $E>$

U_0 时，粒子将越过势垒，并往正无穷大方向运动；当 $E<U_0$ 时，粒子无法越过势垒，当粒子运动到势能恰好为 E 的位置时，粒子将改变运动方向，向负无穷方向运动. 然而，对遵循量子规律的微观粒子来说，情况则有所不同. 由于粒子具有波动性，尽管从一端入射的粒子的能量小于势垒最大值 U_0，但它仍有一定的概率从势垒的一端透射进入势垒的另外一端. 这一现象被称为势垒隧穿现象或隧道效应，它在半导体器件、电子扫描隧道显微镜等方面都有应用.

为简单起见，我们考察如图 18-31 所示的方势垒，势能函数具有形式

$$U(x)=\begin{cases} 0, & x<0, & \text{I 区}, \\ U_0, & 0<x<a, & \text{II 区}, \\ 0, & x>a, & \text{III 区}, \end{cases} \qquad (18.9.39)$$

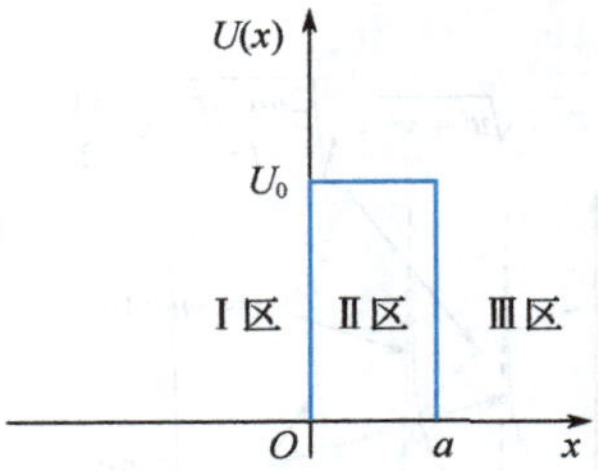

定态薛定谔方程可写成

$$\begin{cases} \dfrac{\mathrm{d}^2\psi}{\mathrm{d}x^2}+\dfrac{2mE}{\hbar^2}\psi=0, & x<0,\ x>a, & \text{I 区和 III 区}, \\ \dfrac{\mathrm{d}^2\psi}{\mathrm{d}x^2}+\dfrac{2m}{\hbar^2}(E-U_0)\psi=0, & 0<x<a, & \text{II 区}, \end{cases}$$

我们分 $E>U_0$ 和 $E<U_0$ 两种情形来讨论.

图 18-31　方势垒

1. 势垒 $E>U_0$ 情形

引入常数 $k=\sqrt{\dfrac{2mE}{\hbar^2}}$ 和 $k'=\sqrt{\dfrac{2m(U_0-E)}{\hbar^2}}$，则定态薛定谔方程可改写为

$$\begin{cases} \dfrac{\mathrm{d}^2\psi}{\mathrm{d}x^2}+k^2\psi=0, & 0<x<a, & \text{II 区}, \\ \dfrac{\mathrm{d}^2\psi}{\mathrm{d}x^2}+k'^2\psi=0, & x>a, x<0, & \text{I 区和 III 区}, \end{cases}$$

因此，波函数具有形式

$$\begin{cases} \psi_{\text{I}}(x)=A\mathrm{e}^{ikx}+B\mathrm{e}^{-ikx}, & x<0, & \text{I 区}, \\ \psi_{\text{II}}(x)=C\mathrm{e}^{ik'x}+D\mathrm{e}^{-ik'x}, & 0<x<a, & \text{II 区}, \\ \psi_{\text{III}}(x)=F\mathrm{e}^{ikx}+G\mathrm{e}^{-ikx}, & x>a, & \text{III 区}. \end{cases}$$

我们假设具有能量为 E 的粒子从负无穷远处沿着 $+x$ 方向射入，$A\mathrm{e}^{ikx}$ 代表入射波，而 $B\mathrm{e}^{-ikx}$ 代表沿 $-x$ 方向反射回去的波. 在 III 区最初没有沿着 $-x$ 方向的波，因此该区域仅有透射过来的波，即 $G=0$ 而仅有 $F\mathrm{e}^{ikx}$ 项. 在给定 A 的前提下，利用波函数及其导数在 $x=0$ 和 $x=a$ 点连续，可确定 B、C、D、F.

物理上，描述粒子透射和反射的物理量为透射系数 T 和反射系数 R，它们是通过入射波概率流密度 J_{in}、透射波概率流密度 J_{tr} 和反射波概率流密度 J_{re} 来定义的：

$$T=\frac{J_{\text{tr}}}{J_{\text{in}}}, \qquad (18.9.40)$$

$$R=\frac{|J_{\text{re}}|}{J_{\text{in}}}. \qquad (18.9.41)$$

对于一维势垒问题，在 Ⅰ 区中 $\psi_{in} \equiv A\mathrm{e}^{ikx}$ 表示入射波，因此，入射波概率流密度为

$$J_{in} = \frac{\hbar}{2mi}\left[\psi_{in}^*(x)\frac{\mathrm{d}\psi_{in}(x)}{\mathrm{d}x} - \psi_{in}(x)\frac{\mathrm{d}\psi_{in}^*(x)}{\mathrm{d}x}\right] = \frac{\hbar k}{2m}|A|^2.$$

同时，在 Ⅰ 区中 $\psi_{re} \equiv B\mathrm{e}^{-ikx}$ 表示反射波，则反射波概率流密度为

$$J_{re} = \frac{\hbar}{2mi}\left[\psi_{re}^*(x)\frac{\mathrm{d}\psi_{re}(x)}{\mathrm{d}x} - \psi_{re}(x)\frac{\mathrm{d}\psi_{re}^*(x)}{\mathrm{d}x}\right] = -\frac{\hbar k}{2m}|B|^2.$$

另外，在 Ⅲ 区中 $\psi_{tr} \equiv F\mathrm{e}^{ikx}$ 表示透射波，则透射波概率流密度为

$$J_{tr} = \frac{\hbar}{2mi}\left[\psi_{tr}^*(x)\frac{\mathrm{d}\psi_{tr}(x)}{\mathrm{d}x} - \psi_{tr}(x)\frac{\mathrm{d}\psi_{tr}^*(x)}{\mathrm{d}x}\right] = \frac{\hbar k}{2m}|F|^2.$$

将以上表达式代入式（18.9.40）和式（18.9.41）可得透射系数和反射系数：

$$T = \frac{|F|^2}{|A|^2}, \quad R = \frac{|B|^2}{|A|^2},$$

将求得的 B 和 F 代入，即得

$$T = \frac{4k^2k'^2}{(k^2-k'^2)^2\sin^2(k'a) + 4k^2k'^2} = \frac{1}{1 + \dfrac{U_0^2}{4E(E-U_0)}\sin^2(k'a)},$$

$$(18.9.42)$$

$$R = \frac{(k^2-k'^2)^2\sin^2(k'a)}{(k^2-k'^2)^2\sin^2(k'a) + 4k^2k'^2}, \qquad (18.9.43)$$

可以验证 $T+R=1$，即满足概率流守恒.

从透射系数的表达式我们发现，一般情况下 R 不为零，即存在反射波. 由式（18.9.43）可以看出，当 $k'a = n\pi$ 时，透射系数等于 1，即没有反射波. 在势垒右边边界 $x=a$ 反射的反射波与在 $x=0$ 反射的反射波之间存在波程差 $2a$，当波程差为物质波在 Ⅱ 区中波长的整数倍时，即 $k'a = n\pi$ 时，两波之间正好反相，相互抵消，导致反射系数为零.

2. 势垒 $E<U_0$ 情形

当 $E<U_0$ 时，前面引入的常数 k' 为纯虚数，我们另外引入实常数 $\alpha = \sqrt{\dfrac{2m(E-U_0)}{\hbar^2}} = -ik'$，Ⅱ 区的波函数可表示为

$$\psi_{Ⅱ}(x) = C\mathrm{e}^{\alpha x} + D\mathrm{e}^{-\alpha x}, \quad 0<x<a, \quad Ⅱ 区.$$

前文已求得的透射系数和反射系数仍有效，利用 $k' = i\alpha$，代入式（18.9.42）得

$$T = \frac{1}{1 + \dfrac{U_0^2}{4E(U_0-E)}\sinh^2(\alpha a)}. \qquad (18.9.44)$$

T 不等于零说明，虽然粒子的能量 E 比势垒的最大能量 U_0 小，但是由于粒子具有波动性，它仍有一定的概率穿过势垒，此即势垒隧穿现象. 当 $\alpha a \gg 1$ 时，透射系数式（18.9.44）可简化为

计算机模拟

隧道效应

$$T \approx 16 \frac{E}{U_0}\left(1-\frac{E}{U_0}\right)e^{-2\alpha a}. \qquad (18.9.45)$$

微观粒子势垒贯穿的现象已被很多实验所证实. 在量子力学提出后不久, 物理学家伽莫夫(G. Gamow)在 1928 年首先用势垒贯穿解释了放射元素的 α 衰变现象. 他认为, 在原子核内部, 因为短程核力强烈吸引, 势能很小. 能量为 E 的 α 粒子的平均寿命长达 45 亿年, 且在核内振动极快. 但是它们总有一定概率从核内穿过势垒. 尽管概率极其微小, 但因为有足够多放射性原子核, 而且等待足够长的时间, 因此总有粒子从核内跑出来. 实验发现, α 衰变的半衰期随粒子能量 E 的变化呈指数变化规律, 与式(18.9.45)中能量相关因子 α 出现在指数上吻合. 利用势垒贯穿来解释 α 衰变是用量子力学研究原子核的早期成就之一.

随着半导体物理的发展, 人们利用量子隧道效应做出了固体器件, 如半导体隧道二极管、超导隧道结等. 此外, 量子隧道效应另一个重要的应用是, 1981 年德国物理学家宾宁(G. Binnig)和罗雷尔(H. Rohrer)研制了扫描隧道显微镜, 如图 18-32 所示. 该显微镜通过探测探针与物质表面之间的隧穿电流, 观察表面上单原子级别的起伏. 扫描隧道显微镜在低温下还可以利用探针尖端精确操纵单个分子或原子, 它不仅是重要的微纳尺度测量工具, 也是颇具潜力的微纳加工手段.

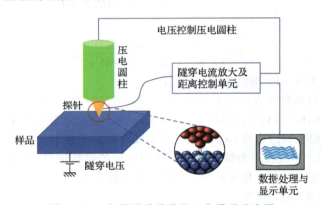

图 18-32 扫描隧道显微镜工作原理示意图

例 18-10 在特定的半导体器件中, 利用 5V 电压加速电子以便其利用隧穿效应通过宽度为 0.8nm、高度为 10eV 的势垒. 如果势垒外的电压为零, 求透射系数.

解 根据题意, 已知势垒高度 $U_0 = 10\text{eV}$, 电子能量 $E = 5\text{eV}$, 所以

$$\alpha = 1.15 \times 10^{10}\,\text{m}^{-1}.$$

将其代入式(18.9.44), 可得透射系数

$$T = 4.38 \times 10^{-8}.$$

该数值虽然比较小, 但器件中电子浓度很高, 也可得到可测量的电流. 另外, 透射系数对势垒高度 U_0 很敏感, 如果将本例中的 U_0 改为 15eV, 则 $T = 1.97 \times 10^{-11}$, 数值小了很多, 因此, 通过外加偏压调节势垒高度, 可实现 10^{-12}s 量级的快速开关.

一维谐振子

延伸阅读

谐振子是物理中非常重要的模型，例如，分子中的原子或晶体中原子围绕平衡位置做小幅振动都可以用谐振子模型来描述．这里，我们考察一维谐振子的量子特性．

假设质量为 m 的粒子在一维势能 $U(x)$ 中运动，势能函数具有以下形式：

$$U(x) = \frac{1}{2}m\omega^2 x^2, \quad -\infty < x < +\infty. \tag{18.9.46}$$

这里的 ω 为经典一维谐振子振动的角频率．一维谐振子的定态薛定谔方程可写成

$$\left(-\frac{\hbar^2}{2m}\frac{d^2}{dx^2} + \frac{1}{2}m\omega^2 x^2\right)\psi(x) = E\psi(x), \tag{18.9.47}$$

从物理上考虑，波函数应满足边界条件：当 x 趋向正负无穷大时，$\psi(x)$ 趋向于零．

引入参量 $\alpha = \sqrt{\dfrac{m\omega}{\hbar}}$ 和 $\beta = \dfrac{2mE}{\hbar^2}$，则方程（18.9.47）可改写为

$$\frac{d^2\psi(x)}{dx^2} = (\alpha^4 x^2 - \beta)\psi(x). \tag{18.9.48}$$

由于边界条件的限制，仅当 E（或 β）取特定值时才能同时满足边界条件和方程（18.9.48），从而导致量子化能量

$$E_n = \left(n + \frac{1}{2}\right)\hbar\omega, \quad n = 0, 1, 2, \cdots. \tag{18.9.49}$$

而对应的本征波函数为

$$\psi_n(x) = \left(\frac{\alpha}{2^n n! \sqrt{\pi}}\right)^{\frac{1}{2}} H_n(\alpha x) e^{\frac{-\alpha^2 x^2}{2}}, \tag{18.9.50}$$

其中 $H_n(\alpha x)$ 为最高幂次为 n 的多项式，称为厄米多项式：

$$H_n(\xi) = (-1)^n e^{\xi^2} \frac{d^n}{d\xi^n} e^{-\xi^2}.$$

$n = 0, 1, 2$ 的厄米多项式表达式为

$$H_0(\xi) = 1, \quad H_1(\xi) = 2\xi, \quad H_2(\xi) = 4\xi^2 - 2. \tag{18.9.51}$$

图 18-33 比较了量子谐振子本征能量 E_n 与经典谐振子势能．量子谐振子相邻能级间的间隔为常数：

$$E_{n+1} - E_n = \hbar\omega.$$

这正是普朗克为解释黑体辐射所引入的假设．同时我们也看到，E_n 的最小值不为零，即存在不为零的零点能：

$$E_0 = \frac{1}{2}\hbar\omega.$$

这一事实是粒子具有波动性的体现．

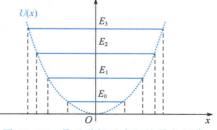

图 18-33　量子谐振子本征能量与经典谐振子的势能

由式(18.9.50)可以得到量子谐振子的位置概率密度分布．处于能量值为 E_n 本征态上的微观粒子的概率密度为

$$|\psi_n(x)|^2 = \frac{\alpha}{2^n n! \sqrt{\pi}} |H_n(\alpha x)|^2 e^{-\alpha^2 x^2},$$

计算机模拟

一维线性谐振子

本征能量最低的 3 个状态所对应的本征波函数及其概率密度如图 18-34 所示．

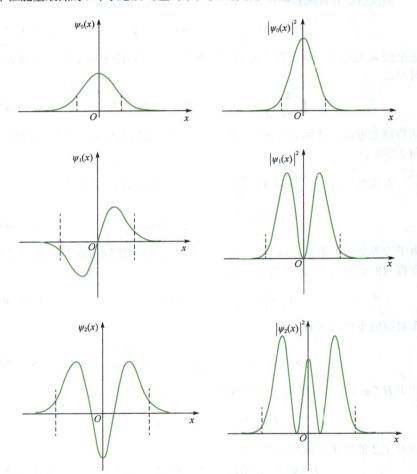

图 18-34　量子谐振子 $n=0,1,2$ 时的本征波函数及其概率密度

量子谐振子的波函数有以下特性．

(1)波函数具有确定的宇称：

$$\psi_n(-x) = (-1)^n \psi_n(x). \tag{18.9.52}$$

当量子数 n 为奇数时，波函数具有奇宇称；当量子数 n 为偶数时，波函数具有偶宇称．这一性质是由势能 $U(x)$ 具有空间反射对称性所决定的．

(2)波函数 $\psi_n(x)$ 恰好有 n 个零点．这一性质是由厄米多项式这一正交多项式决定了的．

(3)不同本征值对应的本征波函数彼此正交，即

$$\int_{-\infty}^{+\infty} \psi_n^*(x)\psi_m(x)\,\mathrm{d}x = \delta_{mn}, \qquad (18.9.53)$$

函数集合 $\{\psi_n(x) \mid n = 0,1,2,\cdots\}$ 构成正交归一函数集.

（4）与前述一维无限深方势阱问题类似，量子谐振子的能级是非简并的：仅有一个线性无关的本征函数与一个能级对应.

（5）由于粒子具有波动性，量子谐振子的概率密度在经典禁区内（即在图 18-34 的两端竖直虚线外）也不为零.

（6）根据对应原理，在平均意义上，量子数 n 很大时量子谐振子的性质应与经典谐振子一致. 为了说明这一点，我们将一个周期内经典谐振子在 x 位置附近单位区间内出现的概率称为经典谐振子的概率密度 $P_{\mathrm{cl}}(x)$. 显然，在 x 附近 Δx 区间内发现粒子的概率为粒子经过该区间所花的时间 Δt 与周期 T 的比值：

$$P_{\mathrm{cl}}(x)\Delta x = \frac{\Delta t}{T}.$$

而 Δx 与 Δt 之间满足关系

$$\Delta t = \frac{2\Delta x}{v} = \frac{2\Delta x}{\omega\sqrt{x_0^2 - x^2}},$$

这里 x_0 为经典谐振子的振幅，因子 2 计及一周期内谐振子两次经过 x 点. 利用上述两式，我们得到

$$P_{\mathrm{cl}}(x) = \frac{1}{\pi\sqrt{x_0^2 - x^2}}.$$

在图 18-35 中，我们比较了经典谐振子概率密度与量子数 $n = 20$ 时的量子谐振子概率密度，其中 x_0 由经典谐振子势能等于量子谐振子本征能量来确定：$\dfrac{m\omega^2 x_0^2}{2} = \left(n + \dfrac{1}{2}\right)\hbar\omega.$ 可以看到，当 n 很大时，量子情形下概率密度中的峰和谷很难观测到，在平均意义上，量子情形的概率密度与经典情形类似.

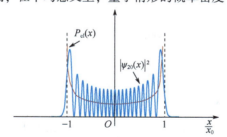

图 18-35　经典谐振子概率密度与 $n = 20$ 时量子谐振子概率密度的比较

例 18-11　已知某一维谐振子在 $t = 0$ 时处于状态 $\psi(x) = A(1 - 2\alpha x)^2 \mathrm{e}^{-\frac{1}{2}\alpha^2 x^2}$，其中 $\alpha = \sqrt{\dfrac{m\omega}{\hbar}}$，$A$ 为待定常数. 求该谐振子在 t 时刻所处的状态、能量平均值、可能测得的能量值及测得该值的概率.

解　首先利用归一化条件

$$\int_{-\infty}^{+\infty} \psi^*(x)\psi(x)\,\mathrm{d}x = 1,$$

A 可选为 $A=\dfrac{\alpha^{\frac{1}{2}}}{5\pi^{\frac{1}{4}}}$，即波函数 $\psi(x)$ 可写为

$$\psi(x)=\frac{\alpha^{\frac{1}{2}}}{5\pi^{\frac{1}{4}}}(1-2\alpha x)^2\mathrm{e}^{-\frac{1}{2}\alpha^2 x^2},$$

该函数可以用正交归一化波函数（18.9.52）展开：

$$\psi(x)=\frac{\alpha^{\frac{1}{2}}}{5\pi^{\frac{1}{4}}}(1-4\alpha x+4\alpha^2 x^2)\mathrm{e}^{-\frac{1}{2}\alpha^2 x^2}=\frac{\alpha^{\frac{1}{2}}}{5\pi^{\frac{1}{4}}}[3H_0(\alpha x)-2H_1(\alpha x)+H_2(\alpha x)]\mathrm{e}^{-\frac{1}{2}\alpha^2 x^2}$$

$$=\frac{3}{5}\psi_0(x)-\frac{2\sqrt{2}}{5}\psi_1(x)+\frac{2\sqrt{2}}{5}\psi_2(x).$$

t 时刻的波函数由式（18.9.18）确定：

$$\Psi(x,t)=\frac{3}{5}\psi_0(x)\mathrm{e}^{-\frac{1}{2}\omega t}-\frac{2\sqrt{2}}{5}\psi_1(x)\mathrm{e}^{-\frac{3\mathrm{i}}{2}\omega t}+\frac{2\sqrt{2}}{5}\psi_2(x)\mathrm{e}^{-\frac{5\mathrm{i}}{2}\omega t}.$$

由上式可以看出，t 时刻可能的能量测量值为 $\dfrac{1}{2}\hbar\omega,\dfrac{3}{2}\hbar\omega,\dfrac{5}{2}\hbar\omega$，测量得到这些值的概率分别

为 $\dfrac{9}{25},\dfrac{8}{25},\dfrac{8}{25}$，能量的平均值为

$$\langle H\rangle=\frac{9}{25}\times\frac{1}{2}\hbar\omega+\frac{8}{25}\times\frac{3}{2}\hbar\omega+\frac{8}{25}\times\frac{5}{2}\hbar\omega=\frac{73}{50}\hbar\omega=1.46\hbar\omega.$$

例 18-12 在由质量分别为 m_1 和 m_2 的两个原子组成的双原子分子中，平衡位置附近两原子之间的相互作用势能，与二者之间的距离的平方近似成正比．作为一个模型，仅考虑该双原子分子中两原子沿连心线方向的振动，对应的劲度系数为 k，计算该模型中两原子相对运动的本征能量．

解 经典物理中，双原子分子的运动可以分解为分子质心的自由运动和分子中两原子的相对运动．对于相对运动自由度，题设经典双原子分子模型的动能 E_k 和势能 $U(x)$ 分别为 $E_k=\dfrac{1}{2}\mu v^2$ 和 $U(x)=\dfrac{1}{2}kx^2$，其中 $\mu=\dfrac{m_1 m_2}{m_1+m_2}$ 为约化质量．因此，在量子情形时，对应的定态薛定谔方程可表示为

$$\left(-\frac{\hbar^2}{2\mu}\frac{\mathrm{d}^2}{\mathrm{d}x^2}+\frac{1}{2}kx^2\right)\psi(x)=E\psi(x).$$

与式（18.9.47）比较，将式（18.9.49）中的 ω 替换成 $\sqrt{\dfrac{k}{\mu}}$，即为欲求的本征能量：

$$E_n=\left(n+\frac{1}{2}\right)\hbar\sqrt{\frac{k}{\mu}},\quad n=0,1,2,\cdots.$$

显然，相邻能级的间距 $\Delta E=E_n-E_{n-1}=\hbar\sqrt{\dfrac{k}{\mu}}$ 取决于约化质量．例如，对 HCl 分子来说，劲度系数为 $k=487\mathrm{N/m}$，氯原子有两种同位素，可构成 $^1\mathrm{H}^{35}\mathrm{Cl}$ 和 $^1\mathrm{H}^{37}\mathrm{Cl}$，约化质量分别为 $\mu=1.629\times10^{-27}\mathrm{kg}$ 和 $\mu=1.6291\times10^{-27}\mathrm{kg}$，处于高能级的分子向相邻能级跃迁发出的光子频率 $\nu=\dfrac{\Delta E}{h}$ 分别为 $8.639\times10^{13}\mathrm{Hz}$ 和 $8.621\times10^{13}\mathrm{Hz}$，二者相差很小，但利用高分辨率红外频谱分析可较容易地分辨这两种谱线．

一维周期势模型

在一维问题中，有一个非常重要的模型——一维周期势模型，它对于我们理解后续章节中电子在固体中的运动行为非常有帮助.

将 N 个原子以最小间距 a 等间距排列，构成沿 x 轴分布的一维原子链，将坐标原点设在原子链中央.假设原子的最外层电子会挣脱原子的束缚成为原子链中所有原子的公共电子，而这些电子仅在沿原子链方向运动，而在垂直链方向的运动受到限制.忽略电子间相互作用，单个电子的波函数 $\psi(x)$ 满足定态薛定谔方程：

$$\left[-\frac{\hbar^2}{2m}\frac{\mathrm{d}^2}{\mathrm{d}x^2}+U(x)\right]\psi(x)=E\psi(x), \tag{18.9.54}$$

其中 $U(x)$ 为电子在原子链中的势能，m 为电子的质量.电子在原子链边界上的势能显然与其在原子链中间位置时的势能有所不同.我们假设原子链足够长，忽略边界对电子状态的影响，而将原子链做周期性延展，即认为波函数满足边界条件

$$\psi(x)=\psi(x+L). \tag{18.9.55}$$

这里 $L=Na$，该条件被称为玻恩–冯·卡门边界条件.同时，势能 $U(x)$ 则可假设为从负无穷大到正无穷大区间的周期函数，最小正周期为 a：

$$U(x+a)=U(x). \tag{18.9.56}$$

形如式(18.9.54)的微分方程最早由数学家希尔(G. W. Hill)在 1887 年提出，弗洛凯(G. Floquet)在 1883 年和李雅普诺夫(A. M. Lyapunov)在 1892 年分别独立地给出了解决此类问题的方案.美国物理学家布洛赫(F. Bloch)在 1928 年研究晶态固体导电性时给出了物理假设基础上的波函数形式，并被推广到三维情形.

1. 布洛赫定理

显然，由于 $U(x)$ 具有周期性，无穷远处波函数趋向于零的边界条件不再满足，对于同一个 E，应该有两个线性无关的波函数与之对应.同时，如果 $\psi(x)$ 是方程(18.9.54)的解，则 $\psi(x+a)$ 也应该是该方程的解.数学上，弗洛凯定理告诉我们，通过适当的组合，总可以找到从负无穷大到正无穷大区间都有限的解，其满足

$$\psi(x+a)=C\psi(x), \tag{18.9.57}$$

其中 C 为常数.以式(18.9.57)为基础类推，得

$$\psi(x+2a)=C\psi(x+a)=C^2\psi(x),$$

$$\psi(x+L)=\psi(x+Na)=C^N\psi(x).$$

利用条件(18.9.55)则有

$$C^N=1,$$

所以常数 C 应为

$$C=\mathrm{e}^{\mathrm{i}\frac{2\pi n}{N}}=\mathrm{e}^{\mathrm{i}\frac{2\pi n}{L}a},$$

其中 n 为整数，可取 $n=0,\pm1,\pm2,\cdots$.引入角波数

$$k=\frac{2\pi n}{L}, \tag{18.9.58}$$

则得到一个特定 k 对应的波函数 $\psi_k(x)$，其满足关系

$$\psi_k(x+a) = e^{ika}\psi_k(x).\qquad(18.9.59)$$

该式表明，电子在周期势中运动时，本征波函数可以用量子数 k 来表征，且用 k 表征的波函数满足式(18.9.59)．这一结论被称为布洛赫定理．

根据 k 的定义式(18.9.58)，我们看出，k 可以取从负无穷大到正无穷大的离散值．定义物理量 G_l：

$$G_l = \frac{2\pi l}{a},\qquad(18.9.60)$$

其中 l 为整数．该物理量被称为倒格矢，它恰好是最小正周期为 a 的函数做傅里叶级数展开时的角波数（即对应于时间周期信号傅里叶级数展开时的角频率）．由于 $e^{iG_l a}=1$，所以

$$\psi_{k+G_l}(x+a) = e^{i(k+G_l)a}\psi_{k+G_l}(x) = e^{ika}\psi_{k+G_l}(x).\qquad(18.9.61)$$

将该式与式(18.9.59)比较，可发现 $\psi_{k+G_l}(x)$ 与 $\psi_{k+G_l}(x+a)$ 和式(18.9.59)中的 $\psi_k(x)$ 与 $\psi_k(x+a)$ 有相同的正比系数 $C=e^{ika}$，由弗洛凯理论可推出，二者描述同一个状态：$\psi_{k+G_l}(x)=\psi_k(x)$．对应的本征能量也是相同的：

$$E_{k+G_l} = E_k.$$

因此，我们有必要将 $k=\frac{2\pi n}{L}$ 的取值限制在

$$-\frac{\pi}{a} \le k < \frac{\pi}{a}\qquad(18.9.62)$$

范围内，或将整数 n 的取值限制在

$$-\frac{N}{2} = -\frac{L}{2a} \le n < \frac{L}{2a} = \frac{N}{2}\qquad(18.9.63)$$

范围内，从而消除 $\psi_{k+G_l}(x)$ 与 $\psi_k(x)$ 描述本征函数的重复性问题．我们将式(18.9.62)所对应的 k 的取值范围称为第一布里渊区．由式(18.9.63)可以看出，第一布里渊区 k 可取 N 个不同的值．另外，由于 L 远大于原子最小间距 a，相邻两个 k 之间的取值 $\Delta k = \frac{2\pi}{L} \ll \frac{2\pi}{a}$，因此，在大多数问题中，$k$ 的取值可近似认为是连续的．

为了进一步研究一维周期势场中电子的本征值问题，我们假设电子波函数可表示为

$$\psi_k(x) = e^{ikx}u_k(x).\qquad(18.9.64)$$

考察 $\psi_k(x+a) = e^{ik(x+a)}u_k(x+a)$，由布洛赫定理可知 $\psi_k(x+a) = e^{ika}\psi_k(x)$，利用式(18.9.64)即得

$$u_k(x+a) = u_k(x),\qquad(18.9.65)$$

即函数 $u_k(x)$ 是最小正周期为 a 的周期函数．具有形如式(18.9.64)所示的波函数称为布洛赫波函数，可以看出，电子在周期势下的本征波函数可理解为受周期函数调制的自由波．

2. 克龙尼克–潘纳模型

物理学家克龙尼克（R. Kronig）和潘纳（W. G. Penney）在 1931 年提出了

一个能定性理解在周期势场中电子能量的模型，该模型后来被称为克龙尼克-潘纳模型.

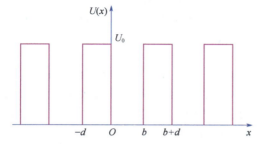

图 18-36 克龙尼克-潘纳模型的一维周期势能函数

考察图 18-36 所示的势能函数，该函数的最小正周期为 $a=b+d$，其表达式为

$$U(x)=\begin{cases} 0, & na<x<na+b, \\ U_0, & na+b<x<(n+1)a, \end{cases} \quad n=0,\pm 1,\pm 2,\cdots. \quad (18.9.66)$$

根据式(18.9.64)，电子波函数可表示为 $\psi_k(x)=\mathrm{e}^{\mathrm{i}kx}u_k(x)$，将其代入定态薛定谔方程(18.9.54)，得

$$\left[\frac{\mathrm{d}^2}{\mathrm{d}x^2}+2\mathrm{i}k\frac{\mathrm{d}}{\mathrm{d}x}-\frac{2mU(x)}{\hbar^2}-k^2\right]u_k(x)=-\frac{2mE}{\hbar^2}u_k(x). \quad (18.9.67)$$

将在 $-d<x<0$ 和 $0<x<b$ 区域内的函数 $u_k(x)$ 分别记为 $u_{k1}(x)$ 和 $u_{k2}(x)$，它们满足定态薛定谔方程

$$\frac{\mathrm{d}^2 u_{k1}(x)}{\mathrm{d}x^2}+2\mathrm{i}k\frac{\mathrm{d}u_{k1}(x)}{\mathrm{d}x}-(k^2-\alpha^2)u_{k1}(x)=0, \quad (18.9.68)$$

$$\frac{\mathrm{d}^2 u_{k2}(x)}{\mathrm{d}x^2}+2\mathrm{i}k\frac{\mathrm{d}u_{k2}(x)}{\mathrm{d}x}-(k^2-\beta^2)u_{k2}(x)=0, \quad (18.9.69)$$

其中 $\alpha^2=\frac{2m}{\hbar^2}(E-U_0)$，$\beta^2=\frac{2mE}{\hbar^2}$. 注意，如果 $E\geqslant U_0$，则 α 为实数；如果 $E<U_0$，则 α 为虚数.

式(18.9.68)和式(18.9.69)的解可分别表示为

$$u_{k1}(x)=A\mathrm{e}^{\mathrm{i}(\alpha-k)x}+B\mathrm{e}^{-\mathrm{i}(\alpha+k)x}, \quad -d<x<0, \quad (18.9.70)$$

$$u_{k2}(x)=C\mathrm{e}^{\mathrm{i}(\beta-k)x}+D\mathrm{e}^{-\mathrm{i}(\beta+k)x}, \quad 0<x<b. \quad (18.9.71)$$

由于波函数及其导数必须连续，因此，在 $x=0$ 点 $u_{k1}(x)$ 和 $u_{k2}(x)$ 及它们导数的函数值分别相等，即有

$$u_{k1}(x=0)=u_{k2}(x=0), \left.\frac{\mathrm{d}u_{k1}}{\mathrm{d}x}\right|_{x=0}=\left.\frac{\mathrm{d}u_{k2}}{\mathrm{d}x}\right|_{x=0}. \quad (18.9.72)$$

将式(18.9.70)和式(18.9.71)代入，得

$$A+B-C-D=0, \quad (18.9.73)$$

$$(\alpha-k)A-(\alpha+k)B-(\beta-k)C+D(\beta+k)=0. \quad (18.9.74)$$

同时，$u_k(x)$ 为最小正周期为 a 的周期函数. 因此，$u_{k1}(x)$ 及其导数在 $x=-d$ 点的值应分别与 $u_{k2}(x)$ 及其导数在 $x=b$ 点的值相等，即有

$$u_{k1}(x=-d)=u_{k2}(x=b),\frac{\mathrm{d}u_{k1}}{\mathrm{d}x}\bigg|_{x=-d}=\frac{\mathrm{d}u_{k2}}{\mathrm{d}x}\bigg|_{x=b}. \qquad (18.9.75)$$

将式（18.9.70）和式（18.9.71）代入，可得

$$Ae^{-i(\alpha-k)d}+Be^{i(\alpha+k)d}-Ce^{i(\beta-k)b}-De^{-i(\beta+k)b}=0, \qquad (18.9.76)$$

$$(\alpha-k)Ae^{-i(\alpha-k)d}-(\alpha+k)Be^{i(\alpha+k)d}-(\beta-k)Ce^{i(\beta-k)b}+D(\beta+k)e^{-i(\beta+k)b}=0. \qquad$$
$$(18.9.77)$$

式（18.9.73）、式（18.9.74）、式（18.9.76）和式（18.9.77）构成确定系数 A、B、C、D 的齐次线性方程组，对于该齐次线性方程组，当且仅当方程组的行列式为零时，方程组才有非零解. 经过复杂的代数运算，可得到方程组行列式为零对应的方程

$$\frac{-(\alpha^2+\beta^2)}{2\alpha\beta}\sin(\alpha d)\cdot\sin(\beta b)+\cos(\alpha d)\cdot\cos(\beta b)=\cos[k(b+d)], \qquad (18.9.78)$$

在给定量子数 k 的前提下，该方程可确定能量 E.

在一维周期势问题中，我们主要关注 $E<U_0$ 的情形. 此时 α 为虚数，不妨引入实参量 γ，定义

$$\alpha=i\gamma,$$

则方程（18.9.78）可改写为

$$\frac{\gamma^2-\beta^2}{2\beta\gamma}\sin(\beta d)\cdot\sinh(\gamma b)+\cos(\beta d)\cdot\cosh(\gamma b)=\cos[k(b+d)].$$
$$(18.9.79)$$

该方程无法用解析法求解，只能通过数值法或图形法得到 E 与 k 之间的关系.

为了便于用图形法求解，我们进一步简化方程（18.9.79）. 令势垒宽度 $d\to 0$，同时令势垒高度 $U_0\to\infty$，但保持 $U_0 d$ 为有限值，则式（18.9.79）可简化为

$$P\frac{\sin(\beta b)}{\beta b}+\cos(\beta b)=\cos(kb), \qquad (18.9.80)$$

其中 $P=\dfrac{mU_0 bd}{\hbar^2}$. 由式（18.9.80）可以看出，方程有解则要求表达式左边的值限制在 -1 到 $+1$ 之间，如图 18-37 所示，其中阴影部分对应于方程有解的区域.

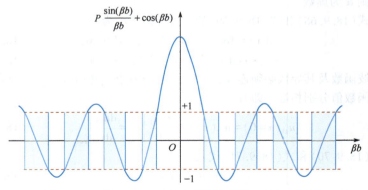

图 18-37　式（18.9.80）左边的值限制在 -1 到 $+1$ 之间.

给定一个在第一布里渊区的 k，则对应有一个固定的介于 -1 到 $+1$ 之

间的值 $\cos(kb)$，通过式（18.9.80）可求得多个离散的 $\beta_j, j = 1, 2, 3, \cdots$. 利用 $\beta = \sqrt{\dfrac{2mE}{\hbar^2}}$ 可求得离散的 $E_j(k)$，$j = 1, 2, 3, \cdots$，如图 18-38 所示［图中每个圆点代表式（18.9.80）的一个解］. 同时，$E_j(k)$ 随 k 变化而变化，当原子链足够长以至 k 可以视为连续变化时，j 相同而 k 不同的本征能量就形成能量取值的一定范围，该能量范围被称为允带. 另外，由于存在一定范围的 β，方程（18.9.80）无解，不同 j 的本征能量范围之间存在能量间隔，这样的能量区域则称为禁带.

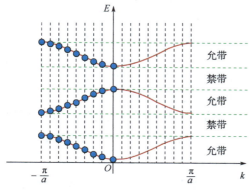

图 18-38　能带的形成

例 18-13　假设参数 $P = 5$，势阱宽度 $b = 5\text{Å}$，计算能量最低允带的宽度.

解　由图 18-37 可以看出，允带应满足条件

$$-1 \leqslant P\frac{\sin(\beta b)}{\beta b} + \cos(\beta b) \leqslant 1.$$

通过数值计算，当 $P = 5$ 时，满足该条件的最小的正 βb 范围为

$$2.285 \leqslant \beta b \leqslant \pi.$$

将 $E = \dfrac{\hbar^2 \beta^2}{2m}$ 及 $b = 5\text{Å}$ 代入上式，得

$$0.796\text{eV} \leqslant E \leqslant 1.504\text{eV}.$$

所以，能量最低允带的宽度为 $(1.504 - 0.796)\text{eV} = 0.708\text{eV}$.

18.10 角动量和氢原子

在 18.9 节，以处理一些一维模型为例，我们讲述了如何利用薛定谔方程来描述量子世界能量量子化的问题. 18.9 节主要涉及能量这一物理量，由于在无穷远处波函数趋于零这一边界条件的限制，一维定态薛定谔方程的本征波函数是非简并的（一维周期势模型除外），不同能量对应的本征波函数即可构成描述系统状态的确定的完备函数集（注：确定的完备函数集指的是完备函数集合中每个本征波函数对应于不同的能量本征值）. 然而，我们所处的世界是三维的，由于薛定谔方程能级具有简并现象，利用

能量这一物理量无法构造描述系统状态的确定的完备函数集，需要额外的物理量，显然，该物理量对应的算符应与能量算符有相同的本征波函数．在本节中，我们将首先介绍具有共同本征波函数的物理量算符之间的关系，然后以此为基础，利用薛定谔方程研究氢原子，解释氢原子光谱，并介绍微观粒子所特有的新的量子特性——自旋．

力学量用算符表示

在18.8节和18.9节中，我们重点关注了能量这一物理量及其对应的算符——哈密顿算符，但由于三维问题中能量可能是简并的，因此标定完备集函数需要额外的力学量．虽然我们曾提到有构造与经典物理相对应的量子力学力学量算符的方法——将经典力学量中的动量和位置坐标按式(18.8.5)和式(18.8.6)换成相应的算符，但仍需对力学量算符做进一步的讨论，并进一步探讨力学量能同时确定时算符之间的关系，以便寻找合适的力学量，即使存在能量简并时，也能给出完全确定的完备函数集合．

1. 力学量算符必须是线性厄米算符

量子力学中的力学量算符应该是一类特殊算符：线性厄米算符．对于任意常数 c_1 和 c_2，以及任意函数 ψ_1 和 ψ_2，若算符 $\hat{F}$ 满足

$$\hat{F}(c_1\psi_1+c_2\psi_2)=c_1\hat{F}\psi_1+c_2\hat{F}\psi_2,$$

则称该算符为线性算符．如果对于两个任意函数 ψ 和 φ，算符 $\hat{F}$ 满足

$$\int\psi^*(\hat{F}\varphi)\mathrm{d}V=\int(\hat{F}\psi)^*\varphi\mathrm{d}V, \tag{18.10.1}$$

则称算符 $\hat{F}$ 为厄米算符．厄米算符有以下重要性质．

(1)厄米算符的本征值为实数

与哈密顿算符的本征方程类似，形如 $\hat{F}\psi=\lambda\psi$ 的方程称为算符 $\hat{F}$ 的本征方程，λ 称为本征值，ψ 则称为本征波函数．

对厄米算符 $\hat{F}$ 来说，如果 ψ 为属于本征值 λ 的本征波函数，则

$$\int\psi^*(\hat{F}\psi)\mathrm{d}V=\lambda\int\psi^*\psi\mathrm{d}V,$$

同时有

$$\int(\hat{F}\psi)^*\psi\mathrm{d}V=\int(\lambda\psi)^*\psi\mathrm{d}V=\lambda^*\int\psi^*\psi\mathrm{d}V,$$

利用厄米算符的定义式(18.10.1)，则得 $\lambda^*=\lambda$，即厄米算符的本征值为实数．

(2)厄米算符在任意态中的平均值为实数

设 ψ 为任意态波函数，厄米算符 $\hat{F}$ 在该任意态波函数中的平均值为

$$\langle F\rangle=\int\psi^*\hat{F}\psi\mathrm{d}V. \tag{18.10.2}$$

根据厄米算符的定义，有 $\int\psi^*\hat{F}\psi\mathrm{d}V=\int(\hat{F}\psi)^*\psi\mathrm{d}V$，即

$$\langle F\rangle=\int(\hat{F}\psi)^*\psi\mathrm{d}V.$$

而 $\langle F\rangle^*=\left[\int(\hat{F}\psi)^*\psi\mathrm{d}V\right]^*=\int(\hat{F}\psi)\psi^*\mathrm{d}V$，等于式(18.10.2)中的右边项，

所以 $\langle F \rangle^* = \langle F \rangle$，即厄米算符在任意态中的平均值为实数.

(3) 厄米算符属于不同本征值的本征波函数彼此正交

设 ψ_1 和 ψ_2 是厄米算符 $\hat{F}$ 的任意两个本征波函数，对应两个不同的本征值 λ_1 和 λ_2，则有

$$\hat{F}\psi_1 = \lambda_1 \psi_1, \tag{18.10.3}$$

$$\hat{F}\psi_2 = \lambda_2 \psi_2. \tag{18.10.4}$$

将式(18.10.4)取复共轭，有

$$(\hat{F}\psi_2)^* = \lambda_2 \psi_2^*. \tag{18.10.5}$$

这里利用了厄米算符本征值为实数这一性质. 将式(18.10.3)和式(18.10.5)左右两边分别乘以 ψ_2^* 和 ψ_1，再将得到的两个表达式积分后相减，得

$$\int \psi_2^*(\hat{F}\psi_1)\,dV - \int (\hat{F}\psi_2)^* \psi_1\,dV = (\lambda_1 - \lambda_2)\int \psi_2^* \psi_1\,dV.$$

根据厄米算符的定义，该式左边为零，由于 $\lambda_1 \neq \lambda_2$，所以

$$\int \psi_2^* \psi_1\,dV = 0,$$

即本征波函数 ψ_1 和 ψ_2 正交. 需要说明的是，在 18.9 节的无限深势阱和一维谐振子模型中，我们已经给出了属于哈密顿算符不同本征值的本征波函数正交这一性质.

(4) 描述力学量的厄米算符的本征波函数构成完备函数集

完备性指的是任何一个满足适当条件的波函数可按厄米算符的本征波函数集合 $\{\psi_n(\vec{r})\,|\,n=1,2,3,\cdots\}$ 展开：

$$\psi(\vec{r}) = \sum_{n=1}^{\infty} c_n \psi_n(\vec{r}). \tag{18.10.6}$$

若某一力学量的本征波函数系不构成完备系，则系统的态函数不能按此函数系展开，这一力学量也不能是可观测的力学量，因此，力学量厄米算符的本征波函数应构成完备函数集是物理上的要求.

基于厄米算符的这些性质，量子力学中力学量对应的算符应为本征波函数能构成完备集的线性厄米算符. 算符的线性特征是态叠加原理的要求. 如果某归一化的波函数 $\psi(\vec{r})$ 能用归一化的本征波函数集 $\{\psi_n(\vec{r})\,|\,n=1,2,3,\cdots\}$ 展开，如式(18.10.6)，则根据 18.9 节中量子力学关于测量的假设，测量力学量 F 将得到算符 $\hat{F}$ 的本征值，而厄米算符的本征值为实数，所以，要求可观测力学量为厄米算符保证了测量该力学量所得到的值必定为实数.

2. 力学量能同时确定的条件

我们首先定义两个算符的乘积. 对于任意的波函数 ψ，算符 $\hat{A}$ 与 $\hat{B}$ 的乘积 $\hat{A}\hat{B}$ 定义为

$$(\hat{A}\hat{B})\psi = \hat{A}(\hat{B}\psi),$$

即先作用算符 $\hat{B}$，再作用算符 $\hat{A}$. 一般情况下，改变算符的作用顺序得到的结果不同，即 $\hat{A}\hat{B} \neq \hat{B}\hat{A}$. 量子中，将 $\hat{A}\hat{B} - \hat{B}\hat{A}$ 称为算符 $\hat{A}$ 与 $\hat{B}$ 的对易关系(或

称为对易子），并记为$[\hat{A},\hat{B}]$．若$[\hat{A},\hat{B}]=0$，则称算符$\hat{A}$与$\hat{B}$对易；否则称算符$\hat{A}$与$\hat{B}$不对易．

作为一个例子，我们考察动量算符和位置坐标算符的对易关系．显然，

$$(\hat{x}\hat{y})\psi = xy\psi = yx\psi = (\hat{y}\hat{x})\psi,$$

所以，算符$\hat{x}$与$\hat{y}$对易．类似地，可以得到其他位置坐标算符之间的对易关系，我们发现，不同方向的位置坐标算符之间是对易的，这一事实可表示为

$$[\hat{x}_\alpha, \hat{x}_\beta] = 0, \quad \alpha, \beta = 1, 2, 3, \tag{18.10.7}$$

其中$\hat{x}_1 = \hat{x}$，$\hat{x}_2 = \hat{y}$，$\hat{x}_3 = \hat{z}$．同样地，我们也可得到不同方向的动量算符之间是对易的：

$$[\hat{p}_\alpha, \hat{p}_\beta] = 0, \quad \alpha, \beta = 1, 2, 3, \tag{18.10.8}$$

其中$\hat{p}_1 = \hat{p}_x$，$\hat{p}_2 = \hat{p}_y$，$\hat{p}_3 = \hat{p}_z$．然而，相同方向的动量算符和位置坐标算符却是非对易的，即$\hat{x}\hat{p}_x \neq \hat{p}_x\hat{x}$：

$$\hat{x}\hat{p}_x\psi = -i\hbar x \frac{\partial \psi}{\partial x}, \tag{18.10.9}$$

$$\hat{p}_x\hat{x}\psi = -i\hbar \frac{\partial}{\partial x}(x\psi) = -i\hbar\psi - i\hbar x \frac{\partial \psi}{\partial x}. \tag{18.10.10}$$

将式（18.10.9）减去式（18.10.10），得

$$(\hat{x}\hat{p}_x - \hat{p}_x\hat{x})\psi = i\hbar\psi. \tag{18.10.11}$$

该式可写为

$$[\hat{x}, \hat{p}_x] = i\hbar. \tag{18.10.12}$$

其他相同方向的位置坐标算符和动量算符之间也有类似的关系，显然，不同方向的动量算符和位置坐标算符相互对易，归纳起来，就是

$$[\hat{x}_\alpha, \hat{p}_\beta] = i\hbar\delta_{\alpha\beta}. \tag{18.10.13}$$

回到最初关于物理量同时确定的问题上来．由于量子力学中力学量的测量值为其对应算符的本征值，两个力学量能同时确定实际上就是要求力学量对应的算符具有共同的本征波函数．前述章节中，我们看到，由于不确定关系的存在，同一方向的位置坐标和动量无法同时确定；当势能函数具有反射不变性时，宇称与能量可以同时确定，因为定态薛定谔方程的本征波函数具有确定的宇称．那么，力学量算符之间满足怎样的关系才能同时确定呢？

量子力学告诉我们：**力学量能同时确定的充分必要条件是它们的算符对易**．由于这一结论的完整证明涉及一些烦琐的数学知识，为了简洁，我们仅证明其必要性，即如果算符具有共同的完备本征波函数集，则它们对易．

设$\{\psi_n | n = 1, 2, 3, \cdots\}$为算符$\hat{A}$与$\hat{B}$的共同完备本征波函数集，对应的本征值集合分别为$\{a_n | n = 1, 2, 3, \cdots\}$和$\{b_n | n = 1, 2, 3, \cdots\}$，则有

$$\hat{A}\psi_n = a_n\psi_n, \quad \hat{B}\psi_n = b_n\psi_n,$$

所以

$$(\hat{A}\hat{B} - \hat{B}\hat{A})\psi_n = (\hat{A}b_n - \hat{B}a_n)\psi_n = (b_n\hat{A} - a_n\hat{B})\psi_n = (b_n a_n - a_n b_n)\psi_n = 0.$$

由于任意波函数ψ可以用函数集$\{\psi_n\}$展开，

$$\psi = \sum_{n=1}^{\infty} c_n \psi_n ,$$

则

$$(\hat{A}\hat{B} - \hat{B}\hat{A})\psi = \sum_{n=1}^{\infty} c_n(\hat{A}\hat{B} - \hat{B}\hat{A})\psi_n = 0 ,$$

即算符 $\hat{A}$ 与 $\hat{B}$ 对易.

  力学量同时确定的条件告诉我们,相同方向的动量和位置坐标无法同时确定,因为它们不对易,但不同方向的动量和位置坐标可同时确定. 类似地,当势能函数 $U(\vec{r})$ 有空间反射不变性时,即 $U(\vec{r}) = U(-\vec{r})$,哈密顿算符与空间反射算符 $\hat{P}$ 对易:

$$\hat{P}[\hat{H}\psi(\vec{r})] = \left[-\frac{\hbar^2}{2m}\nabla^2 + U(-\vec{r})\right]\psi(-\vec{r}) = \left[-\frac{\hbar^2}{2m}\nabla^2 + U(\vec{r})\right]\psi(-\vec{r}) = \hat{H}[\hat{P}\psi(\vec{r})].$$

所以它们有共同的完备本征波函数集,能同时确定.

  我们将能同时确定并完全定出本征波函数的一组力学量称为**完备力学量组**. 例如,$\hat{x}$、$\hat{p}_x$ 和哈密顿算符 $\hat{H}$ 各自都是粒子一维运动的完备力学量组,$(\hat{x}, \hat{y}, \hat{z})$、$(\hat{p}_x, \hat{p}_y, \hat{p}_z)$ 也都是粒子三维运动的完备力学量组. 我们可以看出,完备力学量组中力学量的数目一般与所考察的维数相等. 由于完备力学量组中各力学量要求能同时确定,因此它们的算符必须彼此对易.

  3. 位置与动量的不确定关系

  在 18.7 节中,未加证明,我们给出了在同一方向上的动量和位置满足海森堡不确定关系:$\Delta x_i \Delta p_i \geqslant \dfrac{\hbar}{2}$. 这里,利用动量算符和位置坐标算符的不对易性,我们予以证明.

  根据概率统计的相关知识,物理量 A 的方均根偏差定义为

$$\Delta A = \sqrt{\langle (A - \langle A \rangle)^2 \rangle} ,$$

由于 $\langle (A - \langle A \rangle)^2 \rangle = \langle A^2 \rangle - 2\langle A \langle A \rangle \rangle + \langle A \rangle^2 = \langle A^2 \rangle - \langle A \rangle^2$,所以方均根偏差也可表示为

$$\Delta A = \sqrt{\langle A^2 \rangle - \langle A \rangle^2} .$$

设有两个力学量对应算符 $\hat{A}$ 和 $\hat{B}$,但二者不对易. 我们引入算符 $\hat{A}' \equiv \hat{A} - \langle A \rangle$,$\hat{B}' \equiv \hat{B} - \langle B \rangle$,并考察函数 $\varphi \equiv (\hat{A}' + i\lambda\hat{B}')\psi$,其中 λ 为任意实数,ψ 为任意波函数. 由于 $\int \varphi^* \varphi \mathrm{d}V \geqslant 0$,将 φ 的表达式代入不等式,将各项展开,并利用算符 $\hat{A}'$ 和 $\hat{B}'$ 的厄米性,最终得

$$\int \varphi^* \varphi \mathrm{d}V = \int \psi^*(\vec{r})[\hat{A}'^2 + i\lambda(\hat{A}'\hat{B}' - \hat{B}'\hat{A}') + \lambda^2\hat{B}'^2]\psi(\vec{r})\mathrm{d}V \geqslant 0,$$

即有

$$\langle \hat{A}'^2 \rangle + i\lambda\langle \hat{A}'\hat{B}' - \hat{B}'\hat{A}' \rangle + \lambda^2\langle \hat{B}'^2 \rangle \geqslant 0.$$

要求该不等式对于任意 λ 都成立,所以只能

$$4\langle \hat{A}'^2 \rangle\langle \hat{B}'^2 \rangle \geqslant -\langle [\hat{A}', \hat{B}'] \rangle^2.$$

由于 $[\hat{A}',\hat{B}']=[\hat{A},\hat{B}]$，所以我们得到

$$(\Delta A\Delta B)^2\geqslant-\frac{1}{4}\langle[A,B]\rangle^2 \tag{18.10.14}$$

利用位置坐标算符与动量算符的对易关系式(18.10.13)，我们得到

$$\Delta x_i\Delta p_i\geqslant\frac{\hbar}{2}, \tag{18.10.15}$$

这就是海森堡不确定关系．

量子力学中的轨道角动量

在后续研究氢原子时，利用轨道角动量的大小及其某一方向的分量都与哈密顿算符对易，可将轨道角动量选为处理氢原子能量量子化问题的完备力学量组中的物理量，所以在讲述氢原子之前，我们先探讨量子力学是如何处理轨道角动量的．

经典物理中，角动量被定义为

$$\vec{L}=\vec{r}\times\vec{p}.$$

在量子理论中，轨道角动量所对应的算符可这样定义：

$$\hat{L}_x=\hat{y}\hat{p}_z-\hat{z}\hat{p}_y,\hat{L}_y=\hat{z}\hat{p}_x-\hat{x}\hat{p}_z,\hat{L}_z=\hat{x}\hat{p}_y-\hat{y}\hat{p}_x. \tag{18.10.16}$$

同时，可以定义轨道角动量平方算符 $\hat{L}^2$：

$$\hat{L}^2=\hat{L}_x^2+\hat{L}_y^2+\hat{L}_z^2. \tag{18.10.17}$$

可以验证，轨道角动量各分量算符及角动量平方算符均为厄米算符，满足力学量必须为厄米算符的要求．

简单的计算表明，不同分量轨道角动量算符之间满足以下对易关系：

$$[\hat{L}_x,\hat{L}_y]=\mathrm{i}\hat{L}_z,[\hat{L}_y,\hat{L}_z]=\mathrm{i}\hbar\hat{L}_x,[\hat{L}_z,\hat{L}_x]=\mathrm{i}\hbar\hat{L}_y.$$

这也就意味着不同分量的轨道角动量是无法同时确定的．但是，轨道角动量各分量算符与轨道角动量平方算符对易：

$$[\hat{L}^2,\hat{L}_x]=[\hat{L}^2,\hat{L}_y]=[\hat{L}^2,\hat{L}_z]=0,$$

即轨道角动量大小与轨道角动量的任一分量有共同的本征波函数集．不失一般性，我们主要考察轨道角动量算符 $\hat{L}^2$ 和 $\hat{L}_z$．

利用球坐标系坐标(r,θ,φ)与直角坐标系坐标(x,y,z)之间的关系，可以将式(18.10.16)和式(18.10.17)定义的算符 $\hat{L}_z$ 和 $\hat{L}^2$ 在球坐标系中表示出来：

$$\hat{L}_z=-\mathrm{i}\hbar\frac{\partial}{\partial\varphi}, \tag{18.10.18}$$

$$\hat{L}^2=-\hbar^2\left[\frac{1}{\sin\theta}\frac{\partial}{\partial\theta}(\sin\theta\cdot\frac{\partial}{\partial\theta})+\frac{1}{\sin^2\theta}\frac{\partial^2}{\partial\varphi^2}\right]. \tag{18.10.19}$$

轨道角动量 z 分量算符的本征方程为

$$\hat{L}_z\psi=\lambda\psi \quad 或 \quad -\mathrm{i}\hbar\frac{\partial}{\partial\varphi}\psi=\lambda\psi,$$

物理上要求波函数 $\psi(\varphi)$ 具有周期性——$\psi(\varphi=0)=\psi(\varphi=2\pi)$，利用该边界条件得本征值

$$\lambda=m\hbar, \tag{18.10.20}$$

其中 $m=0,\pm1,\pm2,\cdots$，称为磁量子数．归一化的本征波函数为

$$\psi_m(\varphi)=\frac{1}{\sqrt{2\pi}}e^{im\varphi}. \qquad (18.10.21)$$

由式(18.10.20)可见，微观系统的轨道角动量在 z 轴方向的分量只能取离散值（0 或 $\hbar$ 的整数倍），所以轨道角动量在空间任意方向的投影是量子化的．

轨道角动量平方算符的本征方程为 $\hat{L}^2Y(\theta,\varphi)=\lambda Y(\theta,\varphi)$，其中 $Y(\theta,\varphi)$ 为本征波函数，λ 为本征值．物理上要求 $Y(\theta,\varphi)$ 关于自变量 φ 是周期函数．同时，我们从式(18.10.19)可以看出，算符 $\hat{L}^2$ 在 $\theta=0$ 和 $\theta=\pi$ 有奇异性，因此，有物理意义的本征波函数 $Y(\theta,\varphi)$ 应该在 $\theta=0$ 和 $\theta=\pi$ 上有限．利用这些对波函数的限制，我们可得到轨道角动量平方算符的本征波函数为

$$Y_{lm}(\theta,\varphi)=(-1)^m\sqrt{\frac{2l+1}{4\pi}\cdot\frac{(l-m)!}{(l+m)!}}P_l^m(\cos\theta)e^{im\varphi},$$

其中 $P_l^m(\cos\theta)$ 为 m 阶 l 次连带勒让德函数，而 $Y_{lm}(\theta,\varphi)$ 称为球谐函数，它由两个指标来表征——l 和 m，且 l 和 m 的取值范围分别为

$$l=0,1,2,\cdots,$$
$$m=l,l-1,\cdots,-l+1,-l,$$

即给定一个 l 值，m 可取 $2l+1$ 个不同的数值．而 $Y_{lm}(\theta,\varphi)$ 对应的本征值为 $l(l+1)\hbar^2$：

$$\hat{L}^2Y_{lm}(\theta,\varphi)=l(l+1)\hbar^2Y_{lm}(\theta,\varphi).$$

可见，对于同一个本征值，有 $2l+1$ 个线性无关的本征波函数与之对应，因此，轨道角动量平方算符的简并度为 $2l+1$．同时我们注意到 $Y_{lm}(\theta,\varphi)$ 也是 $\hat{L}_z$ 的本征波函数，本征值为 $m\hbar$：

$$\hat{L}_zY_{lm}(\theta,\varphi)=m\hbar Y_{lm}(\theta,\varphi).$$

所以，量子数 m 就是磁量子数．

量子数 l 决定了轨道角动量平方的大小，即确定了轨道角动量的大小 $|\vec{L}|=\sqrt{l(l+1)}\hbar$，$l$ 称为角量子数，习惯上用 s，p，d，f，g，$\cdots$ 等字母分别表示 $l=0,1,2,3,4,\cdots$ 状态（s，p，d，f 4 个字母来自于早期实验上对观测形状的描述——sharp、principal、diffuse、fundamental，$l=3$ 后的按字母顺序依次标记）．需要指出的是，量子理论的轨道角动量大小与玻尔氢原子理论假设 $|\vec{L}|=n\hbar$ 明显不同，特别是，量子理论允许 $|\vec{L}|=0$ 状态的存在．基于这一结果，我们不得不抛弃玻尔的半经典行星轨道原子模型．

轨道角动量 z 轴方向分量的大小取值为

$$L_z=m\hbar,m=0,\pm1,\pm2,\cdots,\pm l,$$

即轨道角动量在空间 z 轴方向上的投影是量子化的．轨道角动量矢量可取的方向与 z 轴方向的夹角满足

$$\cos\theta=\frac{L_z}{|\vec{L}|}=\frac{m}{\sqrt{l(l+1)}}.$$

由于 m 和 l 都只能取离散数值，因此 θ 仅可取离散的角度，这一现象称为轨道角动量空间取向量子化，如图 18-39 所示．需要指出的是，给出

轨道角动量大小和 z 轴方向分量大小，可以确定轨道角动量与 z 轴的夹角，但轨道角动量矢量在垂直于 z 轴方向的平面内的投影方向不确定，即 φ 角无法确定．这一点可以利用广义的不确定关系（18.10.14）来予以说明．利用球坐标系中 $\hat{L}_z$ 的表达式（18.10.18）可得到

$$[\varphi,\hat{L}_z] = i\hbar,$$

所以

$$\Delta\varphi\Delta L_z \geqslant \frac{\hbar}{2}.$$

当 L_z 确定，即 $\Delta L_z = 0$ 时，φ 角无法确定．由于轨道角动量矢量方向无法确定，轨道角动量分量 $\hat{L}_x$ 和 $\hat{L}_y$ 也就无法确定．

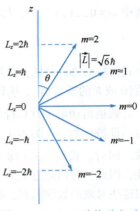

图 18-39　$l=2$ 时轨道角动量矢量的可能取向

球谐函数是轨道角动量平方算符和 z 轴方向轨道角动量分量的共同本征波函数．$|Y_{lm}(\theta,\varphi)|^2 \mathrm{d}\Omega = |Y_{lm}(\theta,\varphi)|^2 \sin\theta\mathrm{d}\theta\mathrm{d}\varphi$ 表示粒子落在单位球立体角 $\mathrm{d}\Omega$ 的概率．

氢原子——库仑势场中的薛定谔方程

量子力学描述的氢原子结构与玻尔原子模型有很大的不同．玻尔理论中，电子围绕质子做圆周运动，而量子力学中电子的运动不允许有固定的半径或固定的轨道平面，取而代之的是电子出现的概率密度，从而导致电子位置的不确定性．

电子在氢原子中受到原子核的吸引作用，作用的势能函数可表示为

$$U(r) = -\frac{e^2}{4\pi\varepsilon_0 r}.$$

这里，假设原子中质子位于坐标原点，r 为电子在球坐标系中的径向坐标分量．球坐标系中描述电子运动的定态薛定谔方程为

$$\left(-\frac{\hbar^2}{2m_e}\nabla^2 - \frac{e^2}{4\pi\varepsilon_0 r}\right)\psi(r,\theta,\varphi) = E\psi(r,\theta,\varphi). \qquad (18.10.22)$$

这里 m_e 为电子质量，∇^2 在球坐标系中具有形式

$$\nabla^2 = \frac{1}{r^2}\frac{\partial}{\partial r}\left(r^2\frac{\partial}{\partial r}\right) + \frac{1}{r^2\sin\theta}\frac{\partial}{\partial\theta}\left(\sin\theta\cdot\frac{\partial}{\partial\theta}\right) + \frac{1}{r^2\sin\theta}\frac{\partial^2}{\partial\varphi^2}. \qquad (18.10.23)$$

将该式与式（18.10.19）比较，我们发现，∇^2 的角度部分可以用算符 $\hat{L}^2$ 来表示：

$$\nabla^2 = \frac{1}{r^2}\frac{\partial}{\partial r}\left(r^2\frac{\partial}{\partial r}\right) - \frac{\hat{L}^2}{r^2\hbar^2}. \qquad (18.10.24)$$

相应地，哈密顿算符可改写为

$$\hat{H} = -\frac{\hbar^2}{2m_e r^2}\frac{\partial}{\partial r}\left(r^2\frac{\partial}{\partial r}\right) + \frac{\hat{L}^2}{2m_e r^2} + U(r). \qquad (18.10.25)$$

可以证明，$\hat{H}$ 与算符 $\hat{L}^2$、$\hat{L}_z$ 对易，它们具有共同的本征波函数集．假设定态波函数 $\psi(r,\theta,\varphi)$ 具有形式

$$\psi(r,\theta,\varphi) = R(r)Y_{lm_l}(\theta,\varphi). \qquad (18.10.26)$$

这里用 m_l 来表示磁量子数，将式(18.10.26)代入式(18.10.22)，可得到径向部分函数 $R(r)$ 满足的方程

$$\left[-\frac{\hbar^2}{2m_e r^2}\frac{\mathrm{d}}{\mathrm{d}r}\left(r^2\frac{\mathrm{d}}{\mathrm{d}r}\right) + \frac{l(l+1)\hbar^2}{2m_e r^2} + V(r)\right]R(r) = ER(r). \qquad (18.10.27)$$

同时，我们要求 $r\to 0$ 时 $rR(r)$ 有限，以保证电子在 $r=0$ 到 $r=\mathrm{d}r$ 范围内出现的概率 $|R(r)|^2 r^2\mathrm{d}r$ 有限，此外还要求 $r\to\infty$ 时 $rR(r)\to 0$.

当 $E<0$ 时，基于边界条件，通过本征方程可求得分立的本征值：

$$E_n = -\frac{m_e e^4}{2(4\pi\varepsilon_0)^2\hbar^2 n^2} = -\frac{13.6\mathrm{eV}}{n^2}, \qquad (18.10.28)$$

其中 n 为正整数，取值与量子数 l 相关：$n-l-1=0,1,2,\cdots$. 式(18.10.28)与玻尔氢原子模型得到的结果一致. 由于氢原子本征能量取决于量子数 n，所以量子数 n 也被称为 **主量子数**. 当给定 n 时，l 可取 n 个整数：$l=n-1,n-2,\cdots,0$.

由式(18.10.27)可以看出，径向波函数 $R(r)$ 需要用两个量子数表示：$R_{nl}(r)$. 其归一化条件为

$$\int_0^{+\infty} |R_{nl}(r)|^2 r^2\mathrm{d}r = 1.$$

几个低能级的径向波函数具有形式

$$R_{10}(r) = \frac{2}{a^{\frac{3}{2}}}\mathrm{e}^{-\frac{r}{a}}, \quad R_{20}(r) = \frac{1}{\sqrt{2}a^{\frac{3}{2}}}\left(1-\frac{r}{2a}\right)\mathrm{e}^{\frac{r}{2a}}, \quad R_{21}(r) = \frac{1}{2\sqrt{6}a^{\frac{3}{2}}}\frac{r}{a}\mathrm{e}^{-\frac{r}{2a}},$$

其中 $a=\dfrac{4\pi\varepsilon_0\hbar^2}{m_e e^2}\approx 0.53\text{Å}$ 为氢原子的玻尔半径.

由式(18.10.26)可以看出，本征波函数 $\psi(r,\theta,\varphi)$ 具有形式

$$\psi_{nlm_l}(r,\theta,\varphi) = R_{nl}(r)Y_{lm_l}(\theta,\varphi), \qquad (18.10.29)$$

该函数由 3 个量子数 n,l,m_l 完全确定，因此，对应的能量、角动量平方和 z 轴方向角动量分量构成完备力学量组. 给定一个 n 即确定一个能量，l 可取 $0,1,\cdots,n-1$ 共计 n 个整数，而对于每个 l，可取 $2l+1$ 个 m_l，因此，能量具有简并度(不考虑自旋)

$$\sum_{l=0}^{n-1}(2l+1) = n^2. \qquad (18.10.30)$$

对于波函数 $\psi_{nlm_l}(r,\theta,\varphi)$，表达式

$$|\psi_{nlm_l}(r,\theta,\varphi)|^2\mathrm{d}V = |R_{nl}(r)Y_{lm_l}(\theta,\varphi)|^2 r^2\sin\theta\mathrm{d}r\mathrm{d}\theta\mathrm{d}\varphi \qquad (18.10.31)$$

表示在空间一点 (r,θ,φ) 附近体积元 $\mathrm{d}V=r^2\sin\theta\mathrm{d}r\mathrm{d}\theta\mathrm{d}\varphi$ 内，发现量子态为 (n,l,m_l) 的电子的概率. 将式(18.10.31)关于 r 积分，得到的 $|Y_{lm_l}(\theta,\varphi)|^2\mathrm{d}\Omega = |Y_{lm_l}(\theta,\varphi)|^2\sin\theta\mathrm{d}\theta\mathrm{d}\varphi$ 则表示在 (θ,φ) 附近的立体角 $\mathrm{d}\Omega=\sin\theta\mathrm{d}\theta\mathrm{d}\varphi$ 内发现电子的概率.

如果在三维空间中沿 (θ,φ) 方向上作位矢，让其长度等于球面上的粒子出现在 (θ,φ) 位置的概率密度，那么所有这样的位矢末点刚好形成一个旋转对称的曲面。图 18-40 给出了 $l=0,1,2$ 时粒子出现在球面上各处的概率密度曲面.

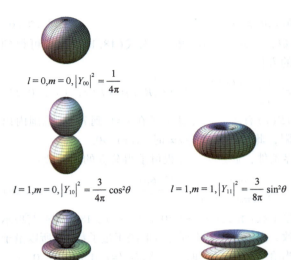

$$l=0, m=0, |Y_{00}|^2 = \frac{1}{4\pi}$$

$$l=1, m=0, |Y_{10}|^2 = \frac{3}{4\pi}\cos^2\theta \qquad l=1, m=1, |Y_{11}|^2 = \frac{3}{8\pi}\sin^2\theta$$

$$l=2, m=0, |Y_{20}|^2 = \frac{5}{16\pi}(3\cos^2\theta-1) \qquad l=2, m=1, |Y_{21}|^2 = \frac{5}{8\pi}\cos\theta\sin\theta \qquad l=2, m=2, |Y_{22}|^2 = \frac{15}{32\pi}\sin^2\theta$$

图 18-40　$l=0,1,2$ 时的 $|Y_{lm}(\theta,\varphi)|^2$

　　将式(18.10.31)关于角度部分积分，得到的 $|R_{nl}(r)|^2 r^2 \mathrm{d}r$ 表示在 r 到 $r+\mathrm{d}r$ 壳层内发现电子的概率，我们将 $W_{nl}(r)=|R_{nl}(r)|^2 r^2$ 称为径向概率分布函数．一些 $W_{nl}(r)$ 如图 18-41 所示．对于每一个状态，相应概率分布有一个或几个高峰；还有零个或若干个节点，节点数为 $n-l-1$．例如，对于基态 $W_{10}(r)=\dfrac{2r^2}{a^3}\mathrm{e}^{-\frac{2r}{a}}$，它的最大值在 $\dfrac{r}{a}=1$ 的位置，也就是在经典玻尔模型的第一玻尔半径处，在该处电子出现的概率最大．

氢原子的电子
概率分布

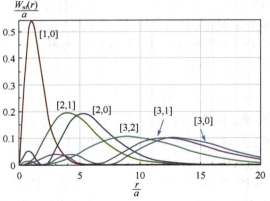

图 18-41　一些径向概率分布函数 $W_{nl}(r)$（图中中括号中的数字代表 $[n,l]$）

电子的自旋

　　轨道角动量取向具有量子化的特性，一种观测这种特性的方法是将轨道角动量不为零的原子放置到外磁场中，利用与原子轨道角动量有关的磁矩和外磁场相互作用，可以测得角动量大小以及角动量分量的信息．然而，实验结果却在人们意料之外，并促成 20 世纪物理学中的一个重大发现：电子具有内禀自旋．

在讲述电子自旋之前，我们首先探讨轨道角动量不为零的原子在外磁场中的本征能量问题．早在 1896 年，荷兰物理学家塞曼（P. Zeeman）和他的学生就发现，磁场中的原子发光时光谱线发生了分裂。例如，镉灯不受磁场作用时发射一条波长为 643.847nm 的谱线，当镉灯被放置在强外磁场中时，就分裂出 3 条谱线，其中一条谱线与原谱线相同，另一条谱线频率增大，第三条谱线频率减小，频率增大和减小的量值相等，且与外磁场的磁场强度相关．人们将塞曼最初发现的磁场中一条原子光谱分裂为 3 条谱线的现象称为正常塞曼效应，把后续发现的更复杂的谱线分裂现象称为反常塞曼效应．塞曼在观测到谱线分裂后不久，荷兰物理学家洛伦兹（H. A. Lorentz）给出了经典的解释，由于对塞曼效应的发现和解释的贡献，洛伦兹和塞曼获得了 1902 年度的诺贝尔物理学奖．随着 20 世纪 20 年代量子力学的建立，塞曼效应提供了原子具有磁矩和角动量空间取向量子化的有力证据，并促成电子内禀自旋的发现．

在经典物理中，当质量为 m_e、电荷电量为 $-e$ 的电子以速率 v 做半径为 r 的圆周运动时，角动量 $L = m_e vr$．由于电子带电形成电流，圆周运动有磁矩 μ：$\mu = \dfrac{e\pi r^2}{T}$，其中 $T = \dfrac{2\pi r}{v}$ 为圆周运动的周期．因此，电子轨道角动量与轨道磁矩之间满足关系

$$\vec{\mu}_L = -\frac{e}{2m_e}\vec{L}, \qquad (18.10.32)$$

负号是计及电子电量为负，$\vec{\mu}_L$ 中的下标 L 表示磁矩来自轨道角动量．式 (18.10.32)，表明，轨道磁矩与轨道角动量成比例，比例系数 $-\dfrac{e}{2m_e}$ 称为**轨道回转磁比率**．

如果将具有磁矩 $\vec{\mu}_L$ 的电子置于沿 z 轴方向的外磁场 $\vec{B}$ 中，电子在磁场中有附加势能

$$\Delta U = -\vec{\mu}_L \cdot \vec{B} = -\mu_{L_z}B,$$

利用式 (18.10.32)，则有

$$\Delta U = \frac{e}{2m_e}L_z B.$$

由于量子化的 $L_z = m_l\hbar$ 可以取 $2l+1$ 个值，所以附加势能将导致磁场中的能级分裂：角量子数为 l 的能级分裂成 $2l+1$ 个能级．

正常塞曼效应就是轨道角动量不为零的原子在强磁场中能级分裂形成的现象．如图 18-42 所示，存在强磁场时，轨道角动量

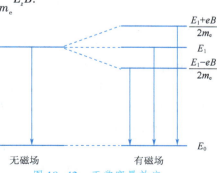

图 18-42 正常塞曼效应

量子数 $l=1$ 的第一激发态分裂成 3 个能级，当处于激发态的原子向基态跃迁时，谱线频率 ν_0, ν_+, ν_- 分别对应于从分裂的 3 个能级向基态的跃迁：

$$\nu_0 = \frac{E_1 - E_0}{h}; \quad \nu_+ = \frac{E_1 + \dfrac{e\hbar B}{2m_e} - E_0}{h} = \nu_0 + \frac{eB}{2m_e}; \quad \nu_- = \nu_0 - \frac{eB}{2m_e}.$$

除光谱验证原子轨道角动量空间取向量子化外，我们可以设想图 18-43 所示实验．将 $n=2$、$l=1$ 态的氢原子从源中射出，原子束中包含磁量子数 $m_l = -1, 0, +1$ 的原子态（假设实验进行得很快，以致氢原子来不及从 $n=2$ 的态跃迁回 $n=1$ 的态）．原子束经过沿 z 轴方向的非均匀磁场时，磁量子数不为零的原子将受到力的作用：

$$F_z = -\frac{\mathrm{d}U}{\mathrm{d}z} = \mu_{lz} \frac{\mathrm{d}B_z}{\mathrm{d}z} = -\frac{e\hbar m_l}{2m_e} \frac{\mathrm{d}B_z}{\mathrm{d}z}.$$

如果磁场方向如图 18-43 所示，沿 z 轴方向且随 z 增大而减小，则 $m_l = +1$ 的原子受力将向上偏转，$m_l = -1$ 的原子受力将向下偏转，$m_l = 0$ 的原子将不发生偏转．

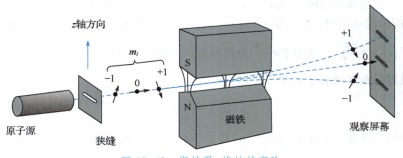

图 18-43　斯特恩-格拉赫实验

通过磁场后原子将打到观察屏幕上形成可观测图像．当磁场关闭时，原子束不发生偏转，预期在屏幕中央可观测到线条状图案．当磁场开启时，预期能观测到 3 条线状图案分别对应于 $m_l = -1, 0, +1$．如果原子处于基态（$l=0$），无论是否开启磁场，预期只能观测到一条线状图案．如果原子处于 $l=2$ 的状态，开启磁场，预期可观测到 5 条线状图案．也就是说，在存在磁场的情况下，对于原子束中原子的偏转，预期可观测到 $2l+1$ 条线状图案，即观测到的图案数量总是奇数．当我们实际用 $l=1$ 的氢原子完成实验时，却发现出现了 6 条线状图案，更有意思的是，当用 $l=0$ 的氢原子开展实验时，发现了两条线状图案，分别代表向上偏转和向下偏转．这也就意味着，即使轨道角动量为零，原子仍有磁矩．

德国物理学家斯特恩（O. Stern）和格拉赫（W. Gerlach）于 1921 年完成了这一类型的实验，他们使用银原子（虽然银原子的电子结构比氢原子复杂，但基本原理都一样）束通过非均匀磁场，期待奇数数目的图案出现在观察屏幕上，但他们实际观察到原子束分裂成了两条，观察屏幕上出现了两条线状图案．这一实验被称为斯特恩-格拉赫实验．

斯特恩–格拉赫实验是角动量空间量子化的结论性证据. 经典磁矩在 z 轴方向可以取任意方向, 因此预期在观察屏幕上观测到连续的图像, 而观测到分立的图像则体现了磁矩空间取向的量子化.

然而, 实验预期的图案数目却与理论不符. 预期奇数个图案, 实际却观测到 2 个. 为了解决这一矛盾, 我们假设原子除了轨道角动量 $\vec{L}$ 外, 还存在内禀的另外的一种角动量 $\vec{S}$. 电子在原子中运动类似于地球在绕太阳公转的同时也在自转: 电子的轨道角动量 $\vec{L}$ 表征电子受原子核吸引作用的运动, 而内禀的轨道角动量 $\vec{S}$ 则类似于电子自转, 基于这一原因, $\vec{S}$ 通常被称为自旋(然而, 将电子比拟成有一定半径的小球从而可以绕自身转动, 这样的经典类比并不正确, 因为电子实际没有物理尺寸). 电子具有自旋的思想在 1925 年由荷兰物理学家戈德斯密特(S. Goudsmit)与乌伦拜克(G. E. Uhlenbeck)首先提出来, 在 1928 年狄拉克建立的相对论量子力学中, 自旋是电子附加的一个量子数.

斯特恩–格拉赫实验表明, 自旋角动量在外磁场方向的投影只能有两种取值, 因此, 自旋角动量与 z 轴方向夹角仅有两个值, 即 $2s+1=2$, 其中 s 为与自旋角动量大小相关的量子数, 所以 $s=\dfrac{1}{2}$, 对应的自旋轨道角动量大小为

$$|\vec{S}| = \sqrt{s(s+1)}\,\hbar = \sqrt{\frac{3}{4}}\,\hbar.$$

我们用量子数 m_s 表征与自旋磁矩有关的 z 轴方向自旋角动量 S_z:

$$S_z = m_s \hbar.$$

m_s 仅能取 $-\dfrac{1}{2}$ 和 $+\dfrac{1}{2}$ 两个值. 对应于自旋轨道角动量, 电子也有自旋磁矩 $\vec{\mu}_s$, 它们之间的关系为

$$\vec{\mu}_s = -\frac{e}{m_e}\vec{S}. \qquad (18.10.33)$$

电子自旋磁矩在空间任何方向上的投影都只能取两个数值:

$$\mu_{sz} = \pm\frac{e\hbar}{2m_e} = \pm\mu_B,$$

其中 $\mu_B = \dfrac{e\hbar}{2m_e}$ 称为玻尔磁子. 自旋轨道的磁矩分量和自旋角动量分量的比称为电子回转磁比率. 由式(18.10.33)可以看出, 电子回转磁比率为 $-\dfrac{e}{m_e}$, 是轨道回转磁比率的 2 倍.

多电子原子

氢原子模型可以进一步用于处理原子核外仅有一个电子的 He^+、Li^{2+}、Be^{3+} 等离子, 对应的本征能量为氢原子本征能量乘以 Z^2, 这里的 Z 为原子核的核电荷数. 当原子中的电子数大于 1 时, 问题变得复杂, 我们不仅需要考虑电子受到原子核的吸引作用, 还需要考虑电子与电子之间的排斥作用, 这实际上是物理学中的多体问题, 通常只能利用计算机进行数值求解.

在多电子原子中，原子中电子的状态仍可以像氢原子那样，由 4 个量子数确定：主量子数 $n=1,2,3,\cdots$；角量子数 $l=0,1,2,\cdots,n-1$；轨道磁量子数 $m_l=0,\pm1,\pm2,\cdots,\pm l$；自旋磁量子数 $m_s=\pm\dfrac{1}{2}$. 将这 4 个量子数组合起来，写成 (n,l,m_l,m_s) 的形式.

早在 20 世纪初，人们就发现含偶数个电子的原子比含奇数个电子的原子稳定，同时提议为了解释元素周期表，原子中的电子成组构成闭合壳层. 1922 年，玻尔更新了他的原子模型，提出 2 个、8 个和 18 个电子成组构成闭合壳层. 同时，光波频段原子光谱数据的大量积累促进了量子力学的发展. 20 世纪 20 年代早期，美国物理学家泡利着手研究原子光谱与电子数目关联的问题，并于 1925 年提出了量子物理中非常重要的原理——泡利不相容原理. 该原理指出，**在同一原子中，不能有两个或两个以上的电子具有相同的** (n,l,m_l,m_s). 泡利不相容原理可以给出多电子原子中电子排布的合理解释，同时，泡利不相容原理对于所有自旋为半整数的粒子（这些粒子被称为费米子）都适用.

早在 1916 年，德国化学家科塞尔（A. Kossel）就提出了原子的壳层结构. 主量子数 n 相同的电子同属一个壳层，该壳层称为主壳层，把对应于 $n=1,2,3,\cdots$ 的各主壳层分别用 K，L，M，$\cdots$ 表示. 同一主壳层中不同的 l 值构成支壳层，对应于 $l=0,1,2,3,\cdots,n-1$ 的各支壳层分别用 s，p，d，f，$\cdots$ 表示.

根据泡利不相容原理可以确定各主壳层和各支壳层最多可能容纳的电子数. 对于某一子壳层，给定量子数 n 和 l，磁量子数可取 $m_l=0,\pm1,\pm2,\cdots,\pm l$，共 $2l+1$ 种可能值，对于每一个 m_l 值又有两种 m_s 值. 因此，在同一子壳层上可容纳的电子数为

$$N_l=2(2l+1),$$

在主壳层 n 上可容纳的电子数为

$$N_n=\sum_{l=0}^{n-1}N_l=2n^2.$$

另外，电子在壳层中填充时还遵循能量最低原理：**当原子处于稳定态时，它的每个电子总是尽可能占有最低的能量状态**. 通常情况下，主量子数 n 越大的主壳层，其能级越高；在同一主壳层内，角量子数 l 越大的支壳层，其能级越高. 但也有例外，实际上能级的高低次序为

1s<2s<2p<3s<3p<4s<3d<4p<5s<4d<5p<6s<4f<$\cdots$，

如表 18-1 所示.

表 18-1　支壳层最大可容纳电子数和占据顺序

n	l	支壳层	最大可容纳电子数 $2(2l+1)$
1	0	1s	2
2	0	2s	2
2	1	2p	6
3	0	3s	2

续表

n	l	支壳层	最大可容纳电子数 $2(2l+1)$
3	1	3p	6
4	0	4s	2
3	2	3d	10
4	1	4p	6
5	0	5s	2
4	2	4d	10
5	1	5p	6
6	0	6s	2
4	3	4f	14
5	2	5d	10
6	1	6p	6
7	0	7s	2
5	3	5f	14
6	2	6d	10

我国化学家徐光宪总结出：对于原子的外层电子，能级的高低取决于 $n+0.7l$，该值越大，能级越高．该规律被称为徐光宪定则．

当一个原子中的每个电子的量子数 n 和 l 被指定时，则称该原子具有某一确定的电子组态．用并排写出 n 的数值和代表 l 值的字母的方式来表示电子所在的支壳层，如 2p，如果多个电子具有相同的支壳层，则在代表 l 值的字母右上角标注电子数目．例如，铜元素有 29 个电子，它的电子组态可表示为 $1s^2 2s^2 2p^6 3s^2 3p^6 4s^1 3d^{10}$．为了简便起见，一般只写出价电子，如铜元素的电子组态可简写为 $4s^1 3d^{10}$．

全同粒子的不可分辨性

本章最后，我们讨论与经典物理截然不同的量子多粒子特性：全同粒子的不可分辨性．我们将所有固有（内禀）性质（静止质量、电荷、寿命、自旋、同位旋、内禀磁矩等）完全相同的微观粒子称为全同粒子．例如，金属中的电子、氢原子中的电子和氦原子中的电子等，不论电子处于何种物质中，在什么地方，内禀性质都一样，故所有电子是全同粒子．又如，质子和中子不是全同粒子，正、负电子不是全同粒子，因为它们的内禀性质不完全相同．我们将由两个或两个以上全同粒子组成的体系称为全同粒子体系．

经典力学中的两个全同粒子是可以区分的．例如，同一型号的飞机，它们不能在同一时刻处于同一位置，根据初始状态和运行轨道记录即可予以区分．然而，微观粒子具有波动性，同一时刻全同粒子可以出现在同一位置．两个全同粒子可用两个波函数来表示，在运动过程中，两个波函数会在空间上发生重叠，在重叠区域无法区分这两个粒子．只有当波函数完全不重叠时，才可区分．

由于微观全同粒子的不可分辨性，全同粒子组成的体系中，任意交换两个全同粒子，体系的物理状态保持不变，这一性质称为全同性原理．我们以两个粒子组成的系统为例来说明全同性原理．设粒子 1 和 2 均可分别处在状态 A 或 B，相应的波函数分别为 $\psi_A(1), \psi_A(2), \psi_B(1), \psi_B(2)$，它们组成的系统的波函数记为 $\psi(1,2)$．根据全同性原理，$\psi(1,2)$ 和 $\psi(2,1)$ 描述的是相同的状态，即二者之比为常数：

$$\psi(2,1) = C\psi(1,2). \tag{18.10.34}$$

将上式粒子 1、2 的坐标交换一次，有

$$\psi(1,2) = C\psi(2,1) = C^2\psi(1,2), \tag{18.10.35}$$

该式最后一个等号利用了式（18.10.34）．由式（18.10.35）可以看出，

$$C^2 = 1, \quad C = \pm 1,$$

即

$$\psi(2,1) = \pm\psi(1,2).$$

全同性原理要求波函数具有交换对称性．满足 $\psi(2,1) = \psi(1,2)$ 的波函数称为对称波函数，而满足 $\psi(2,1) = -\psi(1,2)$ 的波函数称为反对称波函数．由 $\psi(1,2)$ 的统计意义出发，$\psi(1,2)$ 应为粒子 1 的波函数和粒子 2 的波函数的乘积，然而简单乘积构成的波函数不具有交换对称性，因此需要将二者的乘积进行组合：

$$\psi_S(1,2) = D[\psi_A(1)\psi_B(2) + \psi_A(2)\psi_B(1)], \tag{18.10.36}$$
$$\psi_A(1,2) = D[\psi_A(1)\psi_B(2) - \psi_A(2)\psi_B(1)]. \tag{18.10.37}$$

这里 D 为归一化因子，$\psi_S(1,2)$ 为交换对称波函数，$\psi_A(1,2)$ 为交换反对称波函数．

全同粒子系统具体采用对称波函数还是反对称波函数与粒子的自旋有关．全同粒子可以按自旋划分为两类：费米子和玻色子．自旋量子数 s 为半整数的粒子称为费米子，如电子、中子、质子等．自旋量子数 s 为零或整数的粒子称为玻色子，如光子、^{4}He、π 介子等．量子场论要求，费米子波函数交换反对称，玻色子波函数交换对称．对两个费米子组成的体系来说，当单粒子状态 A 与 B 相同时，由式（18.10.37）得 $\psi_A(1,2) = 0$，即不能有两个全同费米子处于同一单粒子状态，这恰好就是泡利不相容原理．而对玻色子来说，单粒子状态 A 与 B 相同时，$\psi_S(1,2) \neq 0$，一个单粒子状态可容纳多个玻色子，不受泡利不相容原理的限制．

习题 18

18.1 如果某黑体的单色辐出度最大值对应的波长由 690nm 变化到 500nm，则其辐出度增加多少倍？

18.2 某黑体在某一温度时的辐出度为 $5.7 \times 10^4 \text{W/m}^2$，试计算该温度下辐射波谱的峰值波长．

18.3 太阳的半径为 $6.76 \times 10^5 \text{km}$，地球与太阳的平均距离为 $1.5 \times 10^8 \text{km}$，单位时间内从太阳辐射出的照射到地球表面每单位面积上的能量为 $1.37 \times 10^3 \text{W/m}^2$，把太阳看作黑体，试估算太阳表面的温度．

18.4 一直径为 10cm、焦距为 50cm 的凸透镜，将太阳的像聚焦在置于焦平面上的一个涂成黑色的粗糙金属片上，金属片的大小与太阳的像一样大．如果太阳温度为 5.9×10^3K，太阳和金属片都视为黑体，试计算金属片可达到的最高温度．

18.5 用频率为 ν 的单色光照射某种金属时，逸出光电子的最大动能为 E_k．若改用频率为 2ν 的单色光照射此种金属，则逸出光电子的最大动能是多少？

18.6 用单色光照射某一金属产生光电效应，如果入射光的波长从 400nm 减小到 360nm，遏止电压改变多少？

18.7 光电管的阴极用逸出功为 2.2eV 的金属制成，现用一单色光照射此光电管，阴极发射出光电子，测得遏止电压为 5.0V，试计算：

(1)光电管阴极金属的光电效应红限波长；

(2)入射光波长．

18.8 用波长为 350nm 的光子照射某材料的表面，实验发现，从该表面发出的能量最大的光电子在磁感应强度为 1.5×10^{-5}T 的磁场中形成半径为 18cm 的圆形轨道，试计算该材料的逸出功．

18.9 在一次康普顿散射中，入射 X 射线的波长为 0.07nm，散射的 X 射线与入射的 X 射线垂直，试计算：

(1)反冲电子的动能；

(2)反冲电子运动的方向与入射 X 射线之间的夹角．

18.10 氢原子的基态能量为 -13.6eV，吸收能量为 12.8eV 的光子后，氢原子被激发．受激发的氢原子向低能级跃迁时，总共能产生几条谱线？其中波长最长的谱线、波长最短的谱线各是多少？

18.11 设某一维运动粒子的波函数为 $\psi(x) = A e^{-\frac{1}{2}\alpha^2 x^2}$，其中 α 为一正常数，求常数 A．

18.12 粒子在范围 $0 < x < a$ 时的波函数为

$$\psi_n(x) = \sqrt{\frac{2}{a}} \sin \frac{n \pi x}{a};$$

在 $x < 0$ 或 $x > a$ 时，$\psi_n(x) = 0$．若 $n = 1$，则粒子位于 $0 \sim \frac{a}{4}$ 区间内的概率是多少？

18.13 一粒子被限制在 $0 < x < l$ 区域，描写粒子状态的波函数为 $\psi = c\sqrt{x(l-x)}$，其中 c 为待定常量．求在 $0 < x < \frac{1}{4}l$ 区间内发现该粒子的概率．

18.14 分别计算下列两波函数所对应的概率流密度：①$\psi_1 = \frac{A}{r}e^{ikr-i\omega t}$；②$\psi_2 = \frac{B}{r}e^{-ikr-i\omega t}$．其中，$r$ 为球坐标系中的坐标，k, A, B 为常数．提示：对于标量场 $u(r,\theta,\varphi)$，球坐标系中的梯度公式为 $\nabla u = \frac{\partial u}{\partial r}\vec{e_r} + \frac{1}{r}\frac{\partial u}{\partial \theta}\vec{e_\theta} + \frac{1}{r\sin\theta}\frac{\partial u}{\partial \varphi}\vec{e_\varphi}$．

18.15 一个质子放在一维无限深方势阱中，阱宽度 $L = 10^{-14}$m．

(1)质子的零点能量有多大？

(2)由 $n = 2$ 态跃迁到 $n = 1$ 态时，质子放出多大能量的光子？

18.16 处于无限深势阱中的粒子最初处于状态 $\Psi(x, t=0) = c_1\psi_1(x) + c_2\psi_2(x)$ [当 $0<x<a$ 时，$U(x)=0$；在其他区域 $U(x)=+\infty$]，其中 $\psi_n(x)(n=1,2)$ 为定态薛定谔方程的本征值 $E_n(n=1,2)$ 所属的本征波函数，且 $|c_1|^2 + |c_2|^2 = 1$，求任意时刻的波函数和概率密度.

（注：结果用 $\psi_n(x)$ 和 c_n 表示即可，不必代入具体函数形式.）

18.17 处于无限深势阱中的粒子最初处于状态

$$\Psi(x, t=0) = \begin{cases} Ax^2(a-x), & 0 \le x \le a, \\ 0, & 0>x, x>a, \end{cases}$$

且已知当 $0<x<a$ 时 $U(x)=0$，在其他区域 $U(x)=+\infty$.

(1) 确定常数 A；

(2) 计算满足初始条件的波函数 $\Psi(x,t)$.

18.18 粒子处于宽度为 a 的无限深势阱中，势能函数为

$$U(x) = \begin{cases} 0, & -\dfrac{a}{2}<x<\dfrac{a}{2}, \\[2mm] +\infty, & |x|>\dfrac{a}{2}, \end{cases}$$

求定态薛定谔方程的本征波函数和本征值.

18.19 一个粒子被关闭在一个一维箱子中，箱子的两个理想反射壁之间的距离为 a，若粒子的波函数是

$$\psi(x) = A\sin^3\frac{\pi x}{a},$$

A 为未知待定系数，试求粒子能量的可能观测值、相应的概率以及能量平均值.

18.20 （连续测量问题）一个算符 $\hat{A}$ 表示可观测量 A，它的两个归一化本征态是 ψ_1 和 ψ_2，分别对应不同的本征值 a_1 和 a_2. 算符 $\hat{B}$ 表示可观测量 B，它的两个归一化本征态是 ϕ_1 和 ϕ_2，分别对应本征值 b_1 和 b_2. 两组本征态之间有关系

$$\psi_1 = \frac{3\phi_1 + 4\phi_2}{5}, \quad \psi_2 = \frac{4\phi_1 - 3\phi_2}{5}.$$

(1) 测量可观测量 A，所得结果为 a_1. 在测量之后（瞬时）体系处在什么态？

(2) 如果现在再测量 B，可能的结果是什么？它们出现的概率是多少？

(3) 在恰好测出 B 之后，再次测量 A，所得结果为 a_1 的概率是多少？

18.21 一个电子被束缚在宽度为 1Å 的有限方势阱中，阱深为何值时，该电子存在两个束缚定态（即波函数在无穷远处趋于零的态）？

18.22 使能量为 5eV 的电子透过高度 $U_0=4$eV 的方势垒，势垒半宽度 a 取何值时，电子完全透射？

18.23 求粒子 $(E>U_0)$ 在下列势阱壁（$x=0$）处的反射系数（结果用能量 E 表示）：

$$V(x) = \begin{cases} 0, & x<0, \\ U_0, & x>0. \end{cases}$$

18.24 已知波函数在 $x \to \pm\infty$ 时，$\psi(x) \to 0$，求以下哈密顿算符的本征值和本征波函数：

$$\hat{H} = -\frac{\hbar^2}{2m}\frac{d^2}{dx^2} + \frac{1}{2}m\omega^2 x^2 + ax.$$

18.25 已知一维谐振子薛定谔方程本征波函数能量最低的 3 个定态的波函数为

$$\psi_0(x) = \left(\frac{\alpha}{\sqrt{\pi}}\right)^{\frac{1}{2}} e^{-\frac{1}{2}\alpha^2 x^2},$$

$$\psi_1(x) = \left(\frac{\alpha}{2\sqrt{\pi}}\right)^{\frac{1}{2}} 2(\alpha x) e^{-\frac{1}{2}\alpha^2 x^2},$$

$$\psi_2(x) = \left(\frac{\alpha}{8\sqrt{\pi}}\right)^{\frac{1}{2}} [4(\alpha x)^2 - 2] e^{-\frac{1}{2}\alpha^2 x^2},$$

其中 $\alpha = \sqrt{\frac{m\omega}{\hbar}}$. 现有一维谐振子在 $t = 0$ 时处于状态 $\psi(x) = A\left(2 - \sqrt{\frac{m\omega}{\hbar}}x\right)^2 e^{\frac{-m\omega x^2}{2\hbar}}$.

(1) 确定 A 的值；

(2) 给出 t 时刻状态的波函数；

(3) 计算 t 时刻做能量测量可能得到的能量值以及相应的概率，并计算平均能量.

18.26 图 18-44 所示为辛酸分子的透射谱线，其中由于碳原子和氧原子之间的相对振动，形成在波数 $\frac{1}{\lambda} = 1709\text{cm}^{-1}$ 处的透射谷，求 C═O 之间相对振荡的劲度系数 k.

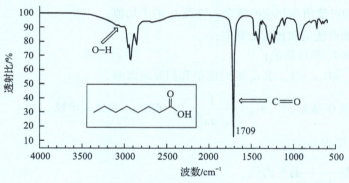

图 18-44　习题 18.26 图

18.27 经典势能为 $U = \frac{1}{2}m\omega^2 x^2$ 的一维谐振子，当其能量为 $E_n = \left(n + \frac{1}{2}\right)\hbar\omega$ 时，求经典模型中谐振子约化位置坐标 αx 的范围，其中 $\alpha = \sqrt{\frac{m\omega}{\hbar}}$.

18.28 对于克龙尼克-潘纳模型，$U_0 \to +\infty$、$d \to 0$ 及 $U_0 d$ 有限时，可利用方程

$$P\frac{\sin(\beta b)}{\beta b} + \cos(\beta b) = \cos(kb)$$

来确定能量值，其中 $\beta = \sqrt{\frac{2mE}{\hbar^2}}$，$P = \frac{mU_0 bd}{\hbar^2}$，$m$ 为电子质量. 当 $P = 9$、$b = 5\text{Å}$ 时，试确

定最低能带的宽度和次最低能带的宽度,以及两能带之间的禁带宽度. 已知 $P\dfrac{\sin x}{x}+$

$\cos x=1$ 的数值解有 $x=2.58,7.97$ 等,已知 $P\dfrac{\sin x}{x}+\cos x=-1$ 的数值解有 $x=5.23,10.81$ 等.

18.29 一维谐振子定态薛定谔方程的哈密顿算符为

$$\hat{H}=-\frac{\hbar^2}{2m}\frac{\mathrm{d}^2}{\mathrm{d}x^2}+\frac{1}{2}m\omega^2\hat{x}^2=\frac{1}{2m}\big[\hat{p}_x^2+(m\omega\hat{x})^2\big],$$

引入算符 $\hat{a}_+\equiv\dfrac{1}{\sqrt{2\hbar m\omega}}(-\mathrm{i}\hat{p}_x+m\omega\hat{x})$, $\hat{a}_-\equiv\dfrac{1}{\sqrt{2\hbar m\omega}}(\mathrm{i}\hat{p}_x+m\omega\hat{x})$.

(1)用位置坐标算符和动量算符表示 $\hat{a}_+\hat{a}_-$,并将 $\hat{H}$ 用 $\hat{a}_+\hat{a}_-$ 表示;

(2)利用位置坐标算符和动量算符是厄米算符,证明:$(\hat{a}_+)^\dagger=\hat{a}_-$;$(\hat{a}_-)^\dagger=\hat{a}_+$;

(3)计算以下对易关系:$[\hat{a}_+,\hat{a}_-]$;$[\hat{a}_+,\hat{a}_+\hat{a}_-]$;$[\hat{a}_-,\hat{a}_+\hat{a}_-]$(用算符 $\hat{a}_+$ 和 $\hat{a}_-$ 的线性式表示).

18.30 一个粒子用波函数

$$\psi(x)=\left(\frac{\pi}{a}\right)^{-\frac{1}{4}}\mathrm{e}^{\frac{ax^2}{2}}$$

描述,其中 a 为正常数,计算 Δx 和 Δp_x,并验证测不准关系.

18.31 设粒子的轨道转动态为

$$\psi=c_1Y_{11}(\theta,\varphi)+c_2Y_{10}(\theta,\varphi),$$

其中 $|c_1|^2+|c_2|^2=1$. 求:

(1)L_z 的可能值和相应的概率,以及 L_z 的平均值;

(2)L^2 的可能值和相应的概率;

(3)L_x 和 L_y 的可能值;

(4)若 $c_1=0,c_2=1$,求 L_x 的可能值和相应的概率.

18.32 氢原子处在基态 $\psi(r,\theta,\varphi)=\dfrac{1}{\sqrt{\pi a_0^3}}\mathrm{e}^{-\frac{r}{a_0}}$,其中 a_0 为玻尔半径. 求:

(1)r 的平均值;

(2)势能 $-\dfrac{e^2}{4\pi\varepsilon_0 r}$ 的平均值;

(3)最可几半径;

(4)动能的平均值.

18.33 设氢原子处于状态

$$\psi(r,\theta,\varphi)=\frac{1}{\sqrt{3}}\psi_{100}+\frac{1}{\sqrt{2}}\psi_{211}+\frac{1}{\sqrt{6}}\psi_{32-1}=\frac{1}{\sqrt{3}}R_{10}Y_{00}+\frac{1}{\sqrt{2}}R_{21}Y_{11}+\frac{1}{\sqrt{6}}R_{32}Y_{2-1},$$

求:

(1)氢原子的能量和角动量平方的可能值及其概率,并求它们的平均值;

(2)角动量 z 分量的可能值及其概率,并求它的平均值.

第19章　激光基本原理

激光是"受激辐射光放大"(light amplification by stimulated emission of radiation, LASER)的简称,它是 20 世纪 60 年代初出现的一种新型光源.1960 年梅曼(Theodore Harold Ted Maiman)等人制成了第一台红宝石激光器,1961 年贾万(A. Javan)等人制成了第一台 He-Ne 激光器,从此有关激光的研究突飞猛进,激光理论、激光技术、激光应用等各方面取得了巨大进步.如今,激光已渗透到现代科学技术和工程技术的各个领域.在科学研究方面,激光把原子物理学、分子物理学、化学动力学等推进到新的阶段,开创了全息光学、非线性光学、激光光谱学和光化学等新兴学科;在工程技术方面,激光成了材料加工处理、医疗技术的新工具;尤其是与信息工业的结合,使光盘、激光打印机迅速形成了产业,有了很大的市场.射束武器、核聚变和同位素分离是激光的重大应用项目,它们是高技术的集中体现.

激光的诞生和发展过程充分体现了物理学引发的技术革命具有强大的生命力,激光技术将更广泛、更有效地应用到科学研究、工程技术和日常生活中.同时,这些应用过程也将促进激光技术本身不断发展.

本章简要介绍激光产生的基本原理以及有关激光的若干问题.

19.1 受激吸收、 自发辐射和受激辐射

原子从较高能级 E_2 向较低能级 E_1 跃迁时要释放出能量.如果此能量转变为原子的热运动动能而不产生任何辐射,则此过程称为无辐射跃迁;如果以发射电磁波的形式释放能量,则称为辐射跃迁,所辐射的光波频率

$$\nu = \frac{E_2 - E_1}{h}.$$

在正常情况下,绝大多数原子(或分子、离子)处于基态,为使原子产生辐射跃迁,需要先将其激发,使其处于激发态,这就需要外界供给原子激发所需的能量,如向原子系统传输热能、电能、光能、化学能等.

处于激发态的原子是不稳定的,它将通过辐射跃迁或无辐射跃迁向较低能级跃迁.

大量同种原子构成的原子系统处于热平衡状态时,分布在能级 E_n 上的原子数遵从玻尔兹曼分布,即

$$N_n = \frac{N}{Z} g_n e^{\frac{E_n}{kT}}. \tag{19.1.1}$$

其中,g_n 为能级 E_n 的简并度(即对应于 E_n 能级的量子态数),Z 为配分函数,N 为总原子数.

对给定的系统来说,在一定温度下,式(19.1.1)中 N 和 Z 的值是一定的.因此,分布在能级 E_1 和 E_2 上的原子数 N_1 和 N_2 有以下关系:

$$\frac{N_2}{N_1} = \frac{g_2}{g_1} e^{-\frac{E_2 - E_1}{kT}}. \tag{19.1.2}$$

当 E_1 和 E_2 两个能级的简并度相同时,式(19.1.2)可写成

$$\frac{N_2}{N_1} = e^{\frac{E_2 - E_1}{kT}}. \qquad (19.1.3)$$

受激吸收

处于低能级 E_1 上的原子，在频率 $\nu = \dfrac{E_2 - E_1}{h}$ 的入射光照射下，吸收一个光子而跃迁到高能级 E_2 上，这种过程称为受激吸收，如图 19-1 所示.

设 t 时刻处于低能级 E_1 上的原子数为 N_1，$\mathrm{d}t$ 时间内由于受激吸收从能级 E_1 跃迁到能级 E_2 上的原子数为 $\mathrm{d}N_{12}$，频率 $\nu = \dfrac{E_2 - E_1}{h}$ 的入射光的辐射能密度为 $\rho(\nu)$，则三者间有以下关系：

$$\mathrm{d}N_{12} = B_{12}\rho(\nu)N_1\mathrm{d}t, \qquad (19.1.4)$$

其中，B_{12} 为**爱因斯坦受激吸收系数**.

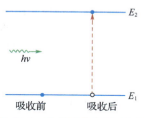

图 19-1　受激吸收能级示意图

自发辐射

处于激发态的原子，在没有外界影响的条件下，会以一定的概率自发地向较低能级跃迁，同时发出一个光子，这个过程称为自发辐射，如图 19-2 所示.

自发辐射过程与外界作用无关，各原子的辐射都是自发、独立地进行的，因而系统中各原子在自发辐射过程中发出的光子，其相位、偏振状态、传播方向均可以完全不同且没有确定的关系. 因此，自发辐射的光是不相干的. 普通光源发光就属于自发辐射.

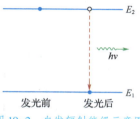

图 19-2　自发辐射能级示意图

设 t 时刻处于激发态 E_2 上的原子数为 N_2，$\mathrm{d}t$ 时间内由于自发辐射而从高能级 E_2 跃迁到低能级 E_1 上的原子数为 $\mathrm{d}N'_{21}$，则二者有下述关系：

$$\mathrm{d}N'_{21} = A_{21}N_2\mathrm{d}t, \qquad (19.1.5)$$

其中，A_{21} 为**爱因斯坦自发辐射系数**.

由于处于激发态的原子总是要通过各种途径返回较低的能级，因此原子在激发态上面只能停留有限的时间. 不同种类原子从不同的高能级向低能级自发跃迁的概率一般是不同的. 自发跃迁概率大的高能级，原子在它上面停留的时间短，我们称这种高能级的寿命短；自发跃迁概率小的高能级，原子在它上面停留的时间长，我们称这种高能级的寿命长. 一般激发态的能级寿命为 10^{-8}s 数量级，但也有一些原子的某些激发态的能级寿命特别长，可达 $10^{-3} \sim 1$s，这种能级寿命特别长的激发态称为**亚稳态**. 亚稳态在形成激光过程中有重要的意义.

受激辐射

处于激发态 E_2 的原子，在频率为 $\nu = \dfrac{E_2 - E_1}{h}$ 的外界光子的激励下，跃迁到低能级 E_1 上，同时发出一个与外来光子完全相同的光子，这个过程称为受激辐射，如图 19-3 所示.

受激辐射发出的光子与外来光子具有完全相同的特征，即频率、相位、偏振状态和传播方向完全相同．所以，受激辐射的光是相干的．

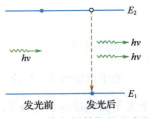

设想有一个外来光子入射，它会使处于激发态的某原子产生受激辐射，于是得到了两个特征完全相同的光子．在传播过程中，这两个光子再引起其他原子产生受激辐射，这时就能得到 4 个特征完全相同的光子……这样继续下

图 19-3 受激辐射能级示意图

去，只要传播路程足够长，在一个入射的外来光子的作用下，会引起大量原子产生受激辐射，产生大量特征完全相同的光子，这个现象称为光放大．

设 t 时刻处于激发态 E_2 上的原子数为 N_2，$\mathrm{d}t$ 时间内由于受激辐射从 E_2 跃迁到低能级 E_1 上的原子数为 $\mathrm{d}N_{21}$，频率 $\nu = \dfrac{E_2 - E_1}{h}$ 的入射光的辐射能密度为 $\rho(\nu)$，则三者间有下述关系：

$$\mathrm{d}N_{21} = B_{21}\rho(\nu)N_2\mathrm{d}t, \tag{19.1.6}$$

其中，B_{21} 为爱因斯坦受激辐射系数．

爱因斯坦系数 A_{21}，B_{21}，B_{12} 之间满足某种关系，即爱因斯坦关系．下面我们利用普朗克黑体辐射公式推导出爱因斯坦关系．

光和原子体系相互作用时，受激辐射、受激吸收、自发辐射总是同时存在的．当处于热平衡状态时，E_1 和 E_2 能级上的原子数达到稳定分布，入射光的辐射能密度 $\rho(\nu)$ 也保持为常数（黑体辐射），则 $\mathrm{d}t$ 时间内由于受激吸收从能级 E_1 跃迁到能级 E_2 上的原子数 $\mathrm{d}N_{12}$，应等于由于受激辐射和自发辐射从能级 E_2 跃迁到低能级 E_1 上的原子数 $\mathrm{d}N_{21}$，即有

$$B_{12}N_1\rho(\nu)\mathrm{d}t = B_{21}\rho(\nu)N_2\mathrm{d}t + A_{21}N_2\mathrm{d}t. \tag{19.1.7}$$

整理可得

$$\rho(\nu) = \frac{A_{21}}{B_{12}\dfrac{N_1}{N_2} - B_{21}}, \tag{19.1.8}$$

把式(19.1.3)代入式(19.1.8)，并考虑到 $E_2 - E_1 = h\nu$，得

$$\rho(\nu) = \frac{A_{21}}{B_{21}} \frac{1}{\dfrac{B_{12}}{B_{21}}\mathrm{e}^{\frac{h\nu}{kT}} - 1} \tag{19.1.9}$$

把普朗克黑体辐射公式

$$\rho(\nu) = \frac{8\pi h\nu^3}{c^3} \frac{1}{\mathrm{e}^{\frac{h\nu}{kT}} - 1}$$

与式(19.1.9)比较，即可得到爱因斯坦关系

$$B_{12} = B_{21}, \tag{19.1.10}$$

$$A_{21} = \frac{8\pi h\nu^3}{c^3} B_{21}. \tag{19.1.11}$$

19.2 产生激光的基本条件

粒子数反转

当一束频率 $\nu = \dfrac{E_2 - E_1}{h}$ 的光入射到介质时，介质中受激吸收和受激辐射两个过程总是同时发生、互相竞争的．若受激吸收的光子数多于受激辐射的光子数，则总的效果不是光放大，而是光吸收．只有当受激辐射的光子数多于受激吸收的光子数时，才能实现光放大．

在 $\mathrm{d}t$ 时间内受激辐射的光子数为

$$\mathrm{d}N_{21} = B_{21}\rho(\nu)N_2\mathrm{d}t,$$

受激吸收的光子数为

$$\mathrm{d}N_{12} = B_{12}\rho(\nu)N_1\mathrm{d}t,$$

考虑到 $B_{12} = B_{21}$，二者之差为

$$\mathrm{d}N_{21} - \mathrm{d}N_{12} = B_{21}\rho(\nu)(N_2 - N_1)\mathrm{d}t. \tag{19.2.1}$$

由此可见，当高能级 E_2 上的原子数 N_2 大于低能级 E_1 上的原子数 N_1 时，$\mathrm{d}N_{21} > \mathrm{d}N_{12}$，受激辐射占优势，总的效果为光放大．

当介质处于热平衡状态时，由式 (19.1.3) 可知，高能级 E_2 上的原子数 N_2 总是小于低能级 E_1 上的原子数 N_1，即 $\mathrm{d}N_{21} - \mathrm{d}N_{12} < 0$，受激吸收占优势，总的效果为光吸收．

要使受激辐射胜过受激吸收而占优势，必须使高能级 E_2 上的原子数大于低能级 E_1 上的原子数，即 $N_2 > N_1$，这种分布称为粒子数反转．粒子数反转是实现光放大的必要条件．能实现粒子数反转的介质称为激活介质（或增益介质）．

当然，不是任何介质都能充当激活介质的，要实现粒子数反转，从内部讲，这种介质要有合适的能级结构；从外部讲，对此能级结构要有合适的能量输入系统，从外界向介质输入能量，打破热平衡，把处于低能级 E_1 上的原子大量地激发到高能级 E_2 上，这个过程称为激励（或称泵浦、抽运）．激励的方法一般有光激励、气体放电激励、化学激励、核能激励等．如果激励过程能够保证，那么需要介质有合适的能级结构才能实现粒子数反转．

假设某介质具有合适的三能级结构，如图 19-4 所示．E_1 为基态，E_3 和 E_2 为激发态，其中 E_2 为亚稳态．在一定方式的外界激励作用下，基态 E_1 上的原子被激励到激发态 E_3 上，因而 E_1 上的原子数 N_1 减少．由于能级 E_3 寿命很短，因此处于 E_3 上的原子很快地以无辐射跃迁方式转移到

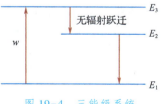

图 19-4　三能级系统

亚稳态 E_2 上，而能级 E_2 寿命长，其上必然积累了大量原子，即 N_2 不断增加．一方面由于外界激励使能级 E_1 上的原子数 N_1 减少，另一方面是能级

E_2 上的原子数 N_2 增加，以致 $N_2>N_1$，从而实现了亚稳态 E_2 与基态 E_1 的粒子数反转．

对于三能级系统，E_1 是基态能级，由于热平衡时基态能级上几乎集中了全部原子，因此要实现粒子数反转，必须从外界施加很强的激励．

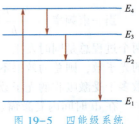

图 19-5　四能级系统

为了克服三能级系统是在基态和亚稳态之间实现粒子数反转的缺点，可利用图 19-5 所示的四能级系统．E_1 是基态，E_2，E_3，E_4 是激发态，其中 E_3 是亚稳态．因此，E_2 和 E_4 能级的寿命很短，而 E_3 能级的寿命长．在一定方式的外界激励作用下，基态 E_1 上的原子被激励到 E_4 上，再很快跃迁到亚稳态 E_3，在此能级上原子停留的时间长，故原子数多．因为从亚稳态 E_3 跃迁到 E_2 的原子，又很快地返回 E_1，所以能级 E_2 上的原子数少．这样，在 E_2 和 E_3 能级间就可形成粒子数反转，即使 $N_3>N_2$．

由于四能级系统实现粒子数反转的下能级 E_2 是激发态而不是基态，因此在正常情况下，其上的原子数本来就非常少，只要亚稳态 E_3 上稍有原子积累，就能较容易地实现粒子数反转．

不论是三能级系统还是四能级系统，都可说明一个问题：要实现粒子数反转，必须内有亚稳态，外有激励能源．激活介质的作用就是提供亚稳态．以上讨论的三能级系统和四能级系统，并不是激活介质的实际能级结构，它们只是对造成粒子数反转的整个物理过程所做的抽象概括．实际能级结构要复杂得多．

光学谐振腔

激活介质在外界激励作用下实现了粒子数反转，便可形成光放大．但只有激活介质，最终还不能形成激光输出，这是因为在激活介质内部引起受激辐射的最初光子来自于自发辐射，而原子的自发辐射是随机的，这些相位、偏振状态、频率和传播方向杂乱无章的光子引起受激辐射后，所产生的光放大当然也是杂乱无章的，如图 19-6 所示．所以，并不能获得相位、偏振状态、频率和传播方向都完全相同的激光束．

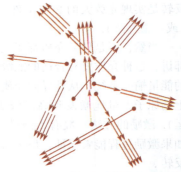

图 19-6　无谐振腔时光放大示意图

为了能产生激光，必须选择传播方向和频率一定的光信号进行放大，而把其他方向和频率的光信号抑制住．为了达到这个目的，可在激活介质的两端放置两块相互平行且与激活介质的轴线垂直的反射镜，这对反射镜与激活介质一起构成了光学谐振腔．

在理想情况下，光学谐振腔的两个反射镜之一的反射率是 100%，而为了让激光输出，另一个反射镜是部分反射的，但反射率也要相当高．为简便起见，在这里我们以平行平面谐振腔为例来具体讨论其物理过程．

图 19-7 给出了由一对互相平行的反射镜 M_1 和 M_2 组成的平面谐振腔. 激活介质受到外界的激励后, 就有许多原子跃迁到激发态上. 处于激发态上的原子是不稳定的, 它们很快就产生自发辐射, 这些自发辐射的光子射向四面八方, 其中偏离轴线方向运动的光子或直接逸出腔外, 或至多经过若干次来回反射最终逸出腔外. 只有沿着轴线方向运动的光子可在谐振腔内来回反射, 成为引起受激辐射的外界激励因素, 因而产生沿着轴线方向的受激辐射. 受激辐射的光子和引起受激辐射的光子具有相同的相位、偏振状态、频率和传播方向, 它们沿着轴线方向不断地来回通过激活介质, 因而不断地引起受激辐射, 使沿着轴线方向运动的光子雪崩式地增多, 在一定条件下形成稳定的激光光束, 从部分反射镜 M_2 输出.

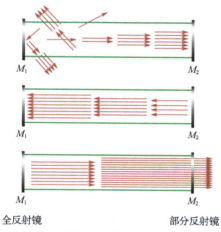

全反射镜　　　　　　　　部分反射镜
图 19-7　谐振腔对光束方向的选择性

由此可见, 激光具有很好的方向性来源于谐振腔对光束方向的选择作用.

光学谐振腔是激光器的重要组成部分, 对大多数激活介质来说, 适当结构的光学谐振腔对激光的产生是必不可少的. 光学谐振腔对激光的形成和光束的特性有多方面的影响.

产生激光的阈值条件

有了激活介质和光学谐振腔之后, 还不一定能获得激光. 这是因为光在谐振腔内来回反射的过程中, 对光强的变化来说, 有两个对立的因素在起作用: 一个是激活介质中受激辐射产生的光放大(光的增益), 它使光强变大; 另一个是谐振腔内还存在各种损耗, 如光在端面上的衍射和吸收、激活介质不均匀所引起的散射、部分反射镜的透射等, 它使光强变小. 如果由于种种过大的损耗, 使激活介质的放大作用抵偿不了这些损耗, 那就不可能在光学谐振腔内形成雪崩式的光放大过程, 也就不可能获得激光输出. 因此, 要使光强在谐振腔内来回反射的过程中不断地得到加强, 就必须使光的增益大于损耗, 只有这样才能获得激光输出. 这就要求激活介质和谐振腔必须满足一定的条件, 即阈值条件. 下面对此进行定量讨论.

假设光在激活介质中沿着 z 轴方向传播,在 z 处光强为 $I(z)$,经过距离 dz 后,$I(z)$ 的增量为 $dI(z)$,则有

$$dI(z) = GI(z)dz, \tag{19.2.2}$$

其解为

$$I(z) = I_0 e^{Gz}. \tag{19.2.3}$$

式中,I_0 为 $z = 0$ 处的光强;G 称为增益系数,一般是频率和光强的函数.

如图 19-8 所示,设两反射镜 M_1、M_2(其中,M_2 为部分反射镜)之间的距离为 L,M_1 的反射系数为 R_1,M_2 的反射系数为 R_2,设从 M_1 发出的光强为 I_0,在激活介质内经过 L 距离到达 M_2 时,光强变为

$$I_1 = I_0 e^{GL}.$$

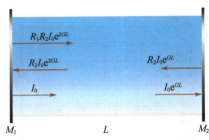

图 19-8 谐振腔内光的损耗与阈值增益

经 M_2 反射后,光强降为

$$I_2 = R_2 I_1 = R_2 I_0 e^{GL}.$$

在激活介质内又经过 L 距离返回到 M_1 处时,光强增加为

$$I_3 = I_2 e^{GL} = R_2 I_0 e^{2GL}.$$

再经 M_1 反射后,光强降为

$$I_4 = R_1 I_3 = R_1 R_2 I_0 e^{2GL}.$$

至此,光束在谐振腔内激活介质中往返一次,完成一个循环.可将上式改写为

$$\frac{I_4}{I_0} = R_1 R_2 e^{2GL} \tag{19.2.4}$$

若 $R_1 R_2 e^{2GL} > 1$,则 $I_4 > I_0$,即光在谐振腔内来回传播的过程中不断增强.若 $R_1 R_2 e^{2GL} < 1$,则 $I_4 < I_0$,即光在谐振腔内来回传播的过程中不断减弱.因此,只有当 $R_1 R_2 e^{2GL} > 1$ 时,才能产生激光.我们把

$$R_1 R_2 e^{2GL} = 1 \tag{19.2.5}$$

称为产生激光的阈值条件,相应的增益系数称为阈值增益,记为 G_m.

对于给定的谐振腔,R_1,R_2,L 为一定,上述决定光强增减的 $R_1 R_2 e^{2GL}$ 这个量的大小随增益系数 G 的增加而增加.这就是说,只有当 $G > G_m$ 时,才能有 $R_1 R_2 e^{2GL} > 1$,腔内光强才能得到不断增强.当然,在 $G > G_m$ 时光强不会无限增强下去,因为随着光强的增强,增益系数 G 将下降,当 G 下降到等于 G_m 时,光强便维持稳定.

19.3 激光的特性

激光产生的机理与普通光源不同，它具有一系列普通光源所没有的特性，激光的主要特性归纳起来有以下几个．

能量高度集中

由于谐振腔对光束方向的选择作用，因此使激光器输出的光束发散角很小、方向性极强，从而使激光光束的能量在空间高度集中．如果使用脉冲激光器，则激光的能量集中在很短的时间内，并以脉冲的形式发射出去，即激光光束的能量可在时间上高度集中．之所以有些激光光源的亮度比太阳表面的亮度高 10^{10} 倍，是因为人们能使激光光束的能量在空间和时间上高度集中，从而可使激光具有很大的威力．例如，功率较大的脉冲激光器发生的激光，能在透镜焦点附近产生几千以至几万摄氏度的高温，足以熔化甚至气化各种金属及非金属材料．

单色性好

由于激活介质的粒子数反转只在确定的能级间发生，因此相应的激光发射也只能在确定的光谱线范围内产生．在此光谱线范围内也并不是全部频率都能产生激光振荡，由于谐振腔的选纵模作用，使真正能产生振荡的激光频率范围进一步受到更大程度的压缩．因此，由激光器输出的激光光束，通常只集中在十分窄的频率范围内，即激光光束具有很高的单色性．

相干性好

由于激光是受激辐射经过光放大后发出的光束，因此波前上各点之间有固定的相位关系，即从激光器输出的激光光束是相干光束．激光光束与普通光源（它们总是面光源）发出的光束相比，其相干性很高．

正是由于激光具有上述这些独特的特性，因此使它在各领域获得了十分广泛的应用．

19.4 几种典型的激光器

自激光问世以来，已经发展出了大量的激光激活介质、多种多样的谐振腔结构和激光工作方式，现有的形形色色的激光器，其输出激光的功率范围从微瓦至兆瓦量级，波长范围可以包含从红外到紫外以至 X 射线波段的所有区域．

激光器的种类可以按其工作物质的物性来分，如气体激光器、固体激光器、液体激光器、半导体激光器等；也可以按激光器的工作方式来分，如连续波激光器、脉冲式激光器、波长可调谐激光器等；还可以按激光器的输出特性来分，如大能量、高功率激光器，中小功率激光器，超短脉冲激光器，稳频激光器等．下面我们简单介绍几种典型的激光器．

He-Ne 激光器

He-Ne 激光器的结构形式很多，但都是由激光管和激光电源组成的．

其中激光管是由放电管、电极、反射镜和激活介质组成的．此处只介绍实验室中使用最普遍的内腔式 He-Ne 激光器，如图 19-9 所示．

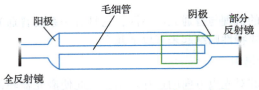

图 19-9　内腔式 He-Ne 激光器示意图

一般实验室使用的 He-Ne 激光器的谐振腔是平行平面谐振腔，放电管由毛细管和储气室构成，正电极（阳极）一般用钨棒，负电极（阴极）多用铝皮圆筒．反射镜镀有多层介质膜，其中一块为全反射镜，其反射率接近100%；另一块为部分反射镜，其反射率为98%左右．放电管中充入一定比例的 He、Ne 混合气体，其中 Ne 为激活介质，He 为辅助物质．He-Ne 的能级结构如图 19-10 所示，图中画出的只是与产生激光有关的能级．

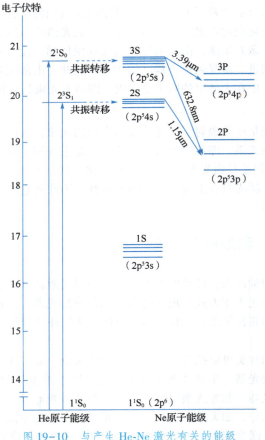

图 19-10　与产生 He-Ne 激光有关的能级

He 原子核外有两个电子，基态的电子组态是 $1s^2$，即两个电子都处于

1s 态，用能级符号 1^1S_0 表示．第一激发态是 1s2s，即一个电子仍是 1s 态，另一个电子激发到 2s 态．这一电子组态有两个能级，用符号 2^3S_1 和 2^1S_0 表示．它们都是亚稳态能级．Ne 原子最外层有 6 个 2p 电子，它的基态的电子组态是 $1s^2 2s^2 2p^6$，能级符号用 1^1S_0 表示．当一个外层电子激发到 3s、4s、5s 等态时，Ne 原子的电子组态就写成 $2p^5 3s$、$2p^5 4s$、$2p^5 5s$ 等，相应的能级符号为 1S、2S、3S 等．这些电子组态都包括 4 个能级，如电子组态 $2p^5 5s$ 所包括的 4 个能级为 $3S_2$、$3S_3$、$3S_4$ 和 $3S_5$．当一个外层电子激发到 3p、4p 等态时，电子组态就写成 $2p^5 3p$、$2p^5 4p$ 等，相应的能级符号为 2P、3P 等．这两个电子组态各包括 10 个能级，分别用 $2P_1$、$2P_2$、$\cdots$、$2P_{10}$ 和 $3P_1$、$3P_2$、$\cdots$、$3P_{10}$ 表示，在图 19-10 中每组只画出了 3 个能级．

从建立粒子数反转的能级关系来看，He-Ne 激光器属于四能级系统．放电管加上几千伏高压后，在气体放电过程中，大量自由电子将被加速，这些高能量的自由电子与基态 He 原子碰撞的概率大，与基态 Ne 原子碰撞的概率小，因此，我们可以认为自由电子主要向基态 He 原子传递能量，使 He 原子从基态激发到 2^3S_1 和 2^1S_0 能级上．由于这两个能级都是亚稳态，因此处于这种激发态的 He 原子就有很多机会与基态 Ne 原子碰撞．He 的 2^1S_0 和 2^3S_1 能级分别与 Ne 的 3S 和 2S 能级十分接近，受激 He 原子与 Ne 原子碰撞后很容易使原来处于基态的 Ne 原子激发到 2S 和 3S 能级上，这种能量的转移称为共振转移，图 19-10 中以虚箭头表示．Ne 原子的 2S 和 3S 能级都是亚稳态，通过上述过程，放电管中存在大量处于 2S 和 3S 能级的 Ne 原子，而处于 2P 和 3P 能级的 Ne 原子却很少，于是在 3S 与 3P 之间、3S 与 2P 之间、2S 与 2P 之间实现了粒子数反转．从 3S→3P、3S→2P 和 2S→2P 的跃迁所产生的每一条谱线都可作为激光谱线，但其中以 $3S_2$→$3P_4$、$3S_2$→$2P_4$ 和 $2S_2$→$2P_4$ 这 3 种跃迁所产生的谱线最强，它们的波长依次为 3.39μm、632.8nm、1.15μm．在实际中只利用其中的一种波长，最常用的是波长为 632.8nm 的红光．由上述可知，He-Ne 激光器产生的激光是由 Ne 原子所发出的，He 原子的作用只是传输能量以造成粒子数反转．

另外，在上述过程中，1S 中的 $1S_3$ 和 $1S_5$ 能级是亚稳态，能级 $1S_2$ 和 $1S_4$ 可以跃迁至基态发出 Ne 原子的共振辐射，但 Ne 原子发出的共振辐射很容易被别的基态 Ne 原子吸收，即自吸收．这个过程相当于延长了 $1S_2$ 和 $1S_4$ 这两个能级的寿命，使之与亚稳态一样寿命较长．因此，处于 1S 态上的 Ne 原子主要通过与管壁碰撞将能量交给管壁而回到基态，这称为管壁效应．如果 1S 态上积累了较多的 Ne 原子，那么又可以发生下列过程：通过电子碰撞再由 1S 态激发到 Ne 原子的 2P 与 3P 态上，以及通过自吸收过程再激发到 Ne 原子的 2P 与 3P 态上．这两个过程显然都不利于激光下能级的抽空，在 He-Ne 激光器的激光管中要有一根又细又长的毛细管，用以加强"管壁效应"．

He-Ne 激光器是目前使用最为广泛的一种气体激光器，它具有可连续工作、结构简单、使用寿命长等优点，但其效率是很低的，要想得到较高的输出功率是很困难的．

红宝石激光器

红宝石激光器是最早投入实际运转的激光器，图 19-11 展示了一台早期的红宝石激光器的典型结构．红宝石棒的直径一般为 2mm，长度为几厘米．红宝石原是一种天然宝石，它是 Al_2O_3 晶体中某些 Al^{3+} 被 Cr^{3+} 替代而形成的．目前几乎所有用来做激光器的红宝石都是人工制造的晶体，其中 Cr^{3+} 的波长可以根据需要人为控制．红宝石棒的周围是一个螺旋状的低压氙闪光灯，直径一般为 5~10mm，长度为 5~20cm．现代的红宝石激光器多半已不用螺旋式闪光灯，而是用一个聚光器把直管状闪光灯的能量汇聚到红宝石上，这样能提高效率．由于红宝石晶体的热导性能较差，红宝石激光器多数采用单脉冲或重复率很低的脉冲工作方式．红宝石激光器以"猝发脉冲"式工作时，其峰值功率可达 20kW（一个脉冲的总输出能量可达到 100J）；如果加上调 Q（quality factor，品质因数）装置，其脉冲宽度可以压缩到 10~20ns，脉冲的峰值功率可达 100MW；如果加上锁模装置，脉冲宽度可以压缩到 10ps 量级，其峰值功率可达 1000MW 以上．红宝石激光器的发射波长为 694.3nm，落在可见光区的红光端．

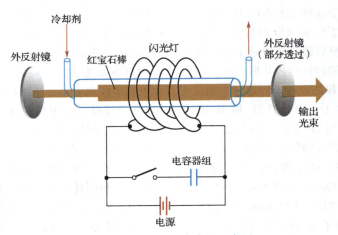

图 19-11　红宝石激光器示意图

CO_2 激光器

CO_2 激光器是一种典型的分子气体激光器，既能连续工作，又能脉冲工作．其主要特点是输出功率大，能量转换效率高，输出波长（10.6μm）正好处于大气传输窗口，是被广泛应用的一种气体激光器．

CO_2 激光器中，一般充以 4~5 种辅助气体，它们之间采取最佳配比，可以有效地提高增益．CO_2 激光器以 CO_2、N_2 和 Ne 的混合气体为激活物质，激光跃迁发生在 CO_2 分子的电子基态的两个振动-转动能级之间．N_2 的作用是提高激光上能级的激励效率，Ne 则有助于激光下能级的抽空．

CO_2 激光器具有很高的能量转换效率，它是目前以连续工作方式输出功率最强的气体激光器，连续输出功率可达万瓦级，脉冲输出能量可达万焦耳，脉冲宽度可压缩到毫微秒级，这是一般气体激光器无法比拟的．

CO_2 激光器获得了比其他气体激光器更广泛的应用，它在材料加工、通信、雷达、化学分析、化学反应、医疗等方面有重要用途，在激光分离同位素、激光引发核聚变、激光传输能量等重大科研项目中有极重要的用途.

钕激光器

以三价钕离子作为激活介质的钕激光器是使用非常广泛的激光器，可分为两类，一类是钕玻璃激光器，另一类是钇铝石榴石（yttrium aluminum garnet，YAG）激光器. 钕激光器的能级系统与红宝石激光器不一样，它的激光下能级不是基态，因而它有比红宝石激光器高得多的效率，其发射波长在红外区，通常为 $1.060\mu m$、$1.064\mu m$.

钕玻璃激光器的特点：钕玻璃易于加工，价格低廉，可以获得极大的能量输出. 目前用于核聚变、有很大输出功率的激光器，就是用钕玻璃制成的.

YAG 激光器的特点：材料的阈值低，效率高，晶体使用寿命长. 由于其导热率远比玻璃好，因此可制成重复率较高的脉冲激光器，也可制成连续波输出的激光器. 此外，YAG 激光器的光束质量也很好. 所以，YAG 激光器几乎是所有固体激光器中应用较广泛的一种. 一台普通的调 Q 的 YAG 激光器，其输出峰值功率很容易达到 100MW，而一台连续波 YAG 激光器，其输出功率可达 700W 以上.

19.5 激光的纵模和横模

在评价和选用激光束时常涉及激光的纵模和横模，那么什么是激光的纵模和横模呢？下面做简要介绍.

纵模

光的单色性的好坏用谱线宽度表示. 原子由高能级 E_2 跃迁到低能级 E_1 所辐射的谱线不是严格单色的，而是有一定的宽度，其谱线强度按频率的分布如图 19-12 所示. 图中 $\nu_0 = \dfrac{E_2 - E_1}{h}$ 是谱线的中心频率. $\Delta\nu = \nu_2 - \nu_1$ 称为**谱线宽度**. 一般来说，谱线宽度 $\Delta\nu$ 越窄，则光的单色性越好.

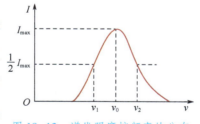

图 19-12　谱线强度按频率的分布

在激光器中，光波在谐振腔内沿轴线方向来回反射，这些反射的波之间产生相干叠加，只有那些在谐振腔内能形成驻波的光才能形成振荡放大，产生激光.

设腔长为 L，介质折射率为 n，波长为 λ，则在谐振腔内允许存在的光波波长满足下述条件：

$$2nL = k\lambda, k = 1, 2, 3, \cdots. \tag{19.5.1}$$

式(19.5.1)表示的关系称为谐振条件. 把 $\lambda = \dfrac{c}{\nu}$ 代入, 得

$$\nu_k = k\frac{c}{2nL},\qquad (19.5.2)$$

式中 ν_k 称为谐振频率. 通常谐振频率有许多个, 每一个谐振频率称为一个纵模. 但是, 由于受到激活介质辐射的谱线宽度的限制, 因此只有其中几个谐振频率的受激辐射可以得到振荡放大而形成激光.

由式(19.5.2)可求得相邻两纵模间隔为

$$\Delta\nu_k = \nu_{k+1}\nu_k = (k+1)\frac{c}{2nL} - k\frac{c}{2nL} = \frac{c}{2nL},\qquad (19.5.3)$$

式(19.5.3)表明相邻两纵模间有相等的频率间隔.

激活介质辐射的谱线本身有一定的宽度, 此谱线宽度可记为 $\Delta\nu$, 如图19-13(a)所示. 谐振腔内各纵模的分布如图19-13(b)所示, 由图可知, 每个纵模的谱宽比激活介质谱线宽度要窄得多. 谐振腔内实际存在的纵模数要受到激活介质谱线宽度的限制, 如图19-13(c)所示, 由图可看出, 在谱线的实际宽度内只包括有限个纵模, 至于其他频率的纵模, 由于原子根本不能发射, 因此也就不可能存在.

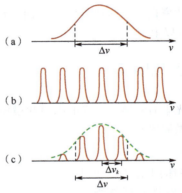

图 19-13 谐振腔的纵模受激活
介质谱线宽度的限制

激光器输出的纵模数 N 可由下式求出:

$$N = \frac{\Delta\nu}{\Delta\nu_k}.\qquad (19.5.4)$$

例如, He-Ne 激光器输出的激光波长一般为 632.8nm, 若其腔长 $L=1\mathrm{m}$, 激活介质的谱线宽度 $\Delta\nu = 1.5\times10^9\mathrm{Hz}$, 介质的折射率 $n\approx1$, 则有

$$\Delta\nu_k = \frac{c}{2nL} = \frac{3\times10^8}{2\times1\times1}\mathrm{Hz} = 1.5\times10^8\mathrm{Hz}.$$

所以, 此 He-Ne 激光器输出的纵模数为

$$N = \frac{\Delta\nu}{\Delta\nu_k} = \frac{1.5\times10^9}{1.5\times10^8} = 10.$$

通常我们说激光的单色性好, 即频带窄, 由上面的讨论可知, 这是有

条件的. 由以上的例子可知, 对于 632.8nm 的 He-Ne 激光器, 若 $L = 1$m, 则有 10 个纵模. 这 10 个纵模覆盖的频率范围就是 $\Delta\nu$, 即这台激光器输出的谱线宽度与一个 Ne 放电管射出的 632.8nm 谱线线宽是一样的. 若要单色性好, 则首先须得到单纵模振荡. 由 $\Delta\nu_k = \dfrac{c}{2nL}$ 和 $N = \dfrac{\Delta\nu}{\Delta\nu_k}$ 两式可知, 要使激光器只有一个振荡纵模, 一种方法是缩小谐振腔的腔长, 以使 $N = 1$, 但这种方法主要适用于对激光输出功率要求不高的情况. 另一种方法是假定适当选取腔长 L, 一个 He-Ne 激光器可得到单一振荡纵模. 但一般而言, 这种单模激光的频率不是固定的, 因为由 $\nu_k = k\dfrac{c}{2nL}$ 可知, n 与 L 的变化都会引起频率 ν 的变化. 由于放电管的发热及周围环境温度的波动, 都将使激光管的腔长 L 产生变化. 激光管放电电流的波动及介质成分的变化将引起折射率 n 的变化. 这些都会使激光的频率发生改变. 所以, 对于一个一般的激光器, 要使其频率稳定, 就得采取稳频措施.

横模

使用激光器时, 若把一个白屏插入光束中, 就会发现有时得到一个对称的圆光斑, 如图 19-14(a)、(e) 所示; 有时会发现一些形状较为复杂的光斑, 如图 19-14(b)、(c)、(d)、(f)、(g) 所示. 这种光场在横向 (即垂直于光传播方向的 xOy 平面上) 不同的稳定分布就是不同的横模. 横模分为轴对称和旋转对称两种.

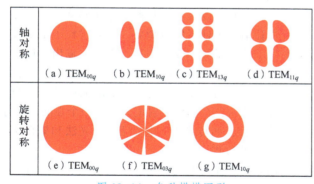

图 19-14　各种横模图形

激光的模式一般用 TEM_{mnq} 标记, 其中 q 为纵模序数, m 和 n 为横模序数. 图 19-14(a)、(e) 中的横模称为基模, 记为 TEM_{00q}, 而其他的横模称为高阶横模.

轴对称横模是这样标记的: m 表示光斑中沿 x 轴方向出现的暗区数 (即光强分布为零的数目), n 表示光斑中沿 y 轴方向出现的暗区数, 如图 19-14(a)、(b)、(c)、(d) 所示.

旋转对称横模是这样标记的: m 表示光斑中沿半径方向上 (不包括中心点) 出现的暗环数, n 表示光斑中出现的暗直径数, 如图 19-14(e)、(f)、(g) 所示.

通常，因为激活介质的横截面是圆形的，所以横模光斑应是旋转对称的．但是常出现轴对称横模，这是由于激活介质的不均匀性，或谐振腔内插入元件（如布儒斯特窗等）破坏了腔的旋转对称性等导致的．

19.6 调 Q

在激光技术中，采用品质因数 Q 来描述谐振腔的质量．激光器谐振腔的品质因数 Q 定义为

$$Q = 2\pi\nu_0 \times \frac{\text{腔内储存的激光能量}}{\text{每秒损耗的激光能量}},$$

其中 ν_0 为激光器发出的激光的中心频率．显然，Q 值与谐振腔的损耗成反比，即若 Q 值高，则光在谐振腔内传播时容易产生激光振荡．

对于未加控制的脉冲固体激光器，谐振腔的 Q 值是个常数．激光器中激活介质被激发到阈值水平时，便能形成激光振荡．随着激光的发射，激活介质上能级粒子数被大量消耗，粒子数反转程度迅速下降，到低于阈值水平时，激光发射就逐渐停止．由于光泵的抽运，又使上能级逐渐积累粒子数，从而形成第二次振荡，产生第二个激光脉冲．如此不断重复就会产生一系列小的尖峰脉冲．但每个激光脉冲都是在阈值附近产生的，此时激发水平并不高，因此，脉冲的峰值功率水平较低．输出激光的这种尖峰结构严重限制了它的应用范围．因而要采用调 Q 技术，控制激光器以获得高峰值功率的单个脉冲．

调 Q 就是通过一定的方法，使谐振腔的 Q 值按规定程序变化．在激光器开始工作时，先让谐振腔处于低 Q 值状态，此时粒子不断被激发到亚稳态上．由于 Q 值低，介质的增益小于损耗，无激光输出．这样就可以使亚稳态上的粒子积累到高水平，然后使谐振腔的 Q 值突然增大，在腔内以极快的速度建立起极强的振荡．在短时间内，上能级粒子储存的大部分能量转变为腔内的光能，此时，在部分反射镜端就有一个强的激光脉冲输出．

调 Q 的方法有多种，如转镜法、电光法、声光法和染料法等．下面以电光法为例介绍调 Q 的过程．

电光法是利用某些晶体的电光效应，做成电光开关，对激光器进行调 Q．电光法调 Q 装置如图 19-15 所示．

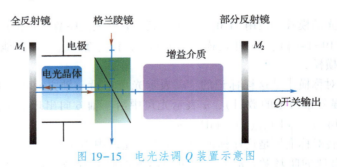

图 19-15 电光法调 Q 装置示意图

假如激光器输出的光原来是不偏振的，则在腔内放上一个偏振片或偏振棱镜（这里为格兰棱镜）和一个电光晶体，并在晶体上加上适当的电压，使入射到晶体上的一束线偏振光穿过晶体后变成圆偏振光．反射镜反射这束圆偏振光，然后从晶体出射后又变成线偏振光，但振动方向旋转了 $\frac{\pi}{2}$，因而不能透过偏振系统反射出腔外．也就是说，激光器处于低 Q 值状态，不形成激光振荡．当加在晶体上的电压突然变成零时，这时电光晶体上没有电压，不产生电光效应，所以光通过晶体时，偏振状态不变．振动方向平行于偏振棱镜偏振轴的线偏振光可以往返通过棱镜，光无损耗，器件立即由原来的低 Q 值状态变为高 Q 值状态，产生激光振荡，输出一个强脉冲．

19.7 锁模振荡

一般利用调 Q 方法可以得到短脉冲强激光，但脉冲宽度 $\frac{L}{c}$ 的数量级一般为 $10^{-8} \sim 10^{-9}$ s，要得到更短的超短脉冲激光，可利用锁模的方法，其原理简述如下．

当谐振腔中有一定个数的纵模时（如前面的例子中，1m 长的 He-Ne 激光器有 10 个纵模），各纵模彼此不相干．但在有些情况下可使光束中不同的振荡模式有相同的相位，称为锁相或锁模．锁模激光脉冲可达到 10^{-14} s，且有很高的脉冲峰值功率，如瞬时功率可达 10^{12} W．这种为获得高峰值输出功率而采取的强迫各振荡模式相位之间保持确定关系而压缩脉冲时间的方法，称为锁模方法．

激光器中出现多个纵模时，纵模间圆频率之差为

$$\Delta\omega = \omega_k - \omega_{k-1} = 2\pi(\nu_k - \nu_{k-1}) = \frac{\pi c}{nL},$$

第 k 个纵模的圆频率为

$$\omega_k = \omega_0 + k\Delta\omega, \tag{19.7.1}$$

其中 ω_0 为中心纵模的圆频率．

第 k 个纵模的光波电场强度的标量式为

$$E_k(t) = E_0 e^{i[(\omega_0 + k\Delta\omega)t + \varphi_k]}, \tag{19.7.2}$$

其中 φ_k 是第 k 个纵模的初相位．如果各个纵模的 $E_k(t)$ 的相位无关，则总功率可以直接相加求得．实际应用中通常设法把各纵模的相位锁住．为了讨论更简单又不失去其物理实质，可以设各纵模的 φ_k 相同且都为零，并设所有纵模的振幅均相等且等于 E_0．对 N 个纵模求和，可视为 N 个同频率、同振幅、振动方向平行、相位差依次差一个恒量 $t\Delta\omega$ 的光振动的合成，因此可直接用振幅矢量的方法得到

$$E(t) = E_0 \frac{\sin\frac{Nt\Delta\omega}{2}}{\sin\frac{t\Delta\omega}{2}} e^{i\omega_0 t}. \tag{19.7.3}$$

由光强与振幅的关系

$$I(t)=E(t)E^*(t)=E_0^2\frac{\sin^2\dfrac{Nt\Delta\omega}{2}}{\sin^2\dfrac{t\Delta\omega}{2}},\tag{19.7.4}$$

得 $t=0$，$\dfrac{2\pi}{\Delta\omega}$，$\dfrac{4\pi}{\Delta\omega}$，…时，$E(t)_{\max}=NE_0$，故锁模时的光强为

$$I=N^2E_0^2=I_{\max},$$

而不锁模时的光强为

$$I=NE_0^2.$$

所以，锁模时的光强为不锁模时光强的 N 倍.

已知 $\Delta\omega=\omega_k-\omega_{k-1}=\dfrac{\pi c}{nL}$，所以相邻脉冲时间间隔为 $T=\dfrac{2\pi}{\Delta\omega}=\dfrac{2nL}{c}$，即从激光器出射的激光是一个一个的脉冲.

取 δ_T 为脉冲半宽，则

$$\delta_T=\frac{T}{N}=\frac{2nL}{cN}.\tag{19.7.5}$$

这是因为取 $t=0$ 时为脉冲的峰值，当 t 偏开 0 一点儿时，光强就变成很小的值了. 由式（19.7.4）知，若 $\sin^2\dfrac{Nt\Delta\omega}{2}=0$，而 $\sin^2\dfrac{t\Delta\omega}{2}\neq0$，则 $I(t)=0$，即当 $\dfrac{Nt\Delta\omega}{2}=\pi$ 时，$I(t)=0$.

由 $\dfrac{Nt\Delta\omega}{2}=\pi$，并把 $\Delta\omega=\dfrac{\pi c}{nL}$ 和 $t=\delta_T$ 代入其中，得

$$\pi=\frac{\pi cN}{2nL}\delta_T,$$

即

$$\delta_T=\frac{2nL}{cN}=\frac{T}{N}.\tag{19.7.6}$$

由式（19.7.6）知，锁住的纵模越多，脉冲越窄. 因为 $\Delta\nu_k=\dfrac{c}{2nL}$，所以式（19.7.6）可写成

$$\delta_T=\frac{1}{\Delta\nu_k}\cdot\frac{1}{N}.\tag{19.7.7}$$

延伸阅读

由于 $\Delta\nu_k$ 为两纵模的频率差，N 为模数，因此 $N\Delta\nu_k$ 即为增益线宽. 从锁模的观点来看，增益线宽越宽，纵模数 N 越大，锁模脉冲就越窄；强脉冲功率所锁住的纵模的个数必须很大.

运用锁模技术，可以得到高强度的以时间 $T=\dfrac{2nL}{c}$ 为周期的脉冲序列的激光输出，可以从脉冲序列中选一个单脉冲. 这种超短脉冲最重要的意义是可以用来研究一些极快的过程.

习题 19

19.1 受激辐射和自发辐射有什么不同？在产生激光的过程中各有何作用？

19.2 是否任何介质都可以作为激光的增益介质？如何从原子能级结构来理解激光产生的机理过程？

19.3 如果激光工作物质只有基态和另一激发态，能否形成激光，为什么？

19.4 什么是激光的阈值条件？

19.5 什么是激光的横模、纵模？横模与纵模之间有关系吗？怎样由谱线宽度和谐振腔长估算出可能振荡的纵模数？

19.6 设 He-Ne 激光器输出的激光波长为 632.8nm，若其腔长为 1m，增益介质的谱线宽度为 3×10^9Hz，试计算该激光器输出的光束中包含的纵模数．

19.7 如果光在增益介质中通过 1m 后，光强增大至两倍，试求介质增益系数．

19.8 设 He-Ne 激光器功率为 3.0mW，产生波长为 632.8nm 的激光，试计算每秒该激光器发射的光子数．

专题 3　强激光与物质相互作用物理前沿

张　杰

激光物理发展概述

从 20 世纪 60 年代激光被发明开始，激光物理就变成了人类对于光的研究中最热门、也是 20 世纪后半叶应用最为广泛的研究领域.

1. 激光

激光的英文简称叫 LASER（Light Amplification by Stimulated Emission of Radiation），字面翻译是"辐射的受激发射造成的光放大".产生激光一般需要三个基本要素：第一，粒子数反转，即必须要有粒子数反转的增益介质；第二，谐振腔，有增益不一定就能产生激光，只有当光传输介质中的增益超过损耗，才能够产生激光，而该过程一般需要通过谐振腔实现；第三，泵浦源，能量需要持续不断地把布居在增益介质下能级的电子泵浦到上能级，实现粒子数反转.如果此时有能量等于上下能级差的诱导光子进入谐振腔，那么这些电子就会以完全相同的相位，在相同的时刻，以相同的步调一起落到下能级，并以光子的形式辐射出来，这些光子具有完全相同的相位与能量，这样就产生了激光.激光三要素决定了激光的四个重要特点：高亮度、高方向性、高单色性和高相干性.激光是我们人类可以获得的最高亮度的光源，它比我们已知的所有传统光源的亮度要高很多个数量级.因为激光具有相干性，所以它具有非常好的方向性和单色性，因此我们现在进行的包括探月所需的通讯，都要用激光来进行.正是因为激光的这些特点，使激光有了很多独特的应用.1916 年，爱因斯坦提出的受激放大的概念，为激光的发明奠定了最根本的基础.之后很多科学家都对激光的发明做出了贡献，比如汤斯和高登的杰出贡献.特别值得指出的是，我的博士导师王天眷先生那一段时期也在哥伦比亚大学工作，并在微波的受激放大到激光的发明过程中做出了很大贡献.1960 年，美国物理学家西奥多·梅曼在佛罗里达州迈阿密的实验室发明了国际上第一台激光器：红宝石激光器.1961 年，我国第一台激光器由王之江先生等人研制成功，中文的"激光"这个名字来自于钱学森先生的提议.

2. 激光物理与诺贝尔物理学奖

如表专题 3-1 所示，从激光发明至今，与激光物理直接相关的科技成果已经获得 10 项诺贝尔奖，这充分说明了激光物理对科学技术发展的重大影响.

表专题 3-1　与激光物理直接相关的诺贝尔物理学奖

获奖年份	获奖原因	获奖人
1964	用微波激射/激光原理建造振荡器和放大器	查尔斯·汤斯、尼古拉·巴索夫、亚历山大·普罗霍罗夫
1966	用激光研究核磁共振	阿尔弗雷德·卡斯特勒
1971	激光全息技术	伽博·丹尼斯
1981	激光光谱仪	凯·西格巴恩、尼古拉斯·布隆伯根、阿瑟·肖洛

续表

获奖年份	获奖原因	获奖人
1989	原子钟和离子捕集技术	诺曼·拉姆齐、汉斯·德莫尔特、沃尔夫冈·保罗
1997	激光冷却和捕获原子的技术	朱棣文、科昂-唐努德日、威廉·菲利普斯
1999	飞秒化学：应用超短激光闪光成像技术观察化学反应中的原子运动	亚米德·齐威尔
2005	光学频率梳技术和激光精密光谱	约翰·霍尔、特奥多尔·亨施
2017	激光反射仪引力波探测	莱纳·魏斯、基普·索恩
2018	激光物理领域的突破性贡献	阿瑟·阿什金、热拉尔·穆鲁、唐娜·斯特里克兰

3. 2018 年诺贝尔物理学奖

2018 年诺贝尔物理学奖包括激光物理领域的两个突破性发明．第一个是光镊的发明和应用，是美国阿瑟·阿什金早年在激光技术领域的重要贡献，该成果也为朱棣文等人（获 1997 年诺贝尔物理学奖）发展激光冷却和捕获原子技术奠定了基础．光镊是非常好的物理概念，巧妙地应用了激光焦点处的横向力和纵向力，从而使激光可以当作一个极其精密的镊子来使用，实现对微观物体如原子的操控，目前在生命科学方面已有大量应用，如单个活体细胞的研究、细胞膜弹性的测量、纳米生物学的研究、抗体抗原结合强度的测量、微粒的空间分布测量、分散系统的研究、激光诱导转基因、分选单条染色体、原生质体的融合等．

第二个是啁啾脉冲放大（Chirped Pulse Amplification，CPA）技术的发明和应用．图专题 3-1 给出了激光发明的 60 年来在输出功率（右端坐标，单位 W）和聚焦强度（左端坐标）方面的发展．提高激光聚焦强度的方法，一方面是逼近聚焦的极限面积（受波长限制，极限可以聚焦到由波长限制的衍射极限大小），另一方面是提高激光功率（提高激光脉冲能量，减小激光脉冲宽度）．由图专题 3-1 可以看出，激光在 1960 年左右刚被发明时只有自由运转的、准连续的模式，输出功率大约 1000 瓦．1962 年调 Q 技术的发明和应用，使激光的输出脉冲宽度降到了

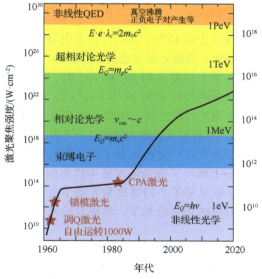

图专题 3-1　激光聚焦强度的演变

10 个纳秒，大幅度提高了功率．1965 年前后锁模技术的发明和应用，又使脉冲宽度进一步降到皮秒，从而输出功率又实现了一次大的飞跃．调 Q 和锁模技术的突破，使激光的输出功率大约每三年提高 3 个数量级，这种快速的技术进步步伐到 1965 年左右因为激光输出功率达到增益介质的损伤阈值问题而戛然而止，从 20 世纪 60 年代中叶一直到 20 世纪 80 年代，激光的峰值功率一直徘徊在 10^{11} 瓦左右，没有本质的提高．

对于透射的激光增益介质材料来说，其损伤阈值主要由透射光功率决定，当透射光脉冲宽度达到皮秒(10^{-12} 秒)量级时，即便是焦耳量级的能量，其输出功率也会超过损伤阈值，因此，激光功率就无法在增益介质中进一步得到放大．而对于反射材料，其损伤阈值是由能量密度决定的．正是基于对透射材料和反射材料的损伤阈值机理不同的物理考虑，1985 年莫罗与斯特里克兰[1] 提出了将二者巧妙变换的一种方法，从而实现了激光输出功率的大幅提高．具体的做法是：先产生一个非常短的激光脉冲，由于超短激光脉冲直接引入增益介质中放大会造成损坏，因此在放大之前，先把超短脉冲通过光栅在时间上进行展宽，即做一次傅里叶变换，让长波长的光走在前面，短波长的光走在后面，从而将超短脉冲展宽百万倍变成长脉冲的激光．而激光的脉冲宽度一旦变宽，激光功率随之大幅降低，就可以送入增益介质中放大，提高单个脉冲的能量．经过放大了的激光脉冲虽然能量很大，但由于脉冲宽度很宽，因此还是低于增益介质的损伤阈值的．在放大之后，再做一次反向傅里叶变换，让长波长的激光走得慢一些，让短波长的激光的路程短一些，就可以将展宽了的激光脉冲重新压缩到初始的超短脉冲宽度，最终实现能量很大且脉冲长度很短的放大，经过这样放大之后，激光脉冲功率可以提高百万倍．这个超短激光脉冲巧妙的放大过程，可以翻译成非常美丽的中文名字，叫啁啾脉冲放大，即像鸟叫一样的变频，因为啁啾脉冲放大最核心的内容就是这种频率的变换．

由于啁啾脉冲放大技术(CPA 技术)的发明，激光的峰值功率得到了百万倍的提高，且仍保持着上升的趋势，因此对高能量密度物理研究产生了革命性的推动，同时产生了巨大的经济社会影响．因此，莫罗、斯特里克兰与阿什金共同获得了 2018 年诺贝尔物理学奖．作为莫罗教授多年的朋友，我也应莫罗教授的邀请前往瑞典斯德哥尔摩参加了诺贝尔物理学奖颁奖典礼．

由于激光本身就是由正交振荡的电场和磁场产生的，因此提高激光强度，其所对应的电场强度和磁场强度也会相应的提高．目前的高能量 CPA 激光脉冲经过聚焦后，光强可达到 $10^{21}\,\mathrm{W/cm^2}$，对应的电场强度可达到 $9 \times 10^{13}\,\mathrm{V/m}$，这个电场强度如果能够直接用于电子加速的话，其对应的加速能量甚至可以达到 $10^{15}\,\mathrm{eV}$ 左右，这个电场强度要比哪怕是最大的传统加速器中的电场强度强好几个数量级．当激光强度达到 $10^{12}\,\mathrm{W/cm^2}$ 的时候，激光辐照下的材料表面会电离变成等离子体状态；当激光强度达到 $10^{15}\,\mathrm{W/cm^2}$ 时，激光辐照下材料中原子中的电子就会从原子中全部剥离；当激光的强度达到 $10^{18}\,\mathrm{W/cm^2}$ 时，电子在激光振荡场里的速度会接近光速，因此，这个强度又称为相对论光强；当激光的强度达到 $10^{23} \sim 10^{25}\,\mathrm{W/cm^2}$ 时，激光振荡场中质子的速度也接近光速，相应的光强称为超相对论光强；当激光强度接近 $10^{28} \sim 10^{30}\,\mathrm{W/cm^2}$ 的时候，激光场甚至会使真空极化并产生正负电子对，此时的相互作用过程要用非线性量子电动力学进行描述．图专题 3-1 展示了激光强度随年代的提高过程以及对应于不同激光强度的相互作用物理过程，右侧坐标显示了不同强度激光场中电子可以获得的加速能量范围，图中还标注了不同激光强度所对应的相对论光学、超相对论光学和非线性量子电动力学等前沿学科领域．

除了科学探索之外，CPA 技术还被大量应用于激光加工(冷加工技术，无碎屑产生)和激光治疗等民用领域，当然，CPA 激光也可以用于制造激光武器．对我们来说，最重要的是

CPA 激光使我们在大学级别的实验室里探索高能量密度物理（HEDP）物理世界的奥秘成为可能.

高能量密度物理（HEDP）

高能量密度物理（HEDP）是一个全新的物理学科领域，其研究的对象是高能量密度物质状态和运动规律. 如图专题 3-2 所示，高能量密度物理状态的起点是一百万大气压的压强，在这样大的压强下，物质状态将发生根本性变化，处于高温高密等离子体状态，对应于 10^{11} J/m^3 的能量密度，这个能量密度所对应的电场强度、磁场强度等物理量也标注在图专题 3-2 中，从这些物理量所对应的数量级上可以看出，高能量密度物理也是研究非常极端条件下物理过程的科学，而这些极端条件，比其他学科谈论的极端条件要极端得多. 宇宙中绝大多数的恒星及物质都处于高能量密度的状态，因此，高能量密度物理也使人类在地球实验室里探索宇宙奥秘成为可能.

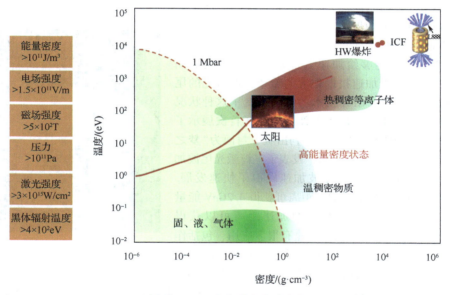

图专题 3-2　高能量密度状态相图

高能量密度物理是物理学的新疆域，它意味着极高的温度、密度、压强、电场、磁场等，这些极端状态在高能量密度物理过程中同时产生影响. 在这样极端的压强下，电子与原子核的间距将小于玻尔半径，因此，系统处于高度简并态，其压强由量子力学的泡利不相容原理决定. 由于其密度、温度非常高，因此会产生高度非线性的集体效应，相互作用过程是强耦合的，这样的极端条件也可以检验基本物理规律的应用极限.

高能量密度物理研究需要强激光技术研究、高时空分辨的实验诊断研究、理论与数值模拟研究等多维度的紧密合作. 随着超短超强激光光强的不断提高，高能量密度物理实验进展很快，极大地激励了相关的理论与数值模拟研究. 下面介绍一下我们研究团队在激光加速及次级超短脉冲辐射、原子尺度超高时空分辨电子衍射与成像、强激光实验室天体物理以及实现更高光强和更高信噪比的超短超强激光的研究进展.

1. 激光加速及次级超短脉冲辐射研究

加速器的发展推动着人类科学探索的发展. 据不完全统计，从 20 世纪初到现在，大约有超过一半的诺贝尔物理学奖都与粒子加速及其应用相关．根据牛顿定律，电子加速需要外力做功，因此，电子获得加速的能量正比于电场强度与距离的乘积．传统的加速器受限于材料的电场破坏阈值，加速场强一般小于 0.001GV/cm，想要将电子加速到更高的能量就要使电子在电场力的作用下行进更远的距离，加速能量要求越高，加速器的空间规模就越大，相应造价当然越高，因此，传统加速器的能量发展从 20 世纪 80 年代开始就逐渐缓慢．从那时开始，人们开始探索将激光场用于加速，以便可以和传统加速器技术结合大幅提升加速的能量．Tajima 在 1979 年提出了激光尾波加速的概念．当然，激光本身的电场方向与传播方向垂直，不能直接用于加速，因此需要通过等离子体尾波把激光电场方向转到与加速粒子同向．原则上，用激光尾波产生的纵向加速场强可以产生每厘米 GV 量级的加速，比传统加速器的加速场强大 1000 倍，因此，尾波加速的概念自提出之日开始就受到了研究界的强烈关注．用激光等离子体对电子进行加速，最根本的优势就在于等离子体本身没有击穿的阈值，原则上可以支持任意高的加速场强和加速梯度，激光加速器尺度就可以大幅度减小．因此，依赖加速器推动的物理学研究，当然也就不再是传统"大科学"研究．

图专题 3-3 形象地展示了激光加速有可能将日内瓦周长为 27km 的加速器缩小到指尖尺度的比喻，表达了人们希望激光加速能够给加速器带来革命性变化的期望．虽然大家对激光加速报以很大的希望，但激光的尾波加速进展并不够大，CPA 技术的发明改变了这种状况．采用 CPA 激光技术后，1995 年激光尾波场首次展示了超高加速梯度．2004 年，Nature 期刊出版了封面为"梦之束"（Dream Beam）激光加速专辑，发表了三篇激光尾波加速方面的论文，此后，激光尾波加速取得了快速发展．2014 年，实验验证了 9cm 的加速距离可获得 4.2GeV 能量的加速；2018 年又验证了 20cm 的加速距离可以获得 7.8GeV 能量的加速．激光尾波加速有很多应用，包括作为 Betatron 的辐射源、超快电子衍射、自由电子激光的辐射源以及可以应用于 TeV 能量的正负电子对撞机等．

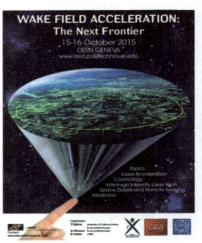

图专题 3-3　激光加速器概念图

激光尾波加速技术也可以与传统加速器结合，直接用于电子加速．当然，这些应用还存在一些挑战，比如如何解决电子加速中的稳定性和高品质电子束的产生问题，基于激光尾波加速如何产生次级高亮度辐射问题，以及如何将激光尾波加速用于实现正负电子对撞机问题等．我们研究团队在过去的十多年时间里，在解决以下三个方面做了一系列有影响力的工作．

（1）提出光离化注入机制，解决激光尾波加速的稳定性问题．大家知道，在激光尾波加速的实验中，激光诱导出的尾波以接近光的速度前进，而高效加速电子的条件是必须把电子注入尾波里，这一点很难做到．依靠直接离化尾波场中原子产生电子的机制（光离化注入机制），巧妙地解决了这个问题．离化注入可以巧妙地控制电子初始相位，大幅度降低注入的难度，注入稳定性非常高．离化注入机制提出后，大幅度提升了电子束的品质，通过双色光色散控制叠加光强，从而控制离化发生尺度在百微米以内，注入电子能散从1%优化到0.1%．通过不同频率驱动激光和注入激光，用低频激光实现尾波激发，用高频激光实现离化注入，大幅降低了离化剩余动量，将电子发射度从 0.1mm·rad 优化到 0.01mm·rad．[2]

（2）同步产生高品质电子束和超快高亮度次级 X 射线辐射．加速的过程中可以产生超短脉冲高亮度的 X 射线次级辐射，但是一般情况下相位不太可控．在实验上实现了让加速的电子与 X 射线在相位上同步，从而可以同步产生高品质的电子束和次级 X 射线辐射，同时由于波荡的幅度得到了提高，所以峰值的亮度也大幅提高．目前正在研究阿秒电子飞镜和阿秒相干超亮 X 射线源，以及利用两极的等离子体密度通道来增强尾波的电子辐射，实现超亮的伽马射线辐射．理论上单发的辐射峰值亮度可以达到 $10^{27}\,\mathrm{W/cm^2}$，光子的能量达到 100 个 MeV．[3] 这方面的研究需要理论和实验的紧密结合．

（3）提出新型的级联加速方案，为实现 TeV 加速奠定基础．要想实现加速电子能量和品质的不断提高，就需要实现激光尾波级联加速，目前别的研究小组实验上证实的级联加速的效率只能达到百分之几．我们研究团队提出了一个非常好的思路：利用高速公路辅道的加速原理，通过优化曲率的毛细管，可以使第一级加速后的电子进到第二级加速的位置，从而实现第二级加速．这级联加速方案原则上可以实现接近 100% 的注入效率，如图专题 3-4 所示．[4]

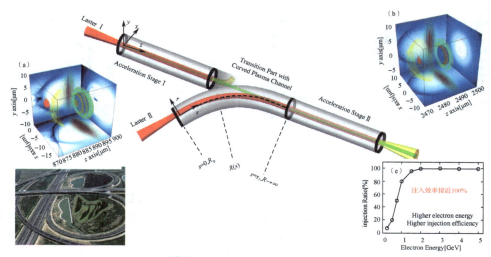

图专题 3-4　级联加速方案示意图

2. 原子尺度超高时空分辨兆伏特电子衍射与成像研究

人类对自然世界的探索过程中一直在追求越来越高的分辨率，大如星系，小到原子分子．如果从这个角度总结一下物理学发展史，那么 19 世纪基本上是观察自然世界的世纪，20 世纪是通过空间分辨率的不断提高来理解物理过程的世纪，21 世纪人类希望能够实现对微观物理过程的调控，其中最核心的是空间分辨和时间分辨的同步应用．我们希望把到目前为止人类达到的最高时间分辨率技术和最高的空间分辨技术耦合在一起，即将飞秒激光泵浦探测技术与电子衍射和成像技术耦合在一起，这样就可以同时具有最高的空间分辨率和时间分辨率．我们的目标是时间分辨优于 50 个飞秒，空间分辨达到 Å 量级．千电子伏特的皮秒超快电子衍射和成像，最早是莫罗教授提出的．Zewail 教授创造性地将千电子伏特电子衍射和电子技术应用于超快化学过程的观察，并因此获得了 1999 年度的诺贝尔化学奖．

对千电子伏特的电子衍射来讲，想要进一步提高时间分辨，最大的阻碍是电子和电子之间的库仑斥力．因此，千电子伏特的电子衍射和成像的空间分辨和时间分辨达到一定程度以后，就难以再提高了．如果电子的运动速度接近光速，洛仑兹力与库仑斥力通过巧妙的设计后可以互相抵消．我们研究团队利用这个技术突破了 50 飞秒的分辨率极限，将美国 SLAC（美国国家加速器实验室）同行保持的时间分辨率世界纪录提高了三倍，现在已经推进到 10 飞秒左右. 2019 年我们研究团队的超高时空分辨 MeV 电子衍射与成像装置(见图专题 3-5),以优秀的性能指标通过了国家自然科学基金委组织的验收. 到目前为止,这台装置仍然保持着世界上最高的时间分辨率,因此可以探测更快的物理、化学或者生物过程. 因为电子束流强度大,因此该装置可以单发成像,并对不可逆过程进行测量. 而通常的电子衍射技术装置由于需要依靠很多发次的累计,一般进行不可逆过程的测量. 与 SLAC 同类型装置的比较可以知道,我们实验装置的稳定性要更好. 通过它能够看到电荷密度波、外尔半金属、激子绝缘体等的电子衍射图像,利用这个装置还可以看到声子的贡献.

图专题 3-5 超高时空分辨 MeV 电子衍射与成像实验装置

3. 强激光实验室天体物理研究

天体物理过程和强激光实验室里的等离子体虽然时空尺度相差非常大,但有些过程的本质是相同的,因此,我们可以用 CPA 激光来进行实验室天体物理学研究,比如太阳耀斑爆发,这是对地球影响最大的天体物理过程(见图专题 3-6). 如果我们通过望远镜去看,天体物理过程是被动观察的、不可控的一种现象,而通过应用高能量激光与精密设计的靶相互作用就可以使模拟天体物理的细致过程成为可能.

我们希望利用强激光在实验室里模拟太阳耀斑的爆发过程,首先就要证明我们产生的等离子体与太阳耀斑爆发等离子体是一样的. 严格的理论证明是通过证明这两种等离子体遵循同样形式的磁流体动力学方程,这需要通过标度变换来证明. 把激光等离子体的空间尺度、时间尺度、压强等参数与太阳耀斑的参数配在一起做一次标度变换,如果满足标度变化,就可以用同样的磁流体动力学方程来描述. 太阳耀斑爆发会向地球喷射大量的高能粒子,而地球幸亏存在磁场,会把大部分的高能粒子排开,由于地球磁场的磁重联效应,部分高能粒子会回到地球的南极和北极,形成我们看到的极光,这就是我们希望重现的过程. 磁重联过程是太阳磁能释放的主要机制,它的基本原理是当两个反向的磁场距离逐渐接近的时候,相邻的磁力线会出现重新的联结,在这个过程中磁能会转变为带电粒子的动力.

太阳耀斑里面有两个著名的现象,一个是环顶 X 射线源,另一个是 X 射线喷流,我们的实验就是想验证我们可以在强激光实验室里产生环顶 X 线源与 X 射线喷流.

激光聚焦后焦点附近的等离子体会形成环形磁场,两路激光可以产生两个反向的磁场. 当两个激光的焦点逐渐靠近的时候,就可以使两个磁场的磁力线开始出现重联,重联过程中我们希望制造的是 X 射线喷流和环顶 X 射线源. 我们与国家天文台团队合作在强激光实验中首次实现了环顶 X 线源和 X 线喷流现象,这也是 2011 年中国科学的十大进展之一.[5] 之后又进

太阳耀斑等离子体

激光驱动等离子体

图专题 3-6　实验室中研究天体物理

一步研究了在太阳耀斑和日地空间的等离子体磁重联的现象，在一个设计非常精巧的实验中，我们发现了磁重联的电子耗散区，它的结构非常细致，这对于我们理解太阳耀斑对地球的影响有非常重要的意义．[6]

4. 对更高光强和更高信噪比的追求

实现越来越强的光强和越来越高的信噪比是高能量密度物理研究不断的追求．强激光发展的主旋律包含两个方面，一方面是激光越来越强，另一方面是信噪比越来越高，主要原因在于激光强度一旦大于 10^{11} W/cm^2，任何物质都会变成等离子体．如果激光信噪比不够，产生的预等离子体将使后续到来的短脉冲激光失去意义．

因此，超短超强激光技术的挑战是如何在进一步提高激光峰值功率的同时，超短脉冲激光的信噪比也同步提高（见图专题 3-7）．当最开始提出的 CPA 技术将峰值功率提高了六个数量级碰上了瓶颈后，人们又提出 OPCPA（optical parametric chirped pulse amplification）技术，即所谓光参量啁啾脉冲放大技术，将峰值功率又提高了一个数量级，但是在强度进一步提高时又受到新的技术限制．我们研究团队提出的"准参量啁啾脉冲放大（QPCPA）"强激光放大的新技术[7]，把激光的峰值功率又提高了一个数量级，且信噪比得到进一步的提升，实时测量也有了更大的动态范围．

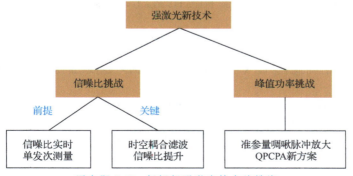

图专题 3-7　超短超强激光技术的挑战

我们研究团队实现了世界上最高的 10^{12} 动态范围的高信噪比的测量，该仪器最大的测量能力原则上可以达到 10^{15}．我们提出了用超高灵敏度的探测器来进行超高动态范围的测量，该方案的最高水平要比国际上最高水平高好几个数量级．我们的实验成果和新型测量装置已应用于我国的拍瓦（10^{15} W）激光．目前为止我们一共建立了八套拍瓦激光装置，解决了国家重大专项的急需．如上海的神光 Ⅱ 的高能拍瓦激光装置，在使用了我们的新型测量装置后，其最大信噪比在 2015 年 3 月达到了 10^6，2015 年 12 月改进优化后又达到了 10^9，远远超过最初的 10^4．进一步提高激光功率，在放大的同时降低噪声，莫罗教授最初提出的 CPA 本质上并不是一个理想的放大器，它虽然效率高，但带宽小、噪声高，一般只能放大 10^6．欧洲人提出的 OPCPA 技术，带宽大、效率低，但是噪声较高；我们研究团队提出的 QPCPA，它适用于虚能级与实能级，所以兼具了高效率、大带宽的优点，放大能力得到了显著提升．QPCPA 本身的效率已经达到了目前世界纪录的 55%，远高于其他两个方案，其放大能力比 CPA 和 OPCPA 的极限放大能力高了一个数量级．

总结与展望

本专题简要回顾了激光发明 60 多年来强激光与物质相互作用物理前沿的发展历程，介绍了我们研究团队在过去的十几年时间里所做的一些研究工作．我们过去的研究主要是以相对论电子为主，未来我们将推进到高能量密度物理的极端相对论强度，将研究质子在高速运动过程中衍生出的一些物理效应；另外，QPCPA 方案有望把我们带到百帕瓦的量级．我们还要大幅度提升激光的尾波加速和次级辐射的品质，开展高耦合效率的级联电子加速，并且利用电子束或飞秒激光脉冲对撞的汤姆逊散射，研究强激光下的量子电动力学（QED）效应，我们还将继续探索更强的激光场下 QED、高能伽马光子以及自旋极化的正负电子等的等离子体物理的新前沿．

20 世纪 60 年代激光的发明及后来的发展提高了人类的认知，给人类的生产方式、生活方式带来了极大的变革．当前的光场强度已经接近真空极化的阈值，激光正在成为人类开启探究真空大门的钥匙，更加丰富多彩的未来世界已然出现在我们面前．

李政道先生说，在宇宙中，地球和人类都是偶然的存在，但正是因为宇宙中有人类的存在，我们这个宇宙才变得如此有科学精神和人文情怀．激光技术无疑将会对未来科学研究和社会发展作出更大的贡献，而我们对强激光及其带来的各种奥秘的探索永远不会停止．

1 D. Strickland, G. Mourou, Compression of amplified chirped optical pulses. Optics Communications 55, 447(1985).

2 M. Chen, et al. Electron injection and trapping in a laser wakefield by field ionization to high-charge states of gases. J. Appl. Phys. 99, 056109 (2006).

3 X. L. Zhu, et al. Extremely brilliant GeV-rays from a two-stage laser-plasma accelerator. Science Advances. 6, eaaz7240 (2020).

4 J. Luo, et al. Multistage Coupling of Laser-Wakefield Accelerators with Curved Plasma Channels. Phys. Rev. Lett. 120, 154801 (2018).

5 J. Y. Zhong, et al. Modelling loop-top X-ray source and reconnection outflows in solar flares with intense lasers. Nature Physics 6, 984 (2010).

6 Q. L. Dong, et al. Plasmoid Ejection and Secondary Current Sheet Generation from Magnetic Reconnection in Laser-Plasma Interaction. Phys. Rev. Lett. 108, 215001 (2012).

7 J. M. Ma, et al. Quasi-parametric amplification of chirped pulses based on a Sm3+-doped yttrium calcium oxyborate crystal. Optica. 2, 1006 (2015).

第20章 固体物理学简介

按照原子或分子的聚集形态，物体表现出的宏观状态可以分为固态、液态、气态及等离子态，其中固态和液态常被称为凝聚态，液态和气态常被称为流体．处于固态、液态和气态的物质的基元粒子都是电中性的，处于等离子态的物质中的基元粒子则是被离解成的电子和不同电离度的原子实离子．物质具体处于哪一个宏观状态取决于构成物质的基元粒子(原子、离子或分子)之间的相互作用力(结合力)和系统所处的外部条件．气态物质没有固定的体积，其中的分子能达到它们所能达到的任何位置．处于凝聚态的物质有一定的体积，其中的原子或分子处于束缚态(粒子的动能和势能之和小于零)，束缚这些原子或分子的结合力来自原子内部正负电荷分布不完全重合所形成的残余静电相互作用．

不同原子间的结合力有很大的差异，但在该作用力与原子间距的关系上却非常相似：原子或分子在彼此相距很近时表现出很强的排斥力，而在彼此相距较远时表现为相互吸引．通常原子或分子间相互作用并不是各向同性的，而是与它们之间的相对取向有关，但不同方向上的差异会随着距离的增加而迅速减小．因此，原子或分子间距较大的液体或气体物质的性质一般是各向同性，而固态物质中原子或分子的典型间距为 $1\sim10$nm，其性质表现出明显的各向异性，而且，在如此小间距范围内原子或分子能感受到相互作用在方向和间距上的细微差异，从而直接影响原子或分子在空间的排列．

进一步按照物质结构形态，固体一般又可分为晶体和非晶体．晶体是一种高度结构化有序的物质形态，其原子、离子或分子按照规则的重复方式排列，它具有长程有序性．通常，晶体具有规则的几何形状、特定的晶体结构和晶体面、一定的熔点等，如硅晶体、盐晶体、钻石晶体、冰晶体等．非晶体是一种无定形或无规则的物质形态，与晶体相比，非晶体的原子、离子或分子没有长程的有序排列(但可能具有在几个或十几个原子、原子团尺度的短程有序排列)，没有固定熔点，原子结构类似于液体，但又具有固体的刚性，如玻璃、塑料、非晶合金等．

自然界中，晶体通常可分为单晶体和多晶体．如果整块物质由单个晶粒组成，具有完整的周期性，则该物质称为单晶体，它表现出非常规则的几何外形和明显的各向异性，一般天然晶体多为单晶体．而由多个晶粒组成的物质称为多晶体，由于晶粒可以具有各种不同的取向，因此多晶体表现为各向同性，但它仍有确定的熔点．例如，金属和岩石是多晶体，没有规则的几何形状，也不具备各向异性的性质．这一章，我们将介绍固体中单晶体的性质及其应用，如无特别说明，下文中的晶体指的是单晶体．

20.1 固体的能带结构

固体的晶体结构

晶体的宏观规则外形来源于同类型的微观单元的周期性排列．我们用一个点表示固体中最小的基本化学单元(原子、离子、分子或原子集团)，并称其为结点．当晶体中含一种原子时，结点就是原子本身的位置；当晶体中含数种原子时，数种原子构成晶体的基本结构单元(称为基元)，结点可以取在基元的重心上，也可取在基元的其他点上，原则是要保持结点在各基元中的位置都相同，这样每个结点周围的情况都相同.

这些结点在空间的周期性排列称为空间点阵(或称为布拉菲点阵)，也称为晶格(或称为布拉菲格子). 点阵是对实际晶格结构的一种数学抽象，它只反映晶体结构的周期性(平移对称性). 尽管晶体有各种结构，但只要有相同的布拉菲格子，就有相同的周期性.

在知道某种晶体的基元和它的空间点阵(或布拉菲点阵)后，晶体结构就确定下来了. 通常我们将一种原子组成的晶体所对应的晶格称为布拉菲点阵；将两种或两种以上原子组成的晶体所对应的晶格称为复式格子，而该晶体中相同原子各构成与结点相同的晶格，称为子晶格. 复式格子由若干相同结构的子晶格相互位移套构而成.

晶体中所有的基元都是等同的，整个晶体可以看作由这种基元沿 3 个不同方向按一定距离周期性地平移构成，平移的距离称为周期. 可取一个结点为顶点，以 3 个不共面方向上的周期为边长形成的平行六面体作为重复单元，这样的重复单元称为原胞.

通常有两种原胞：结晶学原胞和物理学原胞. 物理学原胞就是最小的重复单元，其结点只出现在顶角上，对于布拉菲格子，原胞只包含一个原子，而复式格子原胞中所包含的原子数目正是每个基元中的原子数目. 然而，这样的物理学原胞往往反映不出对称性，为了表现对称性，结晶学中取的重复单元不是最小的重复单元，称为结晶学原胞，它的体积不一定最小，结点不仅在顶角上，通常还可以在体心或面心上，原胞内包括不止一个结点.

物理学原胞的三维格子重复单元是平行六面体，其边长矢量我们用 $\vec{a}_1, \vec{a}_2, \vec{a}_3$ 表示，称为基矢. 在结晶学原胞中，代表原胞 3 个边的矢量称为结晶学原胞的基矢. 我们用 $\vec{a}, \vec{b}, \vec{c}$ 表示. 物理学原胞或结晶学原胞的选取不是唯一的，但它们的体积都相同.

举个例子，图 20-1 所示为单层石墨烯的晶体结构，每个点表示一个碳原子，碳原子之间通过共价键形成二维蜂房状结构. 显然，A、B 原子周围情况不同，为不等价的原子. 将与 A 原子或与 B 原子等价的原子排列构成两套布拉菲格子，蜂房状晶体结构则是这两套布拉菲格子构成的复式格子. 如果将 A 和 B 两点看成一个基元，则表征该基元重复排列的网格结点构成布拉菲格子. 将 A 和 B 原子作为一个结点，物理学原胞为平面六方结构，基矢为 $\vec{a}_1 = \sqrt{3}\,a\vec{i}$ 和 $\vec{a}_2 = \dfrac{\sqrt{3}}{2}a\vec{i} + \sqrt{\dfrac{3}{2}}\,a\vec{j}$，这里 a 为碳原子构成的六边形结构的边长(即 C—C 键键长). 而结晶学原胞和物理学原胞类似，也是平面六方结构.

布拉菲格子中的任意结点，都可以通过某一基元沿以整数倍基矢的方式平移到达，即布拉菲格子中结点的位置矢量 $\vec{R}_n$ 可表示为

$$\vec{R}_n = n_1\vec{a}_1 + n_2\vec{a}_2 + n_3\vec{a}_3,$$

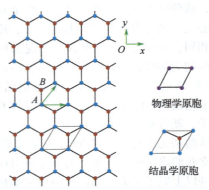

图 20-1 单层石墨烯的蜂房状晶体结构

其中 n_1，n_2，n_3 取整数，$\vec{R}_n$ 称为布拉菲格子的格矢．按照其对称性，三维布拉菲格子可以分为 7 种晶系共计 14 个布拉菲格子，如表 20-1 所示．其中比较常见的是立方晶系，CsCl、NaCl、金刚石和闪锌矿等晶体结构，都属于立方晶系．

表 20-1　三维晶体结构中的 7 种晶系 14 个布拉菲格子

晶系	单胞特征	布拉菲格子
三斜	$a \neq b \neq c$，$\alpha \neq \beta \neq \gamma$	简单三斜
单斜	$a \neq b \neq c$，$\alpha = \beta = 90° \neq \gamma$	简单单斜 底心单斜
正交	$a \neq b \neq c$，$\alpha = \beta = \gamma = 90°$	简单正交 底心正交 体心正交 面心正交
四方	$a = b \neq c$，$\alpha = \beta = \gamma = 90°$	简单四方 体心四方
三角	$a = b = c$，$\alpha = \beta = \gamma < 120°$，$\alpha = \beta = \gamma \neq 90°$	三角
六角	$a = b \neq c$，$\alpha = \beta = 90°$，$\gamma = 120°$	六角
立方	$a = b = c$，$\alpha = \beta = \gamma = 90°$	简单立方 体心立方 面心立方

立方晶系的 3 个基矢长度相等，并互相垂直，即

$$a = b = c，\quad \vec{a} \perp \vec{b}，\quad \vec{b} \perp \vec{c}，\quad \vec{c} \perp \vec{a}.$$

属于立方晶系的布拉菲原胞有简立方、体心立方和面心立方 3 种，如图 20-2 所示．在简立方布拉菲格子的原胞中，基元仅位于立方体的顶点，每个原胞仅包括 1 个结点(或基元)．而在体心立方点阵的原胞中，结点除了

位于立方体的顶点上, 还位于立方体中心, 这种原胞反映了关于平面的对称性, 每个原胞有两个基元. 在面心立方点阵的原胞中, 立方体的每个顶点上有一个结点, 且在立方体的每个面中心处有一个结点, 这种原胞反映了关于体对角线的对称性, 每个原胞有 4 个基元.

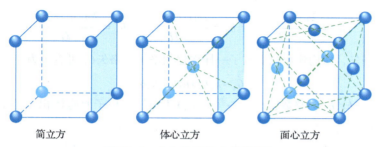

简立方　　　　　　体心立方　　　　　　面心立方

图 20-2 立方晶系的布拉菲原胞

晶体衍射和倒易格子

早在 1845 年, 布拉菲(A. Bravais)就根据晶体的对称性得到了 14 种布拉菲格子, 然而在此后的相当长一段时间, 晶体空间点阵仅用于解释宏观晶体的外形几何规律. 在 X 射线被发现之后, 1912 年劳厄等人才开始利用 X 射线衍射研究晶体结构, 之后人们又发明了电子衍射和中子衍射方法. 20 世纪 50—80 年代, 开始出现直接观察原子排列和晶格结构的方法, 如高分辨率电子显微镜、扫描隧道电子显微镜等. 这里, 我们就 X 射线的衍射机制给予定性的说明, 在此之前, 先介绍倒格子的概念.

晶体结构最重要的一个特性是平移不变性, 因此, 晶体的一些性质, 如质量密度、电子密度、离子实产生的势能等, 都具有周期性, 即表征这些性质的函数[如 $F(\vec{r})$]具有周期性:

$$F(\vec{r}+\vec{R}_n) = F(\vec{r}).$$

该式对于布拉菲格子的所有格矢都成立. 将 $F(\vec{r})$ 用傅里叶级数展开, 有

$$F(\vec{r}) = \sum_{\vec{g}} A(\vec{g}) e^{i\vec{g}\cdot\vec{r}}, \qquad (20.1.1)$$

其中系数 $A(\vec{g})$ 可表示为

$$A(\vec{g}) = \frac{1}{\Omega}\int_{\Omega} F(\vec{r}) e^{-i\vec{g}\cdot\vec{r}} dV, \qquad (20.1.2)$$

Ω 为原胞体积. 引入 $\vec{r}' = \vec{r}-\vec{R}_n$, 代入式(20.1.2)得

$$A(\vec{g}) = \frac{1}{\Omega}\int_{\Omega} F(\vec{r}'+\vec{R}_n) e^{-i\vec{g}\cdot(\vec{r}'+\vec{R}_n)} dV = e^{-i\vec{g}\cdot\vec{R}_n} \frac{1}{\Omega}\int_{\Omega} F(\vec{r}') e^{-i\vec{g}\cdot\vec{r}'} dV,$$

注意到上式最右边积分表达式就是 $A(\vec{g})$, 即可得到

$$A(\vec{g})(1 - e^{-i\vec{g}\cdot\vec{R}_n}) = 0, \qquad (20.1.3)$$

由该式可得 $A(\vec{g}) = 0$ 或 $1-e^{-i\vec{g}\cdot\vec{R}_n} = 0$. 显然, 对于所有的 $\vec{g}$, 如果 $A(\vec{g}) = 0$, 则 $F(\vec{r}) = 0$, 这不是我们所要的结果. 而对于特定的 $\vec{g}$, 满足 $1-e^{-i\vec{g}\cdot\vec{R}_n} = 0$, 则是有物理意义的解. 基于此, 我们将所有布拉菲格子中, 与所有 $\vec{R}_n$ 满

足关系（m 为整数）

$$\vec{R}_n \cdot \vec{G}_h = 2\pi m$$

的全部 $\vec{G}_h$ 端点的集合，构成该布拉菲格子的倒格子．当布拉菲格子的基矢为 $\vec{a}_1, \vec{a}_2, \vec{a}_3$ 时，可以用矢量

$$\vec{b}_1 = \frac{2\pi[\vec{a}_2 \times \vec{a}_3]}{\Omega}, \quad \vec{b}_2 = \frac{2\pi[\vec{a}_3 \times \vec{a}_1]}{\Omega}, \quad \vec{b}_3 = \frac{2\pi[\vec{a}_1 \times \vec{a}_2]}{\Omega}$$

作为基矢，像构建布拉菲格子一样构建倒格子，格矢 $\vec{G}_h$ 可表示为

$$\vec{G}_h = h_1 \vec{b}_1 + h_2 \vec{b}_2 + h_3 \vec{b}_3.$$

这里 h_1, h_2, h_3 为整数，$\Omega = \vec{a}_1 \cdot (\vec{a}_2 \times \vec{a}_3)$ 为布拉菲格子原胞体积．显然，布拉菲格子基矢与倒格子基矢之间满足 $\vec{a}_i \cdot \vec{b}_j = 2\pi\delta_{ij}$.

为了更好地理解倒格子的概念，我们考察一维布拉菲格子．周期为 a，基矢可表示为 $\vec{a} = a\vec{i}$，倒格子点阵基矢则为 $\vec{b} = \frac{2\pi}{a}\vec{i}$，$n\frac{2\pi}{a}$ 恰好是一维傅里叶级数指数上的因子：

$$F(x) = \sum_n A_n e^{in\frac{2\pi}{a}x}.$$

这表明，只有当 $\vec{g} = n\frac{2\pi}{a}\vec{i}$（$n$ 为整数）时，傅里叶级数展开系数才不为零．

我们通过正格子来确定倒格子，反过来，也可以从倒格子来确定正格子，它们互为倒易格子．倒格子空间离原点最近的一组倒格点与原点连线的中垂面所围成的区域称为简约布里渊区，也称为第一布里渊区；相应次近邻倒格点与原点连线的中垂面所围成的区域与第一布里渊区边界围成的区域合起来称为第二布里渊区；以此类推．布里渊区的概念在后续能带章节会用到．

我们来看如何利用 X 射线分析晶体结构．X 射线照射到晶体上后，与晶体中的芯电子发生相互作用．如图 20-3 所示，以波矢为 $\vec{k}$ 入射的 X 射线，由 $\vec{r}$ 处电子往 $\vec{k}'$ 方向散射的振幅正比于 $\rho(\vec{r})\mathrm{d}V$，这里 $\rho(\vec{r})$ 为 $\vec{r}$ 处的电子密度．以 O 点为参考点，$\vec{r}$ 处散射的 X 射线与 O 处散射的 X 射线的光程差为 $ON - OM = \vec{r} \cdot (\hat{\vec{k}} - \hat{\vec{k}}')$，其

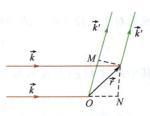

图 20-3　X 射线衍射

中 $\hat{\vec{k}}$ 和 $\hat{\vec{k}}'$ 分别为 $\vec{k}$ 和 $\vec{k}'$ 的单位矢量，则对应的相位差为 $(ON - OM)\frac{2\pi}{\lambda} = \vec{r} \cdot (\vec{k} - \vec{k}')$．根据惠更斯-菲涅耳原理，$\vec{k}'$ 方向上散射的总的振幅 A 为

$$A = \int \rho(\vec{r}) e^{-i(\vec{k}' - \vec{k}) \cdot \vec{r}} \mathrm{d}V, \tag{20.1.4}$$

即 A 实际上是 $\rho(\vec{r})$ 的傅里叶变换．由于 $\rho(\vec{r})$ 具有周期性，即

$$\rho(\vec{r} + \vec{R}_n) = \rho(\vec{r}),$$

引入 $\vec{R}' = \vec{r} + \vec{R}_n$，并将式 (20.1.4) 积分中的积分变量换为 $\vec{r}'$，则有

$$A = \int \rho(\vec{r}') \, \mathrm{e}^{-\mathrm{i}(\vec{k}'-\vec{k})\cdot(\vec{r}'-\vec{R}_n)} \mathrm{d}V = \mathrm{e}^{\mathrm{i}(\vec{k}'-\vec{k})\cdot\vec{R}_n} \int \rho(\vec{r}') \, \mathrm{e}^{-\mathrm{i}(\vec{k}'-\vec{k})\cdot\vec{r}'} \mathrm{d}V.$$

注意到上式最右边积分表达式就是 A，即可得到 $A[1-\mathrm{e}^{-\mathrm{i}(\vec{k}-\vec{k}')\cdot\vec{R}_n}] = 0$，由此可得，当散射前后波矢的改变 $\vec{k}'-\vec{k}$ 为倒格矢，即

$$\vec{k}'-\vec{k} = \vec{G}_h$$

时，才能在 $\vec{k}'$ 方向观察到 X 射线的相干干涉，这一条件称为**劳厄条件**.

由于 X 射线光子能量很高，X 射线衍射过程中通过晶体原子振动传递出去的能量很小，可以忽略，所以晶体对 X 射线的散射是弹性或准弹性散射，散射前后波矢大小应相等，即 $|\vec{k}'| = |\vec{k}|$. 利用劳厄条件，即有

$$k = |\vec{G}_h - \vec{k}|.$$

取平方后得

$$\vec{k} \cdot \hat{\vec{G}}_h = \frac{1}{2} G_h.$$

由此可见，劳厄条件等价于入射波矢 $\vec{k}$ 在倒格矢方向上的投影应为 $\vec{G}_h$ 长度的一半.

考虑 X 射线在与倒格矢 $\vec{G}_h$ 垂直的晶面上反射的情况，如图 20-4 所示. 由于散射前后波矢 $\vec{k}$ 和 $\vec{k}'$ 大小相等，因此两波矢与晶面的夹角 θ 和 θ' 相等. 根据劳厄条件，可得

$$G_h = 2k\sin\theta , \tag{20.1.5}$$

设两晶面之间的距离为 d，则 $G_h = n\dfrac{2\pi}{d}$，再利用 $k = \dfrac{2\pi}{\lambda}$，式 (20.1.5) 可改写为

$$n\lambda = 2d\sin\theta,$$

这就是布拉格条件. 利用该条件，可以测量相邻晶面间的距离 d，转动晶体则可确定晶体结构和原胞的晶格常数.

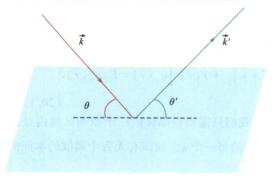
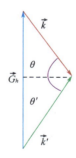

$$\vec{k}' = \vec{k} + \vec{G}_h$$

图 20-4　布拉格散射

能带的形成

在第 18 章中，我们利用一个简单的模型，说明了电子在一维周期势场中运动时，其允许的能量将形成能带结构. 本征波函数可理解为受周期

函数调制的自由波(布洛赫波函数).同样,在三维晶体中,离子实周期性排布,价电子也处于周期性势中,这些价电子的本征能量也将形成能带.这里,我们从原子相互靠近组成晶体的角度来说明这一点.如图20-5所示,考虑几个相距很远的相同原子,它们之间的相互作用可以忽略.这些孤立原子有相同的能级结构,如果将这几个原子看作一个系统,那么系统的能级是简并的.当原子逐渐靠近而使相互作用增强时,最外层电子波函数发生交叠,简并消除,从而发生能级分裂.当大量原子(设有 N 个)凝聚成为固体时,也发生类似的情况.相应于孤立原子的一个能级分裂成 N 个,这些分裂出来的能级十分密集,从而形成准连续的能带.通常内层电子波函数交叠小,能带分裂小,形成的能带较窄.

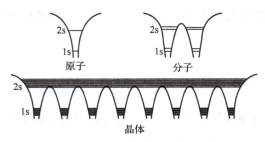

图 20-5　孤立原子耦合形成能带

三维晶格情形下,电子的本征波函数仍然可表示为布洛赫波函数形式.对于满足 $V(\vec{r}) = V(\vec{r}+\vec{R}_n)$ 的周期性势,单电子定态薛定谔方程

$$\hat{H}\psi(\vec{r}) = \left[-\frac{\hbar^2}{2m}\nabla^2 + V(\vec{r}) \right]\psi(\vec{r}) = E\psi(\vec{r}) \tag{20.1.6}$$

的本征波函数是按布拉菲格子周期性调幅的平面波,即

$$\psi_{\vec{k}}(\vec{r}) = e^{i\vec{k}\cdot\vec{r}} u_{\vec{k}}(\vec{r}), \tag{20.1.7}$$

且

$$u_{\vec{k}}(\vec{r}) = u_{\vec{k}}(\vec{r}+\vec{R}_n)$$

对所有 $\vec{R}_n$,即布拉菲格子的所有格矢,都成立.

将波函数(20.1.7)代入方程(20.1.6),得

$$\hat{H}_{\vec{k}} u_{\vec{k}}(\vec{r}) = \left[\frac{\hbar^2}{2m}\left(\frac{1}{i}\nabla + \vec{k}\right)^2 + V(\vec{r}) \right] u_{\vec{k}}(\vec{r}) = E_{\vec{k}} u_{\vec{k}}(\vec{r}). \tag{20.1.8}$$

考虑到 $u_{\vec{k}}(\vec{r})$ 满足周期性条件,我们只需要在晶体的一个原胞区域内处理本征值问题(20.1.8).对于 $\hat{H}_{\vec{k}}$ 中的每一个 $\vec{k}$,应该有无穷个离散的本征值 $E_1(\vec{k})$,$E_2(\vec{k})$,…

事实上,由于晶体的平移不变性,相差倒格矢的两个波矢 $\vec{k}$ 和 $\vec{k}+\vec{G}_h$ 所对应的定态波函数描述同一个状态,即

$$\psi_{j\vec{k}}(\vec{r}) = \psi_{j,\vec{k}+\vec{G}_h}(\vec{r}),$$

因此,相应地有

$$E_j(\vec{k}) = E_j(\vec{k} + \vec{G}_h).$$

这意味着本征能量 $E_j(\vec{k})$ 是 $\vec{k}$ 的周期函数，只需考察在关于 $\vec{k}$ 的一定范围内的 $E_j(\vec{k})$。对于特定 j，能量 $E_j(\vec{k})$ 有上、下界，从而构成一能带。不同的 j 代表不同的能带，量子数 j 称为 能带指标，$E_j(\vec{k})$ 的总体称为 晶体的能带结构。

由于波函数 $\psi_{j\vec{k}}(\vec{r})$ 和 $\psi_{j,\vec{k}+\vec{G}_h}(\vec{r})$ 是等效的，可以将 $\vec{k}$ 的取值限制在第一布里渊区内，在该区内，任意两波矢之差均小于一个最短的倒格矢。将所有的能带 $E_j(\vec{k})$ 绘于第一布里渊区内的图示方式称为简约布里渊区图示，第一布里渊区也常称为简约布里渊区。由于 $E_j(\vec{k})$ 的周期性，也可允许 $\vec{k}$ 的取值遍及全 $\vec{k}$ 空间，这种图示方式称为重复布里渊区图示。当然，也可将不同能带绘于 $\vec{k}$ 的不同布里渊区，这种图示方式称为扩展布里渊区图示。

在一个简约布里渊区中，波矢 $\vec{k}$ 是否可以取任意值？答案是否定的，$\vec{k}$ 的取值还取决于边界条件。与一维周期势情形类似，电子在三维晶体中的波函数满足玻恩-冯·卡门周期性边界条件：

$$\psi(\vec{r}+N_1\vec{a}_1) = \psi(\vec{r}),\ \psi(\vec{r}+N_2\vec{a}_2) = \psi(\vec{r}),\ \psi(\vec{r}+N_3\vec{a}_3) = \psi(\vec{r}).$$

这里 $\vec{a}_1$，$\vec{a}_2$，$\vec{a}_3$ 为布拉菲格子的 3 个基矢，$N = N_1 N_2 N_3$ 为晶体中原胞总数。利用布洛赫定理有

$$\psi(\vec{r}+N_i\vec{a}_i) = e^{iN_i\vec{k}\cdot\vec{a}_i}\psi(\vec{r}),\ i = 1,2,3,$$

因此要求 $e^{iN_i\vec{k}\cdot\vec{a}_i} = 1$，或 $N_i\vec{k}_{h_i}\cdot\vec{a}_i = 2\pi h_i$。设波矢 $\vec{k}_{h_i}$ 可以用倒格子基矢表示为 $\vec{k}_{h_i} = c_1\vec{b}_1 + c_2\vec{b}_2 + c_3\vec{b}_3$，再利用 $\vec{a}_i\cdot\vec{b}_j = 2\pi\delta_{ij}$，即得

$$\vec{k}_{h_i} = \frac{h_1}{N_1}\vec{b}_1 + \frac{h_2}{N_2}\vec{b}_2 + \frac{h_3}{N_3}\vec{b}_3,$$

所以每个许可的 $\vec{k}$ 在 $\vec{k}$ 空间占据体积

$$\Delta\vec{k} = \frac{\vec{b}_1}{N_1}\cdot\left(\frac{\vec{b}_2}{N_2}\times\frac{\vec{b}_3}{N_3}\right) = \frac{1}{N}\vec{b}_1\cdot(\vec{b}_2\times\vec{b}_3).$$

由于 $\vec{b}_1\cdot(\vec{b}_2\times\vec{b}_3)$ 是倒格子原胞的体积，因此倒格子空间一个原胞允许的 $\vec{k}$ 的数目或简约布里渊区中 $\vec{k}$ 的数目等于实空间中晶体的总原胞数。由于电子为费米子，要满足泡利不相容原理，计及自旋，每个能带中存在 $2N$ 个状态。如果每个原胞中含有一个一价原子，那么能带可被电子填满一半；如果每个原子给能带贡献两个电子，则能带刚好填满；如果每个原胞包含两个一价原子，则能带也恰好填满。

固体中的电子运动

根据材料的能带结构可以推断其导电性能，为了说明这一点，我们先讨论电子的平均速度和能量之间的关系。如量子力学章节所述，当波矢为

$\vec{k}$、质量为 m 的自由电子运动时，动量为 $\hbar\vec{k}$，速度 $\vec{v}=\dfrac{\hbar\vec{k}}{m}$，利用电子能量

$E=\dfrac{\hbar^2 k^2}{2m}$ 可得 $\vec{v}=\dfrac{1}{\hbar}\dfrac{\mathrm{d}E}{\mathrm{d}\vec{k}}$．在晶体中电子的定态波函数为受周期函数调制的平面波，可以用波矢 $\vec{k}$ 和能带指标来表征波函数，量子理论可以证明，晶体中电子运动的平均速度与能量之间也存在与自由电子类似的关系．因证明过程复杂，这里仅做简单的说明．

电子在晶体中的运动可看作波包运动．波包中包含各种频率的平面波，不同波长的平面波与频率对应，即圆频率 ω 为波矢 $\vec{k}$ 的函数 $\omega(\vec{k})$．波包中心的运动速度(即群速度)为

$$\vec{v}=\frac{\mathrm{d}\omega}{\mathrm{d}\vec{k}},$$

根据波粒二象性，圆频率为 ω 的平面波，粒子能量为 $\hbar\omega$，由此可得晶体中电子速度与能量的关系

$$\vec{v}=\frac{1}{\hbar}\frac{\mathrm{d}E}{\mathrm{d}\vec{k}}. \tag{20.1.9}$$

由式(20.1.9)可知，电子的平均速度不会随时间衰减，而将永远保持，也就是说，一个理想的晶体金属，将有无穷大的电导．事实上，由于存在杂质缺陷，导致晶体结构不再是理想结构，同时，离子实也会以平衡位置为中心做热振动，所以，电子总受到散射，从而形成电阻．

当对晶体材料作用外电场 $\vec{E}$ 时，电荷电量为 $-e$ 的电子受到力 $-e\vec{E}$ 的作用，根据动量定理得

$$\hbar\frac{\mathrm{d}\vec{k}}{\mathrm{d}t}=-e\vec{E}. \tag{20.1.10}$$

这一模型称为晶体中电子运动的半经典模型，适用于电场所对应的能量尺度比较小的情况．需要注意的是，该模型中，波矢 $\vec{k}$ 和 $\vec{k}+\vec{G}_h$ 仍是等价的．

利用半经典模型，我们考察电子在恒定电场中的运动．由式(20.1.10)可知

$$\vec{k}(t)=\vec{k}(0)-\frac{e}{\hbar}\vec{E}t,$$

每个电子的波矢 $\vec{k}$ 均以同一速率变化．对于自由电子，电场使其动量 $\hbar\vec{k}$ 增加，从而其不断加速．然而，晶格中电子的行为有所不同．以一维能带为例，如图 20-6 所示．电子在 $k=0$ 附近开始受电场的作用，波矢沿电场方向不断增加，当电子到达区域边界时，如到达图 20-6 中的 A 点，k 继续增加则电子进入第二布里渊区，由于第二布里渊区中电子状态和第一布里渊区中电子对应状态等效，因此，在简约布里渊区图示中，相当于电子转移到 A' 点，从该点进入第一布里渊区．如果晶体中不存在散射，则电子将在电场的驱动下，在 k 空间做这种周期运动．

这种周期运动将导致电子速度的周期性改变．在 $k=0$ 附近，$E(k)\propto$

k^2，则 $v(k)=\dfrac{1}{\hbar}\dfrac{\mathrm{d}E(k)}{\mathrm{d}k}\propto k$ 且大于零．随着 k 的增加，$v(k)$ 偏离线性关系．而在接近布里渊区边界，$v(k)<0$．因此，电子在 k 空间的周期运动，导致电子速度在 $\pm v_{\max}$ 之间周期性变化，这意味着电子在实际空间位置的振荡，直流的外加电场有可能产生交变的电流，这种效应称为**布洛赫振荡**．但在实际晶体中存在散射，两次散射之间电子在 k 空间移动的距离远小于布里渊区的尺度，所以，一般情况下难以观察到布洛赫振荡．

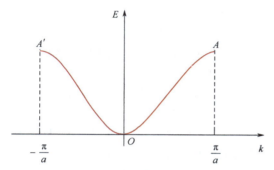

图 20-6　一维晶格简约布里渊区能带示意图

我们可以利用半经典模型，并结合能带的填充情况，定性地给出晶体的导电性质．固体中电子在能带中的填充方式如同原子中的电子那样，服从泡利不相容原理和能量最小原理．如图 20-7 所示，如果一个能带中的各个能级都被电子填满，则这样的能带称为**满带**．所有的能级都没有被电子填充，这样的能带称为**空带**．此外，有的晶体中还有未填满的能带．

在第 n 个能带 $E_n(\vec{k})$ 中，每个电子对电流密度的贡献为 $-e\vec{v}_n(\vec{k})=-\dfrac{e}{\hbar}\dfrac{\mathrm{d}E_n(\vec{k})}{\mathrm{d}\vec{k}}$，晶体中所有电子对其贡献则为

$$\vec{J}=(-e)\sum_{\vec{k},n,\text{occ}}\vec{v}_n(\vec{k}),\qquad(20.1.11)$$

其中 occ 表示"对占据的 n 和 $\vec{k}$"．

假设能带 $E_n(\vec{k})$ 为满带，由于能带 $E_n(\vec{k})$ 具有对称性，$E_n(\vec{k})=E_n(-\vec{k})$，因此，$\vec{v}_n(\vec{k})=-\vec{v}_n(-\vec{k})$．由式（20.1.11）可知，处于 $\vec{k}$ 和 $-\vec{k}$ 状态的电子对电流密度的贡献恰好抵消．对满带来说，外加电场，每个电子的波矢 $\vec{k}$ 都随时间变化，但由于波矢 $\vec{k}$ 和 $\vec{k}+\vec{G}_h$ 等价，满带的状况不会发生变化，因而 $\vec{J}$ 等于零，对导电没有贡献．通常原子中的内层电子占据满带中的能级，因此，内层电子对导电没有贡献．

电导仅来源于未填满能带中的电子．设未施加电场时，能带填满到能量为 E_F 的状态，该能量被称为**费米能量**，对应的状态波矢称为**费米波矢**，记作 $\vec{k}_F$．在外加电场的作用下，电子的波矢从 $\vec{k}_F$ 加速，即

$$\vec{k}(t) = \vec{k}_\mathrm{F} - \frac{e}{\hbar}\vec{E}t.$$

但 $\vec{k}$ 不可能一直加速到布里渊区边界，由于散射的作用，$\vec{k}$ 的改变仅发生在平均自由时间 τ 内，因此，稳态时，能量为 E_F 的电子的平均动量变为 $\vec{k} = \vec{k}_\mathrm{F} - \frac{e}{\hbar}\vec{E}\tau$. 初始动量为 $\vec{k}_\mathrm{F}$ 和 $-\vec{k}_\mathrm{F}$ 对应的稳态平均动量 $\vec{k}$ 不再相等，因此，电子非对称地占据未填满能带的 $\vec{k}$ 空间，这些电子对总电流密度的贡献不能完全抵消，从而形成电流.

对于接近满占据的近满带，可引入空穴的概念. 考察未占满但接近满占据的能带 $E_n(\vec{k})$，将其未占据态对电导的贡献和占据态对电导的贡献相加，总和应该等于零，即

$$\vec{J}_n + (-e) \sum_{\vec{k},\ \mathrm{unocc}} \vec{v}_n(\vec{k}) = 0,$$

其中 $\vec{J}_n$ 为能带 $E_n(\vec{k})$ 中电子对电流密度的贡献，unocc 表示"对未占据的 $\vec{k}$". 这样，近满带对电流密度的贡献可等价地写成

$$\vec{J}_n = e \sum_{\vec{k},\ \mathrm{unocc}} \vec{v}_n(\vec{k}),$$

相当于将所有的电子占据态看成空态，将所有的未占据态看成被电荷 $+e$ 的粒子所占据. 因此，尽管电荷仅被电子传输，但可以引入一种假想的带电荷 $+e$ 的粒子，填满带中所有未占据态，这种假想的粒子，被称为空穴. 对于近满带，带中大量电子的行为可以简化成少数空穴的效应，这样做十分方便.

空穴导电图像也可以从实际空间中电子运动情况来理解. 当电子在电场作用下逆着电场方向运动时，电子将跃入相邻的空位，并在它们原先的位置上留下新的空位. 这些空位随后又会被逆着电场方向运动的电子所占据. 由此看来，近满带中电子的运动相当于空位顺着电场方向移动，这和正电荷的移动是相当的.

需要注意的是，对于某一能带，如果认为电流为空穴所携带，则应把电子的占据态看成空穴的未占据态，电子没有贡献. 如果认为电流来源于占据态上的电子，则空穴没有贡献. 对于不同的能带，某些能带可以用电子的图像，而另外一些能带则可以用空穴的图像，以方便为原则来选用图像.

如果在能带中的电子对导电有贡献，这样的能带称为导带. 显然，未填满的能带就是导带，另外，空带也是导带，如果由于某种原因，一些电子被激发到空带，在外电场的作用下，这些电子也可以形成电流，表现出一定的导电性.

由晶体中原子的价电子能级分裂形成的能带称为价带. 在两个相邻能带之间，可以有一个能量区域，不存在电子的稳定状态，这个区域称为禁带. 禁带的宽度对晶体电学和光学性质起着相当重要的作用，有的晶体两个相邻能带相互重叠，这时禁带消失.

我们常根据材料导电性能将材料分为导体、半导体和绝缘体．电阻率小于 $10^{-8}\Omega\cdot m$ 的物体，称为导体，而电阻率大于 $10^{8}\Omega\cdot m$ 的物体，称为绝缘体，电阻率介于导体和绝缘体之间的物体，称为半导体．我们可以从能带结构的角度，来理解晶体的导电性能．

半导体和绝缘体都具有充满电子的满带和隔离导带与满带的禁带，二者不同之处在于禁带宽度，如图 20-7(c) 所示．半导体的禁带较窄，宽度 E_g 为 $0.1\sim1.5eV$；绝缘体禁带较宽，宽度为 $3\sim6eV$．半导体禁带窄，这使其对温度、掺杂等非常敏感．例如，电子热运动会使一些电子从满带越过禁带激发到导带去，从而表现出导电性．而绝缘体禁带一般比较宽，通常温度下从满带激发到导带的电子数目很少，从而对外表现出很大的电阻率．

导体的能带结构和绝缘体、半导体有所不同．有些导体，如 Na、K、Cu 等金属，存在未填满的能带，被电子占有的能级和空着的能级挨在一起，如图 20-7(a) 所示．另一些导体，如 Mg、Zn 等二价金属，虽然不存在未满带，但个别满带与导带交叠在一起形成宽能带，如图 20-7(b) 所示．这两种情况下，在外电场的作用下，它们的电子很容易从一个能级跃迁到另一个能级，而表现出很强的导电性能．

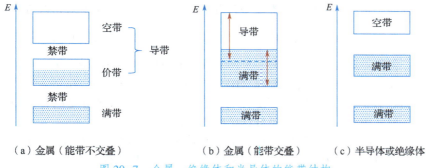

（a）金属（能带不交叠）　　　（b）金属（能带交叠）　　　（c）半导体或绝缘体

图 20-7　金属、绝缘体和半导体的能带结构

20.2 半导体

由于半导体的禁带宽度比绝缘体小，人们可以比较容易地通过热激发、光激发、掺杂等手段，来控制空带中的电子浓度或价带中的空穴浓度，从而控制材料的导电性能．由于这一特性，半导体在现代科技中发挥了重要作用，在集成电路、通信系统、光伏发电、大功率电源转换等领域都有广泛应用．

半导体现象首次发现于 1833 年，英国物理学家法拉第发现，与通常金属的电阻随温度升高而增加不同，硫化银材料的电阻随温度的上升而降低．这之后不久，1839 年法国科学家贝克莱尔（A. E. Becquerel）发现，光照下半导体和电解质接触形成的结会产生电压，这一现象后来被称为光生伏特效应，它是半导体材料的一个重要特性．1873 年，英国科学家史密斯（W. Smith）发现了硒晶体材料在光照下电导增加的光电导效应．1874 年，德国物理学家布劳恩(K. F. Braun)观察到某些硫化物的整流效应：在材料两端加一个正向电压，它是导通的；而将电压极性反置，它就不导电．同年，英国物理学家舒斯特(A. Schuster)发现了铜与氧化铜的整流效应．

虽然在 1880 年以前半导体的特征性质先后被发现了，但直到 1911 年，考尼白格(J. Konigsberger)和维斯(J. Weiss)才首次使用半导体这一名词，而一直到 1947 年，贝尔实验室才总结出半导体的典型特性．随着 1947 年肖克利(W. B. Shockley)、巴丁(J. Bardeen)和布拉顿(W. H. Brattain)成功研制实用型锗晶体管，半导体器件的研发才引起人们广泛关注，并且随着科技的发展，半导体材料被应用到人们生活的方方面面，成为当今科技不可或缺的材料．

半导体材料的种类繁多，应用广泛，不同的半导体材料具有不同的特性．Ⅳ族元素硅、锗等单质是半导体，特别是其中的单晶硅，是现代集成电路的基础材料．这些单质半导体以 sp^3 杂化轨道为基础形成共价键，具有金刚石结构，其晶胞由两个面心立方晶格沿立方体的空间对角线方向互相位移 $\frac{1}{4}$ 的对角线长度套构而成．Ⅲ族的铝、镓、铟与Ⅴ族的磷、砷、锑等合成的Ⅲ-Ⅴ族化合物都是半导体材料，它们大部分的晶体结构属于闪锌矿型结构，该结构与金刚石结构类似，所不同的是闪锌矿型结构由两种不同原子构成：晶胞由两类原子各自组成的面心立方晶格沿对角线方向移动 $\frac{1}{4}$ 长度套构而成．它们的结合主要是以 sp^3 杂化轨道为基础的共价键结合，但有一定的离子键成分．平均来说，电负性强的原子带负电，电负性弱的原子带正电．Ⅱ族元素 Zn、Hg、Cd 和Ⅵ族元素 S、Se、Te 等合成的化合物除 HgSe、HgTe 是半金属外，其他都是半导体，大部分是闪锌矿型结构，但其中有些是六角晶系纤锌矿型结构．

半导体的主要性质取决于填满电子的能量最高的价带以及价带之上的能量最低的空带，在此节中，如无特殊说明，价带和导电特指这两个能带．这两个能带之间存在能量比较小的能隙(用 E_g 表示)．我们以重要的半导体材料硅和砷化镓为例，来说明半导体材料的典型能带结构．如图 20-8 所示，硅的导带极值位于 [100]([100]指的是波矢的单位矢量方向 $\hat{k}=1 \cdot \vec{e_x}+0 \cdot \vec{e_y}+0 \cdot \vec{e_z}$)或等价方向的布里渊区中心到布里渊区边界的距离的 0.85 倍处，共有 6 个(图中<100>表示[100]及其等效方向)；价带的顶点位于波矢 $\vec{k}=0$，即布里渊区的中心，价带同时包含重空穴带、轻空穴带和自旋分裂带；在 $T=300K$ 时，硅的禁带宽度为 $E_g=1.12eV$．砷化镓价带顶点附近的情形与硅晶体类似，顶点位于布里渊区的中心，价带同时包含重空穴带、轻空穴带和自旋分裂带，但与硅不同的是，砷化镓的导带最低点与价带最高点位于同一点，都在 $\vec{k}=0$ 点．$T=300K$ 时砷化镓的禁带宽度为 $E_g=1.42eV$．像砷化镓这样，导带最低点和价带最高点在波矢空间同一点的半导体称为直接带隙半导体，而导带最低点和价带最高点在波矢空间不同点的半导体称为间接带隙半导体．

直接带隙半导体对光的吸收或发射效率要大于间接带隙半导体．电

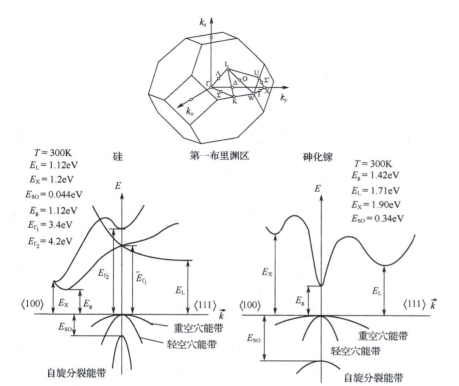

图 20-8 硅和砷化镓在温度 $T=300K$ 时的能带结构

子吸收和发射光应满足动量守恒：$\hbar \vec{q} = \hbar \vec{k}_i - \hbar \vec{k}_f + \hbar \vec{G}_h$，其中 $\hbar \vec{k}_i$ 和 $\hbar \vec{k}_f$ 为电子吸收或发射光子之前和之后的动量，$\vec{q}$ 为光子波矢. 在可见光波段，光子的波矢较小，直接带隙半导体更容易发生光的吸收或发射.

另外，电子吸收或发射的光子还应满足能量守恒关系，即光子频率 ν 满足 $h\nu \approx E_g$，由此可见，禁带宽度的大小对半导体材料的光吸收和发射有重要影响. 为了得到合适的禁带宽度，人们通常采用掺入其他元素形成连续固熔体的方法，来创造混合晶体. 例如，室温下，由于砷化镓禁带宽度比较小，主要的发光峰位于约 830nm 处，为了得到人眼比较敏感的红光，人们采用带隙更大的 AlGaInP 材料（发光波长为 570～680nm），并将其用于红光半导体激光器. 又如，氮化镓（GaN）是一种 III-V 族化合物半导体材料，具有较大的带隙能量，适合蓝光发射，但人们更常使用氮化铟镓（InGaN）合金，通过调节铟的掺杂浓度可实现对波长的精确控制，从而优化蓝光利用率.

本征和非本征半导体

掺杂构成混合晶体可以改变能带结构，实际上，即使少量掺杂，也可改变半导体材料的导带和价带中的电子浓度，显著地改变导电性能.

对无杂质的纯净半导体来说，价带完全被电子填满或导带中未填充电子的情况，仅发生在温度 T 等于零时. 当温度不为零，特别是 $\dfrac{E_g}{kT} \approx 1$ 时，满价带中的部分电子热激发到导带中，从而使价带成为未满带，导带上有一定的电子,从而导致两个能带都具有导电性.在外电场作用下,既有导带中电子的定向运动,又有价带中电子的定向运动,而后者又可以用空穴的图像来理解,因此,我们可以认为,这种半导体中兼具电子导电和空穴导电两种机制.未掺杂半导体中的导电性称为**本征导电**,而相应的半导体称为**本征半导体**.

　　实验表明,如果在纯净的半导体中适当加入杂质,将显著提高半导体的导电能力,改变半导体的导电机制,这样的半导体称为**掺杂半导体**.我们首先以Ⅳ族元素硅中掺入五价杂质砷为例.掺入的砷原子在晶体中替代硅的位置,构成与硅相同的四电子结构,多出的一个电子在杂质离子的电场范围内运动.量子力学的计算表明,杂质形成的能级在禁带中,且靠近导带.在能带图中,可以用不连续但又在同一水平的线段来表示这些能级,每个短线代表一个杂质能级,如图20-9(a)所示.杂质能级到导带底的能量差 ΔE_i 远小于禁带宽度:$\Delta E_i \ll E_g$.由于砷原子数目远小于硅原子数目,它们被硅晶体点阵分隔开,杂质的电子只在杂质能级上,并不参与导电.然而,由于杂质能级接近导带底,受到热激发,杂质能级上的电子极易向导带跃迁.由于这种杂质具有向导带提供自由电子的能力,所以它们又称为**施主**,对应的杂质能级称为**施主能级**.即使掺入很少的杂质,也可使半导体导带中电子的浓度比同温度下纯净半导体导带中的电子浓度大很多倍,从而大大增强了半导体的导电性能.我们称这种杂质半导体为**电子型半导体**或 **n 型半导体**.它的导电是由杂质中多余电子经激发后跃迁到导带而形成的.

　　同样,我们在图20-9(b)中画出掺有三价杂质硼元素的硅半导体的能带示意图.这时,杂质能级在价带顶附近,价带中的电子只需很少能量就可跃入这个杂质能级,使价带中产生空穴.由于这种杂质具有接收价带中电子从而向价带提供空穴的能力,所以这种杂质又称为**受主**,对应的能级称为**受主能级**.这种掺杂可使半导体价带中空穴浓度较纯净半导体空穴浓度增加很多倍,从而使半导体的导电性能显著增强.我们称这种杂质半导体为**空穴型半导体**或 **p 型半导体**,它的导电机制基本上由价带中空穴的运动来决定.

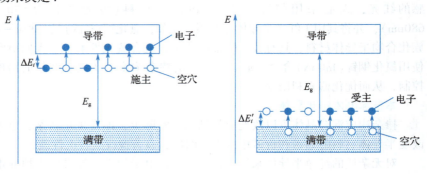

（a）n型半导体　　　　　　　　　　　（b）p型半导体

图20-9　掺杂半导体的能带示意图

由于半导体材料能带结构的特殊性，其导电性能主要取决于能量在导带底或价带顶的电子．我们假设能带底部或顶部位于 $\vec{k}_0$ 处，在 $\vec{k} = \vec{k}_0$ 附近，我们可将 $E(\vec{k})$ 用泰勒级数展开：

$$E(\vec{k}) = E(\vec{k}_0) + \frac{1}{2}\left[\frac{\partial^2 E(\vec{k})}{\partial k_x^2}\right]_{\vec{k}_0}(k_x - k_{0x})^2 +$$

$$\frac{1}{2}\left[\frac{\partial^2 E(\vec{k})}{\partial k_y^2}\right]_{\vec{k}_0}(k_y - k_{0y})^2 + \frac{1}{2}\left[\frac{\partial^2 E(\vec{k})}{\partial k_z^2}\right]_{\vec{k}_0}(k_z - k_{0z})^2 + \cdots.$$

这里，我们利用了 $E(\vec{k})$ 在能带极点的性质：$\left(\frac{\partial E}{\partial k_x}\right)_{\vec{k}_0} = \left(\frac{\partial E}{\partial k_y}\right)_{\vec{k}_0} = \left(\frac{\partial E}{\partial k_z}\right)_{\vec{k}_0} = 0.$

原则上，泰勒级数展开式还可能包含 $\frac{\partial^2 E(\vec{k})}{\partial k_x \partial k_y}$，$\frac{\partial^2 E(\vec{k})}{\partial k_x \partial k_z}$，$\frac{\partial^2 E(\vec{k})}{\partial k_y \partial k_z}$ 项，但在选取合适的坐标系后，这些项总可以消除．令

$$\frac{1}{m_x^*} = \frac{1}{\hbar^2}\left(\frac{\partial E}{\partial k_x}\right)_{\vec{k}_0}, \quad \frac{1}{m_y^*} = \frac{1}{\hbar^2}\left(\frac{\partial E}{\partial k_y}\right)_{\vec{k}_0}, \quad \frac{1}{m_z^*} = \frac{1}{\hbar^2}\left(\frac{\partial E}{\partial k_z}\right)_{\vec{k}_0}, \quad (20.2.1)$$

其中 m_x^*，m_y^*，m_z^* 为电子分别沿 k_x，k_y，k_z 方向的<u>有效质量</u>．这样，半导体导带底或价带顶的能量 $E(\vec{k})$ 在极点 $\vec{k}_0$ 附近可表示为

$$E(\vec{k}) \approx E(\vec{k}_0) + \frac{\hbar^2}{2m_x^*}(k_x - k_{0x})^2 + \frac{\hbar^2}{2m_y^*}(k_y - k_{0y})^2 + \frac{\hbar^2}{2m_z^*}(k_z - k_{0z})^2.$$

$$(20.2.2)$$

作为特例，我们假设能带 $E(\vec{k})$ 在 $\vec{k}_0$ 附近只与 $\vec{k}_1 = \vec{k} - \vec{k}_0$ 的大小有关，则有

$$\frac{1}{m_x^*} = \frac{1}{m_y^*} = \frac{1}{m_z^*} = \frac{1}{\hbar^2}\left(\frac{\mathrm{d}^2 E}{\mathrm{d}k_1^2}\right)_{k_1 = 0}. \quad (20.2.3)$$

可见，在这种情况下，可以用一个量 m_n^* 来表示电子的有效质量：$m_n^* = m_x^* = m_y^* = m_z^*$．同时，根据微积分知识可以判断，如果能带 $E(\vec{k})$ 在 $\vec{k}_0$ 取最小值，即 $E(\vec{k})$ 是半导体的导带，则 $m_n^* > 0$；如果能带 $E(\vec{k})$ 在 $\vec{k}_0$ 取最大值，即 $E(\vec{k})$ 是半导体的价带，则 $m_n^* < 0$．同时，在极值点，能带弯曲得越厉害，有效质量的绝对值越小；反之，能带越平坦，有效质量的绝对值越大．

利用准经典模型，并结合半导体导带底或价带顶的 $E(\vec{k})$ 关系，我们可以计算电子在电场作用下的加速度．由式(20.1.9)并结合式(20.2.2)可计算电子的速度分量

$$v_i = \frac{\hbar}{m_i^*}(k_i - k_{0i}), i = x, y, z.$$

所以，在外电场 $\vec{E}$ 的作用下，利用式(20.1.10)，可得加速度分量

$$a_i = \frac{\mathrm{d}v_i}{\mathrm{d}t} = \frac{\hbar}{m_i^*}\frac{\mathrm{d}k_i}{\mathrm{d}t} = -\frac{eE_i}{m_i^*}, \quad (20.2.4)$$

这里 E_i 为电场 $\vec{E}$ 的第 i 分量．式(20.2.4)与自由电子运动时电场和加速度

的关系类似. 有效质量使我们可以更方便地处理晶体中电子的运动行为. 但需要注意的是，电子的有效质量不同于电子的裸质量，前者概括了晶格中周期势的影响.

式(20.2.4)不仅适用于处理导带中电子的电导问题，也可用于描述外电场下半导体价带中电子的运动行为，只是这时对导电起重要作用的电子位于价带带顶，有效质量 $m_i^* < 0$. 我们知道，在掺杂或本征半导体中，半导体的"满带"实际上都应当作近满带处理，电子的导电性质可以通过空穴来描述. 由于空穴的电荷电量为 $+e$，我们可以定义空穴的有效质量

$$m_{px}^* = -m_x^*, \quad m_{py}^* = -m_y^*, \quad m_{pz}^* = -m_z^*,$$

而将式(20.2.4)改写为

$$a_i = \frac{+eE_i}{m_{pi}^*}. \tag{20.2.5}$$

当空穴从价带顶部空状态开始运动时，$E(\vec{k})$ 的曲率越来越大，空穴的速率不断增加，因此其加速度是正的. 由此可见，空穴可看成质量为正、电荷电量为正的粒子.

pn 结与 pn 结二极管

采用特定的掺杂工艺，将 p 型半导体与 n 型半导体制作在同一块半导体基片上，在它们的交界面形成空间电荷区，该区域被称为 pn 结. pn 结具有单向导电性，而该特性是当今器件设计中需要考虑的重要特性. 因此，pn 结成为半导体二极管、双极性晶体管等器件的物质基础.

n 型和 p 型半导体交接组成的 pn 结中，部分区域是 n 型，部分区域为 p 型. 在交接界面两边，电子和空穴的密度不同，p 区空穴多而电子少，n 区电子多而空穴少，因此，n 区中的电子将向 p 区扩散，p 区中的空穴将向 n 区扩散，从而形成从 p 区指向 n 区的扩散电流 $\vec{J}_{diff}$，如图 20-10(a)所示. 扩散导致 p 区带负电，n 区带正电，形成从 n 区指向 p 区的内建电场，而内建电场导致电子或空穴的漂移运动，形成从 n 区指向 p 区的漂移电流 $\vec{J}_{drift}$，如图 20-10(b)所示. 随着扩散过程的持续进行，内建电场不断增大，扩散电流 $\vec{J}_{diff}$ 逐渐减少，而漂移电流 $\vec{J}_{drift}$ 逐渐增大. 无外场时，载流子(指空穴和电子)在内建电场作用下的漂移运动最终与扩散运动达到平衡，漂移电流与扩散电流大小相等、方向相反，流过 pn 结的净电流为零，空间电荷数量一定，空间电荷区不再扩展，构成平衡 pn 结，如图 20-10(c)所示.

pn 结空间电荷区内电场和电势的分布情况与 pn 结制作工艺密切相关，不同工艺制成的 pn 结需要采用不同的电荷分布模型来模拟. 例如，利用扩散形成的 pn 结，可以认为杂质浓度从 p 区到 n 区缓慢变化，称其为缓变结；利用合金法形成的 pn 结，可以认为杂质浓度在结两边均匀分布，在界面处不连续，称其为突变结.

我们以突变结为例，来说明空间电荷区的电场和电势分布. 如图 20-10(d)所示，以垂直于分界面为 x 轴，正方向为从 p 区指向 n 区，建立坐标系. 设界面位于 $x=0$ 处，n 区掺杂施主浓度为 N_D，空间电荷区厚度为 x_n；p 区

掺杂受主浓度为 N_A, 空间电荷区厚度为 x_p; 空间电荷区总厚度 $x_D = x_n + x_p$. 假设在电荷区的电荷分布为

$$\rho(x) = \begin{cases} -eN_A, & -x_p < x < 0, \\ eN_D, & 0 < x < x_n, \end{cases}$$

电荷区电势 $V(x)$ 可通过泊松方程来确定:

$$\frac{d^2 V}{dx^2} = -\frac{\rho(x)}{\varepsilon_r \varepsilon_0},$$

其中 ε_r 为相对介电常数. 由于电荷区以外应该是电中性的, 边界上电场应该为零, 故有

$$\frac{dV}{dx}\bigg|_{x=-x_p} = \frac{dV}{dx}\bigg|_{x=x_n} = 0.$$

利用上述两式分别求解 n 型和 p 型半导体中空间电荷区的电势, 再利用电势在界面处连续和电中性条件 $x_p N_A = x_n N_D$, 可得

$$V(x) = \begin{cases} \dfrac{eN_A(x^2 + x_p^2)}{2\varepsilon_r \varepsilon_0} + \dfrac{eN_A x x_p}{\varepsilon_r \varepsilon_0}, & -x_p < x < 0, \\ V_D - \dfrac{eN_D(x^2 + x_n^2)}{2\varepsilon_r \varepsilon_0} + \dfrac{eN_D x x_n}{\varepsilon_r \varepsilon_0}, & 0 < x < x_n. \end{cases}$$

这里, 还假设 $V(-x_p) = 0$, $V(x_n) = V_D = \dfrac{e}{2\varepsilon_r \varepsilon_0}(N_D x_n^2 + N_A x_p^2)$. 电势确定后, 则可通过 $E(x) = -\dfrac{dV(x)}{dx}$ 求得电场强度, 结果如图 20-10(e)、(f) 所示.

   pn 结空间电荷区存在的内建电场使半导体能带在结附近发生弯曲. 经过内建电场, 从 p 区到 n 区, 电子电势增加, 相应地, 电势能下降. 由此可见, 离开空间电荷区, p 区导带中电子的能量比 n 区导带中电子能量高 eV_D, 如图 20-10(g) 所示, 其中 V_D 为空间电荷区边界之间的电势差, 称为接触电势差. 弯曲的能带对 n 区中的电子和 p 区中的空穴都形成了一个势垒, 它阻挡 n 区的电子进入 p 区, 同时也阻碍 p 区的空穴进入 n 区, 该势垒区域也称为阻挡层.

   在接着讨论 pn 结单向导电性之前, 我们先给出一些关于电子在半导体能带中分布的结论, 具体推导过程可参看半导体物理相关教材. 在室温范围内, 半导体中的电子分布满足玻尔兹曼统计. 半导体导带上的电子浓度正比于 $\exp\left(\dfrac{E_c - E_F}{kT}\right)$, 其中 E_c 为导带底能量, E_F 为表征电子浓度分布的特征能量, 称为费米能级. 通常, 费米能级位于导带和价带之间的禁带中, 费米能级越靠近导带, 则导带内电子浓度越多. 价带上的空穴浓度正比于因子 $\exp\left(\dfrac{E_F - E_v}{kT}\right)$, 其中 E_v 为价带顶的能量, 类似地, 费米能级越靠近价带, 则价带内空穴浓度越大. 如图 20-10(g) 所示, pn 结空间电荷区以外, p 区的费米能级更靠近价带顶, 而 n 区的费米能级更靠近导带底.

   平衡 pn 结中扩散电流与漂移电流相互抵消, 而扩散电流与载流子密

度的空间变化率有关，阻挡区两边界之间的电势能差为 eV_D，这也就是说，图 20-10(f)中坐标为 $-x_p$ 的边界上的载流子浓度与坐标为 x_n 的边界上的载流子浓度之比为 $\exp\left(-\dfrac{eV_D}{kT}\right)$ 时，扩散电流方能恰好抵消漂移电流. 外加电场到 pn 结上，正极接 p 区、负极接 n 区(这种连接称为正向连接)，外电场方向与 pn 结内建电场方向相反，致使空间电荷区电场减弱. 从能带图上来看，n 区导带上的电子的势垒和 p 区价带上的空穴的势垒降低了，载流子更易于通过阻挡层，平衡态 pn 结中扩散电流与漂移电流抵消的平衡被打破了，有净电流通过阻挡层. 外加正向电压 V 相当于接触电势差由平衡时的 V_D 改变为 V_D-V，因此，可以推断出，通过阻挡层的电流密度 J 可表示为

$$J=J_0\left[\exp\left(\frac{eV}{kT}\right)-1\right],\qquad(20.2.6)$$

其中 J_0 为不随电压变化的常数. 由式(20.2.6)可以看出，J 随 V 的增加而快速增加.

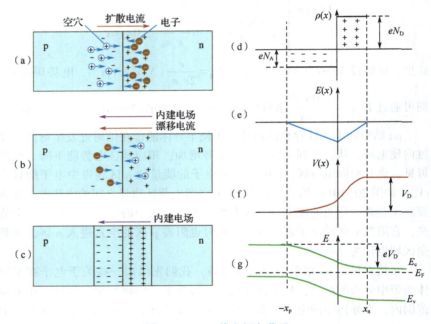

图 20-10　pn 结空间电荷区

式(20.2.6)同样适用于反向连接的情形，即正极接 n 区、负极接 p 区. 这时，$V<0$，随着 $|V|$ 的增加，J 很快达到饱和值 $-J_0$. 反向连接时，外电场方向与 pn 结中的内建电场方向相同，空间电荷区增强，势垒升高，n 区中的电子和 p 区中的空穴更难通过阻挡层. 但是 p 区中的少量电子和 n 区的少量空穴，在阻挡层电场的作用下，也有可能通过阻挡层分别向对方流动，形成由 n 区向 p 区的反向饱和电流 $-J_0$.

如图 20-11 所示，pn 结中电流密度随正向电压的增加而快速增加，随

反向电压的增加而趋于一饱和值. 在正向和反向电压作用下, J-V 曲线不对称, 这一特性被称为 pn 结的单向导电性, 是电子技术中许多器件所利用的特性. 由式 (20.2.6) 可以看到, 温度对 pn 结 J-V 曲线的影响很大, 不仅仅指数函数中出现的 T 会影响 J, 而且 J_0 也与温度有关. 在实际半导体中, 由于表面效应、阻挡层中电子与空穴的复合和产生等因素, 导致 J-V 曲线偏离理想 pn 结模型.

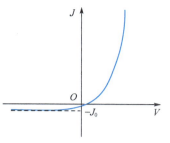

图 20-11 理想 pn 结的 J-V 曲线

利用 pn 结的单向导电性, 可以设计 pn 结二极管. 常见的二极管结构有点触型二极管、合金工艺面接触型二极管和扩散法平面二极管等, 如图 20-12 所示. 由于二极管除了核心 pn 结部分, 还存在半导体体电阻和引线电阻, 所以当外加正向电压时, 在电流相同的情况下, 二极管的端电压大于 pn 结上的电压降, 也就是在外加正向电压相同的情况下, 二极管的正向电流要小于 pn 结的电流. 另外, 由于二极管表面漏电流的存在, 外加反向电压时的反向电流要大于 pn 结的饱和电流.

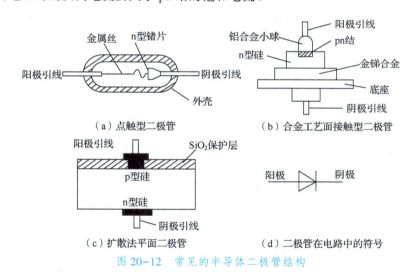

图 20-12 常见的半导体二极管结构

图 20-13 画出了不同温度下, pn 结二极管实测的伏安特性. 我们发现, 只有正向电压足够大时, 正向电流才从零随端电压呈指数规律增加, 二极管电流开始不为零所对应的临界电压称为开启电压, 记为 U_{on}, 而从 0 到 U_{on} 的端电压区域称为死区; 使二极管电流开始随端电压指数增加的临界电压称为导通电压 (为二极管导通后实际开始工作的电压, 比开启电压稍大一些). 对于硅和锗材料构成的 pn 结二极管, 开启电压分别约为 0.5V 和 0.1V. 不同的半导体二极管导通电压有所不同, 硅和锗材料构成的半导体二极管导通电压分别为 0.6~0.8V 和 0.1~0.3V. 当二极管施加足够大的反向电压时, 反向电流达到饱和值 I_s. 反向电压太大, 将使二极管击穿.

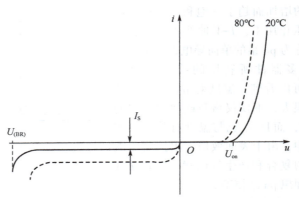

图 20-13　二极管的伏安特性

从图 20-13 还可以看出，在环境温度升高时，二极管的正向曲线将左移，而反向曲线将下移．温度每升高 1℃，正向电压减小 2~2.5mV；温度每升高 10℃，反向电流约增大一倍．可见，二极管对温度很敏感．

除了利用单向导电性制成的 pn 结二极管外，双极性晶体管(俗称三极管)也是由 pn 结制成的重要器件，它作为 20 世纪 50 年代性能优良的可控开关，开启了微电子时代．1949 年肖特基提出了双极性晶体管的概念，1951 年贝尔实验室制造出第一只锗双极性晶体管，1956 年德州仪器制造出第一只硅双极性晶体管．

双极性晶体管按照材料不同可以分为锗管和硅管，每种都有 npn 和 pnp 两种结构形式，我们以 npn 双极性晶体管来说明其工作原理．如图 20-14(a)所示，每个双极性晶体管有 3 条引线，记为基极、发射极和集电极，与这些极连接的半导体区域分别称为基区、发射区和集电区，基区为 p 型半导体，其他两个区为 n 型半导体．发射区重掺杂，因而存在大量自由电子；集电区中度掺杂，有一定数量的自由电子．基区轻掺杂，有较少数量的空穴，而且基区很薄，大约只有几微米厚．

晶体管工作原理如图 20-14(b)所示．将晶体管的基极-集电极接反向偏置，使对应的 pn 结耗尽层增厚．同时将晶体管发射极-基极接较小的正向偏置，发射结 pn 结的耗尽层变薄，发射极 n 区的大量的多数载流子(电子)从发射极扩散进入基极，这些电子中的少部分与基极中的空穴复合，从而形成基极电流 I_B；而大部分向基极-集电极耗尽层扩散，并在该耗尽层内建电场的作用下进入集电极，形成集电极电流 I_C．由此我们得到

$$I_E = I_B + I_C,$$

且 $I_C \gg I_B$，将 I_B 作为输入电流，将 I_C 作为输出电流，则晶体管对 I_B 起到了放大的作用．可将 $\beta = \dfrac{I_C}{I_B}$ 定义为放大倍数．显然，三极管的放大倍数与发射区和基区掺杂浓度之比有关，浓度比越大，放大倍数就越高．同时放大倍数还与基区厚度有关，基区越厚，放大倍数就越小．

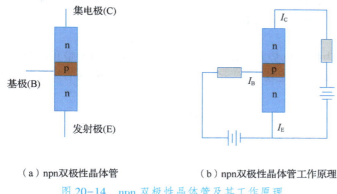

（a）npn双极性晶体管　　　　　（b）npn双极性晶体管工作原理

图 20-14　npn 双极性晶体管及其工作原理

半导体异质结

pn 结由导电类型不同的同一种半导体材料构成，与之不同，由两种不同半导体材料构成的结，称为异质结．异质结可用于开发更多不同功能的器件．

早在 1957 年，克罗默（H. Kroemer）指出，异质结比同质结有更高的注入效率．1960 年，人类第一次通过气相外延技术制成异质结．1962 年，安德森（R. L. Anderson）提出了异质结的理论模型，他假定两种半导体材料具有相同的晶体结构、晶格常数和热膨胀系数，说明了异质结的电流输运过程．1968 年贝尔实验室和约飞研究所都宣布做成了双异质结激光器．在 20 世纪 70 年代，异质结的生长工艺技术取得了巨大的进展．液相外延、气相外延、金属有机化学气相沉积和分子束外延等先进的材料生长方法相继出现，使异质结的生长日趋完善．其中，利用分子束外延方法不仅能生长出很完整的异质结界面，而且对异质结的组分、掺杂、各层厚度都能在原子量级的范围内精确控制．

根据两种半导体单晶材料的导电类型，异质结又分为以下两类：由导电类型相反的不同半导体单晶材料所形成的反型异质结和由导电类型相同的不同半导体单晶材料所形成的同型异质结．同时，根据过渡层的厚度，异质结可以分为过渡区仅有几个原子层的突变型异质结和过渡区有几个扩散长度的缓变形异质结．

我们以 p-n 型异质结为例来考察突变型异质结的能带结构．图 20-15（a）为两种半导体材料未构成异质结时的能带示意图，其中将 E_0 标定为真空中的能量，E_F 表示材料的费米能级，E_c 和 E_v 分别表示导带底和价带顶的能量，$W=E_0-E_F$ 称为材料的功函数，$\chi=E_0-E_c$ 称为电子亲和能，两种材料禁带宽度差 $\Delta E=\Delta E_c+\Delta E_v$．这里，我们假设 p 型半导体材料的禁带宽度小于 n 型半导体材料的禁带宽度．

两种材料结合形成突变异质结，平衡时，两块半导体有统一的费米能级 $E_F=E_{F1}=E_{F2}$，如图 20-15（b）所示．两块半导体材料交界面的两端形成了空间电荷区．n 型半导体一边为正空间电荷区，p 型半导体一边为负空间电荷区．正负空间电荷区产生电场，也称为内建电场，因为电场存在，电

子在空间电荷区中各点有附加电势能，能带发生了弯曲，能带总的弯曲量就是真空电子能级的弯曲量

$$qV_D = E_{F2} - E_{F1},$$

其中 V_D 为接触电势差．由于两种材料的导带底和价带顶能量不一样，能带在交界面处不连续，有一个突变．导带底交界面处的突变为两种材料亲和能之差

$$\Delta E_c = \chi_1 - \chi_2,$$

而价带顶的突变为

$$\Delta E_v = (E_{g2} - E_{g1}) - \Delta E_c.$$

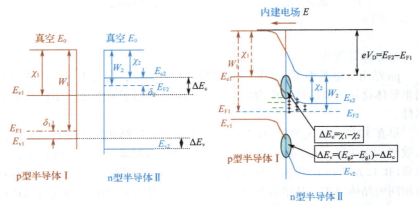

（a）两种半导体材料未构成异质结时的能带　　（b）两种半导体材料突发pn异质结的能带结构

图 20-15　异质结的能带结构图

其他类型的异质结的能带结构也可做类似的分析．它们具有两个共同的特征：空间电荷区导致能带弯曲，以及不同材料导带底和价带顶能量不同导致界面处能带不连续．一个影响异质结能带结构的重要因素是表面态，两种材料交界面由于晶格常数失配产生一些不饱和键，从而形成表面态．根据表面能级理论计算可得，当金刚石结构的晶体表面能级密度在 10^{13}cm^{-2} 以上时，在表面处的费米能级位于禁带宽度的 $\frac{1}{3}$ 处（称为巴丁极限）．对于 n 型半导体，悬挂键起受主作用，因此，表面能级向上弯曲．对于 p 型半导体，悬挂键起施主作用，因此，表面能级向下弯曲．所以，考虑表面态效应后，能带的弯曲将发生变化．这里，我们不做过多介绍，有兴趣的读者可参考专业的半导体物理教材．

我们根据图 20-15 所示的能带结构，还可以得到在 p 区和 n 区中电子浓度之间的关系．前文我们提到，电子浓度正比于因子 $\exp\left(\dfrac{E_c - E_F}{kT}\right)$，所以作为 p 区中少数载流子的电子和作为 n 区中多数载流子的电子的浓度之比为

$$\frac{n_{10}}{n_{20}} = \exp\left(\frac{\Delta E_c - eV_D}{kT}\right), \tag{20.2.7}$$

这里 n_{10} 和 n_{20} 分别表示 p 区和 n 区的电子浓度．对于 p 区和 n 区的空穴浓

度，也有类似的等式：

$$\frac{p_{20}}{p_{10}} = \exp\left(\frac{\Delta E_v - eV_D}{kT}\right), \qquad (20.2.8)$$

其中 p_{10} 和 p_{20} 分别表示 p 区和 n 区的空穴浓度.

采用与同质结类似的办法，可估计异质结中电流电压特性. 考察图 20-15 所示的 pn 异质结，在结上外加正向电压 V，电子在 p 区往交界面扩散的电流密度 J_n 正比于因子 $\exp\left(\frac{eV}{kT}\right) - 1$，同时它还应正比于 p 区中的电子浓度 n_{10}，即

$$J_n = C_1 n_{10}\left[\exp\left(\frac{eV}{kT}\right) - 1\right].$$

空穴在 n 区往交界面扩散的电流密度 J_p 正比于因子 $\exp\left(\frac{eV}{kT}\right) - 1$，同时它也应正比于 n 区中的空空浓度 p_{20}，即

$$J_p = C_2 p_{20}\left[\exp\left(\frac{eV}{kT}\right) - 1\right].$$

总的电流密度 $J = J_n + J_p$.

半导体异质结非常重要的一个性质是其具有超注入特性. 超注入现象是指在异质结中由宽禁带半导体注入到窄禁带半导体中的少数载流子浓度可超过宽禁带半导体中多数载流子浓度. 为了导出空穴和电子注入的比例，我们考察图 20-15 所示的 pn 异质结. 由 J_n 和 J_p 的表达式可得

$$\frac{J_n}{J_p} \propto \frac{n_{10}}{p_{20}},$$

将式 (20.2.7) 和式 (20.2.8) 代入

$$\frac{J_n}{J_p} \propto \frac{n_{20}}{p_{10}}\exp\left(\frac{\Delta E_c + \Delta E_v}{kT}\right).$$

在常温下，p 区掺入的施主和 n 区掺入的受主基本都电离了，即 $n_{20} \approx N_{D2}$，$p_{10} \approx N_{A1}$，所以，最终得到

$$\frac{J_n}{J_p} \propto \frac{N_{D2}}{N_{A1}}\exp\left(\frac{\Delta E_g}{kT}\right),$$

这里 $\Delta E_g = \Delta E_c + \Delta E_v$. 由于因子 $\exp\left(\frac{\Delta E_g}{kT}\right)$ 与 ΔE_g 密切相关，在 ΔE_g 比 kT 大的情况下，即使 $N_{D2} < N_{A1}$ 仍可得到很大的注入比. 以窄禁带 p 型 GaAs 作为图 20-15 中的半导体 I，宽禁带 n 型 $Al_{0.3}Ga_{0.7}As$ 作为半导体 II，二者的禁带宽度之差 $\Delta E_g = 0.37eV$. 设 p 区掺杂浓度为 $2\times10^{19}cm^{-3}$，n 区掺杂浓度为 $5\times10^{17}cm^{-3}$，则 300K 时，

$$\frac{J_n}{J_p} \propto \frac{N_{D2}}{N_{A1}}\exp\left(\frac{\Delta E_g}{kT}\right) = 4\times10^4.$$

这表明虽然禁带较宽的 n 区掺杂浓度较 p 区低近两个数量级，但注入比仍可高达 4×10^4.

　　pn 异质结的这一高注入特性是区别于 pn 同质结的主要特点之一，利用该性质可优化器件性能．例如，在 npn 双极性晶体管中，在降低基极电阻的条件下，仍可获得高发射效率．npn 双极性晶体管中发射极发射效率为 $\gamma = \dfrac{J_n}{J_n + J_p}$．在同质结中，为了提高发射效率，需要发射区掺杂浓度比基区高几个数量级，这就要求基区掺杂浓度不能太高，从而使基区电阻增大．为了降低基区电阻，基区宽度就不能太薄，从而影响器件频率的提高．利用异质结中 n 区掺杂很少就能达到高 γ，可使基区宽度大大减少．

　　异质结的一个重要应用是调制掺杂异质结：用 n 型重掺杂的 AlGaAs 与未掺杂的 GaAs 构成异质结，如图 20-16 所示．在结平面上，位于 GaAs 区域的电子可以自由运动；在与结平面垂直的方向上，电子被束缚在界面几个到几十个原子层的范围内，这样的电子成为二维运动的电子气．需要强调的是，二维电子气的实现推动了凝聚态物理的发展．

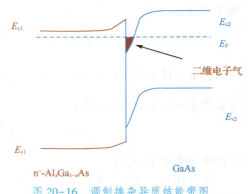

图 20-16　调制掺杂异质结能带图

例如，其输运性质的研究导致了量子霍尔效应的发现，并带动了材料拓扑性质的研究．另外，这种异质结具有很高的迁移率（即电导率除以电子电荷密度）．异质结电子供给区在重掺杂的 $Al_x Ga_{1-x} As$ 区，输运过程发生在不掺杂的 GaAs 中，电子在输运过程中所受的电离杂质散射作用减少，从而大大提高电子迁移率．调制掺杂异质结制成的高迁移率晶体管已广泛用于卫星接收、雷达系统及其他各种微波/毫米波系统．

　　此外，利用双异质结可以制成量子阱结构，还可以通过交替生长两种半导体材料薄层而组成一种被称为超晶格的一维周期性结构，如图 20-17 所示．异质结在光电器件方面也有广泛应用，利用异质结制作的激光器、电子发光二极管、光电探测器等比同质结制作的同类器件性能优越．例如，1969 年第一次制成的单异质结激光器，能带结构如图 20-18 所示，在器件中，采用了重掺杂的 p 型 AlGaAs，该材料形成高势垒，电子受到阻碍，不能进入 AlGaAs 区，从而使 p-GaAs 中电子浓度增加，提高了增益．

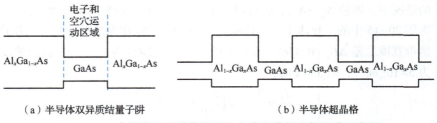

（a）半导体双异质结量子阱　　　　　（b）半导体超晶格

图 20-17　半导体双异质结量子阱和半导体超晶格能带示意图

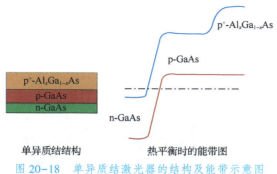

图 20-18 单异质结激光器的结构及能带示意图

MOS 场效应晶体管

利用电场来控制电路中电流的导通和断开是半导体物理的重要研究内容. 利林菲尔德(J. E. Lilienfield)和黑尔(O. Heil)分别在 1926 年和 1935 年概述了场效应晶体管的一些早期概念. 直到 20 世纪 40 年代, 由于工艺的问题, 一直未能实现半导体中电流的调制, 贝尔实验室的研究人员转变思路, 研制成功了双极性晶体管. 此后一段时间, 大部分半导体研究都集中在改进双极性晶体管上. 1958 年德州仪器建立了第一个集成电路, 该电路由连接在一块硅片上的两个双极性晶体管组成, 从而开启了"硅时代". 早期的集成电路都使用双极性晶体管, 这种晶体管的缺点之一是存在较高的静态功耗, 即使电路不切换也要消耗功率, 这就限制了可以集成到单个硅芯片中的晶体管的数量.

1960 年, 贝尔实验室的阿塔拉(M. Atalla)发明了被后人称为表面钝化的技术, 通过在硅片晶圆上培养出二氧化硅表层, 使电流中的电子摆脱了陷阱和散射. 其后, 他和强克(Kahng)制成了第一个表面应用金属氧化物的场效应晶体管(metal-oxide-semiconductor field effect transistor, MOS-FET). 相对于双极性晶体管, 场效应晶体管的功耗要低一些, 集成度有所提高. 同时, 它还具有输入电阻高、噪声小、动态范围大、易于集成、没有二次击穿、安全工作区域宽等优点, 现已成为双极性晶体管和功率晶体管的强大竞争者.

图 20-19 所示为一种导电载流子为电子的增强型 MOS 管结构示意图. 它具有漏极(drain, D)、源极(source, S)、栅极(gate, G)和本体(bulk, B)4 个端子设备, 主体经常连接到源端, 可将端子减少到 3 个. 在 p 型硅基板(也称为主体)上, 器件的顶部中央部分形成一个低电阻率的栅极, 该栅极通过绝缘体与主体隔开, 早期栅极材料选用金属铝(这就是 MOS 中 M 的由来), 随着工艺的优化, 目前大多采用具有 n 型或 p 型重掺杂的多晶硅. 绝缘体常选用 SiO_2 或其他氧化物. 在衬底的两侧, 将施主杂质注入衬底, 形成重掺杂的源极和漏极, 在图 20-19 中, 这些区域用 n^+ 表示. 这种重掺杂导致这些区域的电阻率低. 如果两个 n^+ 区域偏置在不同的电势处, 则处于较低电势的 n^+ 区域将充当源极, 而另一极充当漏极, 漏极和源极端子可以根据施加到它们的电势互换. 源极和漏极之间的区域称为沟道, 它在决定 MOS 晶体管的特性方面起着重要作用.

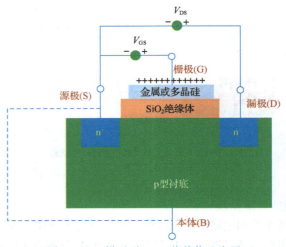

图 20-19　增强型 MOS 管结构示意图

　　当足够大的正向电压 V_{GS} 施加到栅极时，正电荷将置于栅极上方，这些正电荷将排斥来自衬底的空穴，表面处的空穴浓度较体内空穴浓度低很多，形成耗尽状态，如图 20-20(a)所示. 如果进一步提高 V_{GS} 达到一定程度，栅极上的正电荷甚至会使表面吸引电子，而将 p 型半导体内部的大量电子吸引到表面，形成反型状态，如图 20-20(b)所示. 在耗尽状态或反型状态时，源极和漏极之间的半导体表面和空间耗尽层就能够形成电子型导电的通道，称为 n 型沟道，当源极和漏极之间加电压时就能形成电流.

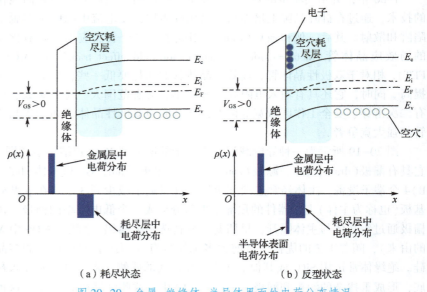

图 20-20　金属−绝缘体−半导体界面处电荷分布情况

　　从图 20-19 可以看出，源极到本体和漏极到本体各自构成一个 pn 结，两个 pn 结背靠背，形成 npn 结. MOS 管常见的一种电极连接方式是共源极接法：将源极与本体连接，这时，漏极至本体的电势比源极至本体的电势更高，因此，漏极至本体的反向偏置更大，导致漏极区附近 pn 结的耗尽层比源极侧更深．当施加跨漏极至源极的正电势时，电子从源极流经导电沟道，并由漏极排出，形成从漏极流至源极的电流 I_D．

共源极接法的栅极与衬底之间被二氧化硅绝缘层隔离，因此，栅极电流为零．n 型增强型 MOS 管的漏极输出特性曲线如图 20-21 所示，图中可分为可变电阻区、恒流区、夹断区和击穿区 4 个区域．当 V_{GS} 小于某个电压 V_{th} 时，场效应形成的耗尽状态不足以导通源极和漏极，因此形成夹断状态．当 $V_{GS} > V_{th}$ 时，I_D 才不为零，所以，V_{th} 称为开启电压．

当栅极电压和源漏电压满足 $V_{GS} > V_{th}$ 且 $V_{DS} < V_{GS} - V_{th}$ 时，V_{GS} 越大，反型层越宽，电流越大，在输出特性曲线中对应的区域为 MOS 管的线性区（可变电阻区）．V_{GS} 为常数时，V_{DS} 上升，I_D 近似线性上升，表现为一种电阻特性；而 V_{DS} 为常数时，V_{GS} 上升，I_D 也近似线性上升，表现为一种压控电阻的特性．

在可变电阻区 V_{DS} 较大时，源极和漏极之间的电场开始导致右侧的沟道变窄，如图 20-22 所示．这时，电阻变大，电流 I_D 增加开始变缓．V_{DS} 继续增大到一定程度后，右沟道被完全夹断了，此时源极和漏极之间的电压都分布在靠近漏极的夹断耗尽区，夹断区的增大（即沟道宽度减小）导致的电阻增大，抵消了 V_{DS} 对 I_D

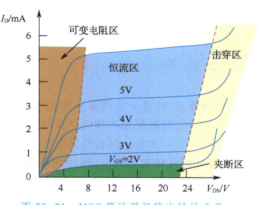

图 20-21 MOS 管的漏极输出特性曲线

的正向作用，从而导致电流 I_D 几乎不再随 V_{DS} 增加而变化．此时的漏极载流子是在强电场的作用下扫过耗尽区达到源极．在图 20-21 中对应的区域为 MOS 管的恒流区，也叫饱和区或放大区．但是因为有沟道调制效应，导致沟道长度有变化，所以曲线稍微上翘一点．

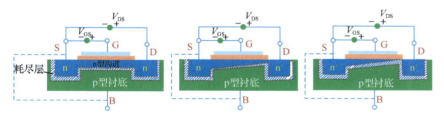

（a）V_{DS} 较小时的可变电阻区　（b）V_{DS} 较大时的可变电阻区　（c）右沟道夹断的恒流区

图 20-22 MOS 管中耗尽层随 V_{DS} 增大的变化情况

需要指出的是，如果 V_{GS} 过大，会导致栅极很薄的氧化层被击穿损坏；

如果 V_{DS} 过大，则会导致漏极和衬底之间的反向 pn 结雪崩击穿，大电流直接流入衬底．这些条件下在图 20-21 中对应的区域即为击穿区．

上述 MOS 管中导电载流子为电子，这种 MOS 管称为 NMOS 管；沟道中载流子为空穴的 MOS 管称为 PMOS 管．另外，根据操作类型，MOS 管又可分为耗尽型和增强型．如前所述，当在栅极加正向电压时感应出导电通道，只有 V_{GS} 大于开启电压时，才会形成 I_D，这种 MOS 管称为增强型 MOS 管．而在 SiO_2 绝缘层中掺有大量离子，使源极和漏极之间的衬底表面形成天然的沟道，如在 NMOS 的 SiO_2 绝缘层中掺入正离子 Na^+ 或 K^+，形成天然的 n 型沟道，这样的 MOS 管称为耗尽型 MOS 管．这种 MOS 管的开启电压为零，要使导电通道截止，需要加反向电压．

MOS 场效应晶体管虽然直到 1960 年才首次被实现，但因为制造成本低廉、使用面积较小、集成度高的优势，在大规模集成电路或超大规模集成电路领域里，重要性远超过双极性晶体管．近年来，随着 MOS-FET 组件性能的逐渐提升，除了传统上应用于微处理器、微控制器等数字信号处理的场合之外，越来越多模拟信号处理的集成电路也开始用 MOS 场效应晶体管来实现．

20.3 超导体

超导体是 20 世纪物理学重要的发现之一，在很长的一段时间里，超导性质的研究是凝聚态物理的热点研究方向．人们将低温下直流电阻消失的现象称为超导电性，具有超导电性的材料称为超导体．1908 年，荷兰物理学家昂内斯（H. K. Onnes）成功地液化了氦，从而得到一个新的低温区，他在该低温区内测量各种纯金属电阻．1911 年他发现，当温度降到 4.2K 附近时，汞样品的电阻突然降为 0，如图 20-23 所示．不仅仅是纯汞，甚至汞和锡的合金也具有这种性质．

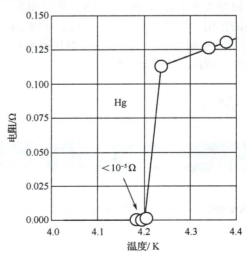

图 20-23　汞的电阻与温度的关系

　　由图 20-23 可以看出，存在一个临界温度，记为 T_c，当 $T>T_c$ 时，超导材料与正常金属一样，具有一定的电阻率；当 $T<T_c$ 时，材料处于电阻为零的状态，称为超导态，临界温度 T_c 称为转变温度. 因在氦液化和超导态发现方面的贡献，昂内斯于 1913 年获得了诺贝尔物理学奖.

　　为了使超导材料有实用性，人们开启了提高超导转变温度的探索历程. 从 1911 年至 1986 年，超导转变温度从 4.2K 提高到了 23.22K，材料包括金属和合金等. 1957 年，由巴丁、库珀（Cooper）和施里弗（Schrieffer）建立的 BCS 理论合理解释了这类超导体中超导电性的起源，认为超导电性来自于材料中电子与晶格振动之间相互作用，这种超导材料后来被称为**常规超导体**. 巴丁、库珀和施里弗因对常规超导机制的解释而获得 1972 年诺贝尔物理学奖.

　　1986 年出现的高温超导体打破了 BCS 理论预测的常规超导体的临界温度上限，引起了物理学界巨大震动和广泛关注. 1986 年，人们发现钡镧铜氧化物的超导转变温度为 30K，同年，这一纪录刷新到 40.2K，1987 年升至 43K. 不久，科学家朱经武、吴茂昆、赵忠贤相继在钇钡铜氧系材料上把超导临界温度提高到 90K 以上. 1987 年年底，人们在铊钡钙铜氧系材料上把超导临界温度记录提高到 125K. 20 世纪 90 年代初，人们在铊汞铜钡钙氧系材料上把超导临界温度记录提高到 138K. 高温超导体取得了巨大突破，使超导技术走向大规模应用.

　　超导电性机理方面仍有许多物理问题等待解决，特别是高温超导的配对机制，目前仍不清楚. 目前还没有统一而完备的理论能够解释人们在所有高温超导体中观察到的各种奇异现象. 本节将简单介绍传统超导体的性质和 BCS 理论，并对有重要应用价值的约瑟夫森（Josephson）效应做简单介绍，最后简单综述有关高温超导体的一些现象.

超导电性

　　零电阻是超导态的一个重要特性. 当超导体处于超导态时，电阻完全消失，用它组成闭合回路时，一旦在回路中有电流，则回路中电流不会损耗，不需要任何电源补充，电流可以持续存在下去，形成所谓的持续电流. 法勒（File）和迈尔斯（Mills）利用核磁共振方法，研究螺线管中超导电流产生的磁场的变化，精确地测量了超导电流的变化. 他们发现，超导电流的衰变时间不短于 10 万年.

　　强磁场和强电流会破坏超导电性，存在临界磁场和临界电流是超导态的第二个重要特征. 1913 年，昂内斯曾企图用金属线绕成线圈，并使线圈处于超导态，他发现当超导线圈中的电流超过某一个临界值时，线圈就变成正常态. 1914 年，他从实验中发现材料的超导态可以被外加磁场破坏而转入正常态. 破坏超导态所需的最小磁场强度，称为**临界磁场**，以 H_c 表示. 临界磁场与超导体的种类和超导态所处的温度有关. 一般来说，临界磁场与温度之间的关系为

$$H_c(T)=H_c(0)\left[1-\left(\frac{T}{T_c}\right)^2\right],\quad T<T_c, \qquad (20.3.1)$$

如图 20-24 所示. $H_c(0)$ 表示 $T=0$K 时的临界磁场强度. 不同材料的

$H_c(0)$ 不同.

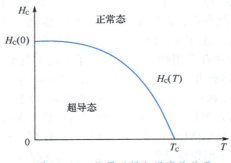

图 20-24　临界磁场与温度的关系

　　临界磁场限制了超导体中能够通过的电流.当超导体导线电流超过一个数值 I_c 时,这个电流将产生超过 H_c 的磁场强度,从而破坏了超导体.我们将 I_c 称为**超导临界电流**,显然,它与温度之间也有类似式(20.3.1)的关系:

$$I_c(T) = I_c(0)\left[1-\left(\frac{T}{T_c}\right)^2\right], \quad T<T_c,$$

其中 $I_c(0)$ 表示 $T=0\text{K}$ 时的临界电流.

　　完全抗磁性是块体超导体的重要性质.1933 年,迈斯纳(Meissner)和奥森菲尔德(Ochsenfeld)发现,如果超导体在磁场中被冷却到转变温度以下,则在转变点处的磁感应线将从超导体中被排出,如图 20-25 所示.这一现象被称为迈斯纳效应.需要说明的是,由电阻为零并不能得出超导体中磁感应强度为零,因此,完全抗磁性也是超导态的一个基本性质.

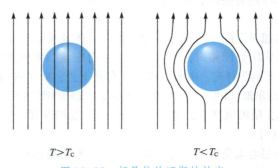

$T>T_c$　　　　　　　　　$T<T_c$

图 20-25　超导体的迈斯纳效应

　　图 20-26 给出了超导体中磁化强度随外加磁场强度的变化情况.其中,图 20-26(a)适用于放置在纵向磁场中的长实心圆柱样品.可以看出,在 $H<H_c(T)$ 时,

$$B=\mu_0(H+M) = 0.$$

这类超导体称为第Ⅰ类超导体.第Ⅰ类超导体 $H_c(T)$ 太低,应用价值不大.

　　很多合金或正常态具有高电阻率的过渡金属则表现出如图 20-26(b)所示的磁化强度随外磁场的变化情况,其中存在下临界磁场 H_{c1} 和上临界

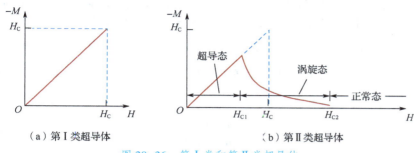

（a）第Ⅰ类超导体　　　　　　　（b）第Ⅱ类超导体

图 20-26　第Ⅰ类和第Ⅱ类超导体

磁场 H_{C2}. 在 $H<H_{C1}$ 时，表现出完全的迈斯纳效应，而在 $H_{C1}<H<H_{C2}$ 区间，抗磁性不完全，磁通线贯穿超导体，这时的超导体处于涡旋态. 直到 $H>H_{C2}$ 时，超导体才失去电阻为零的超导特性. 第Ⅱ类超导体的 H_{C1} 一般不超过 10^4A/m，但 H_{C2} 很高，为 $1\times10^7\sim3\times10^7$A/m. 在这么高的磁场下，第Ⅰ类超导体早已失去超导性. 具有很高的 H_{C2} 使第Ⅱ类超导体具有很高的应用价值.

存在能隙是超导态的又一重要特性. 在绝缘体中，空的导带和填满的价带之间存在能量间隙，将电子从价带激发到导带需要一定的能量，从而导致电子在导带底的浓度和价带顶的浓度之比约为 $\exp\left(-\dfrac{E_g}{kT}\right)$. 在超导体中，人们测量比热容随温度的变化时发现，超导体比热容以指数因子 $\exp\left(-\dfrac{\Delta}{kT}\right)$ 形式变化，与正常态的线性变化有很大的不同，如图 20-27 所示. 这一现象提示电子被激发要跨越一个能隙. 需要指出的是，能隙是超导态的一个重要特性，但不具有普适性，不是超导性存在的必要条件. 某些杂质可以降低超导体的临界温度，能使能隙减小. 某些高杂质超导体，能隙为零，但 T_C 仍是有限值，从而形成无能隙超导体. 另外，磁场也可以造成无能隙的超导体.

从正常态向超导体转变是一种相变. 不同于物质的物态变化，这种相变没有潜热，但存在比热容的不连续性. 因此，这种相变称为第二类相变.

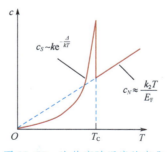

超导态的第 5 个特性是同位素效应. 人们发现，超导临界温度随同位素质量的变化而变化. 例如，对于水银，当平均原子量 M 从 199.5 变化到 203.4 原子质量单位时，T_c 也从 4.185K 变化到 4.146K. 同位素与转变温度之间满足经验公式：

图 20-27　比热容随温度的变化

$$M^\alpha T_C = 常数.$$

从 T_C 与同位素质量的关系可以判断，电子与晶格振动的相互作用和超导电性之间有深刻的联系.

为了描述上述实验事实，1935 年伦敦兄弟两人（F. London 和 H. London）基于零电阻现象和迈斯纳效应这两个超导电性实验现象，并结合电磁理论，建立了唯象理论. 在理想导体中，在电场 $\vec{E}$ 作用下电子获得的加速度为 $\vec{a} = -\dfrac{e}{m}\vec{E}$，将电流密度与漂移速度的关系 $\vec{J}_s = -n_s e\vec{v}$（$n_s$ 为超导电子浓度）两边关于时间求导，则有

$$\frac{\mathrm{d}\vec{J}_s}{\mathrm{d}t} = \frac{n_s e^2}{m}\vec{E}. \tag{20.3.2}$$

这一方程称为伦敦第一方程，描述的是零电阻效应：当 $\vec{E}=0$ 时，仍可能存在 $\vec{J}_s =$ 常数的超导持续电流.

取式（20.3.2）的旋度，并利用麦克斯韦方程组的 $\nabla \times \vec{E} = -\dfrac{\partial \vec{B}}{\partial t}$，则有

$$\frac{\partial}{\partial t}(\nabla \times \vec{J}_s) = -\frac{n_s e^2}{m}\frac{\partial \vec{B}}{\partial t},$$

由此可得

$$\vec{B} = -\frac{m}{n_s e^2}\nabla \times \vec{J}_s + \vec{B}_0, \tag{20.3.3}$$

其中 $\vec{B}_0$ 为不随时间变化的磁场. 导出式（20.3.3）仅利用了超导电性的电阻为零的条件.

为了进一步考察超导体的抗磁性，需要引入矢势的概念. 在电磁学中，考虑到磁场满足 $\nabla \cdot \vec{B} = 0$，而任意矢量旋度的散度都为零——$\nabla \cdot (\nabla \times \vec{A}) = 0$，因此，我们可以用另外的矢量 $\vec{A}$ 来描述 $\vec{B}$，即令

$$\vec{B} = \nabla \times \vec{A}, \tag{20.3.4}$$

$\vec{A}$ 称为矢势 [类似于在静电场中，由于 $\nabla \times \vec{E} = 0$，而任意标量场 U 的梯度的旋度都为零——$\nabla \times (\nabla U) = 0$，从而定义电势 U 满足 $\vec{E} = -\nabla U$]. 而在随时间变化的电磁场中，利用麦克斯韦方程组中的 $\nabla \times \vec{E} = -\dfrac{\partial \vec{B}}{\partial t}$ 及式（20.3.4），可得

$$\nabla \times \left(\vec{E} + \frac{\partial \vec{A}}{\partial t}\right) = 0.$$

利用任意标量场梯度的旋度都为零，我们引入 U，并定义

$$\vec{E} = -\frac{\partial \vec{A}}{\partial t} - \nabla U, \tag{20.3.5}$$

称 U 为标势. 显然，在静电场中，U 为静电势. 需要注意的是，利用矢势和标势刻画电磁场时，如果将 $\vec{A}$ 和 U 换成 [$f(\vec{r},t)$ 为任意可微函数]

$$\vec{A}' = \vec{A} + \nabla f, U' = U - \frac{\partial f}{\partial t},$$

则 $\vec{E}$ 和 $\vec{B}$ 保持不变，这一不变性称为规范不变性. 由此可见在用矢量势和

标量势描述电场和磁场时，$\vec{A}$ 和 U 的选取有一定的自由度.

回到超导电流与磁感应强度的关系（20.3.3）. 为了描述迈斯纳效应，伦敦兄弟假设 $\vec{B}_0 = 0$，即

$$\vec{B} = -\frac{m}{n_s e^2} \nabla \times \vec{J}_s, \tag{20.3.6}$$

此式称为伦敦第二方程. 比较式（20.3.6）和式（20.3.4），可假设电流密度

$$\vec{J}_s = -\frac{n_s e^2}{m} \vec{A}, \tag{20.3.7}$$

利用式（20.3.6）和式（20.3.7）可导出迈斯纳效应. 将式（20.3.7）代入方程 $\nabla \times \vec{B} = \mu_0 \vec{J}_s$ 得

$$\nabla \times \vec{B} = -\frac{n_s e^2 \mu_0}{m} \vec{A},$$

对该式等号左右两边取旋度，由式（20.3.4）可知，等号右边正比于 $\vec{B}$：

$$\nabla \times (\nabla \times \vec{B}) = -\frac{n_s e^2 \mu_0}{m} \vec{B}. \tag{20.3.8}$$

利用算符恒等式 $\nabla \times (\nabla \times \vec{B}) = \nabla(\nabla \cdot \vec{B}) - (\nabla \cdot \nabla)\vec{B}$，而其中的 $\nabla \cdot \vec{B} = 0$，所以式（20.3.8）可化简为

$$(\nabla \cdot \nabla)\vec{B} = \frac{n_s e^2 \mu_0}{m} \vec{B}. \tag{20.3.9}$$

由式（20.3.9）可得到磁感应强度从超导体边界到内部呈指数衰减分布. 为了说明这一点，考察在 $z>0$ 的半无限超导样品，当外磁场平行于 $z=0$ 平面时，式（20.3.9）可化简为

$$\frac{\mathrm{d}^2 \vec{B}}{\mathrm{d}z^2} = \frac{n_s e^2 \mu_0}{m} \vec{B},$$

该方程指数衰减的解为

$$\vec{B}(z) = \vec{B}(0) \exp\left(-\frac{z}{\lambda_L}\right),$$

这里 $\lambda_L = \sqrt{\dfrac{m}{n_s e^2 \mu_0}}$，表示在样品表面内约 λ_L 厚度的薄层内存在磁场. λ_L 代表磁场透入超导样品的深度，称为 **穿透深度**. 由于磁感应强度随 z 增大指数衰减，矢势 $\vec{A}$ 也约在 λ_L 的尺度上减为零，因此，由式（20.3.7）可得出，超电流 $\vec{J}_s$ 也仅在 λ_L 厚度的薄层内分布.

事实上，$\vec{J}_s$ 起着屏蔽外磁场的作用. 列如，在上述半无限超导样品中，如果外磁场沿正 x 轴，随 z 轴指数衰减的矢势 $\vec{A}$ 只有 y 分量正向，$\vec{J}_s$ 沿 y 轴负向，利用安培定理可得，$\vec{J}_s$ 产生的磁场沿 x 轴负向，起着屏蔽外磁场的作用.

对于纯金属样品，在 $T=0$ 时 λ_L 的理论值为 $10^{-6} \sim 10^{-5} \mathrm{cm}$ 量级. 但是，实验测量值往往比理论值大好几倍，这是因为伦敦方程忽略了超导体中的

另一个重要参量——相干长度的影响. 历史上，该参量首次出现在朗道-金兹堡方程的解中，这里不再描述.

BCS 理论简介

超导电性的量子理论基础由巴丁、库珀和施里弗于 1957 年建立. 这一被称为 BCS 的超导电性理论具有广泛的应用，从处于凝聚相的 ^{3}He 原子到第 I 类和第 II 类金属超导体，甚至到基于 CuO_2 平面的高温超导，都有 BCS 理论的用武之地.

在 BCS 理论中最重要的思想是库珀提出的电子对概念，而电子配对是由于电子与离子格波之间相互作用形成的. 在晶体中，离子偏离平衡位置而产生振动，这种振动以波的形式在晶格中传播，这种波称为格波. 根据量子理论，格波是量子化的，其量子称为声子，形成格波的过程就相当于电子发射出一个声子. 当电子在晶格中运动时，由于库仑引力作用，电子吸引临近的晶格离子，使离子稍稍靠拢过来，并形成一个正电荷相对集中的小区域，这就相当于电子发射声子，该正电荷区域又可以吸引另一个运动的电子过来，将动量和能量传递给这个电子. 这就相当于电子吸收声子. 上述全部过程就是两个电子通过交换一个声子发生间接的相互作用，这种交换使两个电子产生间接的吸引作用.

按照统计理论的观点，由于泡利不相容原理，$T=0$ 时，在不考虑彼此相互作用的情况下，金属材料导带（未满带）中所有电子可填充到一个最大能量，该能量称为费米能级. 填满至费米能级的无相互作用的电子构成基态，这个态允许任意小的激发，即能量恰好为费米能级的一个电子提高能量即可形成激发态. 库珀证明，能量稍高于费米能级的两个自旋相反、动量大小相同但方向相反的电子，它们之间通过相互吸引作用，无论强弱，总能束缚成对，形成的能量要比在费米能级上单独附加两个无相互作用的自由电子的能量更低. 我们将自旋相反、动量大小相同但方向相反的两个配对电子称为库珀对.

受库珀工作的启发，巴丁、库珀和施里弗设想，超导基态不再是前面提到的由费米能级描述的自由电子基态，而应该是按库珀对分布的状态，新的基态（称为 BCS 态）同最低的激发态之间由一个有限的能量 Δ 隔开. 图 20-28 展示了 $T=0K$ 时，无相互作用基态和 BCS 基态的能级占据情况. 可以看出，BCS 基态能级占据在 $E_F-\Delta$ 到 $E_F+\Delta$ 之间"模糊化"，表明库珀对的凝聚主要发生在费米能级附近.

库珀对是 BCS 理论的重要要素. 研究表明，库珀对两个电子的平均距离约为 10^{-6}m，而晶体内晶格间距约为 10^{-10}m，库珀对在晶体中要延展到几千个原子范围. 库珀对作为整体与晶格作用，就是这些电子对不断发生旧对解体和新对形成的过程.

利用 BCS 理论，可以说明超导体的基本特性. 当 $T<T_C$ 时，超导体内存在大量的库珀对. 在外电场的作用下，所有这些库珀对都获得相同的动量，朝同一方向运动，不会受到晶格的任何阻碍，形成几乎没有电阻的超导电流. 当 $T>T_C$ 时，热运动使库珀对分散为正常电子，电子间的吸引力不复存在，超导体就失去超导电性而转变为正常态. 如果给处于超导态的

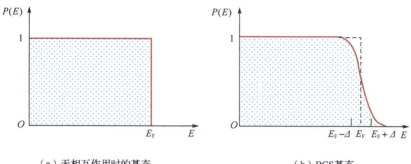

（a）无相互作用时的基态　　　　　　　　（b）BCS基态

图 20-28　$T=0K$ 时无相互作用基态和 BCS 基态的能级占据情况

超导材料加上磁场，所有库珀对就受到磁场的作用．当磁场强度达到临界磁场时，磁场能量等于库珀对的结合能，所有库珀对都获得能量而被拆散，材料从超导态过渡到正常态．

BCS 理论能够解释大量的超导实验现象，是一个比较成功的理论．该理论促进了实际应用的发展．自 1957 年以来，超导材料器件制备迅速发展，并具备优越的性能．但对于高温超导体，由于同位素效应反常，BCS 理论不能对高温超导现象给予满意的解释．

约瑟夫森效应

BCS 理论认为，库珀对的形成会导致能量的降低，从而在费米能级附近出现能隙，实验上在比热容测量中也观测到能隙．1960 年，贾埃沃（Giaever）利用金属和超导体之间的隧道效应，进一步证实了能隙的存在．在此基础上，英国物理学家约瑟夫森研究超导体-绝缘体-超导体之间的隧道贯穿效应，首次预测了超导状态下库珀对的隧穿现象，他因此获得 1973 年诺贝尔物理学奖．约瑟夫森结在量子线路中有许多重要的应用，如超导量子干涉仪、超导量子计算以及快速单磁通量子数字电子设备等．

考虑两块金属被绝缘体隔开，如图 20-29 所示．绝缘层通常对从一种金属流向另一种金属的传导电子起阻挡层的作用，然而，如果阻挡层足够薄（如小于20Å），由于隧道贯穿效应，撞击阻挡层的电子有较大的概率从一种金属穿越到另一种．当两种金属都为正常导体时，金属-绝缘体-金属所组成的隧道结的电流电压特性为线性欧姆关系．1960 年，贾埃沃发现，如果其中一个金属成为超导态，当电压大于某临界电压 V_C 时，电流大致线性地随电压的增加而增加；然而在 $V<V_C$ 时，穿过隧道结的电流随电压的减少指数地衰减到零，如图 20-30 所示．这一实验事实说明，当 $eV<eV_C=\Delta$ 时，附加电压不足以激发电子导电，从基态激发电子至少需要 Δ 的能量．

图 20-29　两块金属被绝缘体隔开

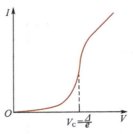

图 20-30　正常导体-绝缘体-超导体隧道
结中电流随电压的变化情况（$T>0$）

约瑟夫森则考虑两端导体都是超导态时的**电子对**隧穿情况. 令 ψ_1 和 ψ_2 分别为隧道结两端超导体中电子对波函数，为简单起见，假设两个超导体全同. 由于绝缘体的存在，可以在隧道结的两侧加上电压 V，电子对在穿过隧道结时势能改变 qV，这里 $q=-2e$. 我们可以认为电子对在隧道结的一边势能为 $-eV$，而在隧道结的另外一边势能为 eV. 设电子跨越绝缘层的速率可用参量 α 描述，即认为 ψ_1 和 ψ_2 满足方程

$$i\hbar\frac{\partial\psi_1}{\partial t}=\hbar\alpha\psi_2-eV\psi_1 \ ; \ i\hbar\frac{\partial\psi_2}{\partial t}=\hbar\alpha\psi_1+eV\psi_2.$$

假设

$$\psi_1=n_1^{\frac{1}{2}}e^{i\theta_1}, \ \psi_2=n_2^{\frac{1}{2}}e^{i\theta_2},$$

其中 $n_1, n_2, \theta_1, \theta_2$ 为待定实函数. 于是有

$$\frac{\partial\psi_1}{\partial t}=\frac{1}{2n_1^{\frac{1}{2}}}e^{i\theta_1}\frac{\partial n_1}{\partial t}+i\psi_1\frac{\partial\theta_1}{\partial t}=-i\alpha\psi_2+\frac{ieV}{\hbar}\psi_1,$$

$$\frac{\partial\psi_2}{\partial t}=\frac{1}{2n_2^{\frac{1}{2}}}e^{i\theta_2}\frac{\partial n_2}{\partial t}+i\psi_2\frac{\partial\theta_2}{\partial t}=-i\alpha\psi_1-\frac{ieV}{\hbar}\psi_2,$$

将这两式分别乘以 $n_1^{\frac{1}{2}}e^{-i\theta_1}$ 和 $n_2^{\frac{1}{2}}e^{-i\theta_2}$，并令 $\delta=\theta_2-\theta_1$，得

$$\frac{1}{2}\frac{\partial n_1}{\partial t}+in_1\frac{\partial\theta_1}{\partial t}=-i\alpha(n_1n_2)^{\frac{1}{2}}e^{i\delta}+\frac{ieV}{\hbar}n_1,$$

$$\frac{1}{2}\frac{\partial n_2}{\partial t}+in_2\frac{\partial\theta_2}{\partial t}=-i\alpha(n_1n_2)^{\frac{1}{2}}e^{-i\delta}-\frac{ieV}{\hbar}n_2.$$

如果取这两个方程的实部和虚部，则有

$$\frac{\partial n_1}{\partial t}=2\alpha(n_1n_2)^{\frac{1}{2}}\sin\delta, \ \frac{\partial\theta_1}{\partial t}=-\alpha\left(\frac{n_2}{n_1}\right)^{\frac{1}{2}}\cos\delta+\frac{eV}{\hbar}; \qquad (20.3.10)$$

$$\frac{\partial n_2}{\partial t}=-2\alpha(n_1n_2)^{\frac{1}{2}}\sin\delta, \ \frac{\partial\theta_2}{\partial t}=-\alpha\left(\frac{n_1}{n_2}\right)^{\frac{1}{2}}\cos\delta-\frac{eV}{\hbar}. \qquad (20.3.11)$$

如果超导体 1 和 2 全同，则有 $n_1=n_2$. 由式（20.3.10）和式（20.3.11）可知

$$\frac{\partial\delta}{\partial t}\equiv\frac{\partial}{\partial t}(\theta_1-\theta_1)=-\frac{2eV}{\hbar},$$

将该式积分得

$$\delta(t) = \delta(0) - \frac{2eV}{\hbar}t.$$

由式（20.3.10）和式（20.3.11）中的第一个公式可以推出

$$\frac{\partial n_2}{\partial t} = -\frac{\partial n_2}{\partial t},$$

$\frac{\partial n_2}{\partial t}$ 即为从超导体 1 流向超导体 2 的电流．从式（20.3.11）的第一个公式可得出结论：通过隧道结的超导电子对电流 I 可写成

$$I = I_0 \sin\delta = I_0 \sin\left[\delta(0) - \frac{2eVt}{\hbar}\right]. \qquad (20.3.12)$$

上式表明，当 $V=0$ 时，将一直流电流通过隧道结，电流大小由位相差 $\theta_2 - \theta_1$ 的值决定，在 I_0 和 $-I_0$ 之间，如图 20-31 所示．该现象称为**直流约瑟夫森效应**．

当外加电压 V 不为零但在 $0 \sim \frac{2\Delta}{e}$ 范围内，如图 20-31 中带箭头水平线所示区域，电流发生振荡，频率为

$$\omega = \frac{2eV}{\hbar}.$$

这一现象称为**交流约瑟夫森效应**．$1\mu V$ 的直流电压产生的振荡频率为 863.6MHz．当电子对穿过势垒时，会发射或吸收能量为 $\hbar\omega = 2eV$ 的光子，借助于测量电压和频率，可以获得非常精确的 $\frac{e}{\hbar}$ 值．

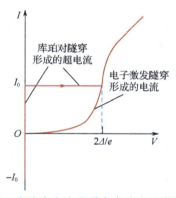

图 20-31　直流和交流约瑟夫森效应示意图（$T>0$）

高温超导体

提高超导的转变温度是技术上大规模应用超导现象的关键．基于 BCS 理论，1960 年物理学家伊利埃伯格（Eliashberg）提出了基于强电声子耦合的超导临界温度模型，麦克米兰（McMillan）进一步简化得到了超导临界温度与电声子耦合强度的关系，安德森等人进而推断，在原子晶格不失稳的状态下，超导临界温度存在一个 40K 的上限，后来被人们称为"麦克米兰极限"．当然，麦克米兰极限仅适用于常压条件下基于电声子耦合机制的超

导体(常规超导体),如果施加高压,常规超导体的临界温度有可能超越40K;而非电声子耦合机制形成的超导电性(统称为非常规超导体),也不受40K的限制.在超导被发现的随后70多年里,尽管人们发现了大量的常压超导体,麦克米兰极限却一直难以突破.

然而,1986年4月,柏诺兹(Bednorz)和缪勒(Muller)发现陶瓷材料La-Ba-Cu-O化合物的超导临界温度高达35K,从而开启了铜氧化合物超导材料的研究热潮,并且在随后的一段时间内,人们不断刷新常压超导态的临界温度,柏诺兹和缪勒因此获得了1987年诺贝尔物理学奖.铜氧化合物超导材料被认为是一种新型高温超导体.

1986年底,日本东京大学、美国休斯顿大学、中国科学院物理研究所的科学工作者用Sr置换Ba,将T_c提高到40~50K.1987年2月,物理学家朱经武与吴茂昆在美国宣布发现T_c上升到液氮温区的氧化物超导体,不久中国物理学家赵忠贤发现$T_c \approx 90$K的Y-Ba-Cu-O化合物,并首先公布其成分.1988年初,人们相继发现Bi-Sr-Ca-Cu-O系及Tl-Ba-Ca-Cu-O系超导体,转变温度超过100K,最高达125K.迄今为止,1993年发现的Hg-Ba-Ca-Cu-O保持着常压条件下最高超导临界温度的记录,T_c高达134K.

铜氧化合物高温超导体的晶体结构为层状钙钛矿结构,由铜氧层和绝缘层交替堆叠组成,如图20-32所示.大量的实验事实表明,铜氧化合物超导体均具有平面导电特性,并且载流子运动主要在CuO_2平面之中,它对超导电性的产生起主要作用,因此,铜氧层可称为导电单元.绝缘层又称为载流子库层,其主要作用是为导电单元提供载流子.例如,在图20-32所示的La-Sr-Cu-O化合物中,隔开相邻CuO_2导电层的两个(La,Sr)-O层构成La-214的电荷库,Y-Ba-Cu-O化合物中,导电单元由被Y原子隔开的两层CuO_2平面组成.改变O^{2-}含量,主要引起在Cu-O链所构成的平面中成分的变化,对导电层的载流子起调节作用.

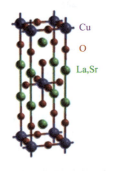
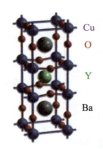

（a）$La_{2-x}Sr_xCuO_4$(La-214)　　　　　（b）$YBa_2Cu_3O_{6+x}$(Y-123)

图20-32　两种典型的铜氧化合物高温超导体结构

所有的铜氧化合物高温超导体都可以认为是由某些母体化合物经掺杂或改变氧含量形成的,母体化合物都是反铁磁绝缘体.随着掺杂的改变,化合物的性质也随之改变. 我们以温度 T 为纵轴、掺杂程度为横轴, 将铜氧化合物高温超导体相图的共同特征粗略地表示在图 20-33 中. 在 I 区为与母体相同的反铁磁绝缘体; 掺杂后反铁磁性迅速消失而进入自旋液体区 II; 再经过绝缘体-金属转变进入强关联金属区 III, 该区域无法用标准的费米液体理论解释, 在该区域降低温度将发生超导转变; 进一步掺杂, 最终进入正常金属区 V, 可用标准费米液体描述, 但降温后不再出现超导电性. 可以看出, 与常规 BCS 超导体的正常态为费米液体不同, 高温超导体的正常态为非费米液体.

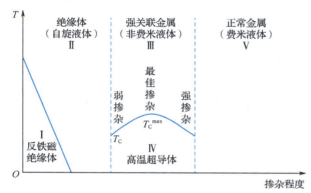

图 20-33　铜氧化合物高温超导体的相图

　　虽然高温超导体材料种类繁多, 相图复杂, 然而, 经过多年的实验研究, 人们对其基本属性有了一定的了解. 人们普遍认为, 高温超导体的超导态仍然是库珀对的凝聚态, 然而超导能隙函数 Δ 与传统 BCS 超导态不同. 研究表明. Δ 应该是动量 $\vec{k}$ 的函数——$\Delta(\vec{k})$, 且只能是其偶函数. 将 $\Delta(\vec{k})$ 用球谐函数展开的对波函数轨道部分取 $l=0$, 2, …等偶宇称解, 其中 $l=0$ 对应的超导体称为 s 波配对的各向同性 BCS 超导体, 而 $l=2$ 对应的超导体称为 d 波配对的各向异性超导体. 人们普遍认为, 高温超导体超导态库珀对的配对对称性主要是各向异性的 d 波配对. 另外, 高温超导体还具有不同于 BCS 超导体的同位素效应和温度特性等.

　　高温超导实验现象的发现立即引起了相关问题的理论研究. 其中较有影响的包括弱耦合类 BCS 理论、安德森提出的基于哈伯德模型的共振价键模型等. 然而, 迄今为止, 还未有理论能合理地解释高温超导体中所发现的所有实验现象, 高温超导机制的物理图像还无定论.

　　虽然理论上理解高温超导机理还存在一定的困难, 但近 20 年来, 实验研究却不断取得突破. 2008 年, 人们发现了第二个高温超导家族——铁基超导体, 包括 Fe-As 基、Fe-Se 基、Fe-S 基等几类化合物. 人们发现, Fe-As 基块体最高超导转变温度可达 55K, Fe-Se 单层薄膜超导转变温度可达 65K, 它们都属于非常规超导体, 无法用 BCS 理论解释. 然而, 迄今为止, 铁基超导体的临界温度未能突破液氮温度.

　　临界温度接近或高于室温一直是超导研究追求的目标. 科学家们经过多年的研究发现, 高压能显著提升超导临界温度, 如钪在高压下临界温度可达 36K. 理论预测，如果氢单质在高压下能实现金属化，依赖于很强的声子振动与电子相互作用，就有可能实现室温超导. 2015 年，人们发现，高压下 H_3S 的超导临界温度为 202K，从此开启了对高压氢化物超导的研究，随后在一系列金属氢化物中发现了超导电性，然而，这些材料的超导电性都依赖于 100GPa 量级的高压条件，应用价值不大.

 习题20

20.1 假设六角密堆积结构取以下原胞基矢：

$$\vec{a}_1 = \frac{a}{2}\vec{i} + \frac{\sqrt{3}}{2}a\vec{j}, \vec{a}_2 = -\frac{a}{2}\vec{i} + \frac{\sqrt{3}}{2}a\vec{j}, \ \vec{a}_3 = c\vec{k}.$$

试写出其倒格子基矢.

20.2 将等体积的硬球堆成下列结构，求证球体可能占据的最大体积与总体积的比为所给的数值.

(1) 简立方：$\dfrac{\pi}{6}$.

(2) 体心立方：$\dfrac{\sqrt{3}\pi}{8}$.

(3) 面心立方：$\dfrac{\sqrt{2}\pi}{6}$.

20.3 铜靶发射 $\lambda = 0.154$nm 的 X 射线入射铝单晶，如果铝面的一级布拉格反射角 $\theta = 19.2°$，试据此计算铝面族的面间距 d 与铝的晶格常数 a.

20.4 如图 20-34 所示，(a) 和 (b) 两种能带结构中，哪一种的导带电子有效质量更小一些？请说明原因.

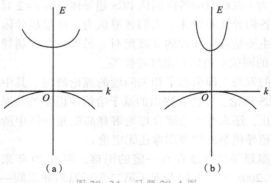

图 20-34 习题 20.4 图

20.5 已知一维晶体的电子能带可写成

$$E(k) = \frac{\hbar^2}{ma^2}\left[\frac{7}{8} - \cos(ka) + \frac{1}{8}\cos(2ka)\right],$$

式中 a 是晶格常数. 试求：

(1)能带的宽度;

(2)电子在波矢 k 的状态时的速度;

(3)能带底部和顶部电子的有效质量.

20.6 发光二极管的半导体材料能隙为 1.9eV,求所发射光的波长.

20.7 试用能带理论解释 pn 结单向导电的成因.

20.8 在半导体 Si 中分别用 Sb、As、Al、In 进行掺杂,各得到什么类型的半导体? 如果在半导体 Ge 中分别用 Sb、As、Al、In 进行掺杂,又得到什么类型的半导体?

20.9 常规超导体有哪些特性? 高温超导体呢?

20.10 验证标势和矢势的规范不变性.

20.11 超导体 Sn 在零磁场时 $T_C = 3.7\text{K}$,在零温时的临界磁场为 $H_c(0) = 24 \times 10^3 \text{A/m}$,设它服从 $H_c(T) = H_c(0) \left[1 - \dfrac{T^2}{T_C^2} \right]$,求 $T = 2\text{K}$ 时的临界磁场 $H_c(T = 2\text{K})$. 如果圆柱形 Sn 超导线半径 $r = 0.1\text{cm}$,求在 $T = 2\text{K}$ 时超导线表面的磁场强度 H 等于 $H_c(T = 2\text{K})$ 时的临界电流 I_c.

20.12 按照自由电子模型,Sn 的电子浓度为 $n_{\text{Sn}} = 14.48 \times 10^{22} \text{cm}^{-3}$,Al 的 $n_{\text{Al}} = 18.06 \times 10^{22} \text{cm}^{-3}$,求这两种材料在超导态时的穿透深度 λ_{Sn} 和 λ_{Al}.

第21章　原子核物理基础

原子核是原子的核心，是由质子和中子(统称为核子)组成的复杂量子多体系统. 核物质是物质世界的一个基本层次，原子核物理是物理学的一个基本分支. 核科学与其他学科结合，产生了很多新兴交叉学科，如核医学、放射医学、核地学、核农学、核天文学、核水文学等，这些交叉学科的研究为原子核物理研究提供了源源不断的需求和驱动力. 原子核技术产业是规模庞大的高科技产业，其发展进步也促进了原子核物理基础研究.

21.1 原子核的基本性质

核子性质

质子和中子的自旋都是 $\hbar/2$，宇称为正，统称为核子. 质子是由古德思坦(Goldstein)在 1886 年首次观测到、卢瑟福(Rutherford)于 1917—1920 年期间分辨出来并命名的. 质子带 1 个单位的正电荷 e，处于自由状态的质子质量

$$m_p = 1.67262192369(51) \times 10^{-27} \text{kg},$$

如果用能量 $m_p c^2$ 表示质子质量，则其数值为

$$m_p c^2 = 938.27208816(29) \text{MeV}.$$

质子电荷半径的最新测量结果为 0.8414(19)fm(对应中文为费米，是英文 femtometer 的简写，$1\text{fm} = 10^{-15}\text{m}$). 一般认为质子是稳定的，也有理论认为质子会衰变. 根据现有实验测量，质子的寿命下限为 6.6×10^{33} 年.

中子是查德威克(Chadwick)于 1932 年发现的，中子的净电荷为零. 自由中子的质量为

$$m_n = 1.67492749804(95) \times 10^{-27}\text{kg}, \quad m_n c^2 = 939.56542052(54)\text{MeV},$$

平均寿命为 879.4(6)s. 核子质量比电子大 1800 多倍，因此，虽然原子核只占整个原子约十万亿分之一量级的空间，却占了原子总质量的 99.9% 以上.

除了质量和电荷以外，质子和中子都有磁矩. 假如质子和中子都是点粒子，那么质子的磁矩应该为 $\dfrac{e\hbar}{2m_p}$，而中子的磁矩为零. 实际情况是，质子的磁矩

$$\mu_p = 2.7928473508(85)\mu_N,$$

而中子的磁矩

$$\mu_n = -1.91304273(45)\mu_N.$$

这里 μ_N 为单位核子磁矩，其定义为

$$\mu_N = \frac{e\hbar}{2m_p}, \tag{21.1.1}$$

质子和中子的磁矩数值与核子点粒子的假设不一致，说明核子不是点粒子，而是复合系统. 实验上测量其内部电荷分布情况如图 21-1 所示，可以看到质子在质心处电荷密度略小，在离质心很近的区域电荷密度很大，随着与质心距离的增加，电荷密度逐步下降. 中子电荷密度在质心附近为

正电荷，在与质心距离 0.3~1.2fm 区域电荷密度为负，在与质心距离约 1.3fm 区域依然弥散极低的电荷密度.

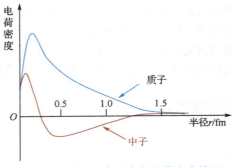

图 21-1　质子和中子内部电荷分布情况

　　在 20 世纪 80 年代之前，夸克模型认为核子很简单地由 3 个夸克构成. 夸克模型在解释重子质量谱和磁矩等性质方面很成功. 然而 20 世纪 80 年代末 EMS 合作组利用极化 μ 子对质子深度非弹性散射实验表明核子内夸克所携带的总自旋只占质子总自旋的很小一部分，这一结果曾被称为质子自旋危机. 经过几十年的研究，人们认识到质子内部夸克和胶子结构实际上是异常复杂的，深入理解质子结构及其性质还有很长的路.

核素图和 β 稳定线

　　如果给定质子数 Z 和中子数 N 的核子系统能够构成束缚态(即单核子分离能为正数)，则这个核子系统称为一个核素. 为方便研究，人们把各种核素绘制为一个以质子数 Z、中子数 N 为坐标的二维图，称为核素图，如图 21-2 所示. 通常把质子数相同的核素链称为同位素(isotopes)，同位素链上的核素属于同一种元素(迄今为止人们发现 92 种天然存在的元素、在实验室中合成鉴别 26 种元素，共 118 种). 通常把中子数相同的核素链称为同中子核素(isotones)，而把质量数(即质子数与中子数之和)相同的核素链称为同量异位核素(isobars). 由于中性原子的核外电子数与原子核的质子数相同，人们通常把原子核的质子数称为原子序数，如氢元素的原子序数为 1、钙元素的原子序数为 20 等. 标记核素需要明确质子数、中子数，人们习惯写成 $_Z^A X_N$ 的形式，其中 X 是该核素的元素符号，$A=Z+N$ 称为核素的质量数.

　　迄今已发现的没有放射性、没有自发裂变的稳定核素有 252 种，天然存在的核素有 296 种(其中 34 种具有放射性，但是具有足够长的半衰期). 理论估计存在 7000~11000 种核素，目前实验室已经合成了 3200 余种放射性核素. 随着世界上大科学装置的运行和升级，近 20 多年来国内外实验室每年都合成几十种新核素.

　　在核素图 21-2 中，自然界天然存在的核素在核素图上集中在一个用黑色标记的狭长范围内. 沿着这个狭长区域中心可以作一条曲线，这条曲线称为 β 稳定线. 稳定线上的核素一般不通过 β 衰变变成其他核素. 这条稳定线的经验公式为

$$Z = \frac{A}{1.98 + 0.0155A^{2/3}}.$$

当核素质量数比较小时，β稳定线可用 $N = Z$（即质子数等于中子数）的直线近似描述，这说明原子核具有质子数、中子数对称的趋势，当质子数等于中子数时原子核的能量低，因而具有较好的稳定性。而当核素质量数比较大时，β稳定线上核素的中子数 N 明显大于质子数 Z，如稳定双幻原子核 ^{208}Pb 的中子数等于126而质子数等于82。这是因为随着核内质子数量的增多，质子之间的库仑排斥能量增加，就需要更多的中子才能使中子具有与质子相当的费米能量，所以重质量原子核的中子数明显多于质子数。

在β稳定线左上区域的核素通过 β⁺ 放射性（或通过俘获原子核外电子）而降低核内的质子数、增加中子数，而右下区域的核素具有 β⁻ 放射性而增加核内质子数、减少中子数，这两个过程都是从远离β稳定线向β稳定线靠拢。对质量数给定的核素来说，β稳定线上的核素结合能最大，按照质能关系对应的能量最低，因此，从能量上看，β稳定线上核素处于能量的"谷底"。β不稳定核素的β衰变过程可以形象地看作核素从"能量陡坡"上滑入"谷底"从而变成β稳定的核素的过程。离开"谷底"越远的核素稳定性越差，在稳定性极限边缘上的核素沿着丰质子一侧和丰中子一侧各自形成一条有明显奇偶性的线，分别称为质子滴线和中子滴线。

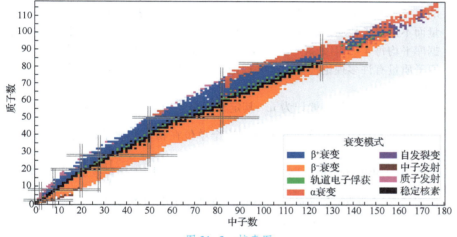

图 21-2 核素图

滴线核素的奇偶性是核子–核子相互作用在原子核尺度上以短程吸引为主的特性导致同类核子配对效应的结果。原子核结合能也具有奇偶性，偶数质子核素的单质子分离能比相邻奇数质子核素的单质子分离能高，偶数中子核素的单中子分离能比相邻奇数中子核素的单中子分离能高，这同样是同类核子配对效应的结果。配对效应还反映在稳定核素的个数方面。自然界稳定核素偶偶核占了一大半，质子数和中子数都是奇数的核素只有几种（^2H、^6Li、^{10}B、^{14}N）；奇质量数原子核分为质子数为奇数和中子数为奇数两类，这两类稳定原子核种类差不多，都远少于稳定偶偶核的种类。

原子核有一种特殊的激发状态，称为同质异能态（isomeric state，为了标记同质异能态，人们常在核素符号的质量数后面加上"m"）。同质异能态的寿命都比较长，典型寿命在 5×10^{-9} s；不过有些同质异能态的寿命远比这个寿命长，可以达到分钟或小时甚至年的量级，如 $^{180m}_{73}\text{Ta}$ 从来没有被观测到衰变，其寿命不短于 10^{15} 年（$^{180m}_{73}\text{Ta}$ 基态寿命只有约 8h）. 同质异能态寿命可以超过其基态寿命，如 $^{180m}_{73}\text{Ta}$、$^{192m2}_{77}\text{Ir}$、$^{210m}_{83}\text{Bi}$、$^{242m}_{95}\text{Am}$ 等.

许多重质量原子核能发生 α 衰变，甚至能够自发裂变，这是因为重质量原子核内具有很强的库仑排斥能量，平均结合能比中等质量原子核的平均结合能低，无论是 α 衰变还是自发裂变在能量上都是允许的.

原子核质量和半径

由于原子核结构以及核天体物理方面的紧迫需求，原子核质量"精确"测量受到越来越多的重视. 实验测量原子核质量时，实际测量的往往都是原子质量或离子质量. 不过自由电子的质量知道得很精确，电子总结合能也能比较精确地计算出来，因此，只要知道了原子质量就能够立即得到对应原子核的质量.

原子核质量等于所有自由核子总质量减去核内核子的总结合能，反映了核子之间的相互作用. 原子核物理中常用质量表是原子质量评估数据库（atomic mass evaluation）. 注意原子质量等于原子核的质量加上所有核外电子在处于自由状态时的质量、再减去这些电子的结合能. 实验上原子核外的电子一般不能完全剥离干净，这是质量评估数据表在习惯上采用原子质量而不是原子核质量的原因. 随着核素质量实验数据的累积，原子质量数据库平均每 4～5 年更新一次，目前大约 2500 种核素质量有实验测量结果. 原子质量有许多理论模型，这些理论模型对于已知质量数据的计算精度在 $300\sim600\text{keV}$.

原子质量单位一般记为 u. 其定义为自由 $^{12}_6\text{C}_6$ 原子在原子核及核外电子都处于基态情况下总质量的 $\dfrac{1}{12}$，这个单位在物理和化学领域广泛使用.

其在 1971 年的国际单位制中曾用于定义 g/mol，即 $1\text{u}=\dfrac{1\text{g}}{N_\text{A}}$，这里 N_A 为阿伏加德罗（Amedeo Avogadro）常数；在 2019 年国际单位制中 N_A 取一个确切的数值，$N_\text{A}=6.02214076\times10^{23}$，而

$$
\begin{aligned}
1\text{u} &= 1.66053906660(50)\times10^{-27}\text{kg} \\
&= 931.49410242(28)\,\text{MeV}/c^2 \qquad\qquad (21.1.2) \\
&= 1.49241808560(45)\times10^{-10}\text{J}/c^2,
\end{aligned}
$$

$^{12}_6\text{C}_6$ 原子质量精确等于 12u，质量数为 A 的其他原子质量比较接近于 Au，但不再是精确相等. 这里举几个例子，例如 ^1_1H 原子质量等于 1.00782503190（1）u，$^4_2\text{He}_2$ 原子质量等于 4.00260325413（16）u，$^{40}_{18}\text{Ar}_{22}$ 原子质量等于 39.9623831220（23）u，$^{235}_{92}\text{U}_{143}$ 原子质量等于 235.0439281（12）u 等. 用 MeV 标记的原子质量都是很大的数值，而这些数值的"主导部分"等于质量数乘以 931.9410242（28）MeV. 为了避免这一点，人们习惯采用质量剩余（mass excess）取代质量，如 ^1_1H 原子和 $^{40}_{18}\text{Ar}_{22}$ 原子的质量剩余分别为

$$m(^1_1\text{H})-1\text{u}=0.00782503190(1)\times931.49410242(28)=7.288971066(13)\,\text{MeV},$$
$$m(^{40}_{18}\text{Ar}_{22})-40\text{u}=-0.0376168780(23)\times931.49410242(28)=-35.0399000(22)\,\text{MeV}.$$

在核反应中核子数是守恒的，因此，原子核质量中那些"主导部分"在反应前后是不变的，采用质量剩余标记质量可以消除那些不必要而冗长的"主导部分"，同时更清楚地强调变化的那部分.

原子核内质子和中子的分布是原子核结构的基础性问题. 许多原子核偏离球形，然而绝大多数情况下偏离球形的形变都不大，因此，人们习惯上定义原子核的半径. 实验上测量原子核半径的方法是利用高能电子散射、μ 子 X 射线谱等，这些方法利用质子带电荷的特点，因而测量的是原子核内质子分布半径. 中子不带电荷，一般利用中子、π 介子等与原子核的散射实验，通过理论模型计算来提取原子核内中子分布，因此，中子分布实验测量结果具有一定的模型相关性，实验数据精度不如电荷分布的数据精度那么高，而且数据量比较少. 总体而言，在原子核内质子数和中子数相差不多的情况下，人们相信质子和中子的分布基本相同；而对质量比较大的稳定原子核来说，中子数比质子数多，中子的分布半径比质子电荷半径略大，因而在这些原子核表面会形成一层"中子皮".

原子核内部的质子和中子密度近似是常量，大约每 fm^3 内核子数 ρ 为 0.16，这个核子数密度也称为饱和核物质的密度，其数值为

$$\rho u = 0.16 \times 1.661 \times 10^{-27}/fm^3 = 2.66 \times 10^{17} kg/m^3,$$

即水密度的 2.66×10^{14} 倍.

假设原子核是密度均匀的球体，则原子核的体积与核子数 A 成正比，原子核半径 R 正比于 $A^{1/3}$，即

$$R = r_0 A^{1/3} fm, \tag{21.1.3}$$

通常取 $r_0 = 1.2fm$. 这样给出的原子核平均密度为 $\rho = 0.138$，小于饱和核物质密度 $\rho \approx 0.16$，这是因为原子核是有限系统，通常在表面处存在约 $0.5fm$ 的弥散厚度.

原子核的形状、自旋、宇称、磁矩

当原子核质子数或中子数取几个特殊数字（2、8、20、28、50、82 和 126）时，原子核的第一激发态能量相对而言很高，相对周围其他核素而言单核子分离能很大，原子核基态呈球形，说明原子核具有壳层结构，这几个特殊数字称为原子核的幻数，分别对应某些特定壳层被填满. 除了这些幻数所对应的主壳层（major shell），人们发现还有一些子壳层（subshell），这些子壳层的效应通常比主壳层效应小一些，而且不太稳定，如质子数为 40、64 子壳层. 对于质子数等于 40 的同位素，当中子数小于 60 时，40 可以近似看作质子的幻数，而当中子数等于或超过 60 时，质子数等于 40 的子壳层效应迅速大幅降低，可以近似忽略；类似地，对于质子数等于 64 的同位素，当中子数小于 90 时，64 可以近似看作质子的幻数，而当中子数等于或超过 92 时，这个子壳层效应迅速消失. 近 40 年来，随着原子核科学的不断发展（特别是近 30 年世界上多个原子核大科学装置的建造和运行），人工合成的核素逐步从稳定线附近区域拓展到远离稳定线区域，实验上发现一些原子核因为复杂的量子关联效应而出现一些新幻数. 壳层结构随着质子数、中子数的演化对于原子核性质的影响很大，因此，原子核

新幻数是人们比较关注的话题之一.

虽然人们在描述原子核时经常把原子核近似看作球形,但是许多原子核的基态具有稳定的形变. 因为原子核之外的空间是各向同性的,在实验室坐标系内观测到的原子核都是球形的,原子核的形变是在与原子核相对静止的坐标系内定义的. 有形变的原子核在没有其他集体运动模式如振动模式时,其低激发态可以近似为量子陀螺. 当质子数或/和中子数为幻数时,原子核呈球形或十分接近球形. 而当质子数和中子数都远离幻数时,原子核的基态和低激发态都有稳定的形变. 原子核的形变主要是椭球形变(即所谓四极形变),典型形变是长椭球形变,而扁椭球形变相对少得多. 原子核形变是核内质子-中子相互作用的结果,这种相互作用可以近似为价质子数与价中子数的乘积. 除了这种四极形变,有些原子核还存在八极形变,典型的八极形变为梨形,即一头大、一头小. 对于旋转对称椭球可以使用椭球的长短轴 a 和 b. 引入 $\delta R = a-b$,即长半轴和短半轴之差,四极形变量定义为 $\delta = \dfrac{\Delta R}{R}$,这里 R 就是式(21.1.3)中把原子核看作均匀球体的平均半径 $r_0 A^{1/3}$. 在多数情况下,δ 不超过 0.1;然而实验上已经观测到原子核某些状态的 $\delta \approx 0.6$(即长半轴是短半轴的 2 倍左右),这种形变状态称为超形变状态.

原子核低激发态运动特性与原子核的形状密切相关. 当原子核很接近球形时(幻数原子核),质子数和中子数都为偶数的原子核的第一激发态与基态之间有一个很大的能隙,从第一激发态开始能级突然变得比较密集;当原子核的质子数和中子数都不是幻数但是又都比较接近幻数时,此时原子核还没有变软,这些原子核只有很小的形变,原子核的低激发态能级呈现振动特征,在质子数和中子数都是偶数的情况下,最低的自旋宇称为 4^+ 的激发能与最低的自旋宇称为 2^+ 的激发能的比值接近 2. 当原子核具有稳定的四极形变时,原子核的能级呈现转动特征,在质子数和中子数都是偶数的情况下,最低的自旋宇称为 4^+ 的激发能与最低的自旋宇称为 2^+ 的激发能的比值接近 3.33.

原子核基态自旋和宇称是原子核的基本性质. 因为空间的各向同性以及强相互作用的对称性,原子核哈密顿量满足角动量和宇称守恒,原子核状态具有确定的角动量和宇称. 原子核的总角动量也简称为核自旋,核自旋是所有核子的轨道角动量与自旋角动量的总和;因为质子和中子的内禀宇称都是正的,原子核的宇称是所有核子轨道宇称的乘积. 对基态和低激发态来说,原子核核子处于满壳层以下的核子总是成对出现的,成对的两个核子总角动量等于零、总宇称为正,因此,原子核自旋宇称由满壳外的核子(称为价核子)决定.

由于核力短程吸引为主的特性所导致的核子配对效应,二个价核子自旋为零的配对能量最低,因此偶数质子、偶数中子的原子核基态自旋都是零、宇称为正. 类似地,奇质量数原子核的自旋宇称一般由未配对核子轨道决定,不过这种图像并不总是正确的. 质子数和中子数都是奇数的原子核基态自旋宇称由未配对的质子和中子决定,我们分别用 $n_p l_p j_p$、$n_n l_n j_n$ 来

标记未配对质子和中子的单核子轨道，其中 3 个量子数 n、l、j 分别表示单核子谐振子势的节点数、轨道角动量和轨道自旋耦合的总角动量. j_p 和 j_n 可以从相邻奇质量数核的基态得到. 在 j_n 和 j_p 给定的情况下，质子数和中子数都是奇数的原子核基态的自旋值原则上可以取 $|j_p-j_n|$ 到 j_p+j_n 之间的所有值；在实际情况下有一个经验规则，称为 Nordheim 规则. 根据这个规则，当 $j_p+j_n-l_p-l_n=0$ 时，基态自旋

$$J=|j_p-j_n|,$$

而当 $j_p=j_n-l_p-l_n=\pm1$ 时，

$$J=|j_p-j_n| \ \text{或} \ j_p+j_n. \tag{21.1.4}$$

两种情况的宇称都等于 $(-1)^{l_p+l_n}$.

　　磁矩也是原子核的基本属性，不同原子核的磁矩不同，同一原子核不同状态的磁矩也不相同. 原子核磁矩为原子核内所有质子轨道磁矩和所有核子自旋磁矩的总和，单位为核子磁距 μ_N. 根据原子核壳模型理论，满壳层内的核子轨道磁矩正负抵消，自旋磁矩部分也正负抵消，因此，原子核的总磁矩由少数价核子决定. 不过这个近似图像与实际情况有偏离. 例如，满壳层以外只有一个价核子的原子核，其基态磁矩实验结果与采用量子力学直接计算得到的单个价核子磁矩之间有系统性偏离，后来人们发现这些偏离主要是由壳芯的极化效应导致的.

　　原子核磁矩的方向沿着它的自旋 $\vec{I}$ 方向，原子核的磁矩 $\vec{\mu}_I$ 可写为

$$\vec{\mu}_I=g_I\frac{e}{2m_p}\vec{I}.$$

因为自旋在给定的 z 轴方向的投影 $I_z=m_I\hbar$ 有 $2I+1$ 个值（$m_I=I,I-1,\cdots,-(I-1)$, $-I$），磁矩在 z 轴上的投影也有 $2I+1$ 个值，所以

$$\mu_{I_z}=g_Im_I\mu_N.$$

显然，μ_z 的最大值为 $\mu_z=g_II\mu_N$，通常就用这个最大值来标记原子核的磁矩.

　　磁矩 $\vec{\mu}_I$ 在外磁场中的能量为

$$E=-\vec{\mu}_I\cdot\vec{B}=-g_I\mu_Nm_IB.$$

由此可知，原子核在外磁场中的能量与 $\vec{\mu}_I$ 在磁场中的取向相关，原有能级分裂为 $2I+1$ 条等间距的能级，该能级间距 $\Delta E=g_I\mu_NB$，在热平衡下处于能量较低态的原子核数量比处于能量较高态的原子核数量多，满足玻尔兹曼分布率. 如果此时在垂直于均匀磁场方向加一个高频电磁波，其频率 ν 满足 $h\nu=\Delta E$ 时，原子核就会吸收高频电磁波能量使原子核自旋取向发生改变，原子核从较低能级跃迁到较高能级，能量吸收截面特别大，称为共振吸收，ν 称为共振频率. 原子核这种在外磁场中吸收特定频率电磁波能量的现象称为核磁共振（nuclear magnetic resonance，NMR）. 利用核磁共振现象可以在已知磁场情况下测量原子核的磁矩，也可以在已知磁矩情况下通过改变入射电磁频率测量未知的磁场 $\vec{B}$ 的强度. 基于这一原理的核磁共振技术被广泛用于研究分子结构、医疗诊断等.

原子核放射性及其规律

　　放射性是不稳定原子核自发地发射出某些射线而从一种核素变成另一

种核素或者从一个状态变成另一个状态的现象，这种现象也称为衰变. 卢瑟福及其合作者把那时发现的原子核放射性分为 α、β 和 γ 3 种，发射粒子分别为 α 粒子(^{4}He 核素)、β 粒子(电子)和 γ 光子. α 衰变是重质量原子核最常见的衰变方式，如

$$^{226}\text{Ra} \rightarrow {}^{222}\text{Rn} + \alpha, \quad {}^{238}\text{Ra} \rightarrow {}^{234}\text{Th} + \alpha.$$

实验合成重质量新核素往往通过一系列 α 衰变链最终到达长寿命的核素来鉴别. β 衰变是轻质量和中等质量的非稳定核素常见衰变模式，如

$$^{131}\text{I} \rightarrow {}^{131}\text{Xe} + e + \bar{\nu}_e, \quad {}^{60}\text{Co} \rightarrow {}^{60}\text{Ni} + e + \bar{\nu}_e,$$

式中 $\bar{\nu}_e$ 代表反电子中微子. γ 衰变是原子核从较高激发态退激到较低的激发态或基态的衰变方式，同时发射一个光子，核素不变.

放射性衰变速率与系统的化学性质或物理环境无关，遵从统计规律. 设 t 时刻某种放射性核素个数为 N，在 $t \rightarrow t + dt$ 时间内发生衰变的核素个数为 dN，则 dN 正比于 N 和 dt，因此，

$$-dN = \lambda N dt. \tag{21.1.5}$$

式中，λ 是一个常量，只与放射性核素的种类有关，是放射性核素的特征量，称为衰变常量. 设 $t = 0$ 时核素个数为 N_0，则有

$$N(t) = N_0 e^{-\lambda t}, \tag{21.1.6}$$

即核素放射性衰变服从指数衰减规律. 放射性核素衰变为原有核素个数的一半所需时间称为核素衰变的半衰期，通常用 T 表示. 由式(21.1.6)得到

$$N(T) = N_0 e^{-\lambda T} = \frac{N_0}{2}, \quad T = \frac{\ln 2}{\lambda} = \frac{0.693}{\lambda}$$

与 λ 一样，半衰期 T 也是放射性核素的特征常数，表征核素放射性衰变的快慢.

在实际中准确测量放射性核素的数目并不方便，而且一般没有必要；人们感兴趣的是在单位时间内有多少核素发生了放射性衰变，这个量被定义为放射性强度或放射性活度 A. 由式(21.1.5)有

$$A \equiv \frac{-dN}{dt} = \lambda N(t) = \lambda N_0 e^{-\lambda t} = A_0 e^{-\lambda t},$$

可见放射性活度也服从指数衰减规律.

以上讨论涉及的子核产物是稳定的，如果产物继续衰变，则情况略微复杂一些. 例如，母核 B_1 衰变为 B_2，子核 B_2 衰变为 B_3，为简单起见，假定 B_3 是稳定的. 设 B_1 和 B_2 的衰变常量分别为 λ_1 和 λ_2，我们有

$$\frac{dN_1}{dt} = -\lambda_1 N_1, \quad \frac{dN_2}{dt} = \lambda_1 N_1 - \lambda_2 N_2, \quad \frac{dN_3}{dt} = \lambda_2 N_2$$

由此得到 N_1 如式(21.1.6)形式，N_2 和 N_3 分别为

$$N_2(t) = \frac{\lambda_1}{\lambda_2 - \lambda_1} N_0 (e^{-\lambda_1 t} - e^{-\lambda_2 t}), \tag{21.1.7}$$

$$N_3(t) = \frac{\lambda_1 \lambda_2}{\lambda_2 - \lambda_1} N_0 \left(\frac{1 - e^{-\lambda_1 t}}{\lambda_1} - \frac{1 - e^{-\lambda_2 t}}{\lambda_2} \right), \tag{21.1.8}$$

对于更一般情况的多级衰变链 $B_1 \rightarrow B_2 \rightarrow \cdots \rightarrow B_n \rightarrow \cdots$，令 $t = 0$ 是 $N_1 = N_0$，N_i

$(i>1)=0$，可以证明

$$N_n(t)=N_0(h_1 e^{-\lambda_1 t}+h_2 e^{-\lambda_2 t}+\cdots+h_n e^{-\lambda_n t}),\qquad(21.1.9)$$

式中系数 h_i 为

$$h_i=\frac{\lambda_1\lambda_2\cdots\lambda_{n-1}}{(\lambda_1-\lambda_i)(\lambda_2-\lambda_i)\cdots(\lambda_n-\lambda_i)},$$

上式分子为前 $n-1$ 个衰变常量之积，分母为 λ_1、λ_2、$\cdots$、λ_n（去掉 λ_i）分别减去 λ_i 的乘积. 以 $n=3$ 为例，

$$N_3(t)=N_0\left[\frac{\lambda_1\lambda_2}{(\lambda_2-\lambda_1)(\lambda_3-\lambda_1)}e^{-\lambda_1 t}+\frac{\lambda_1\lambda_2}{(\lambda_1-\lambda_2)(\lambda_3-\lambda_2)}e^{-\lambda_2 t}+\right.$$

$$\left.\frac{\lambda_1\lambda_2}{(\lambda_2-\lambda_3)(\lambda_2-\lambda_3)}e^{-\lambda_3 t}\right],$$

可以验算，式(21.1.8)为 $\lambda_3=0$ 时的特殊情况. 从式(21.1.9)可以看出，多级衰变链的衰变规律不再是简单的指数衰变规律，任何一级的衰变核素 B_n 随时间的变化不仅与本身衰变常数有关，而且与 B_1、B_2、$\cdots$、B_{n-1} 核素的衰变常数有关.

原子核质量与核能

原子核结合能是原子核的基本参量. 对所有核子之间的相互作用势（所有核子之间的强相互作用势和质子之间的静电相互作用势）求和，可得到原子核的结合能. 单核子结合能等于原子核的总结合能除以核子数，反映了原子核内核子之间结合的紧密程度，单核子结合能越大，原子核结合得越紧密.

如图 21-3 所示，单核子结合能平均约为 8MeV. 单核子结合能数值在质量数比较小的时候随着核子数快速增加，核子数在 10~20 时单核子结合能为 6.5~8.0MeV；核子数在 56~62 时单核子结合能取得最大值. 如果质量数继续增加，单核子结合能开始逐步下降，到了重核区平均结合能大约为每核子 7.4MeV. 单核子结合能随着质量数的这种下降趋势是质子之间的库仑排斥相互作用导致的. 单核子结合能在整个核素上比较稳定的现象说明核子−核子相互作用在整个原子核的空间尺度上是以短程吸引为主的，

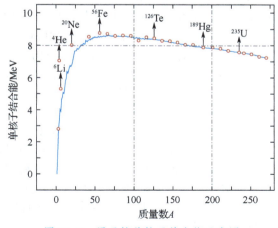

图 21-3　原子核单核子结合能示意图

即只有当两个核子之间的距离比较近时才存在强相互作用，当两个核子之间距离较大时两核子之间的强相互作用可以忽略；假如核子之间的相互作用是长程的，那么原子核的总结合能会与核子数的平方成正比，就像质子之间的总静电能与质子数的平方成正比那样；在那样的假设下，单核子结合能将会随着核子数增加而线性增加.

在原子核结合能中有 4 个原子核比较特殊. 第一个是氘核，其单核子结合能很小，只有约 1MeV. 第二个是 ^{4}He（即 α 粒子），其单核子结合能约 7MeV，可见 α 粒子结合得很紧密. 因为氘核弱束缚，而 ^{4}He（α 粒子）紧密结合，氘核聚变为 α 粒子放出的能量特别大. 第三个是 ^{56}Fe，其单核子结合能是 8.790MeV，其单核子结合能是很大的，这个核在天体过程中很重要，恒星内部通过各种聚变反应过程释放能量，会逐步积蓄 ^{56}Fe 原子核. 第四个是 ^{62}Ni，其单核子结合能为 8.795MeV，比 ^{56}Fe 结合得还紧密，不过 ^{62}Ni 的天然丰度很低，这是因为天体中没有高效率反应过程来合成这个原子核. 有一个比较特殊的情况是，^{5}He 和 ^{5}Li 都不是束缚态，其共振态的寿命都是 10^{-22}s，因而即使短暂出现也极快地衰变，宇宙里也不会存在这两种"核素"共振态. 正因为如此，在宇宙大爆炸后的中子几乎全部保存在 ^{4}He 里.

下面讨论原子核结合能的一个简单图像. 这个图像基于核力在原子核尺度上以短程吸引为主的特性，把原子核看作经典的液滴，对于原子核内核子之间的相互作用，近似认为相邻原子核之间存在相互作用，忽略非相邻核子之间的相互作用，在这种近似图像下处于原子核外表面处的核子受到其他核子的吸引作用就少. 因此，处于原子核内部的核子贡献的结合能与核子数成正比，而处于表面的核子贡献的结合能相对比较少. 我们还要计算质子之间的静电排斥能量. 除此之外，如果质子数与中子数不相等，原子核的能量会快速增加，这种能量被称为原子核的对称能. 当然，原子核内还有其他的贡献，如壳修正部分以及配对能量，不过这些部分相对数值比较小，在本论中不予讨论.

我们假设原子核是立方堆积的晶格，每个边上有 k 个核子，如图 21-4 所示，该原子核的核子数为 $A=k^3$. 由于核力的短程性，我们假设每个核子仅仅与最近晶格上的核子相互作用，每个相互作用对于结合能贡献为 V_0. 相互作用的个数可以这样计算出来：在图 21-4 中那些沿着 z 轴的相互作用，每一层贡献 k^2 个，共有 $k-1$ 层，所以沿着 z 方向的相互作用的个数为 k^3-k^2；同样，沿着 x 方向和 y 方向的相互作用的个数也是 k^3-k^2；总相互作用的个数为 $3k^2(k-1)$. 所以，原子核内所有的核子之间短程吸引的总相互作用能量为

$$3(k^3-k^2)\cdot V_0=3V_0(A-A^{2/3})=\alpha_1 A-\alpha_1 A^{2/3}.$$

这里 $\alpha_1=3V_0$，上式的第一项对应于体积项，第二项对应于表面项.

质子之间的静电能量可以把原子核近似看作一个电荷均匀分布的带电球来计算. 原子核内 Z 个质子的电荷为 Ze，原子核的电荷半径 $R=r_0 A^{1/3}$ [A 为原子核的核子数，$r_0\approx1.2$fm]，利用静电场的高斯定理容易得到原子核内部和外部的电场强度分别为

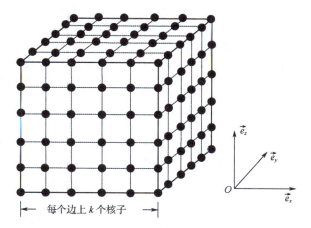

每个边上 k 个核子

图 21-4　原子核体积能和表面能示意图(假设每两个相邻核子之间的相互作用为 V_0)

$$r \leqslant R, \quad \vec{E} = \frac{\rho r}{3\varepsilon_0}\vec{e}_r = \frac{Zer}{4\pi\varepsilon_0 R^3}\vec{e}_r; \quad r \geqslant R, \quad \vec{E} = \frac{\rho R^3}{3\varepsilon_0 r^2}\vec{e}_r = \frac{Ze}{4\pi\varepsilon_0 r^2}\vec{e}_r.$$

由此我们得到原子核的总静电能为

$$W = \int \frac{\varepsilon_0}{2}E^2 \mathrm{d}\tau = \left(\int_0^R + \int_R^\infty\right)\frac{\varepsilon_0}{2}E^2 4\pi r^2 \mathrm{d}r$$

$$= \frac{\varepsilon_0}{2}\int_0^R \left(\frac{Zer}{4\pi\varepsilon_0 R^3}\right)^2 4\pi r^2 \mathrm{d}r + \frac{\varepsilon_0}{2}\int_R^\infty \left(\frac{Ze}{4\pi\varepsilon_0 r^2}\right)^2 4\pi r^2 \mathrm{d}r$$

$$= \frac{3}{5}\frac{Z^2 e^2}{4\pi\varepsilon_0 R}.$$

然而, 原子核内每个质子单独存在时也有静电能, 这部分静电能对每个质子而言是固有的, 不是质子间的相互作用能. 每个质子作为几个费米的波包单独弥散于原子核时的静电能为 $W_{\mathrm{p}} = \frac{3}{5}\frac{e^2}{4\pi\varepsilon_0 R}$. 在计算质子之间相互作用能量时, 我们应该在上面得到的 W 中减去所有质子固有的静电能 ZW_{p}, 所以整个原子核内 Z 个质子之间相互作用的静电能为

$$W - ZW_{\mathrm{p}} = \frac{3}{5}\frac{Z(Z-1)e^2}{4\pi\varepsilon_0 R} = a_{\mathrm{c}}\frac{Z(Z-1)}{A^{1/3}},$$

$$a_{\mathrm{c}} = \frac{3}{5}\frac{e^2}{4\pi\varepsilon_0 1.2\mathrm{fm}} \approx 0.72\mathrm{MeV}. \qquad (21.1.10)$$

式(21.1.10)很接近实际情况, 在原子核质量经验公式中库仑能部分形式与式(21.1.10)相同, 由实验数据拟合得到的 $a_{\mathrm{c}} = 0.70 \sim 0.72\mathrm{MeV}$.

考虑到原子核的体积能、表面能和静电能, 我们很容易通过某些个别原子核结合能得到系数 α_1. 例如, 我们知道钙-40 原子核(由 20 个质子和 20 个中子组成)的单核子结合能大约为 8.6MeV, 结合式(21.1.10)我们得到

$$8.6 = \left[\alpha_1 A - \alpha_1 A^{2/3} - a_{\mathrm{c}}\frac{Z(Z-1)}{A^{1/3}}\right]/A = \alpha_1(1 - 40^{-1/3}) - 0.72 \times \frac{20 \times 19}{20^{4/3}},$$

进而有 $\alpha_1 \approx 14.9\mathrm{MeV}$（大量实验数据拟合给出的体积能系数为 $15.0 \sim 16.2\mathrm{MeV}$，表面能系数为 $15.0 \sim 18.5\mathrm{MeV}$）．注意上式中我们约定了结合能取正号，静电能与体积能的符号相反．

除了体积能、表面能和静电能，对于质子数和中子数不相等的原子核，还有一个反映质子数、中子数不对称的附加能量，称为对称能．对称能的形式一般取为 $a_{\mathrm{sym}} \dfrac{(N-Z)^2}{A}$．对整个核素图中的原子核来说，重核区对称能的作用很明显．系数 a_{sym} 可以由重核结合能估算出来．比如，我们知道铀-235 区域单核子结合能约为 $7.4\mathrm{MeV}$．我们得到

$$7.4 = \alpha_1(1 - A^{-1/3}) - 0.72\,\frac{Z(Z-1)}{A^{4/3}} - a_{\mathrm{sym}}\left(\frac{N-Z}{A}\right)^2$$

$$= 14.9(1 - 235^{-1/3}) - 0.72\,\frac{92 \times 91}{235^{4/3}} - a_{\mathrm{sym}}\left(\frac{143-92}{235}\right)^2,$$

从上式可得出 $a_{\mathrm{sym}} = 20.9\mathrm{MeV}$（数据拟合为 $a_{\mathrm{sym}} = 23 \sim 25\mathrm{MeV}$）．在外兹扎克质量公式中还有对力（pairing interaction）项，该项对于单核子结合能的贡献很小．

总而言之，根据以上讨论我们得到原子核结合能的一个粗略计算公式

$$B = \alpha_1 A - \alpha_1 A^{2/3} - a_c\,\frac{Z(Z-1)}{A^{1/3}} - a_{\mathrm{sym}}\,\frac{(N-Z)^2}{A},$$

其中 $\alpha_1 \approx 14.9\mathrm{MeV}$，$a_c \approx 0.72\mathrm{MeV}$，$a_{\mathrm{sym}} \approx 20.9\mathrm{MeV}$．这个简单公式涵盖了原子核结合能的最重要部分．

自由质子和自由中子在合成原子核过程中放出的能量（即单核子结合能）与其总质能 mc^2 相比接近1%．这个比例看起来比较小，然而相对于电子的结合能、化学能而言是巨大的．一个碳原子完全燃烧生成二氧化碳放出大约 $4\mathrm{eV}$ 的能量，放出的能量与二氧化碳分子的静止质量 mc^2 相比大约为 10^{-10}，而在重核裂变中单核子结合能变化约为 $1\mathrm{MeV}$，释放能量与静止质量相比约为 10^{-3}，轻质量原子核聚变的过程释放的能量更多．下面我们讨论重核裂变以及裂变过程中释放能量的情况．

设反应堆中铀-235 裂变时放出 2 个中子，裂变为两个质量（基本）相等的原子核，裂变前质量数 $A = 235$，质子数 $Z = 92$，裂变后的子核质量数为 $A_1 = 116$ 和 $A_2 = 117$，质子数 $Z_1 = Z_2 = 46$．裂变前后的静电能变化由式（21.1.10）给出，即

$$\frac{a_c Z(Z-1)}{A^{1/3}} - \frac{a_c Z_1(Z_1-1)}{A_1^{1/3}} - \frac{a_c Z_2(Z_2-1)}{A_2^{1/3}}$$

$$= 0.72 \times \left(\frac{92 \times 91}{235^{1/3}} - \frac{46 \times 45}{116^{1/3}} - \frac{46 \times 45}{117^{1/3}}\right) \approx 1.54A\ \mathrm{MeV}.$$

裂变后两个剩余原子核的表面比原来的母核铀-235 大，表面增大导致裂变能量减少，有

$$\alpha_1\left[(A_1)^{2/3} + (A_2)^{2/3} - A^{2/3}\right] = 14.9 \times (116^{2/3} + 117^{2/3} - 235^{2/3})$$

$$\approx 0.61A\ \mathrm{MeV}.$$

对称能和体积能部分的变化对单核子结合能变化贡献很小，原因是裂变时放出的自由中子不多，由此得出对称能和体积能变化很小，二者处于同样数量级而且符号相反. 铀-235 裂变释放的能量几乎就是两个"经典部分"贡献的：静电能和表面能. 这两部分是裂变能的主导部分，由此得到的平均每个核子裂变能约为 0.93MeV（实际约为 1MeV）. 原子核裂变能量在习惯上称为核能，在本质上称为原子核的库仑静电能或静电与表面能也许更贴切，如图 21-5 所示.

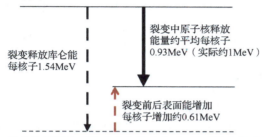

图 21-5　铀-235 裂变前后单核子结合能变化示意图（质子静电能变化是裂变过程释放能量的主要来源，除了表面能以外，结合能中其他部分变化对于释放能量的贡献很小）

原子核裂变现象是 1938 年哈恩（Hahn）、迈特纳（Meitner）和斯特拉斯曼（Strassmann）在研究中子辐射时发现的，利用中子轰击铀、钍等重原子核时产生的同位素中有钡（质子数为 56）和镧（质子数为 57）等放射性同位素，即原子核分裂为两个质量差不多的原子核. 1947 年我国学者钱三强、何泽慧等发现重核裂变的三分裂甚至四分裂现象. 三分裂现象一般为两个大块加上一个 α 粒子，这种裂变比二分裂概率小得多（相差 3 个数量级），而四分裂现象更加罕见.

核物质性质

核物质指的是具有均匀中子和质子分布的无限大系统，不考虑系统边界上的表面效应以及质子之间的库仑相互作用，这种系统可能存在于宇宙致密星体内部. 本小节讨论核物质的性质，包括平均结合能与密度、质子-中子不对称度等之间的关系.

我们令 ρ_p 和 ρ_n 分别表示核物质的质子数密度和中子数密度，$\delta=\dfrac{\rho_n-\rho_p}{\rho}$ 表示同位旋非对称度，对于对称核物质 $\delta=0$，而对于纯中子物质 $\delta=1$. 核物质的平均单核子结合能可近似表示为

$$E(\rho,\delta)=E_0(\rho)+E_{sym}(\rho)\delta^2+E_{sym}^{(4)}(\rho)\delta^4+O(\delta^6)，\qquad(21.1.11)$$

其中 E_0 是对称核物质平均单核子结合能，$E_{sym}(\rho)$ 和 $E_{sym}^{(4)}(\rho)$ 分别称为二阶和四阶对称能系数. 式（21.1.11）中没有出现 δ 的奇次方项，这源于核力的电荷无关性，即把质子密度和中子密度交换，核物质的平均单核子结合能 $E(\rho,\delta)$ 不变. 四阶或更高阶对称能贡献很小，一般认为可以忽略，式（21.1.11）展开到二阶称为核物质状态方程关于 δ 的抛物线近似. 如果我们知道了式（21.1.11）中 $E(\rho,\delta)$，利用压强 p 与 $E(\rho,\delta)$，

$$p = -\frac{\mathrm{d}E}{\mathrm{d}V}, \quad \rho = \frac{N}{V},$$

知道了 $E(\rho,\delta)$ 也就得到了核物质状态方程. 因此，$E(\rho,\delta)$ 也称为核物质状态方程. 这里强调，式 (21.1.11) 对于零温和有限温度下的核物质都适用. 因为核物质结合能在 MeV 量级（对应 10^{10} K），温度也要在 MeV 才有意义. 致密星体的核物质可以认为是零温的，而中低能重离子碰撞中的温度可以达到几十 MeV.

在核物质饱和密度处，对称核物质状态方程可以展开为

$$E_0(\rho) = E_0(\rho_0) + L_0 \chi + \frac{K_0}{2!} \chi^2 + \frac{J_0}{3!} \chi^3 + O(\chi^4), \quad (21.1.12)$$

其中 $\chi = \frac{\rho - \rho_0}{3\rho_0}$，$L_0 = 3\rho_0 \left.\frac{\mathrm{d}E_0}{\mathrm{d}\rho}\right|_{\rho=\rho_0}$，$K_0 = 9\rho_0^2 \left.\frac{\mathrm{d}^2 E_0}{\mathrm{d}\rho^2}\right|_{\rho=\rho_0}$，$J_0 = 27\rho_0^3 \left.\frac{\mathrm{d}^3 E_0}{\mathrm{d}\rho^3}\right|_{\rho=\rho_0}$.

更高阶项在极高密度下才重要，不过那时核物质可能已经发生退禁闭相变. 因为核物质在饱和密度处稳定，所以压强为零，即 $L_0 = 0$. K_0 正比于压强对于核子密度的倒数，因此称为核物质不可压缩系数. 如果 K_0 很大，说明核物质不容易压缩，此时式 (21.1.12) 称为"硬"的状态方程，反之称为"软"的状态方程. 目前原子核巨共振实验结果给出的 $K_0 = (230 \pm 30)$ MeV，对应比较"软"的状态方程.

对非对称核物质而言，式 (21.1.11) 中的 $\delta \neq 0$. 对称能来源于两部分，一部分是动能部分，对应于非对称核物质中的质子-中子费米能级的差异，由费米气体模型可以得到这方面结果；另一部分是势能部分，在低密度区质子-中子之间的吸引势比同类核子之间的吸引势强，而在高密度区同类核子之间的排斥势比质子-中子之间的排斥势强. 式 (21.1.11) 中的对称能项在饱和密度处的结果相对比较清楚，而对称能高密行为一直存在很大不确定度. 在饱和密度处对称能可展开为

$$E_{\text{sym}}(\rho) = E_{\text{sym}}(\rho_0) + L\chi + \frac{K_{\text{sym}}}{2!} \chi^2 + O(\chi^3),$$

式中，χ 与式 (21.1.12) 中 χ 的定义相同，$E_{\text{sym}}(\rho_0) \approx (32.1 \pm 0.3)$ MeV，系数 L 和 K_{sym} 分别称为对称能斜率和曲率参数，且

$$L = 3\rho_0 \left.\frac{\mathrm{d}E_{\text{sym}}}{\mathrm{d}\rho}\right|_{\rho=\rho_0}, \quad K_{\text{sym}} = 9\rho_0^2 \left.\frac{\mathrm{d}^2 E_{\text{sym}}}{\mathrm{d}\rho^2}\right|_{\rho=\rho_0}. \quad (21.1.13)$$

关于对称能斜率参数的取值还有很大的不确定性，一般认为在 57 MeV 左右. 核物质状态方程和对称能的密度依赖性是核物理的一个热门话题.

21.2 核物理基础

我们在本节将简单讨论核物理 3 个方面的问题，包括核子-核子相互作用的特点、原子核结构的理论模型、核物质状态方程.

原子核内核子之间的相互作用力

原子核内的质子之间存在很强的静电排斥力，因此，核内一定存在更

强的相互作用把核子束缚在一个费米量级尺度的空间内，这种相互作用是核子之间的强相互作用. 核内核子之间当然还存在核子磁矩和轨道磁矩所导致的磁场能、弱相互作用能和万有引力能，不过这些相互作用势都太弱，在原子核系统中完全可以忽略不计.

研究核子–核子相互作用的传统途径主要是通过核子–核子散射实验以及氘核性质的分析. 通过不同的入射能量和碰撞参数测量散射微分截面、散射核子的相位变化，反推两个核子之间相互作用势. 氘核只有一个束缚态，实验上可以测量氘核的结合能、电荷半径、电四极矩和磁矩，由此对于质子–中子之间的相互作用给出约束条件. 原子核内核子–核子相互作用是极其复杂的，不过基于唯象分析对于核子–核子相互作用的性质也可以给出一个大概的解释. 归纳起来强相互作用有以下几个特点.

(1)在原子核的尺度上核力属于短程相互作用，当两个核子之间的距离在 0.7fm 左右时，这两个核子之间具有很强的吸引力，当核子之间的距离超过 2.8fm 时，核力迅速衰减为零.

(2)核力是自旋相关的，核子–核子相互作用与两个核子的总自旋有关，二核子自旋等于 0(自旋反平行)和 $\hbar$(自旋平行)两种情况相互作用不同.

(3)核子–核子相互作用除了直接项，还含有交换力成分，交换力是一种量子效应.

(4)核子–核子相互作用具有排斥芯. 当两个核子之间距离小于 0.4fm 时，核子–核子相互作用势变成排斥势并且发散式增加.

(5)在两个核子自旋平行的情况下，核子–核子相互作用存在自旋–轨道耦合和非中心成分. 非中心相互作用也称为张量力，即相对于两核子各自自旋方向与两核子相对坐标方向之间夹角依赖的相互作用. 当两个核子总自旋为零时，非中心成分对于核子状态没有贡献.

(6)核力具有电荷无关性，即核力与二核子总同位旋有关，二核子处于同位旋等于 0(同位旋标量)和 1(同位旋矢量)的相互作用不同. 质子–质子系统与中子–中子系统都是同位旋矢量状态，这两种情况下强相互作用是相同的. 质子–中子可以处于同位旋标量状态，也可以处于同位旋矢量状态，当质子–中子系统处于同位旋矢量状态时，强相互作用与同类核子的强相互作用也是相同的.

核子–核子相互作用在本质上是十分复杂的，即使在真空中裸露的核子–核子相互作用，其涉及的自由度和强度，目前人们也没有完全研究清楚(特别是在短程部分). 人们希望利用场论方法构造核子–核子相互作用，早期汤川秀树的单 π 介子交换模型把核子–核子相互作用近似为 π 介子交换，从而得到介子交换势，后来的介子交换理论进一步包含多 π 交换或交换更重介子. 如图 21-6 所示，在这个物理图像中核力的长程部分(核子间距在 1.8fm 以上)主要通过单 π 交换实现，中程部分(核子间距 0.8~1.8fm)主要通过交换 σ 介子实现，核力的短程部分 (核子间距小于 0.6fm)主要通过交换 ω 介子和 ρ 介子实现；其中 π 介子和 ρ 介子传递含有张量成分的相互作用，而 ω 介子和 σ 介子传递自旋–轨道相互作用. 目前常见的玻恩势、巴黎势、阿贡 AV-18 势都是基于介子交换的理论模型.

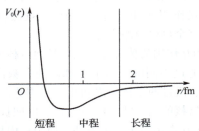

图 21-6 核子-核子相互作用强度与核子之间距离的关系示意图(其中长程渐进吸引部分主要是单 π 交换过程，短程排斥部分主要是交换矢量介子过程，中程吸引部分主要是 2π 交换过程)

强相互作用的基本理论是量子色动力学（quantum chromodynamics, QCD），QCD 认为核子-核子相互作用是核子夸克之间交换胶子导致的强相互作用在核子以外的剩余部分，自由核子都处于色单态，核子之间的强相互作用就像中性分子之间的范德瓦尔斯力. 近年来，基于 QCD 的核子-核子相互作用格点计算取得了一定进展，而基于非微扰 QCD 尝试计算低能轻质量原子核系统以及对于强相互作用的深入理解依然是具有挑战性的前沿问题.

原子核结构

原子核结构指原子核的基态和激发态结构特性，包括能级纲图、电磁矩、跃迁和衰变性质. 原子核很复杂，因此核结构理论只能是模型理论，主要有液滴模型、费米气体模型、壳模型、集体运动模型、相互作用玻色子模型等，这些理论方法相互补充，是研究原子核结构的主要框架. 利用这些理论模型，可以较好地解释目前已知的绝大多数原子核结构相关实验现象.

液滴模型　原子核液滴模型是最早提出的核模型，它把原子核看作均匀带电的不可压缩液滴. 这一模型的理论根据是核素图内单核子结合能近似不变，说明核子之间相互作用有饱和性，这一点与液滴内分子之间相互作用力的饱和性相似；原子核体积近似正比于核子数，说明原子核内核子密度近似为常数，表明原子核在一定能量范围内可以近似看作不可压缩的物质，这与流体不可压缩性类似. 液滴模型简单直观，在原子核质量经验公式、核裂变、集体运动方面很成功，21.1 节"原子核质量与核能"中关于原子核结合能的论述就是基于液滴模型展开的.

费米气体模型　顾名思义，费米气体模型把原子核内的核子看作在一个三维势阱内没有相互作用的费米子气体，这个势阱是所有核子之间的总相互作用的等效结果，势阱深度大约为 39MeV. 质子和中子满足泡利不相容原理，分别从最低能级逐步占据各个轨道，即每个轨道上的核子为二重简并（因为核子自旋为 $\frac{1}{2}$），费米能量大约为 38MeV，核子平均动能大约

为 23MeV. 在原子核如此小空间内有那么多核子高速运动(速度大约为 0.2
倍光速),因此把原子核内核子看作在各自轨道上运动而互不干扰的气体
在经典图像上似乎是难以理解的,然而原子核是量子系统,在低能情况下
那些被完全占满的轨道上难以从一个态散射到另一个态,那些能量相近的
轨道都被占满了,没有轨道容纳新的核子,绝大多数核子只能在原来各自
轨道上而无相互干扰. 费米气体模型与液滴模型差别很大,从物理图像上
看,费米气体模型比液滴模型更接近实际情况.

　　从费米气体模型可以立即得到液滴模型中的单核子体积能,这个值等
于势阱深度减去平均动能,即 39-23=16MeV. 利用费米模型还能粗略估计
液滴模型的表面能、库仑能交换项,结果与实验数据拟合大体上相符合,
不过这样计算的对称能系数比实验结果要小,这说明对称能系数除了源于
运动学效应,还有相当大的成分源于核-核子相互作用的同位旋依赖性.

　　壳模型　壳模型也是一种独立粒子近似,假定每个核子在其他核子产
生的平均场中运动,为了简化平均场,通常选取三维各向同性的谐振子
势. 1949 年梅逸(Mayer)和简森(Jensen)提出平均场中存在很强的自旋-轨
道耦合相互作用,这个相互作用导致单粒子能级发生很大劈裂,由此得到
的单粒子能级结构可以完美地解释实验上观测到的幻数(见图 21-7). 这
种简单壳模型可以解释或预言满壳外只有一个价核子或只有一个空穴情况
下原子核的自旋-宇称等实验结果. 而为了进一步解释、预言更复杂情况,
需要在此基础上考虑没有包含在平均场内的剩余相互作用以及剩余相互作
用导致的组态混合. 70 余年来,人们逐步发展了组态-相互作用壳模型计
算以及多种图像的壳模型近似方法,壳模型理论是原子核结构微观理论的
基础性框架. 近年来,壳模型理论被扩展应用于描写原子核的弱束缚态甚
至共振态.

　　集体运动模型　原子核的许多状态有集体性,如原子核形状变化、振
动和转动等. 对于偶偶核,第一个 4^+ 态能量与第一个 2^+ 态能量的比值是反
映集体运动特征的一个简单信号,这个比值接近 2.0 时表示原子核低激发
态为振动态,而在接近 3.33 时表示原子核低激发态为转动态. 在描写原
子核集体运动方面一个直观的理论框架是形变场哈密顿量和尼尔逊能级
图,这种方法在描写形变原子核的低激发转动带方面十分简洁并与实验很
好地符合. 集体运动模型把原子核形变参量作为集体运动的坐标来处理,
在哈密顿量中把动能项和位能用这些参量表示,哈密顿量包含振动和转动
自由度. 集体运动模型主要是半唯象理论,在处理原子核的转动和振动方
面都很方便. 集体运动模型基于不同情况有许多新发展,如可变转动惯量
模型、非对称转子模型、非谐振子模型、粒子-转子模型、粒子-振子弱耦
合模型等.

　　相互作用玻色子模型　壳模型在研究重质量原子核低激发态时出现
组态空间爆炸性增长的挑战,而集体运动模型对于具有不同形变的原子
核往往采用不同框架. 相互作用玻色子模型较好地解决了这些问题. 玻
色子模型的基础是壳模型,因此,有些文献把相互作用玻色子模型也称为玻
色子近似. 满壳层外价核子的某些类型配对能量特别低,这是核-核子之

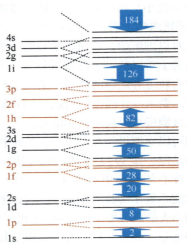

图 21-7　壳模型单粒子能级图(红色代表偶宇称态，黑色代表奇宇称态. 单粒子态不考虑自旋情况下轨道角动量越大能级结构越低，自旋轨道耦合导致能级进一步分裂，形成几个主壳层，对应幻数 2、8、20、28、50、82、126、184)

间相互作用力在原子核尺度上以短程吸引为主的结果. 除了传统的自旋为零的配对，玻色子模型还考虑自旋为 2 的配对；并且为了计算方便，把这些核子配对进一步近似为玻色子. 这样的玻色子空间非常小，由这些玻色子构造的哈密顿量具有简单的动力学对称性结构，在许多情况下有解析解；数值计算极其简便. 玻色子模型可以统一处理原子核从振动到转动的集体运动，而且预言了新的对称性. 玻色子模型后来被扩展为多个版本，如不区分质子和中子的 IBM-Ⅰ. 区分质子和中子的 IBM-Ⅱ 以及玻色子-费米子模型等.

原子核反应

核反应指的是两个原子核相对运动发生碰撞. 在实验上通常的做法是，将其中一个原子核电离为离子后利用加速器获得能量，作为炮弹轰击固定的靶核而发生反应. 在核反应过程中，原子核外的电子影响很小. 涉及自由度不多的核反应称为直接核反应. 习惯上把比 α 粒子更重的离子称为重离子，人们根据核反应前的原子核质量把核反应分为轻核反应和重离子核反应；根据反应产物变化把核反应分为散射、复合核反应、裂变反应等；根据反应前后能量变化把核反应分为低能(能量在 5~10MeV)核反应、中能(能量在 10~100MeV)核反应、高能(能量在 100MeV~1GeV)核反应和能量更高的相对论重离子碰撞.

直接核反应通过涉及靶核最少自由度的一步过程完成，也可以通过多步过程甚至复合核过程实现. 对于给定的核反应，区分不同反应机制的贡献是很困难的，实际工作中一般基于理论考虑，判断哪些核反应的直接相互作用是主要的，哪些反应需要考虑多步过程或复合核过程. 只要涉及的自由度不多，不论是一步核反应还是多步核反应，都属于直接核反应. 对于低能入射粒子的直接反应，有非弹性散射、转移反应和电荷交换反应 3 种类型. 所谓非弹性散射, 指的是入射粒子在反应过程中把一部分能量交给靶核而自身重新飞出去, 靶核会被激发到低激发态上. 在核反应过程中一个或多个核子从一个核转移到另一个核的反应称为转移反应, 这也是最常见的直接核反应; 对于轻质量的弹核, 主要是一个或两个核子的转移反应; 如果核子从弹核转移到靶核, 则称为削裂反应; 如果核子从靶核转移到弹核, 则称为拾取反应; 多核子转移反应是目前产生极端丰中子重核素已知的唯一可行方案. 电荷交换反应是弹核中的核子与靶核中的核子通过同位旋相关的核子-核子相互作用而交换电荷的过程, 电荷交换反应研究的一个重要成就是重质量原子核核低激发能级中同位旋相似态的发现与系统研究.

复合核是核反应过程重要的中间环节, 多数低能核反应通过复合核过程进行. 复合核的寿命比较长, 一般在 $10^{-19} \sim 10^{-14}$s, 一般来说随着激发能的增加或核素质量的减少而降低, 不过至少比核子穿过原子核的时间(约 10^{-22}s)长 2 个数量级以上. 复合核的激发能一般等于或大于最后一个核子的分离能, 能级非常密集, 表明原子核很多自由度被激发, 一般认为处于热平衡或接近热平衡状态, 满足各态历经假设.

重离子核反应是核物理近 40 年发展起来的领域, 入射炮弹为从 ^{6}Li 到超铀元素的离子, 入射核能量从每核子 6MeV(库仑位垒高度)以下到每核子 GeV 量级范围不等. 对于重离子核反应影响比较大的两个参数是库仑位垒高度和碰撞参数. 对于给定入射能量的离子, 碰撞参数决定了入射核为整个体系带来的总角动量, 一般可以到(30~50)ħ, 因此在实验上很容易得到处于高自旋态的剩余核. 对于重离子入射能量在库仑位垒以下的情况, 入射核与靶核也能通过库仑激发而发生反应. 重离子与靶核碰撞过程中产生强电场, 是研究真空极化和正电子产生的重要手段. 而在重离子入射能量超过库仑位垒情况下, 核反应主要取决于碰撞参数. 在碰撞参数比两个原子核半径之和还要大一些的情况下, 弹核与靶核不发生强相互作用, 碰撞机制主要是库仑散射和库仑激发, 此时用重核作为入射炮弹可以把重的靶核激发到高自旋态甚至引发裂变. 在碰撞参数减少到两个核擦边的情况下, 两个核可发生能量、角动量和核子交换, 这时核反应主要属于散射和核子转移反应; 如果碰撞参数在此基础上减小, 两核的相对动能大部分转化为系统的激发能, 伴随核子转移, 属于非弹性散射; 如果碰撞参数进一步减小, 两个核完全熔合为复合核. 复合核一般通过蒸发粒子或裂变方式退激. 如果弹核比较轻, 弹核全部被俘获, 则称为全熔合反应; 如果弹核比较重, 复合系统的演化路径则很复杂, 仅有部分形成复合核, 称为不完全熔合. 具有相当激发程度的原子核系统称为热核, 在低能或中能核反应过程中形成的热核对于转动、形变的稳定性极限的影响是人们很感兴趣的前沿问题.

核裂变过程是低能区的一个复杂动力学过程. 从实验图像上看, 原子核要经过一系列形状变化才能分裂为两块或多个碎片, 原子核的最低能量随着形状变化的函数关系称为位能曲面, 相对于裂变稳定的原子核一定处于位能曲面的一个谷, 在基态以上的其他各种形变原子核都具有更高势能. 如果一个原子核从能量上可以裂变, 那么在适当的形变方向上再经过足够大形变, 原子核就可以越过势能位垒而沿着势能的下坡方向实现裂变; 不同的形变路线需要越过不同的位垒, 其中最低的位垒称为裂变位垒, 与此对应的形变称为鞍点(因这种情形对应的位能曲面呈马鞍形). 处于基态的原子核通过位垒贯穿量子效应发生的裂变称为自发裂变. 原则上, 重核都可以自发裂变, 但是因为裂变位垒太高, 实际上没有观测到比钍更轻核素的自发裂变现象, 钍的自发裂变概率也很小. 裂变位垒随着质子数增加而降低. 核反应中的复合核如果激发能比较高, 通过单核子运动与集体运动的耦合可以到达鞍点发生裂变, 这种裂变称为诱发裂变. 液滴模型加上壳修正对于位能曲面的计算是比较成功的.

中高能重离子核反应是目前唯一能在实验室产生高温高密核物质的方法, 可用于研究核物质相图和相结构. 整个反应根据进程可分为 4 个阶段: 第一阶段弹核与靶核相互接近, 二者均处于基态; 第二阶段为压缩阶段, 在中心区形成高温高密核物质; 第三阶段为膨胀阶段, 被压缩的核物质迅速向外扩展, 核物质密度下降到饱和密度以下, 此时发生原子核的多重碎裂和液气相变; 第四阶段为实验可观测阶段. 人们通过初始条件和实验观测结果反推出第二阶段和第三阶段核物质的性质. 理论上研究中能重离子核反应比较流行的理论主要是玻尔兹曼-乌苓-乌伦贝克模型和量子分子动力学模型.

相对论重离子碰撞的研究是从二十世纪八九十年代开始的, 目前国际上有多家实验室在这方面开展相关实验研究. 目前, 美国布鲁克海文国家实验室的相对论性重离子对撞机(relativistic heavy ion collider, RHIC)对于重离子束流可以加速到每核子 100GeV, 质子束流可以加速到 250GeV; 而欧洲核子中心的大型强子对撞机(large hadron collioder, LHC)对于重离子束流可以加速到每核子 2.5TeV 以上, 质子束流可以加速到 7TeV. 经过几十年的努力, 人们通过相对论重离子碰撞已经成功创造了高温高密 QCD 物质新形态, 对于夸克胶子等离子体性质和 QCD 物质相图有了初步认识.

21.3 核天体物理

核天体物理是核物理与天体物理相结合的交叉学科领域, 主要利用原子核的结构和反应机制方面的规律来理解恒星结构和演化过程、宇宙元素丰度、致密星体的形成和演化规律等.

宇宙大爆炸后氢-氦比例

宇宙大爆炸的遗迹之一是氦核-质子的质量比大约为 $\frac{1}{4}$. 这一结果的解释如下. 我们知道, 质子-中子质量差为 1.29MeV, 氘核结合能为 2.22MeV. 在宇宙的温度比电子静止质量对应的温度还高时, 即当 $kT \geqslant m_e c^2$ [即 $T = 0.511\text{MeV}/(8.617 \times 10^{-11}\text{MeV/K}) \approx 6 \times 10^9 \text{K}$ (这里玻尔兹曼常数 $k = 1.38065 \times 10^{-23} \text{J/K} = 8.617 \times 10^{-11} \text{MeV/K}$)]时, 电子和中微子处于热平衡

态，以下两个反应

$$n \rightarrow p + e^- + \bar{\nu}_e, \quad p + e^- \rightarrow n + \nu_e$$

是平衡的，即中子衰变为质子与质子俘获电子转化为中子两个过程处于热平衡，其相对比例由以下热平衡方程给出：

$$\frac{N_n}{N_p} = \exp\left(-\frac{\delta mc^2}{kT}\right).$$

实际上质子俘获电子转化为中子的能量阈值大约为 0.8MeV[即中子-质子质量差减去电子的静止质量，$1.293 - 0.511 = 0.782$MeV]，比电子质量重了一半多，不过电子的动能实际上应该是 $\frac{3}{2}kT$（也比 kT 大 50%），因而直接用电子质量标记中子-质子相互转化的临界温度是合适的．当宇宙的温度降低到 10^{10}K 或更低时，上面的热平衡就逐步不能继续维持，质子俘获电子转化为中子就不能发生，因而人们把这个温度作为质子俘获电子转化为中子这一弱过程不再发生的温度，称为弱过程冻结温度，$T_W \approx 10^{10}$K．在此温度下中子-质子比例为

$$\frac{N_n}{N_p} = \exp\left(-\frac{1.29\text{MeV}}{8.617 \times 10^{-11}\text{MeV/K} \times 10^{10}\text{K}}\right) \approx \exp(-1.50) \approx 0.22.$$

这就是说，此时中子和质子分别占 18% 和 82%．

自由中子的平均寿命只有 879s，因此中子是无法长期存在的，长期保存中子的唯一方法是把中子和质子组成稳定的原子核．核力的短程性质（2fm 量级）使 3 个或更多核子同时发生强相互作用的可能性微乎其微，自由质子和中子能够合成的原子核只能是氘核，不过氘核的结合能很弱，总结合能只有 2.22MeV，很容易被打散，特别是高温（如 10^9K）高密度的光子容易把氘核打散．不过如果温度继续下降，氘核就可以存活下来了．氘核可以俘获一个质子形成 ^{3}He，或者俘获一个中子形成氚；前者继续俘获一个中子或后者俘获一个质子形成 α 粒子（即 ^{4}He）．换句话说，一旦宇宙温度降下来（实际上很迅速），氘核就存活下来了，其继续俘获质子和中子就形成氚核、^{3}He 和 α 粒子，其中主要是 α 粒子．这就是宇宙大爆炸后的遗迹（见图 21-8）．

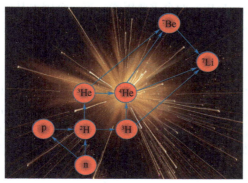

图 21-8　宇宙大爆炸核合成示意图

宇宙大爆炸遗迹中质子和 α 粒子的成分比例很容易半定量地估计出来. 由于在弱过程停止(即中子-质子比例处于热平衡态停止)那一刻质子-中子比例约为 82/18, 即宇宙重子有 18% 是中子, 而 α 粒子内中子数和质子数相同, 假如这些中子全部变成了 α 粒子, 这些 α 粒子的总重子数等于中子数乘以 2, 即宇宙内 36% 是 α 粒子, 宇宙中质子与 α 粒子总量之比为 (82-18)/36≈1.8, 氢占所有重子之比例为 1.8/(1+1.8)≈64.3%, 如果进一步考虑中子衰变损失, 这个比例会略微增大一些, 很接近我们在前面提到的、在大爆炸冷却后宇宙中氢占所有重子质量之比(≈75%).

恒星聚变反应

地球围绕太阳转动, 二者距离大约为光速 500s 时间, 即 $1.5×10^{11}$m; 地球每平方米接收到的太阳辐射能量为 1.4kW. 由此我们知道太阳每秒对外辐射能量为 $4\pi(1.5×10^{11})^2×1400≈3.96×10^{26}$W, 这么大的输出功率靠的主要是把氢转化为 He-4(即 α 粒子)的原子核聚变能量. 在这个过程中每个质子大约释放 7MeV 的能量. 太阳质量为 $2×10^{30}$kg, 假定忽略太阳内其他核素(太阳内主要是氢元素). 如果假设太阳自始至终的燃烧一直是稳定进行的, 那么太阳从聚变发生开始到氢全部燃烧合成氦所需的时间 t 为

$$t=\frac{2×10^{30}}{1.67×10^{-27}}×\frac{7×1.6×10^{-13}}{3.96×10^{26}}=3.4×10^{18}\text{s}=1.06×10^{11}\text{y},$$

约为 1100 亿年; 太阳已经存在 50 多亿年, 现在处于"中年"稳定期. 对于比太阳更重的星体, 内部温度更高, 聚变速度更快, 寿命就比较短, 有些大质量恒星的寿命只有几百万年.

质子-质子反应需要克服库仑位垒, 我们假定质子-质子发生核反应时二者距离为 2fm, 库仑势能为

$$V_{pp}=\frac{1}{4\pi\varepsilon_0\hbar c}\frac{e^2\hbar c}{2\text{fm}}=\frac{1}{137}\frac{197\text{MeV}\cdot\text{fm}}{2\text{fm}}≈0.72\text{MeV}.$$

对应温度为

$$T≈\frac{V_{pp}}{k}=\frac{0.72\text{MeV}}{8.617×10^{-11}\text{MeV/K}}≈10^{10}\text{K}.$$

这个温度比太阳内部温度(大约 $1.5×10^7$K)高了近 3 个数量级. 太阳内部燃烧质子发生聚变反应有两个重要因素. 第一个因素是玻尔兹曼分布中粒子数随着能量的变化为

$$\frac{\text{d}N}{N}=\frac{2}{\sqrt{\pi kT}}\sqrt{\frac{E}{kT}}\exp\left(-\frac{E}{kT}\right)\text{d}E, \tag{21.3.1}$$

这个分布有一个很长的尾巴, 这样总有小部分的质子具有比 kT 高得多的能量. 第二个因素是量子隧道贯穿效应, 两个质子在接近 2fm 合成氘核, 释放 2.2MeV 的能量, 因此, 两个质子有一定概率越过 0.72MeV 的库仑位垒.

恒星内部燃烧质子的第一步是质子-质子的弱过程, 在这个过程中产生氘核, 其反应式为

$$p+p\rightarrow d+e^++\nu_e,$$

产物中有一个电子中微子和一个正电子. 氘核很容易通过 (p,γ) 反应生成

^{3}He，即

$$d+p\rightarrow{}^3He+\gamma.$$

在足量的 He-3 产生之后，星体的燃烧过程变得比较复杂，有 3 个相互竞争的燃烧路径，这些路径称为 pp 链（即质子-质子链）.

除了 pp 链，恒星燃烧质子合成 α 粒子的方式还有一个过程，称为碳-氮-氧循环，这种燃烧方式的反应式比较复杂，在大质量恒星的氢燃烧过程中更有效率，其中参与反应的碳氮氧"种子核素"经过这个循环后保持不变，就像化学反应中的催化剂一样.

星体的形成、结构和演化

星际物质凝聚所形成的星云（温度 100K 以下的中性氢云）在引力作用下经历碎裂和凝聚过程，最终收缩形成质量各异的恒星（0.1～100 个太阳质量），这些恒星通过聚变过程产生足够的能量以支撑整个恒星实现动力学平衡状态，进入长达数百万至上千亿年之久的主序星演化阶段. 在星体中心区氢元素耗尽后，恒星演化分两种路径. 对于包括太阳在内相对小质量的主序星，星体先膨胀为红巨星，然后逐步形成行星状星云和一颗电子简并的白矮星；假如白矮星能通过某种方式吸积物质使其质量超过 1.4 倍太阳质量，白矮星将会陷入引力不稳定状态发生塌缩，从而引发极快的聚变反应释放巨大能量，星体发生 I-型超新星爆发；否则白矮星一直保持几乎相同的状态. 对于较大的星体，其膨胀形成红超巨星，红超巨星在内部不断地通过聚变反应将较轻的元素合成越来越重的元素，直到内部温度无法达到进一步的聚变点火要求或者到达平均单核子结合能最大的铁族元素，形成类似洋葱的壳层结构，红超巨星在核心区域形成一个越来越大的电子简并压结构，直到超过质量限制并发生内芯剧烈塌缩，变成核物质，同时释放巨大能量；而在塌缩到核子之间距离越来越近时，核子-核子相互作用变成排斥力反抗进一步引力塌缩，内核在核子-核子斥力下反弹引发向外冲击波，恒星外层发生爆炸成为 II-型超新星，而内芯部分形成一颗中子星或者黑洞. 中子星也称为脉冲星，自从 20 世纪 60 年代被发现以来，中子星的结构性质一直是人们关注的重要科学前沿，中子星是核物质的天然实验室，近年来中微子物理和引力波探测为人们了解中子星的性质提供了新途径.

宇宙中比铁重的元素，其来源主要有几个途径，其中最重要的途径有两个，一个是快中子俘获过程，超新星爆炸过程中产生大量中子，或者中子星并合过程中抛射的物质中含有大量中子，重核的"种子"快速俘获大量中子，然后进行 β 衰变到稳定线，该过程称为快过程；另一个是慢中子俘获过程，中子俘获平均速度比放射性核素的衰变速度慢，重核的"种子"俘获一个中子形成的子核假如是稳定核素，子核将继续俘获中子形成质量数更大的同位素，如果子核不稳定就向 β 稳定线方向衰变.

不论如何，地球上的碳、氮、氧、钙、铁都来自恒星内部复杂的高温聚变核反应过程，而比铁重的元素合成过程更加复杂，相当大比例的重元素来源与超新星爆炸或中子星并合等剧烈的天体过程有关.

21.4 核物理科学前沿与核技术简介

原子核物理是人类当代重要的科学前沿领域之一. 原子核科学历经近一个世纪的发展, 取得了许多重大成就, 如核多体理论、核能利用等, 有30多位学者因为在核科学方面的贡献而获得诺贝尔奖. 在21世纪里原子核科学依然面临极大的挑战, 如核力的本质、宇宙元素丰度等. 2021年5月上海交通大学结合国际前沿、全球需求、科学发展, 与世界顶尖科学家协会共同发挥资源优势, 经过多轮讨论遴选出的重大科学前沿问题中有4个问题属于核物理领域的基础性科学问题, 包括宇宙中重元素的起源是什么、致密星体和相关物质的结构是什么样的、脉冲星是如何形成的、元素周期表是否已完整, 可见核科学依然是人类的科学前沿领域, 受到全球科学界的高度重视并在快速发展中.

核物理前沿问题

当前在核物理学界受关注的前沿课题有很多. 远离稳定线原子核的结构和反应机制是低能核物理的重要方面, 其中一个问题是核素图拓展; 自然界有多少种核素处于束缚态? 长寿命的共振态有多少? 目前不同的理论预言的束缚态核素种类数量有较大差异, 从7000多到11000多不等, 核素图上有十分广阔的丰中子重质量区域未被人们认识. 在核素版图拓展问题中受到广泛关注的是超重元素合成问题, 目前已经确认合成的最高核电荷数元素为118号元素(在2016年命名), 元素周期表第7个周期已经填满, 那么是否存在第8个周期的化学元素? 实际上比合成超重元素更引人瞩目的问题是超重核素稳定岛问题. 长期以来, 理论预言在核素图上以质子数等于114、中子数等于184为中心存在一片长寿命、相对稳定的核素, 简称为超重稳定岛. 目前实验迹象表明这个稳定岛是存在的, 而登上超重稳定岛意味着发现若干种长寿命的化学元素, 预期会带来不可估量的重大应用, 因此, 如何攀登这个稳定岛是十分重大的科学前沿问题.

在低能情况下, 人们把原子核看作由质子和中子组成的复杂量子多体系统, 它的复杂性体现在很多方面. 首先是目前人们对于真空中的核子-核子相互作用依然不太清楚, 强相互作用的基础理论是 QCD, 然而 QCD 的低能非微扰性质导致从 QCD 出发理解核子-核子相互作用面临极大挑战, 同时在核介质内的核子之间相互作用还涉及复杂的多体关联. 即便未来人们有了比较可靠的核子之间相互作用, 在理论上严格求解原子核这样的多体系统在未来很长时期内也是不现实的. 因此, 原子核理论只能是模型理论. 当前人们对低能核物理的研究兴趣是多方面的, 如晕结构、八极形变、巨超形变、形状共存、同核异能态、手征性、对称破缺、集团结构、集团放射性、双质子或双中子发射、弱束缚态甚至共振态性质等结构问题, 以及垒下熔合、库仑激发等反应过程, 近年来人们提出有些原子核状态甚至呈现气泡形、环形等结构, 人们对于这些新奇结构和反应机制的认识还远不够深入系统. 而在中能区, 重离子碰撞过程的多重碎裂、液气相变现象，以及同位旋效应、黏滞系数分析等，是人们很感兴趣的话题. 近年来人们发现多核子转移反应在产生丰中子重核截面上优势很大，因而从理论和实验两方面研究多核子转移物理机制. 在高能核物理方面，人们关注核物质相图，即随着核物质密度、温度、同位旋的变化，极端条件下核物质相变是如何发生的. 通过极端相对论重离子碰撞产生的高温、高密核物质由禁闭的强子物质变为退禁闭的、近乎完美流体的夸克-胶子等离子体（quark-gluon plasma，QGP），对于在碰撞过程产生大量粒子所形成的具有很强各向异性集体流的研究可以提取 QCD 物质的状态方程和输运性质. 人们在 QGP 冷却过程中所形成的大量正反粒子中已鉴别出反 ^{3}He、反超氚 $^3_\Lambda$H、^{4}He，检验了反物质相互作用与物质相互作用的对称性. 近年来实验上合成了具有许多新奇特性的超核（质子、重子以及少数带奇异数的重子组成的原子核），超核结构提供了研究核子-超子相互作用的平台.

在核天文学方面，致密星体结构为核物质性质随着核子密度变化提供了天然的实验室，一般认为中子星内核部分的密度达到 2~3 倍的正常核物质密度，因此，可靠的核物质状态方程对于理解中子星结构是十分关键的. 关于核物质对称能在亚饱和密度区行为的理解相对成熟，而高密度行为在理论上仍然存在很大不确定度，对于是否存在对称能高阶项效应、中子星致密核心部分是否存在大量超子，以及在致密环境下超子-核子相互作用与中子星状态方程的联系还不清楚. 宇宙中超新星爆炸、中子星并合过程发生的重质量核素合成细节是核天文学物理的热点问题，这一问题的解决极大依赖于对远离稳定线的核素的结构和反应机制的深入认识.

除此之外，重大现实需求或交叉学科也对原子核物理的研究提出一些紧迫或挑战性问题，如核废料嬗变新途径探索、某些低本底核过程测量［如确定中微子是否为自身反粒子的无中微子双 β 衰变、核天体物理圣杯反应 ^{12}C$(\alpha,\gamma)^{16}$O 的截面测量］等.

核技术

原子核系统的典型能标为 MeV 量级，比其他领域（如光学、凝聚态）实验室样品能标高了好几个数量级；原子核带有电荷，其质量比电子大 3~5 个数量级. 正是这些特点使核实验技术相对于其他领域发展的实验技术具有巨大优势，因为原子核的能量和质量大小使原子核实验中的许多粒子可以在通常介质中传播相当距离而能损很少，这样我们就可以不困难地准确测量出发射粒子的能量. 同样，因为核实验涉及的能量比较高，一般热运动能量对此几乎没有任何影响，一般外来电磁场或重力场对于绝大多数原子核实验的影响也可以忽略不计；实验结果也不依赖于这些原子核是处于某种晶体或化合物的具体形态. 原子核的半衰期时间跨度极大，从 10^{-20} s 到 10^{21} 年［如 ^{136}Xe 的双 β 衰变寿命为 $(2.165\pm0.016\pm0.059)\times10^{21}$ 年］，横跨约 50 个数量级，原子核半衰期时间的巨大范围是独一无二的，这些不同半衰期时间尺度在时间测量与标度方面也有许多应用.

原子核技术应用是当今国际上重要的高科技产业，当今欧美发达国家核技术产业已经占国民生产总值的 3%~5%，在工业生产的许多方面其至是不可替代的，目前全球核技术相关产业规模达数万亿美元（与此对照的是，全球半导体市场规模在 2021 年则为 5000 多亿美元）．核技术在能源、环境、材料、医学、农业等众多产业方面具有许多应用，限于篇幅，这里简单讨论几个实例．

核能　原子核的能标是 MeV，比普通化学能大了 6 个数量级．重核裂变释放的巨大能量是人类社会在 20 世纪开发的新能源，1942 年费米（Enrico Fermi）等人在美国建成了世界上第一座人工核反应堆，实现铀核的可控自持链式裂变反应；1954 年库尔恰托夫（Igori Vasilievich Kurchatov）主持建成了世界上第一座核电站．早期开发的核能主要是热中子堆（简称热堆），到 21 世纪初全世界共运行 400 多座热堆，发电量占全世界总发电量的 17%，而在西方发达国家（如美国、德国、法国）核电比例更大．中国核电占总电力比例仅约 2%，但是近年来发展很快，在多种反应堆新技术的研发中总体与国际上同步．核能是相对低成本、高度安全的清洁能源，在当前二氧化碳排放导致全球气候变暖、化石能源（煤炭、石油、天然气）资源不可再生、环境保护压力大的新形势下，核能的利用既必要又可行．核电技术已经成为很大的产业，已经很成熟，并且具有高度的安全性．热堆的主要缺点是核燃料利用率很低，只有约 1% 的铀（质子数为 92）在热堆中产生核能．人们在 20 世纪 90 年代开始发展快中子反应堆（简称快堆）技术．快堆的优点在于每个铀-235 裂变产生的中子，除了维持裂变，还会产生 1.2~1.6 个中子使难裂变的铀-238 变成容易裂变的铀-239，从而增殖核燃料，使那些热堆中的核废料（铀-238）得以充分利用．快堆技术发展于 20 世纪 60—70 年代，目前在经济上还不具备竞争力，预计在 2030 年以后会取得相对成本优势．

当前核技术的一个重大研究课题是可控核聚变反应堆，利用核聚变能源发电的诱人之处在于聚变能材料资源无限，而且几乎不产生核废料，因此，聚变核能将是人类未来能源的主导形式，也是最终解决人类社会能源和环境问题、推动人类社会可持续发展的重要途径．2006 年，欧盟和世界主要大国（中国、美国、俄罗斯、印度、日本、韩国）共同签署了历时 35 年的国际热核聚变实验堆计划，该计划是实现聚变能商业化的第一步．

核医学、育种　核医学是把核技术与医学相结合，利用核技术诊断、治疗和研究疾病的新兴学科．核医学把放射性同位素、由加速器产生的射线束流、放射性同位素的核辐射技术应用于医学．核医学技术应用非常广泛而且有效．在全球每年有 2 亿~3 亿次核医药实验．在利用放射性同位素诊断、治疗和实验中有 100 多种放射性同位素，其中特别受到青睐的寿命在 6h 左右的 ^{99}Tc（锝）主要用于人体器官的成像，以及研究人体内血液流动．根据美国在 21 世纪初的统计数据，美国每年 3000 万住院治疗的病人中，有三分之一使用了放射性核医药．正电子放射层扫描术（position emission tomography，PET）把带有短寿命正电子的放射性原子（如 ^{11}C、^{13}N、^{15}O 等）附着在蛋白质和葡萄糖分子上，选择性地输入人体某个器官中，通过探测正负电子湮灭中产生的两个方向相反的 γ 射线来研究人体器官某种类型的代谢情况．

核技术在医学上还有一个重要应用是癌症治疗. 早期癌症治疗中使用 ^{60}Co(钴)和 ^{137}Cs(铯), 人们利用 γ 射线杀死癌细胞. 近年来重离子束流治癌正在迅猛发展, 并取得很好的社会效益. 重离子束流治癌的优点是可以根据癌细胞的分布设定入射重离子能量, 从而极大地降低在治疗中对于正常细胞的伤害. 硼中子俘获治疗(boron neutron-capture therapy, BNCT)技术是把 ^{10}B(硼)合成药物, 使其专门被多种脑肿瘤细胞吸收(正常细胞不吸收), 然后利用低能中子辐照, ^{10}B 俘获中子合成不稳定的 ^{11}B, ^{11}B 衰变为很短程的 ^{7}Li 和 ^{4}He 杀死癌细胞, 而正常细胞受到的影响很小.

用高能射线辐照种子可以诱发生物突变, 人们把核技术用于育种, 从各种变异品种中筛选遗传性稳定的优良品种. 重离子束是一种新兴的辐射诱变源, 遗传线密度高, 单位剂量的诱变效率比 X 射线、γ 射线和电子束等高 10 倍以上. 重离子束在穿过生物介质时把能量沉积在径迹上, 引起高密度电离事件, 造成细胞核内 DNA 分子损伤, 其中局部损伤严重, 因此其具有很高的生物学效应. 重离子束辐照诱变育种发展迅速, 国内外因此获得了很多具有优良特性的植物突变体. 我国的重离子束辐照诱变育种主要处理水稻、小麦、高粱、玉米、药材、花卉和水果等, 创造了巨大的经济和社会效益.

^{14}C 同位素考古　^{14}C 同位素技术在文物考古中常用于确定文物的年代. 利比(Libby)因发明了 ^{14}C 年代测定法而获得 1960 年诺贝尔化学奖. ^{14}C 年代测定法帮助人们对于新石器文化和鉴定文物有了时间关系的框架和确切的年代序列. 当今的加速器质谱 ^{14}C 年代测定法需要的样品非常少(1~5mg), 而且灵敏度极高. 当然 ^{14}C 年代测定法也有局限性, 这种方法适用于 5 万~6 万年内的文物, 更久远的文物则不太适用. 在利用 ^{14}C 年代测定法确定文物年代方面有两个著名的考古实例, 一个是确定都灵裹尸布的年代, 另一个是确定越王勾践剑的年代.

^{14}C 年代测定法的原理是很简单的. 地球环境中的碳是 ^{12}C(占 98.89%)和 ^{13}C(占 1.11%), 而在近数千年以来, 地球大气层顶部 ^{14}N 的 (n,p) 反应——^{14}N(n,p)→^{14}N 一直很稳定, 中子来源于宇宙线, 因此尽管 ^{14}C 数量很少, 但是生物体内都含 ^{14}C 成分. 而 ^{14}C 通过 β 衰变又变回 ^{14}N, 半衰期为 5730 年. 这使地球上的 ^{14}C 丰度维持在一个稳定的值, 大约为 $1.2×10^{-12}$. 而一旦生物死亡, 体内 ^{14}C 衰变, ^{14}C 的数量减少为

$$N(^{14}\text{C}, t) = N(^{14}\text{C}, t_0)e^{-\lambda(t_1-t_0)}.$$

现在通过质谱仪, 可以统计 ^{14}C 个数, 通过 ^{14}C 丰度给出 t_1-t_0 的值, 因此, 这个方法是很准确的. 不过还应该考虑一个因素, 即几千年以来 ^{14}C 产额的稳定线问题, 特别是近 200 年以来燃烧化石燃料部分地改变了大气层的某些平衡, 而核武器实验等使 ^{14}C 的含量比大气层合成 ^{14}C 的产额"正常值"增加不少.

习题 21

21.1 质子质量是多少? 质子电荷半径是多少?

21.2 质子和中子的磁矩分别是多少? 寿命分别是多少?

21.3 写出原子核稳定线经验公式.

21.4 自然界可能存在的束缚核素个数是多少?

21.5 目前已知自然界天然存在的核素个数和稳定核素个数分别是多少?

21.6 原子核传统幻数是哪些?

21.7 天然存在的重元素是什么?

21.8 核电荷数很大的核素不稳定的主要原因是什么?

21.9 驱动原子核裂变过程的主要相互作用是什么?

21.10 按照目前的燃烧速度, 太阳能够燃烧多久?

21.11 重离子治癌的最大优势是什么?

21.12 目前全世界核科学技术产业规模(每年的 GDP)大约是多少?

21.13 估计氧原子核体积与氧原子体积之比.

21.14 估计核电荷数等于 50 的元素锡(Sn)的稳定同位素所含的中子数.

21.15 已知 ^{56}Fe 的单核子结合能为 8.790MeV, 计算 ^{56}Fe 的质量.

21.16 已知地球环境中 ^{14}C 的丰度约为 1.2×10^{-12}, 试估计测量寿命为数千年的古画或衣物需要多少克样品.

21.17 估计 1 吨氢原子通过核聚变过程变成 α 粒子释放的能量.

21.18 估计一个半径为 10km、密度为 2.5 倍正常核物质密度的星体的质量.

21.19 估计质子–中子的质量差, 由此解释宇宙的氢–氦丰度比.

21.20 对于一个二阶连续衰变过程 $B_1 \rightarrow B_2 \rightarrow B_3$, 其中 B_3 是稳定的, 设 $t = 0$ 时只有 B_1 核素, 其他子核数都不存在. 如果从 $B_1 \rightarrow B_2$ 的半衰期 T_1 远远大于从 $B_2 \rightarrow B_3$ 的半衰期 T_2, 试证明经过很长时间后会有 $\lambda_1 N_1 = \lambda_2 N_2$, 这里 λ_1 和 λ_2 分别对应于第一步和第二步衰变的衰变常量.

习题参考答案

第 11 章　静电场

11.1　（1）$q=-\dfrac{\sqrt{2}}{4}Q$；

（2）不能.

11.2　（1）$\dfrac{\lambda_0}{4\pi\varepsilon_0}\left(\dfrac{2}{\sqrt5}-\ln\dfrac{\sqrt5+1}{\sqrt5-1}\right)\vec{i}+\dfrac{\lambda_0}{4\sqrt5\,\pi\varepsilon_0}\vec{j}$；

（2）$-\dfrac{\lambda_0}{4\pi\varepsilon_0}\left(\ln\dfrac{3}{2}-\dfrac{1}{3}\right)\vec{i}$.

11.3　$-\dfrac{b}{8\varepsilon_0 R}\vec{j}$.

11.4　（1）$-\dfrac{bR^2}{4\varepsilon_0\left(R^2+z^2\right)^{\frac{3}{2}}}\vec{i}$；

（2）$\pi R^2 b\vec{i}$.

11.5　$\vec{E}=0\,(R_1>r)$；$\dfrac{Q_1}{4\pi\varepsilon_0 r^2}\hat{e}_r\,(R_2>r>R_1)$；

$\dfrac{Q_1+Q_2}{4\pi\varepsilon_0 r^2}\hat{e}_r(r>R_2)$.

11.6　$\dfrac{\rho_0}{\varepsilon_0 r^2}\left(\dfrac{1}{3}r^3-\dfrac{r^4}{4R}\right)\hat{e}_r(R>r)$；$\dfrac{\rho_0}{12\varepsilon_0 r^2}R^3\hat{e}_r(r>R)$.

11.7　$-\dfrac{b}{2\varepsilon_0}\vec{i}$.

11.8　（1）$\dfrac{2a\lambda}{\pi\varepsilon_0(a^2-4x^2)}$，方向沿 x 轴的负方向；

（2）$\dfrac{\lambda^2}{2\pi\varepsilon_0 a}$.

11.9　（1）$\dfrac{kb^2}{4\varepsilon_0}$；

（2）$\dfrac{k}{2\varepsilon_0}\left(x^2-\dfrac{b^2}{2}\right)$　$(0\leqslant x\leqslant b)$；

（3）$x=\dfrac{b}{\sqrt2}$.

11.10　$\dfrac{q_1}{q_2}=\dfrac{4\sqrt{10}}{25}$.

11.11　$\omega=\sqrt{\dfrac{PE}{I}}$.

11.12　$\dfrac{qx}{2\varepsilon_0}\left(\dfrac{1}{x}-\dfrac{1}{\sqrt{x^2+R^2}}\right)$.

11.13　$\dfrac{q}{2\varepsilon_0}\left(1+\dfrac{\dfrac{h}{2}}{\sqrt{R^2+\left(\dfrac{h}{2}\right)^2}}\right)$.

11.15　3.54×10^{-6}C.

11.16　$\dfrac{\rho_0 r^2}{4\varepsilon_0 R}\hat{e}_r(R>r)$；$\dfrac{\rho_0 R^3}{4\varepsilon_0 r^2}\hat{e}_r(r>R)$.

11.17　$-\dfrac{\sigma x}{2\varepsilon_0}$，$\dfrac{\sigma x}{2\varepsilon_0}$.

11.18　（1）$-\dfrac{1}{2}(1+\sqrt3)d$；

（2）$\dfrac{d}{4}$.

11.19　$\dfrac{\sigma R}{2\varepsilon_0}$.

11.20　$\dfrac{\sigma x}{2\varepsilon_0\sqrt{R^2+x^2}}\vec{i}$，$\dfrac{\sigma}{2\varepsilon_0}(R-\sqrt{R^2+x^2})$.

11.21　（1）$\dfrac{Ar^2}{3\varepsilon_0}(r\leqslant R)$，$\dfrac{AR^3}{3\varepsilon_0 r}(r>R)$；

（2）$\dfrac{A}{9\varepsilon_0}(R^3-r^3)+\dfrac{AR^3}{3\varepsilon_0}\ln\dfrac{l}{R}\,(r\leqslant R)$，$\dfrac{AR^3}{3\varepsilon_0}\ln\dfrac{l}{r}$　$(r>R)$.

11.22　（1）内表面 $-q$，外表面 $q+Q$；

（2）$-\dfrac{q}{4\pi\varepsilon_0 a}$，

（3）$\dfrac{q}{4\pi\varepsilon_0}\left(\dfrac{1}{r}-\dfrac{1}{a}+\dfrac{1}{b}\right)+\dfrac{Q}{4\pi\varepsilon_0 b}$.

11.23　8.85×10^{-8}N.

11.24　（1）5.40×10^{-4}m；

（2）794V.

11.25　电荷体密度 $\rho=-\dfrac{\mu^2\varepsilon_0 A}{r}\mathrm{e}^{-\mu r}+4\pi\varepsilon_0 A\delta(r)$.

11.26　（1）9.3×10^{-15}C·m；

(2) 2.05×10^{-11} J.

11.27　13.6eV.

11.29　(1) $\dfrac{q}{4\pi\varepsilon_0 r} - \dfrac{q}{4\pi\varepsilon_0 a} + \dfrac{Q+q}{4\pi\varepsilon_0 b}$;

　　　(2) $\dfrac{Q+q}{4\pi\varepsilon_0 R^2}\hat{e}_R$.

11.30　-4.43×10^{-5} J.

11.31　(1) $\dfrac{qd}{2\varepsilon_0}$;

　　　(2) $-\dfrac{qd}{\varepsilon_0}$;

　　　(3) $\dfrac{qd}{\varepsilon_0}$.

11.32　(1) $a = \dfrac{b}{e}$, $V_{max} = 1.1 \times 10^4$ V;

　　　(2) $a = \dfrac{b}{\sqrt{e}}$, $U_{max} = 0.0046$ J

11.33　$\dfrac{Q^2 d}{4S}\left(\dfrac{1}{\varepsilon_0} - \dfrac{1}{\varepsilon_1}\right)$

11.34　(1) $E_1 = \dfrac{V}{\rho_2}\dfrac{1}{d_1/\rho_2 + d_2/\rho_1}$, $E_2 = $

　　　$\dfrac{V}{\rho_1}\dfrac{1}{d_1/\rho_2 + d_2/\rho_1}$;

　　　(2) 电流密度为 $\dfrac{V}{\rho_1\rho_2}\dfrac{1}{d_1/\rho_2 + d_2/\rho_1}$;

　　　(3) $\varepsilon_0 V\dfrac{\rho_2 - \rho_1}{d_1\rho_1 + d_2\rho_2}$;

　　　(4) $\dfrac{\varepsilon_2\rho_2 - \varepsilon_1\rho_1}{d_1\rho_1 + d_2\rho_2}V$

11.35　(1) $\rho_0\left(\dfrac{r}{3} - \dfrac{r^2}{4R}\right)\hat{r}$, $\dfrac{\rho_0}{\varepsilon_0\varepsilon_r}\left(\dfrac{r}{3} - \dfrac{r^2}{4R}\right)\hat{r}$;

　　　(2) $\dfrac{2}{3}R$

11.36　(1) $D = \varepsilon_0\dfrac{V}{d}$, $E = \dfrac{V}{d\varepsilon_r}$, $p = \left(1 - \dfrac{1}{\varepsilon_r}\right)\varepsilon_0$

　　　$\dfrac{V}{d}$, $q' = \left(1 - \dfrac{1}{\varepsilon_r}\right)\varepsilon_0\dfrac{V}{d}S$;

　　　(2) $\dfrac{V}{2}\left(1 + \dfrac{1}{\varepsilon_r}\right)$

(4) $D = \dfrac{2\varepsilon_r\varepsilon_0}{1+\varepsilon_r}\dfrac{V}{d}$, $E = \dfrac{2}{1+\varepsilon_r}\dfrac{V}{d}$,

　　　$p = 2\varepsilon_0\dfrac{\varepsilon_r - 1}{\varepsilon_r + 1}\dfrac{V}{d}$.

11.37　$U = 2\pi\left[\dfrac{1}{\varepsilon_1}\left(\dfrac{1}{R_1} - \dfrac{1}{R}\right) + \dfrac{1}{\varepsilon_2}\left(\dfrac{1}{R} - \dfrac{1}{R_2}\right)\right]^{-1}V^2$.

11.38　$\dfrac{q\lambda l}{4\pi\varepsilon_0 b(b+l)}$, $\dfrac{q\lambda}{4\pi\varepsilon_0}\ln\left(\dfrac{b+l}{b}\right)$.

11.39　$\dfrac{Q^2}{8\pi\varepsilon R}$.

11.40　$\dfrac{Q^2}{40\pi\varepsilon_0\varepsilon_r R}$.

11.41　(1) $\dfrac{\varepsilon_0\varepsilon_{r1}\varepsilon_{r2}S}{d_1\varepsilon_{r2} + d_2\varepsilon_{r1}}$;

　　　(2) $\dfrac{(d_1\varepsilon_{r2} + d_2\varepsilon_{r1})Q^2}{2\varepsilon_0\varepsilon_{r1}\varepsilon_{r2}S}$.

11.42　(1) $\dfrac{2\pi\varepsilon_0\varepsilon_r L}{\ln\dfrac{R_2}{R_1}}$;

　　　(2) $\dfrac{\lambda^2 L\ln\dfrac{R_2}{R_1}}{4\pi\varepsilon_0\varepsilon_r}$.

11.43　50.0J.

11.44　$-\dfrac{3}{8}\dfrac{q^2}{\pi\varepsilon_0 a}$.

11.45　(1) 5.62×10^{-6} J;

　　　(2) 7.5×10^{-6} J.

11.46　(1) $\dfrac{p_1 p_2}{4\pi\varepsilon_0 r^3}$;

　　　(2) $\dfrac{-p_1 p_2}{4\pi\varepsilon_0 r^3}$.

第 12 章　稳恒磁场

12.1　6.28×10^{-6} T.

12.2　6.66×10^{-6} T.

12.3　$\dfrac{\mu_0 I}{4\pi R}(\pi + 2)$.

12.4　$\dfrac{\mu_0\sigma_0\omega\left(\sqrt{x^2 + R^2} - x\right)^2}{2\sqrt{x^2 + R^2}}$.

12.5 当 $r \le a$ 时，$B = 0$；当 $a < r \le b$ 时，$B = \dfrac{\mu_0 I(r^2 - a^2)}{2\pi r(b^2 - a^2)}$；当 $r > b$ 时，$B = \dfrac{\mu_0 I}{2\pi r}$.

12.6 当 $r < R$ 时，$B = \dfrac{\mu_0 \rho \omega(R^2 - r^2)}{2}$；当 $r \ge R$ 时，$B = 0$.

12.7 $\vec{B} = \dfrac{1}{2}\mu_0 \vec{j} \times \vec{b}$，其中矢量 $\vec{b}$ 方向由 O_1 指向 O_2，长度为 b，$j = \dfrac{I}{\pi(R^2 - a^2)}$.

12.8 $j = \dfrac{B}{\mu_0 r}$.

12.9 $j_z = \begin{cases} \dfrac{B_0}{\mu_0 a}, & -a \le x \le a, \\ 0, & x > a,\ x < -a. \end{cases}$

12.10 $\dfrac{\mu_0 \lambda \omega}{4\pi}\ln\dfrac{a+b}{a}$.

12.11 $\dfrac{2}{3}\mu_0 \sigma \omega R$.

12.12 12.5T.

12.13 $\dfrac{\lambda c^2}{I}$.

12.14 1.07×10^{-4}T；3.52×10^{-5}T.

12.15 4.8×10^{-6}T.

12.16 $\dfrac{1}{2}\mu_0 j a$.

12.17 $\dfrac{\mu_0 I_1 I_2}{2\pi}\ln\dfrac{\sqrt{b^2 + l^2}}{b}$.

12.18 $\dfrac{1}{2}\sigma^2 \omega^2 R^2 \vec{r}$.

12.19 $(1)\dfrac{1}{2}\mu_0 \rho \omega(R^2 - r^2)$；

　　　$(2)\dfrac{1}{4}\mu_0 \rho \omega R^2$.

12.20 $-6.28 \times 10^{-5}\vec{k}\,(\text{T})$.

12.21 $B_x = 0$，$B_y = \dfrac{1}{2}\mu_0 j d$.

12.22 路径1：$4\pi \times 10^{-7}$T · m；路径2：$56\pi \times 10^{-7}$T · m

12.24 $(1)0.0477$m；

　　　$(2)3.55 \times 10^{-5}$T.

12.26 0.02Am^2.

12.27 2.08×10^9A.

12.28 7.92×10^{-18}N，1.2×10^9m/s^2.

12.29 $(11.4\vec{i} - 4.80\vec{k} + 6.00\vec{j})$N/C.

12.30 8.39×10^6m/s，0.48m.

12.31 0.0011m，1.40×10^9s^{-1}

12.32 电场方向、磁场方向和粒子速度相互垂直.

12.33 $(1)6.7 \times 10^{-4}$m/s；

　　　$(2)2.8 \times 10^{23}$ cm^{-3}.

12.34 -0.002m^3/C，3.1×10^{21}m^{-3}，$0.004\Omega \cdot$m.

12.35 $\dfrac{\mu_0 I_1 I_2}{2\pi}\ln\dfrac{L+d}{d}$.

12.36 $\mu_0 I_1 I_2\left(1 - \dfrac{d}{\sqrt{d^2 - R^2}}\right)$.

12.37 $\dfrac{1}{4}\omega Q R^2 B\cos\varphi$.

12.38 0.1N · m.

12.39 3.0J.

12.40 $(1) -8 \times 10^{-5}\vec{j}$T；

　　　$(2)(-6.0 \times 10^{-4}\vec{i} + 2.0 \times 10^{-4}\vec{j})$N/m；

　　　(3)左下角导线受力$(6.0 \times 10^{-4}\vec{i} - 6.0 \times 10^{-4}\vec{j})$N/m，其他导线受力可根据对称性推出.

12.41 $\dfrac{\sqrt{2}\mu_0 I_1 I_2}{2\pi}(R_2 - R_1)$.

12.42 $(2)2.31$m/s.

12.43 7.9×10^{-5}T，0.011N · m.

12.44 (1)必须 $\vec{E}$、$\vec{B}$ 相互垂直；

　　　$(2)\vec{B}_{/\!/} = 0$，$\vec{E}_\perp = -\vec{v} \times \vec{B}_\perp$；

　　　$(3)\vec{E}_{/\!/} = 0$，$\vec{B}_\perp = \dfrac{\vec{v}}{c^2} \times \vec{E}_\perp$.

12.45 $\dfrac{\gamma \sigma_0}{2\varepsilon_0}\vec{j}$，$-\dfrac{\gamma \sigma_0}{2\varepsilon_0}\vec{j}$；$\dfrac{\gamma \sigma_0}{c^2\varepsilon_0}\vec{i}$，$-\dfrac{\gamma \sigma_0}{c^2\varepsilon_0}\vec{i}$.

12.46 $\dfrac{\gamma \sigma_e}{\varepsilon_0}\vec{j}$，$-\dfrac{\gamma \sigma_e}{c^2\varepsilon_0}\vec{k}$.

第13章　磁介质

13.1 $M\sin\theta \hat{e}_\varphi$.

13.2　$-M\sin\theta\hat{e}_{\varphi}$，$-\dfrac{4}{3}\pi R^3\vec{M}$.

13.3　796.

13.4　$\vec{B}_1=\mu_0\vec{M}$，$\vec{B}_2=\vec{B}_3=0$，$\vec{B}_4=\vec{B}_5=\vec{B}_6=\vec{B}_7$
$=\dfrac{1}{2}\mu_0\vec{M}$，$\vec{H}_1=0$，$\vec{H}_2=\vec{H}_3=0$，$\vec{H}_4=\dfrac{1}{2}$
$\vec{M}$，$\vec{H}_5=-\dfrac{1}{2}\vec{M}$，$\vec{H}_6=-\dfrac{\vec{M}}{2}$，$\vec{H}_7=\dfrac{\vec{M}}{2}$.

13.5　0，M.

13.6　（1）$0<r<R_1$：
$$H=\dfrac{Ir}{2\pi R_1^2}、B=\mu_0 H=\dfrac{\mu_0 Ir}{2\pi R_1^2};$$
$$R_1<r<R_2：H=\dfrac{I}{2\pi r}，B=\dfrac{\mu_r\mu_0 I}{2\pi r};$$
$$r>R_2：H=\dfrac{I}{2\pi r}、B=\dfrac{\mu_0 I}{2\pi r};$$
（2）内表面$(\mu_r-1)I$,外表面$-(\mu_r-1)I$.

13.7　$\dfrac{1}{\mu_r-1}$.

13.8　$\dfrac{1}{\mu_1}\dfrac{rI}{2\pi R_1^2}$（$r\leqslant R_1$），
$\dfrac{I}{2\pi r\mu_2}\left(1-\dfrac{r^2-R_1^2}{R_2^2-R_1^2}\right)$（$R_1\leqslant r\leqslant R_2$），$0$（$r\geqslant R_2$）

13.9　（1）7×10^3A；
　　　（2）11×10^{-2}T；
　　　（3）-1.3×10^6A/m.

13.10　（2）0.5A；
　　　　（3）0.8A

第14章　电磁感应

14.1　5.0mV

14.2　（1）$r\leqslant R$，$-\dfrac{1}{2}\mu_0 nI_0\omega r\cos(\omega t)$；
　　　$r>R$，$-\dfrac{R^2}{2r}\mu_0 nI_0\omega\cos(\omega t)$；
　　　（2）$-\mu_0 n\pi R^2 I_0\omega\cos(\omega t)$.

14.3　（1）$\dfrac{\pi\mu_0 IR^2 r^2}{2\,(x^2+R^2)^{\frac{3}{2}}}$，

（2）$\dfrac{3\pi\mu_0 IR^2 r^2 x}{2\,(x^2+R^2)^{\frac{5}{2}}}$

14.4　$\dfrac{\mu_0 Ia^2}{2lR}$.

14.5　$\varepsilon_{ac}=\dfrac{1}{8}\omega Bl^2$，回路总电动势为0.

14.6　$\dfrac{\mu_0 Ialb\omega\,(l^2+\dfrac{b^2}{4})}{2\pi\left[\left(l^2+\dfrac{b^2}{4}\right)^2-l^2b^2\cos^2(\omega t)\right]}\sin(\omega t)$.

14.7　$\dfrac{\mu_0 Q\omega_0 a^2\alpha}{4LR}\mathrm{e}^{-\alpha t}$.

14.8　$\varepsilon_{AB}=-\dfrac{\sqrt{3}a^2}{4}\dfrac{\mathrm{d}B}{\mathrm{d}t}$，方向为$B$到$A$，$\varepsilon_{ABCDA}$
$=-\dfrac{3\sqrt{3}a^2}{4}\dfrac{\mathrm{d}B}{\mathrm{d}t}$，方向为$ADCBA$.

14.9　$-\dfrac{3}{16}\left(\pi-\arctan\dfrac{4\sqrt{3}}{3}\right)kR^2$.

14.10　$\dfrac{1}{2}\pi NR^4 kt\sin(\omega t)$，$-\dfrac{1}{2}$
$\pi NR^4 k[\sin(\omega t)+\omega t\cos(\omega t)]$.

14.11　$\dfrac{N\mu_0 aI_0\omega}{2\pi}\cos(\omega t)\ln\dfrac{x_0+b}{x_0}+$
$\dfrac{N\mu_0 aI}{2\pi}\dfrac{bv}{x_0\,(x_0+b)}$.

14.12　（1）0.048V；
　　　　（2）-2.7mA.

14.13　$\dfrac{\mu_0 q^2 v^2}{12\pi R}$

14.14　电流以5V/s 的速率变化.

14.15　（1）8.17×10^{-7}Wb；
　　　　（2）2.15×10^{-7}H.

14.16　串联$L=L_1+L_2$，并联$\dfrac{1}{L}=\dfrac{1}{L_1}+\dfrac{1}{L_2}$.

14.17　（1）4.27×10^{-4}N；
　　　　（2）1.05×10^{-6}Wb；
　　　　（3）4.55×10^{-6}J.

14.18　$I\dfrac{\mathrm{d}\theta}{\mathrm{d}t}=-k\theta+\dfrac{A^2B^2}{R}$

$$\left[\frac{1}{2}\sin(2\omega t)\sin(2\theta)-\cos^2(\omega t)\cos^2\theta\frac{\mathrm{d}\theta}{\mathrm{d}t}\right]$$

14.19 $\dfrac{\mu_0}{2\pi}\ln\dfrac{a+b}{a}$.

14.20 46Ω.

14.21 275Hz, 0.36A.

14.22 1.17×10^{-12}J, 5.6×10^{-6}A.

14.23 5.0×10^{-21}H.

第15章 光的干涉

15.1 $\dfrac{I_{max}}{I}=4$.

15.2 9.09×10^{-2}cm.

15.3 562.5nm.

15.4 （1）0.11m;

（2）第7级.

15.5 8.0×10^{-6}m.

15.6 7.78×10^{-4}mm.

15.7 4.0×10^{-4}rad.

15.8 1.7×10^{-4}rad.

15.9 $\dfrac{1}{2}\dfrac{\lambda_1\lambda_2}{\lambda_2-\lambda_1}$.

15.10 4m.

15.11 601nm.

15.12 1.36.

15.13 $\dfrac{(\Delta r_2)^2\lambda}{(\Delta r_1)^2}$.

15.14 （1）500nm;

（2）50个.

15.15 $\sqrt{kR\lambda}-\sqrt{\dfrac{kR\lambda}{1.33}}$.

15.16 18.

第16章 光的衍射

16.1 1.65mm.

16.2 500nm.

16.3 0.15mm.

16.4 5.00mm.

16.5 $\lambda_1=2\lambda_2$.

16.6 0.27cm.

16.7 420nm.

16.8 $k=2$，光栅常数 1.2×10^{-3}cm.

16.9 600nm−760nm.

16.10 625nm，观察不到第二级谱线.

16.11 100cm.

16.12 2.4mm,9,$k=0,\pm1,\pm2,\pm3,\pm4$.

16.13 9.09km.

16.14 （1）2.24×10^{-4}rad,

（2）看不清楚.

16.15 2.4×10^3nm，60000，0.8×10^3nm,

1.6×10^3nm.

16.16 0.168nm.

第17章 光的偏振

17.1 （1）$\dfrac{3I_0}{4}$, $\dfrac{3I_0}{16}$;

（2）$\dfrac{I_0}{2}$, $\dfrac{I_0}{8}$.

17.2 （1）45°;

（2）22.5°，22.5°.

17.3 $\dfrac{3I_0}{4}$, $\dfrac{3I_0}{8}$.

17.4 2个偏振片，$\dfrac{1}{4}$.

17.5 $\dfrac{1}{4}$.

17.6 84.03°.

17.7 58.0°，32.0°，是线偏振光.

17.8 0.105cm.

17.9 （1）3;

（2）4.5×10^3nm.

17.10 8.6×10^3nm, 91.7rad.

17.11 （1）光轴与晶片表面平行;

（2）0.8565×10^3nm.

17.12 （1）$\dfrac{1}{3}$;

（2）$\dfrac{1}{3}$.

第18章 量子力学基础

18.1 3.63.

18.2　2.89×10^{-6}m.

18.3　5872K.

18.4　1866K

18.5　$h\nu+E_k$.

18.6　0.345V.

18.7　（1）565nm；

　　　（2）173nm.

18.8　2.91eV.

18.9　（1）9.42×10^{-17}J；

　　　（2）44.0°.

18.10　6条谱线.

18.11　$|A|=\dfrac{\alpha^{\frac{1}{2}}}{\pi^{\frac{1}{4}}}$.

18.12　$P\left(0<x<\dfrac{a}{4}\right)=\dfrac{1}{4}-\dfrac{1}{2\pi}\approx0.09$.

18.13　$P\left(0<x<\dfrac{l}{4}\right)=\dfrac{5}{32}$.

18.14　$\dfrac{\hbar A\vec{k}}{mr^2}$；　$-\dfrac{\hbar B\vec{k}}{mr^2}$.

18.15　3.28×10^{-13}J 或 2.05MeV；9.84×10^{-13}J 或 6.15MeV.

18.16　$\Psi(x,t)=c_1\mathrm{e}^{-\frac{iE_1t}{\hbar}}\psi_1(x)+c_2\mathrm{e}^{-\frac{iE_2t}{\hbar}}\psi_2(x)$；

$\rho(x,t)=|c_1\psi_1(x)|^2+|c_2\psi_2(x)|^2+$

$c_1^*c_2\mathrm{e}^{\frac{i(E_1-E_2)t}{\hbar}}\psi_1^*(x)\psi_2(x)$

$+c_2^*c_1\mathrm{e}^{\frac{i(E_2-E_1)t}{\hbar}}\psi_1(x)\psi_2^*(x)$.

18.17　$|A|=\sqrt{\dfrac{105}{a^7}}$；$\Psi(x,t)=\sum\limits_{n=1}^{\infty}c_n\mathrm{e}^{-\frac{iE_nt}{\hbar}}\psi_n$

(x)，其中 $c_n=\dfrac{\sqrt{840}\,[1+2(-1)^n]}{n^3\pi^3}$

18.18　$E_n=\dfrac{\hbar^2n^2\pi^2}{2ma^2}$，当 n 为偶数时，$\psi_n(x)$

$=\sqrt{\dfrac{2}{a}}\sin\left(\dfrac{n\pi}{a}x\right)$，当 n 为奇数时，

$\psi_n(x)=\sqrt{\dfrac{2}{a}}\cos\left(\dfrac{n\pi}{a}x\right)$.

18.19　能量的可能观测值为 $\dfrac{\hbar^2\pi^2}{2ma^2}$ 和 $\dfrac{9\hbar^2\pi^2}{2ma^2}$，

概率分别为 $\dfrac{9}{10}$ 和 $\dfrac{1}{10}$，平均能量为

$$\langle H\rangle=\dfrac{9\hbar^2\pi^2}{10ma^2}$$

18.20　测量后（瞬时）体系处于 ψ_1 态；可能的结果为 b_1 和 b_2，出现的概率分别为 $\dfrac{9}{25}$ 和 $\dfrac{16}{25}$；$\dfrac{337}{625}\approx0.5392$.

18.21　$37.65\mathrm{eV}\leqslant U_0<150.6\mathrm{eV}$.

18.22　$a\approx3.05n$（Å）.

18.23　$\dfrac{2E-U_0-2\sqrt{E(E-U_0)}}{2E-U_0+2\sqrt{E(E-U_0)}}$.

18.24　$E_n=\left(n+\dfrac{1}{2}\right)\hbar\omega-\dfrac{a^2}{2m\omega^2}$；$\psi_n(x)=$

$\left(\dfrac{\alpha}{2^n n!\,\sqrt{\pi}}\right)^{\frac{1}{2}}H_n\left[\alpha\left(x+\dfrac{a}{m\omega^2}\right)\right]\mathrm{e}^{-\frac{\alpha^2\left(x+\frac{a}{m\omega^2}\right)^2}{2}}$，

其中 $\alpha=\sqrt{\dfrac{m\omega}{\hbar}}$.

18.25　$|A|=\left(\dfrac{4\alpha}{115\sqrt{\pi}}\right)^{\frac{1}{2}}$；

$\Psi(x,t)=\dfrac{9}{\sqrt{115}}\psi_0(x)\mathrm{e}^{-iE_0\frac{t}{\hbar}}-4\left(\dfrac{2}{115}\right)^{\frac{1}{2}}$

$\psi_1(x)\mathrm{e}^{-iE_1\frac{t}{\hbar}}+\left(\dfrac{2}{115}\right)^{\frac{1}{2}}\psi_2(x)\mathrm{e}^{-iE_2\frac{t}{\hbar}}$；能量

可能值为 $E_0=\dfrac{1}{2}\hbar\omega$，$E_1=\dfrac{3}{2}\hbar\omega$，$E_2=\dfrac{5}{2}\hbar\omega$. 概率分别为 $\dfrac{81}{115}$，$\dfrac{32}{115}$，$\dfrac{2}{115}$，能量平均值为 $\langle E\rangle=\dfrac{187}{230}\hbar\omega$.

18.26　1188.4N/m.

18.27　$-\sqrt{2n+1}\leqslant\alpha x\leqslant\sqrt{2n+1}$.

18.28　0.49eV，1.86eV.

18.29　$\hat{x}=\sqrt{\dfrac{\hbar}{2m\omega}}(\hat{a}_++\hat{a}_-)$，$\hat{p}_x=\sqrt{\dfrac{\hbar m\omega}{2}}i$

$(\hat{a}_--\hat{a}_-)$，$\hat{H}=\hbar\omega\left(\hat{a}_+\hat{a}_-+\dfrac{1}{2}\right)$；略；

-1，$-\hat{a}_+$，$\hat{a}_-$.

18.30 $\Delta x = \dfrac{1}{\sqrt{2a}}$, $\Delta p_x = \hbar \sqrt{\dfrac{a}{2}}$, $\Delta x \Delta p = \dfrac{\hbar}{2}$.

18.31 $\hat{L}_z$ 的可能取值为 $\hbar$ 和 0，概率分别为 $|c_1|^2$、$|c_2|^2$，平均值为 $\langle \hat{L}_z \rangle = \hbar |c_1|^2$；$\hat{L}^2$ 的可能值为 $2\hbar^2$，概率为 1；$\hat{L}_x$ 和 $\hat{L}_y$ 的可能值为 $\hbar$、0、$-\hbar$；L_x 的可能值为 $\hbar$、$-\hbar$，相应的概率为 $\dfrac{1}{2}$、$\dfrac{1}{2}$.

18.32 r 的平均值为 $\dfrac{3}{2}a_0$；势能的平均值为 $-\dfrac{e^2}{4\pi\varepsilon_0 a_0}$；最可几半径 a_0；平均动能为 $\dfrac{e^2}{8\pi\varepsilon_0 a_0}$.

18.33 氢原子能量的可能值分别为 $E_1 = -\dfrac{m_e e^4}{32\pi^2\varepsilon_0^2\hbar^2}$、$E_2 = -\dfrac{m_e e^4}{128\pi^2\varepsilon_0^2\hbar^2}$、$E_3 = -\dfrac{m_e e^4}{288\pi^2\varepsilon_0^2\hbar^2}$，测得这些能量值的概率分别为 $\dfrac{1}{3}$、$\dfrac{1}{2}$、$\dfrac{1}{6}$，能量的平均值为 $-\dfrac{m_e e^4}{32\pi^2\varepsilon_0^2\hbar^2}\dfrac{103}{216}$；

氢原子角动量平方的可能值分别为 0、$2\hbar^2$、$6\hbar^2$，测得这些角动量值的概率分别为 $\dfrac{1}{3}$、$\dfrac{1}{2}$、$\dfrac{1}{6}$，角动量平方的平均值为 $2\hbar^2$；氢原子角动量 z 方向分量可能值为 0、$\hbar$、$-\hbar$，测得这些角动量分量值的概率分别为 $\dfrac{1}{3}$、$\dfrac{1}{2}$、$\dfrac{1}{6}$，角动量 z 方向平均值为 $\dfrac{1}{3}\hbar$.

第 19 章　激光基本原理

19.6 20.

19.7 $0.693 \times 10^{-3} \text{mm}^{-1}$.

19.8 9.55×10^{15}.

第 20 章　固体物理学简介

20.1 $\vec{b}_1 = (\sqrt{3}\,\vec{i} + \vec{j})\dfrac{2\pi}{\sqrt{3}a}$，$\vec{b}_2 = (-\sqrt{3}\,\vec{i} + \vec{j})\dfrac{2\pi}{\sqrt{3}a}$，$\vec{b}_3 = \vec{k}\dfrac{2\pi}{c}$.

20.3 4.06×10^{-10}m

20.4 （b）图中导带电子有效质量比（a）图中导带电子有效质量小.

20.5 $\dfrac{2\hbar^2}{ma^2}$，$v = \dfrac{\hbar}{ma}\left[\sin(ka) - \dfrac{1}{4}\sin(2ka)\right]$，$2m$，$-\dfrac{2}{3}m$.

20.6 6.53×10^{-7}m.

20.11 106.8A.

20.12 $\lambda_{Sn} = 1.40 \times 10^{-8}$m，$\lambda_{Al} = 1.25 \times 10^{-8}$m.

第 21 章　原子核物理基础

21.1 质子的质量是 $m_p = 1.67262192369(51) \times 10^{-27}$kg，质子的电荷半径是 $0.8414(19)$fm.

21.2 质子磁矩 $\mu_p = 2.7928473508(85)\mu_N$，中子的磁矩 $\mu_n = -1.91304273(45)\mu_N$，这里 μ_N 为单位核子磁矩. 质子衰变还没有观测到，中子平均寿命为 $879.4(6)$ 秒.

21.3 原子核稳定线经验公式 $Z = \dfrac{A}{1.98 + 0.0155A^{2/3}}$.

21.4 自然界可能存在的束缚核素个数大约 7000 ~ 11000 种，不同理论预测的结果不同.

21.5 目前已知自然界稳定核素有 252 种，天然存在的核素为 296 种（其中 34 种具有放射性，但是具有足够长的半衰期）.

21.6 原子核传统幻数为 2、8、20、28、50、82、126.

21.7 天然存在的重元素是铀元素.

21.8 核电荷数很大的核素不稳定性主要原因是质子之间的静电排斥力.

21.9 驱动原子核裂变过程的主要相互作用是质子之间的静电排斥力.

21.10 按照目前的燃烧速度太阳的寿命还有约 1000 亿年.

21.11 重离子治癌的最大优势是重离子束流可以根据癌细胞的分布设定入射重离子能量，从而极大地降低了在治疗中对正常细胞的伤害.

21.12 全世界核科学技术产业规模（每年的 GDP）是每年 2 万多亿美元左右.

主要参考书目

[1] 胡其图，邓晓，张小灵，张偶利，顾志霞．基础物理学计算机模拟 V2.0(计算机模拟可视化软件)．[M]．北京：科学出版社，2021．

[2] 吴锡珑．大学物理教程：第二册，第三册[M]．2 版．北京：高等教育出版社，1999．

[3] 程守洙，江之永．普通物理学：上册、下册[M]．7 版．北京：高等教育出版社，2016．

[4] 吴百诗．大学物理学：上册、下册[M]．北京：高等教育出版社，2012．

[5] 卢德馨．大学物理学[M]．2 版．北京：高等教育出版社，2003．

[6] 朱荣华．基础物理学：第Ⅰ卷、第Ⅱ卷、第Ⅲ卷[M]．北京：高等教育出版社，2000．

[7] 张三慧．大学物理学：力学、电磁学[M]．3 版．北京：清华大学出版社，2009．

[8] 陆果．基础物理学教程：上卷、下卷[M]．2 版．北京：高等教育出版社，2006．

[9] 赵凯华，陈熙谋．电磁学[M]．4 版．北京：高等教育出版社，2018．

[10] 陈秉乾，舒幼生，胡望雨．电磁学专题研究[M]．北京：高等教育出版社，2001．

[11] 姚启钧．光学教程[M]．4 版．北京：高等教育出版社，2008．

[12] 郭永康，朱建华．光学[M]．3 版．北京：高等教育出版社，2017．

[13] 杨福家．原子物理学[M]．4 版．北京：高等教育出版社，2015．

[14] 刘玉鑫．原子物理学[M]．北京：高等教育出版社，2021．

[15] 曾谨言．量子力学教程[M]．3 版．北京：科学出版社，2020．

[16] 周世勋．量子力学教程[M]．3 版．北京：高等教育出版社，2022．

[17] 阎守胜．固体物理基础[M]．3 版．北京：北京大学出版社，2011．

[18] Qitu Hu, Xiao Deng, Xiaoling Zhang, Ouli Zhang, Zhixia Gu, Sheng Li. Computer Simulation of University Physics[M]. New Jersey：Cambridge University Press，2017.

[19] P. M. Fishbane, S. G. Gasiorowicz, S. T. Thornton. Physics for Scientists and Engineers With Modern Physics[M]. 3rd ed. New Jersey：Pearson Education, Inc./Prentice Hall, 2005.

[20] D. Halliday, R. Resnick, J. Walker. Fundamentals of Physics[M]. 6th ed. New York：John Wiley & Sons Inc., 2001. (中译本：张三慧，李椿，滕小瑛等，北京：机械工业出版社，2005)

[21] Paul A. Tipler. Physics for Scientists and Engineers[M]. 4th ed. Massachusetts：W. H. Freeman and Company/Worth Publishers, 1999.

[22] Hens C. Ohanian. Physics[M]. 2nd ed. Expanded. New York：W. W. Norton & Company, Inc., 1989.

[23] H. D. Young, R. A. Freedman. Sears and Zemansky's University Physics[M]. 11th ed. Massachusetts：Pearson Education, Inc./Addison-Wesley, 2004.

[24] E. M. Purcell, D. J. Morin. Berkey Physics Course, Volume 2, Electricity and Magnetism[M]. 3rd ed. New Jersey：Cambridge University Press, 2013. (中译本：宋峰等，北京：机械工业出版社，2018)

[25] R. P. Feynman, R. B. Leighton and M. Sands. The Feynman Lectures on Physics Volume Ⅱ[M]. Massao-

husetts：Pearson Education，Inc./Addison-Wesley，1989.（中译本：李洪芳，王子辅，钟万蘅，上海：上海科学技术出版社，2005）

[26] D. J. Griffiths，D. F. Schroeter. Introduction to Quantum Mechanics[M]. 3rd ed. New Jersey：Cambridge University Press，2018.（中译本：贾瑜，北京：机械工业出版社，2023）

[27] K. Krane. Modern Physics[M]. 3rd ed. New York：John Wiley & Sons，Inc.，2012.

附录

附录 1　常用物理学常量表

名称	符号	数值（2018 年标准）
真空中的光速	c	$299\ 792\ 458\ \mathrm{m \cdot s^{-1}}$（精确值）
万有引力常量	G	$6.674\ 30(15) \times 10^{-11}\ \mathrm{m^3 \cdot kg^{-1} \cdot s^{-2}}$
标准重力加速度	g_n	$9.806\ 65\ \mathrm{m \cdot s^{-2}}$（精确值）
阿伏伽德罗常量	N_A	$6.022\ 140\ 76 \times 10^{23}\ \mathrm{mol^{-1}}$（精确值）
摩尔气体常量	R	$8.314\ 462\ 618\ldots\ \mathrm{J \cdot mol^{-1} \cdot K^{-1}}$（精确值）
玻尔兹曼常量	k	$1.380\ 649 \times 10^{-23}\ \mathrm{J \cdot K^{-1}}$（精确值）
理想气体摩尔体积 （273.15 K，101.325 kPa）	$V_{\mathrm{m,0}}$	$22.413\ 969\ 54\ldots\ 10^{-3}\ \mathrm{m^3 \cdot mol^{-1}}$（精确值）
标准大气压	atm	$101\ 325\ \mathrm{Pa}$（精确值）
基本电荷	e	$1.602\ 176\ 634 \times 10^{-19}\ \mathrm{C}$（精确值）
真空介电常量	ε_0	$8.854\ 187\ 8128(13) \times 10^{-12}\ \mathrm{F \cdot m^{-1}}$
真空磁导率	μ_0	$1.256\ 637\ 062\ 12(19) \times 10^{-6}\ \mathrm{N \cdot A^{-2}}$
电子静止质量	m_e	$9.109\ 383\ 7015(28) \times 10^{-31}\ \mathrm{kg}$
质子静止质量	m_p	$1.672\ 621\ 923\ 69(51) \times 10^{-27}\ \mathrm{kg}$
中子静止质量	m_n	$1.674\ 927\ 498\ 04(95) \times 10^{-27}\ \mathrm{kg}$
斯特藩-玻尔兹曼常量	σ	$5.670\ 374\ 419\ldots \times 10^{-8}\ \mathrm{W \cdot m^{-2} \cdot K^{-4}}$（精确值）
里德伯常量	R_∞	$10\ 973\ 731.568\ 160(21)\ \mathrm{m^{-1}}$
普朗克常量	h	$6.626\ 070\ 15 \times 10^{-34}\ \mathrm{J \cdot s}$（精确值）
约化普朗克常量	$\hbar$	$1.054\ 571\ 817\ldots \times 10^{-34}\ \mathrm{J \cdot s}$（精确值）
玻尔半径	a_0	$5.291\ 772\ 109\ 03(80) \times 10^{-11}\ \mathrm{m}$
玻尔磁子	μ_B	$9.274\ 010\ 0783(28) \times 10^{-24}\ \mathrm{J \cdot T^{-1}}$
电子磁矩	μ_e	$-9.284\ 764\ 7043(28) \times 10^{-24}\ \mathrm{J \cdot T^{-1}}$
核磁子	μ_N	$5.050\ 783\ 7461(15) \times 10^{-27}\ \mathrm{J \cdot T^{-1}}$
磁通量子	Φ_0	$2.067\ 833\ 848\ldots \times 10^{-15}\ \mathrm{Wb}$（精确值）

注：1. 本表格的数据由国际科学理事会数据委员会（CODATA）于 2018 年推荐.

2. 由精确定义的常数导出的常数也是精确的，但其数值的小数位通常为无限长，本表仅显示有限位数，其后由"…"代替.

附录2 AR 安装与操作

第一步 **AR App下载与安装**

1 打开手机(支持Android，HarmonyOS)，使用微信"扫一扫"功能，扫描附录图2-1所示的二维码.

附录图2-1

2 扫描上述二维码后，在弹出的界面(见附录图2-2)点击右上角的"…"按钮，然后继续在弹出的界面(见附录图2-3)选择"在浏览器打开"，即可进入下载界面(见附录图2-4).

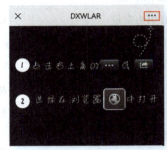

附录图2-2

附录图2-4

附录图2-3

3 进入下载界面后，点击"点击下载"按钮，即可进入安装包"DXWL_AR.apk"的下载进程.

4 安装包下载完成后，直接进入"DXWL_AR.apk"的安装进程.安装完成之后，手机屏幕自动出现"大学物理AR"的App图标，点击该图标可进入"大学物理AR"登录界面(见附录图2-5).

附录图2-5

第二步　AR App注册

首次使用AR App需要先进行注册.点击"大学物理AR"界面的"注册"按钮，进入注册界面(见附录图2-6).按照注册要求，依次输入单位、姓名、密码、校验码（刮开封底刮刮卡即可获取）、手机号等必填项内容，并点击"获取验证码"，填入收到的短信验证码.上述内容全部填完后，点击"设置密码"按钮，完成注册.注册完成后，在"大学物理AR"登录界面，可以通过"账号密码登录"或"手机号登录"两种方式进入"项目选择"界面(见附录图2-7).

附录图2-6　　　　　　　　附录图2-7

第三步　AR App登录

AR App登录有两种方式：账号密码登录和手机号登录.

1 账号密码登录.在"大学物理AR"界面，点击"账号密码登录"按钮，输入用户名和注册时设定的用户密码，点击"登录"按钮，即可进入"项目选择"界面.

2 手机号登录.在"大学物理AR"界面，点击"手机号登录"按钮.进入手机号登录界面后，输入已注册的手机号，点击"发送验证码"按钮，接收验证码并填入，填写完成后，点击"登录"按钮，即可进入"项目选择"界面.

第四步　加载AR项目和进入AR操作界面

加载AR项目和进入AR操作界面有两种操作方式：一种是扫描书中AR标识图，另一种是在"项目选择"界面直接操作.

1 扫描书中AR标识图

进入"项目选择"界面后，点击右上角的扫描按钮"⊟"，调出扫描界面(见附录图2-8).

扫描书中带有"🅰"标志的AR标识图，识别出此AR项目后，App会自动加载此AR项目.加载完成后，自动进入此AR项目的操作界面，在该操作界面即可对该AR项目进行操作.

特别指出的是，未卸载该App前，当一个AR项目加载完成后，使用该手机再次扫描这个AR标识图时，无需再次加载即可直接进入此AR项目的操作界面.

附录图2-8

2 在"项目选择"界面直接操作

进入"项目选择界面"后，界面显示已加载AR项目和待加载AR项目两类图标，其中图标上含有"更新"字样的为待加载AR项目图标，不含"更新"字样的为已加载AR项目图标(见附录图2-9).

点击待加载AR项目图标上的"更新"按钮，可直接进入该AR项目的加载进程.加载完成之后，该图标变为已加载AR项目的图标.

选择已加载AR项目的图标，点击"进入"按钮，即可直接进入该选定的AR项目的操作界面，在操作界面即可对该AR项目进行操作.

附录图2-9

第五步 AR 项目卸载

选择已加载AR项目的图标，点击左下方的"卸载"按钮，即可对该AR项目进行删除和卸载.

第六步 AR 项目操作方法

扫描下方的示范1、示范2和示范3这3个二维码，观看AR项目操作示范视频.视频给出了3种典型的在AR项目操作界面上的操作方法.

示范1　　示范2　　示范3

第七步 大学物理AR管理系统

大学物理AR管理系统主要包括应用管理、用户统计和应用统计等模块，便于教师及时了解学生在学习过程中使用AR的实时分布状态和各个AR项目的使用状态等情况.

大学物理AR管理系统的访问网址为：http://phyar.proedu.com.cn:8590/#/login.
各位读者在AR的安装与使用过程中，如有疑问，请随时与我们联系，
可发送问题至邮箱电子邮箱sunshu@ptpress.com.cn，或拨打电话010-81055302.

附录3 AR 标识图汇集

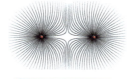

两个等量异号点电荷的电场线　　两个等量同号点电荷的电场线　　载流螺线管的磁感应线　　洛伦兹力

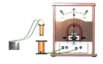

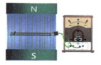

电磁感应现象_1　　电磁感应现象_2　　电磁感应现象_3　　电磁感应现象_4

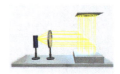

电磁阻尼　　振荡电偶极子的电磁波　　杨氏双缝干涉实验　　牛顿环

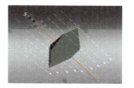

迈克耳孙干涉仪　　夫琅禾费单缝衍射　　光的双折射　　尼科耳棱镜

圆偏振光　　椭圆偏振光　　薄膜的等倾干涉　　氢原子的电子概率分布

AR（增强现实技术）能实现将物理图像、物理过程直观地呈现于现实世界中，以增强读者对相关内容的理解，具有虚实融合的特点.

本书为纸数融合的新形态教材，通过运用AR交互技术与计算机模拟技术，将大学物理课程中的抽象物理概念以及复杂物理现象进行直观呈现，提升学生对物理概念和物理图像的理解.